万水 CAE 技术丛书

Matlab/Simulink 实例详解

周俊杰　编著

内 容 提 要

全书分三篇，共29章。第一篇基础篇，介绍Matlab仿真基础知识及部分工具箱，包括1～7章：第1章概述Matlab应用领域及编程基础；第2章介绍Matlab界面编程基础及Matlab二维图形和三维图形功能；第3章讲解Matlab图形句柄的相关函数，并给出相关实例；第4章介绍GUI工具箱及其应用实例；第5章系统介绍Simulink仿真的通用模块、建模方法及扩展模块；第6章介绍Stateflow工具箱及其应用实例；第7章介绍其他相关工具箱与软件，涉及Simulink 3D模块及其报告生成器工具箱，并给出实例。第二篇应用篇，是本书的重点，包括8～25章共18章，以典型的实际应用为背景，把经典建模方法及现代建模仿真方法与实际应用相结合，从分析建模到结果分析给出了详细步骤，并给出上机实习，包括电力系统、动力系统、石化系统、冶金系统、制冷系统、汽车系统、能源系统、交通系统、管理系统、安全系统、机械系统、环保系统、风电系统、化工系统、物流系统、金融系统和经济系统等领域的典型案例。第三篇提高篇，包括26～29章：第26章介绍一般函数编写和工具箱编写，并给出应用实例；第27章介绍常用函数及其相关实例；第28章介绍实时仿真环境及实例；第29章详细介绍一般函数错误信息、调试错误信息及Simulink仿真错误信息。

本书可作为在校高年级本科生和研究生的学习用书，也可以作为广大科研人员、教授学者、工程技术人员的参考用书。

图书在版编目（CIP）数据

Matlab/Simulink实例详解 / 周俊杰编著. -- 北京 : 中国水利水电出版社, 2014.5
（万水CAE技术丛书）
ISBN 978-7-5170-1975-6

Ⅰ. ①M… Ⅱ. ①周… Ⅲ. ①计算机辅助计算－Matlab软件 Ⅳ. ①TP391.75

中国版本图书馆CIP数据核字(2014)第093410号

策划编辑：杨元泓　责任编辑：张玉玲　加工编辑：滕　飞　封面设计：李　佳

书　　名	万水CAE技术丛书 Matlab/Simulink实例详解
作　　者	周俊杰　编著
出版发行	中国水利水电出版社 （北京市海淀区玉渊潭南路1号D座　100038） 网址：www.waterpub.com.cn E-mail：mchannel@263.net（万水） sales@waterpub.com.cn 电话：（010）68367658（发行部）、82562819（万水）
经　　售	北京科水图书销售中心（零售） 电话：（010）88383994、63202643、68545874 全国各地新华书店和相关出版物销售网点
排　　版	北京万水电子信息有限公司
印　　刷	三河市铭浩彩色印装有限公司
规　　格	184mm×260mm　16开本　26.25印张　645千字
版　　次	2014年5月第1版　2014年5月第1次印刷
印　　数	0001—4000册
定　　价	68.00元

前　言

Matlab 作为当前国际控制界最流行的面向工程与科学计算的高级语言，近年来得到了业界的一致认可，在控制系统的分析、仿真和设计方面有非常广泛的应用，其自身也得到迅速发展，功能不断完善。本书以 Matlab/Simulink 为对象，系统介绍了仿真基础及其应用案例。

另外，随着在通信、信号等领域的广泛应用，Matlab/Simulink 已逐渐被能源动力、经济社会等领域的学者所熟悉。本书在控制系统的基础上，系统介绍了典型领域的工业应用，并给出了详细分析步骤，供高年级本科生、研究生、教授学者和科研与工程技术人员参考。

本书通过大量的工程实例，对 Matlab/Simulink 进行由浅入深的阐述与讲解。书中的每个案例都经过实际操作和验证，是我们多年科研与教学工作的结晶。本书具有以下特点：

（1）内容丰富实例典型、实用性强。

（2）全面介绍 Simulink 在多个领域的应用。

（3）系统讲解 Matlab 中与控制仿真相关的工具箱函数及其典型案例。

本书分三篇，共 29 章：基础篇结合实例对 Matlab 编程基础、界面编程、Simulink 仿真基础及其工具箱进行介绍；应用篇选取节能、环保、经济、安全等领域的典型应用为研究对象，进行详细分析，并在每章结束时给出上机实习，加深对章节知识的推广，达到举一反三的效果；提高篇介绍函数编写、模块封装和实时仿真等内容，使在应用篇的基础上进一步提高。

本书主要由周俊杰编写，参加部分编写工作的还有吴学红、张玉芳、房全国、汪辉、严伊莉、王梅玲、张学梅、张子良和李文鹏等。在本书编辑过程中，参与具体工作的有：李伟、景小艳、王呼佳、许志清、刘军华、张赛桥、姚新军、张代全、万雷、王斌、江广顺、李强、吴志俊、余松、郭敏、董茜、陈鲲、王晓。感谢中国水利水电出版社的编辑，正是你们辛苦的付出才使本书能在第一时间和读者见面。

由于时间仓促，加之作者水平有限，书中错误和疏漏之处在所难免，敬请广大读者和专家批评指正。

作　者
2014 年 2 月

目　　录

1 概述

Matlab 作为一种功能强大的工程软件，其主要功能包括数值处理、程序设计、可视化显示、图形用户界面和与外部软件的融合应用等方面。本章对 Matlab 进行简要介绍，使读者对 Matlab 有一个初步的认识，为以后的学习打下基础。

本章主要内容：

- Matlab 语言应用领域。
- Matlab 基础：数据类型、矩阵操作等。
- Matlab 编程风格及其高级应用：编程特点及其二次开发、部分混合编程及调用。

1.1 Matlab 语言应用领域

Matlab 是由美国 Mathworks 公司发布的主要面向科学计算、可视化以及交互式程序设计的高科技计算环境。它将数值分析、矩阵计算、科学数据可视化以及非线性动态系统的建模和仿真等诸多强大功能集成在了一个易于使用的环境中，为科学研究、工程设计以及数值计算等众多科学领域提供了一种全面的解决方案，并摆脱了传统非交互式程序设计语言（如 C、FORTRAN）的编辑模式，代表了当今国际科学计算软件的先进水平。

Matlab 的基本数据单位是矩阵，它的指令表达式与数学、工程中常用的形式十分相似，故用 Matlab 来解决问题比用 C、FORTRAN 等语言完成相同的事情要简捷得多，并且 Matlab 也吸收了像 Maple 等软件的优点，使 Matlab 成为一个强大的数学软件。Matlab 语言具有如下优势：

（1）友好的工作平台编程环境。

Matlab 由一系列工具组成。这些工具方便用户使用 Matlab 的函数和文件，其中许多工具采用的是图形用户界面，包括 Matlab 桌面和命令窗口、历史命令窗口、编辑器和调试器、路径搜索和用于用户浏览帮助、工作空间、文件的浏览器。随着 Matlab 的商业化以及软件本身的不断升级，Matlab 的用户界面也越来越精致，更加接近 Windows 的标准界面，人机交互性更强，操作更简单；新版本的 Matlab 提供了完整的联机查询、帮助系统，极大地方便了用户的使用；简单的编程环境提供了比较完备的调试系统，程序不必经过编译就可以直接运行，而且能够及时地报告出现的错误并进行出错原因分析。

（2）简单易用的程序语言。

Matlab 是一个高级的矩阵/阵列语言，它包含控制语句、函数、数据结构、输入和输出以及面向对象编程。用户可以在命令窗口中将输入语句与执行命令同步，也可以先编写好一个较大的复杂的应用程序（M 文件）后再一起运行。新版本的 Matlab 语言是基于最为流行的 C++语言基础的，因此语法特征与 C++语言极为相似，而且更加简单，更加符合科技人员对数学表达式书写格式的要求。

（3）强大的科学计算及数据处理能力。

Matlab 是一个包含大量计算算法的集合。其中拥有 600 多个工程中要用到的数学运算函数，可以方便地实现用户所需的各种计算功能。函数中所使用的算法都是科研和工程计算中的最新研究成果，而且经过了各种优化和容错处理。在通常情况下，可以用它来代替底层编程语言，如 C 和 C++。在计算要求相同的情况下，使用 Matlab 编程工作量会大大减少。Matlab 的这些函数集包括从最简单最基本的函数到诸如矩阵、特征向量、快速傅立叶变换的复杂函数。函数所能解决的问题大致包括矩阵运算、线性方程组的求解、微分方程及偏微分方程组的求解、符号运算、傅立叶变换、数据的统计分析、工程中的优化问题、稀疏矩阵运算、复数的各种运算、三角函数和其他初等数学运算、多维数组操作、动态仿真等。

（4）出色的图形处理功能。

Matlab 自产生之日起就具有方便的数据可视化功能，不仅将向量和矩阵用图形的形式表现出来，而且可以对图形进行标注和打印。高层次的作图包括二维和三维的可视化、图像处理、动画和表达式作图，可用于科学计算和工程绘图。新版本的 Matlab 对整个图形处理功能作了很大的改进和完善，使它不仅在一般数据可视化软件都具有的功能（例如二维曲线和三维曲面的绘制和处理等）方面更加完善，而且对于一些其他软件所没有的功能（例如图形的光照处理、色度处理、四维数据的表现等），Matlab 同样表现了出色的处理能力。同时对一些特殊的可视化要求（例如图形对话等）Matlab 也有相应的功能函数，保证了用户不同层次的要求。另外新版本的 Matlab 还在图形用户界面（GUI）的制作上作了很大的改善。

（5）应用广泛的模块集合工具箱。

Matlab 对许多专门的领域都开发了功能强大的模块集和工具箱。一般来说，它们都是由特定领域的专家开发的，用户可以直接使用工具箱学习、应用和评估不同的方法而不需要自己编写代码。目前，Matlab 已经把工具箱延伸到了科学研究和工程应用的诸多领域，如数据采集、数据库接口、概率统计、样条拟合、优化算法、偏微分方程求解、神经网络、小波分析、信号处理、图像处理、系统辨识、控制系统设计、LMI 控制、鲁棒控制、模型预测、模糊逻辑、金融分析、地图工具、非线性控制设计、实时快速原型及半物理仿真、嵌入式系统开发、定点仿真、DSP 与通讯、电力系统仿真等，并且都在工具箱（Toolbox）家族中有了自己的一席之地。表 1-1 列出了 Matlab 的核心部分及其工具箱等产品系列的主要应用领域。

（6）实用的程序接口和发布平台。

新版本的 Matlab 可以利用 Matlab 编译器和 C/C++数学库与图形库将自己的 Matlab 程序自动转换为独立于 Matlab 运行的 C 和 C++代码，允许用户编写可以与 Matlab 进行交互的 C 或 C++语言程序。另外，Matlab 网页服务程序还允许在 Web 应用中使用自己的 Matlab 数学和图形程序。Matlab 的一个重要特色就是具有一套程序扩展系统和一组称为工具箱的特殊应用子程序。

表 1-1　Matlab 的工具箱及其主要应用领域

工具箱名称	应用领域							
	系统控制	数据分析	信号处理	通信系统	金融系统	工程数学	土木工程	图形可视化
Matlab 核心	●	●	●	●	●	●	●	●
Notebook	●	●	●	●	●	●	●	●
Matlab Complier	●	●	●	●	●	●	●	
Matlab C Math Library	●	●	●	●	●	●		
Simulink	●	●	●	●	●	●	●	
Symbolic Math	●	●	●	●	●	●	●	●
Simulink Accelerator	●		●		●			
Chemometrics		●						●
Communication	●		●		●			
Control System	●				●			●
Finance		●			●			●
System Identification	●			●				
Fuzzy Logical	●	●	●				●	
High-order Spectral Analysis	●		●	●				
Image Processing		●	●					●
Model Predictive Control	●		●					
NGA Foundation	●							
Neural Network	●		●				●	
MMLE3 Identification	●							
LMI Control	●	●				●		
Model Predictive Control	●							
QFT Control Design	●							
Robust Control	●							
Spline	●	●	●		●	●	●	●
Statistics	●	●	●	●	●	●	●	●
DSP Blockset	●		●					
Fixed-Point Blockset	●							
Nonlinear Control Design Blockset	●							
Real-time Workshop	●		●		●			
RTW Ada Extention	●		●		●			

续表

工具箱名称	应用领域							
	系统控制	数据分析	信号处理	通信系统	金融系统	工程数学	土木工程	图形可视化
Wavelet	●	●	●	●		●		●
Partial Differential Equation		●				●	●	●
Optimization	●	●	●	●	●	●	●	●
Stateflow	●		●				●	
Signal Processing	●		●	●			●	
Mu Analysis and Synthesis	●		●	●				
Frequency Domain Identificaion	●		●	●			●	
Map tools	●		●	●				

（7）应用软件开发（包括用户界面）。

在开发环境中，使用户更方便地控制多个文件和图形窗口；在编程方面支持函数嵌套、有条件中断等；在图形化方面，有了更强大的图形标注和处理功能；在输入输出方面，可以直接向Excel和 HDF5 进行链接。

1.2 Matlab 基础

Matlab 作为一种功能强大的工程软件，其主要功能包括数值处理、程序设计、可视化显示、图形用户界面和与外部软件的融合应用等方面。本节主要简单介绍 Matlab 的基本数据类型、矩阵的操作及运算，使读者对 Matlab 的数据操作和函数使用有一个大致的认识，为以后的学习打下良好的基础。

1.2.1 Matlab 数据类型

Matlab 中有 15 种基本数据类型，主要是整型、浮点、逻辑、字符、日期和时间、结构数组、单元格数组、函数句柄等。

1. 整型（int8、uint8、int16、uint16、int32、uint32、int64、uint64）

Matlab 数值类型中的整数类型包括有符号和无符号整数类型 4 种，分别是 1 字节、2 字节、4 字节和 8 字节（8 位、16 位、32 位和 64 位）的整数类型。有符号类型允许表示负数，但是由于其需要分配 1 位字节作为符号位，所以表示的范围没有同等字节的无符号类型大；无符号类型不能表示负数，只能表示正整数和 0。根据具体需要，用户应该选择不同的存储类型，例如对于数值不大的整数“22”，就没有必要使用 8 字节的类型来存储，因为 1 字节整型所分配的内存空间已经足以满足此数的存储了。表 1-2 列出了 8 种整数类型的名称、数字范围和转换函数。

2. 浮点（single、double）

Matlab 中，浮点数据类型有单精度和双精度两种，单精度数据需要 32 字节的存储空间，其字节位功能如表 1-3 所示。单精度类型用 single 表示。

表 1-2 整数类型

名称	范围	转换函数
int8（有符号1字节整数）	-2^7～2^7-1	int8
uint8（无符号1字节整数）	0～2^8-1	uint8
int16（有符号2字节整数）	-2^{15}～2^{15}-1	int16
uint16（无符号2字节整数）	0～2^{16}-1	uint16
int32（有符号4字节整数）	-2^{31}～2^{31}-1	int32
uint32（无符号4字节整数）	0～2^{32}-1	uint32
int64（有符号8字节整数）	-2^{63}～2^{63}-1	int64
uint64（无符号8字节整数）	0～2^{64}-1	uint64

表 1-3 单精度数据的字节位功能

字节位	代表功能
1	符号位（0代表正数，1代表负数）
30～23	指数位 0～2^7-1
22～0	1.f 中的小数位 f

双精度浮点型是 Matlab 中数据的默认类型，其构造规则和单精度一样，其字节位功能如表 1-4 所示。结合表 1-3 介绍的单精度表示范围，读者也就不难理解双精度的字节位功能，双精度类型用 double 表示。

表 1-4 双精度数据的字节位功能

字节位	代表功能
63	符号位（0代表正数，1代表负数）
62～52	指数位 0～2^{10}-1
51～0	1.f 中的小数位 f

3. 逻辑类型（logical）

Matlab 用“0”和“1”分别代表逻辑“假”和逻辑“真”，逻辑类型数据常以标量形式表现，但有时也可以是逻辑数组（Logical Array）。

Matlab 中的关系和逻辑运算式，所有输入非 0 的数都为“逻辑真”，只有 0 才为“逻辑假”；而计算结果，即输出为一个逻辑数组，其中的元素，如果值为 1，则表示“真”；如果值为 0，则表示假。

4. 字符（char）

Matlab 中的输入字符需要使用单引号。字符串存储为字符数组，每个元素占用一个 ASCII 字符。如日期字符：DateString='9/16/2001' 实际上是一个 1 行 9 列向量。构成矩阵或向量的行字符串长度必须相同。可以使用 char 函数构建字符数组，使用 strcat 函数连接字符。

5. 日期和时间

Matlab 提供 3 种日期格式：日期字符串（如'1996-10-02'）、日期序列数（如 729300（0000

年 1 月 1 日为 1)）、日期向量（如 1996 10 2 0 0 0，依次为年月日时分秒）。

常用的日期操作函数如表 1-5 所示。

表 1-5 常用的日期操作函数

函数	功能
datestr(d,f)	将日期数字转换为字符串
datenum(str,f)	将字符串转换为日期数字
datevec(str)	日期字符串转换向量
weekday(d)	计算星期数
eomday(yr,mth)	计算指定月份最后一天
calendar(str)	返回日历矩阵
clock	当前日期和时间的日期向量
date	当前日期字符串
now	当前日期和时间的序列数

6. 结构

结构是包含已命名“数据容器”或字段的数组。结构中的字段可以包含任何数据。

7. 构建结构数组

下面的赋值命令产生一个名为 patient 的结构数组，该数组包含 3 个字段：

```
patient.name = 'John';
patient.billing = 127;
patient.test = [79 75 73; 180 178 18.5; 220 210 205];
```

在命令区内输入 patient 可以查看结构信息：

```
name: 'John '
billing: 127
test: [3x3 double]
```

继续赋值可扩展该结构数组：

```
patient(2).name = 'Ann Lane';
patient(2).billing = 28.50;
patient(2).test = [68 70 68; 118 118 119; 172 170 169];
```

赋值后结构数组变为[1 2]。

8. 单元格数组

单元格数组提供了不同类型数据的存储机制，可以存储任意类型和任意纬度的数组。

访问单元格数组的规则和其他数组相同，区别在于需要使用花括号{}访问，例如 A{2,5} 访问单元格数组 A 中的第 2 行第 5 列单元格。

（1）构建单元格数组：赋值方法。

使用花括号标识可直接创建单元格数组，如下：

```
A(1,1) = {[1 4 3; 0 5 8; 7 2 9]};
A(1,2) = {'abcd'};
A(2,1) = {3+7i};
A(2,2) = {-pi:pi/10:pi};
```

上述命令创建 2×2 的单元格数组 A。继续添加单元格元素直接使用赋值如 A(2,3)={5}即可，注意需要使用花括号标识。简化的方法是结合使用花括号（单元格数组）和方括号创建，如下：

```
C = {[1 2], [3 4]; [5 6], [7 8]};
```

（2）构建单元格数组：函数方法。

cell 函数，如下：

```
B = cell(2, 3);
B(1,3) = {1:3};
```

9. 数据类型的转换

用户在使用 Matlab 时，经常会遇到数据类型之间的相互转换，特别是字符串和数值类型之间的转换。Matlab 有很多针对这两种数据类型之间的转换函数，函数及具体功能如表 1-6 和表 1-7 所示。

表 1-6 数值类型转换到字符串

函数	功能
char	把截取小数部分正整数数值转换为等值字符
int2str	把小数部分四舍五入的正负整数转换为字符类型
num2str	把数值类型数据转换成指定精度和形式的字符类型
mat2str	把数值类型数据转换成指定精度和形式的字符类型，并返回 Matlab 可以识别的格式
dec2hex	把正整数转换为十六进制的字符类型
dec2bin	把正整数转换为二进制的字符类型
dec2base	把正整数转换为任意进制的字符类型

表 1-7 字符串转换到数值类型

函数	功能
uintN	与 abs 类似，把字符串转换为等值数值类型
str2num	把字符串转换为等值数值类型
str2double	与 str2num 类似，但提供对字符串元胞的操作
hex2num	把字符类型数据转换成指定精度和形式的数值类型，并返回 Matlab 可以识别的格式
hex2dec	把十六进制的字符类型转换为正整数
bin2dec	把二进制的字符类型转换为正整数
base2dec	把任意进制的字符类型转换为正整数

1.2.2 Matlab 矩阵及其运算

1.2.2.1 变量和数据操作

1. 变量命名

在 Matlab 中，变量名是以字母开头，后接字母、数字或下划线的字符序列，最多 63 个字符。在 Matlab 中，变量名区分字母的大小写。

2. 赋值语句

- 变量=表达式
- 表达式

其中表达式是用运算符将有关运算量连接起来的式子，其结果是一个矩阵。

【例 1-1】计算表达式的值，并显示计算结果。

在 Matlab 命令窗口中输入命令：

```
x=1+i;
y=3-sqrt(15);
z=(cos(abs(x+y))-sin(80*pi/180))/x
```

其中 pi 和 i 都是 Matlab 预先定义的变量，分别代表圆周率 π 和虚数单位。

输出结果：

```
z =
  -0.2256 + 0.2256i
```

3. 预定义变量

在 Matlab 工作空间中，还驻留几个由系统本身定义的变量。例如，用 pi 表示圆周率 π 的近似值，用 i、j 表示虚数单位。预定义变量有特定的含义（如表 1-8 所示），在使用时应尽量避免对这些变量重新赋值。

表 1-8 Matlab 的预定义变量

预定义变量	含义	预定义变量	含义
pi	圆周率 π 的近似值	nargin	函数输入的参数个数
i、j	虚数单位	nargout	函数输出的参数个数
inf	无穷大	realmax	最大正实数
ans	计算结果的默认变量名	realmin	最小正实数

4. 内存变量的删除与修改

Matlab 工作空间窗口专门用于内存变量的管理。在工作空间窗口中可以显示所有内存变量的属性。当选中某些变量后，再单击 Delete 按钮，就能删除这些变量。当选中某些变量后，再单击 Open 按钮，将进入变量编辑器。通过变量编辑器可以直接观察变量中的具体元素，也可以修改变量中的具体元素。clear 命令用于删除 Matlab 工作空间中的变量。who 和 whos 这两个命令用于显示在 Matlab 工作空间中已经驻留的变量名清单。who 命令只显示出驻留变量的名称，而 whos 命令在给出变量名的同时，还给出它们的大小、所占字节数、数据类型等信息。

5. Matlab 常用数学函数

Matlab 提供了许多数学函数（如表 1-9 所示），函数的自变量规定为矩阵变量，运算法则是将函数逐项作用于矩阵的元素上，因而运算的结果是一个与自变量同维数的矩阵。

函数使用说明：

- 三角函数以弧度为单位计算。
- abs 函数可以求实数的绝对值、复数的模、字符串的 ASCII 码值。

6. 数据的输出格式

Matlab 用十进制数表示一个常数，具体可采用日常记数法和科学记数法两种表示方法。在一般情况下，Matlab 内部每一个数据元素都是用双精度数来表示和存储的。数据输出时用户可以用 format 命令设置或改变数据输出格式。format 命令的格式为：

```
format 格式符
```

其中格式符决定数据的输出格式。

表 1-9 Matlab 常用数学函数

指数函数	exp(x)	以 e 为底数	开方函数	sqrt(x)	表示 x 的算术平方根
对数函数	log(x)	自然对数，即以 e 为底数的对数	绝对值函数	abs(x)	表示实数的绝对值以及复数的模
	log10(x)	常用对数，即以 10 为底数的对数	数论函数	gcd(a,b)	两个整数的最大公约数
	log2(x)	以 2 为底数的 x 的对数		lcm(a,b)	两个整数的最小公倍数
三角函数	sin(x)	正弦函数	反三角函数	asin(x)	反正弦函数
	cos(x)	余弦函数		acos(x)	反余弦函数
	tan(x)	正切函数		atan(x)	反正切函数
	cot(x)	余切函数		acot(x)	反余切函数
	sec(x)	正割函数		asec(x)	反正割函数
	csc(x)	余割函数		acsc(x)	反余割函数
双曲函数	sinh(x)	双曲正弦函数	反双曲函数	asinh(x)	反双曲正弦函数
	cosh(x)	双曲余弦函数		acosh(x)	反双曲余弦函数
	tanh(x)	双曲正切函数		atanh(x)	反双曲正切函数
	coth(x)	双曲余切函数		acoth(x)	反双曲余切函数
	sech(x)	双曲正割函数		asech(x)	反双曲正割函数
	csch(x)	双曲余割函数		acsch(x)	反双曲余割函数
复数函数	abs(z)	实部函数	求整函数与截尾函数	ceil(x)	表示大于或等于实数 x 的最小整数
	angle(z)	虚部函数		floor(x)	表示小于或等于实数 x 的最大整数
	real(z)	求复数 z 的模		round(x)	最接近 x 的整数
	imag(z)	求复数 z 的辐角，其范围是(,]	最大、最小函数	max([a,b,...])	求最大数
	conj(z)	求复数 z 的共轭复数		min([a,b,...])	求最小数

1.2.2.2 Matlab 矩阵

1. 矩阵的建立

（1）直接输入法。

最简单的建立矩阵的方法是从键盘直接输入矩阵的元素。具体方法为：将矩阵的元素用方括号括起来，按矩阵行的顺序输入各元素，同一行的各元素之间用空格或逗号分隔，不同行的元素之间用分号分隔。

（2）利用 M 文件建立矩阵。

对于比较大且比较复杂的矩阵，可以为它专门建立一个 M 文件。

（3）利用冒号表达式建立一个向量。

冒号表达式可以产生一个行向量，一般格式为：

```
e1:e2:e3
```

其中 e1 为初始值，e2 为步长，e3 为终止值。

在 Matlab 中，还可以用 linspace 函数产生行向量。其调用格式为：

```
linspace(a,b,n)
```

其中 a 和 b 是生成向量的第一个和最后一个元素，n 是元素总数。

显然，linspace(a,b,n)与 a:(b-a)/(n-1):b 等价。

（4）建立大矩阵。

大矩阵可由方括号中的小矩阵或向量建立起来。

2. 矩阵的拆分

（1）矩阵元素。

通过下标引用矩阵的元素，例如：

```
A(3,2)=200
```

（2）矩阵拆分。

利用冒号表达式获得子矩阵。

①A(:,j)表示取 A 矩阵的第 j 列全部元素，A(i,:)表示 A 矩阵第 i 行的全部元素，A(i,j)表示取 A 矩阵第 i 行第 j 列的元素。

②A(i:i+m,:)表示取 A 矩阵第 i～i+m 行的全部元素，A(:,k:k+m)表示取 A 矩阵第 k～k+m 列的全部元素，A(i:i+m,k:k+m)表示取 A 矩阵第 i～i+m 行内，并在第 k～k+m 列中的所有元素。

在 Matlab 中，定义[]为空矩阵。给变量 X 赋空矩阵的语句为 X=[]。注意，X=[]与 clear X 不同，clear 是将 X 从工作空间中删除，而空矩阵则存在于工作空间中，只是维数为 0。

3. 特殊矩阵的建立

（1）通用的特殊矩阵。

Matlab 提供了若干特殊矩阵的生成函数，在调用函数时，用户根据需要设置参数即可方便地得到需要的矩阵，常用的通用矩阵函数如表 1-10 所示。

表 1-10 常用的通用矩阵函数

函数	生成矩阵的形式
ones	全 1 元素矩阵
zeros	全 0 元素矩阵
eye	单位矩阵，即主对角线元素为 1，其余元素全为 0
rand	均匀分布随机矩阵
randn	正态分布随机矩阵

【例 1-2】分别建立 3×3、3×2 和与矩阵 A 同样大小的零矩阵。

①建立一个 3×3 零矩阵。

```
zeros(3)
```

②建立一个 3×2 零矩阵。

```
zeros(3,2)
```

③设 A 为 2×3 矩阵，则可以用 zeros(size(A))建立一个与矩阵 A 同样大小的零矩阵。

```
A=[1 2 3;4 5 6];          %产生一个 2×3 阶矩阵 A
zeros(size(A))            %产生一个与矩阵 A 同样大小的零矩阵
```

（2）用于专门学科的特殊矩阵。

① 魔方矩阵。

魔方矩阵有一个有趣的性质，其每行、每列及两条对角线上的元素和都相等。对于 n 阶魔方阵，其元素由 1,2,3,…,n^2 共 n^2 个整数组成。Matlab 提供了求魔方矩阵的函数 magic(n)，其功能是生成一个 n 阶魔方阵。

② 范得蒙矩阵。

范得蒙（Vandermonde）矩阵最后一列全为 1，倒数第二列为一个指定的向量，其他各列是其后列与倒数第二列的点乘积。可以用一个指定向量生成一个范得蒙矩阵。在 Matlab 中，函数 vander(V)生成以向量 V 为基础向量的范得蒙矩阵。例如，A=vander([1;2;3;5])即可得到上述范得蒙矩阵。

③ 希尔伯特矩阵。

在 Matlab 中，生成希尔伯特矩阵的函数是 hilb(n)。

使用一般方法求逆会因为原始数据的微小扰动而产生不可靠的计算结果。在 Matlab 中，有一个专门求希尔伯特矩阵的逆的函数 invhilb(n)，其功能是求 n 阶希尔伯特矩阵的逆矩阵。

④托普利兹矩阵。

托普利兹（Toeplitz）矩阵除第一行第一列外，其他每个元素都与左上角的元素相同。生成托普利兹矩阵的函数是 toeplitz(x,y)，它生成一个以 x 为第一列，y 为第一行的托普利兹矩阵。这里 x、y 均为向量，两者不必等长。toeplitz(x)用向量 x 生成一个对称的托普利兹矩阵。例如：

```
T=toeplitz(1:6)
```

⑤伴随矩阵。

Matlab 生成伴随矩阵的函数是 compan(p)，其中 p 是一个多项式的系数向量，高次幂系数排在前，低次幂系数排在后。例如，为了求多项式 x^3-7x+6 的伴随矩阵，可以使用命令：

```
p=[1,0,-7,6];
compan(p)
```

⑥帕斯卡矩阵。

二次项$(x+y)^n$展开后的系数随 n 的增大组成一个三角形表，称为杨辉三角形。由杨辉三角形表组成的矩阵称为帕斯卡（Pascal）矩阵。函数 pascal(n)生成一个 n 阶帕斯卡矩阵。

1.2.2.3　Matlab 运算

1. 算术运算

（1）基本算术运算。

Matlab 的基本算术运算有：+（加）、－（减）、*（乘）、/（右除）、\（左除）、^（乘方）。

注意：运算是在矩阵意义下进行的，单个数据的算术运算只是一种特例。

1）矩阵加减运算。

假定有两个矩阵 A 和 B，则可以由 A+B 和 A-B 实现矩阵的加减运算。运算规则为：若 A 和 B 矩阵的维数相同，则可以执行矩阵的加减运算，A 和 B 矩阵的相应元素相加减；如果 A 与 B 的维数不相同，则 Matlab 将给出错误信息，提示用户两个矩阵的维数不匹配。

2）矩阵乘法。

假定有两个矩阵 A 和 B，若 A 为 m×n 矩阵，B 为 n×p 矩阵，则 C=A*B 为 m×p 矩阵。

3）矩阵除法。

在 Matlab 中，有两种矩阵除法运算：\和/，分别表示左除和右除。如果 A 矩阵是非奇异方阵，则 A\B 和 B/A 运算可以实现。A\B 等效于 A 的逆左乘 B 矩阵，也就是 inv(A)*B，而 B/A 等效于 A 矩阵的逆右乘 B 矩阵，也就是 B*inv(A)。

注意：对于含有标量的运算，两种除法运算的结果相同，如 3/4 和 4\3 有相同的值，都等于 0.75。又如，设 a=[10.5,25]，则 a/5=5\a=[2.1000 5.0000]。对于矩阵来说，左除和右除表示两种不同的除数矩阵和被除数矩阵的关系。对于矩阵运算，一般 A\B≠B/A。

4）矩阵的乘方。

一个矩阵的乘方运算可以表示成 A^x，要求 A 为方阵，x 为标量。

（2）点运算。

在 Matlab 中，有一种特殊的运算，因为其运算符是在有关算术运算符前面加点，所以叫点运算。点运算符有.*、./、.\和.^。两矩阵进行点运算是指它们的对应元素进行相关运算，要求两矩阵的维参数相同。

2. 关系运算

Matlab 提供了 6 种关系运算符：<（小于）、<=（小于或等于）、>（大于）、>=（大于或等于）、==（等于）、~=（不等于）。它们的含义不难理解，如表 1-11 所示，但要注意其书写方法与数学中的不等式符号不尽相同。

表 1-11 Matlab 关系运算符

运算符	功能	运算符	功能
<	小于	>=	大于或等于
<=	小于或等于	==	等于
>	大于	~=	不等于

关系运算符的运算法则：

（1）当两个比较量是标量时，直接比较两数的大小。若关系成立，关系表达式结果为 1，否则为 0。

（2）当参与比较的量是两个维数相同的矩阵时，比较是对两矩阵相同位置的元素按标量关系运算规则逐个进行，并给出元素比较结果。最终的关系运算的结果是一个维数与原矩阵相同的矩阵，它的元素由 0 或 1 组成。

（3）当参与比较的一个是标量，而另一个是矩阵时，则把标量与矩阵的每一个元素按标量关系运算规则逐个比较，并给出元素比较结果。最终的关系运算的结果是一个维数与原矩阵相同的矩阵，它的元素由 0 或 1 组成。

3. 逻辑运算

Matlab 提供了 3 种逻辑运算符：&（与）、|（或）和~（非）。

逻辑运算的运算法则：

（1）在逻辑运算中，非零元素为真，用 1 表示；零元素为假，用 0 表示。

（2）设参与逻辑运算的是两个标量 a 和 b，那么：

a&b：a、b 全为非零时，运算结果为 1，否则为 0。

a|b：a、b 中只要有一个非零，运算结果为 1。

~a：当 a 是 0 时，运算结果为 1；当 a 非零时，运算结果为 0。

（3）若参与逻辑运算的是两个同维矩阵，那么运算将对矩阵相同位置上的元素按标量规则逐个进行。最终运算结果是一个与原矩阵同维的矩阵，其元素由 1 或 0 组成。

（4）若参与逻辑运算的一个是标量，一个是矩阵，那么运算将在标量与矩阵中的每个元素之间按标量规则逐个进行。最终运算结果是一个与矩阵同维的矩阵，其元素由 1 或 0 组成。

（5）逻辑非是单目运算符，也服从矩阵运算规则。

（6）在算术、关系、逻辑运算中，算术运算优先级最高，逻辑运算优先级最低。

1.3 Matlab 编程风格及其高级应用

1.3.1 Matlab 编程特点

Matlab 最突出的特点就是简洁。Matlab 用更直观的符合人们思维习惯的代码代替了 C 和 FORTRAN 语言的冗长代码，并且给用户带来了最直观、最简洁的程序开发环境。Matlab 的主要特点如下：

（1）语言简洁紧凑，使用方便灵活，库函数极其丰富。Matlab 程序书写形式自由，利用其丰富的库函数避开繁杂的子程序编程任务，压缩了一切不必要的编程工作。由于库函数都由本领域的专家编写，用户不必担心函数的可靠性。可以说，用 Matlab 进行科技开发是站在专家的肩膀上。

（2）运算符丰富。由于 Matlab 是用 C 语言编写的，Matlab 提供了和 C 语言几乎一样多的运算符，灵活使用 Matlab 的运算符将会使程序变得极为简短。

（3）Matlab 既具有结构化的控制语句（如 for 循环、while 循环、break 语句和 if 语句），又有面向对象编程的特性。

（4）语法限制不严格，程序设计自由度大。例如，在 Matlab 中，用户无需对矩阵预定义即可使用。

（5）程序的可移植性很好，基本上不做修改就可以在各种型号的计算机和操作系统上运行。

（6）Matlab 的图形功能强大。在 FORTRAN 和 C 语言里，绘图都很不容易，但在 Matlab 里，数据的可视化非常简单。Matlab 还具有较强的编辑图形界面的能力。

（7）Matlab 的缺点是，它和其他高级程序相比，程序的执行速度较慢。由于 Matlab 的程序不用编译等预处理，也不生成可执行文件，程序为解释执行，所以速度较慢。

（8）源程序的开放性。开放性也许是 Matlab 最受人们欢迎的特点。除内部函数以外，所有 Matlab 的核心文件和工具箱文件都是可读可改的源文件，用户可以通过对源文件的修改以及加入自己的文件来构成新的工具箱。

1.3.2 关于 Matlab 的接口技术

Matlab 是美国 Mathworks 公司开发和发行的一款软件产品。它是一个交互式的开发系统，具有强大的数值计算和图形显示能力，以及易用的编程开发语言。Matlab 接口技术包括以下几方面内容：

- 数据的导入导出。这些技术主要包括在 Matlab 环境里利用 MAT 文件技术来进行数据的导入导出。

- 和普通的动态链接库（DLL）文件的接口。
- 在 Matlab 环境里调用 C/C++、FORTRAN 语言代码的接口。这个接口是通过 MEX 技术实现的。利用 MEX 技术，C/C++或 FORTRAN 代码通过实现一个特殊的入口函数就能够被编译成 MEX 文件。
- 在 Matlab 中调用 Java。6.0 版本之后的 Matlab 都包含一个 Java 虚拟机，用户可以通过 Matlab 命令来使用 Java 语言解释器，从而实现对 Java 对象的调用。
- 对 COM 和 DDE 的支持。
- 在 Matlab 中使用网络服务。
- 和串行口的通信接口。

Matlab 给用户提供了非常丰富的接口技术，包括和其他语言程序的接口，真正实现了在不同程序之间共享数据的接口，使得编程和计算的效率大幅度提高。

1.3.3 关于 Matlab 与 C/C++混合编程

虽然 Matlab 是以矩阵为基本运算单位的高效数值计算软件，带有功能强大的数学函数库，并开发有多种学科领域的工具箱函数库，广泛地应用于科学研究与工程计算，但是其自身存在的一些缺点限制了它在更多方面的应用：

- Matlab 程序不能脱离其运行环境，可移植性差。
- Matlab 是一种解释性语言，语言执行效率低，实时性较差。
- Matlab 的界面开发能力较差，难以开发出友好的应用界面。
- Matlab 编写的 M 文件是文本文件，容易被直接读取，难以保护劳动者的成果。

Visual C++用于面向对象的可视化编程，可以完成从底层软件到面向用户软件的各种应用程序的开发。利用它提供的各种实用工具，开发者可以轻松开发出高效强大的 Windows 应用程序。但在实际工程开发中，与 Matlab 相比存在以下缺点：

- Visual C++在数值处理分析和算法工具等方面不如 Matlab。
- Visual C++在准确方便地绘制数据图形（数据可视化）方面不如 Matlab。

因此，把 Matlab 在数值计算、算法设计、数据可视化等领域的优势与 Visual C++应用系统集成，不仅可以完全满足系统在数据运算与表现方面的需求，而且还可以提高系统处理的效率和稳定性，同时也减少了开发人员实现算法的困难，缩短了软件开发的周期，提高了软件质量，在实践中具有很高的实用价值。

2

Matlab 界面编程

对一个成功的软件来说，其内容和基本功能当然是第一位的。但除此之外，图形界面的优劣往往也决定着该软件的档次，因为用户界面会对软件本身起到包装作用，而这又像产品的包装一样，所以能掌握 Matlab 的图形界面编程对设计出良好的通用软件来说是十分重要的。

随着 Matlab 版本的不断更新，图形界面程序功能已经非常完善，现在它能弯曲支持可视化编程，其方便程度类似于 Visual Basic。将它提供的方法和用户的 Matlab 编程经验结合起来，可以很容易地写出高水平的用户界面程序。

本章先介绍二维图形的绘制，再介绍三维图形的绘制，穿插图形的处理、注释功能，循序渐进地使读者掌握图形界面编程。

2.1 二维图形

用户在 Matlab 中绘制图形，既可以调用绘图函数，也可以在系统自带的图形编辑窗口中进行操作。本节介绍二维图形的绘制函数，主要内容包括：基本二维图形的绘制语句、特殊图形的绘制函数、二维图形的注释等。

2.1.1 基本二维图形绘制语句

命令 1：plot

功能：线性二维图，这是 Matlab 中最常用的二维图形绘制命令。在线条多于一条时，若用户没有指定使用颜色，则 plot 循环使用由当前坐标轴颜色顺序属性（Current Axes ColorOrder Property）定义的颜色，以区别不同的线条。在用完上述属性值后，plot 又循环使用由坐标轴线型顺序属性（Axes LineStyleOrder Property）定义的线型，以区别不同的线条。

用法：plot(X,Y)，当 X、Y 均为实数向量，且为同维向量（可以不是同型向量）：X=[x(i)]，Y=[y(i)]时，则 plot(X,Y)先描出点(x(i),y(i))，然后用直线依次相连；若 X、Y 为复数向量，则不考虑虚数部分；若 X、Y 均为同维同型实数矩阵：X = [X(i)]，Y = [Y(i)]，其中 X(i)、Y(i)为列向量，则 plot(X,Y)依次画出 plot(X(i),Y(i))，矩阵有几列就有几条线；若 X、Y 中一个为向量，另一个为矩阵，且向量的维数等于矩阵的行数或列数，则矩阵按向量的方向分解成几个向量，再与向量配对分别画出，矩阵可分解成几个向量就有几条线。在上述的几种使用形式中，若有复数出现，则复数的虚数部分将不被考虑。

plot(Y)，若 Y 为实数向量，Y 的维数为 m，则 plot(Y)等价于 plot(X,Y)，其中 x=1:m；若 Y 为实数矩阵，则把 Y 按列的方向分解成几个列向量，而 Y 的行数为 n，则 plot(Y)等价于 plot(X,Y)，其中 X=[1;2;…;n]。在上述的几种使用形式中，若有复数出现，则复数的虚数部分将不被考虑。

plot(X1,Y1,X2,Y2,…)，其中 Xi 与 Yi 成对出现，plot(X1,Y1,X2,Y2,…)将分别按顺序取两数据 Xi 与 Yi 进行画图。若其中仅仅有 Xi 或 Yi 是矩阵，其余的为向量，向量维数与矩阵的维数匹配，则按匹配的方向来分解矩阵，再分别将配对的向量画出。

plot(X1,Y1,LineSpec1,X2,Y2,LineSpec2,⋯)，将按顺序分别画出由三参数 Xi、Yi、LineSpeci 定义的线条。其中参数 LineSpeci 指明了线条的类型、标记符号和画线用的颜色。在 plot 命令中可以混合使用三参数和二参数的形式。

说明：参数 LineSpec 定义线的属性。Maltab 允许用户对线条定义如表 2-1 至表 2-3 所示的特性。

表 2-1　线型

定义符	-	--	:	-.
线　型	实线（默认值）	划线	点线	点划线

表 2-2　颜色

定义符	R（red）	G（green）	b（blue）	c（cyan）
颜　色	红色	绿色	蓝色	青色
定义符	M（magenta）	y（yellow）	k（black）	w（white）
颜　色	品色	黄色	黑色	白色

表 2-3　标记类型

定 义 符	+	o（字母）	*	.	x
标记类型	加号	小圆圈	星号	实点	交叉号
定 义 符	d	^	v	>	<
标记类型	菱形	向上三角形	向下三角形	向右三角形	向左三角形
定 义 符	S	h	P		
标记类型	正方形	正六角星	正五角星		

在所有能产生线条的命令中，参数 LineSepc 可以定义线条的以下 3 个属性：线型、标记符号、颜色。对线条的上述属性可用字符串来定义，如：plot(x,y,'-.or')。

【例 2-1】

```
t = 0:pi/20:2*pi;
plot(t,cos(t),'-.r*')
hold on              %在同一坐标系中画出多幅图形
plot(t,sin(t),':bs')
```

图形结果如图 2-1 所示。

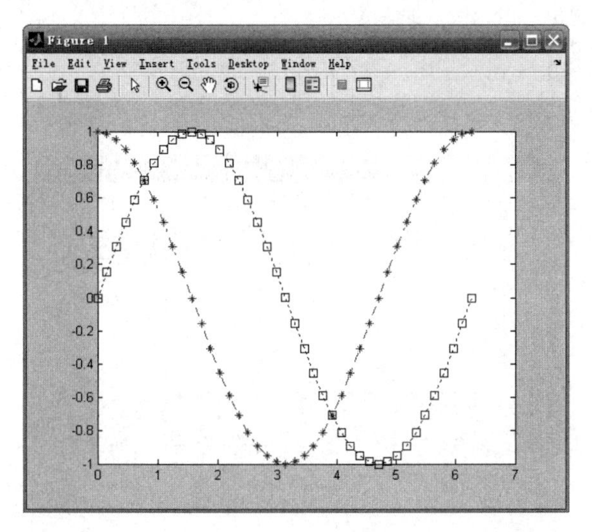

图 2-1　运行结果

命令 2：fplot

功能：在指定的范围 limits 内画出一元函数 y=f(x)的图形。其中向量 x 的分量分布在指定的范围内，y 是与 x 同型的向量，对应的分量有函数关系：y(i)=f(x(i))。若对应于 x 的值，y 返回多个值，则 y 是一个矩阵，其中每列对应一个 f(x)。例如，f(x)返回向量[f1(x),f2(x),f3(x)]，输入参量 x=[x1;x2;x3]，则函数 f(x)返回矩阵：

```
f1(x1)   f2(x1)   f3(x1)
f1(x2)   f2(x2)   f3(x2)
f1(x3)   f2(x3)   f3(x3)
```

注意：函数 function 必须是一个 M 文件函数或者是一个包含变量 x 且能用函数 eval 计算的字符串。例如 sin(x)*exp(2*x)、[sin(x),cos(x)]、hump(x)。

用法：

fplot('function',limits)：在指定的范围 limits 内画出函数名为 function 的一元函数图形。其中 limits 是一个指定 x 轴范围的向量[xmin xmax]或者是 x 轴和 y 轴范围的向量[xmin xmax ymin ymax]。

fplot('function',limits,LineSpec)：用指定的线型 LineSpec 画出函数 function 的图形。

fplot('function',limits,tol)：用相对误差值 tol 画出函数 function 的图形，相对误差的默认值为 2e-3。

fplot('function',limits,tol,LineSpec)：用指定的相对误差值 tol 和指定的线型 LineSpec 画出函数 function 的图形。

fplot('function',limits,n)：当 n≥1 时，至少画出 n+1 个点（即至少把范围 limits 分成 n 个小区间），最大步长不超过(xmax-xmin)/n。

若想用默认的 tol、n 或 LineSpec 值，则只需将空矩阵（[ ]）传递给函数。

注意：fplot 采用自适应步长控制来画出函数 function 的示意图，在函数变化激烈的区间，采用小的步长，否则采用大的步长。总之，计算量与时间最少，图形才最可能精确。

【例 2-2】

```
subplot(2,2,1);fplot('sin(x)',[0 2*pi])
subplot(2,2,2);fplot('cos(x)',[0 2*pi])
subplot(2,1,2);fplot('[tan(x),sin(x),cos(x)]',2*pi*[-1 1 -1 1])
```

图形结果如图 2-2 所示。

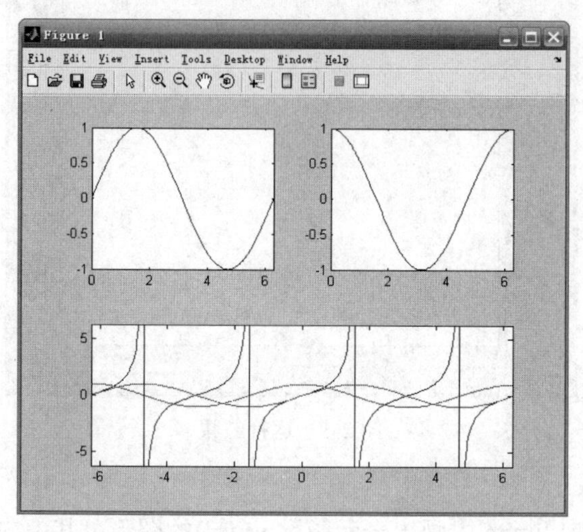

图 2-2　运行结果

2.1.2　特殊图形绘制函数及其用法举例

除了标准的二维图形绘制之外，Matlab 还提供了具有各种特殊意义的图形绘制函数，其常用调用格式如表 2-4 所示，其中参数 x、y 分别表示横纵坐标绘图数据，c 表示颜色选项，u、l 分别表示无插图的上下限向量。当然随着输入参数个数及类型的不同，各个函数的绘图形式也有所区别。下面就介绍几种常用的特殊图形绘制命令。

表 2-4　Matlab 提供的特殊二维曲线的绘制函数

函数名	意义	常用的调用格式
bar()	二维条形图	bar(x,y)
comet()	彗星撞轨迹图	comet(x,y)
compass()	罗盘图	compass(x,y)
errorbar()	误差限图形	errorbar(x,y,l,u)
feather()	羽毛状图	feather(x,y)
fill()	二维填充图	fill(x,y,c)
hist()	直方图	hist(y,n)
loglog()	对数图	loglog(x,y)
polar()	极坐标图	polar(x,y)
quiver()	磁力线图	quiver(x,y)
stairs()	阶梯图形	staris(x,y)
stem()	火柴杆图	stem(x,y)
semilogx()	半对数图	semilogx(x,y),semilogy(x,y)

命令 1：bar

功能：二维垂直条形图，用垂直条形显示向量或矩阵中的值。

用法：

bar(y)：若 y 为向量，则分别显示每个分量的高度，横坐标为 1～length(y)；若 y 为矩阵，则 bar 把 y 分解成行向量，再分别画出，横坐标为 1～size(y,1)，即矩阵的行数。

bar(x,y)：在指定的横坐标 x 上画出 y，其中 x 为严格单增的向量。若 y 为矩阵，则 bar 把矩阵分解成几个行向量，在指定的横坐标处分别画出。

bar(…,width)：设置条形的相对宽度和控制在一组内的条形的间距。默认值为 0.8，所以如果用户没有指定 x，则同一组内的条形有很小的间距；若设置 width 为 1，则同一组内的条形相互接触。

【例 2-3】

```
x = -2.9:0.2:2.9;
bar(x,exp(x.*sin(x)))
```

图形结果如图 2-3 所示。

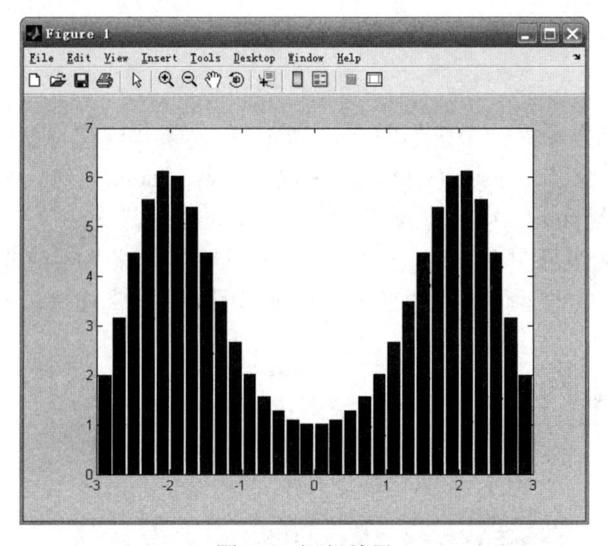

图 2-3　运行结果

命令 2：stairs

功能：画二维阶梯图，这种图对与时间有关的数字样本系统的作图很有用处。

用法：

stairs(y)：用参量 y 的元素画一阶梯图。若 y 为向量，则横坐标 x 的范围为 1～m=length(y)；若 y 为矩阵，则对 y 的每一行画一阶梯图，其中 x 的范围为 1～y 的列数 m。

stairs(x,y)：结合 x 与 y 画阶梯图，其中要求 x 与 y 为同型的向量或矩阵。此外，x 可以为行向量或列向量，且 y 为有 m=length(x)行的矩阵。

stairs(…,LineSpec)：用参数 LineSpec 指定的线型、标记符号和颜色画阶梯图。

【例 2-4】

```
x = 0:.25:10;
stairs(x,exp(sin(x.^2)))
```

图形结果如图 2-4 所示。

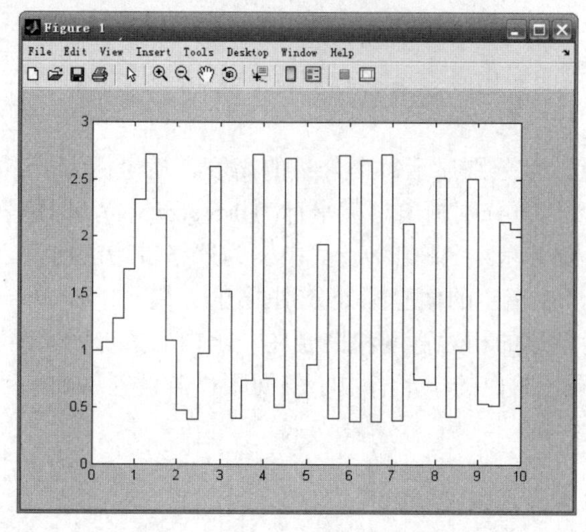

图 2-4　运行结果

命令 3：pie

功能：饼形图。

用法：

pie(x)：用 x 中的数据画一个饼形图，x 中的每一元素代表饼形图中的一部分。x 中元素 x(i)所代表的扇形大小通过 x(i)/sum(x)的大小来决定。若有 sum(x)=1，则 x 中元素就直接指定了所在部分的大小；若 sum(x)<1，则画出一个不完整的饼形图。

pie(x,explode)：从饼形图中分离出一部分，explode 是元素为零或非零的与 x 相对应的向量或矩阵。与 explode 的非零值对应的部分将从饼形图中心分离出来，explode 必须与 x 同型。

【例 2-5】

```
x = [1 3 0.5 2.5 2];
explode = [0 1 0 0 0];
pie(x,explode)
```

图形结果如图 2-5 所示。

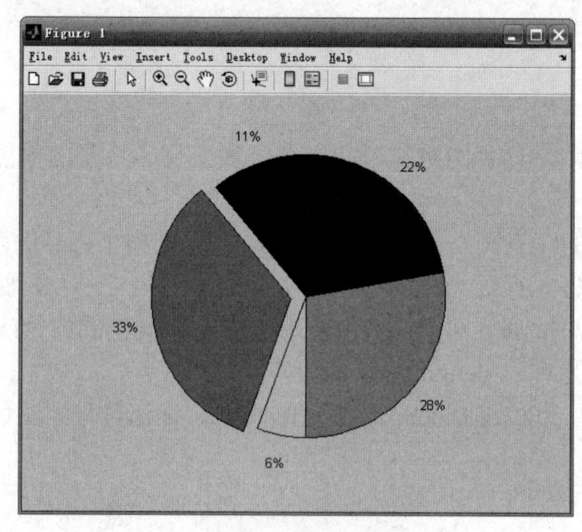

图 2-5　运行结果

2.1.3　二维图形注释命令

命令 1：grid

功能：给二维或三维图形的坐标面增加分隔线。该命令会对当前坐标轴的 Xgrid、Ygrid、Zgrid 的属性有影响。

用法：

grid on：给当前的坐标轴增加分隔线。

grid off：从当前的坐标轴中去掉分隔线。

grid：转换分隔线显示与否的状态。

grid(axes_handle,on|off)：对指定的坐标轴 axes_handle 是否显示分隔线。

命令 2：gtext

功能：在当前二维图形中用鼠标放置文字。当光标进入图形窗口时，会变成一个大十字，表明系统正等待用户的动作。

用法：

gtext('string')：当光标位于一个图形窗口内时，等待用户单击鼠标或键盘。若按下鼠标或键盘，则在光标的位置放置给定的文字“string”。

h = gtext('string')：当用户在鼠标指定的位置放置文字“string”后，返回一个 text 图形对象句柄给 h。

命令 3：legend

功能：在图形上添加图例。该命令对有多种图形对象类型（线条图、条形图、饼形图等）的窗口显示一个图例。对于每一线条，图例会在用户给定的文字标签旁显示线条的线型、标记符号和颜色等；当所画的是区域（patch 或 surface 对象）时，图例会在文字旁显示表面颜色。Matlab 在一个坐标轴中仅仅显示一个图例。图例的位置由几个因素决定，如遮挡的对象等，用户可以用鼠标拖动图例到恰当的位置，双击标签可以进入标签编辑状态。

用法：

legend('string1','string2',…)：用指定的文字“string”在当前坐标轴中对所给数据的每一部分显示一个图例。

legend(h,'string1','string2',…)：用指定的文字“string”在一个包含于句柄向量 h 中的图形显示图例，用给定的数据给相应的图形对象加上图例。

legend(axes_handle,...)：给由句柄 axes_handle 指定的坐标轴加上图例。

legend('off')：从当前的坐标轴或由 axes-handle 指定的坐标轴中除掉图例。

legend(…,pos)：在指定的位置 pos 放置图例，如表 2-5 所示。

表 2-5　图例位置

pos 取值	pos=-1	pos=0	pos=1
图例位置	坐标轴之外的右边	坐标轴之内，有可能遮挡部分图形	坐标轴的右上角（默认位置）
pos 取值	pos=2	pos=3	pos=4
图例位置	坐标轴的左上角	坐标轴的左下角	坐标轴的右下角

命令 4：title

功能：给当前轴加上标题。每个 axes 图形对象可以有一个标题，标题位于 axes 的上方正中央。

用法：

title('string')：在当前坐标轴上方正中央放置字符串“string”作为标题。

title(fname)：先执行能返回字符串的函数 fname，然后在当前轴上方正中央放置返回的字符串作为标题。

命令 5：text

功能：在当前轴中创建 text 对象。函数 text 是创建 text 图形句柄的低级函数，可用该函数在图形中指定的位置上显示字符串。

用法：

text(x,y,'string')：在图形中指定的位置(x,y)上显示字符串“string”。

text(x,y,z,'string')：在三维图形空间中的指定位置(x,y,z)上显示字符串“string”。

命令 6：xlabel、ylabel

功能：给 x、y 轴贴上标签。

用法：

xlabel('string')、ylabel('string')：给当前轴对象中的 x、y 轴贴标签。注意，若再次执行 xlabel 或 ylabel 命令，则新的标签会覆盖旧的标签。

xlabel(fname)、ylabel(fname)：先执行函数 fname，返回一个字符串，然后在 x、y 轴旁边显示出来。

【例 2-6】

```
t = 0:pi/20:2*pi;
plot(t,cos(t),'-.r*')
hold on                    %在同一坐标系中画出多幅图形
plot(t,sin(t),':bs')
grid
legend('cos(t)','sin(t)',3)
title('正余弦图形')
xlabel('x')
ylabel('y')
```

运行结果如图 2-6 所示。

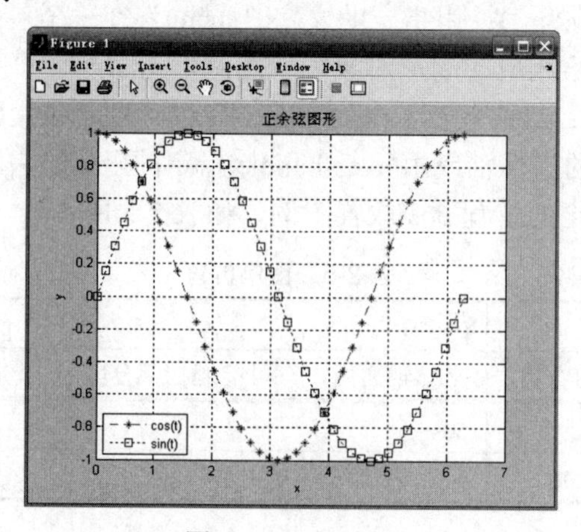

图 2-6　运行结果

2.2　三维图形

Matlab 中有丰富的三维绘图函数，虽然三维绘图可以看成二维绘图的拓展，一些绘制函数调用格式十分相似，很多图形绘制和设置函数也可以二维和三维通用，但是三维图形仍有其特殊之处。本节主要结合常用的三维绘图函数来介绍三维图形的绘制方法。

2.2.1　三维曲线绘制方法

命令 1：plot3

功能：三维空间内绘制出三维的曲线。

用法：plot3(x,y,z,选项)，其中 x、y、z 分别为维数相同的向量，这里所用的选项和 plot() 函数是一致的，它可以定义曲线的线型、颜色等信息，具体内容可以参见 2.1.1 节。

【例 2-7】

```
t=0:pi/50:2*pi;
x=sin(t); y=cos(t); z=t;
h=plot3(x,y,z, ' g-' )
```

图形结果如图 2-7 所示。

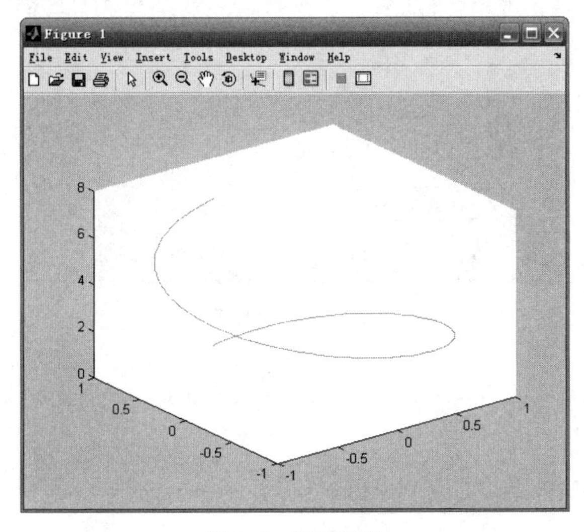

图 2-7　运行结果

命令 2：mesh

功能：生成由 X、Y 和 Z 指定的网线面，由 C 指定颜色的三维网格图。网格图是作为视点由 view(3)设定的 surface 图形对象。曲面的颜色与背景颜色相同（当要动画显示不透明曲面时，可用命令 hidden 控制），或者当画一个标准的可透视的网线图时，曲面的颜色不显示（命令 shading 控制渲染模式）。当前的色图决定线的颜色。

用法：

mesh(X,Y,Z)：画出颜色由 C 指定的三维网格图，并且和曲面的高度相匹配。若 X 与 Y 均为向量，length(X)=n，length(Y)=m，而[m,n]=size(Z)。空间中的点(X(j),Y(I),Z(I,j))为所画曲面网线的交点，X 对应于 Z 的列，Y 对应于 Z 的行；若 X 与 Y 均为矩阵，则空间中的点

(X(I,j),Y(I,j),Z(I,j))为所画曲面的网线的交点。

mesh(Z)：由[n,m] = size(Z)得，X =1:n，Y=1:m，其中 Z 为定义在矩形划分区域上的单值函数。

mesh(…,C)：用由矩阵 C 指定的颜色画网线网格图。Matlab 对矩阵 C 中的数据进行线性处理，以便从当前色图中获得有用的颜色。

mesh(…,'PropertyName',PropertyValue,…)：对指定的属性 PropertyName 设置属性值 PropertyValue，可以在同一语句中对多个属性进行设置。

【例 2-8】

```
[X,Y] = meshgrid(-3:.125:3);
Z = peaks(X,Y);
mesh(X,Y,Z);
```

图形结果如图 2-8 所示。

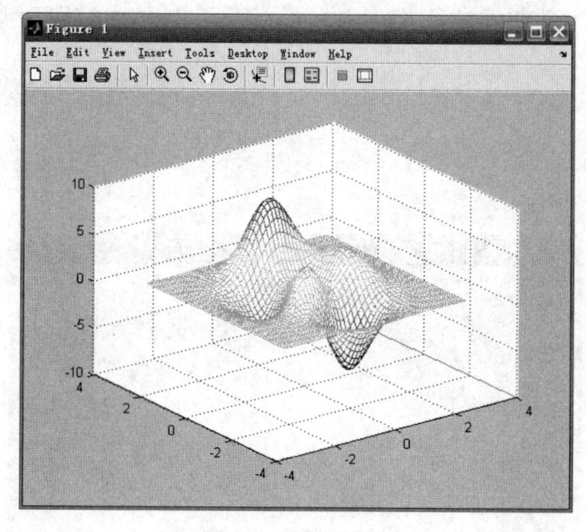

图 2-8　运行结果

【例 2-9】

```
X=[0:0.1:1];
Y=[0:0.1:1];
[X Y]=meshgrid(X,Y);
Z=X.^2+Y.^2;
mesh(X,Y,Z)
```

运行结果如图 2-9 所示。

此外，还有带等高线的三维网格曲面函数 meshc 和带底座的三维网格曲面函数 meshz。其用法与 mesh 类似，不同的是 meshc 在 xy 平面上绘制曲面在 z 轴方向的等高线，meshz 在 xy 平面上绘制曲面的底座。

命令 3：surf

功能：在矩形区域内显示三维带阴影曲面图。

用法：

surf(Z)：生成一个由矩阵 Z 确定的三维带阴影的曲面图，其中 [m,n] = size(Z)，X = 1:n，Y = 1:m。高度 Z 为定义在一个几何矩形区域内的单值函数，Z 同时指定曲面高度数据的颜色，所以颜色对于曲面高度是一一对应的。

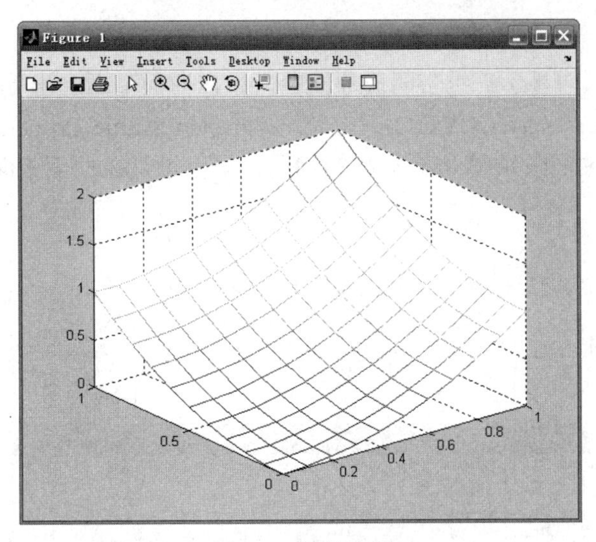

图 2-9　运行结果

surf(X,Y,Z)：数据 Z 为曲面高度，同时也是颜色数据，X 和 Y 为定义 X 坐标轴和 Y 坐标轴的曲面数据。若 X 与 Y 均为向量，length(X)=n，length(Y)=m，[m,n]=size(Z)，在这种情况下，空间曲面上的节点为(X(I),Y(j),Z(I,j))。

surf(X,Y,Z,C)：用指定的颜色 C 画出三维网格图。Matlab 会自动对矩阵 C 中的数据进行线性变换，以获得当前色图中可用的颜色。

surf(…,'PropertyName',PropertyValue)：对指定的属性 PropertyName 设置为属性值 PropertyValue。

【例 2-10】

```
[X,Y] = meshgrid(-3:.125:3);
Z = peaks(X,Y);
surf(X,Y,Z)
```

结果图形如图 2-10 所示。

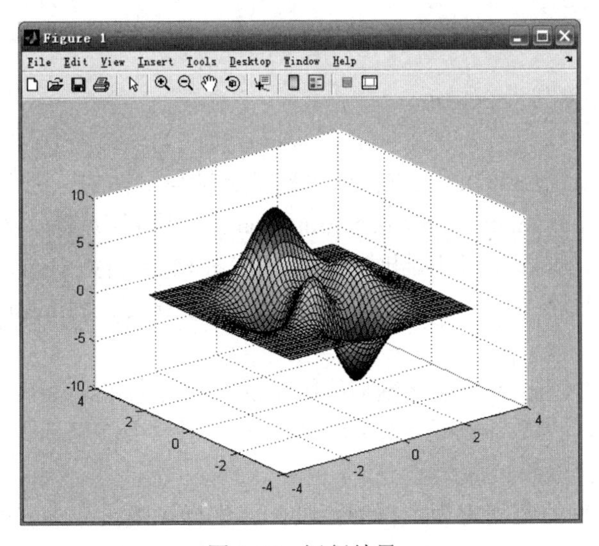

图 2-10　运行结果

命令 3：surfc

功能：在矩形区域内显示三维带阴影曲面图，且在曲面下面画出等高线。

用法：surfc(X,Y,Z)、surfc(X,Y,Z,C)、surfc(…,'PropertyName',PropertyValue)。

上面 3 种形式的曲面效果与命令 surf 的相同，只不过是在曲面下面增加了曲面的等高线而已。

【例 2-11】

```
[X,Y] = meshgrid(-3:.125:3);
Z = peaks(X,Y);
surfc(X,Y,Z)
```

图形结果如图 2-11 所示。

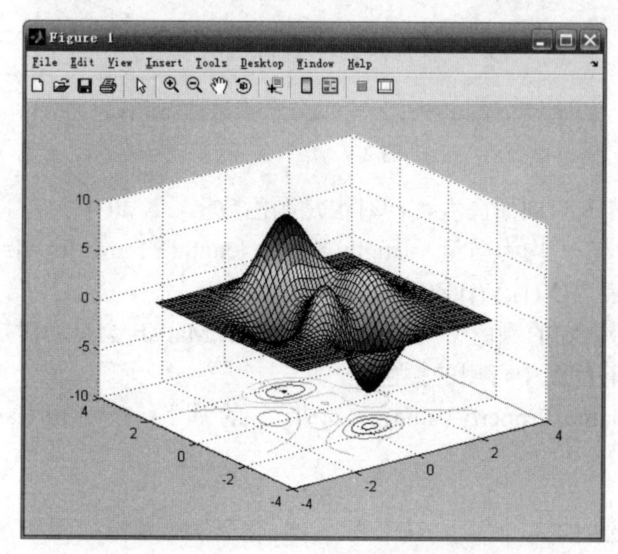

图 2-11　运行结果

2.2.2　三维数据的其他命令

命令 1：axis

功能：坐标轴的刻度与外在显示。

用法：

axis([xmin xmax ymin ymax])：设置当前坐标轴 x 轴与 y 轴的范围。

axis([xmin xmax ymin ymax zmin zmax cmin cmax])：设置当前坐标轴 x 轴、y 轴与 z 轴的范围和当前颜色刻度范围。该命令也同时设置当前坐标轴的属性 Xlim、Ylim 与 Zlim 为所给参数列表中的最大值和最小值。另外，坐标轴属性 XlimMode、YlimMode 与 ZlimMode 设置为 manual。

v = axis：返回包含 x 轴、y 轴与 z 轴刻度因子的一个行向量，其中 v 为一个四维或六维向量，这取决于当前坐标系为二维还是三维的。返回的值包含当前坐标轴的 Xlim、Ylim 与 Zlim 属性值。

axis tight：把坐标轴的范围定为数据的范围，即坐标轴中没有多余的部分。

axis fill：用于将坐标轴的取值范围分别设置为绘图所用数据在相应方向上的最大、最小值。

axis equal：设置坐标轴的纵横比，使每个方向的数据单位都相同。其中 x 轴、y 轴与 z 轴将根据所给数据在各个方向的数据单位自动调整其纵横比。

axis image：效果与命令 axis equal 相同，只是图形区域刚好紧紧包围图像数据。

axis square：设置当前图形为正方形（或立方体形），系统将调整 x 轴、y 轴与 z 轴，使它们有相同的长度，同时相应地自动调整数据单位之间的增加量。

axis normal：自动调整坐标轴的纵横比，还有用于填充图形区域的显示于坐标轴上的数据单位的纵横比。

【例 2-12】

```
x = 0:0.025:pi/2;
plot(x,sin(2*x),'-m<')
axis([0   pi/2   0   1])
```

图形结果如图 2-12 所示。

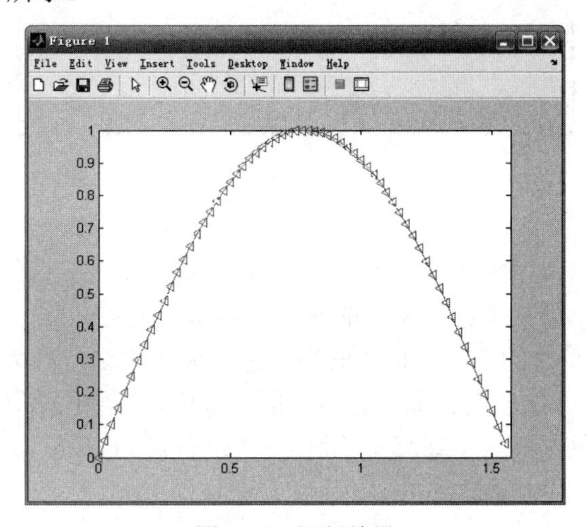

图 2-12　运行结果

命令 2：hidden

功能：在网格图中显示隐含线条。隐含线条的显示实际上是显示那些从观察角度观看没有被其他物体遮住的线条。

用法：

hidden on：对当前图形打开隐含线条的显示状态，使网格图后面的线条被前面的线条遮住。设置曲面图形对象的属性 FaceColor 为坐标轴背景颜色，这是系统的默认操作。

hidden off：对当前图形关闭隐含线条的显示。

hidden：在 on 与 off 两种状态之间切换。

【例 2-13】

```
[X,Y] = meshgrid(-3:.125:3);
Z = peaks(X,Y);
mesh(X,Y,Z);
hidden off
```

图形结果如图 2-13 所示。

命令 3：shading

功能：设置颜色色调属性。该命令控制曲面与补片等图形对象的颜色色调，同时设置当前坐标轴中所有曲面与补片图形对象的属性 EdgeColor 与 FaceColor。命令 shading 设置恰当的属性值，这取决于曲面或补片对象是表现网格图还是实曲面。

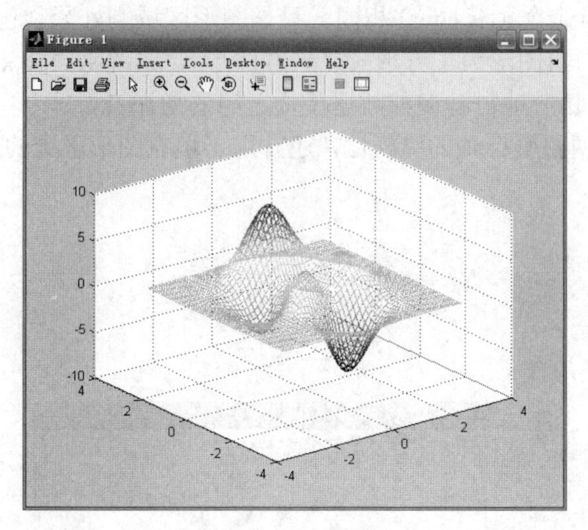

图 2-13　运行结果

用法：

shading flat：使网格图上的每一线段与每一小面有相同颜色，该颜色由线段末端的端点颜色确定，或由小面的、小型的下标或索引的四个角的颜色确定。

shading faceted：带重叠的黑色网格线的平面色调模式，这是默认的色调模式。

shading interp：在每一线段与曲面上显示不同的颜色，该颜色为通过在每一线段两边的或者为不同小曲面之间的色图的索引或真彩色进行内插值得到的颜色。

【例 2-14】

```
sphere(16)
axis square
shading flat
```

图形结果如图 2-14 所示。

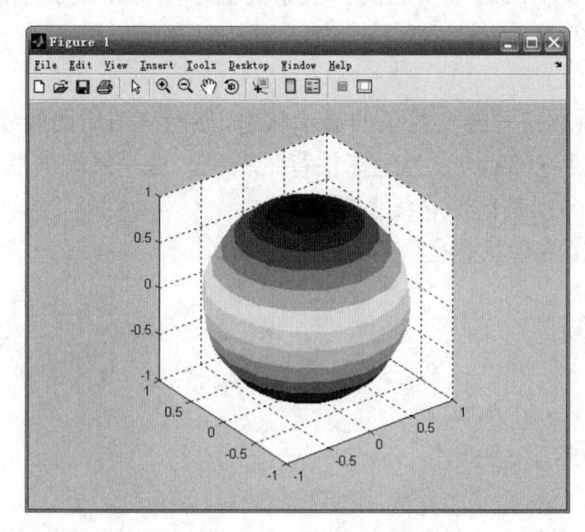

图 2-14　运行结果

命令 4：view

功能：指定立体图形的观察点。观察者（观察点）的位置决定了坐标轴的方向。用户可以用方位角（azimuth）和仰角（elevation），或者用空间中的一点来确定观察点的位置。

用法：

view(az,el)、view([az,el])：给三维空间图形设置观察点的方位角。方位角 az 与仰角 el 为两个旋转角度：做通过视点与 z 轴的平面，与 xy 平面有一交线，该交线与 y 轴的反方向的、按逆时针方向（从 z 轴的方向观察）计算的、单位为度的夹角就是观察点的方位角 az；若角度为负值，则按顺时针方向计算。在通过视点与 z 轴的平面上，用一直线连接视点与坐标原点，该直线与 xy 平面的夹角就是观察点的仰角 el；若仰角为负值，则观察点转移到曲面下面。

view([x,y,z])：在笛卡儿坐标系中在点(x,y,z)处设置视点。注意，输入参量只能是方括号的向量形式，而非数学中的点的形式。

view(2)：设置默认的二维形式视点。其中 az=0，el=90，即从 z 轴上方观看。

view(3)：设置默认的三维形式视点。其中 az=-37.5，el=30。

view(T)：根据转换矩阵 T 设置视点。其中 T 为 4*4 阶的矩阵，如同用命令 viewmtx 生成的透视转换矩阵一样。

[az,el] = view：返回当前的方位角 az 与仰角 el。

T = view：返回当前的 4*4 阶的转换矩阵 T。

【例 2-15】

```
[X,Y] = meshgrid(-3:.125:3);
Z = peaks(X,Y);
mesh(X,Y,Z);
az = 0;el = 90;
view(az, el)
```

图形结果如图 2-15 所示。

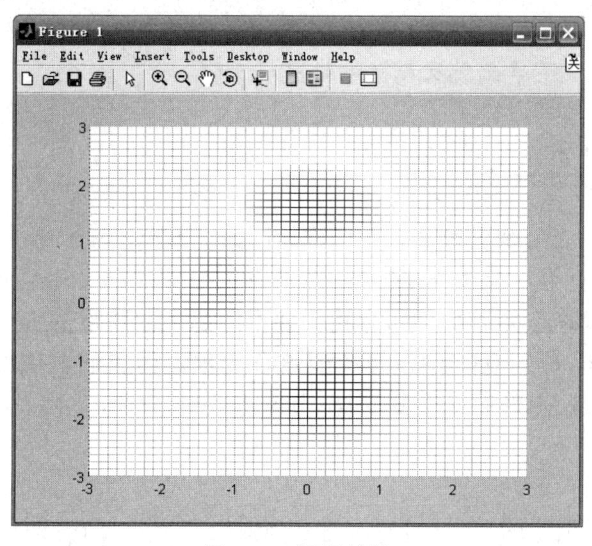

图 2-15　运行结果

3 图形句柄及其应用

Matlab 语言作为一种语句接近数学公式、编程便利、运算功能强大、绘图功能灵活多变、易于自学的开放式设计系统，其绘图动画功能虽不及 Flash 或 3ds max，但由于其强大的矩阵运算内嵌其中、与工程实际结合紧密等优点，使得工科绘图中多了一种选择。句柄图形（handle graphics）涉及 Matlab 图形系统中的底层（low-level）命令，可以完成许多命令无法实现的功能。本章结合 Matlab 中的句柄图形，首先简要介绍 Matlab 图形句柄的基本概念，然后介绍一些基本操作，最后以柴油机活塞在气缸中的运动动画制作为例说明图形句柄的应用。

本章主要内容：

- Matlab 句柄图形：图形对象的概念及体系结构。
- 图形对象的创建：各种类型的图形对象。
- 图形对象的属性：句柄的概念及其操作、对象属性的访问和设置。
- 默认属性。
- 其他功能介绍：菜单函数及属性编辑器。

3.1 Matlab 句柄图形

Matlab 中关于绘图的命令有很多，如二维绘图命令 plot、三维绘图命令 plot3、多面体绘图命令 cylinder 等，这些命令都处于 Matlab 图形系统中的高层（high-level）界面。使用这些命令虽然方便简单，但缺乏灵活性，因为我们并不清楚生成图形的细节。如果我们想用 plot 画出橘黄色的曲线，但 plot 命令中没有提供这种选项，而我们要用到的句柄图形（handle graphics）将涉及 Matlab 图形系统中的底层（low-level）命令，可完成前面命令无法实现的功能。

1. 图形对象

高层命令一般是对整个图形进行操作，但在句柄图形中，所有图形的操作都是针对图形对象而言的。所谓图形对象是指图形系统中最基本的单元，具体包括：根（计算机屏幕）、图形窗口、轴、线、块、面、像、文本、光线、用户界面控制框、用户界面菜单和用户界面隐含菜单 12 个对象。各图形对象之间的关系如图 3-1 所示。底层命令使用户可以对图形的一个或几个对象进行独立操作，而不影响图形的其他部分，正是这种功能为绘图提供了极大的灵活性。图形对象如图 3-2 所示。

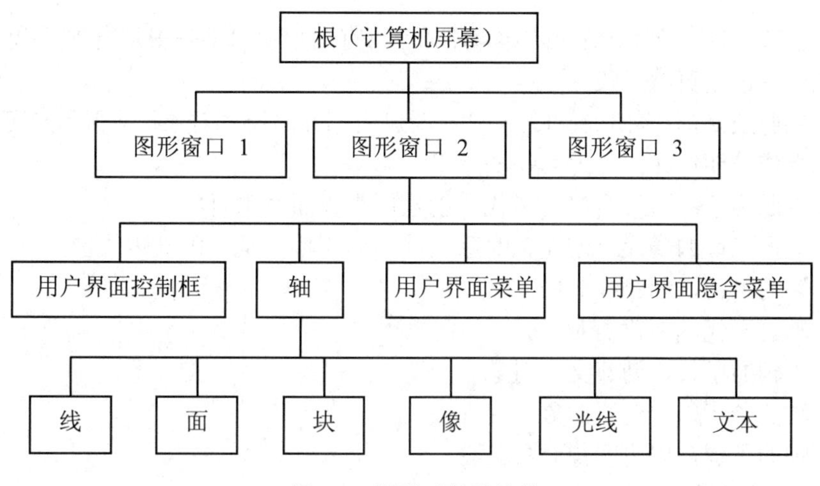

图 3-1　图形对象的结构

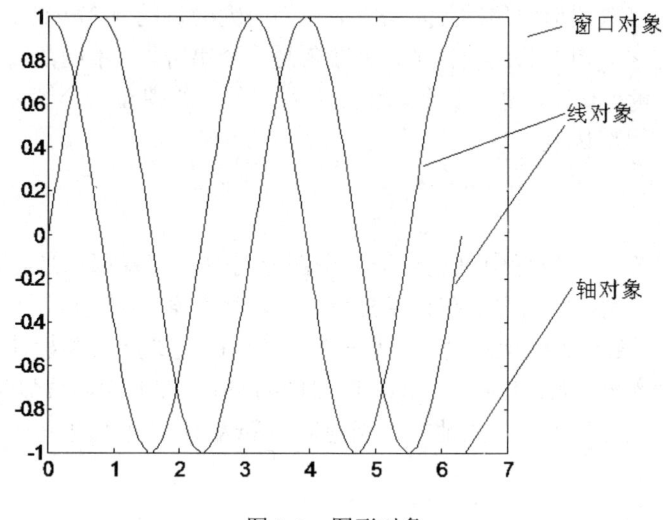

图 3-2　图形对象

2. 图形对象的句柄

每个具体的图形对象从它被创建时起就获得一个唯一的标志，这个标志就是该对象的句柄（handle），对每个对象进行操作都可以用它的句柄来识别。例如，根屏幕的句柄总是 0，图形窗口的句柄为一整数，其他对象的句柄是一些浮点数。但需要注意的是，这些浮点数可能很长，仅从屏幕上输出的数字来识别它们可能是不准确的，一定要把它们赋值于一个变量后引用，而不能根据屏幕显示的数据输入。

3. 图形对象的控制

指对已创建的对象进行的，如删除、保持、获取它们的句柄等操作。Matlab 为此提供了一系列控制函数来实现图形窗口的控制、轴控制以及其他图形对象的控制。

说明：

- 根：图形对象的根，对应于计算机屏幕，根只有一个，其他所有图形对象都是根的后代。
- 图形窗口：根的子代，窗口的数目不限，所有图形窗口都是根屏幕的子代，除根之外，其他对象都是窗的后代。
- 用户界面控制框：图形窗口的子代，创建用户界面控制对象，使得用户可以用鼠标在图形上作功能选择，并返回句柄。
- 用户界面菜单：图形窗口的子代，创建用户界面菜单对象。
- 轴：图形窗口的子代，创建轴对象，并返回句柄，是点面文本块像的父辈。
- 线：轴的子代，创建线对象。
- 面：轴的子代，创建面对象。
- 文本：轴的子代，创建文本对象。
- 块：轴的子代，创建块对象。
- 像：轴的子代，创建图像对象。

4. 图形对象的性质

所有图形对象都用属性来定义它们的特征，如 Root、Figure、Axes、Image 等，通过改变这些属性的取值可以修改图形对象的显示方式，我们研究的目的就在于此。每一种图形对象的属性包括属性名和与它们相关联的属性值。属性名是一个字符串，不同的属性值可能是不同类型的数，如实量、标量、整数、浮点、逻辑量、字符串等。在建立一个图形对象时，如不特别指定它的属性，就使用默认值。

5. 几个具体问题

（1）当前对象。

什么是当前对象？一个坐标中可能有很多个图形对象，究竟哪个是当前对象呢？一般说来，当前对象是指最后创建的对象。在计算机窗口中，两个窗口的叠放是很自然的，当前对象很容易判断；如果是两条交叉线就不同了，因为在两条线的交叉点上很难看清谁在上，谁在下。例如，用 line 产生两条线：H1=line([1 5],[1 5])、H2=line([2 4],[4 2])，很显然 H2 为当前对象。如果用鼠标单击 H1 线交叉点以外的地方，当前对象变为 H1，但如果单击交叉点，则当前对象始终为 H2。

（2）位置和单位。

许多图形对象的属性中都包含位置（Position）和单位（Units），位置属性都是一个四元素向量[left,bottom,width,height]，其中[left,bottom]对应于父对象左下角位置，而[width,height]是该对象的宽度和高度。

Units 是单位属性，可选值一般包括英寸、厘米、点、像素等。

（3）绘图。

高层绘图与底层绘图有什么区别？

- 高层绘图函数：是对整个图形进行操作的，图形每一部分的属性都是按默认方式设置的，充分体现了 Matlab 语言的实用性。
- 底层绘图函数：可以定制图形，对图形的每一部分进行控制，用户可以用来开发用户界面以及各专业的专用图形，充分体现了 Matlab 语言的开放性。

3.2 图形对象的创建

本节主要是在 3.1 节的基础上向用户详细介绍各种类型的图形对象。

1. 根对象

Matlab 中对象的最上层是唯一的一个对象，即 Root（根对象），在 3.1 节中提过，根对象是唯一的，其他所有对象均是根对象的各级子对象。根对象在 Matlab 启动时，由系统自动创建，直接对应计算机屏幕。虽然不是自行创建的，但用户可以对根对象的属性进行设置，从而影响图形的显示。

2. 图形对象窗口（Figure）

Matlab 根对象之下的第一级子对象是 Figure（图形窗口对象），图形窗口是用来在根对象（屏幕）上显示 Matlab 图形的独立窗口，图形窗口中可以包含数据图形和图形用户界面。用户可以在 Matlab 屏幕中创建任意多个图形窗口（除非受到计算机本身资源的限制），所有的图形窗口都是根对象的子对象，而所有其他的图形都是图形窗口的子对象。图形对象有两个基本部分：核心图形对象（Core graphics objects）和复合图形对象（Composite graphics objects），两者的具体解释如下：

- 核心图形对象：被高层绘图函数和合成对象用来创建图形对象（Plot objects）。
- 复合图形对象：由核心对象合成的并有机结合用来提供给用户的便捷绘图界面。

如果当前的 Matlab 还没有创建图形窗口对象，则调用任何一个绘图函数，如 plot、mesh 等，都可以让系统自动创建图形窗口；而如果当前屏幕已包含多个图形窗口，则总有一个窗口被定为当前窗口，作为所有绘图函数的输出窗口。

3. 用户界面对象（UI objects）

用户界面对象是图形窗口对象的一个子对象，用来创建用户界面的若干相关图形。以子对象 Uicontrol 为例，如果用户激活该对象，则系统执行相关的回调函数，生成多种类型的实例，如按钮、列表框、滑块等 Windows 对话框的基本选项。用户界面对象的其余子对象，读者可参考 Matlab 中相关的帮助文档。

4. 轴对象（Axes）

轴对象和用户界面对象是平行的兄弟关系。轴对象在图形窗口中定义一个特定的区域，并将自身所有子对象都限制在该区域内，其包含的 4 个子对象分别为：核心对象（Core objects）、图形对象（Plot objects）、组对象（Group objects）、注释对象（Annotation objects）。

（1）核心对象（Core objects）：包含基本的核心对象，如 line、text、axes、patch、rectangular 等，用于一般图形的绘制；较为特殊的核心对象，如 surface、images、light 等。虽然这些函数不会显示，但是将影响一些对象的属性设置，具体如表 3-1 所示。

表 3-1　各对象的功能

对象	功能
figure	创建图形窗口
uicontrol	图形界面控制
uimenu	创建用户界面菜单

续表

对象	功能
Axes	创建轴对象
line	创建线对象
patch	创建块对象
surface	创建面对象，是底层函数
light	创建灯光对象

下面给出部分函数的调用格式。

①figure：创建图形窗口。

调用格式：h=figure(n)

n 为窗口序号。

②uicontrol：图形界面控制。

调用格式：h=uicontrol('property',value)。

property/value 确定控制类型。

③uimenu：创建用户界面菜单。

调用格式：h=uimenu('property',value)

property/value 确定菜单形式。

④axes：创建轴对象。

调用格式：h=axes('property', {left,bottom,width,height})

left,bottom,width,height 定义轴对象的位置与大小。

【例 3-1】

```
axes('position',[0.1 0.1 0.5 0.2])
x=0:0.5:10;
y=x;
plot(x,y)
```

图形结果如图 3-3 所示。

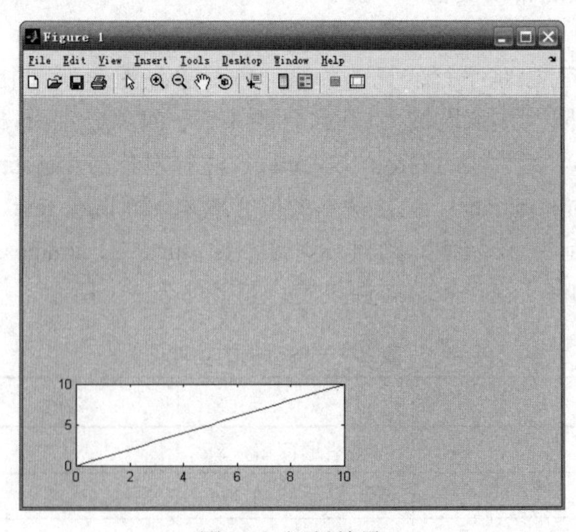

图 3-3　运行结果

axis 命令还可以定义轴的位置、宽度和高度。

如：axis([0 10 2 10])

注意二者的区别。

⑤line：创建线对象。

调用格式：h=line(x,y,z)

⑥patch：创建块对象。

调用格式：h=patch(x,y,z,c)

x、y、z 定义多边形，c 确定填充颜色。

⑦surface：创建面对象，是底层函数。

调用格式：h=surface(x,y,z,c)

x、y、z 为三维曲面坐标，c 为颜色矩阵，而 surf 是高级函数。

⑧light：灯光对象。

函数 light 创建一个灯光源，一个灯光源含 3 个因素：颜色、风格、位置。

调用格式：light('color',[1,1,1],'style',local or infinite,'position',[x,y,z])

local：x,y,z 表示光源位置；infinite：x,y,z 表示无穷远光通过该点射向原点。

【例 3-2】

```
subplot(2,2,1)
membrane                %这是一个库函数
light('color',[0.9 0.5 0.1],'position',[0,-2,1])
%风格省略为无穷远，光顺序通过(0,0,0)和(0,-2,1)
subplot(2,2,2)
membrane
light('color',[0.9 0.0 0.1],'style','local','position',[1,-1,1])
%风格为本地光，光源在(1,-1,1)位置
```

图形结果如图 3-4 所示。

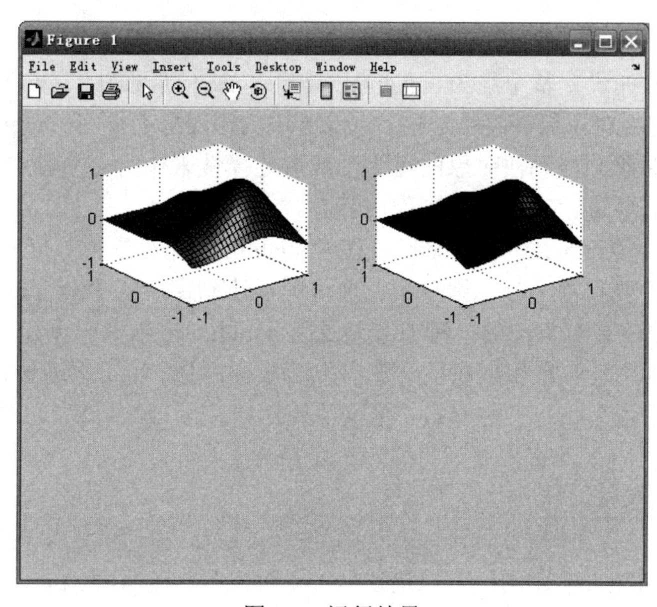

图 3-4　运行结果

⑨image：显示图像。

调用格式：h=image(x)

x 为图像矩阵。

⑩text：标注文字对象。

调用格式：h=text(x,y, 'string')

x、y 确定标注位置，string 为标注字符串。

如：h=text(0.1,0.2,'super star')

每个底层函数只能创建一个图形对象，并将它们置于适当的父辈对象中。

（2）图形对象（Plot object）：一些可以用高级绘图方式绘制图形的函数都可以返回对应的句柄值，从而创建图形对象。Matlab 中有些图形对象是由核心对象组成的，所以通过核心对象的属性可以控制这些图形对象的相关属性，其包含的绘制函数如表 3-2 所示。

表 3-2 图形对象包含的绘制函数

函数	功能
areaseries	绘制 area 图
barseries	绘制 bar 图
contourgroup	绘制 contour 图
errorbarseries	绘制 errorbar 图
lineseries	绘制曲线图
quivergroup	绘制 quiver 图
scattergroup	绘制 scatter 图
stairseries	绘制 stairs 图
stemseries	绘制 stem 图
surfaceplot	绘制 surf 图

（3）组对象（Group objects）：允许用户将轴对象的子对象设置为一个组，以便设置整个组内的对象属性。例如设置整个组为可见的（visible）或不可见的（invisible）。一旦选取了一个组对象，则其中的所有对象都将被选取。Matlab 中的组对象有两种：hggroup 和 hgtransform。当用户创建一个组对象并控制住对象的可见性或可选择性来作为一个独立对象时，使用前者；当组对象某些特性需要进行转换时，则使用后者。

（4）注释对象（Annotation objects）：在 Matlab 的注释对象中，line 和 Rectangle 与核心对象中的不同，读者要注意区分。用户可以通过图形绘制窗口的 Plot Edit 工具栏或菜单栏中的 Insert 选项来创建注释对象；另一种方式是通过 annotation 函数来创建。注释对象创建在隐藏的坐标轴中，既可以延伸宽和高在整个窗口中的显示，用户还可以通过正规化坐标（以左下角为原点(0,0)，右上角为(1,1)）的方式来定义注释对象在图形绘制窗口中的位置。

3.3 图形对象的属性

图形对象是由属性来描述的，可以通过修改属性来控制对象外观、行为等诸多特征。

用户不但可以查询当前任意对象的任意属性值，而且可以指定大多数属性的取值。在高层绘图中对图形对象的描述一般是缺省的或由高层绘图函数自动设置的，因此对用户来说几乎是不透明的。

但在句柄绘图中上述图形对象都是用户经常使用的，所以要做到心中有数，用句柄设置图形对象的属性。

由于 Matlab 对象的默写属性属于公共属性，故这些属性的操作函数可使用所有 Matlab 中的对象，表 3-3 归纳了 Matlab 中的公共属性。

表 3-3　Matlab 中对象的公共属性

属性	描述
BusyAction	控制 Matlab 句柄回调函数的中断方式
ButtonDownFcn	单击按钮时执行回调函数
Children	该对象所有子对象的句柄
Parent	该对象的父对象
Clipping	能否剪切模式（仅对轴对象的子对象）
CreateFcn	同种类型的对象创建时执行回调函数
DeleteFcn	同种类型的对象被用户发出删除指令时执行回调函数
Handle Visibility	允许用户控制来自 Matlab 命令行和回调函数内部的对象句柄的可用性
HitTest	确定被鼠标单击选中的对象能否成为当前对象
interruptible	确定当前的回调函数是否可以被后续的回调函数中断
Selected	指出该对象是否被选中
SelectionHighlight	指定选中的对象是否可以可视化显示
Tag	用户指定的对象标签
Type	该对象的类型（Figure、Line、Text 等）
UserDate	用户希望与该对象关联的任意数据
Visible	指定该对象是否可见

下面将简要介绍句柄的基本概念，以及对象属性的获取与设置。

1. 句柄（handle）的基本概念

什么是句柄？句柄是图形对象的标识代码（唯一的身份），标识代码含有图形对象的各种必要的属性信息。

什么是句柄图形？句柄图形是利用底层绘图函数，通过对对象属性的设置与操作实现绘图。

句柄图形是一种面向对象的绘图系统，其中所有图形操作都是针对图形对象而言的。

句柄图形充分体现了面向对象的程序设计。

之前介绍的高层图形指令（如 plot）都是以句柄图形软件为基础写成的，也正是由于这个原因，句柄图形也被称为底层（Low-level）图形。

句柄图形的功能如下：

- 句柄图形可以随意改变 Matlab 生成图形的方式。

- 句柄图形允许定制图形的许多特性，无论是对图形做一点小改动，还是影响所有图形输出的整体改动。
- 句柄图形可以直接创建线、文本、网格、面、图形用户界面。

各图形对象的句柄数据格式：

根屏幕：0。

图形窗口：正整数，表示图形窗口序号。

其他对象：对应的双精度浮点数。

所有能创建图形对象的 Matlab 函数都可以给出所创建图形对象的句柄。

【例 3-3】创建 1 号窗口，返回句柄。

```
h=figure(1)
h=1    '返回值为窗口号数
h=figure('color',[1 0.1 0],'position',[0 0 200 100],'name','ww')
h=line(1:6,1:6)    '创建线对象的同时也建立了一个唯一的句柄
```

变量 h 是句柄值——符点数。

2. 当前对象属性的获得与设置

Matlab 中，有关句柄图形的一个极为重要的概念是当前性（Be Current）。例如，当前的窗口即为接收绘制函数输出的窗口；当前的坐标轴就是创建坐标轴子对象的命令输出目标坐标轴；当前的图形对象则为最后创建的图形对象。

用户可以直接把调用绘制函数的返回值存放在一个变量中，那么这个变量就是相应图形的句柄。

另外一种获取当前对象句柄的常用方法是调用 get 函数。

get：获得句柄图形对象的属性和返回某些对象的句柄值。

调用格式：get(gca,'属性')

返回当前坐标的单项属性值。

set：改变图形对象的属性。

专用函数：

gcf：当前窗口对象的句柄（Get Current Figure）。

gca：当前轴对象的句柄（Get Current Axes）。

get(gca)：返回当前坐标的所有属性值。

操作格式：

h=gcf：将当前窗口对象的句柄返回 h。

get(h)或 get(gcf)：查阅当前窗口对象的属性。

delete(gcf)：删除当前窗口的属性。

虽然 gcf 和 gca 提供了一个简单获取当前图形窗口对象和轴对象句柄的方法，但是却很少在 M 文件中使用，因为遵循一般设计的 M 文件不必根据用户行为来获取当前对象。

下面通过简单实例来说明两函数的使用方法。

【例 3-4】

```
x=1:10;
y=1:10;
h=line(x,y)
get(h)
```

```
get(gca,'children')          %轴的子代创建一个线对象并返回线对象的句柄值
h1=line([0:10],[0:10])
```

运行结果：

```
h1 =
  179.0144                   %h1 为句柄的代码值
```

结果如图 3-5 所示。

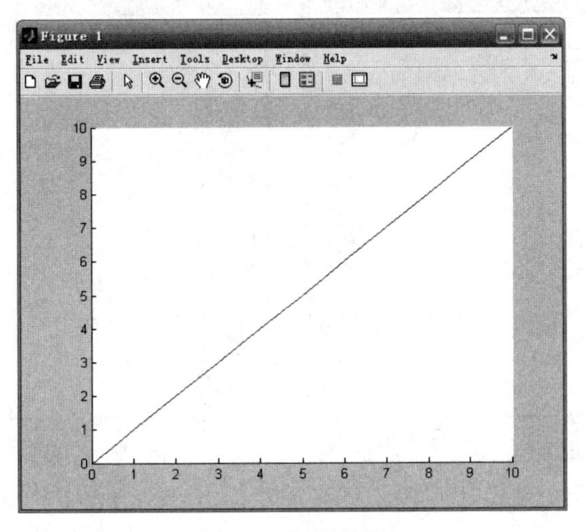

图 3-5　运行结果

```
%查阅线对象的属性名称和属性值
    get(h1)
    Color = [1 1 0]
    LineWidth = [0.5]
    MarkerSize = [6]
    Xdata = [    ]
    Ydata = [    ]
    Zdata = []
    Children = []
    Parent = [56.0001]
    Type = line
    UserData = []
%根据轴是线对象的父代，可查轴的句柄
    get(gca)
%可查色序
get(gca,'colororder')
```

运行结果：

```
ans =
         0         0    1.0000
         0    0.5000         0
    1.0000         0         0
         0    0.7500    0.7500
    0.7500         0    0.7500
    0.7500    0.7500         0
    0.2500    0.2500    0.2500
%设置线条和窗口的颜色
set(h1,'color',[1 0 0])          %如图 3-6 所示
pause(2)     %暂停 2s 观察图形的变化
```

```
set(h1,'color',[1 0.5 0])              %如图 3-7 所示
pause(2)
set(gcf,'color',[0.5 0.5 0.5])         %如图 3-8 所示
pause(2)
set(gcf,'color',[0.5 0.6 0.8])         %如图 3-9 所示
```

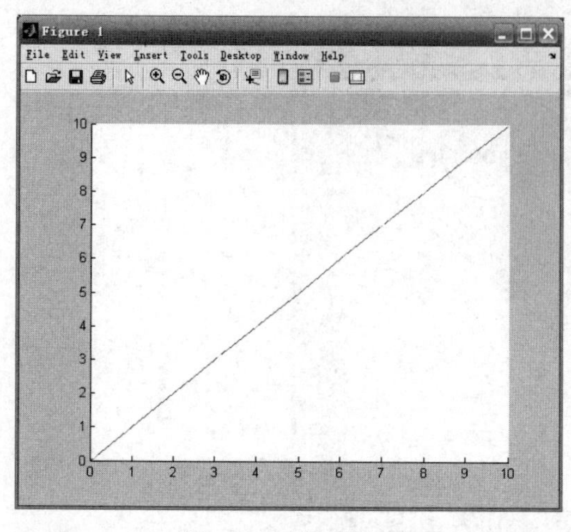

图 3-6　运行结果 1

图 3-7　运行结果 2

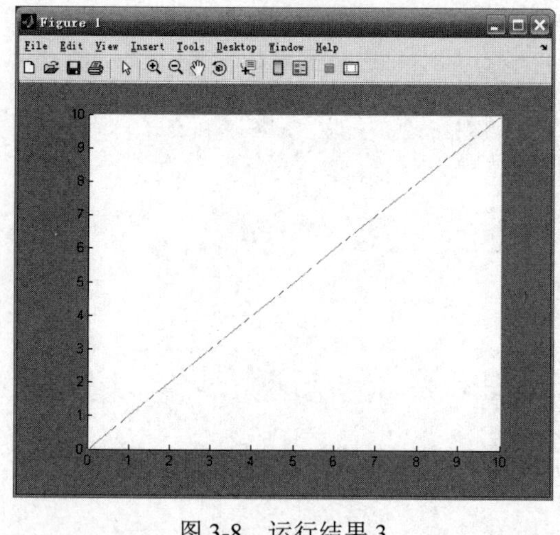

图 3-8　运行结果 3

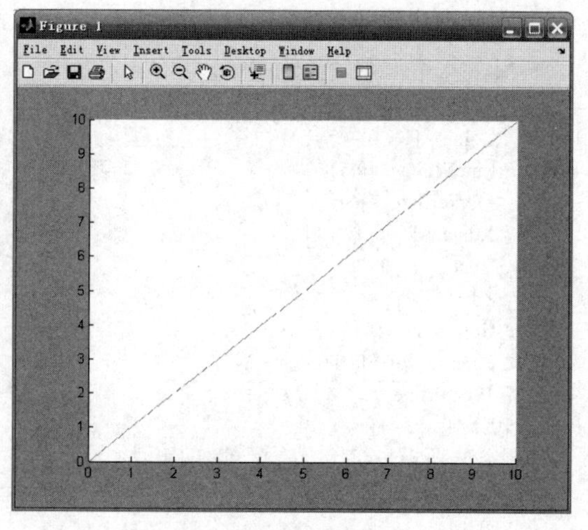

图 3-9　运行结果 4

3. 对象的属性操作

控制一个图形对象是通过句柄实现的，具体是通过句柄操作函数 get、set 将某对象句柄属性进行设置与修改。

（1）对象属性的直接操作。

对象属性的直接操作是通过当前句柄来实现的，所以首先要获得当前句柄值以及对象的属性，然后再查询或修改。

```
get(h)
get(h, 'propertyname')
set(h)
set(h, 'propertyname',value)
set(h, '属性名称', '新属性')
```

```
'color', 'r'
'linestyle', ':'
'figurecolor','m'
```

（2）对象属性的继承操作。

对象属性的继承操作是通过父代对象设置默认对象属性来实现的。

父代句柄属性中设置默认值后，所有子代对象均可以继承该属性的默认值。

属性默认值的描述结构为：

Dfault+对象名称+对象属性

如：DefaultFigureColor：图形窗口的颜色。

DefaultAxesAspaceRatio：轴的视图比例。

DefaultLineLineWide：线的宽度。

DefaultLineColor：线的颜色。

默认值的获得与设置也是由 get、set 函数实现的。

get(0,'DefaultFigureColor')：获得图形窗口的默认值。

set(h,'DefaultLineColor','r')：设置线的颜色为红色。

例如，在图上添加文字注释，颜色为红色。

```
set(gca,'DefaultTextColor',[1 0 0])
gtext('正弦')
gtext('余弦')              %鼠标取点
```

在轴对象上设置字对象的颜色默认值为红色，继承该默认值在图上添加红色的文字注释。

【例 3-5】

```
%在轴对象（父代对象）上设置线的颜色默认值为红色
x=0:2*pi/180:2*pi;
y=sin(2*x);
set(gca,'DefaultLineColor',[1 0 0]);
h=line(x,y)
```

运行结果：

```
h =
    68.0001
```

图形如图 3-10 所示。

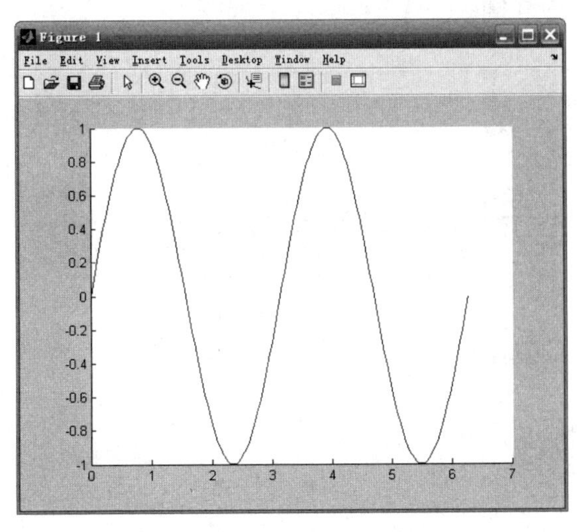

图 3-10　运行结果 1

```
set(h,'color','default')
%变成默认的红色
```

结果如图 3-11 所示。

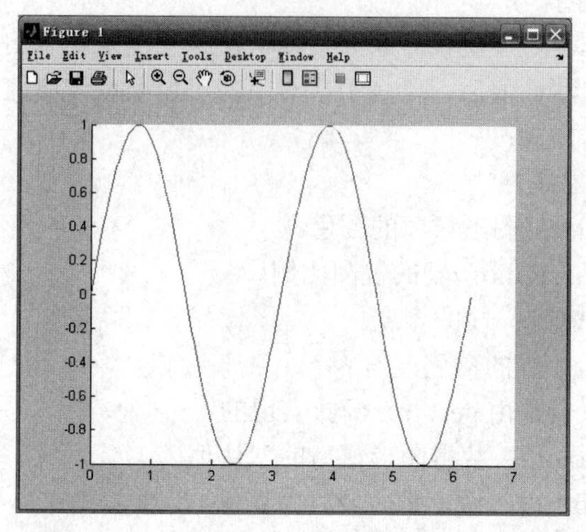

图 3-11　运行结果 2

【例 3-6】

```
x=0:2*pi/180:2*pi;
y=sin(2*x);
h=line(x,y)
set(0,'DefaultFigureColor',[0.5 0.5 0.5])
% 将所有新图形窗口的颜色由默认值黑色设置为适中的灰色
```

结果如图 3-12 所示。

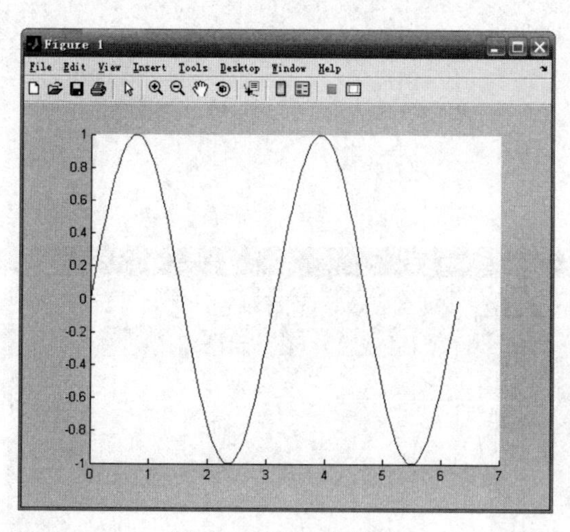

图 3-12　运行结果 1

```
set(h,'color','m','linewidth',2,'linestyle','*')
```

结果如图 3-13 所示。

```
set(0,'DefaultFigureColor','b')
h=line(x,y)
set(h,'color','r')
set(gca,'xcolor','w')
set(gca,'ycolor','w')
```

结果如图 3-14 所示。

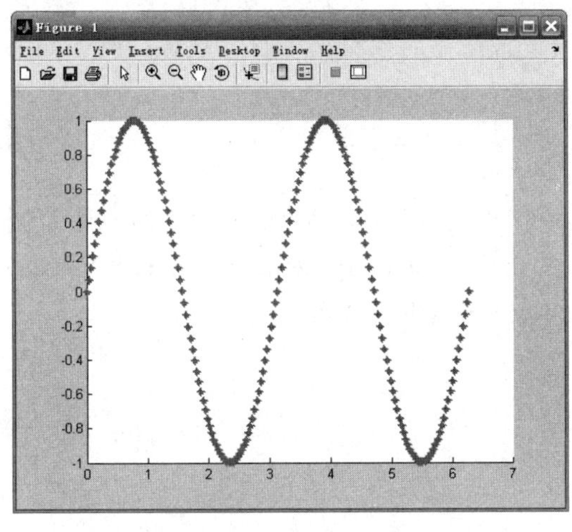

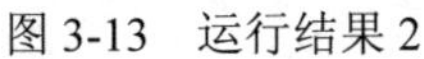
图 3-13　运行结果 2

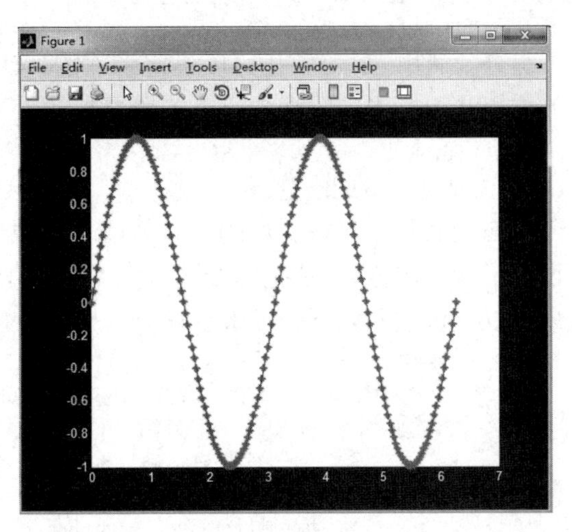

图 3-14　运行结果 3

3.4　默认属性

以上向读者简要介绍了 Matlab 对象属性的获取和设置，实际上，Matlab 中的所有对像属性都有系统内建的默认值，即出厂设置；当然，用户也可以自行定义任何一个 Matlab 对象的默认属性值。

1. 默认属性值的搜索

Matlab 对于默认值的搜索是从当前对象出发，沿着对象树型等级结构上行，直到发现用户自定义的默认值或出厂设置值。在定义对象默认值时，读者需要注意以下几点：

- 该对象的等级关系离 Root 越近，其作用范围就越广，如果用户在 Root 对象层面给线对象定义一个默认值，则 Matlab 将该值应用于所有的线对象；如果用户仅在轴对象层面给线对象进行了默认值的定义，则 Matlab 只将该值应用于当前的坐标系。
- 如果用户在不同层次上定义了同一个属性的不同属性值，则 Matlab 选择最下层的属性值作为最终的属性值。
- 自定义的属性值影响该属性创建之后的对象，而对于已经创建的图形对象不起作用。

2. 默认属性值的设置

指定 Matlab 对象的默认值，首先创建一个以 Default 开头的字符串，其格式为：中间为对象类型，其余部分为对象的属性名称，例如用户需要指定当前图形窗口对象层面上的线对象的线宽属性的默认值为 3，代码如下：

```
set(gcf,'DefaultLineLineWidth',3)
```

其中字符串“DefaultLineLineWidth”中第一个“Line”代表对象类型是线对象，“LineWidth”代表需要设置的对象属性名称是“LineWidth”，开头的“Default”是固定格式字符串。整个字符串“DefaultLineLineWidth”表示需要设定默认值的属性为线对象的线宽属性，句柄 gcf 设定了设置的默认值所在的对象层。如果用户输入如下代码，则为对图形窗口界面对象的色彩进行设置，使用了字符串“DefaultFigureColor”，此时句柄参数为 0，代表只在根对象层指定图形窗口对象的色彩。

```
set(gcf, 'DefaultFigureColor', 'b')
```

另外，调用 get 函数还可以确定当前的默认值设置是在对象结构的哪一层面，例如如下代码的作用是返回当前图形窗口中的所有默认设置。

```
get(gcf, 'Default')
```

3. 对象属性的出厂设置

用户没有设定对象属性的默认值或不把属性值作为参数使用，Matlab 为其对象所有属性都设定了特定的值，一般把这个值称为“属性的出厂设置值（Factory-Defined Property Values）”，用户可以通过输入以下代码来获得对象属性的出厂设置值的完整列表：

```
a=get(0, 'factory')
```

代码中 get 函数返回一个构架数组，结果如下：

```
a =
                    factoryFigureAlphamap: [1x64 double]
                  factoryFigureBusyAction: 'queue'
                factoryFigureButtonDownFcn: ''
                    factoryFigureClipping: 'on'
            factoryFigureCloseRequestFcn: 'closereq'
                       factoryFigureColor: [0 0 0]
                    factoryFigureColormap: [64x3 double]
                   factoryFigureCreateFcn: ''
                   factoryFigureDeleteFcn: ''
                factoryFigureDockControls: 'on'
                    factoryFigureFileName: ''
           factoryFigureHandleVisibility: 'on'
                     factoryFigureHitTest: 'on'
              factoryFigureIntegerHandle: 'on'
              factoryFigureInterruptible: 'on'
             factoryFigureInvertHardcopy: 'on'
     ……%篇幅限制，部分属性值省略
                factoryRootInterruptible: 'on'
               factoryRootRecursionLimit: 2.1475e+009
          factoryRootScreenPixelsPerInch: 96
           factoryRootSelectionHighlight: 'on'
            factoryRootShowHiddenHandles: 'off'
                          factoryRootTag: ''
                     factoryRootUserData: []
                      factoryRootVisible: 'on'
```

所有出厂设置值都包含在该构架数组的相应字段中，例如：

```
factoryRootVisible: 'on'
```

以上显示的代码表明根对象（Root）的 Visible（是否可见）属性的出厂设置值为 on，即根对象出厂设置其“是否可见”的属性默认值为“可见”。

另外，用户还可以单独获取个别属性的出厂设置值，get 函数的调用格式为：

```
get(0, 'Factory<ObjectType><PropertyName>')
```

例如，用户希望查询获取 Figure 类型对象的 Color 属性，则只需输入如下代码：

```
>>get(0, 'FactoryFigureColor')
  ans=
      0      0      0
```

其中调用格式中的<ObjectType>为 Figure，<PropertyName>为 Color。

3.5 其他功能介绍

1. 菜单函数 menu

调用格式：K= MENU(HEADER, ITEM1, ITEM2, ...)

如：K = menu('请选择','plot','mesh','surf')

结果如图 3-15 所示。

图 3-15 运行结果

2. 属性编辑器

Propedit(h)：打开属性编辑器。

【例 3-7】

```
x=0:2*pi/180:2*pi;
y=sin(2*x);
h=line(x,y)
set(0,'DefaultFigureColor',[0.5 0.5 0.5])
Propedit(h)
```

结果如图 3-16 所示。

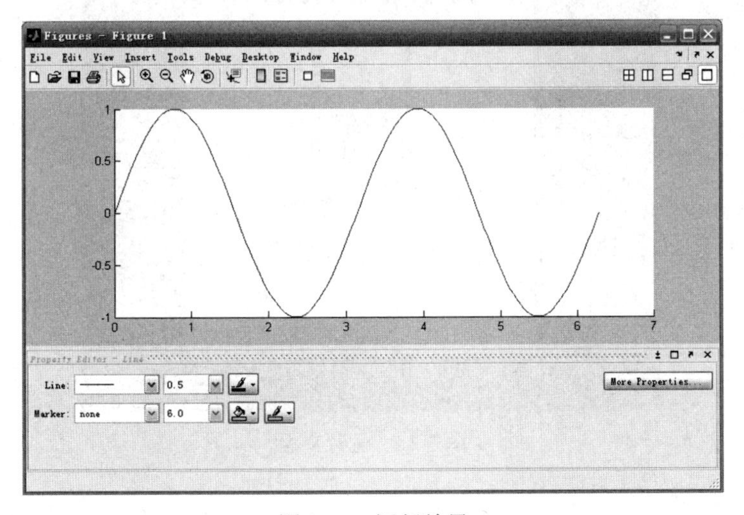

图 3-16 运行结果

下面以例 3-8 来说明 Matlab 句柄图形在图形处理中的应用。

【例 3-8】柴油机活塞曲柄连杆机构运动，活塞 P 在固定的气缸 C 中运动，如图 3-17 所示。图中气缸为固定部分，曲柄旋转时是圆周运动，绕固定支点旋转；将活动的图形对象分成

5 个：活塞 P、活塞轴 S1、连杆 L、曲柄 r、连杆和曲柄铰链 S2。动画中只要使这 5 个图形对象活动即可。建立如图 3-7 所示的坐标系，坐标原点在曲柄运动中心，决定 5 个活动对象位置的关键几何量是 S1 和 S2 的高度，令 S2 在圆周（曲柄运动轨迹）上旋转的变量是 dt，则有：

$$h = [l^2 - r^2\cos^2(dt)]^2 + r\sin(dt)$$

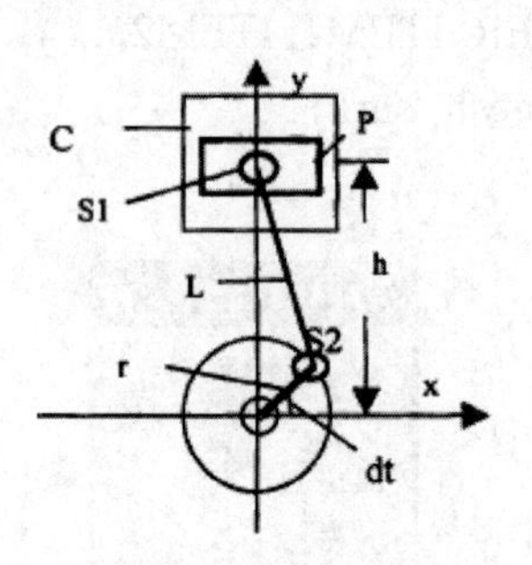

图 3-17 曲柄连杆机构

在用底层绘图函数制作动画时，要寻找一个变量，这里是圆角 dt，然后把活动图形对象的位置 x、y 表示为 dt 参数，这就是程序中的 xp、yp，xs1、ys1，xs2、ys2，xa、ya，xa1、ya1；接着用 set 命令通过句柄把这些数据矩阵赋给各对象，再用 drawnow 命令绘制出来。因为动画的实质是不断擦去旧图形，所以对擦除的方式和速度都存在要求，在程序中选择了最快的擦除模式。

具体的运行界面如图 3-18 所示。

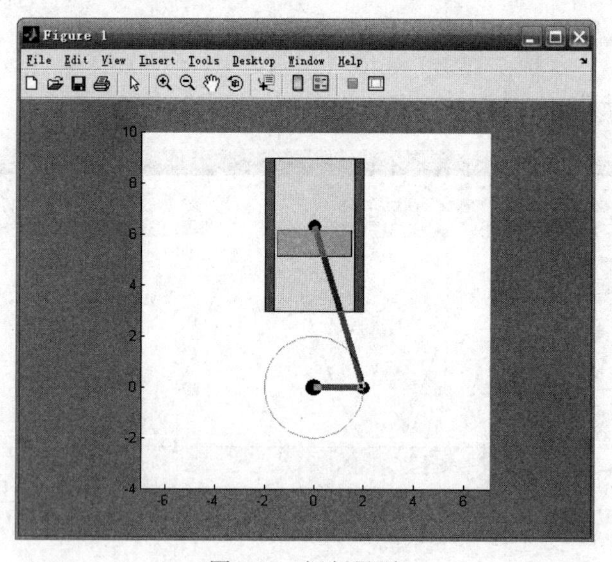

图 3-18 运行界面

其实现的源代码如下：

```
clf;
Hf=figure(1);
Ha=axes('PlotBoxAspectRatio',[1,1,1],'Visible','on');
%draw cylinder
x=[-2,-1.6,-1.6,-2]';y=[3,3,9,9]';
Hp1=patch(x,y,[1,0.2,0.2],'EdgeColor','b');
```

```
x=[1.6,2,2,1.6]';
Hp2=patch(x,y,[1,0.2,0.2],'EdgeColor','b');
x=[-1.6,1.6,1.6,-1.6]';
Hp3=patch(x,y,'y');
%draw the track of crank
t=[0:0.01:1]*2*pi;
H1=line(2*sin(t),2*cos(t),'LineWidth',1,'Color',[0.5,0.7,1]);
%draw whell shaft
Hp4=patch(0.3*sin(t),0.3*cos(t),'b');
%set axis,make it equal and unvisible
axis([-7,7,-4 10]);
%create piston
r=2;l=6;dt=0;tt=0;
h=r*sin(tt+dt)+sqrt(l*l+r*r*cos(tt+dt)^2);
x0=[-1.5,1.5,1.5,-1.5]';
y0=[h-0.5,h-0.5,h+0.5,h+0.5]';
piston=patch(x0,y0,'g','EdgeColor','b','EraseMode','xor');
%create shafts
haft1=line(0,h,'Color','b','Marker','.',...
'MarkerSize',30,'EraseMode','xor');
shaft2=line(r*cos(tt+dt),r*sin(tt+dt),'Color','b',...
'Marker','.','MarkerSize',30,'EraseMode','xor');
%create arm
arm=line([2*cos(tt+dt),0],[2*sin(tt+dt),h],'LineWidth',5,...
'Color',[0.4 0.3 1],'EraseMode','xor');
arm1=line([0,2*cos(tt+dt)],[0,2*sin(tt+dt)],'LineWidth',5,...
'Color',[0.4 0.3 1],'EraseMode','xor');
%animation
for i=0:600
dt=pi/10;dsin=sin(i*dt);dcos=cos(i*dt);
h=r*dsin+sqrt(l*l-r*r*dcos*dcos);
xp=x0;yp=[h-0.5,h-0.5,h+0.5,h+0.5]';
xs1=0;ys1=h;
xs2=r*dcos;ys2=r*dsin;
xa=[r*dcos,0];ya=[r*dsin,h];
a1=[0,r*dcos];ya1=[0,r*dsin];
set(piston,'XData',xp,'YData',yp);
set(shaft1,'XData',xs1,'YData',ys1);
set(shaft2,'XData',xs2,'YData',ys2);
set(arm,'XData',xa,'YData',ya);
set(arm1,'XData',xa1,'YData',ya1);
drawnow;pause(0.0005);
end;
```

4 GUI 编程

图形用户界面（Graphics User Interface，GUI）是用户与计算机或计算机程序的接触点或交互方式，是用户与计算机进行信息交流的方式。在 Matlab 中，用户可以自行设计图形窗口、菜单、控件、文本的交互式图形用户界面 GUI。本章将介绍 Matlab 的界面编辑工具和用户界面的设计过程。

本章主要内容：

- GUI 工具箱：主要介绍图形用户界面的开发环境 GUIDE、工具栏、交互组件面板、常用控件、设计菜单和回调函数的使用这 6 个方面，使读者对 GUI 界面的设计与编程有一个感性的认识。
- GUI 工具箱应用实例：通过两个具体 GUI 界面设计实例的讲解，使读者对 GUI 界面设计与编程工作有一个更深刻的认识。

4.1 GUI 工具箱

GUIDE（GUI Development Environment）开发环境，是 Matlab 为 GUI 编程用户设计程序界面、编写程序功能内核而提供的一个图形界面的集成化的设计和开发环境。

启动 GUIDE 的常用方法有 3 种：

- 在命令窗口中输入命令 guide 并按 Enter 键。
- 单击工具栏中的 GUIDE 按钮。
- 单击 Start→Matlab→GUIDE（GUI Builder）命令，如图 4-1 所示。

启动 GUIDE 后会出现如图 4-2 所示的启动窗口，在其中可以新建或打开一个 GUI 界面。

在创建新的 GUI 界面时，样板可以选择以下 4 种：

- Blank GUI：一个空的样板，打开后编辑区不会有任何 Figure 子对象存在，必须由用户加入对象。
- GUI with Uicontrols：打开包含一些 Uicontrol 对象的 GUI 编辑器，这些 GUI 对象具有单位换算功能。

- GUI with Axes and Menu：打开包含菜单栏和一些坐标轴图形对象的 GUI 编辑器，这些 GUI 对象具有数据描绘功能。
- Modal Question Dialog：打开一个模态对话框编辑器，默认为一个问题对话框。

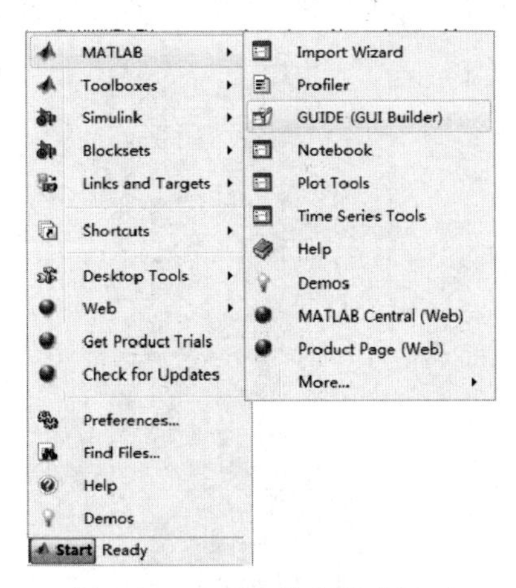

图 4-1　GUIDE 的启动方法三

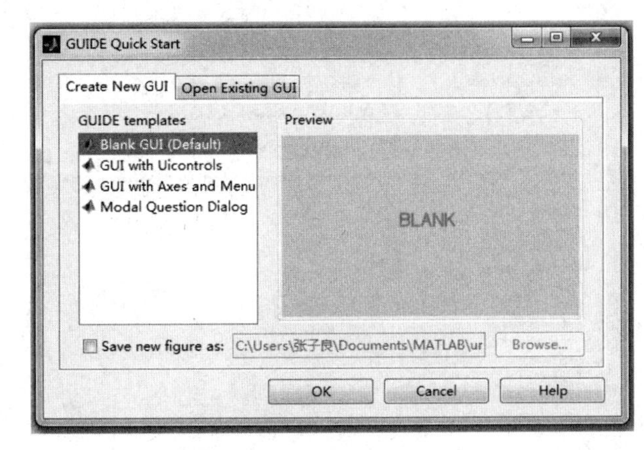

图 4-2　GUIDE 的启动窗口

选择新建一个空白的 GUI，单击 OK 按钮，打开一个空白的 GUI 界面，其默认的文件名为 untitled.fig，如图 4-3 所示。该窗口是一个开发 GUI 应用程序的工作平台，也称为 GUI 布局编辑器（Layout Editor）。

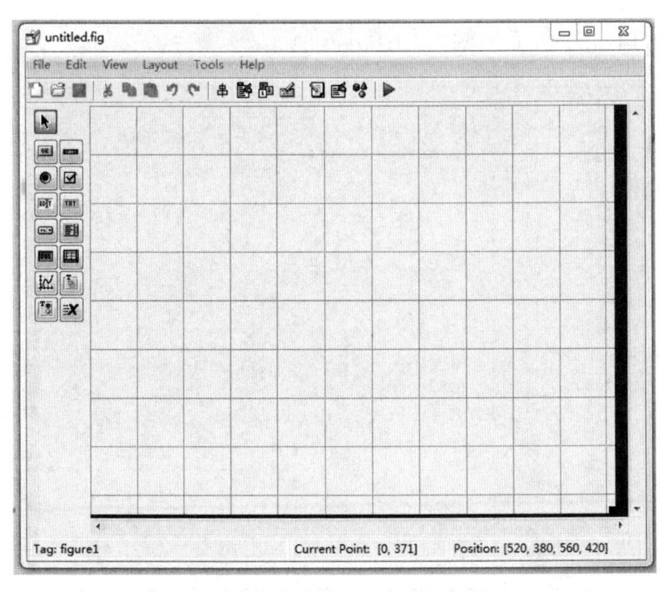

图 4-3　空白的 GUI 界面

空白的 GUI 界面包括顶部的菜单栏和工具栏、左侧的交互组件面板和中心的 GUI 界面设计区域。菜单栏中提供了许多有关界面操作的菜单项；工具栏中除了一些常规的操作工具之外，还有“对象分布和对齐”按钮、“菜单编辑器”按钮、“M 文件编辑器”按钮、“对象浏览”按钮和“GUI 运行”按钮，这些都是 GUI 界面所特有的，在 GUI 界面的设计中会经常使用。

GUI 界面左侧的交互组件面板中，包括了 Matlab 图形用户界面程序支持的常用交互组件，在默认的情况下按照小图标方式显示。在实际的操作过程中，用户可以选择 File→Preferences 命令，在弹出的参数设置对话框中选择 Show names in component palette 复选项，如图 4-4 所示，单击 Apply 按钮后，GUI 界面下的交互组件面板将会显示各组件的名称，如图 4-5 所示。

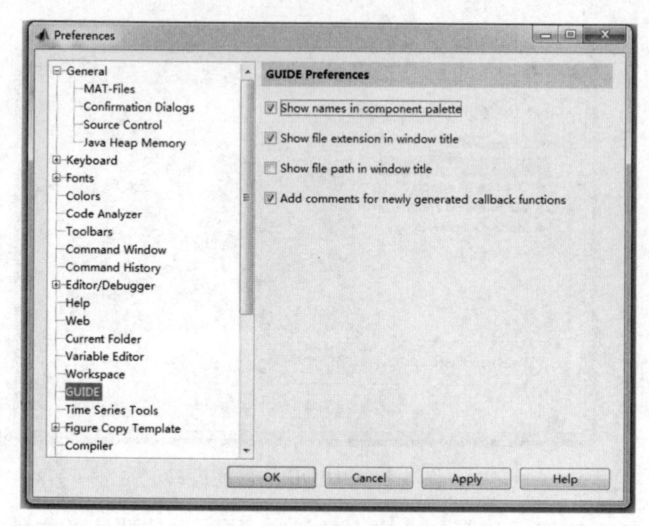

图 4-4　参数设置对话框

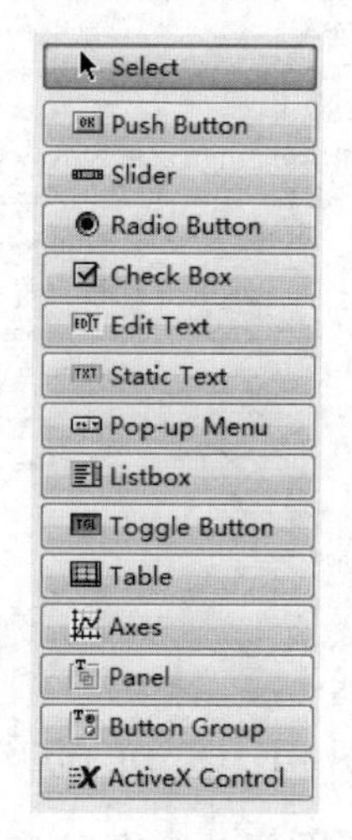

图 4-5　交互组件面板

4.1.1　工具栏

GUI 界面设计窗口上方有工具栏，如图 4-6 所示。

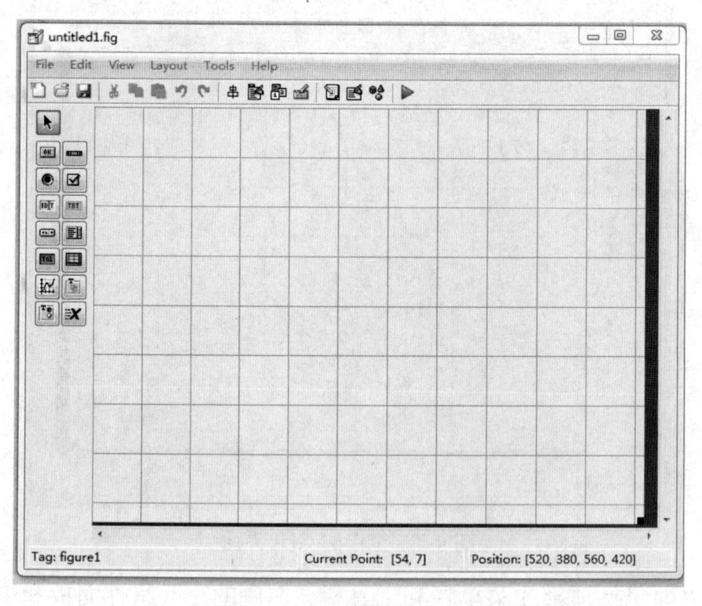

图 4-6　GUI 界面工具栏

其中除了一些常用的工具外，还有一些 GUI 界面设计中所特有的，如下：

- 对象对齐工具（Align Objects）：用于将 GUI 界面设计区域的图形对象进行垂直和水平排列，如图 4-7 所示。

- 菜单编辑器（Menu Editor）：用于建立菜单栏（Menu Bar）和右键菜单（Context Menus），如图 4-8 所示。

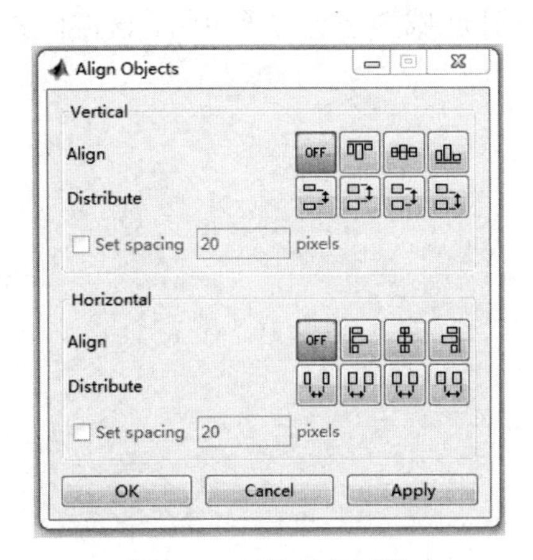

图 4-7　对象对齐工具

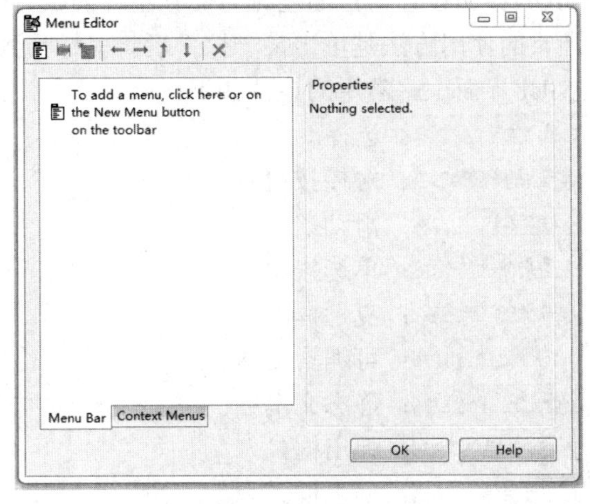

图 4-8　菜单编辑器

- Tab 顺序编辑器（Tab Order Editor）：用户通过按 Tab 键设置各控件的切换顺序。
- 工具栏编辑器（Toolbar Editor）：用于建立自定义工具栏，它提供了一种访问 uitoolbar、uipushtool 和 uitoogletool 对象的接口。它不能用来修改 Matlab 内建的标准工具栏，但可以用来增加、修改和删除任何自定义的工具栏。
- M 文件编辑器（M-File Editor）：主要用于编辑 GUI 界面的回调函数。
- 属性查看器（Property Inspector）：用来查看、设置或修改界面对象的属性，如图 4-9 所示。
- 对象浏览器（Object Browser）：利用对象浏览器可以查看当前设计阶段所有的 GUI 界面对象及其组织关系，如图 4-10 所示。

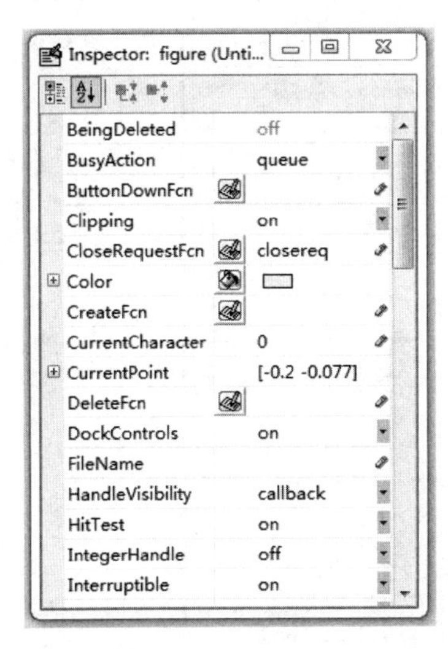

图 4-9　属性编辑器

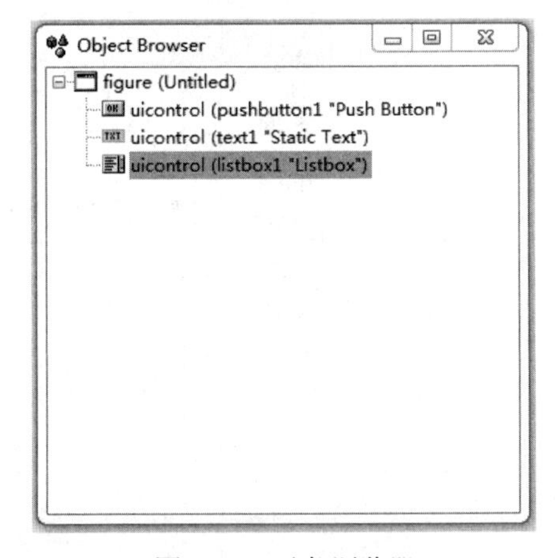

图 4-10　对象浏览器

- “运行”按钮（Run）：GUI 界面设计过程完成后单击此按钮可运行 GUI。

4.1.2 交互组件面板

GUI 界面设计窗口的左侧为交互组件面板，GUI 界面设计过程中常用的控件都显示在其中，通常的使用方法是单击某一控件后将鼠标移到界面设计区域的任意位置单击，该控件就添加到 GUI 界面上。常用的控件如下：

- Select：选择。
- Push Button：触控按钮。
- Slider：滑动条。
- Radio Button：单选按钮。
- Check Box：复选框。
- Edit Text：可编辑文本。
- Static Text：静态文本。
- Pop-up Menu：弹出框。
- Listbox：列表框。
- Toggle Button：双位按钮。
- Table：表格。
- Axes：坐标轴。
- Panel：面板。
- Button Group：按钮组。
- ActiveX Control：ActiveX 控件。

例如，在交互组件面板中单击后，光标将会变成十字形，在 GUI 界面的设计区域中拖拽出一个长条形的 Static Text 控件；再单击，在 GUI 界面的设计区域中拖拽出一个长方形的 Listbox 控件；单击，在设计区域中放置一个 Push Botton 控件，最终形成的 GUI 界面布局如图 4-11 所示。

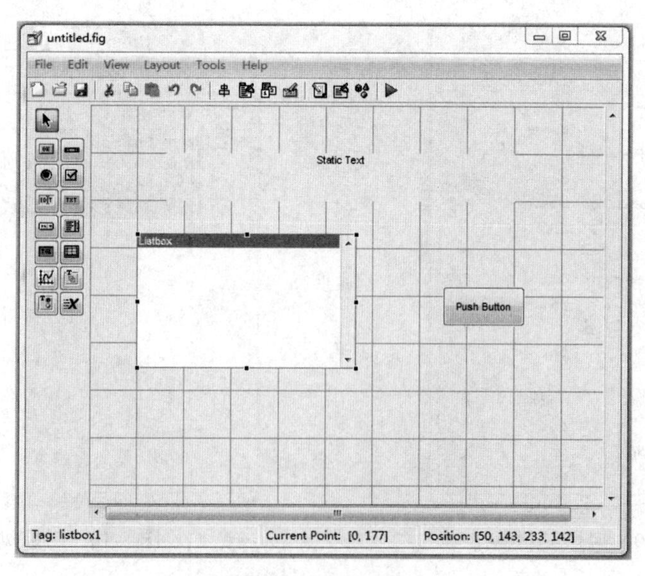

图 4-11 GUI 界面

4.1.3 常用的控件

本节简单介绍一些常用的控件，使用户对这些控件有一些感性的认识，其具体用法将在后面章节的实例中具体体现。

Matlab 中不同控件的属性大多是相同的，其常用的属性如表 4-1 所示。

表 4-1　控件的常用属性

属性	说明
BackgroundColor	背景色，即触控按钮的颜色
CData	图案，图像数据（可由 imread 函数读取图像获得）
Enable	控件是否被激活，on 表示激活，off 表示没有被激活且显示为灰色；inactive 表示不激活但显示为激活状态
Handle　Visibility	句柄可见性
Position 和 Units	位置与计量单位
Tag	控件标识符，用于区分不同控件，控件的 Tag 具有唯一性
TooltipString	提示语，当鼠标放到控件上时显示提示信息
Visible	可见性，若值为 off，隐藏该按钮
String	标签，即控件上显示的文本
ForegroundColor	标签颜色
FontAngle、FontName、FontSize、FontSize、FontUnits、FontWeight	标签字体设置
ButtonDownFcn	当 Enable 属性为 on 时，在控件上单击右键或在控件周围 5 像素范围内单击左键或右键，调用此函数；当 Enable 的属性为 off 或 inactive 时，在控件上或控件周围 5 像素范围内单击左键或右键，调用此函数
Callback	仅当 Enable 的属性为 on 时，在控件上单击左键调用此函数
KeyPressFcn	当选中该控件时，按下任意键调用此函数

1. 触控按钮（Push Button）

Push Button 控件显示为带有文字的按钮，用户使用鼠标单击时会显示出“按下”和“释放”两种效果。Push Button 的主要属性已经在前面叙述过，将上述 GUI 界面 Push Button 的 String 属性设置为“确定”，Fontsize 属性由默认的 8 改为 12，此时 GUI 运行后的效果如图 4-12 所示。

在设置了 Push Button 的以上属性后，还要进行控件回调函数的编辑，回调函数一般为 M 文件或 Matlab 指令，是用户单击 Push Button 控件时所执行的操作，它决定了 Push Button 控件的功能。编写回调函数是设计 GUI 界面时工作量最大的一部分内容。

在 GUI 界面设计中心区域选中 Push Button 控件后右击，选择 View Callbacks→Callback 命令，即进入可编写回调函数的 M 文件，如图 4-13 所示。

2. 静态文本（Static Text）

Static Text 用来显示固定不变的标题或计算结果，是唯一的具有输出功能的控件。对于用户来说不能用它向计算机输入数据，用户的鼠标单击对它也不会产生任何作用。

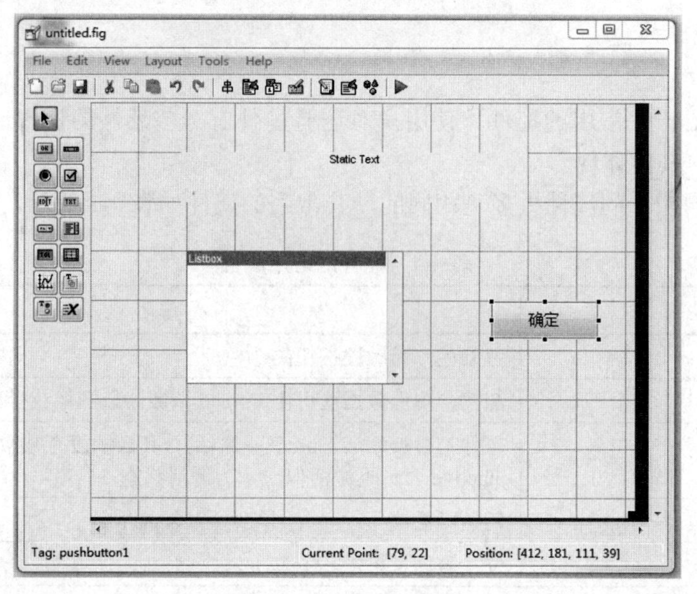

图 4-12　GUI 界面

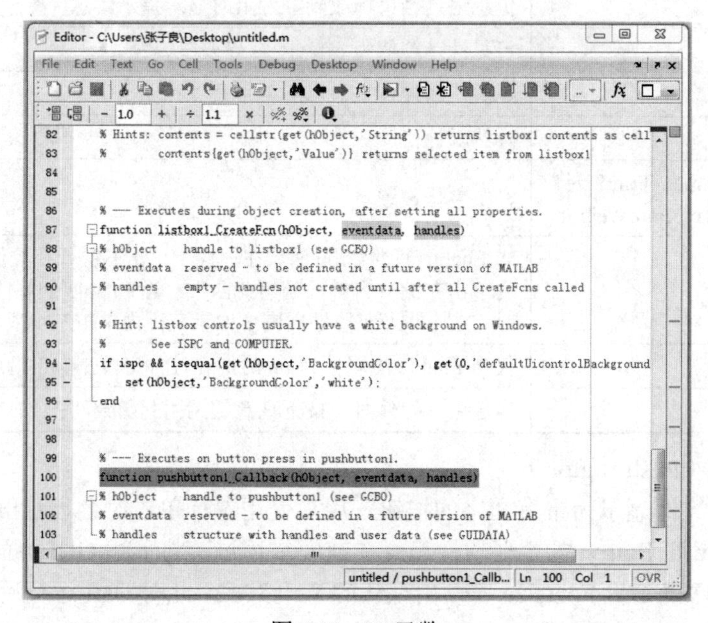

图 4-13　M 函数

Static Text 的属性比较简单，常用的主要有 Tag、String、Fontsize 等。Static Text 的 String 还可以用来显示运算结果，只需要将运算结果转换为字符串，再用 set 指令将该字符串设置为 Static Text 的 String 属性值。例如需要将输出的数据存储在 double 型的变量 b 中，可以使用以下语句将变量 b 的值显示在 Static Text 上（假定该 Static Text 控件的 Tag 属性为 text1）：

```
set(handles.text1, 'String' ,num2str(b))
```

在上面的指令中，Static Text 的控件句柄为 handles.text1。handles 是结构变量，它包含了 GUI 界面中所有控件对象的句柄，各个对象的句柄可以通过 Tag 属性来获得。在上述指令中，num2str(b)函数可将数据转换为字符串。

3. 可编辑文本（Edit Text）

Edit Text 与 Static Text 不同，其既能用来输出，又可以接收用户键盘的输入，是具有双重功能的控件。Edit Text 的属性设置与 Static Text 类似，只是由于用户键盘输入的不同，不同时刻读取 Edit Text 的 String 属性值会有不同的结果。读取用户输入数据的常用指令为：

```
t=str2double(get(handles.edit1 , 'string'))
```

在上面的指令中，用 get 函数读取 Edit Text 控件的 String 属性值，读回的结果显示为字符串。

4. 滑动条（Slider）

Slider 的外观如图 4-14 所示，其两侧有箭头，中间是可用鼠标拖动的滑块，用户可以用鼠标随意拖动滑块来输入数据。

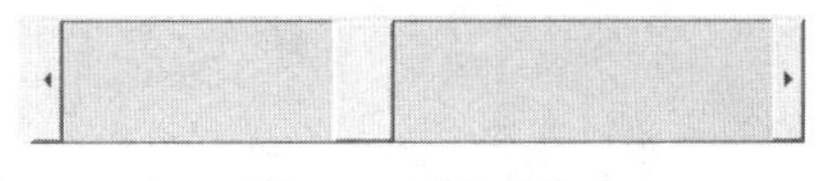

图 4-14　滑动条

除了上面所叙述的控件的基本属性之外，Slider 控件还有其他一些与其功能相关的属性，如下：

- Max 和 Min：所输入数据的上下限，即滑块处于滑动条左右两端时所代表的值，默认为 0.0～1.0。
- Value：滑块处于当前位置所代表的值，是 Slider 最重要的属性。可以通过读取 Value 属性来获得用户的输入数据，也可以通过设置 Value 属性来调整滑块的位置，默认的滑块位置为滑动条的正中，即 Value 的属性值为(Max-Min)/2。
- Sliderstep：步长（1×2 double array），两个元素分别为箭头和滑块操作滑动条时的步长，其默认值为[0.01 0.1]，即当箭头和滑块操作时的步长分别为 1%x（Max-Min）和 10%x（Max-Min）。

读取用户输入数据的常用指令为：

```
a=get(handles.slider1 , 'value')
```

5. 列表框（Listbox）

Listbox 控件为限定性输入控件，在其文本区可将所有的选项都显示出来。Listbox 的特有属性如下：

- Max：最大可选的项目数，默认值为 1。当 Max>2 时，用户可以通过 Ctrl 加鼠标单击来选中多项内容。
- Value：当前选择值，其元素代表着被选中项的序号。

Listbox 的输入常用以下指令读取：

```
a=get(handles.Listbox1 , 'value')
```

6. Pop-up Menu

Pop-up Menu 的属性与 Listbox 类似，也是一个限定性输入控件，并且只允许选择一项，如图 4-15 所示。Pop-up Menu 控件的外观为一行文本显示，即只显示用户所选中的那一项，如果要查看全部备选项，可通过单击控件右侧的箭头来弹出所有内容。

图 4-15　Pop-up Menu

4.1.4 设计菜单

一个标准的GUI界面，应该包括普通菜单和右键弹出菜单。

在GUI界面下单击“菜单编辑器”按钮可以为GUI界面设计普通菜单和右键弹出菜单。菜单编辑器窗口如图4-16所示。

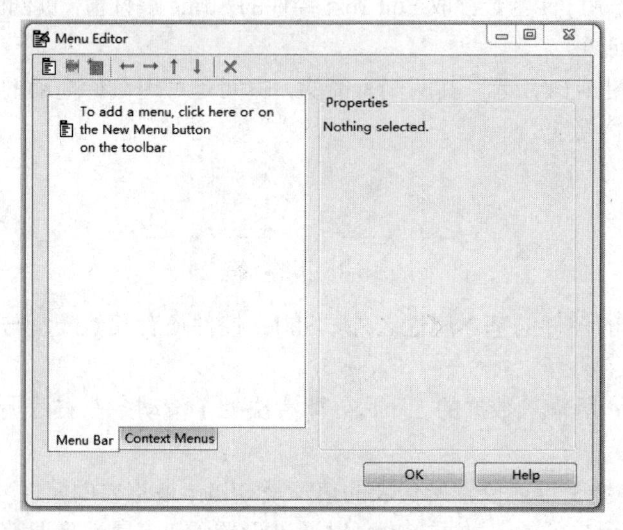

图4-16 菜单编辑器窗口

从图中可以看出，菜单编辑器窗口底部有两个选项卡可以切换，分别用来设计GUI界面的普通菜单和右键弹出菜单；编辑器窗口顶部有一排按钮，从左向右依次是：新建菜单、新建菜单项、新建右键菜单、将所选定的项在级别上向上移、将所选定的项在级别上向下移、将所选定的项在位置上向上移、将所选定的项在位置上向下移、删除所选定的项；窗口正中央用来显示当前创建的菜单和菜单项；窗口右侧是当前选定项的属性设置区。

对于图4-11所示的GUI界面，添加如图4-17所示的普通菜单。

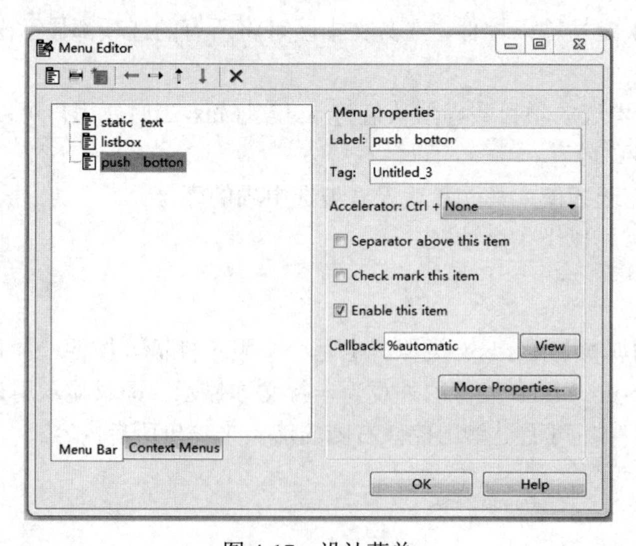

图4-17 设计菜单

通过上述操作，可以设计 GUI 界面的菜单项以及右键弹出菜单，当这些都制作好之后，通过 M 文件设计这些菜单的回调函数。

4.1.5 回调函数的使用

当 GUI 界面建好并保存之后，GUIDE 会自动生成 M 文件用来存储程序中的回调函数。但是这时候的 M 文件中只有各个控件和菜单回调函数的原型与注释，并没有那些实现功能操作的函数体。下面是 untitled 的 M 文件除去注释的内容部分，从中可以看到只有函数声明。

```
function varargout = untitled(varargin)
gui_Singleton = 1;
gui_State = struct('gui_Name', mfilename, ...
                   'gui_Singleton',  gui_Singleton, ...
                   'gui_OpeningFcn', @untitled_OpeningFcn, ...
                   'gui_OutputFcn',  @untitled_OutputFcn, ...
                   'gui_LayoutFcn',  [] , ...
                   'gui_Callback',   []);
if nargin && ischar(varargin{1})
    gui_State.gui_Callback = str2func(varargin{1});
end

if nargout
    [varargout{1:nargout}] = gui_mainfcn(gui_State, varargin{:});
else
    gui_mainfcn(gui_State, varargin{:});
end

function untitled_OpeningFcn(hObject, eventdata, handles, varargin)
handles.output = hObject;
guidata(hObject, handles);

function varargout = untitled_OutputFcn(hObject, eventdata, handles)
varargout{1} = handles.output;

function listbox1_Callback(hObject, eventdata, handles)

function listbox1_CreateFcn(hObject, eventdata, handles)

function pushbutton1_Callback(hObject, eventdata, handles)

function slider1_Callback(hObject, eventdata, handles)

function slider1_CreateFcn(hObject, eventdata, handles)

function popupmenu1_Callback(hObject, eventdata, handles)

function popupmenu1_CreateFcn(hObject, eventdata, handles)
```

由此 M 文件内容可见，回调函数名都是 Tag_Callback 这种格式，其中 Tag 为各个控件和菜单对象的 Tag 属性。对其进行编程，可以得到完整的回调函数。M 文件的编写在前面已经叙述过，这里不再赘述。

编写完所有控件和菜单的回调函数后，GUI 界面的编码阶段就完成了，这时候用户可以通过运行已经建立好的 GUI 程序来测试各个控件和菜单的预期功能是否实现，如果需要还可以进行代码的调试和优化。

4.2 GUI 工具箱应用实例

4.1 节主要从理论上讲解了关于 GUI 界面的一些知识，本节将通过两个具体的案例来使读者对 GUI 界面的设计有一个感性的认识。

【例 4-1】设计如图 4-18 所示的 GUI 界面，要求：

- 所需控件：两个触控按钮、两个静态文本（标题）、两个弹出框（文本分别为：Pop-up Menu1 正弦、余弦、正切；Pop-up Menu2 Grid on、Grid off、Box on、Box off）、一个坐标轴。
- 所能实现的操作：在两个弹出框里分别选择所画的图形和参数设置项，单击“绘图”按钮后，所选择的图形将显示在坐标轴中；单击“退出”按钮，退出 GUI 界面。另外，在菜单栏中设置“绘图”和“退出”两个菜单，其所实现的功能与两个触控按钮的相同。

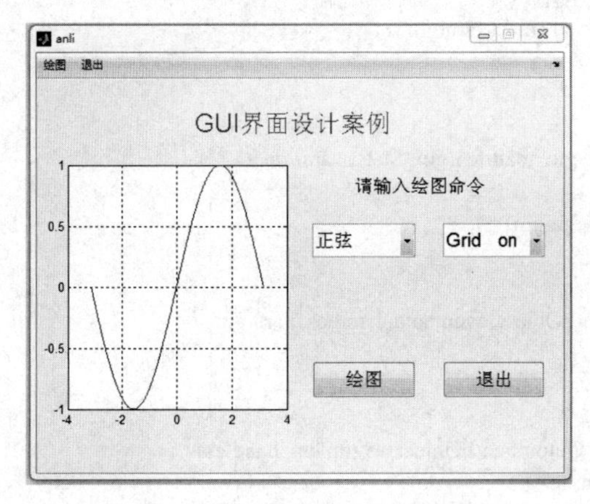

图 4-18 GUI 界面设计案例

具体操作步骤如下：

（1）打开 GUI 设计界面，将上述控件按照图 4-18 所示设置好，效果如图 4-19 所示。

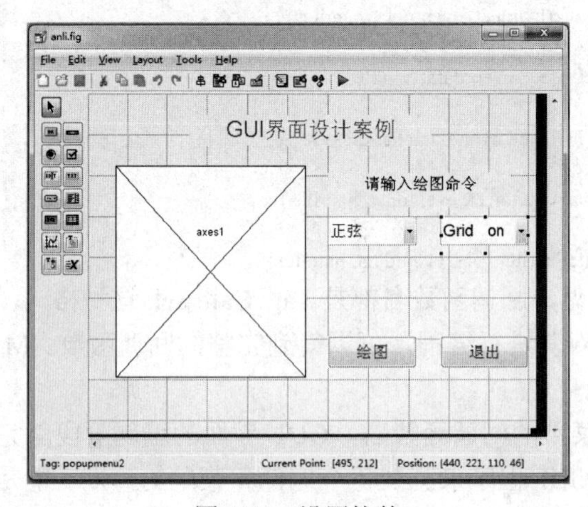

图 4-19 设置控件

（2）设置 GUI 界面的菜单项，单击工具栏中的菜单编辑器，设置参数如图 4-20 所示。

（3）单击工具栏中的 M 文件编辑器，设置两个触控按钮的回调函数。

“绘图”按钮的回调函数如图 4-21 所示。

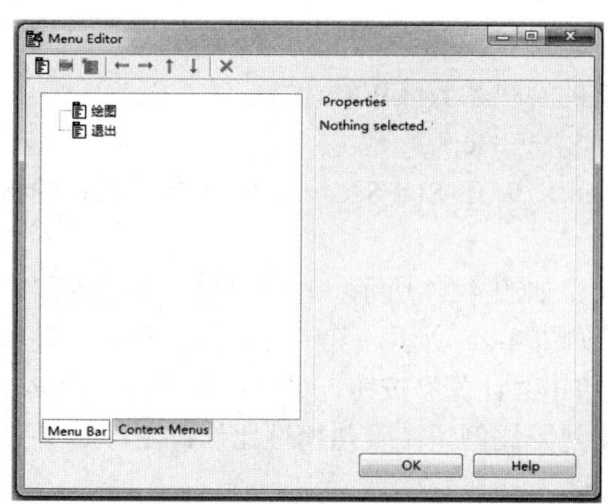

图 4-20　菜单编辑

```
77    function pushbutton1_Callback(hObject, eventdata, handles)
78    % hObject    handle to pushbutton1 (see GCBO) %...%
81 -  aa=get(handles.popupmenu1,'value');
82 -  if aa==1
83 -     x=-pi:0.01:pi
84 -     y=sin(x)
85 -  elseif aa==2
86 -     x=-pi:0.01:pi
87 -     y=cos(x)
88 -  elseif aa==3
89 -      x=-pi:0.01:pi
90 -      y=tan(x)
91 -  end
92 -  axes(handles.axes1)
93 -  plot(x,y)
94 -  bb=get(handles.popupmenu2,'value');
95 -  if bb==1
96 -    axes(handles.axes1)
97 -    Grid   on
98 -  elseif bb==2
99 -    axes(handles.axes1)
100 -   Grid   off
101 - elseif bb==3
102 -     axes(handles.axes1)
103 -     Box    on
104 - elseif bb==4
105 -     axes(handles.axes1)
106 -     Box    off
107 - end
```

图 4-21　“绘图”按钮的回调函数

“退出”按钮的回调函数如图 4-22 所示。

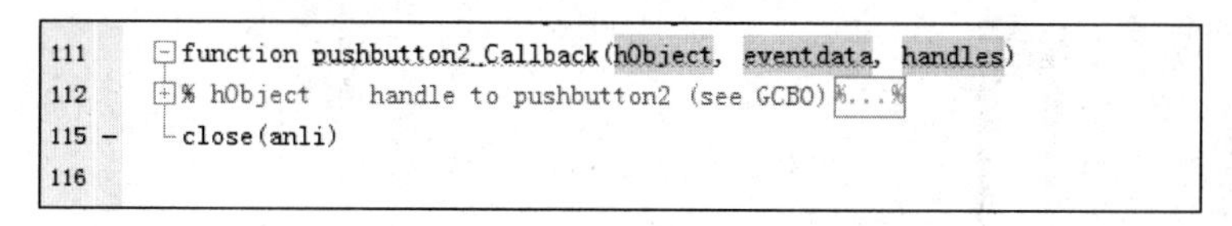

```
111      function pushbutton2_Callback(hObject, eventdata, handles)
112      % hObject    handle to pushbutton2 (see GCBO) %...%
115 -    close(anli)
116
```

图 4-22　“退出”按钮的回调函数

同理，两个菜单的回调函数与上面两图所示的回调函数一样。

这样，就完成了 GUI 界面的设计工作，保存文件后运行结果如图 4-23 所示。

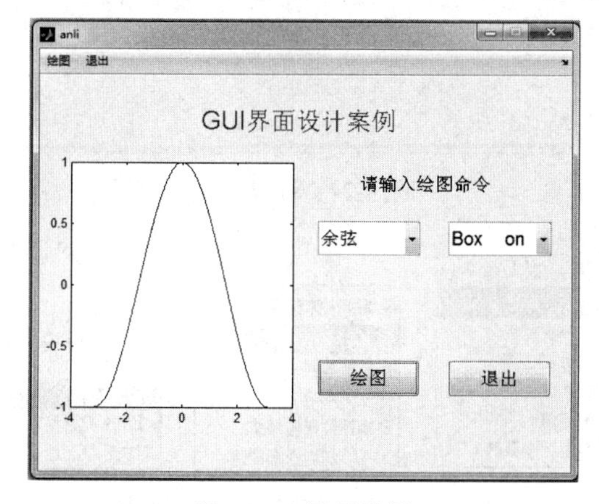

图 4-23　运行结果

【例 4-2】外保温墙一般由混合砂浆层、墙体、保温材料、面层组成，夏热冬冷地区居住建筑节能设计标准（JGJ134-2010）中对建筑结构的热阻 R、传热系数 K、热惰性 D 都有一定限制，计算公式如下：

单一材料层的热阻 R：$R=\delta/\lambda$

其中，δ 为材料层的厚度（m），λ 为材料的热导率（W/(mK)）。

多层围护结构的热阻：$R_0=R_1+R_2+\cdots+R_n$

其中，R_1、R_2、…、R_n 为各层材料的热阻（m^2K/W）。

传热系数 K：$K=1/R_0$

单一材料层的热惰性指标 D：$D=RS$

其中，R 为材料层热阻（m^2K/W），S 为材料的蓄热系数（$W/(m^2K)$）。

多层围护结构的热惰性指标 D_0：$D_0=R_1S_1+R_2S_2+\cdots+R_nS_n$

其中，R_1、R_2、…、R_n 为各层材料的热阻（m^2K/W），S_1、S_2、…、S_n 为各层材料的蓄热系数（$W/(m^2K)$）。

为了方便计算，利用 GUI 编制一个计算界面，如图 4-24 所示；单击墙体、保温材料、面层材料的下拉列表框分别出现对应的材料选项，如图 4-25 所示，其中各材料的热导率 λ 和蓄热系数 S 如表 4-2 所示；输入各层材料的厚度，单击“计算”按钮，可以计算出总热阻 R、总传热系数 K、热惰性指标 D，并且在右侧呈现出热阻比例饼图及热惰性比例饼图，如图 4-26 所示；当输入信息不完整时，计算时给出提示信息，如图 4-27 所示。

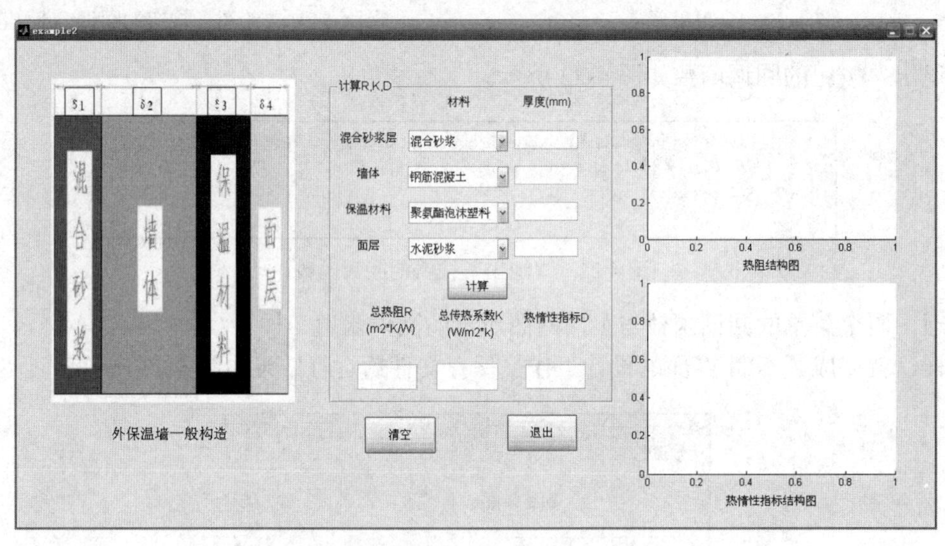

图 4-24　计算界面

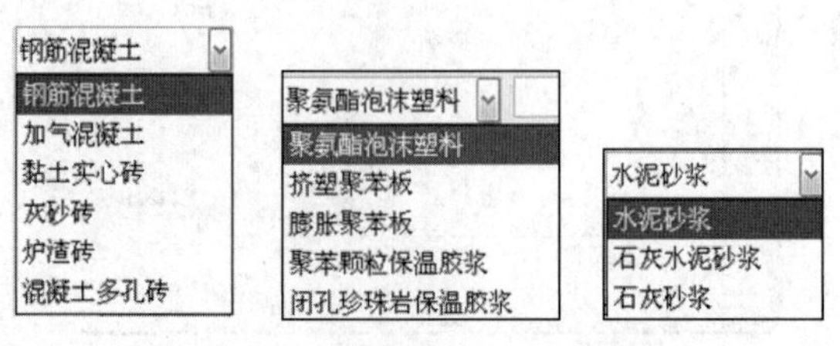

图 4-25　各层材料的下拉列表框

表 4-2　各材料的热导率 λ 和蓄热系数 S

	材料	热导率 λ（W/(mK)）	蓄热系数 S（W/(m^{2}K)）
混合砂浆层	混合砂浆	0.87	10.79
墙体	钢筋混凝土	1.74	17.2
	加气混凝土	0.24	3.51
	黏土实心砖	0.81	10.63
	灰砂砖	1.1	12.72
	炉渣砖	0.81	11.11
	混凝土多孔砖	0.738	7.25
保温材料	聚氨酯泡沫塑料	0.03	0.47
	挤塑聚苯板	0.033	0.35
	膨胀聚苯板	0.046	0.4
	聚苯颗粒保温胶浆	0.069	1.17
	闭孔珍珠岩保温胶浆	0.104	1.38
面层	水泥砂浆	0.93	11.37
	石灰水泥砂浆	0.87	10.75
	石灰砂浆	0.81	10.07

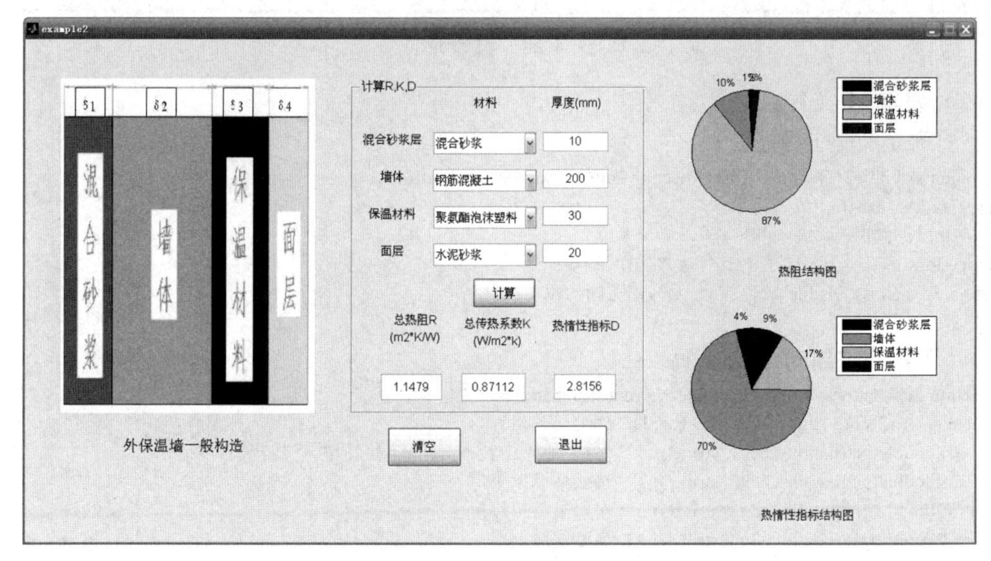

图 4-26　计算结果

图 4-27　提示信息

GUI 实现过程如下：

（1）打开 GUI 设计界面，按照图 4-24 所示将各控件在界面上排布好，得到如图 4-28 所示的界面。

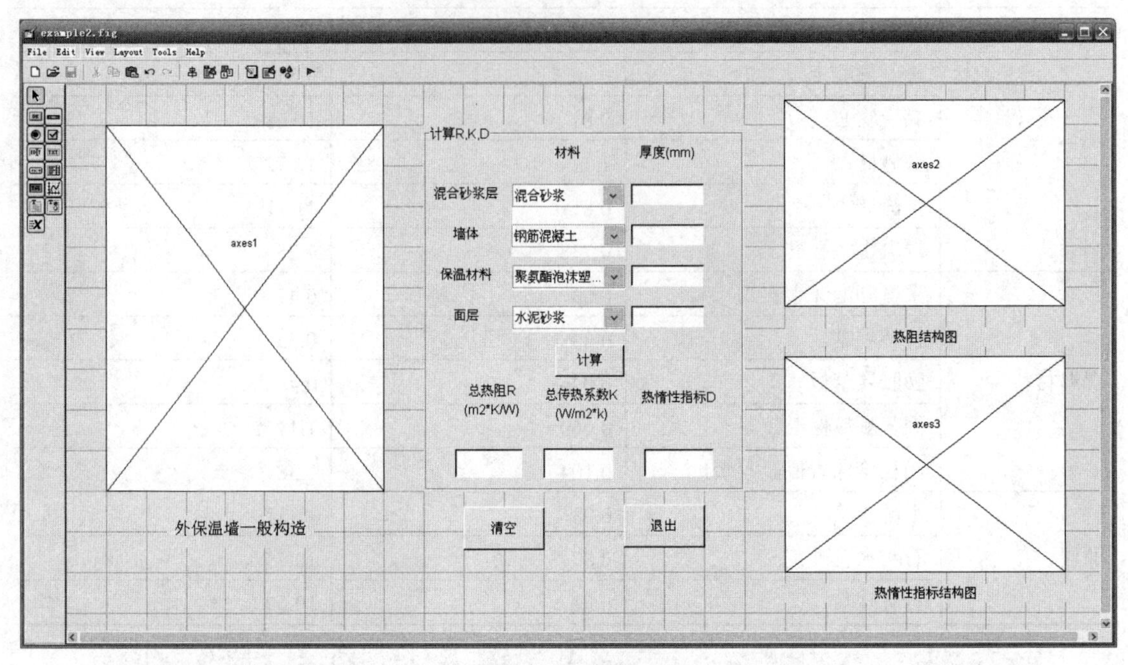

图 4-28　设计界面

（2）编辑 M 文件。

1）打开界面对应的代码。

```
function example2_OpeningFcn(hObject, eventdata, handles, varargin)
axes(handles.axes1);
logo=imread('外墙保温.jpg');
image(logo);                          %加入图案
set(handles.axes1,'visible','off')    %使坐标隐藏
```

2）“计算”按钮对应的代码。

```
function pushbutton1_Callback(hObject, eventdata, handles)
global r1 s1 r2 s2 r3 s3 r4 s4 RR DD R K D  %全局变量
d1=str2double(get(handles.edit1,'string'));    %从 edit1 中获得 string 属性值并将其转换为双精度
d2=str2double(get(handles.edit2,'string'));    %墙体厚度
d3=str2double(get(handles.edit3,'string'));    %保温材料厚度
d4=str2double(get(handles.edit4,'string'));    %面层厚度
 if isnan(d1)
     errordlg('请在文本框中输入数据','输入错误')
end
if isnan(d2)
     errordlg('请在文本框中输入数据','输入错误')
end
if isnan(d3)
     errordlg('请在文本框中输入数据','输入错误')
end
if isnan(d4)
```

```
    errordlg('请在文本框中输入数据','输入错误')
end
%计算
R1=d1*10^(-3)/r1;        %混合砂浆层热阻
D1=R1*s1;
R2=d2*10^(-3)/r2;        %墙体热阻
D2=R2*s2;
R3=d3*10^(-3)/r3;        %保温材料热阻
D3=R3*s3;
R4=d4*10^(-3)/r4;        %面层热阻
D4=R4*s4;
RR=[R1;R2;R3;R4];        %汇总 R
DD=[D1;D2;D3;D4];        %汇总 D
R=R1+R2+R3+R4;           %总热阻
K=1/R;                   %传热系数
D=D1+D2+D3+D4;           %热惰性指标
set(handles.edit5,'string',num2str(R));            %输出总热阻
set(handles.edit6,'string',num2str(K));            %输出传热系数
set(handles.edit7,'string',num2str(D));            %输出热惰性指标
axes(handles.axes2);     % 指定坐标轴，当界面上有两个及以上 axes 时用
pie(RR*10)               %画饼图，RR<1，X10
legend({'混合砂浆层','墙体','保温材料','面层'},'Location','NorthEastOutside')
set(handles.axes2,'XMinorTick','on');              %这一步是必要的，因为许多绘图命令在建立图形时清除了坐标系
set(handles.axes2,'visible','off');                %隐藏坐标
axes(handles.axes3);
pie(DD)                  %画饼图
legend({'混合砂浆层','墙体','保温材料','面层'},'Location','NorthEastOutside')
set(handles.axes3,'XMinorTick','on');
set(handles.axes3,'visible','off');   %隐藏坐标
```

3）混合砂浆层下拉列表框对应的代码。

```
function popupmenu1_CreateFcn(hObject, eventdata, handles)
global r1 s1
 r1=0.87;  %混合砂浆导热系数 W/(mK)
 s1=10.79; %混合砂浆的蓄热系数 W/(m^2K)
```

4）墙体下拉列表框对应的代码。

```
function popupmenu2_Callback(hObject, eventdata, handles)
global r2 s2                 %全局变量
val=get(handles.popupmenu2,'value');
switch val
    case 1
        r2=1.74;             %钢筋混凝土的热传导系数 W/(mK)
        s2=17.2;             %钢筋混凝土的蓄热系数 W/(m^2K)
    case 2
         r2=0.24;            %加气混凝土的热传导系数 W/(mK)
         s2=3.51;            %加气混凝土的蓄热系数 W/(m^2K)
     case 3
         r2=0.81;            %黏土实心砖的热传导系数 W/(mK)
         s2=10.63;           %黏土实心砖的蓄热系数 W/(m^2K)
     case 4
         r2=1.1;             %灰砂砖的热传导系数 W/(mK)
         s2=12.72;           %灰砂砖的蓄热系数 W/(m^2K)
     case 5
         r2=0.81;            %炉渣砖的热传导系数 W/(mK)
         s2=11.11;           %炉渣砖的蓄热系数 W/(m^2K)
```

```
        case 6
            r2=0.738;          %混凝土多孔砖的热传导系数 W/(mK)
            s2=7.25;           %混凝土多孔砖的蓄热系数 W/(m^2K)
  end

function popupmenu2_CreateFcn(hObject, eventdata, handles)
global r2 s2                   %全局变量
r2=1.74;                       %钢筋混凝土的热传导系数 W/(mK)
s2=17.2;                       %钢筋混凝土的蓄热系数 W/(m^2K)
```

5）保温材料下拉列表框对应的代码。

```
function popupmenu3_Callback(hObject, eventdata, handles)
global r3 s3                   %  全局变量
val=get(handles.popupmenu3,'value');
switch val
      case 1
          r3=0.03;             %聚氨酯泡沫塑料的热传导系数 W/(mK)
          s3=0.47;             %聚氨酯泡沫塑料的蓄热系数 W/(m^2K)
      case 2
            r3=0.033;          %挤塑聚苯板的热传导系数 W/(mK)
            s3=0.35;           %挤塑聚苯板的蓄热系数 W/(m^2K)
        case 3
            r3=0.046;          %膨胀聚苯板的热传导系数 W/(mK)
            s3=0.4;            %膨胀聚苯板的蓄热系数 W/(m^2K)
        case 4
            r3=0.069;          %聚苯颗粒保温胶浆的热传导系数 W/(mK)
            s3=1.17;           %聚苯颗粒保温胶浆的蓄热系数 W/(m^2K)
        case 5
            r3=0.104;          %闭孔珍珠岩保温胶浆的热传导系数 W/(mK)
            s3=1.38;           %闭孔珍珠岩保温胶浆的蓄热系数 W/(m^2K)
end

function popupmenu3_CreateFcn(hObject, eventdata, handles)

global r3 s3                   %全局变量
   r3=0.03;                    %聚氨酯泡沫塑料的热传导系数 W/(mK)
  s3=0.47;                     %聚氨酯泡沫塑料的蓄热系数 W/(m^2K)
```

6）面层下拉列表框对应的代码。

```
function popupmenu4_Callback(hObject, eventdata, handles)
global r4 s4                   %全局变量
val=get(handles.popupmenu4,'value');
switch val
      case 1
          r4=0.93;             %水泥砂浆的热传导系数 W/(mK)
           s4=11.37;           %水泥砂浆的蓄热系数 W/(m^2K)
      case 2
            r4=0.87;           %石灰水泥砂浆的热传导系数 W/(mK)
            s4=10.75;          %石灰水泥砂浆的蓄热系数 W/(m^2K)
      case 3
            r4=0.81;           %石灰砂浆的热传导系数 W/(mK)
            s4=10.07;          %石灰砂浆的蓄热系数 W/(m^2K)
end

function popupmenu4_CreateFcn(hObject, eventdata, handles)
global r4 s4                   %全局变量
```

```
r4=0.93;                  %水泥砂浆的热传导系数 W/(mK)
s4=11.37;                 %水泥砂浆的蓄热系数 W/(m2K)
```

7）“清空”按钮对应的代码。

```
function pushbutton2_Callback(hObject, eventdata, handles)
set(handles.edit1,'string','');              %清空
set(handles.edit2,'string','');
set(handles.edit3,'string','');
set(handles.edit4,'string','');
set(handles.edit5,'string','');              %清空
set(handles.edit6,'string','');
set(handles.edit7,'string','');
```

8）“退出”按钮对应的代码。

```
function pushbutton3_Callback(hObject, eventdata, handles)
close(gcf);  %关闭窗口
```

5

Simulink 仿真基础

Simulink 是 Matlab 提供的主要工具之一，也是目前在动态系统的建模和仿真方面应用最广泛的工具之一。现在全世界有成千上万的工程师都在使用它来建立动态系统模型，从而解决实际问题。本章将重点介绍 Simulink 建模与仿真的基础，为后面章节的应用做一个很好的铺垫。

本章主要内容：

- Simulink 的运行、模块操作、模块的连接、参数的设置。
- Simulink 中的各个模块库以及每个模块库中相应模块的功能。
- Simulink 常见的建模方法。
- simscape 模块、simevents 模块、simpower systems 模块。

5.1 仿真概述

Simulink 是一个用来进行动态系统建模、仿真和分析的集成软件包。利用它可以实现各种动态系统的仿真；不仅可以进行线性系统的仿真，也可以进行非线性系统的仿真；既可以实现连续时间系统的仿真，也可以实现离散时间系统甚至混合连续－离散时间系统的仿真；此外，它还支持多种采样率的系统仿真。

Simulink 模块库内容丰富，其中包括信号源（Sources）模块库、输出接收（Sinks）模块库、连续系统（Continuous）模块库、离散系统（Discrete）模块库、数学运算（Math Operations）模块库等许多标准模块，此外用户还可以根据自己的需要自定义模块和创建模块。

Simulink 中提供了图形用户界面。用户可以通过鼠标操作从模块库中调用所用模块，将它们按照要求连接起来以构成动态系统模型，随后通过各个模块的参数对话框设置各个模块的参数（如果没有对模块进行参数设置，系统将用该模块的默认参数来进行仿真）。当各个模块的参数设置完成之后，即建立起该系统的模型。当系统的模型建立起来之后，通过选择仿真参数和数值算法，便可启动仿真程序对系统进行仿真。

在仿真的过程中，用户可以通过设置不同的输出方式来观察仿真结果。例如，可以使用 Sinks 模块库中的 Scope（示波器）模块或其他显示模块来观察有关信号的变化曲线，也可以将结果存放在 Matlab 的工作空间中，供以后处理和使用。根据所得的仿真结果，用户可以调整系统参数，观察、分析系统仿真结果的变化，从而获得更加理想的仿真结果。

5.1.1 Simulink 的运行

在 Matlab 的命令窗口中输入 Simulink 或者单击 Matlab 主窗口工具栏中的 Simulink 按钮，即可启动 Simulink。Simulink 启动后将会显示如图 5-1 所示的模块库浏览器窗口。单击所需的模块，列表窗口的上方将会显示出所选模块的信息；也可以在模块库浏览器窗口 Find block 按钮右边的输入栏中直接输入模块名并单击 Find block 按钮进行查询。

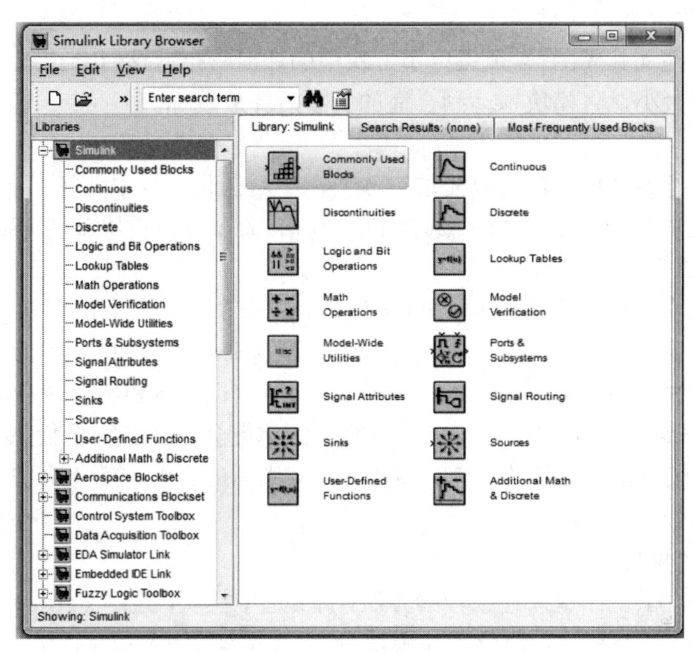

图 5-1 Simulink 模块库浏览器

打开模块库浏览器后，单击工具栏中的 New modle 按钮，系统将会弹出一个名为 untitled（模型编辑）窗口，如图 5-2 所示。“模型编辑”窗口是模型建立的载体，利用“模型编辑”窗口，通过鼠标拖动模块在其上建立一个完整的模型。

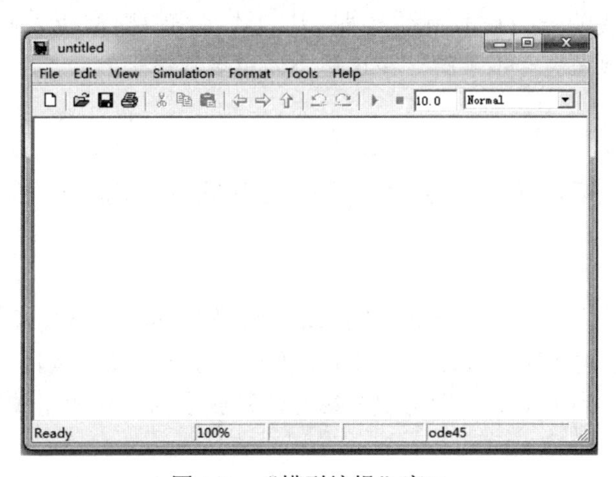

图 5-2 “模型编辑”窗口

在“模型编辑”窗口中创建好模型后，单击 File→Save 或 Save As 命令，可以将模型以.mdl为扩展名存盘。

5.1.2 模块操作

1. 添加模块

要把一个模块添加到模型中，首先要在 Simulink 模块库中找到该模块，然后用鼠标将这个模块拖入模型窗口中。

2. 调整模块的大小

选中该模块，拖动其周围 4 个黑色小方块中的任何一个，这时会出现一个虚线的矩形来表示调整后模块的大小，将模块拖动到合适的大小后释放鼠标。

3. 旋转模块

若要对模块进行旋转操作，可以先选中模块，然后在菜单栏中选择 Format→Rotate Block 命令，模块将按顺时针方向旋转 90°；选择 Flip Block 命令将使模块旋转 180°。

4. 改变模块的标签

当在模型窗口中创建一个模块时，Simulink 会在每个模块下面的默认位置上加上一个标签。例如，在模型窗口中创建的第一个增益模块会默认命名为 Gain，第二个增益模块将命名为 Gain1。但是为了增强模型的可读性，用户可以按照自己的意愿给模块命名。修改模块标签的方法为：在模块标签的任何位置上双击，则模块的标签会呈现出编辑状态，此时可以输入新的标签名，输入完成后在标签外的任何位置上单击，则新的合法标签将会被承认，此模块将由此标签的名字命名。

5. 改变标签的位置

Simulink 中提供了使标签位置翻转的方法，即：选中模块，选择 Format→Filp Name 命令，模块的标签位置将发生翻转。若原位置在模块下方，则翻转到模块的上方；若原位置在模块的左方，则翻转到模块的右方。

6. 增加阴影

如果想使某个模块能够引起其他用户的重视，可以对此模块增加一个阴影，方法为：选中模块，选择模型窗口中的 Format→Show Drop Shadow 命令。

除上述所讲的模块的一些基本操作之外，还有许多模块操作功能未涉及到，读者可以通过模型窗口上的菜单项来进一步了解，在这里不做更多叙述。

5.1.3 模块的连接

当设置了各个模块后，还需要将它们按照一定的顺序连接起来才能组成一个完整的系统模型。

1. 连接两个模块

从一个模块的输出端到另一个模块的输入端，这是 Simulink 仿真模块最基本的连接情况。方法是：先移动光标到输出端，这时光标箭头会变成十字形，然后按住鼠标左键，移动鼠标到另一个模块的输入端，当十字形光标出现重影时，释放鼠标左键就完成了模块的连接。

2. 标注连线

为了使模型更加直观、可读性更强，可以对模块之间的连线进行标记。

若要给模块之间的连线做标记，可以双击要加标记的连线，这时将会出现一个小文本编辑框，在里面输入标注文本，这样就建立了信号标记。

3. 连线的分支

在建模的过程中，经常需要把一个信号输送到不同的模块中，这时就需要从一根连线中分出另一根连线。操作方法是：在事先连好一条线后，把鼠标移到分支点的位置，先按下 Ctrl 键，然后按住鼠标拖动目标模块的输入端，释放鼠标和 Ctrl 键。

4. 删除连线

要删除某条连线，可以单击该连线，然后单击 Cut 按钮或按 Delete 键。

5.1.4 参数的设置

在完成模块的布局与连接之后，还需要对模块以及仿真参数进行设置。

1. 模块参数的设置

在已建立好的 Simulink 模型里双击需要修改参数的模块，系统将弹出参数设置对话框，在这里可以完成模块参数的设置。

例如，将 Sourses 模块库里的 Sine Wave（正弦函数）模块用鼠标拖到模块窗口中后双击该模块，则系统弹出如图 5-3 所示的参数设置对话框，将 Amplitude（振幅）设置为 100，Frequency（频率）设置为 60，Phase（初始相位）设置为 30（如图 5-4 所示），则正弦函数输出的函数为 A=100sin(120πt +π/6)

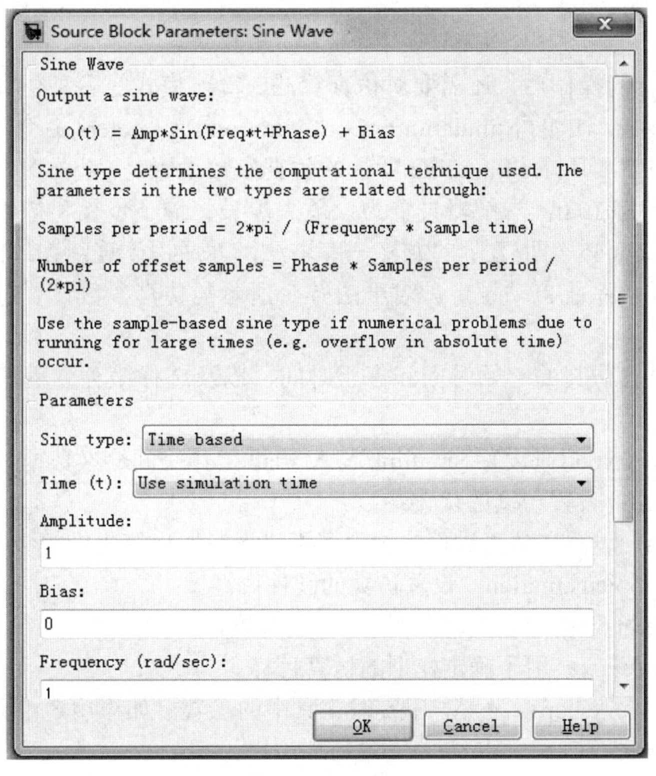

图 5-3　参数设置对话框

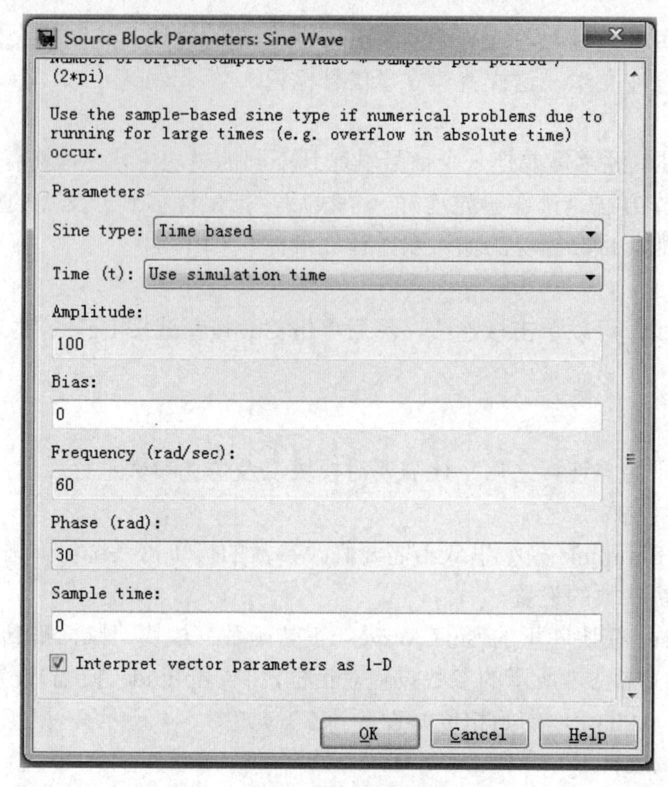

图 5-4　设置后的参数设置对话框

2. 仿真参数的设置

在完成上述所有的操作后，还需要对仿真算法、输入模式等各种仿真参数进行设置。方法是：单击模型编辑窗口中的 Simulation→Configuration Parameters 命令，系统将弹出仿真参数设置对话框，如图 5-5 所示。Simulink 默认的仿真参数设置是：起始时间 Start time 为 0.0s，终止时间 Stop time 为 10.0；求解器设置为：最大步长、最小步长和初始步长都由系统自动设定，仿真算法为 ode45（四/五阶的龙格－库塔法，其适用于连续系统的仿真），相对误差为 0.001，绝对误差由系统自动设定。对于图 5-5 所示的仿真参数设置对话框，系统可以设置 9 个选项：

- Solver：设置仿真的起始时间和停止时间，以及选择微分方程求解算法并为其规定参数。
- Data Import/Export：设置 Simulink 与 Matlab 工作空间交换数据的有关选项。
- Optimization：设置仿真的优化参数。
- Diagnostics：设置在仿真过程中出现各类错误时发出警告的等级。
- Hardware Implementation：设置仿真的硬件特性。
- Model Referencing：设置模型引用的有关参数。
- Simulation Target：用于确定模型的仿真目标。
- Real-Time Workshop：设置若干实时工具中的参数。如果用户没有安装实时工具箱，则将不出现该选项。
- HDL Coder：用于生成产品代码的工作。

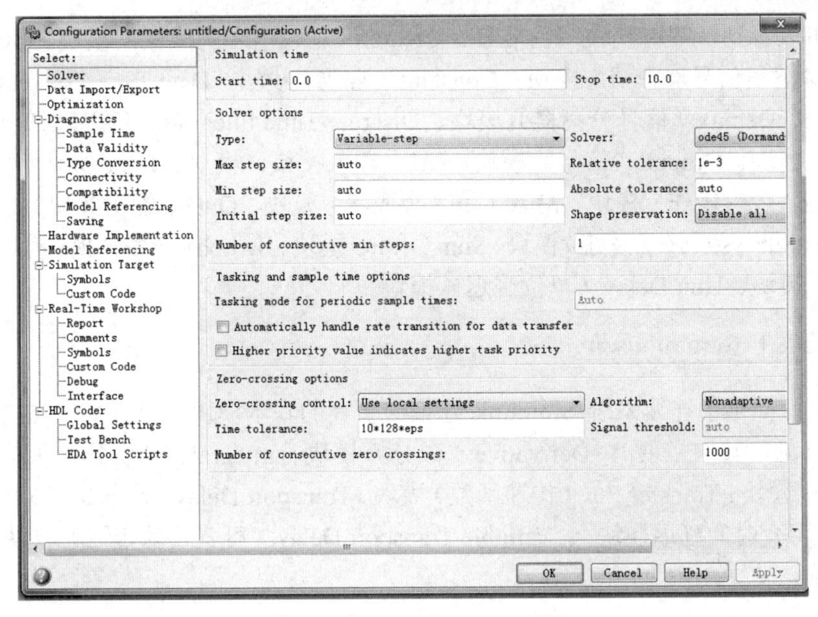

图 5-5　仿真参数设置对话框

5.2　Simulink 模块库

5.2.1　常用模块（Commonly Used Blocks）

常用模块库是系统将用户经常使用的一些模块放在一起所形成的。在初学 Simulink 的过程中，常用模块库是使用最为频繁的模块库。在 Simulink 浏览器中，单击左侧窗格中的 Commonly Used Blocks 选项，系统将打开常用模块库，如图 5-6 所示。

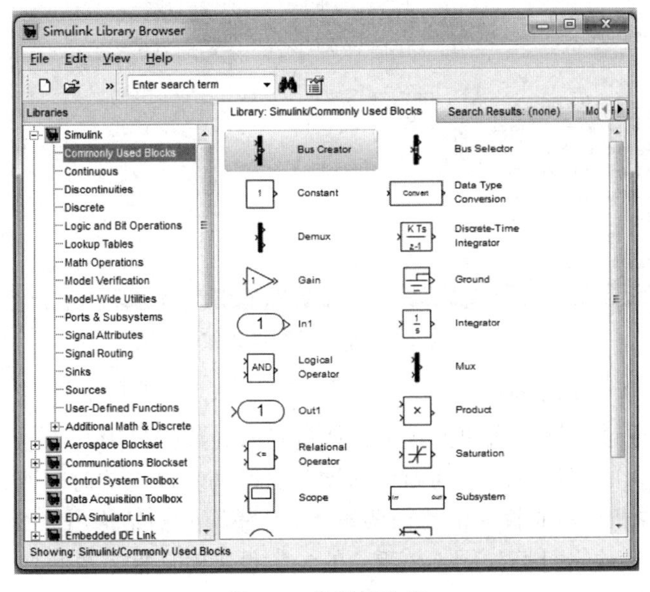

图 5-6　常用模块库

从图中可以看到，常用模块库包括 Bus Creator（总线信号生成器）模块、Commonly Bus Selector（常数总线信号选择器）模块、Constant（常数）模块、Data Type Conversion（数据类型转化）模块、Demux（信号分离器）模块、Discrete-Time Integrator（离散时间积分）模块、Gain（增益）模块、Ground（信号）模块、In1（输入接口）模块、Integrator（积分）模块、Logic Operator（逻辑操作）模块、Mux（信号合成器）模块、Out1（输出接口）模块、Product（乘法）模块、Subsystem（子系统）模块、Sum（求和）模块、Switch（开关转换）模块、Terminator（信号终端）模块、Unit Delay（单位延迟）模块。

5.2.2 连续模块（Continuous）

连续模块库提供了连续系统 Simulink 建模与仿真的基本模块，打开如图 5-7 所示的连续系统模块库可见，其中主要有 Derivative（微分）模块、Integrator（积分）模块、状态空间（State-Space）模块、Transfer Fun（传递函数）模块、Transport Delay（传输延迟）模块、Variable Time Delay（可变时间延迟模块）、Variable Transport Delay（可变传输延迟）模块和 Zero-Pole（零极点增益）模块。

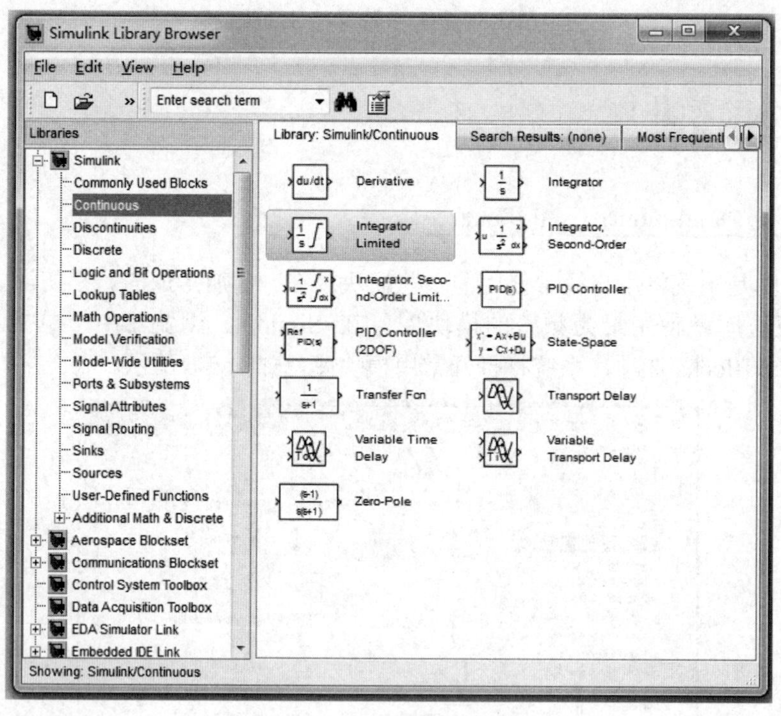

图 5-7 连续系统模块库

1. Derivative（微分）模块

Derivative 模块通过计算下面的公式来近似输入的导数：$\Delta U/\Delta t$

其中，ΔU 为输入的变化量，Δt 为自前一次仿真时间步以来的时间变化量。模块有一个输入和一个输出，在仿真开始前输入信号值假设为 0，模块的初始输出为 0。

双击 Derivative 模块，打开如图 5-8 所示的参数设置对话框，系统默认的微分线性化的时间常数为 inf（无穷大）。

2. Integrator（积分）模块

本模块可以实现对其输入进行积分运算的功能。打开积分模块的参数设置对话框（如图 5-9 所示），可以看出，用户通过本模块可以完成：

- 在参数设置对话框中定义初始条件或由输入完成。
- 设置输出模块的状态。
- 定义积分的上下限。
- 根据附加置位输入重置状态。

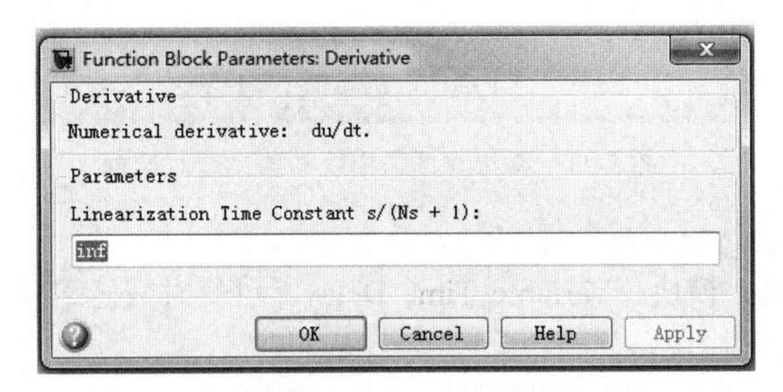

图 5-8　微分模块参数设置对话框

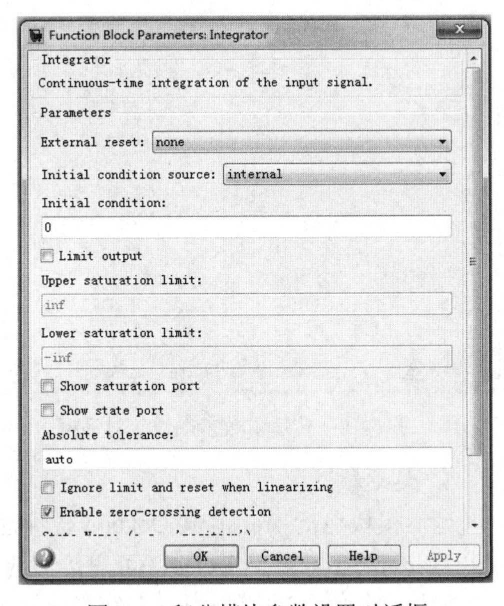

图 5-9　积分模块参数设置对话框

3. 状态空间（State-Space）模块

状态空间模块实现一个由下式定义其特性的系统：$x= Ax+Bu$　$y = Cx+Du$

其中，x 为状态矢量，u 为输入矢量，y 为输出矢量。其矩阵必须具有如下特性：

- A 必须是一个 nxn 矩阵，其中 n 为状态数量。
- B 必须是一个 nxm 矩阵，其中 m 为输入数量。
- C 必须是一个 rxn 矩阵，其中 r 为输出数量。
- D 必须是一个 rxm 矩阵。

模块接受一个输入，并产生一个输出。输入矢量的宽度由 B 和 D 矩阵的列数决定，输出矢量的宽度由 C 和 D 矩阵的行数决定。

4. Transfer Fun（传递函数）模块和 Zero-Pole（零极点增益）模块

Simulink 中提供两个用来实现传递函数的模块：传递函数模块和零极点增益模块。这两个模块效果是等同的，只是它们用不同的方式来表示传递函数。

传递函数模块的参数设置对话框（如图 5-10 所示）中有两个区：分子区 Numerator coefficients 和分母区 Denominator coefficients。两个区都是以 s 的降幂多项式的形式输入多项式系数。

零极点增益模块的参数设置对话框（如图 5-11 所示）中有 3 个区：零点区（Zeros）、极点区（Poles）和增益区（Gain）。其中，零点区中填写分子的零点，极点区中填写分母的零点，增益区中填写传递函数的增益量。

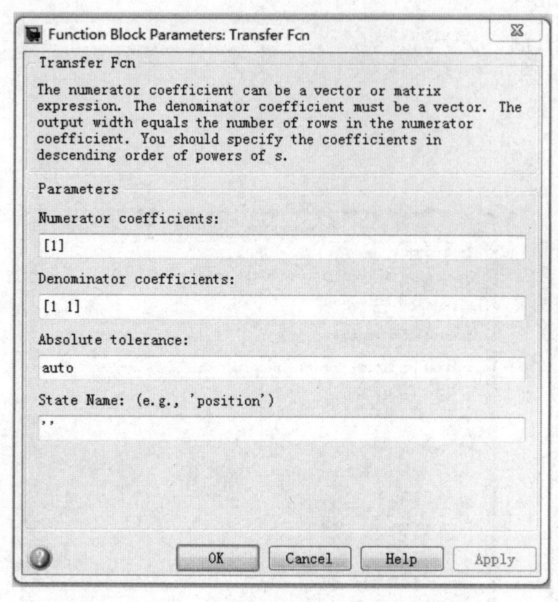

图 5-10　传递函数参数设置对话框

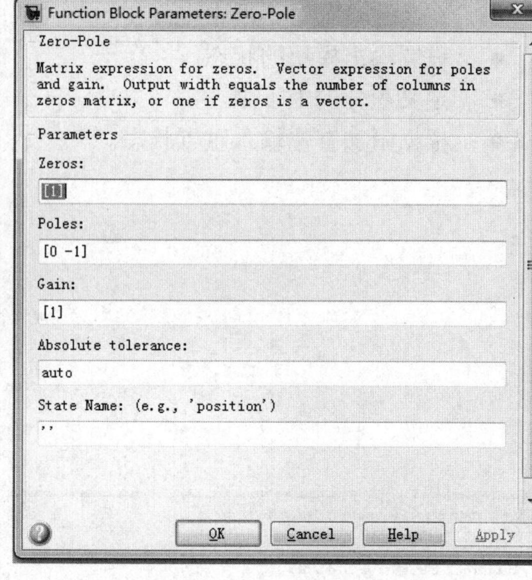

图 5-11　零极点增益模块参数设置对话框

5. 延迟模块

延迟模块包括 Transport Delay（传输延迟）模块、Variable Time Delay（可变时间延迟模块）、Variable Transport Delay（可变传输延迟）模块。

如果被控系统的模型中含有纯延迟环节，用户可以使用传输延迟模块来建立仿真模型。打开传输延迟模块的参数设置对话框，在 Time delay 文本框中输入需要延迟的时间数值，同时在 Pade order 文本框中输入纯延迟环节线性化处理的近似多项式阶数。

可变时间延迟模块和可变传输延迟模块在 Simulink 中是以两个模块的形式存在的，但是它们可以通过选择模型属性的 Select Delay Type 属性值来相互变换。

5.2.3 非连续模块（Discontinuous）

非连续系统模块库中包含了一些常用的非线性运算模块（如图 5-12 所示），该模块库中主要包括 Backlash（磁滞回环）模块、Saturation（饱和度）模块、Dead Zone（死区）模块、Rate Limiter（速度限制）模块、Quantizer（量子点）模块、Wrap To Zero（限零）模块、Dead Zone Dynamic（动态死区）模块、Rate Limiter Dynamic（动态限速）模块、Relay（继电器）模块。

1. Backlash（磁滞回环）模块

该模块可使系统实现输入和输出变化相同。然而，当输入改变方向时，输入的初始变化对输出没有影响。在模块中，这个四边形的区域称为回差或死区（deadband），此死区的中心就是输出信号的原点。该模块初始状态默认值死区宽度为 1，对应输出为 0。

如果初始输入落在死区之外，Initial output 参数值将决定模块是正向工作还是负向工作，并且决定在仿真开始时的输出是输入加上还是减去死区宽度的一半。

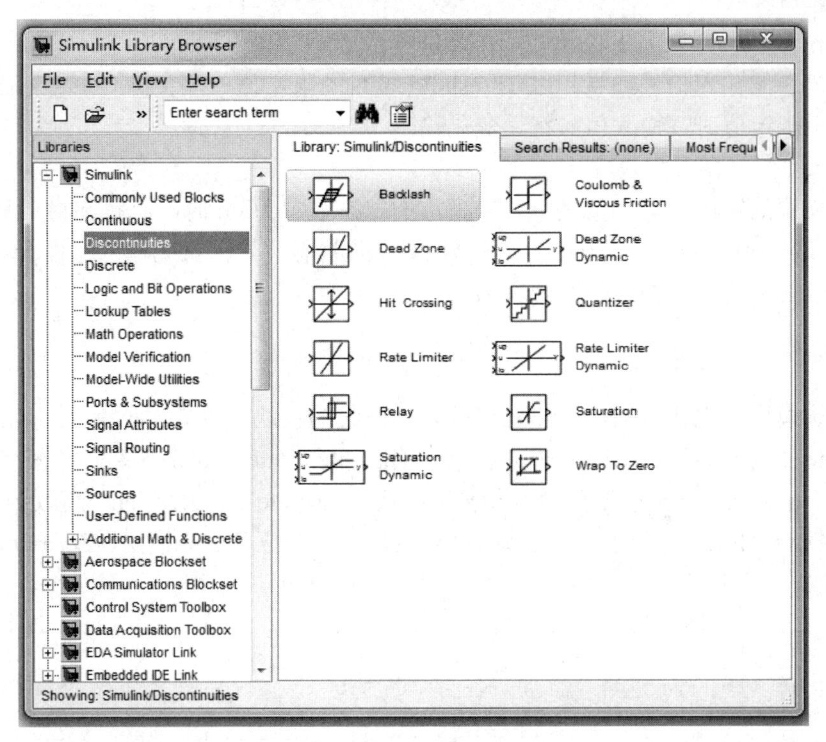

图 5-12　非连续系统模块库

2. Saturation（饱和度）模块

该模块对输入信号设定上下限。当输入在由 Lower limit 和 Upper limit 参数指定的范围内时，输入信号无任何变化输出；若输入信号超出所设定的范围，则信号会被限幅，输出为一固定值（值为上限或下限）。若上下限参数的设置值相同，模块就输出该值。模块只接收和输出双精度实型信号。Saturation Dynamic（动态饱和非线性）模块可以根据输入端口 Up 和 Lo 的设定值动态设置输出的上限和下限。

3. Dead Zone（死区）模块

该模块提供了一个死区特性，即在指定的范围内产生零输出。模块用 Start of dead zone 和 End of dead zone 参数设置来指定死区的上限值和下限值。模块的输出取决于其是否在死区范围内。

- 若输入落在死区范围内，则输出为 0。
- 若输入大于或等于上限值，则输出等于输入减去上限值。
- 若输入小于或等于上限值，则输出等于输入减去下限值。

4. Rate Limite（速度限制）模块

该模块用于限定通过模块信号的一阶导数，以使输入一阶导数的变化不超过一定范围。

5. Quantizer（量子点）模块

该模块用于对输入信号进行量化处理，可以将平滑的输入信号变为阶梯状的输出信号。输出计算采用的是四舍五入法，产生与零点对称的输出。

$$y = q * \mathrm{round}(u/q)$$

其中，y 为输出，u 为输入，q 为 Quantization interval 参数。

6. Wrap To Zero（限零）模块

通过该模块的输入信号如果超过 Threshold 参数的限定值，模块将产生零输出；当输入信号小于或等于限定值时，输入信号将无变化输出。

7. Relay（继电器）模块

继电器模块的输出为两个值之一。当模块的状态设置为 on 时，此状态将一直保持到输入下降到比 Switch off point 参数值小时；若为 off，此状态一直保持到输入超过 Switch on point 参数值时。模块接受一个输入，两个输出。

5.2.4 离散模块（Discrete）

离散系统模块库主要包括用于建立离散采样系统的模块（如图 5-13 所示），该模块库主要包括 Discrete Filter（离散过滤分析）模块、Discrete State-Space（离散状态空间）模块、Discrete-Time Integrator（离散时间变量积分）模块、Discrete Transfer Fcn（离散传递函数功能）模块、First-Order Hold（首要控制）模块、Unit Delay（单位延迟）模块、Zero-Order Hold（零点控制）模块。

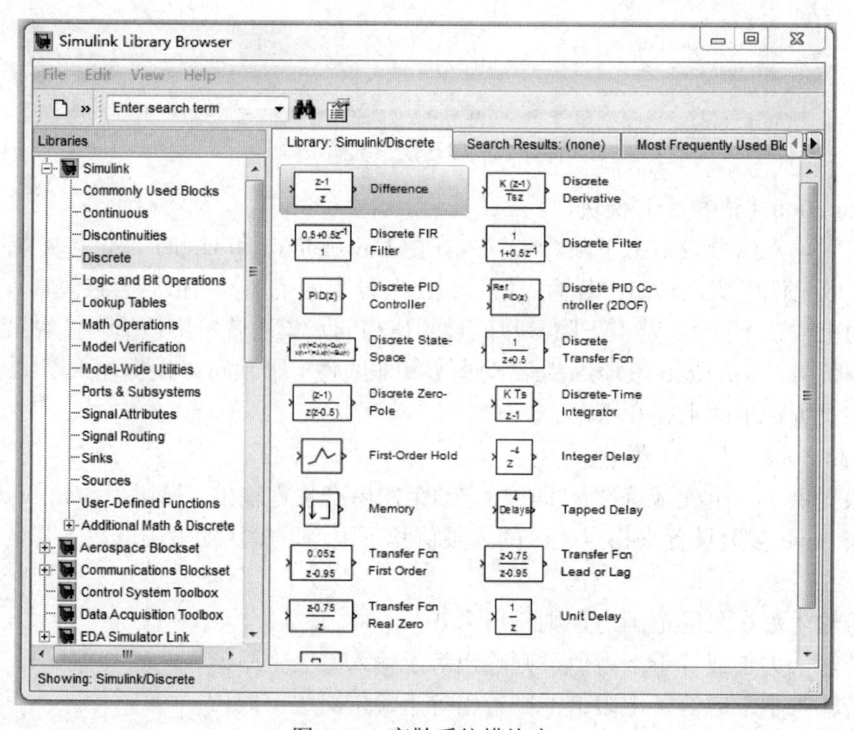

图 5-13 离散系统模块库

1. Discrete Filter（离散过滤分析）模块

离散过滤分析模块实现无限冲击响应（IIR）和有限冲击响应（FIR）滤波器。用户可用 Numerator 和 Denominator 参数指定以 Z-1（延迟算子）的升幂为矢量的分子和分母多项式的系数。分母的阶数必须大于或等于分子的阶数。

Discrete Filter 模块的参数对话框如图 5-14 所示。

- Numerator coefficients：分子系数矢量，默认值为 1。

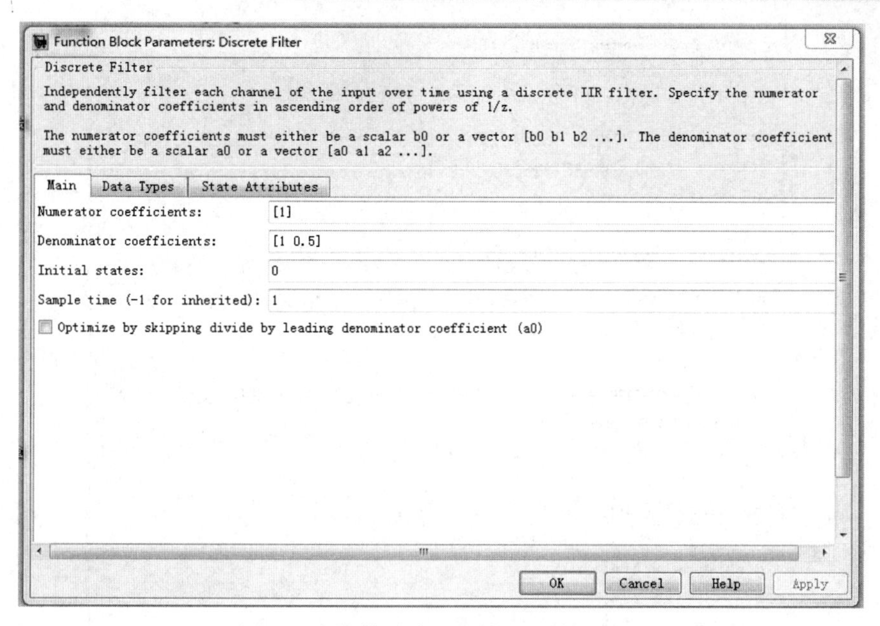

图 5-14　离散过滤分析模块参数对话框

- Denominator coefficients：分母系数矢量，默认值为 0 和 0.5。
- Initial states：初始状态，默认值为 0。
- Sample time：两次采样的时间间隔，默认值为 1。

2. Discrete State-Space（离散状态空间）模块

离散状态空间模块可以实现如下这个离散系统：

$$x(n+1) = A*x(n) + B*u(n)$$

$$y(n) = C*x(n) + D*u(n)$$

其中，u 为输入，x 为状态，y 为输出。但矩阵系数必须满足以下要求：

- A 必须是 n×n 的矩阵，其中 n 为状态数量。
- B 必须是 n×m 的矩阵，其中 m 为输入数量。
- C 必须是 r×n 的矩阵，其中 r 为输出数量。
- A 必须是 r×m 的矩阵。

模块接受一个输入，并产生一个输出。输入矢量的宽度由矩阵 B 和 D 的列数决定，输出矢量的宽度由矩阵 C 和 D 的行数决定。Simulink 将一个包含 0 的矩阵转换成一个利于相乘的稀疏矩阵。

3. Discrete-Time Integrator（离散时间变量积分）模块

当用于构建纯离散系统时，离散时间变量积分模块可代替积分模块（Integrator）使用。离散时间变量积分模块允许用户完成以下任务：

- 在模块对话框中定义初始条件或模块的输入。
- 定义输出模块的状态。
- 定义积分的上下限。
- 根据附加置位输入重新设置状态。

Discrete-Time Integrator 模块的参数对话框如图 5-15 所示。

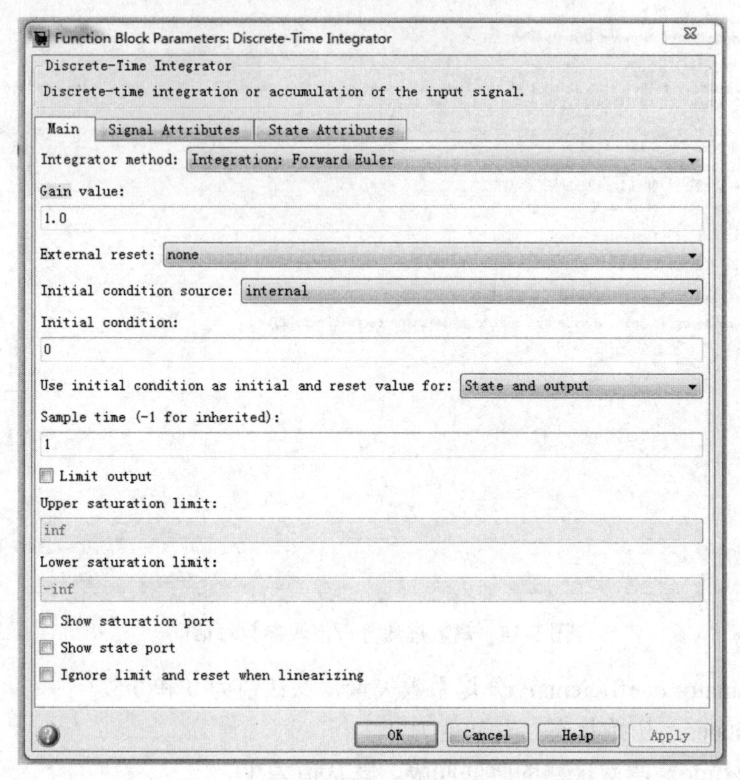

图 5-15　离散时间变量积分模块参数对话框

- Integrator method：积分法，默认为 Forward Euler。
- External reset：当在置位信号中出现一个触发器事件（rising、falling 或 either）时，将模块的状态设置为初始状态。
- Initial condition source：从 Initial condition 参数（如果设置为 Initial）或一个外部模块（如果设置为 external）获取模块的初始条件。
- Initial condition：状态的初始条件。设置 Initial condition source 参数为 Initial。
- Limit output：若被选中，状态值将被限制在 Upper saturation limit 和 Lower saturation limit 之间。
- Upper saturation limit：积分上限，默认值为 inf。
- Lower saturation limit：积分下限，默认值为-inf。
- Show saturation port：若被选中，则给模块一个饱和端口。
- Show state port：若被选中，则给模块加一个模块状态的输出端口。
- Sample time：采样之间的时间间隔，默认值为 1。

4. Discrete Transfer Fcn（离散传递函数功能）模块

该模块可以建立由下列方程描述的离散传递函数模型：

$$H(z)=\frac{\mathrm{num}_1 z^m+\mathrm{num}_2 z^{m-1}+\cdots+\mathrm{num}_m z+\mathrm{num}_{m+1}}{\mathrm{den}_1 z^n+\mathrm{den}_2 z^{n-1}+\cdots+\mathrm{den}_n z+\mathrm{den}_{n+1}}$$

其中，m+1 和 n+1 分别为分子和分母多项式系数的个数；num 和 den 包含有分子和分母两个多项式的系数，并以 z 的递减次幂的形式排列。num 可以是一个矢量或矩阵，den 则必须是矢量，两者均须在模块的对话框中指定，分母的阶数必须大于或等于分子的阶数。

5. First-Order Hold（首要控制）模块

该模块可以在指定的时间间隔内实现一阶采样保持。该模块主要用于理论研究。

6. Unit Delay（单位延迟）模块

单位延迟模块将输入延迟并保持一个采样周期。若模块的输入为矢量，则所有元素都将被延迟一个采样周期。该模块相当于一个 z-1 的时间离散算子。

7. Zero-Order Hold（零点控制）模块

零点控制模块可以实现一个以指定采样率的采样与保持函数的操作。模块接受一个输入，产生一个输出，输入输出可以是变量或矢量。

该模块的工作原理是：离散化一个或多个信号，或以不同的采样率对这些信号进行重新采样。用户也可以将该模块用于需要构建采样但是并不要求其他更复杂的离散函数模块的场合。例如，可以将该模块与 Quantizer 模块联合使用以构建一个单输入 A/D 变换器。

5.2.5 逻辑运算和位运算模块（Logic and Bit Operations）

逻辑运算和位运算模块库提供了建立逻辑系统及数字系统 Simulink 仿真建模的基本模块。打开该模块库，如图 5-16 所示。因为在控制系统动态仿真中用到该模块的内容比较少，这里不做更多介绍。

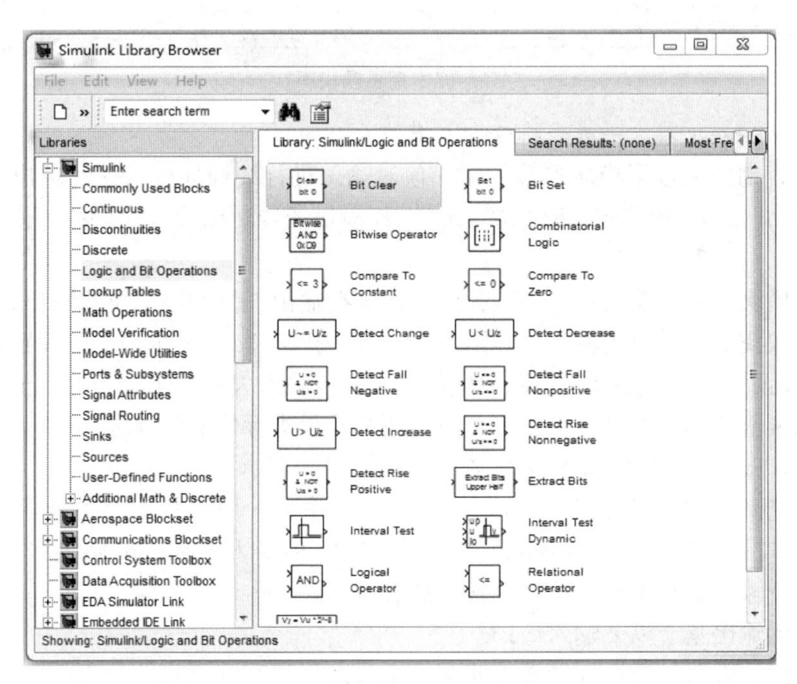

图 5-16 逻辑运算与位运算模块库

5.2.6 查表模块（Lookup Tables）

查表模块库可以用来建立一维、二维或多维表格查询的 Simulink 仿真模型。打开查表模块库，如图 5-17 所示。该模块库主要包括 Lookup Table（基本一维表格查询）模块、Lookup

Table（2-D）（二维表格查询）模块、Lookup Table（多维表格查询）模块等。

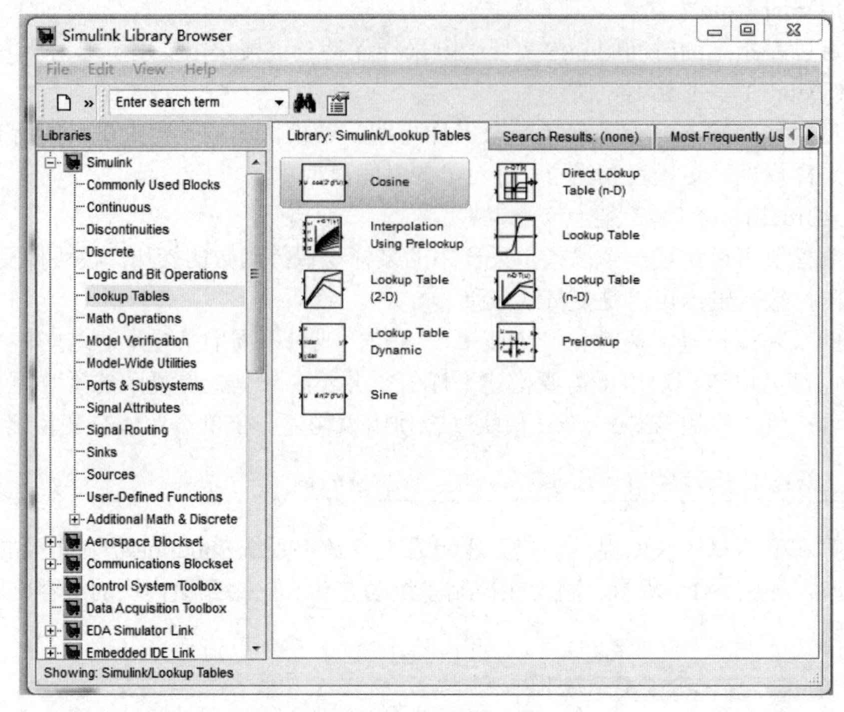

图 5-17 查表模块库

1. Lookup Table（基本一维表格查询）模块

一维表格查询模块根据模块参数的定义值对输入进行线性插值映射的输出。用户通过指定 Vector of input values 和 Table data 参数定义表，模块经过对比输入模块的各模块输入值产生一个输出。

- 若该模块找到与模块输入相匹配的值，则在输出矢量的响应位置输出。
- 若模块找不到与模块输入相匹配的值，模块将会在表中两个适当的元素之间进行线性插值运算从而确定输出值；若模块的输入小于输入矢量的第一个元素值或大于最后一个元素值，则模块将会用头两个或后两个元素进行外插值计算。

2. Lookup Table（2-D）（二维表格查询）模块

二维表格查询模块可以将两个输入映射为一个输出。用户将所有可能的输出值定义为 Table 参数，行与列对应 Row 和 Column 参数，模块用 Row 和 Column 参数经与输入比较后产生输出。第一个输入被看做行，第二个输入被看做列。

模块产生的输出基于以下输入值：

- 若模块的输入与行和列参数相匹配，则输出为行和列交点的列表值。
- 若模块的输入与行和列参数不匹配，则模块将对适当表值进行线性插值后输出；若两者之一或两个模块的输入小于第一个或大于最后一个行或列的参数值，模块将会从头两个或后两个进行外插值计算。

如果 Row 或 Column 参数有相同值，则该模块将会采用 Lookup Table 模块所描述的方法选择一个值。

若需要将 n 个输入映射为一个输出，则需要用到 Lookup Table（多维表格查询）模块，其用法与二维表格查询模块类似，这里不做更多介绍。

5.2.7 数学运算模块（Math Operations）

数学运算模块库主要为用户提供了一些数学计算时需要用到的模块。打开数学运算模块库，如图 5-18 所示，其中主要包括 Sum（求和）模块、Add（加法）模块、Subtract（减法）模块、Sum of Elements（元素求和）模块、Abs（绝对值）模块、Bias（偏差）模块、Gain（增益）模块、Product（乘积）模块、Dot Product（点积）模块、MinMax（最大与最小）模块、Weighted Sample Time Math（加权采样时间数学操作）模块、Math Function（数学函数）模块等。

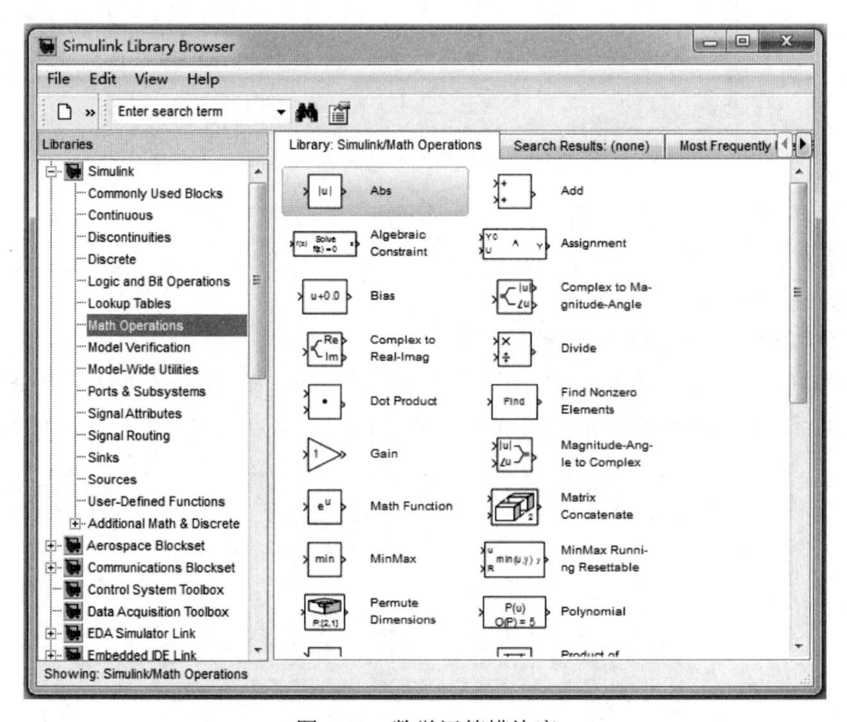

图 5-18 数学运算模块库

1. Sum（求和）模块、Add（加法）模块、Subtract（减法）模块、Sum of Elements（元素求和）模块

这几个模块实现的是一些最简单的数学运算，其功能的实现可以通过参数的设置。由于参数的设置比较简单，在这里不做过多介绍。

2. Abs（绝对值）模块

绝对值模块可以将输入信号的绝对值作为输出。

3. Bias（偏差）模块

该模块用于将输入量加上偏差后输出。所依据的公式为：

$$Y = U + Bias$$

其中，U 为模块的输入，Y 为输出，Bias 为偏差。

4. Gain（增益）模块

增益模块可以将模块的输入乘上一个指定的常数、变量或表达式后输出。用户可以通过参数设置对话框来设置所需的增益量，如图 5-19 所示。

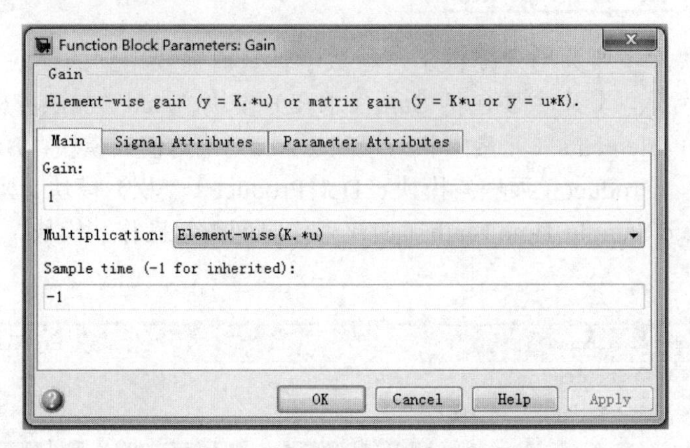

图 5-19　增益模块参数设置对话框

如果模块足够大，该模块的图标里将会显示用户所设置的增益值；如果增益是变量，则显示变量名；如果参数过长，则将显示 -K-。

5. Product（乘积）模块

该模块可以对输入进行乘法或除法运算。

- 该模块可以在输入端口旁显示适当的符号。例如，图 5-20 所示的模块图标就是在输入的参数值为*/时的结果，实现的功能是除法，上方的输入除以下方的输入。

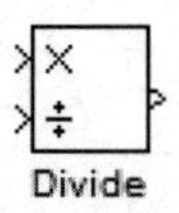

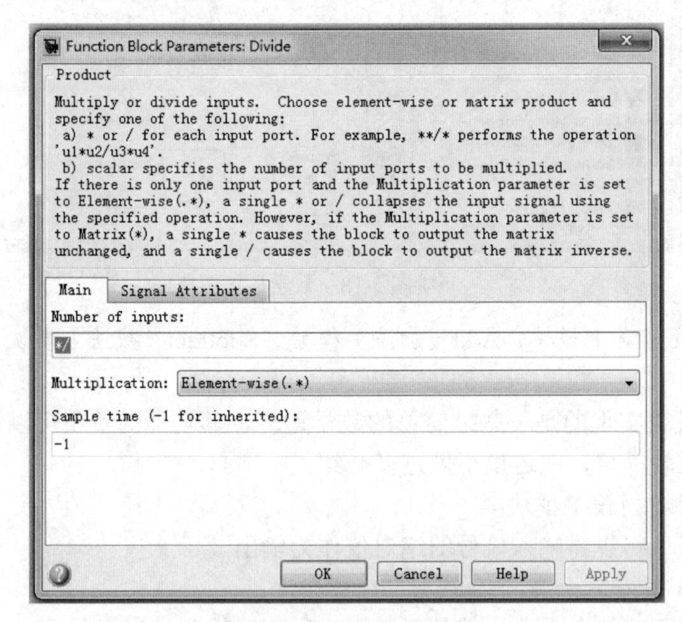

图 5-20　乘积模块参数设置对话框

- 若输入值为大于 1 的标量，则该模块把所有的输入相乘；若输入是个矢量，模块输出为矢量各元素之乘积。同理，通过对参数的设置，可以实现除法运算。

6. Dot Product（点积）模块

点积模块可以实现对两个输入矢量进行点积运算的功能，标量输出 y = u1 * u2 。其中，u1 和 u2 表示矢量输入。若两个输入均为矢量，其长度必须相等；输入矢量的元素可以是双精度的实数或者是复数的信号；输出信号的数据类型取决于输入。

7. MinMax（最大与最小值）模块

最大与最小值模块是将输入的最小或最大值的元素或所有元素作为模块的输出。用户可以通过选择 Function 参数表中的函数来确定欲使用的函数，如图 5-21 所示。

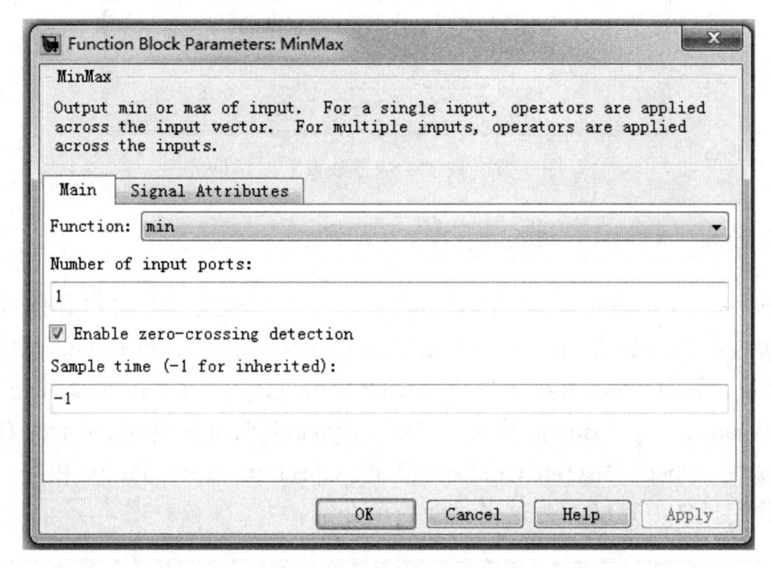

图 5-21　最大值最小值模块参数设置对话框

若该模块有一个输入端口，模块会将输入矢量的最小值元素或最大值元素用一个标量输出。

若该模块的输入端口多于一个，模块将会对输入矢量的各个元素逐一进行比较，模块输出矢量的各个元素即为输入矢量各个元素的比较结果。

- Function：选择输入的函数（min 或 max）。
- Number of input ports：模块输入数。

8. Weighted Sample Time Math（加权采样时间数学操作）模块

该模块可用输入信号加、减、乘或除以 $T_S * w$ 。$T_S * w$ 是 T_S（采样时间）乘以 Weight（加权系数）。

9. Math Function（数学函数）模块

该模块可以进行多种常用数学函数的运算。用户在使用该模块时可以先在参数对话框的 Function 项中选择对应的函数（如图 5-22 所示），模块用这些函数对输入进行计算并将计算的结果作为模块的输出。所选用的函数名将会在模块的图标上显示。对于不同的函数，Simulink 将会自动画出适当的输入端口。

- Function：指定的数学函数。
- Out signal type：选择该模块输入数据的类型，共有 3 种，分别为实数、复数和自动。

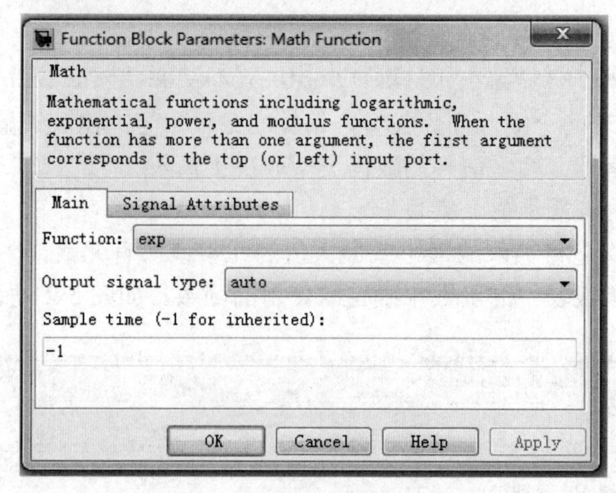

图 5-22　数学函数参数设置对话框

5.2.8　模型验证模块（Model Verification）

模型验证模块库主要是对模型中的信号进行验证，以确定其是否符合仿真的需要。打开数学验证模块库，如图 5-23 所示。其中主要包括 Check Static Lower Bound 模块、Check Static Upper Bound 模块、Check Static Range 模块、Check Static Gap 模块、Check Dynamic Lower Bound 模块、Check Dynamic Upper Bound 模块、Check Dynamic Range 模块、Check Dynamic Gap 模块、Assertion 模块、Check Discrete Gradient 模块、Check Input Resolution 模块。由于该模块库中各个模块的作用比较好理解，故这里只做简单介绍。

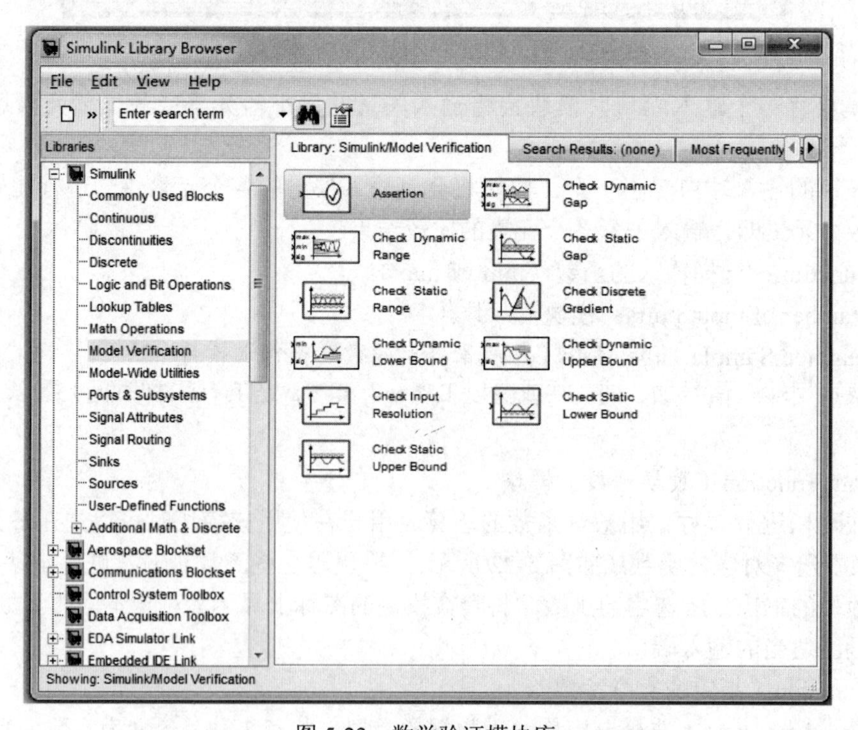

图 5-23　数学验证模块库

1. Check Static Lower Bound 模块

检验信号是否大于或等于指定的下限，其下限可以通过参数设置对话框来确定，如图 5-24 所示。

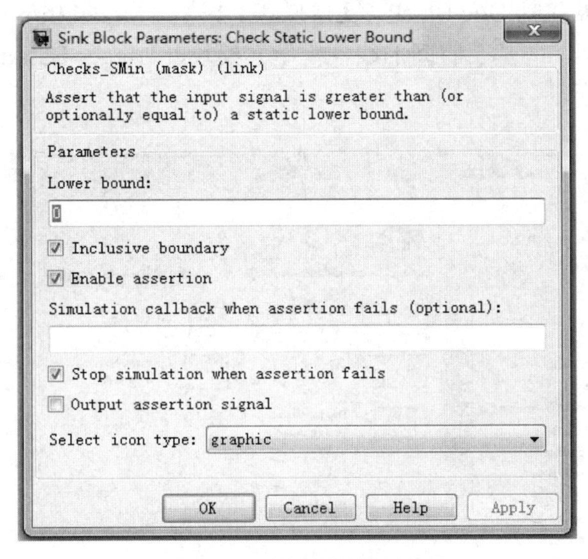

图 5-24 参数设置对话框

2. Check Static Upper Bound 模块

检验信号是否小于或等于指定的上限。

3. Check Static Range 模块

检验输入信号是否在相同的幅值范围内。

4. Check Static Gap 模块

检验输入信号的幅值范围内是否存在间隙。

5. Check Dynamic Lower Bound 模块

检验一个信号是否总是小于另外一个信号。

6. Check Dynamic Upper Bound 模块

检验一个信号是否总是大于另外一个信号。

7. Check Dynamic Range 模块

检验信号是否总是位于变化的幅值范围内。

8. Check Dynamic Gap 模块

检验信号的幅值范围内是否存在不同宽度的间隙。

9. Assertion 模块

检验输入信号是否为非零。

10. Check Discrete Gradient 模块

检验连续采样离散信号的微分绝对值是否小于上限。

11. Check Input Resolution 模块

检验输入信号是否有指定的标量或向量精度。

5.2.9 模型扩充实用模块（Model–Wide Utilities）

模型扩充实用模块库主要是实现仿真时的一些附加功能。打开模型扩充实用模块库，如图 5-25 所示。其中主要包括 Doc Block（文本操作）模块、Model Info（模型版本控制）模块、Timed-Based Linearization（基于时间的线性模型）模块、Trigger-Based Linearization（基于触发的线性模型）模块等。

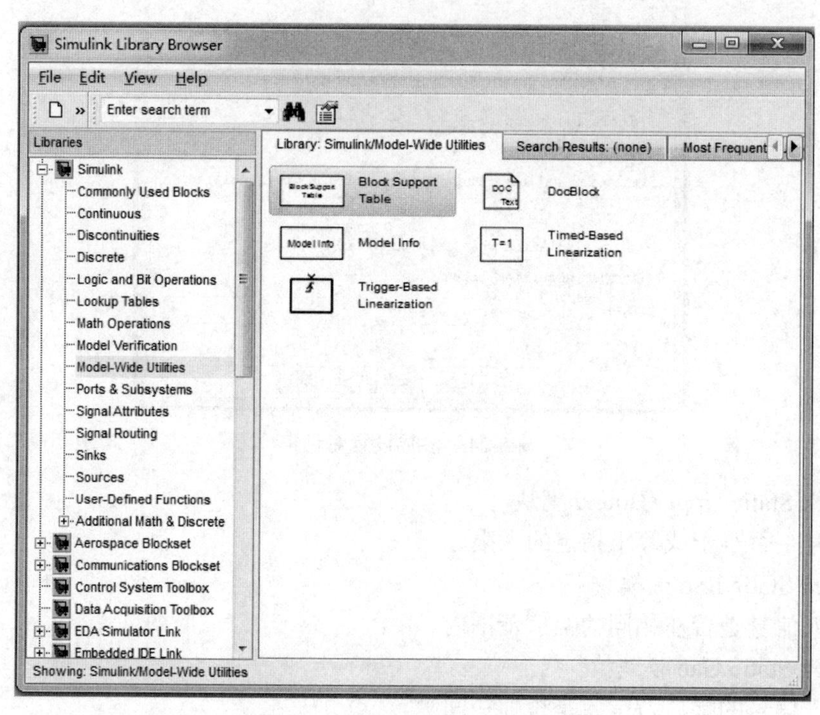

图 5-25 模型扩充实用模块库

1. Doc Block（文本操作）模块

创建和编辑描述模型的文本并保存文本，编辑文本时在该模块的参数设置对话框中操作。

2. Model Info（模型版本控制）模块

在模型中显示版本控制信息。

3. Timed-Based Linearization（基于时间的线性模型）模块

在指定的时间，在基本工作空间中生成线性模型。

4. Trigger-Based Linearization（基于触发的线性模型）模块

当触发时，在基本工作空间中生成线性模型。

5.2.10 端口和子系统模块（Ports & Subsystems）

端口与子系统模块库主要用于创建各类子系统模型。打开该模块库，如图 5-26 所示，其中主要包括 19 个模块。

1. In1 模块

为子系统或外部输入创建一个输入端口。

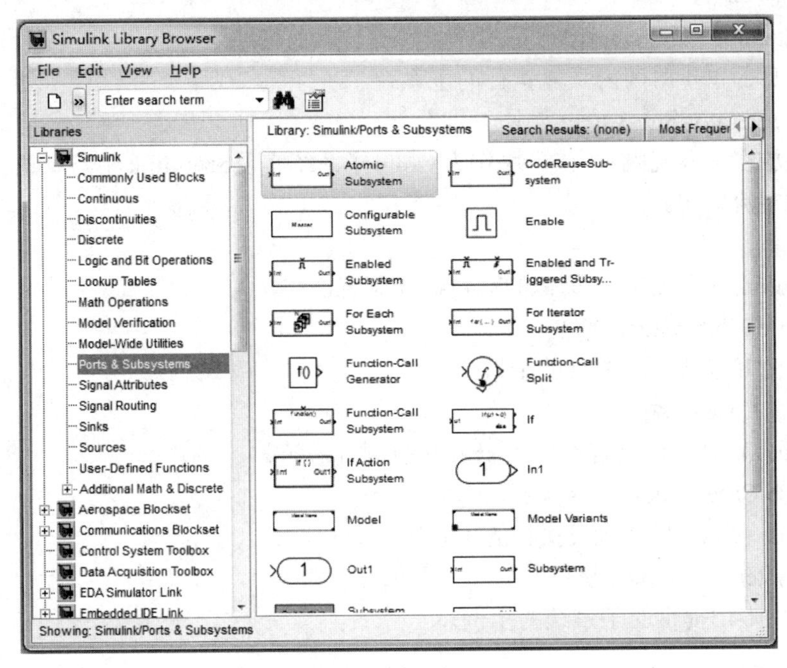

图 5-26　端口和子系统模块库

2. Out1 模块

为子系统或外部输入创建一个输出端口。

3. Trigger 模块

为子系统添加一个触发端口。

4. Enable 模块

为子系统添加一个使能端口。

5. Function-Call Generator 模块

一个指定的速率和指定的时间执行函数调用的子系统。

6. Atomic Subsystem 模块

表示系统中包含的子系统，子系统模块表示一个真实的系统。

7. Subsystem 模块

表示系统中包含的子系统，子系统模块表示一个虚拟的系统。

8. Configurable Subsystem 模块

表示从用户指定的模块库中选择的任何模块。

9. Triggered Subsystem 模块

表示一个由外部输入触发执行的子系统。

10. Enabled Subsystem 模块

表示一个由外部输入使能执行的子系统。

11. Enabled and Triggered Subsystem 模块

表示一个由外部输入使能和触发执行的子系统。

12. Function-Call Subsystem 模块

表示可以被其他模块作为函数调用的子系统。

13. For Iterator Subsystem 模块

表示在仿真的单步时间内反复执行的子系统。

14. While Iterator Subsystem 模块

当该模块放在子系统内时，该模块作为 while 子系统实现 Simulink 中与 C 语言类似的 while 或 do-while 控制流语句。

15. If 模块

实现 Simulink 中与 C 语言类似的 if-else 控制流语句。

16. If Action Subsystem 模块

表示一个由 if 模块触发执行的子系统。

17. Switch Case 模块

实现 Simulink 中与 C 语言类似的 switch 控制流语句。

18. Switch Case Action Subsystem 模块

表示一个由 switch 模块触发执行的子系统。

19. Subsystem Examples 模块

Simulink 中专门提供的子系统的示例。

5.2.11 信号属性模块（Signals Attributes）

信号属性模块库可以用于信号系统的 Simulink 建模与仿真。打开该模块库，如图 5-27 所示，在这里只介绍 Data Type Conversion（数据类型转换）模块、IC（初始值设置）模块、Probe（探测）模块和 Width（输入宽度）模块 4 个模块。

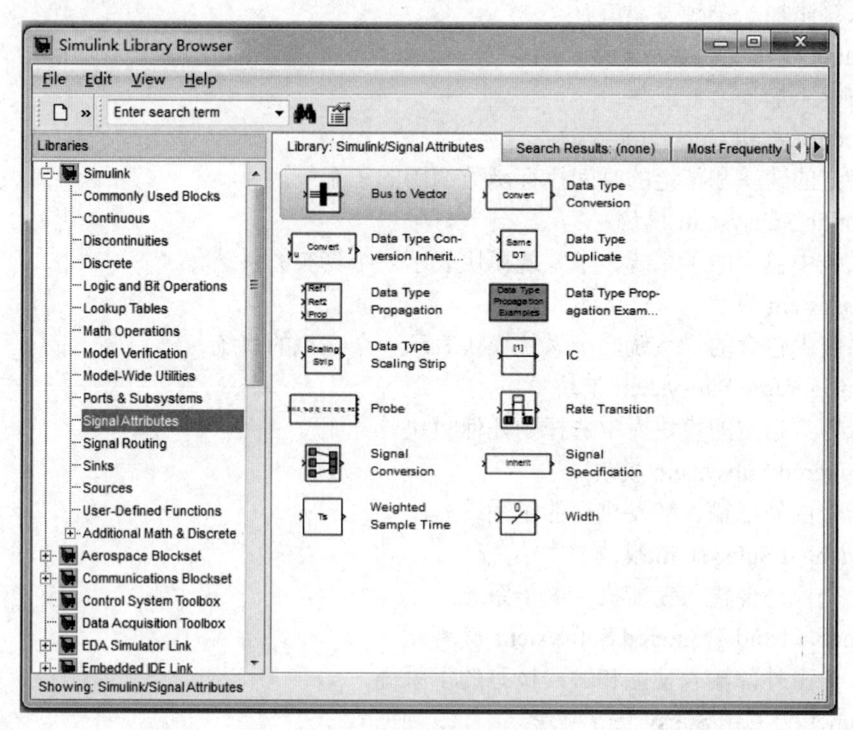

图 5-27 信号属性模块库

1. Data Type Conversion（数据类型转换）模块

数据类型转换模块将输入信号转换成由本模块的 Data Type 参数所指定的数据类型。输入可以是任何实数或复数信号。若输入为实数信号，则输出也为实数信号；若输入为复数信号，则输出也为复数信号。

2. IC（初始值设置）模块

IC 模块对与模块输出端口相连的信号进行初始值设定。当 t=0 时，模块输出设定值；当 t>0 后，模块输出正常值。其设定值通过参数对话框来实现，如图 5-28 所示。

3. Probe（探测）模块

探测模块可以输出与输入信号有关的信息。模块可以将输入信号的宽度、采样时间和输入是否为复数信号的标志等输出。模块只有一个输入端口，其输出端口数取决于用户选择探查信息（即信号宽度、采样时间和复信号标志等）的数量。每一个探查值可以以独立信号从相互独立的端口输出。模块可以接受任意进制数据类型的实数或复数信号，模块输出为双精度型信号。在仿真的过程中，模块的图标将会显示所探查的数据。参数设置对话框如图 5-29 所示。

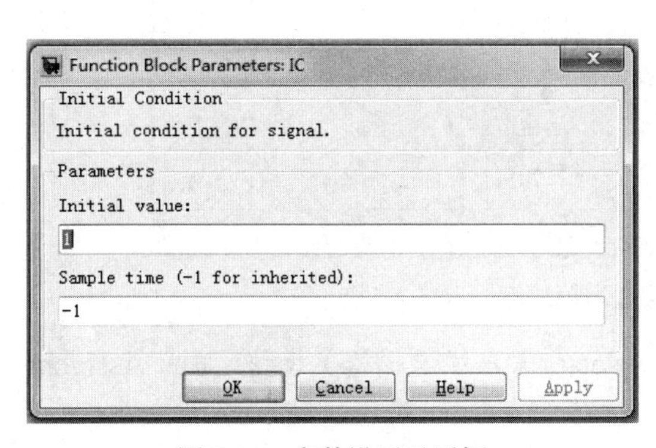

图 5-28　参数设置对话框

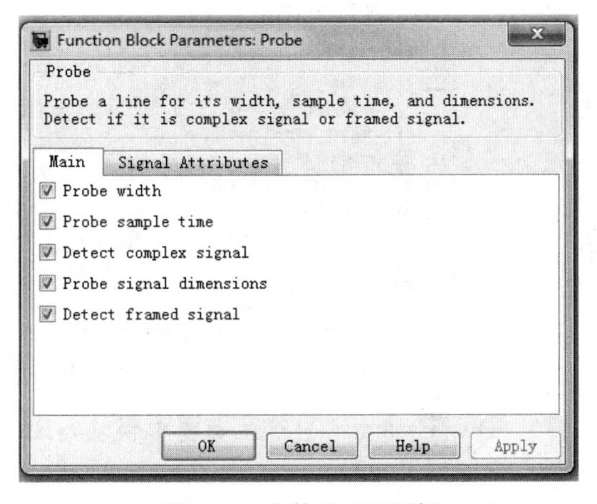

图 5-29　参数设置对话框

- Probe width：若选中，输出探查信号的宽度。
- Probe sanple time：若选中，输出探查信号的采样时间。
- Detect complex signal：若选中，当探查信号是复数信号时输出 1，否则为 0。
- Probe signal dimensions：若选中，输出探查信号的大小。
- Detect framed signal：若选中，当探查信号是有框架信号时输出 1，否则为 0。

4. Width（输入宽度）模块

输入宽度模块主要是将输入矢量的宽度作为输出，其可以接受包括混合型信号矢量在内的任意数据类型的实数或复数信号。

5.2.12　信号通道模块（Signals Routing）

信号通道模块库主要用于控制信号的传递路径。打开该模块库，如图 5-30 所示。其主要应用模块有 Bus Creater（总线生成器）模块、Bus Selector（总线选择器）模块、Bus Assignment

（总线分配器）模块、Data Store Read（存储数据读入）模块、Data Store Memory（存储数据存入）模块、Data Store Write（存储数据写入）模块、From 模块、Goto 模块、Goto Tag Visibility 模块、Manual Switch（手动开关）模块、Multiport Switch（多路开关）模块、Mux（信号混合器）模块、Demux（信号分离器）模块、Selector（选择器）模块、Merge（合并）模块等。

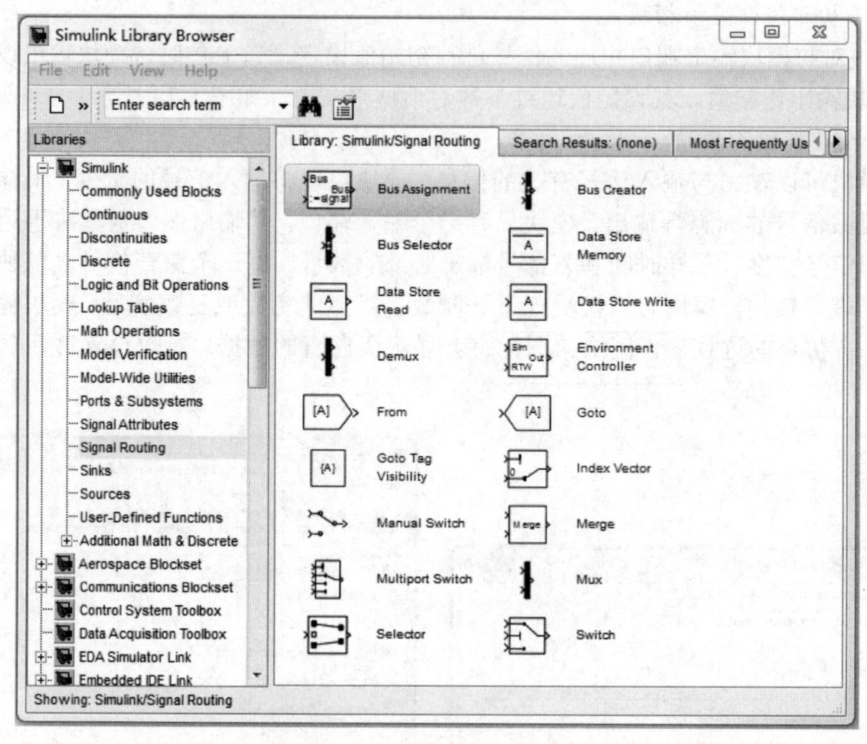

图 5-30 信号通道模块库

1. Bus Creater（总线生成器）模块、Bus Selector（总线选择器）模块、Bus Assignment（总线分配器）模块

总线生成器主要用于生成信号总线，总线选择器用于从输入的总线上选择信号，总线分配器用于替代指定的信号单元。

2. Data Store Read（存储数据读入）模块、Data Store Memory（存储数据存入）模块、Data Store Write（存储数据写入）模块

这 3 个模块分别用于将存储的数据读入到内存空间、将数据存储到内存空间、将数据写入到内存空间中。

3. From 模块、Goto 模块、Goto Tag Visibility 模块

这 3 个模块可以分别用于从工作空间的变量中输入信号、将信号输出到变量、将信号输入到可见的变量中。

4. Manual Switch（手动开关）模块、Multiport Switch（多路开关）模块

这两个模块可以在模块的输入信号之间进行选择。第一个输入端口为控制端口，Switch 模块根据第二个输入信号与 Threshold 的比较结果决定选择哪路输入信号可以通过。当比较的结果大于零时，第一个输入端口的信号通过模块输出；当比较的结果小于零时，第二个输入端

口的信号通过模块输出。

5. Mux（信号混合器）模块、Demux（信号分离器）模块

信号混合器模块主要用于将几个输入信号合并为一个向量信号，信号分离器模块用于释放并输出向量或总线信号的元素。

6. Selector（选择器）模块

该模块主要用于从向量、矩阵或多维信号中选择输入元素。Index Vector 模块根据第一个输入信号值在不同的输入值之间进行切换。

7. Merge（合并）模块

合并模块主要用于合并多重信号到一个信号。

5.2.13 接收器模块（Sinks）

接收器模块库中主要包括显示和输出控制这两类模块。打开接收器模块库，如图 5-31 所示。其中主要包括 Display（数字显示）模块、Scope（示波器）模块、Stop Simulation（终止仿真）模块、To File 模块、To Workspace 模块、XY Gragh（XY 轴双输入示波器）模块。

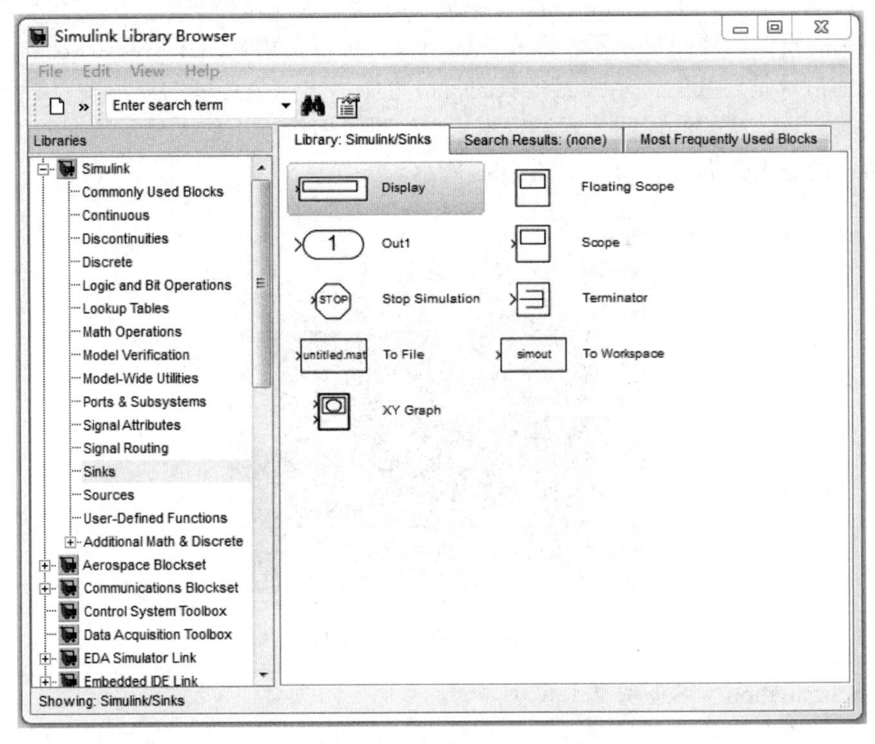

图 5-31 接收器模块库

1. Display（数字显示）模块

该模块可以显示模块输入输出的值，其参数设置对话框如图 5-32 所示。

- Format：显示数据的格式，默认值为 short。
- Decimation：数据的显示进程，默认值为 1，显示每一个输入点。
- Floating display：若选中，模块的输入端口将消失，模块变成浮点显示模块。

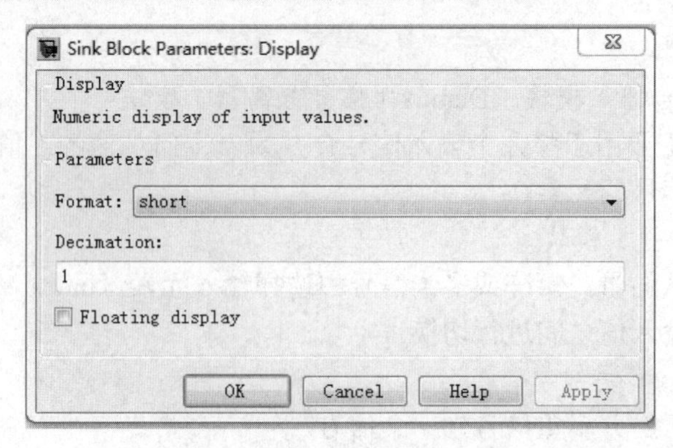

图 5-32　参数设置对话框

2. Scope（示波器）模块

示波器模块用于显示仿真时间内的输出。其可以显示多个输出结果，每个结果都有共同的时间坐标和各自独立的 y 坐标。示波器模块允许用户调整时间量和输出值的显示范围；用户可以移动和调整示波器模块窗口的尺寸，也可以在仿真的时间内修改该模块的参数。

当用户启动仿真后，虽然 Simulink 把数据写入到了示波器模块中，但是其却并不自动打开示波器模块的窗口。要想显示示波器模块的窗口，可以在仿真结束后双击该模块。

若输出的信号是连续的，示波器模块的窗口将显示出一个连续的波形图；若是离散的，示波器模块就产生阶状的波形图。示波器模块中提供了多个用于放大显示数据的工具栏按钮，可以显示所有的输出数据，其窗口如图 5-33 所示。

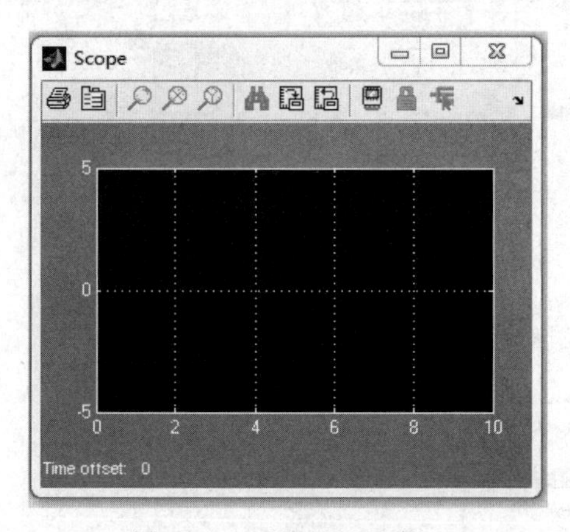

图 5-33　示波器显示窗口

3. Stop Simulation（终止仿真）模块

当输出为非零时，终止仿真模块将停止仿真。在仿真停止之前，完成当前时间步内的仿真。若模块输入为矢量，则任何一个非零元素都将使仿真停止。

4. To File 模块、To Workspace 模块

To File 模块可以将输入写入 Matlab 文件内的一个矩阵中。模块在一个时间步内写一列，第一行为仿真时间，其余为输入数据，对应输入矢量元素。

To Workspace 模块将输入写入 Matlab 工作空间，模块将其输出写入到一个由模块 Variable name 参数命名的矩阵或结构中。Save format 参数决定输出的格式。

5. XY Gragh（XY 轴双输入示波器）模块

该模块将其输入的 X-Y 平面图显示在一个 Matlab 图形窗口中。

本模块有两个输入。模块根据第一个输入的数据（X 方向）对第二个输入的数据（Y 方向）绘图。本模块在检查有限循环和其他双态数据等方面是很有用的，超出指定范围内的数据将不再显示。

5.2.14　输入源模块（Sources）

输入源模块库包括各种信号生成模块，打开该模块库，如图 5-34 所示，由图可知，其主要分为模块与子系统输入信号源和信号生成器两部分。模块与子系统输入信号源中主要包括 In1 子系统输入接口模块、Ground 信号接地模块、From File 模块（用于从数据文件输入数据）、From WorkSpace（用于从空间中输入数据）；信号生成器主要由 Step（阶跃信号）模块、Constant（恒值信号）模块、Sine Wave（正弦波信号）模块、Repeating Sequence（三角波信号）模块、Pulse Generator（脉冲信号）模块、Ramp（斜坡信号）模块、Clock 和 Digital Clock（时钟信号）模块等组成。

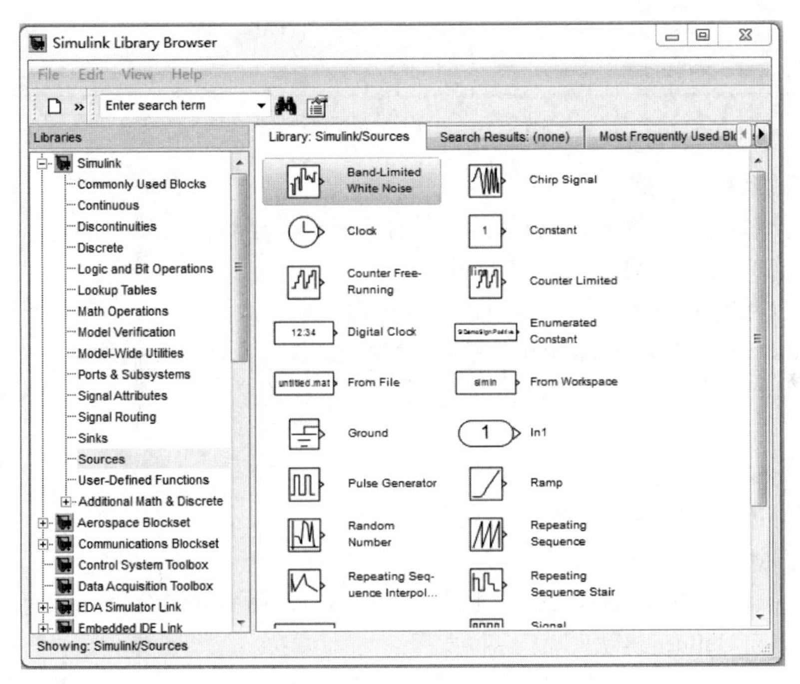

图 5-34　输入源模块库

5.2.15　用户自定义模块（User–Defined Function）

Simulink 中提供了一个扩展功能的模块库，在该模块中用户可以根据自己的需要自定义模块，这极大地方便了 Simulink 在各种仿真中的应用。打开用户自定义模块库，如图 5-35 所示，其中主要包括 Fcn（函数功能）模块、MATLAB Fcn（MATLAB 功能）模块、Embedded MATLAB Function（嵌入式 MATLAB 功能函数）模块、S-Function（S-函数）模块、Level-2 M-file S-Function 模块、S-Function Bulider 模块、S-Function Example 模块。

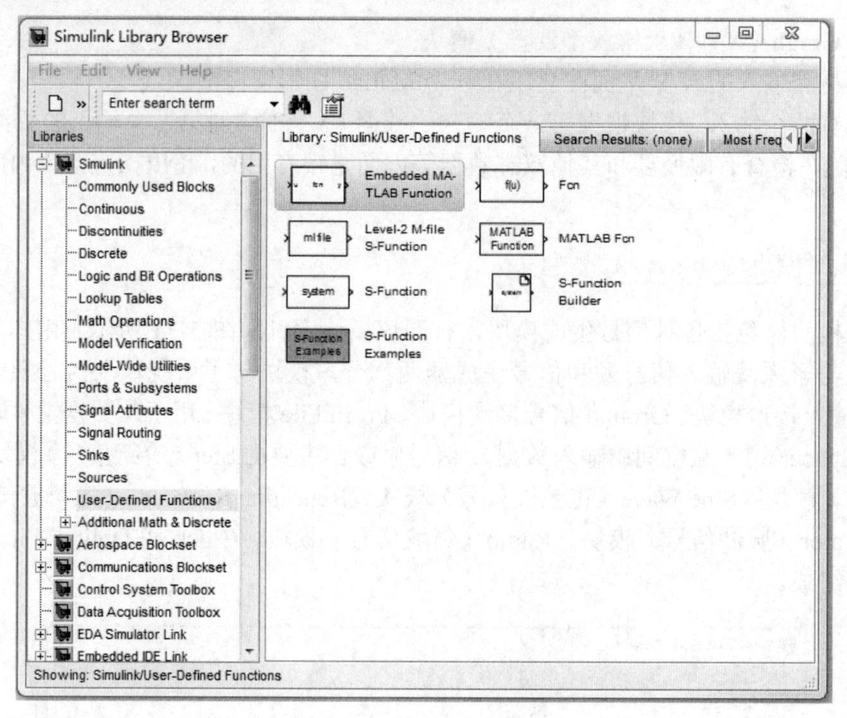

图 5-35 用户自定义模块库

1. Fcn（函数功能）模块

该模块用于对自定义的函数（表达式）进行各种数学运算。

2. MATLAB Fcn（MATLAB 功能）模块

该模块可以利用 Matlab 的现有函数进行各种数学运算，如 sin、cos 等。

3. Embedded MATLAB Function（嵌入式 MATLAB 功能函数）模块

双击该模块可以打开带基本函数说明的 M 文件。在这里可以对输入变量进行各种函数及数学操作。

4. S-Function（S-函数）模块

该模块可以调用自编的 S 函数的程序进行运算。

5. Level-2 M-file S-Function

此模块适用于扩展的 S-函数文件，由于在仿真的时候用到的比较少，这里不做过多介绍。

6. S-Function Bulider 模块

该模块用于从用户提供的描述和 C 语言源代码中构造一个 C 语言 MEX-S-Function。

7. S-Function Example 模块库

该模块库中包括了用各种编程语言编写的 S-函数代码及示例。

5.2.16 附加的数学和离散模块（Additional Math & Discrete）

附加的数学和离散模块库中的模块主要是为了补充数学操作模块库和离散系统模块库中的模块所不能实现的一些功能。由于大部分功能可以在上述两个模块库中实现，所以附加的数学和离散模块库在仿真过程中很少用，这里不做更多介绍。打开其模块库，如图 5-36 所示。

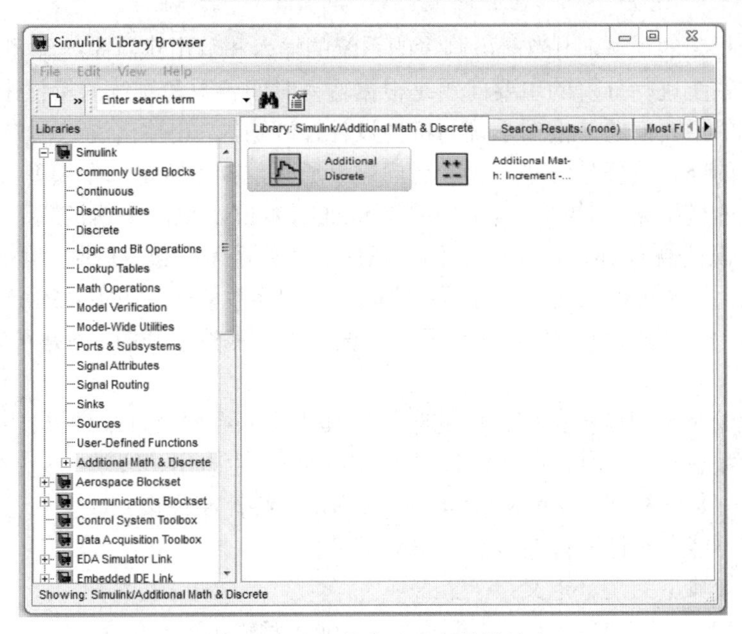

图 5-36　附加的数学和离散模块库

5.3　基本建模方法

常见的数学建模方法有：机理分析建模方法、系统辨识建模方法、概率统计建模方法、层次分析建模方法、模糊数学建模方法、灰色系统建模方法、神经网络建模方法等。

5.3.1　机理分析建模方法

机理分析建模方法又称为直接分析法或解析法，是应用最广泛的一种建模方法。

该方法一般是在若干简化假设条件下，以各学科专业知识为基础，通过分析系统变量之间的关系和规律而获得解析型数学模型。

其实质是应用自然科学和社会科学中被证明是正确的理论、原理、定律或推论，对被研究系统的有关要素（变量）进行理论分析、演绎归纳，从而构造出该系统的数学模型。

机理分析法建模步骤如下：

（1）分析系统功能、原理，对系统做出与建模目标相关的描述。

（2）找出系统的输入变量和输出变量。

（3）按照系统（部件、元件）遵循的物化（或生态、经济）规律列写出各部分的微分方程或传递函数等。

（4）消除中间变量，得到初步数学模型。

（5）进行模型标准化。

5.3.2　系统辨识建模方法

系统辨识是根据系统的输入输出时间函数来确定描述系统行为的数学模型，是现代控制理论中的一个分支。通过辨识建立数学模型的目的是估计表征系统行为的重要参数，建立一个能模仿真实系统行为的模型，用当前可测量的系统的输入和输出预测系统输出的未来演变，并设计控制器。对系统进行分析的主要问题是根据输入时间函数和系统的特性来确定输出信号；对系统进行控制的主要问题是根据系统的特性设计控制输入，使输出满足预先规定的要求。而系统辨识所研究的问题恰好是这些问题的逆问题。通常，预先给定一个模型类 μ={M}（即给定一类已知结构的模型）、一类输入信号 u 和等价准则 J=L(y,yM)（一般情况下，J 是误差函数，是过程输出 y 和模型输出 yM 的一个泛函）；然后选择使误差函数 J 达到最小的模型，作为辨识所要求的结果。系统辨识包括两个方面：结构辨识和参数估计。在实际的辨识过程中，随着使用的方法不同，结构辨识和参数估计这两个方面并不是截然分开的，而是可以交织在一起进行的。

系统辨识理论是一门应用范围很广的学科，其应用已经遍及许多领域．目前不仅工程控制对象需要建立数学模型，而且在其他领域，如生物学、生态学、医学、天文学、社会经济学等领域也需要建立数学模型，并根据数学模型来确定最终控制决策。对于上述各个领域，由于系统比较复杂，不能用理论分析的方法获得数学模型。

系统辨识比较典型的几个定义：

- L.A.Zadeh 定义（1962 年）：辨识就是在输入和输出数据的基础上，从一组给定的模型类中确定一个与所测系统等价的模型。
- P.Eykhoff 定义（1974 年）；辨识问题可以归结为用一个模型来表示客观系统（或将要构造的系统）本质特征的一种演算，并用这个模型把客观系统的理解表示成有用的形式。
- L.Ljung 定义（1978 年）：辨识有 3 个要素，即数据、模型类和准则。辨识就是按照一个准则在一组模型类中选择一个与数据拟合得最好的模型。

系统辨识建模的一般步骤（如图 5-37 所示）如下：

（1）明确建模目的和验前知识：目的不同，对模型的精度和形式要求不同；事先对系统的了解程度。

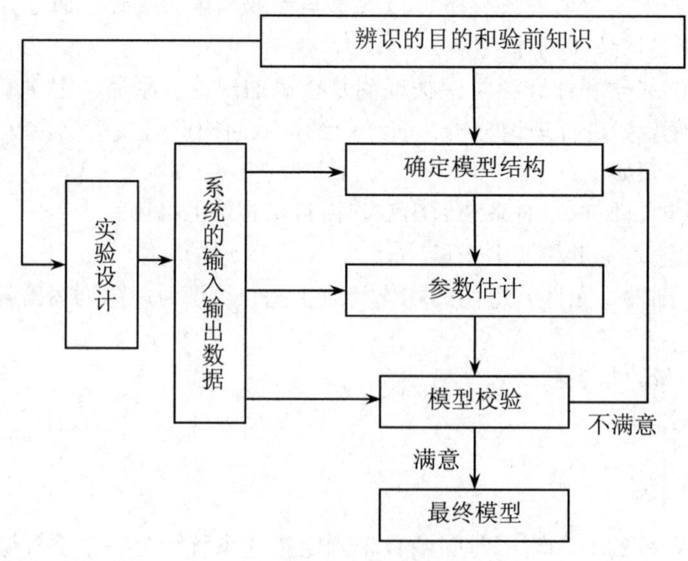

图 5-37　系统辨识步骤

（2）实验设计：变量的选择，输入信号的形式、大小，正常运行信号还是附加实验信号，数据采样速率，辨识允许的时间及确定量测仪器等。

（3）确定模型结构：选择一种适当的模型结构。

（4）参数估计：在模型结构已知的情况下，用实验方法确定对系统特性有影响的参数数值。

（5）模型校验：验证模型的有效性。

5.3.3 概率统计建模方法

概率统计法是以概率论为基础，通过对客观现象中部分资料的观察、搜集和整理分析，根据样本推断总体，从具体到一般的归纳方法。概率统计方法已经广泛用于各个领域，如生物统计学、医药统计学、工程统计学、管理统计学、商业统计学等。

在概率统计方法中，多元统计方法应用较广，由于客观现象比较复杂，往往受多种因素综合作用的结果。例如，产品销售受人口、收入、消费习惯、产品质量、价格、广告等多种因素的影响；事业的成功往往与本人的努力程度、智力、业务基础、机遇是分不开的。而实际工作存在大量的非线性问题，因此用近似的线性方法效果并不理想，概率统计方法应向多元化、非线性方向发展。

5.3.4 层次分析建模方法

层次分析法（Analytic Hierarchy Process，AHP）是对一些较为复杂、较为模糊的问题作出决策的简易方法，特别适用于那些难以完全定量分析的问题。它是美国运筹学家 T. L. Saaty 教授于 20 世纪 70 年代初期提出的一种简便、灵活而又实用的多准则决策方法。

层次分析法是将决策问题按总目标、各层子目标、评价准则直至具体的备择方案的顺序分解为不同的层次结构，然后用求解判断矩阵特征向量的办法求得每一层次的各元素对上一层次某元素的优先权重，最后再用加权和的方法递阶归并各备择方案对总目标的最终权重，此最终权重最大者即为最优方案。这里所谓“优先权重”是一种相对的量度，它表明各备择方案在某一特点的评价准则或子目标下优越程度的相对量度，以及各子目标对上一层目标而言重要程度的相对量度。层次分析法比较适合于具有分层交错评价指标的目标系统，而且目标值又难以定量描述的决策问题。其用法是构造判断矩阵，求出其最大特征值，及其所对应的特征向量 W，归一化后，即为某一层次指标对于上一层次某相关指标的相对重要性权值。

运用层次分析法有很多优点，其中最重要的一点就是简单明了。层次分析法不仅适用于存在不确定性和主观信息的情况，还允许以合乎逻辑的方式运用经验、洞察力和直觉。也许层次分析法最大的优点是提出了层次本身，它使得买方能够认真地考虑和衡量指标的相对重要性。

层次分析法的特点是在对复杂决策问题的本质、影响因素及其内在关系等进行深入分析的基础上，利用较少的定量信息使决策的思维过程数学化，从而为多目标、多准则或无结构特性的复杂决策问题提供简便的决策方法，尤其适合于对决策结果难以直接准确计量的场合。

在现实世界中，往往会遇到决策的问题，比如如何选择旅游景点的问题、如何选择升学志愿的问题等。在决策者作出最后的决定以前，他必须考虑很多方面的因素或判断准则，最终通过这些准则作出选择。比如选择一个旅游景点时，可以从宁波、普陀山、浙西大峡谷、雁荡山、楠溪江中选择一个作为自己的旅游目的地，在进行选择时，你所考虑的因素有旅游的费用、旅游的景色、景点的居住条件、饮食状况、交通状况等。这些因素是相互制约、相互影响的。我们将这样的复杂系统称为一个决策系统。这些决策系统中很多因素之间的比较往往无法用定量的方式描述，此时需要将半定性、半定量的问题转化为定量计算问题。层次分析法是解决这类问题的行之有效的方法。层次分析法将复杂的决策系统层次化，通过逐层比较各种关联因素的重要性来为分析以及最终的决策提供定量的依据。

AHP 方法的基本原理：首先将复杂问题分成若干层次，以同一层次的各要素按照上一层要素为准则进行两两判断，比较其重要性，以此计算各层要素的权重，最后根据组合权重并按最大权重原则确定最优方案。

下面介绍一下运用 AHP 方法的注意事项。

构造阶梯状层次结构是层次分析法的基础，只有把要考虑的各种因素及其相互关系搞清楚才能得出比较准确的结论，AHP 方法也才能发挥其作用。因此，在运用层次分析法解决问题的时候，构造合理准确的阶梯状层次结构是十分重要的。

首先，要合理确定影响最终结论的各种因素和它们之间的相互关系。一般来说，目标层因素和措施层因素比较明确，而准则层因素比较多，而且关系也比较复杂，要仔细分析它们之间的相互关系，同时也不要忽视上下层之间的关系和同一层级不同组别的关系。

其次，要注意合理分组，确保每一因素所支配的元素不超过 9 个。在层次分析法中，一般要求每一个因素所支配的元素不超过 9 个，这是因为，心理学研究表明，只有一组事物在 9 个以内，普通人对其属性进行判别时才较为清楚。因此，当同一层次因素较多时，就需要进行分组归类，在增加层次数的同时减少每组的个数，以保证两两判断的准确性。

AHP 方法的具体步骤如下：

（1）建立层次结构模型。

根据具体问题选定影响因素，并建立合适的层级。层级的划分要依情况而定，一般包含：目标层、准则层、子准则层、方案层等。

首先，对问题进行分析，明确要做出的决策，也就是要达到的目标。将该目标作为目标层的元素。一般来说，目标都是单一的，也就是说目标层（亦即最高层）一般都是单一元素的。

其次，找出影响目标实现的各种准则，作为目标层下面的准则层元素。在复杂问题中，影响目标实现的准则可能有很多，这就要求我们要详细分析各个因素之间的关系，找出上下层的隶属关系。性质相近的元素在同一层级，上层元素支配下层元素。

最后，找出实现目标的方案，或者说措施，将它们作为措施层元素，放在层级结构的最下面，构成阶梯状层次结构的最底层。一般来说，措施层的元素就是我们要选择的对象，因此措施层肯定是多元素的。

（2）评价指标的比较。

确立衡量不同评价指标两两对比的标准，并构造不同指标重要性两两对比结果的矩阵。分别对每个方案中的所有指标进行打分，并运用加权平均，利用上一步的结果计算每个方案下每个指标的相对权数。

（3）一致性检验。

由于成对比较的数量比较多，很难做到完全一致。事实上，任何成对比较都允许存在一定程度上的不一致。为了解决一致性问题，AHP 提供了一种方法来测量决策者做成对比较的一致性。如果一致性程度达不到要求，决策者应该在实施 AHP 分析前重新审核成对比较并做出修改。测量成对比较一致性的方法就是计算一致性指标。如果该一致性指标检验合格，则成对比较的一致性设计就比较合理，进而就可以继续 AHP 的综合计算。

（4）最佳方案的确定。

确定各方案在所选定的评比指标体系中的总排序，即计算同一层次所有元素相对上一层次的相对重要性的权值，这一过程是从最高层次到最低层次逐层进行。

5.3.5 模糊数学建模方法

在自然科学或社会科学研究中，存在着许多定义不很严格或者说具有模糊性的概念。这里所谓的模糊性，主要是指客观事物的差异在中间过渡中的不分明性，如某一生态条件对某种害虫、某种作物的存活或适应性可以评价为“有利、比较有利、不那么有利、不利”；灾害性霜冻气候对农业产量的影响程度为“较重、严重、很严重”等。这些通常是本来就属于模糊的概念，为处理分析这些“模糊”概念的数据，便产生了模糊集合论。

根据集合论的要求，一个对象对应于一个集合，要么属于，要么不属于，二者必居其一，且仅居其一。这样的集合论本身并无法处理具体的模糊概念。为处理这些模糊概念而进行的种种努力催生了模糊数学。模糊数学的理论基础是模糊集。模糊集的理论是 1965 年美国自动控制专家查德（L. A. Zadeh）教授首先提出来的，近 10 多年来发展很快。

模糊数学是研究和处理模糊性现象的科学。模糊性是指客观事物的差异在中间过渡时所呈现的“亦此亦彼”性。众所周知，经典数学是以精确性为特征的，模糊数学则是与之相反的以模糊性为特征的。事物的模糊性并不是完全消极的和没有价值的，在某些情况下，用模糊的概念来处理问题甚至比用精确的方法更显得优越，因为不确定性是客观事物具有的一种普遍属性。在人类社会和各个科学领域中，人们所遇到的各种量大体上可以分为两大类：确定性与不确定性。不确定性又分为随机性和模糊性，人们正是用 3 种数学来分别研究客观世界中不同的量：确定性数学模型、随机性数学模型、模糊数学模型。

随机性的不确定性，也就是概率的不确定性。例如“明天有雨”、“掷一骰子出现 6 点”等，它们的发生往往是一种偶然现象，具有不确定性。在这里事件本身是确定的，而事件的发生不确定。只要时间过去，到了明天，“明天有雨”是否会发生就变成确定了；“掷一骰子出现 6 点”，只要做一次实验它就变成确定的了。而模糊性的不确定性，即使时间过去了或者实际做了一次实验，它们仍然是不确定的，这主要是因为事件本身（如“青年人”、“高个子”等）是不确定的，具有模糊性，是由要领语言的模糊性产生的。概率论的产生把数学应用范围从必然现象扩大到偶然现象的领域，模糊数学的产生则把数学的应用范围从精确现象扩大到模糊现象的领域。概率论研究和处理随机性，模糊数学则研究和处理模糊性。

模糊数学不是把数学变成模模糊糊的东西，它也具有数学的共性。模糊数学从诞生至今已经有 30 多年的历史，其实际应用广泛涉及国民经济的各个领域和部门。模糊数学是一个新兴的数学分支，由于它打破了所面向的束缚，既认识到事物“非此即彼”的清晰性形态，又认识到事物“亦此亦彼”的过渡性形态。在处理复杂事物时，科学的方法应当是精确性和可行性综合最优的方法。任何一种方法结果的精确性往往是以方法的复杂性为代价的，而且科学技术发展的实践也证明，精确性和有意义性是有条件的和相对统一的，不一定越精确越好。因此它的适应性比传统数学更广泛，更具有生命力和渗透力，大大扩展了数学的应用范围。从应用方面看，它已用于图像识别、天气预报、地质地震、交通运输、轻工纺织、医疗诊断、信息控制、系统工程、人工智能、自动控制、企业考评、质量评定、环境评价、人才预测和规划、教学、科研管理评估、图书情报分类等多个方面；它还渗透到社会科学中的经济学、心理学、教育学、语言学、未来学、生态学、历史学、法学、军事学、哲学、管理学等多种学科，并产生了一定的效果。

5.3.6 灰色系统建模方法

灰色系统着重外延明确、内涵不明确的对象；白色系统着重于内涵和外延完全确定的对象；模糊数学着重外延不明确、内涵明确的对象。灰色理论与其他理论相比，概括起来有以下特点：

- 一般系统理论只能建立差分模型，不能建立微分模型，而灰色理论建立的是微分方程模型。差分模型是一种递推模型，只能按阶段分析系统的发展而定；而灰色系统理论是基于关联度收敛原理、生成数、灰导数、灰微分方程等观点和方法建立微分方程模型。
- 行为数列往往是没有规律的，是随机变化的。对随机变量、随机过程，人们往往用概率统计的方法研究。而概率统计的方法要求数据量大，必须从大量数据中找统计规律，只便于处理统计规律中有较典型的概率分布和有平稳过程的一类，对其他非典型分布、非平稳过程都感到很棘手。总之，概率统计的研究方法，计算工作量大，且可以解决和处理的问题较少。而灰色系统理论，则将一切随机变量看做是在一定范围内变化的灰色量，将随机过程看做是在一定范围内变化的、与时间有关的灰色过程。对灰色量不是从找统计规律的角度和通过大量样本进行研究，而是用数处理的方法（灰色理论称之为数据生成）将杂乱无章的原始数据整理成规律性较强的生成数列再作研究。灰色理论认为系统的行为现象尽管是朦胧的，数据是杂乱的，但它毕竟是有序的，是有整体功能的，因此杂乱无章的数据后面，必然潜藏着某种规律，而灰数的生成，就是从杂乱无章的原始数据中去开拓、发现、寻找这种内在规律，这是一种现实规律，不是先验规律。
- 灰色理论还可以通过模型计算值与实际值之差（残差）建立 G M (l, 1)模型，作为提高模型精度的主要途径。残差的 G M (1, 1)模型一般只注重现实规律和最新数据的修正，因此残差 G M (1, 1)与主模型之间在时间上一般是不同步的，所以灰色预测模型经常是差分微分模型。
- 用灰色理论建模，为了解其精度，一般采用 3 种检验方式，即后验差检验、残差大小检验、关联度检验。后验差检验，是按照残差的概率分布进行检验，属于统计检验；残差大小检验，是模型精度按点的检验，是一种直观的检验，是一种算术检验；关联度检验，是根据模型典型线与行为数据曲线的几何相似程度进行检验，是一种几何检验。
- 灰色理论建立的不是原始数据模型，而是生成数据模型，所以灰色理论的预测数据不是直接从生成模型得到的数据，而是还原后的数据，或者说通过生成数据的 G M (1, 1)模型所得到的预测值必须作逆生成处理才能得到真正的预测值。

下面介绍灰色（GM）模型建模机理。

一般模型是用数据列建立差分方程，灰色模型则是用原始数据列作生成变换后建立微分方程。

灰色系统理论之所以能够建立微分方程的模型，是基于下述概念、观点、方式和方法：

- 灰色系统理论将随机量当作在一定范围内变化的灰色量，将随机过程当作在一定范围、一定时区内变化的灰色过程。
- 灰色理论将无规律的原始数据经生成后，使其变为较有规律的生成数列再建模，所以灰色模型实际上是生成数列模型。
- 灰色理论按开集拓扑定义了数列的时间测度，进而定义了信息浓度，定义了灰导数与灰微分方程。
- 灰色理论通过灰数的不同生成方式、数据的不同取舍、不同级别的残差灰色模型来调整、修正、提高精度。残差是模型计算值与实际值之差。
- 灰色理论模型在考虑残差模型的补充和修正后，变成了差分微分模型。
- 灰色理论的模型选择基于关联度的概念，基于关联度收敛理论，关联度收敛是一种有限范围的近似收敛。
- 灰色模型在本文中按照后验差检验。后验差检验，是按照残差的概率分布进行检验，属于统计检验。
- 对高阶系统建模，灰色理论是通过 N 维模型群来解决的。灰色模型群即一阶微分方程组，也可以通过多级多次残差模型的补充修正来解决。
- 灰色理论建立的不是原始数据模型，而是生成数据模型，所以灰色理论的预测数据不是直接从生成模型得到的数据，而是还原后的数据，或者说通过生成数据的 G M (l, 1) 模型所得到的预测值必须作逆生成处理才能得到真正的预测值。

5.3.7 神经网络建模方法

神经网络是基于生物神经元的模型，神经元是大脑基本的认知单元，可以用于非线性系统和未知物理模型的系统建模。复杂非线性系统建模时，可以考虑神经网络方法，但需要大量有效的输入输出样本来训练网络。

神经网络是生物神经网络的一种模拟和近似。其实质是一个并行和分布式的信息处理网络结构，由许多神经元相互连接而成。神经元是对人类大脑中神经细胞的一种简化和抽象，每个神经元有一个单一的输出，它可以连接到很多其他的神经元。其输入有多个连接通路，每个连接通路对应一个连接权系数，图 5-38 所示是一个简单的神经元模型。

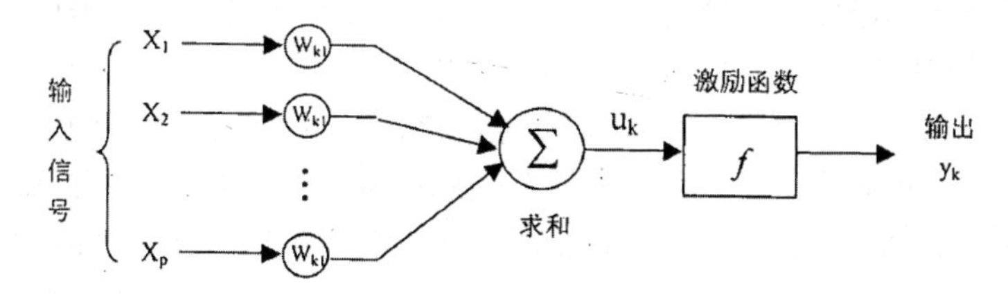

图 5-38　神经元模型

神经网络主要有前馈型网络和反馈型动态网络两类。

前馈型网络的各个神经元接收前一层的输入，并输出到下一层，没有反馈。输入层节点称为输入单元，用于接收网络输入。中间层（又称隐含层）和输出层节点属于计算单元。计算单元可有任意多个输入，但只有一个输出，该输出可以连接到任意多个其他节点作为其输入。

反馈型网络的所有节点都是计算单元，同时也可接收输入，并向外界输出。其结构可以用一个无向图表示，其中每个连接线都是双向的。

一个典型的三层前馈型 BP 网络的拓扑结构如图 5-39 所示。

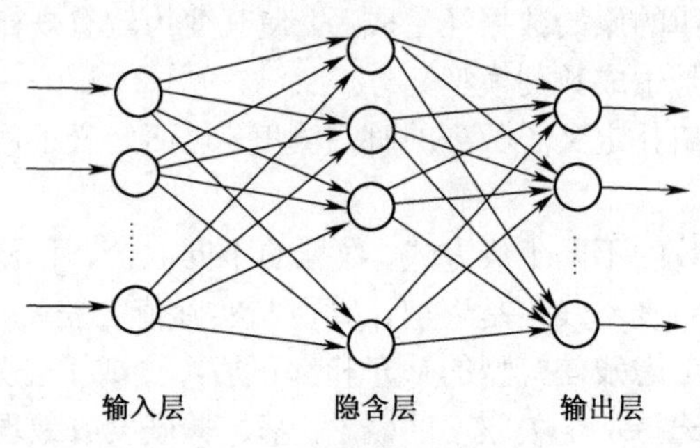

图 5-39　三层前馈型 BP 网络

图示中除输入层外每一个神经元都具有图 5-38 所示的结构，输入层中神经元不对输入信息作任何变化。

从结构上讲，三层 BP 网络是一个典型的前馈型层次网络，它被分为输入层、隐含层和输出层。同层神经元间无关联，异层神经元间前向连接。其中输入层节点对应于网络可感知的输入变量，输出层节点对应于网络的输出响应，隐含层节点数目可根据需要设置。

神经网络的工作原理：神经网络的工作过程主要分为两个阶段，一个阶段是学习期，此时各计算单元状态已知，各连线上的权重值通过学习算法来逐步调整，学习过程根据测试结果来决定是否需要重新开始；当学习完成后，进入第二个阶段，即工作期，此时连接权固定，计算单元状态变化，以得到相应的输出。

对于 BP 网络，首先利用给定的输入输出样本集对网络进行训练，即对网络的连接权系数和神经元的阈值进行反复调整，以使该网络实现给定的输入输出映射关系；经过训练后的网络，对于不是样本集中的输入也能给出合适的输出，这种特征被称为泛化功能，也称为推广能力。如果把学习过程看做一个曲线拟合过程，推广相当于内插，包括 BP 网络在内的各种神经网络模型都具有插值功能。

一个设计良好的神经网络系统能代表问题求解的系统方法。开发神经网络系统的总体设计过程中应考虑这样几个问题：①分析哪类问题需要使用神经网络；②神经网络系统的整体处理过程的设计，即系统总图；③系统需求分析；④设计系统的各项性能指标；⑤预处理问题。

（1）神经网络的使用范围。

一般来说，最适合于使用神经网络分析的问题应具有如下特征：关于这些问题的知识（数据）具有模糊、残缺、不确定等特点，或者这些问题的数学算法缺少清晰的解析分析。然而最重要的还是要有足够的数据来产生充足的训练和测试模式集，以有效地训练和评价神经网络的工作性能。

（2）神经网络的设计过程与需求分析。

神经网络的设计开发过程可以用图 5-40 所示的系统总图来描述。设计过程要完成的工作任务有 3 项：第一个是系统需求分析；第二个是数据准备，包括训练与测试数据的选择、数据特征化和预处理、产生模式文件，在此过程中强调要求系统的最终用户参加，目标是保证训练数据和测试结果的有效性；第三个是与计算机有关的任务，包括软件编程与系统调试等内容。

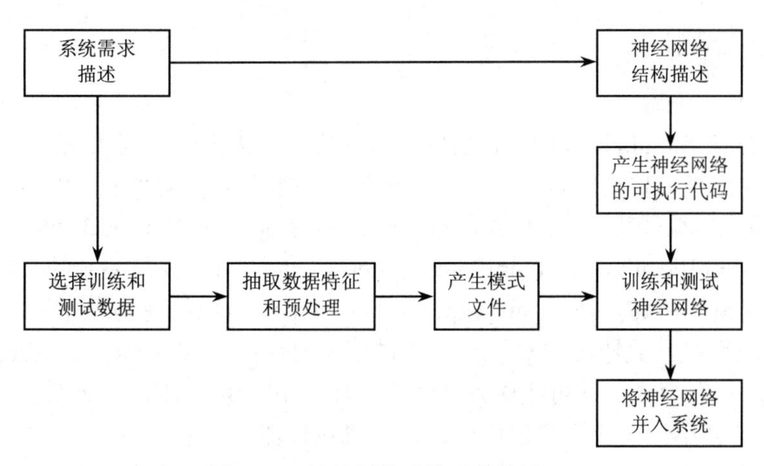

图 5-40　神经网络系统开发总图

（3）神经网络的性能评价

为了评价一个系统的运行质量，需要把对系统进行测试运行时得到的数据和已建立的标准相比较。为了研究有关神经网络的运行质量，必须先建立一些能反映其质量的性能指标，这些指标应对不同的网络具有通用性和可比性。

- 百分比正确率神经网络运行的百分比正确率就是根据某种分类标准做出正确判断的百分比。神经网络用于模式识别和分类等问题时，常用到该指标。
- 均方误差神经网络的均方误差为总误差除以样本总数，而总误差定义为：

$$E=\frac{1}{2}\sum_{j=1}^{m}\sum_{p=1}^{P}(d_j^p-o_j^p)^2$$

  应用反向传播算法训练神经网络的目的是使均方误差最小。
- 归一化误差，Pinda 提出了一种与神经网络结构无关，取值为 0～1 的误差标准 Emean，定义为：

$$E_{mean}=\frac{1}{2}\sum_{j=1}^{m}\sum_{p=1}^{P}(d_j^p-\bar{d}_j)^2$$

  其中，$\bar{d}_j$ 为所有样本在第 j 个输出节点的期望输出值的平均值，d_j^p 是 j 个输出节点的期望输出值，p 为样本总数，m 为输出节点数，则归一化误差 E_n 定义为：

$$E_n=\frac{E}{E_{mean}}$$

  归一化误差对 BP 神经网络十分有用。

（4）输入数据的预处理。

大多数神经网络通常需要归一化的输入，即每个输入的值要始终在 0～1 之间，或者每个输入向量的长度要为常量（如 1）。前者用于反向传播网络，后者用于自组织网络。虽然对 BP 网的输入归一化的必要性看法不一，但对多数应用来说归一化是一种好的做法。

5.4 扩展模块

5.4.1 Simscape 模块

1. 功能简介

Simscape 是在 Simulink 基础上扩展的工具模块，用来搭建不同领域的物理系统模型，并进行仿真，例如由机械传动、机构、液压和电气元件组合而成的系统。Simscape 可以广泛应用于汽车业、航空业、国防和工业装备制造业。Simscape 同 SimMechanics、SimDriveline、SimHydraulics、SimElectronics 和 SimPowerSystems 一起，可以支持复杂的不同类型（多学科）物理系统混合建模和仿真。基于 Simscape 语言的 Matlab 可以搭建物理元件、库等。

Simscape 模型能够被转化成 C 代码（该过程需要使用 Real-Time Workshop）。C 代码可以用于 Standalone 执行模式，并可集成到其他仿真环境下，例如 HIL 实时系统。

Simscape 能够用于搭建用户的电液阀、电气执行器、电阻、直流电机中的热量传递以及其他系统等。用户可以把 Simscape 模型和其他 MathWorks 物理建模产品联合使用从而实现多领域建模，例如电液联合、机电液一体化仿真等。

Simscape 的主要功能如下：

- 多学科系统物理建模。
- 创建自定义元件。
- 使用 Simscape 语言。
- 全权和受限模式的模型共享。
- 在 Simulink 中同时建立装置对象和控制器模型。

2. Simscape 的特点及其应用领域与适用范围

Simscape 的特点如下：

- 使用统一环境实现多种类型物理系统的建模和仿真，包括机械、电气和液压系统。
- 使用基本物理建模单元构造模型，并提供了建模所需的模块库和相关简单数学运算单元。
- 用户可自己指定参数和变量的单位，模块内部自动实行单位转换和匹配。
- 具有连接不同类型物理系统的桥接模块。
- 具备扩展产品所建模型的全权仿真和受限编辑功能，单独运行仿真时无需 SimMechannics、SimDriveline 和 SimHydraulics 的产品使用许可。

（1）构建模型。

Simulink 模块代表了基本的数学运算。把 Simulink 模块连在一起，由此产生的图是等价的数学模型，或代表所设计的系统。Simscape 技术可以创建一个正在设计的系统网络，表示基于网络的物理方法。

（2）数据记录。

可以把模拟数据记录到调试和验证工作区。数据记录，可以分析内部块变量如何在仿真过程中随时间变化。例如，您可能希望看到，液压缸的压力高于最低值，或者把它和泵的压力比较。如果把模拟数据记录到工作区，可以方便以后的查询和绘图，无需重新模拟和分析。

模拟数据记录还可以替代连接的传感器和范围跟踪仿真数据，这些块增加了模型的复杂性并减慢仿真速度。“数据记录示例”告诉你可以怎样记录和绘出传感器数据，而不是添加传感器到你的模型中，它还演示了如何打印完整的模型记录树，选定变量绘出模拟结果。

（3）附加产品许可证管理。

Simscape 编辑模式的功能是为客户进行物理建模和模拟，使用 Simscape 平台及其附加产品：Simdriveline、Simelectronics Simhydraulics 和 Simmechanics。它允许打开和保存模拟模型中的限制模式包含的块附加产品，若没有检查出附加产品许可证，则检查产品是否有安装在机。它的目的是提供一个经济分配方式的整体仿真模型。

3. 安装与启动

（1）利用 Simulink 库浏览器访问块库。

通过 Simulink 库浏览了解访问区块。若要显示库浏览器，单击“库浏览器的 Matlab 桌面或 Simulink 模型窗口”工具栏按钮；也可以在 Matlab 命令窗口中输入 Simulink，然后展开目录树 Simscape 条目，如图 5-41 所示。

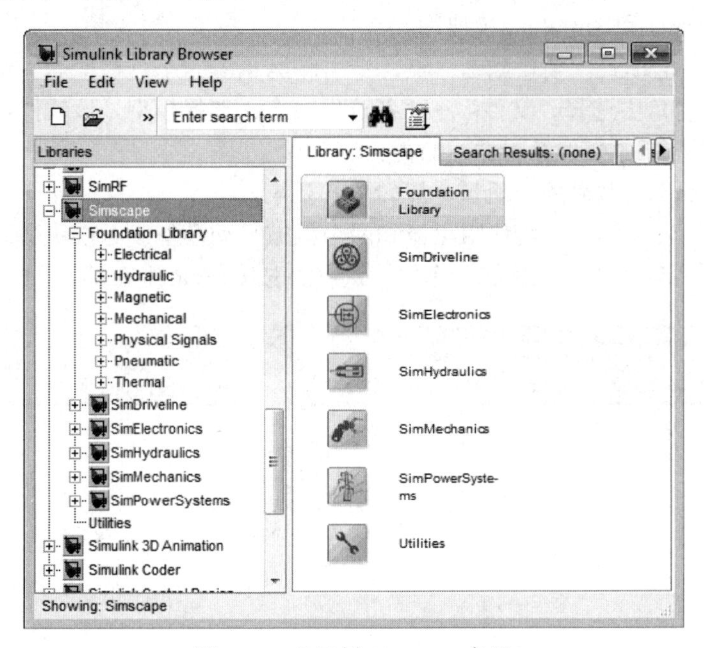

图 5-41　目录树 Simscape 条目

（2）使用命令提示符来访问单个块库。

- 打开 Simscape 块库，在 Matlab 命令窗口中输入 Simscape。
- 要打开 Simulink 库（访问参阅通用 Simulink 模块），在 Matlab 命令窗口中输入 Simscape。

Simscape 块库由两个顶级的库即基础设施和公用事业组成。此外，如果已安装任意附加产品的物理模拟，会看到相应库下的 Simscape 库，如图 5-42 所示。这些库有些含有第二级和第三级 sublibraries，通过双击其图标即可参阅，也可以展开每个库。

4. 简单操作实例

在这个例子中，模拟一个简单的机械系统并观察其在各种条件下的运动。

图 5-43 所示是一个简单的模型汽车悬架，它由弹簧和阻尼器连接到一个机构。也可以改变模型参数，如弹簧刚度、车身质量，或强制配置，并查看所产生的变化速度和车体的位置。

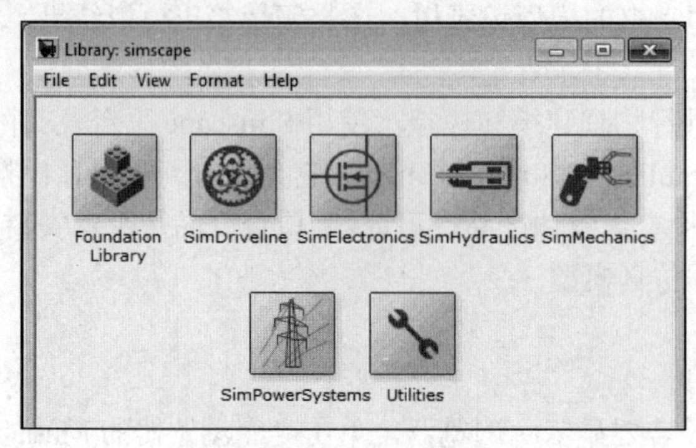

图 5-42 Simscape 模块库

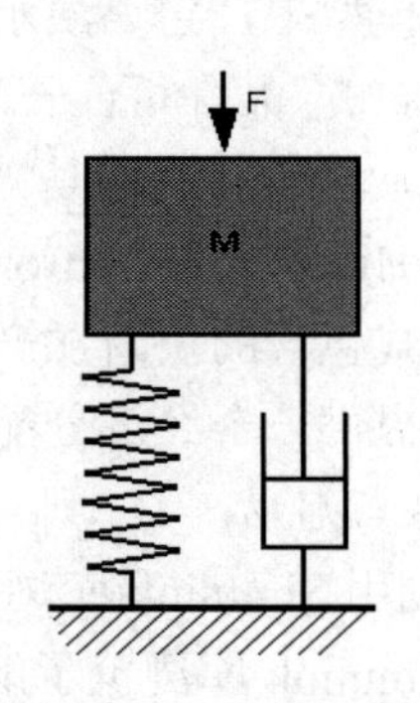

图 5-43 汽车悬架模型

（1）创建一个等价的 Simscape 图，步骤如下：

1）打开 Simscape 和 Simulink 模块库。

2）创建一个新的模式。要做到这一点，单击库浏览器的工具栏中的“新建”按钮（仅限 Windows）或从库窗口中选择“文件”→“新建”命令，选择模型，该软件在内存中创建一个空模型并显示在一个新的模型编辑器窗口内。

3）打开 Simscape→基础库→机械→库转化的要素。

4）拖曳质量、转化弹簧、转化阻尼器和两个机械平动模型参考模块窗口。

5）定位块如图 5-44 所示，旋转一个块，选择并按 Ctrl+R 组合键。

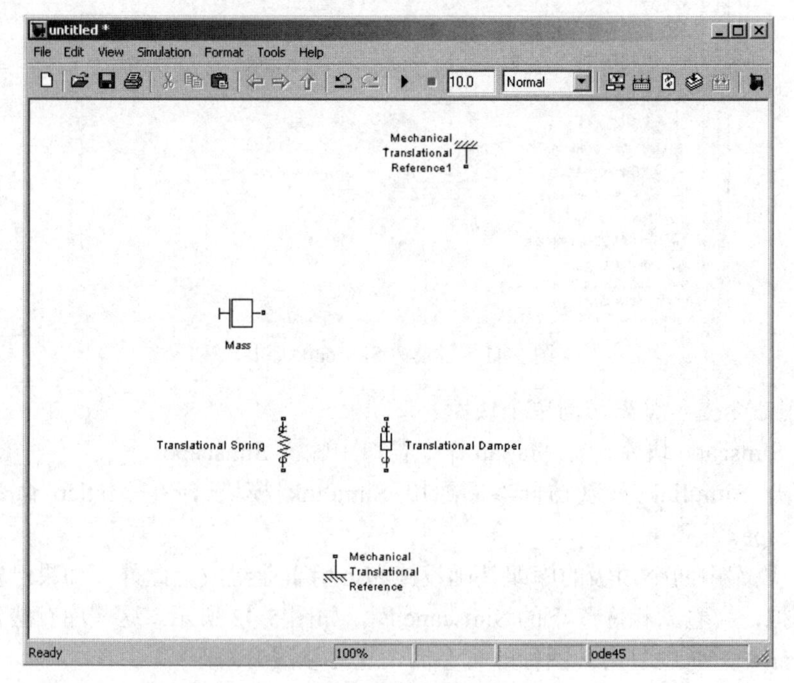

图 5-44 定位块

6）连接弹簧、阻尼器和质量块，如图 5-45 所示。

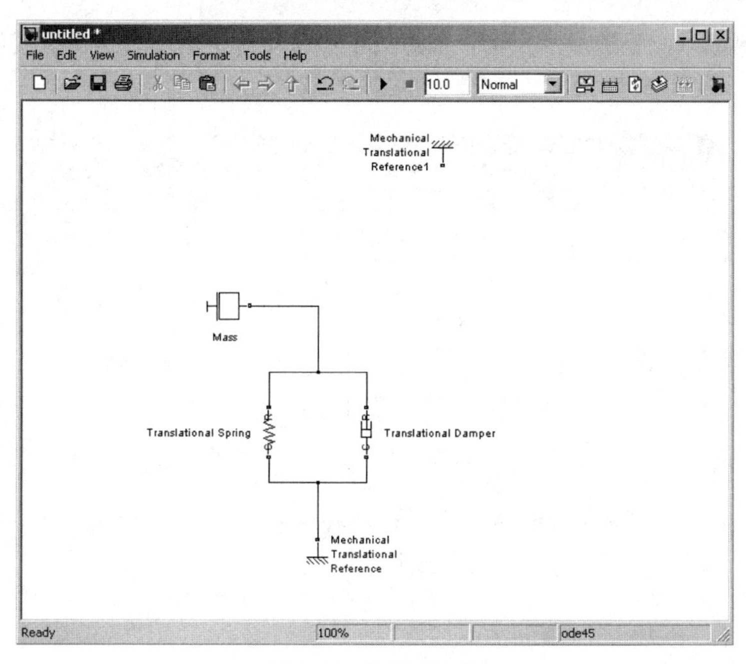

图 5-45　连接定位块

7）把添加力表现在质量上，打开 Simscape→基础数据库→力学→力学的来源和理想的力源块添加到图表。

要反映原来原理图所示的力的正确方向，通过选择格式→示范窗口的顶部菜单栏向下翻转座翻转块。连接端口块的第二机械平移的参考块 C（“案例”）及其端口 R（“棒”）的质量块如图 5-46 所示。

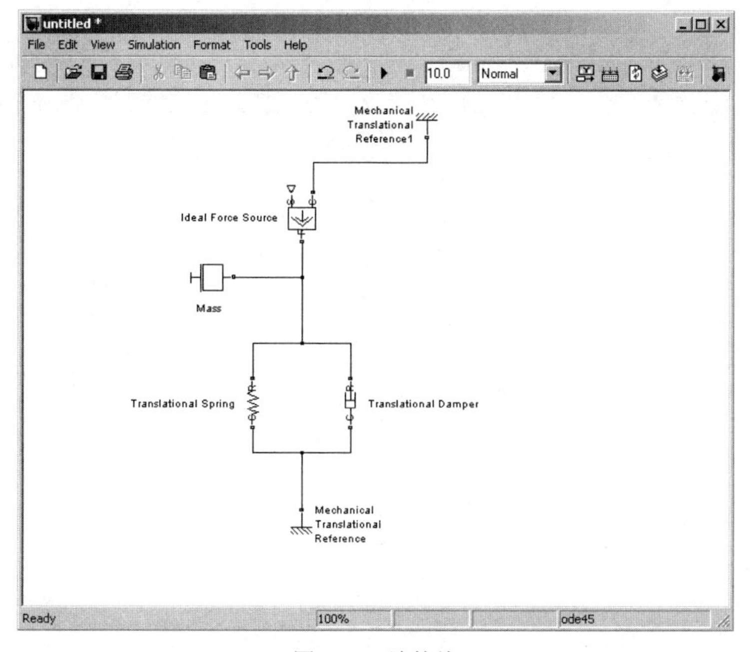

图 5-46　连接块

8）添加传感器来测量速度和质量。理想的平移运动传感器模块是将机械传感器添加到图表中并进行连接，如图 5-47 所示。

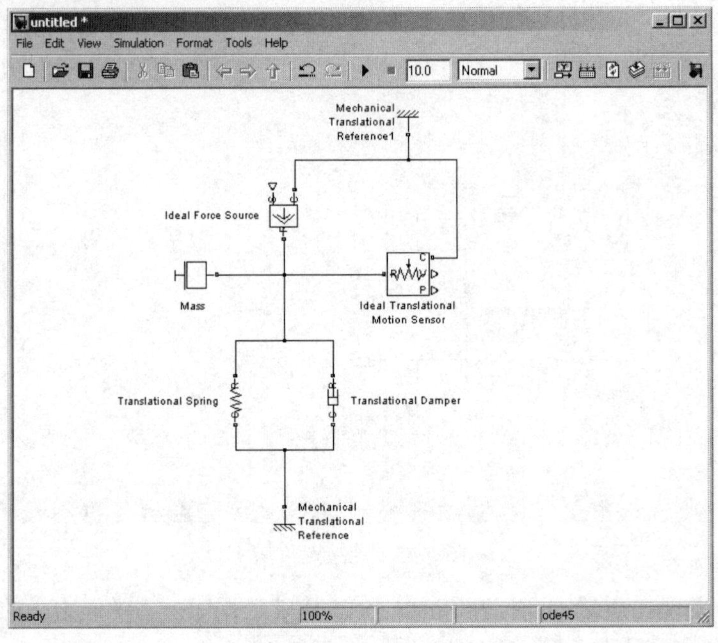

图 5-47　连接图

9）添加来源和范围。在正规 Simulink 库中打开 Simulink 源模型，复制到信号生成器块，然后打开 Simulink 程序并复制两个适用范围的块，重命名一个在其他位置的速度和范围，如图 5-48 所示。

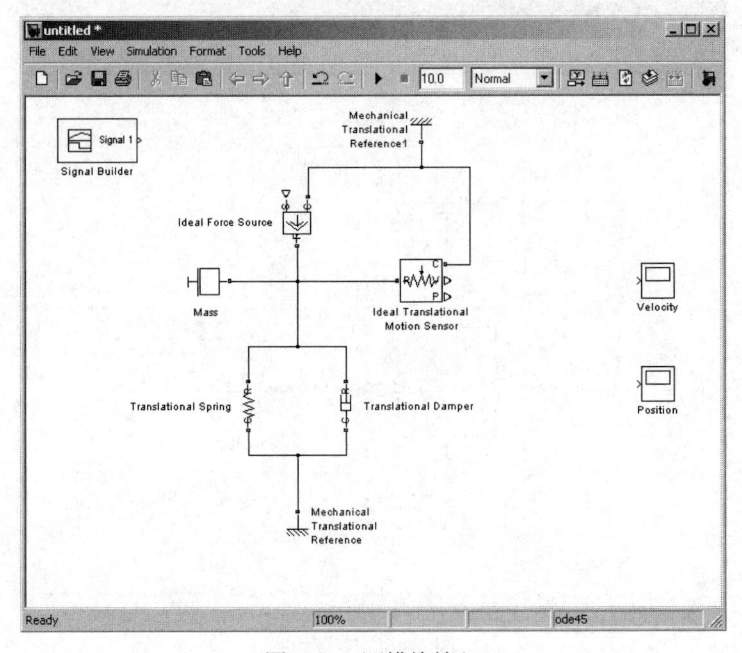

图 5-48　源模块输入

10）每次连接到 Simscape 图中的一个 Simulink 源或范围，必须使用适当的转换器块，将 Simulink 信号转换成物理信号，反之亦然。打开 Simscape→实用程序，复制一个 Simulink-PS 转换器块和两个 PS- Simulink 模型转换器连成的块。连接如图 5-49 所示。

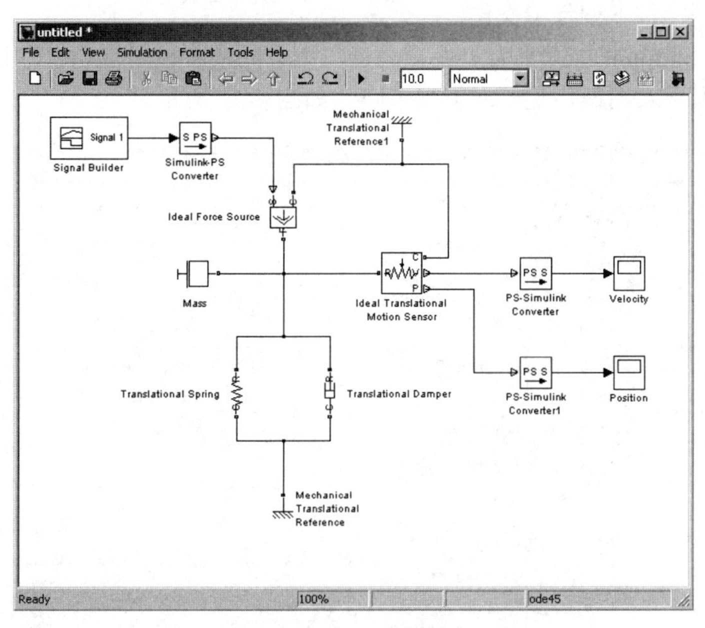

图 5-49　连接模块

11）每一个截然不同的物理网络拓扑中需要一个求解配置图块，可在 Simscape→实用程序中找到。复制这个块到模型中并通过连接电路创建一个分支点将它连接到求解配置块的唯一端口。最终效果图如图 5-50 所示。

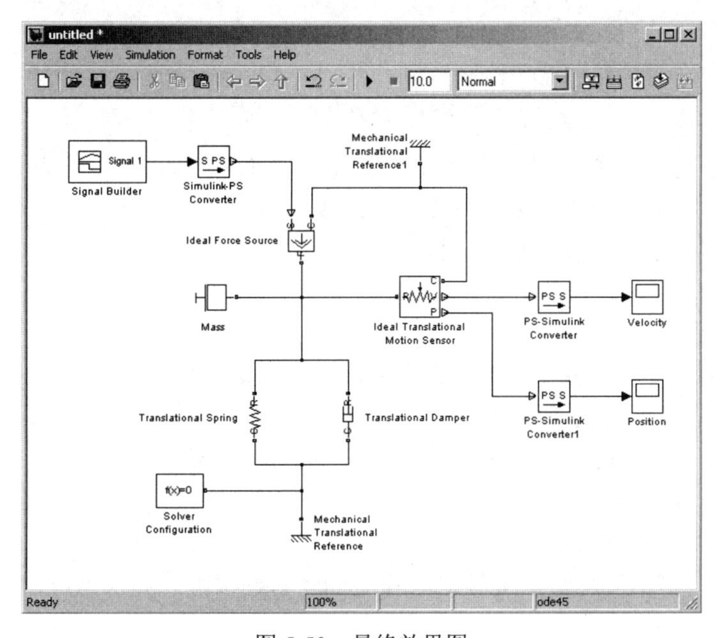

图 5-50　最终效果图

12）现已完成框图，保存为 mech_simple.mdl。

（2）初始设定修改。

按照上一节描述，当把模型框图组合出来之后，选择求解器，并提供配置参数正确的值，为了准备模拟模型，按下列步骤操作：

1）选择一个 Simulink 求解程序。在模型窗口上方的菜单栏中选择“仿真”→“配置参数”命令，弹出配置参数对话框，显示求解器节点，如图 5-51 所示。

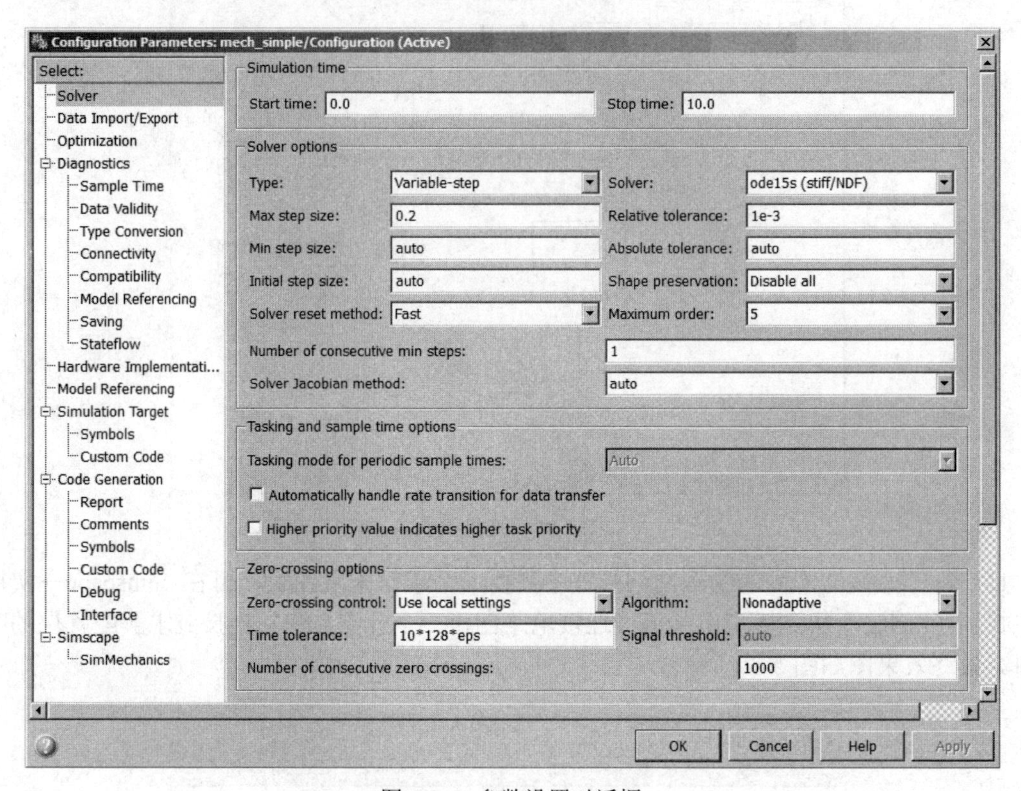

图 5-51　参数设置对话框

根据规划求解选项设置规划求解为 ode15s（刚性/NDF）和最大步长为 0.2。注意仿真时间值规定在 0～10 秒之间。如果需要，可以调节此设定。

单击 OK 按钮以关闭配置参数对话框。

2）保存模型。

（3）运行仿真。

当拼凑一个框图并指定模型的初始设定后，就可以运行仿真了。

1）力的输入信号来自生成器模块。信号配置如图 5-52 所示，它的初始值设为 0，在 4 秒后变为 1，然后在 6 秒后它又变回 0。这是一个默认的配置文件。

速度示波器（Velocity Scope）输出的是质点的速度，位置示波器（Position Scope）输出的是质点的位移，双击示波器可以打开示波器。

2）运行仿真，单击模型窗口工具栏。Simscape 求解程序计算模型，计算出初始条件，并运行仿真。

3）一旦模拟开始运行，在速度和位置的范围窗口显示仿真结果，如图 5-53 所示。

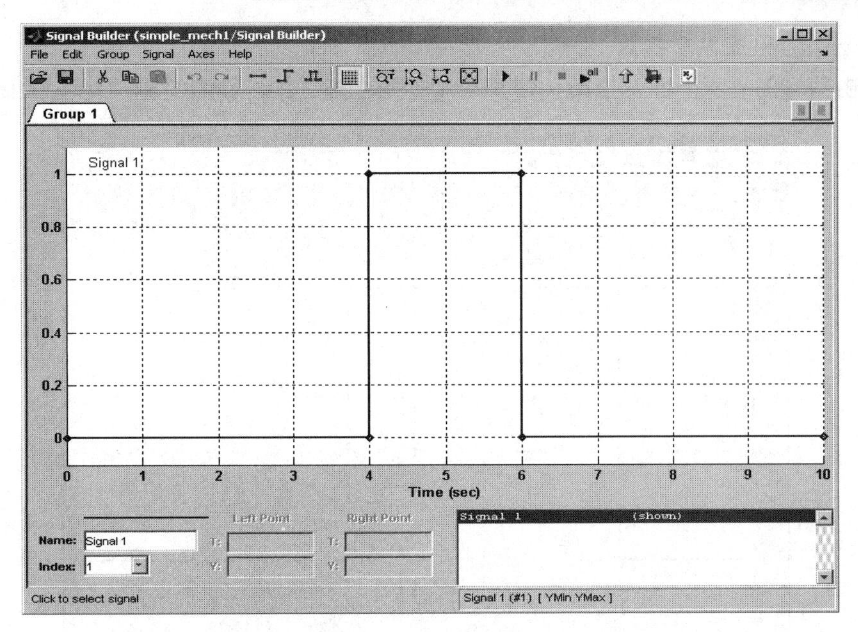

图 5-52　输入信号波形

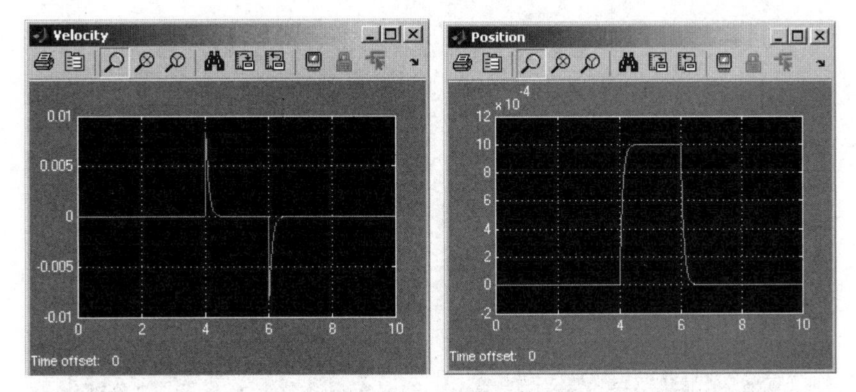

图 5-53　仿真结果图

开始时，质量是固定的。在 4 秒后，输入信号变化，质量流速突然上涨，逐渐由正方向返回到 0。大规模的位置在同一时间的变化逐渐增多，对于惯性和阻尼等因素，只要力作用于它就会产生新值，在 6 秒后，输入信号变回 0，速度和质量逐渐恢复其初始位置。

然后调整各种输入和块参数，观察它们对质量速度和位移的影响。

（4）调整参数。

初始模拟运行后，可以尝试调整各种输入和块参数。

请尝试以下调整：

- 更改受力剖面。
- 改变模型参数。
- 改变质量的位置输出单位。

（5）改变力剖面。

这个例子说明了输入信号变化如何影响力剖面。

1）双击信号生成器块将其打开。

2）单击信号的垂直剖面并拖动，使其从 4 秒变化到 2 秒，如图 5-54 所示。关闭块对话框。

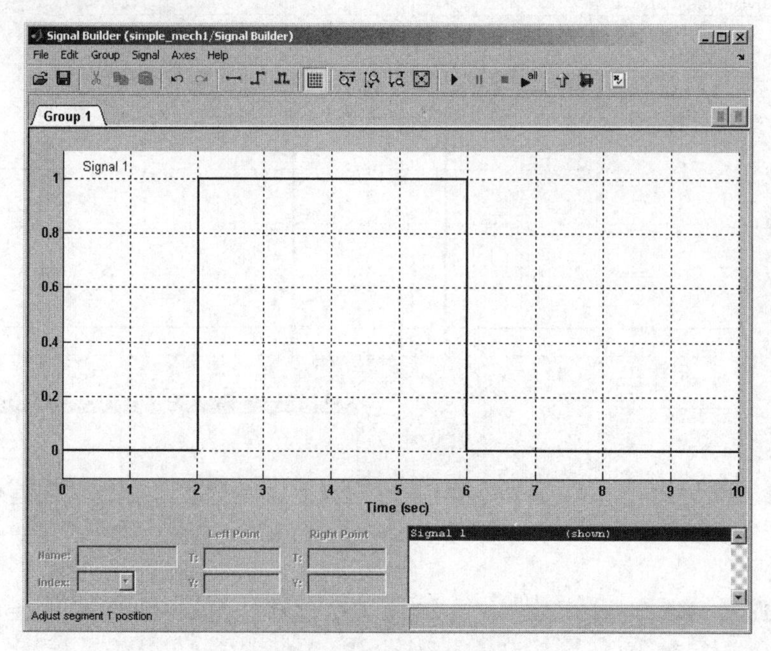

图 5-54　调整信号图

3）运行仿真，模拟结果如图 5-55 所示。

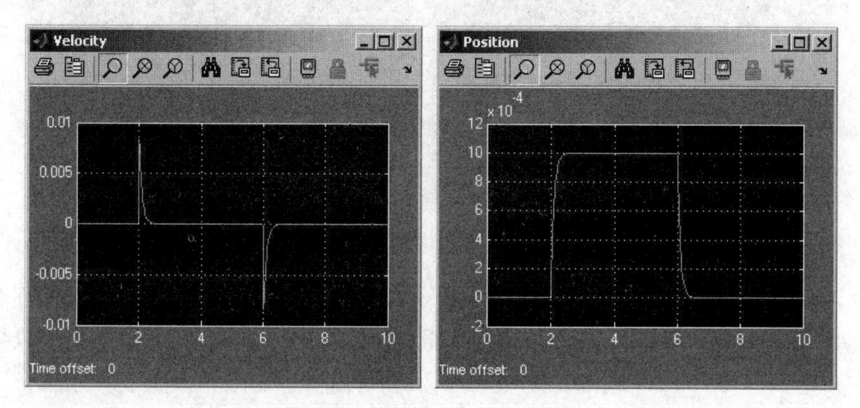

图 5-55　调整后仿真结果图

（6）改变模型参数。

1）双击平移弹簧座，将它的弹性系数设为 2000N/m。

2）运行仿真。增加弹簧刚度的结果在小幅度内变动，如图 5-56 所示。

3）双击平移阻尼器块，设置其阻尼系数为 500 N /(m/s)。

4）运行仿真。由于粘度增加，质量慢慢达到最大值，一段时间后返回到初始位置，如图 5-57 所示。

（7）更改质量定位输出单位。

在模型中，使用 PS-Simulink 转换器，默认高参数块配置，无指定单位，位置范围大规模位移输出在默认状态下的长度单位是米。这个例子展示了如何改变输出位移的毫米单位。

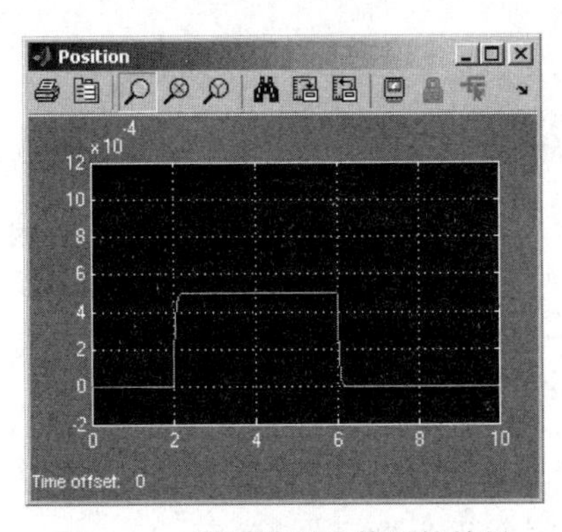

图 5-56　调整模型参数后的结果

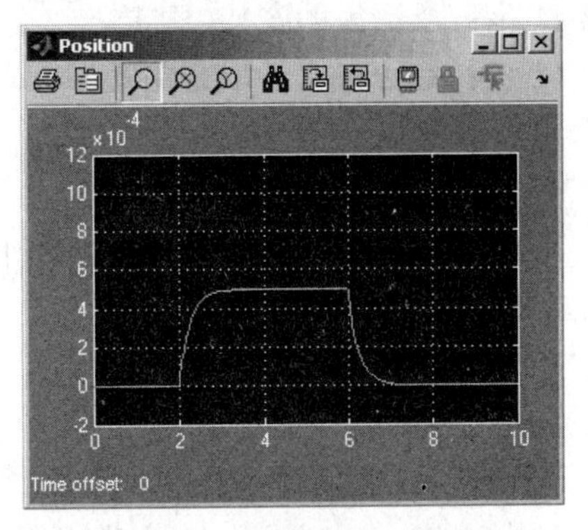

图 5-57　调整参数后的结果

1）双击 PS- Simulink 转换块，在输出信号的单位组合框内输入毫米，然后单击 OK 按钮。

2）运行仿真。在位置范围窗口中单击自动缩放范围轴，位移输出单位为毫米，如图 5-58 所示。

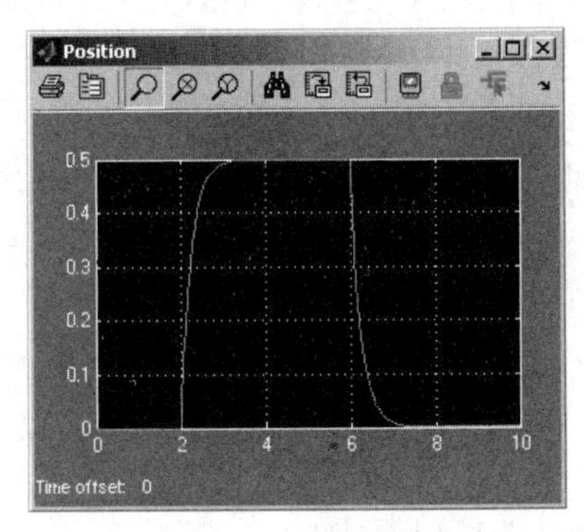

图 5-58　缩放图形

5.4.2　SimEvents 模块

1. SimEvents 软件的安装启动

使用该软件前，首先要完成下面的操作任务。

（1）Matlab 的安装与激活。

第 1 步：启动安装程序。

第 2 步：选择安装而不使用互联网。

第 3 步：查看许可协议。

第 4 步：指定文件安装密钥。

第 5 步：选择安装类型。

第 6 步：指定安装文件夹。

第 7 步：指定要安装的产品。

第 8 步：指定安装选项。

第 9 步：确认您的选择并开始复制文件。

第 10 步：完成安装。

第 11 步：激活您的安装。

第 12 步：许可证文件指定路径。

第 13 步：完成激活。

（2）SimEvents 的启动。

第 1 步：用 SimEvents 软件建立简单的模型。

第 2 步：使用时间间隔来产生实体。

第 3 步：基本的队列和服务器。

第 4 步：设计实体路径。

2. SimEvents 简介

在使用 SimEvents 之前，应先明确 SimEvents 的概念及功能。

（1）SimEvents 概念。

Simevents 工具箱是 Mathworks 公司在 Matlab 软件中进行扩展的一个模块，它是利用队列和服务台来建模并进行离散事件系统仿真的工具。SimEvents 工具箱是对 Simulink 仿真环境的有效扩展。Simulink 仿真环境是针对连续时间系统进行仿真的有效工具，而 SimEvents 工具箱的引入能够使离散事件系统和连续时间系统有机地结合起来。

（2）SimEvents 工具箱的结构和功能。

SimEvents 工具箱是 Matlab 软件的一个独立模块，其总体架构如图 5-59 所示，主要组成部分总结如下：

- 实体和属性模块
- 队列和服务模块
- 路由选择模块
- 数据统计模块
- 与 Simulink 和 Stateflow 的接口模块

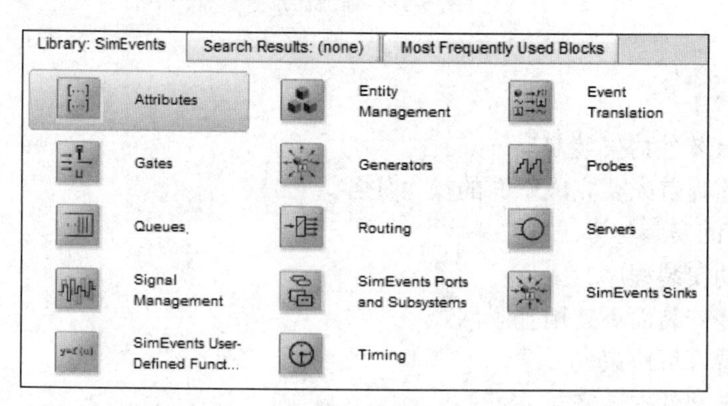

图 5-59　Simevents 仿真模型

（3）创建实体和设置属性。

实体：仿真对象的抽象（如数据包等），可以通过队列、服务模块、传输门等模块进行传输。

属性：实体所携带的数据信息（如长度、地址等）。

实体和属性模块是进行建模仿真的基础。此模块组包含属性模块和实体模块，单击 Attributes 模块，弹出如图 5-60 所示的模块组；单击 Entity Management 模块，弹出如图 5-61 所示的模块组。

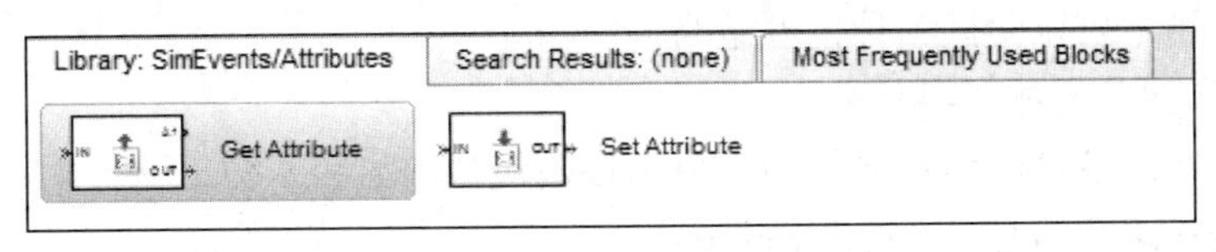

图 5-60　属性模块组

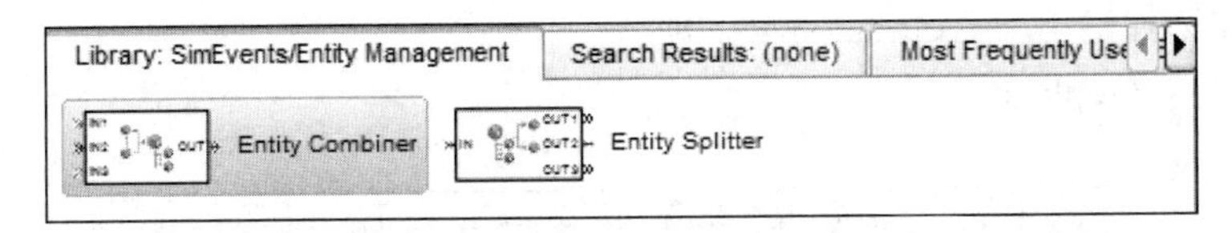

图 5-61　实体模块组

通过使用 SimEvents，用户能够创建响应事件的实体，或在一个预定的基础上产生的时间由一个信号或统计分布所控制。用户能够为实体设置适合用户应用的属性，例如通信总线上的目标地址、处理时间、服务的延迟或者任何相关的数据，这些属性也可以是向量或矩阵，用于对系统包中的更大数据负载进行建模。在仿真中属性值可以通过 Embedded MATLAB 函数所实现的算法进行修改。例如，写在 Embedded MATLAB 函数中的复杂开关算法能够用于仿真实体开关结构的 SimEvents 模型中。

（4）对队列和服务器建模。

队列/服务模块一起为传输的实体提供时延和存储空间。在该模块中，可以为所需的模块作如下建模：

- 为模型设置服务时间（如包的时延、机器的处理时间等）。
- 为模型设置存储容量（如等待的队列、缓冲器大小等）。

在该模块的基础上还可以进行如下操作：

- 实体的传输允许（可以阻止特定的实体通过）。
- 实体的优先级设置（为仿真对象建立时序）。

实体在网络中传输的过程中，要依次经过队列模块、服务模块。服务模块中可以设置对实体的服务时间，服务时间的长短决定了队列中的实体数。利用这两个模块可以对网络拥塞等状况进行仿真。单击对应的模块弹出如图 5-62 所示的组合。

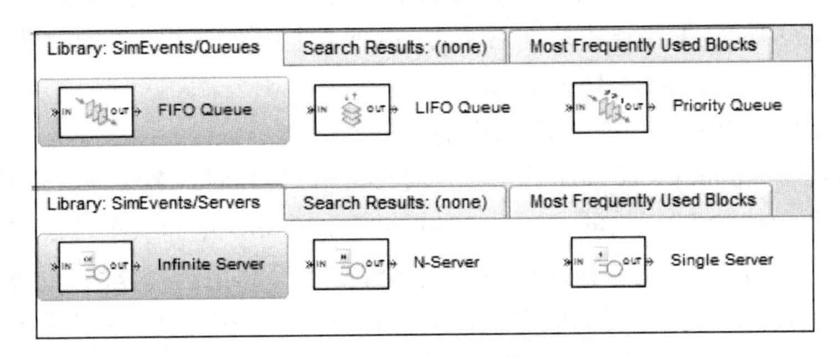

图 5-62　队列和服务模块组

SimEvents 提供先入先出（FIFO）和后入先出（LIFO）的队列块，也提供具有优先级的队列块，该块可以对进入块内的基于某个属性值的实体进行排序。服务器块包含从单个阻塞服务器一直到无限个可以接受所有输入实体的服务器群。通过将单个服务器的抢占能力和优先级队列块进行组合，用户可以验证各种抢占策略。

（5）路由和网关实体。

该模块可以实现各种网络传输策略，单击该模块弹出如图 5-63 所示的模块组：

- 实体传输路径的合并（path combiner）
- 从输入端选择实体（input switch）
- 为实体选择输出端（output switch）
- 复制实体（replicate）

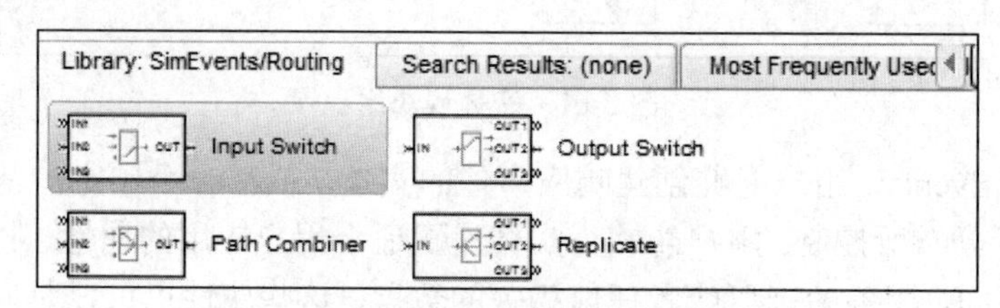

图 5-63　路由选择模块组

SimEvents 路由或网关实体采用交换机方式，要么是确定性的，响应输入信号或属性值；要么是统计性的，基于第一个可用的端口或等概率切换策略。通过层叠交换机，用户可以组成非常复杂的交换机群。用户可以将很多不同种类的网关组合起来执行控制过程模拟以及管理模型中实体的活动。

（6）数据统计模块。

该模块可以应用到其他各模块的输出端口，并可以记录很多的数据信息，如：

- 离开的实体数
- 模块中的实体数
- 实体的传输时延和平均时延
- 利用率
- 端到端的时延
- 实体总数

如图 5-64 所示，利用 SimEvents 进行网络仿真时，在队列和服务模块中都可以得到实时的数据。SimEvents 中的数据统计模块非常丰富，几乎包括所有需要在实验中利用的实验数据，因此对仿真进行结果分析时就会十分方便。

（7）与 Simulink 和 Stateflow 的接口模块。

在 SimEvents 与 Slmulink 或 Stateflow 结合起来进行仿真时，各模块之间可以通过函数调用等方式触发一些模块的运行。SimEvents 可以控制 Stateflow 里的状态转换表，反之亦然。

如图 5-65 所示，两个不同传输通道中的实体经过一个路由选择模块，而路由选择模块根据函数调用方式触发的 chart 的反馈信息来对实体进行控制。在仿真实验中利用 Stateflow 来实现多状态事件触发系统是很有效的。

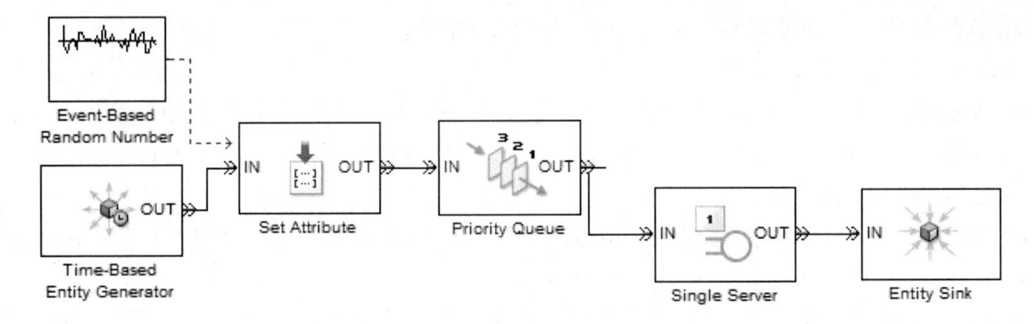

图 5-64 数据统计模块

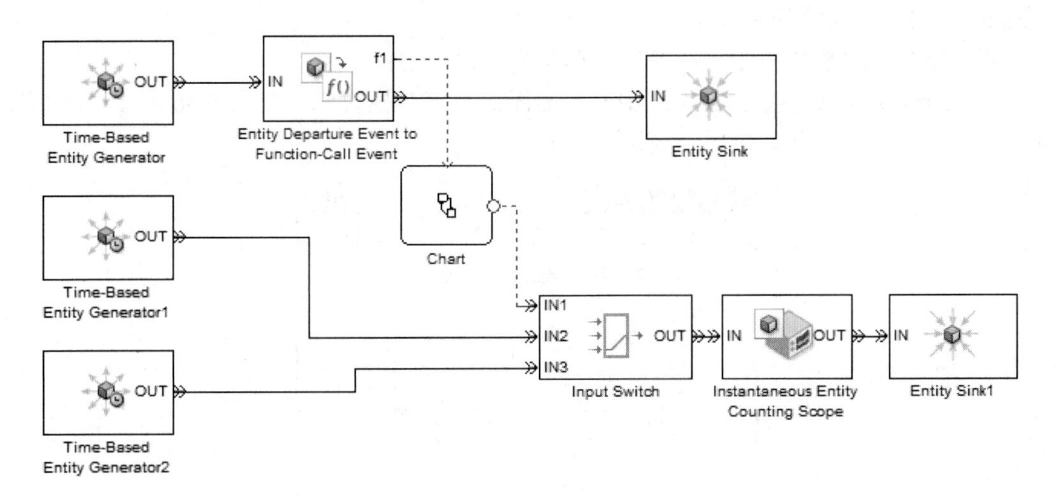

图 5-65 与 Simulink 和 Stateflow 联合建模

3. 用 SimEvents 工具箱构建一个简单的离散事件模型

（1）范例概述。

本部分介绍如何建立一个代表离散事件系统的新模式。该系统是一个简单的排队系统，其中的“客户”——实体——以一个固定的确定性概率到达，排队等待，并以一个固定的确定性概率到达服务器。在队列概念中这种系统类型被称为 D/D/1 排队系统。这种系统有一个确定的到达率、一个确定的服务概率和一个服务器。

使用该范例系统，本部分展示了怎样去完成建立一个基本模型的任务，例如：

- 向模型中添加模块。
- 使用各模块的参数对话框给相应模块配置参数。

（2）建立模型的基本步骤。

Step 1：打开模型窗口和库窗口。

建立模型的第一步是设置环境，新建一个模型窗口，打开相应的模块库。

Step 2：离散事件仿真的默认参数设置。

更改 Simulink 模型设置的默认参数值，使其适合要仿真的离散事件模型，在 Matlab 命令窗口中输入：

```
Simeventsstarup('des');
```

在 M 文件编辑框中出现默认的参数设置已经改变的消息。更改的设置适用于我们随后在

Matlab 软件部分创建的新模型，而不是先前已有的模型。

Step 3：新建一个模型窗口。

从 Matlab 桌面窗口中选择“文件”→“新建”→“模型”命令，新建模型窗口打开。

在模型窗口中选择“文件”→“保存”命令，保存模型文件并命名为 dd1。

Step 4：打开 SimEvents 库。

在 Matlab 命令窗口中输入 Simeventslib 或者单击 Matlab 桌面左下角的“开始”→Simulink→SimEvents→Block Library 命令。

SimEvents 模块库窗口包含了所有子模块的图标，双击代表每个子模块的图标可以打开该子模块库，并显示出相应的模块组。

Step 5：将各模块移动到模型窗口。

按照以下步骤将模块库中的各模块移动到模型窗口中：

1）在 SimEents 模块库窗口中双击发生器图标打开其模块库，如图 5-66 所示，然后双击实体发生器图标打开实体发生器子模块库。

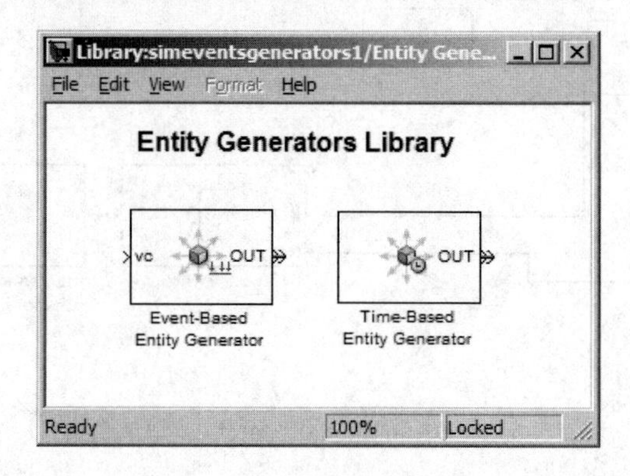

图 5-66　发生器模块库

2）将基于时间的实体发生器模块拖曳到模型窗口中，如图 5-67 所示。

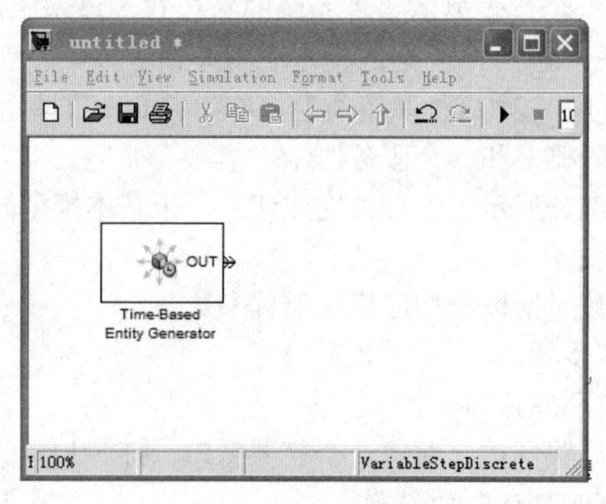

图 5-67　建立模型

该操作将弹出一个关于实体和事件之间区别的简单描述消息框。

3）在 SimEvents 模块库窗口中双击队列图标打开队列模块库，如图 5-68 所示。

4）将 FIFQ Queue（先进先出队列）拖曳到模型窗口中。

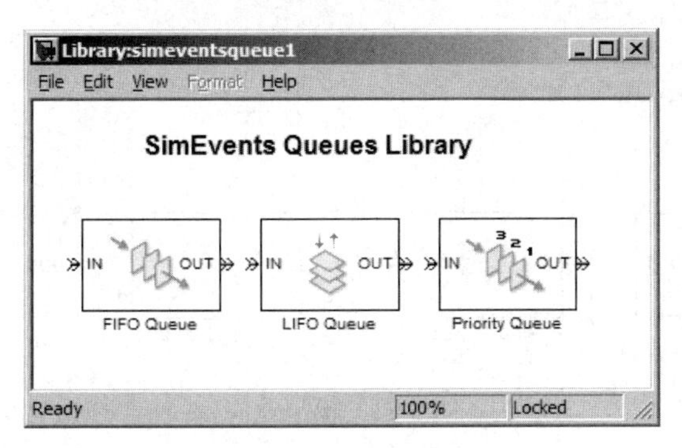

图 5-68　队列模块库

5）在 SimEvents 模块库窗口中双击 Severs（服务器）图标打开服务器模块库，如图 5-69 所示。

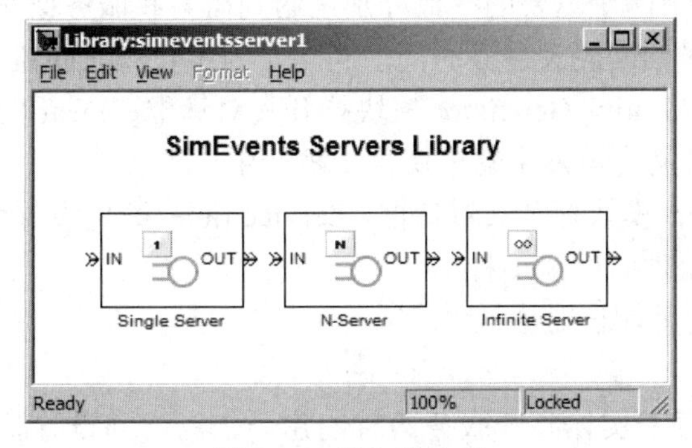

图 5-69　服务模块库

6）将 Single Server（单个服务器）模块拖曳到模型窗口中。

7）在 SimEvents 模块库窗口中双击 SimEvents Sinks（接收器）图标打开其窗口，如图 5-70 所示。

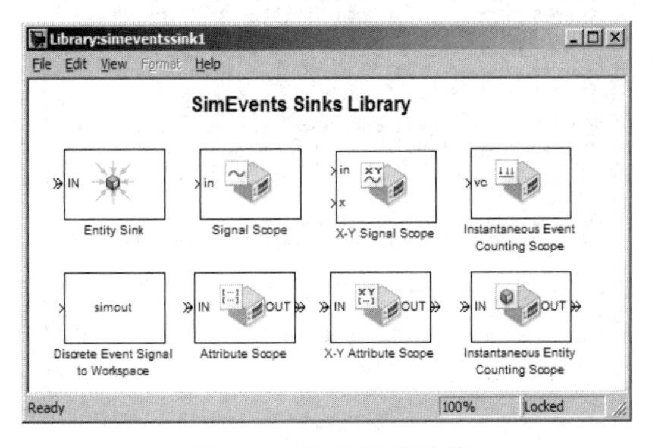

图 5-70　接收器模块库

8）将 Signal Scope（信号波）模块和 Entity Sink（实体接收器）模块拖曳到模型窗口中。

至此，模型窗口如图 5-71 所示，该窗口代表了仿真中的关键过程：产生实体的模块、存储实体的队列和实体服务器，并创建了一个区域来显示相关数据。

Step 6：对模块进行参数设置。

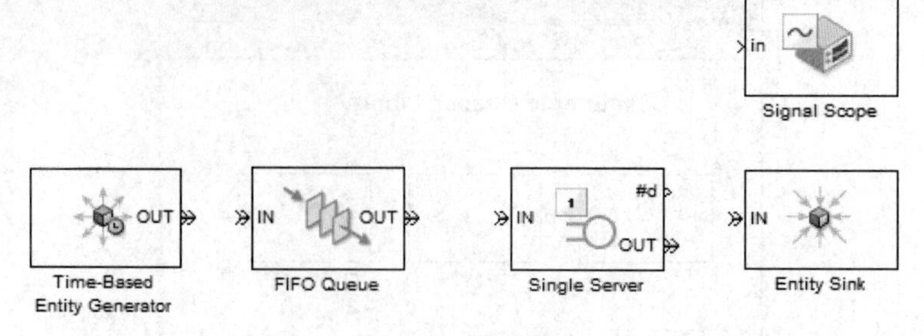

图 5-71　模型建立

对模型 dd1 进行模块参数设置是为了使这些数值适合所设计的模型系统。每一个模块有一个对话框，用来为该模块设置参数。默认的数值因建立模型的不同而可能不同。

Step 7：查看参数值。

在 D/D/1 队列系统中两个重要的参数分别是达到概率和服务概率。这些概率的倒数分别代表了连续实体之间的时间间隔及服务时间的间隔。为了查看时间值，进行以下操作：

1）双击 Time-Based Entity Generator 模块打开其对话框，Distribution 数值设置为常数，Period 数值设置为 1，含义为该发生器模块每一秒产生一个实体。

2）双击 Single Server 模块打开其对话框，Service time 数值设置为 1，含义是该服务器对到达该模块的每个实体处理时间为 1 秒。

3）单击 Cancel 按钮关闭该对话框。

Step 8：改变参数值。

给模块设置参数使每个实体离开服务器时创建一个点，并设置队列为无限容量，进行以下操作：

1）双击 Single Server 模块打开其对话框，如图 5-72 所示。

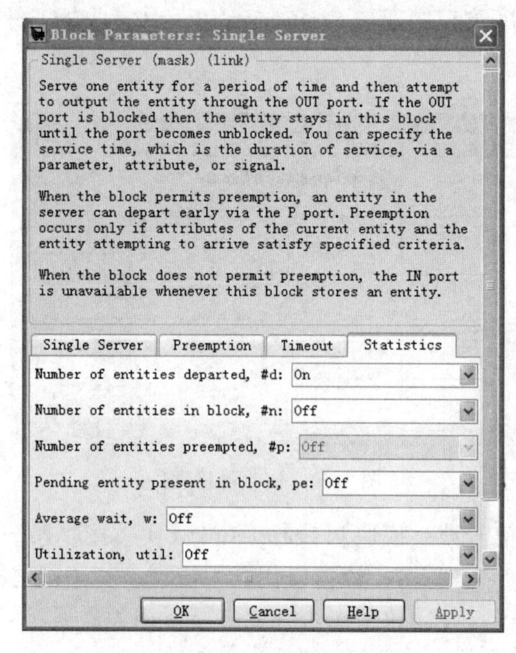

图 5-72　模块参数设置对话框

2）单击 Statistics 选项卡查看与该模块记录数据相关的数值。

3）将 Number of entities departed 参数栏改为 on。

然后单击 OK 按钮，Single Server 模块产生了一个以#d 为标志的信号输出端。在仿真过程中，该模块将在#d 端产生一个信号输出，该信号值是完成了它们的服务并离开服务器的实体数。

1）双击 FIFO Queue（先进先出队列）模块打开其对话框。

2）将 Capacity 值设置为 Inf（无限）并单击 OK 按钮。

Step 9：连接各模块。

现在 dd1 模型窗口包含了代表着关键过程的各模块，将各模块连接起来代表它们之间的信号传递关系。通过鼠标从一个模块的输出端连接到另一个模块的输入端，如图 5-73 所示。

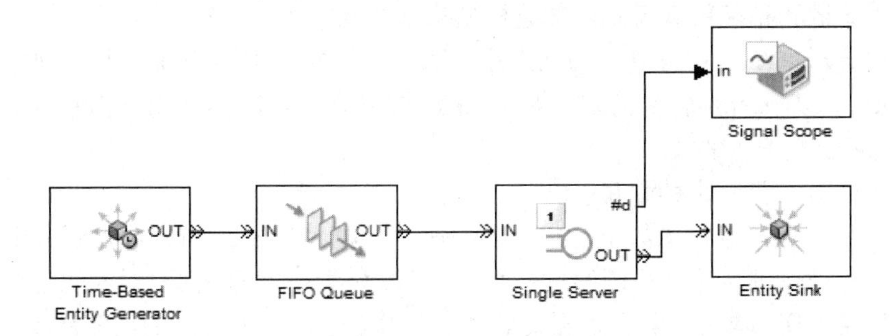

图 5-73　模块连接图

Step 10：运行该模型。

保存所创建的模型，然后从模型窗口菜单中选择 Simulation→Start 选项。

Step 11：仿真结果。

当运行该模型后，Signal Scope（信号波）模块打开一个包含点的窗口，如图 5-74 所示。横轴代表实体离开 Server（服务器）的时间，纵轴代表离开 Server 的实体总数量。

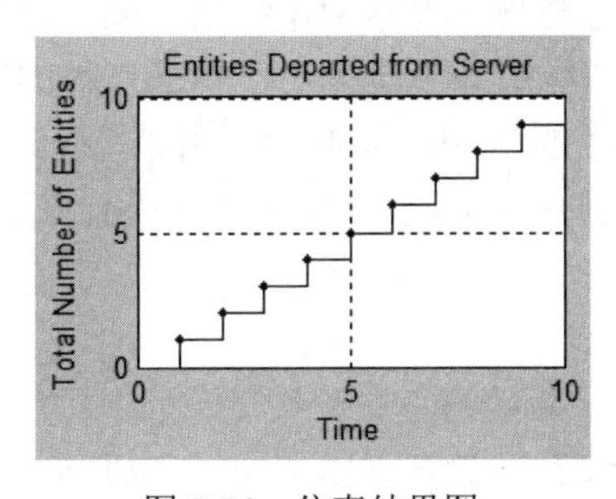

图 5-74　仿真结果图

当一个实体离开 Single Server 模块时，该模块将在#d 输出端更新信号值，该更新值通过这个接收器区域点的数值来反映。从这个区域，可以得出以下结论：

- 直到 T=1，没有实体离开服务器，因为服务器对第一个实体进行处理需要 1 秒。
- 从 T=1 开始，该区域为一个阶梯图，因每 1 秒服务器处理一个实体，就有一个实体离开服务器，所以每个阶梯的高度为 1，阶梯的宽度等于服务时间常量 1 秒。

5.4.3 SimPowerSystems 模块

1. 功能介绍

SimPowerSystems 软件和其他产品的物理模拟产品融合在一起，利用 Simulink 仿真软件模拟电气、机械和控制系统。

主要功能：

- 允许采用标准符号对电子电路进行建模和仿真。
- 提供全面的模块库，以构建具体的电力系统模型。
- 提供普通交流和直流电动驱动器的具体模型。
- 利用 Simulink 求解器技术提供高精度的仿真。
- 使用离散和相量仿真模式，加速模型执行并允许实时执行。
- 提供分析方法以获得电路的状态空间表示、计算机器负荷流，并处理电流和电压。SimPowerSystems 软件需要在 Simulink 的环境下操作，因此用户指南开启前需要熟悉 Simulink 仿真文件。

2. Simulation 在设计中的作用

电力系统是电气线路和诸如电动机、发电机等机械转换装置的结合。研究电力系统的工程师通常的任务是改进和提高系统的运行水平。随着科学技术的进步，对大幅度提高系统运行效率的要求日益迫切。电力、电子系统大量使用电力电子器件和复杂的控制系统，这加重了传统分析工具的负担。更困难的是，系统常常是非线性的，唯一的解决方法是通过仿真去分析，这使得分析人员的任务更重了。

电力系统有很多途径产生电能，有基于水力的，有基于蒸汽的，也有基于其他装置的，这些系统的共同属性是利用电力电子技术和控制系统实现它们的运行目标。

设计 SimPowerSystems 软件的目的是提供一个现代化的软件，可以让科学家和工程师迅速、容易地建立数学模型模拟的电力系统。模块集使用 Simulink 允许只通过简单的点选、拖拽过程产生模块，不仅可以迅速地画出电路的拓扑结构图，而且对系统的分析可以包括机械、热能、控制和其他要求。这一切能成为现实是由于仿真过程的所有电气部分与 Simulink 强大的模块交互作用。使用 Matlab 用的是 Simulink 计算引擎，设计师们也可以使用 Matlab 工具箱和 Simulink blocksets。SimPowerSystems 软件属于物理模型产品系统，因而会运用类似的模块和连接线。

3. SimPowerSystems 模块库

（1）SimPowerSystems 模块库的概述。

模块库包含了如变压器、线路、设备、电力电子器件等典型的电力模型设备，如图 5-75 所示。这些模型都来自规范的教科书，并且其有效性已经被 hydro-québec（设在加拿大的北美大型研究中心）电力系统测试和仿真实验室的实验所证明，并建立在 École de Technologie Supérieure and Université Laval 经验上。模块集仿真典型电网络的能力在示范文件中有详细的说明，对于那些希望更新他们电力系统理论知识的用户来说，这些范例是很好的自学教材。

在 SimPowerSystems 的主模块库 powerlib 中，模块根据功能划分到子模块库中。在 Matlab 的命令行中输入 powerlib 便可打开 powerlib library 窗口，并显示出子模块库的图标和名称。双击子图库的一个图标打开子图库，并且能访问子图库模块。主要的 powerlib 模块库窗口还包括 powergui 模块，可以创建一个进行稳态电路分析的图形用户界面。

图 5-75　非线性 Simulink 模型的 SimPowerSystems 模块

Powerlib 库的非线性仿真模块存储在一个名叫 power_lib library 的子模块库中。SimPowerSystems 软件用这些隐藏的模块去构建仿真电路模型。

（2）SimPowerSystems 模块库的启动。

1）使用 Simulink 库浏览器打开模块库。

单击浏览器工具栏或 Simulink 模块窗口中的 simulink 按钮，打开 Simulink 库浏览器；还可以在 Simulink 命令窗口中输入 Simulink 并按回车键，Matlab 软件便会打开如图 5-76 所示的窗口。然后在树状目录中展开 Simscape 的条目，选择 SimPowerSystems。

图 5-76　SimPowerSystems 模块库

2）利用指令窗口启动，在指令窗口中输入 powerlib 并按回车键，Matlab 软件中会打开电力系统模块库，如图 5-77 所示。

3）利用“开始”导航区启动。

单击“开始”→Simulink→SimPowerSystems→Block Library 命令，打开电力系统模块库。

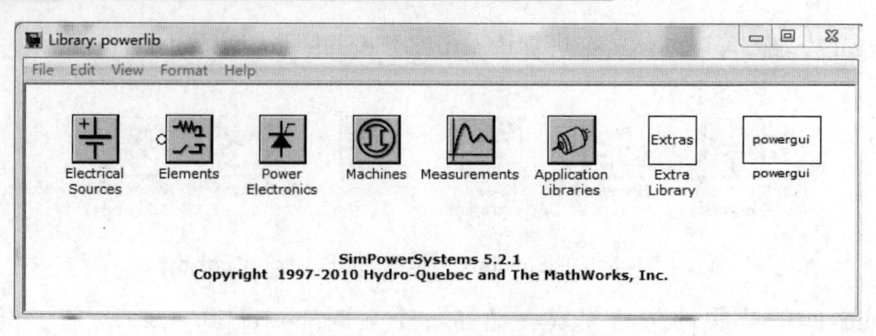

图 5-77 电力系统模块库

（3）电力系统模块库的介绍。

电力系统模块库中包含多种电力系统图标，按照类别进行分类，共分八类：电源元件（Electrical Sources）、线路元件（Elements）、电力电子元件（Power Electronics）、电机元件（Machines）、电路测量仪器（Measurements）、应用元件（Application Libraries）、附加元件（Extra Library）、电力图形用户接口（Powergui）。

1）电源元件。

电源模块库中包含了产生电信号的各种元件，双击电源模块库图标，便可打开电源模块库窗口，如图 5-78 所示。

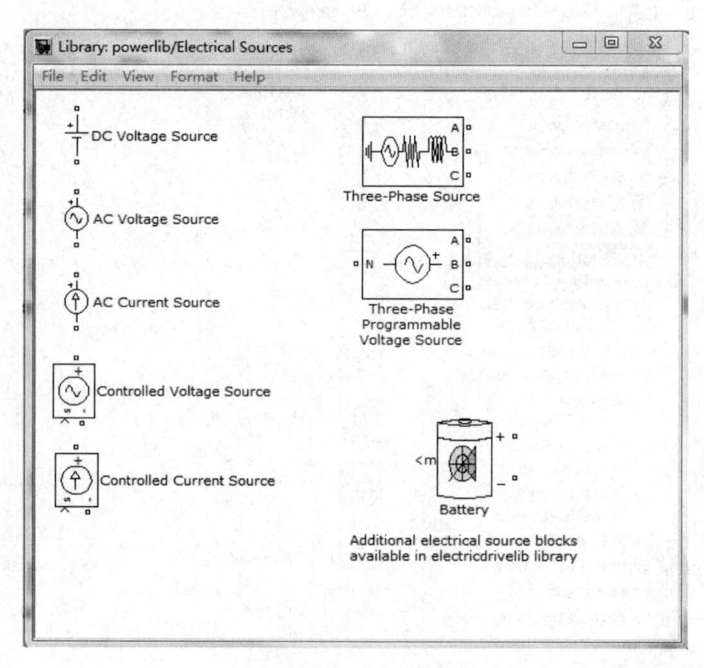

图 5-78 电源模块

2）线路元件。

线路模块库中包含了产生电信号的各种线性网络电路和非线性网络电路元件，如图 5-79 和图 5-80 所示。

3）电力电子元件。

电力电子模块库中包含了各种电力电子设备元件，如图 5-81 所示。

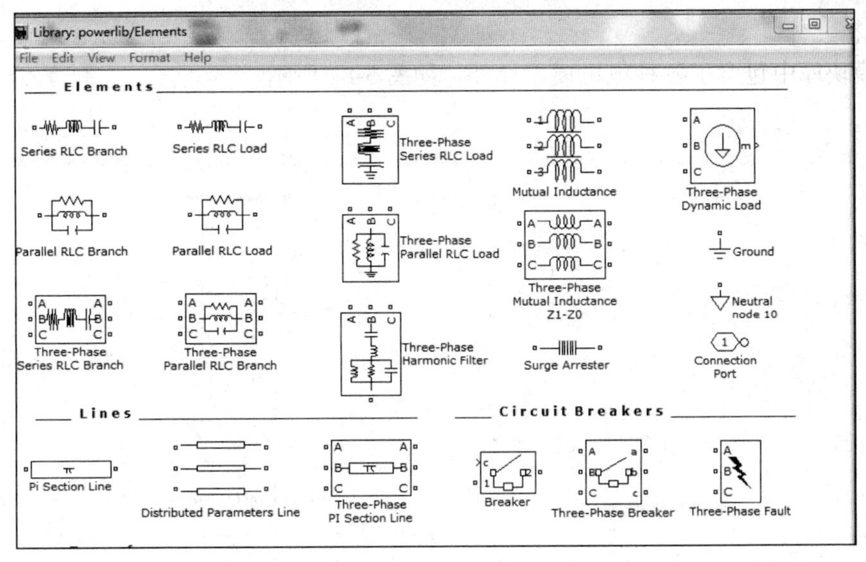

图 5-79　线路模块

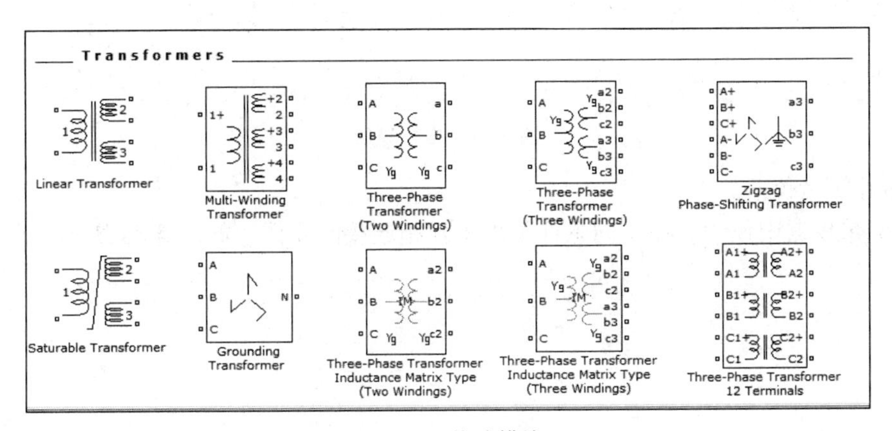

图 5-80　线路模块

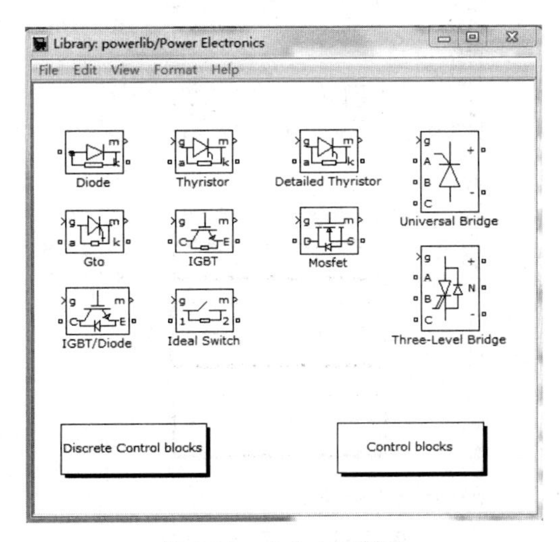

图 5-81　电力电子模块

4）电机元件。

电机模块库中包含了各种电机模型元件，如图 5-82 所示。

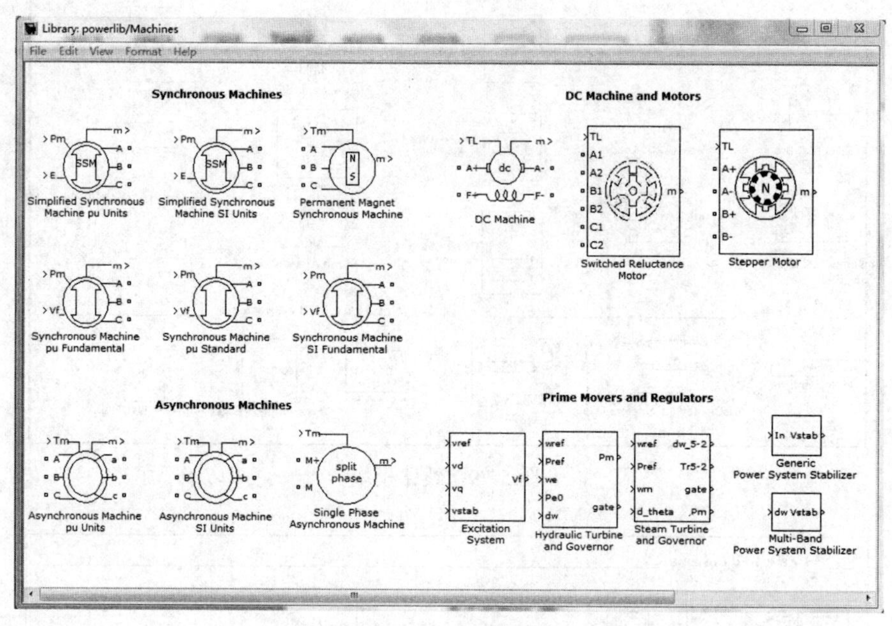

图 5-82　电机模块

5）电路测量仪器。

电路测量仪器中包含了在不同条件下用于互相连接的元件，如图 5-83 所示。

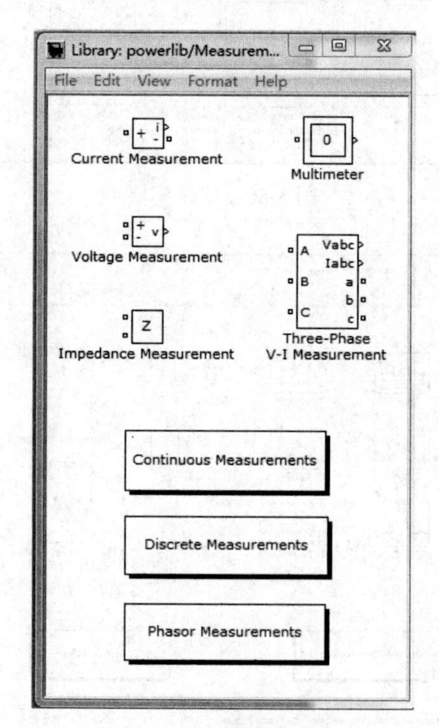

图 5-83　电路测量模块

6）应用元件。

应用元件模块库如图 5-84 所示。

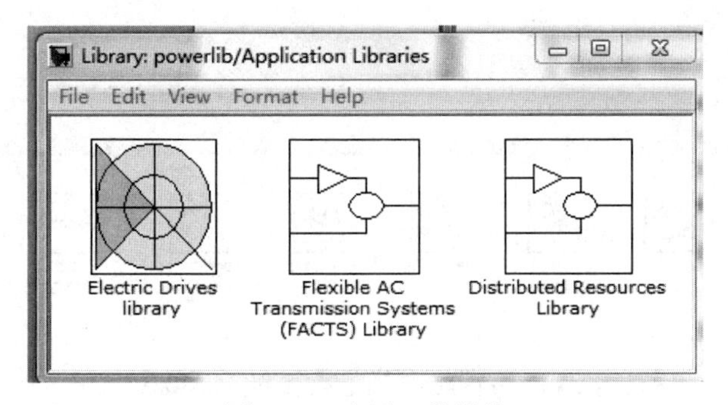

图 5-84　应用元件模块

7）附加元件。

附加元件模块库如图 5-85 所示。

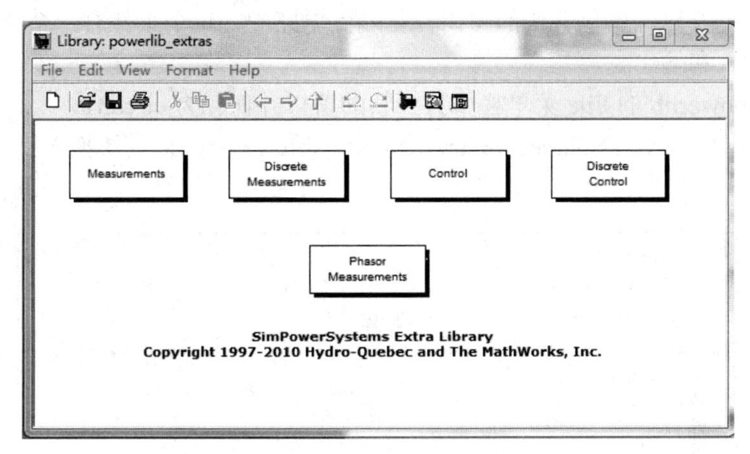

图 5-85　附加元件模块

8）电力图形用户接口。

电力图形用户接口用来进行电力系统稳态分析。

更多使用库浏览器的信息，请访问 Simulink Graphical User Interface 文档中的 librarybrowser。

（4）要求及相关产品。

SimPowerSystems 软件需要一线产品予以支持：

- Matlab
- Simulink
- Simscape

除了 SimPowerSystems 软件，还包括其他建模产品与机械和电气系统仿真的物理模拟产品系列。在 Simscape Simulink 环境下，可以一同使用这些产品进行物理系统的模拟。也有一些与 MathWorks 密切相关的产品，可以与 SimPowerSystems 软件一起使用。更多关于这些产品的信息请访问 MathWorks 网站，网址为 http://www.mathworks.com，单击 products 查看。

【例 5-1】本例的电路相当于 300 公里输电线路的电力系统，该线路是在接收端并联电感补偿。断路器的功能是通电和断电，为了简化问题，只为代表的三个阶段之一，如图 5-86 所示的参数是一个 735kV 的电力系统。

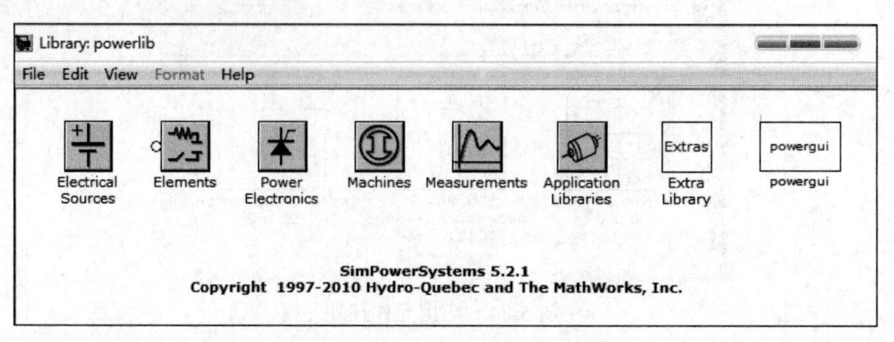

图 5-86 735kV 的电力系统模块

Step 1：在 Matlab 命令窗口中输入 powerlib，此命令显示 Simulink 不同的图标块库，如图 5-86 所示，可以打开这些库包含块的窗口并复制到电路中，每个组件有一个特殊的代表图标，有一个或多个输入和输出。

Step 2：从 powerlib 的 File 菜单栏中打开新的窗口并保存为 circuit1。

Step 3：打开 Electrical Sources library，将 AC Voltage Source 模块拖入到 circuit 窗口中，如图 5-87 所示。

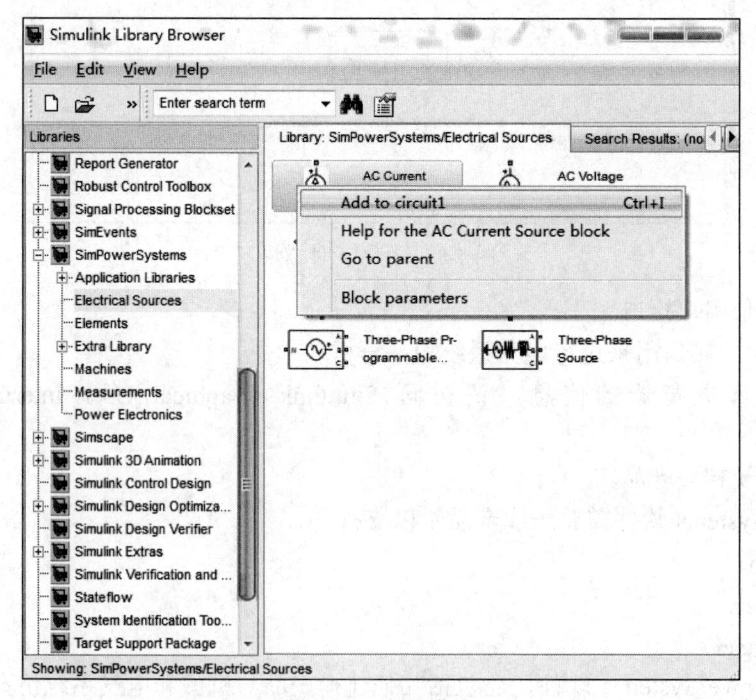

图 5-87 电源模块

Step 4：双击图标，弹出交流电压源对话框，在峰值振幅、相位和频率参数栏中输入 100、0、60Hz，如图 5-88 所示。

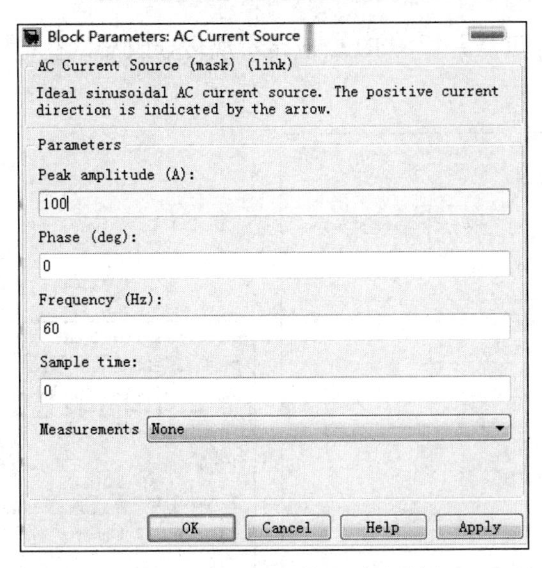

图 5-88　电压源参数设置对话框

Step 5：将 AC Voltage Source 命名为 Vs。

Step 6：复制 Parallel RLC Branch 模块。该模块实现了一个电阻、电感和电容的并联组合，如图 5-89 所示，双击模块出现如图 5-90 所示的对话框，分别设电阻、电感和电容的值为 180.1Ohms、26.525mH 和 117.84μF，并将该模块命名为 Z_ep。

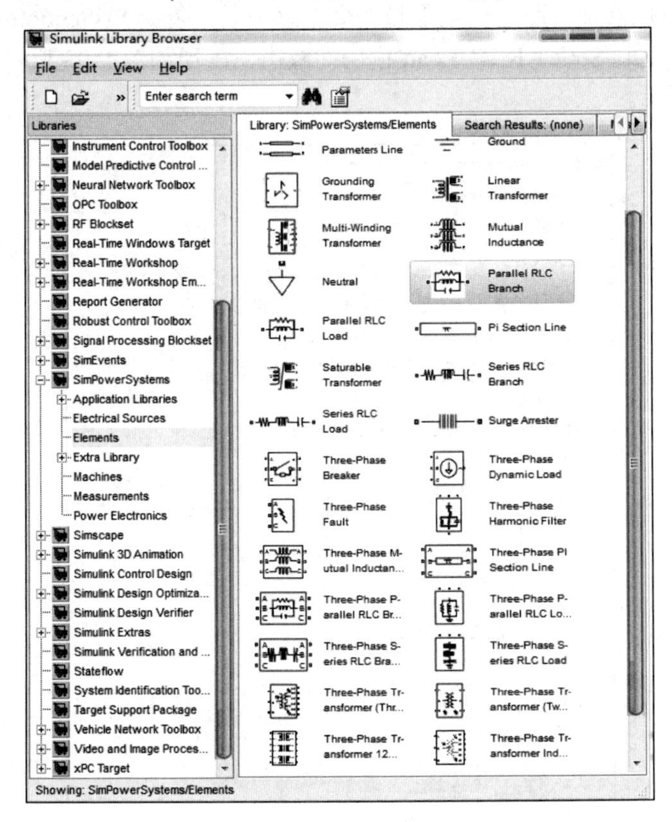

图 5-89　元件模块

Step 7：电阻 Rs_eq 可从并行的 RLC 电路实现传导阻滞，在电阻中输入 2.0，如图 5-91 所示。

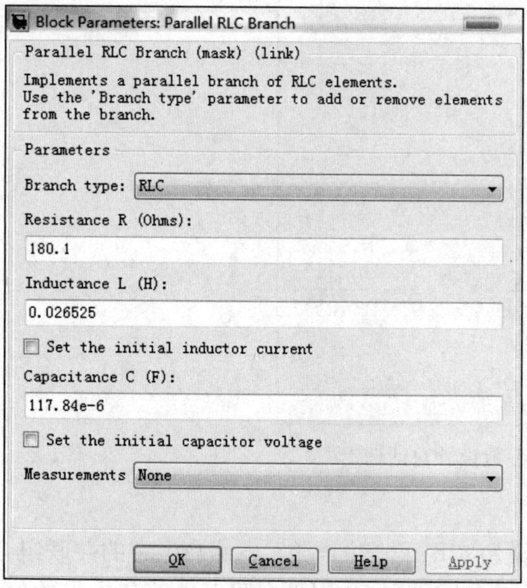

图 5-90　元件模块参数设置对话框

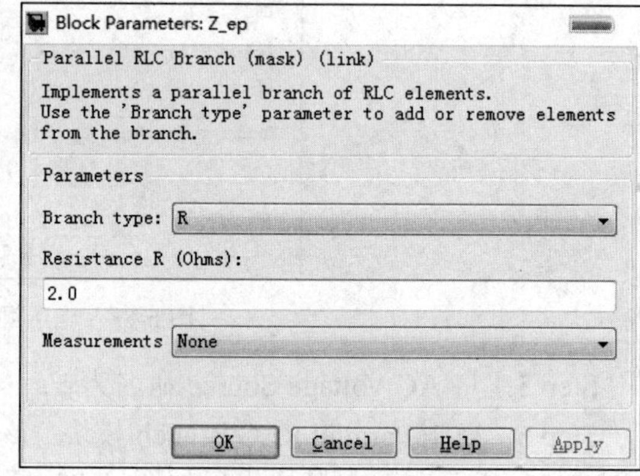

图 5-91　电阻模块参数设置对话框

Step 8：并联电抗器是仿照一个电阻与一个电感串联。复制 PI Section Line 模块，设置参数如图 5-92 所示，复制 Series RLC Load 模块并双击，出现如图 5-93 所示的对话框，将参数设置为如图 5-94 所示。

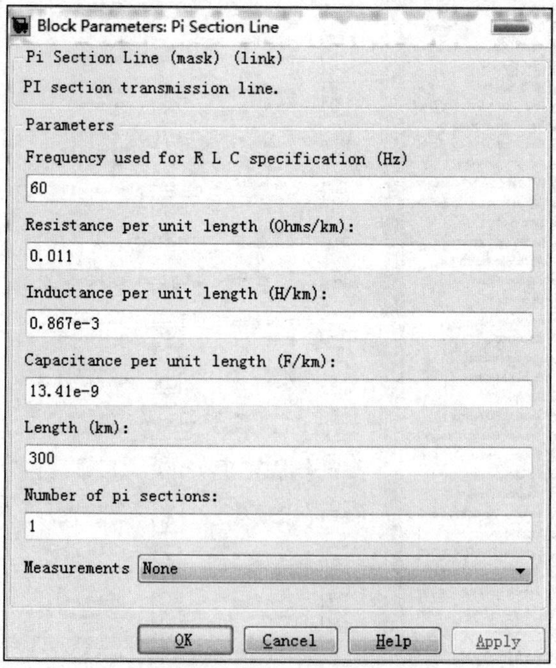

图 5-92　电抗参数设置对话框

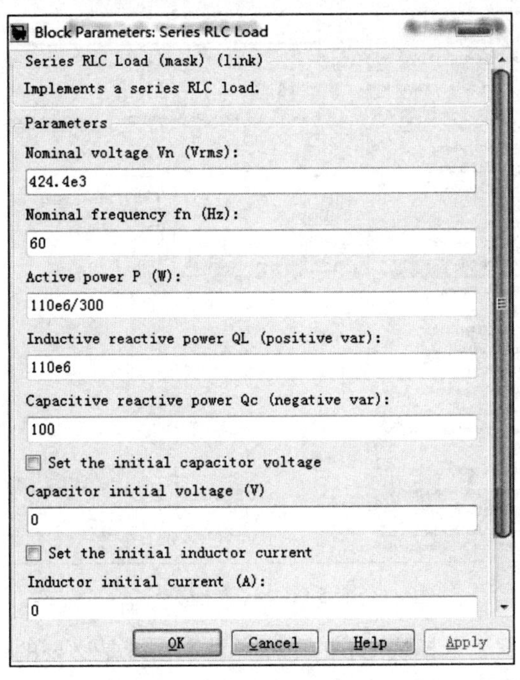

图 5-93　电抗参数设置对话框

Vn	424.4e3 V
fn	60 Hz
P	110e6/300 W (quality factor = 300)
QL	110e6 vars
Qc	0

图 5-94　电抗参数设置

至此仿真模块如图 5-95 所示。

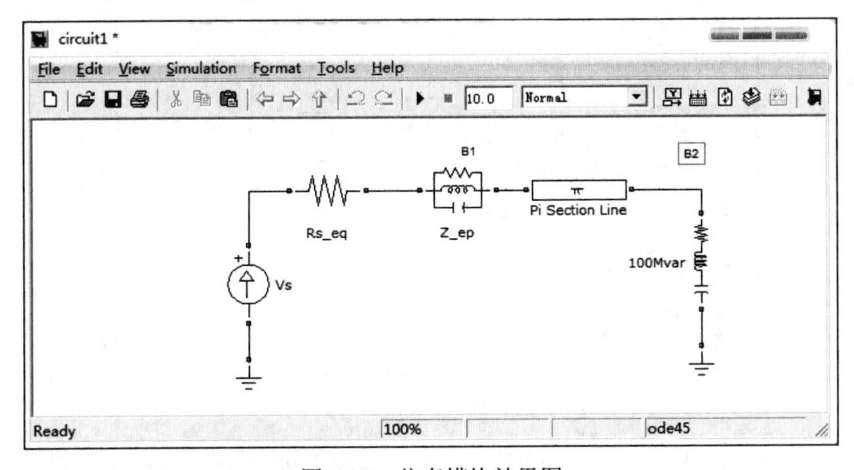

图 5-95　仿真模块效果图

Step 9：在 B1 之间加一个电压测量模块，如图 5-96 所示，测量 B1 之间的电压，复制 Voltage Measurement 模块，将正极连接到 B1 节点处，将负极连接到地面，并将模块命名为 U1。

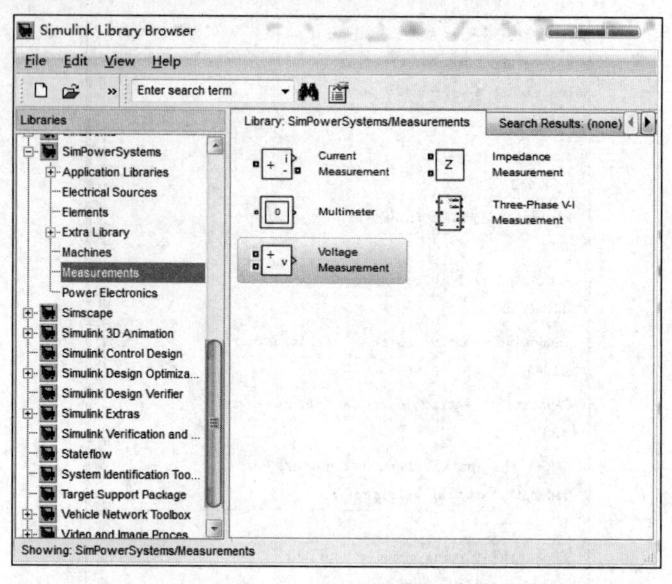

图 5-96　仪表模块

Step 10：为了观察电压测量模块 U1 的电压，显示系统是必要的，这可以在 Simulink Sinks 中实现。打开 Sinks，如图 5-97 所示，将 Scope 模块复制到 circuit1 窗口中，如果示波器直接连接在电压输出端，示波器将显示电压值。然而，电力系统的工程师习惯于规范化的工程量。电压值被除以一个基础电压，这个基础电压对应于系统的峰值电压。在这个例子中比例系数 $K=\dfrac{1}{424.2\times10^3\times\sqrt{2}}$。

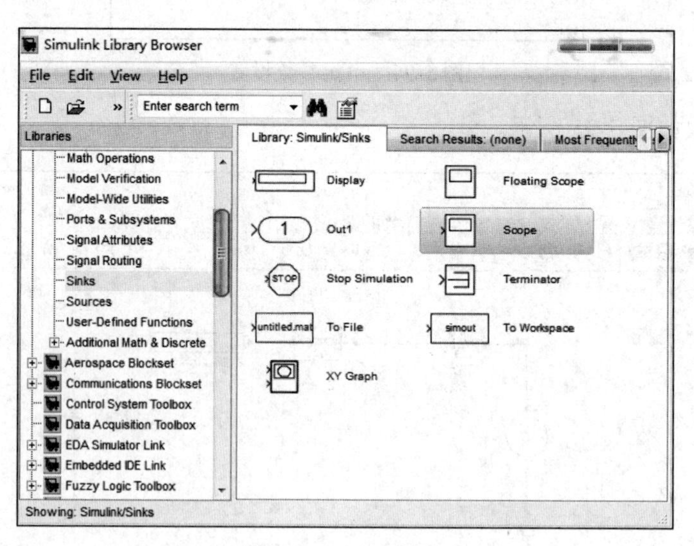

图 5-97　Scope 模块

Step 11：将 Gain 模块复制到 circuit1 窗口中，如图 5-98 所示，并根据上式设置 K 值，连接输出电压模块，在节点 B2 处重复这个操作。

Step 12：复制 Powergui 模块，该模块的目的是讨论使用 powergui 模块来模拟 SimPowerSystems Models。

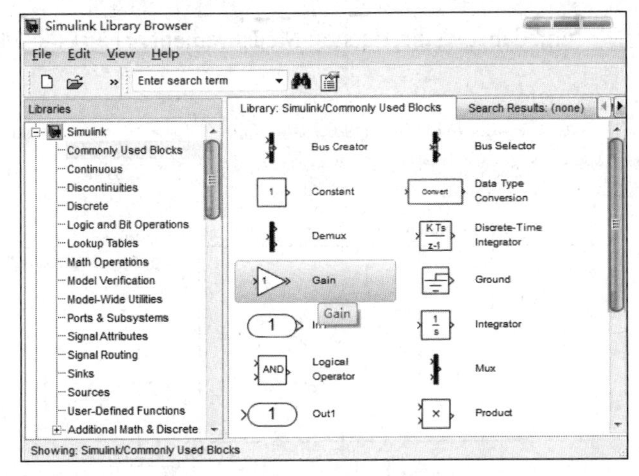

图 5-98　Gain 模块

Step 13：在 Simulink 菜单栏中单击 Start，打开示波器，信号形式如图 5-99 所示。

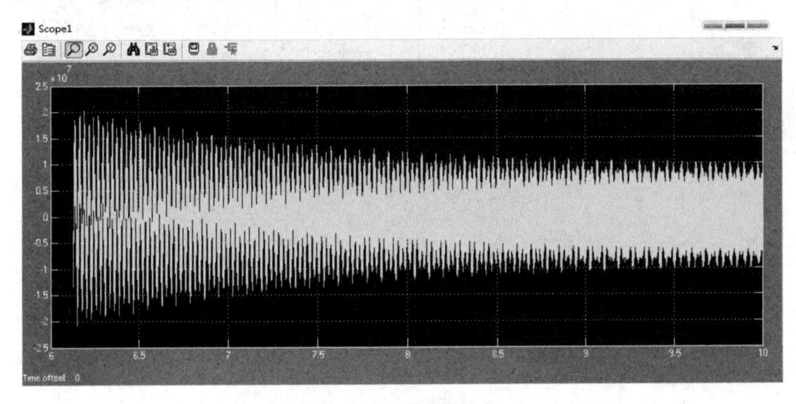

图 5-99　信号形式

Step 14：通过 Impedance Measurement and Powergui Blocks 获得阻抗与频率的关系。

打开 Measurements，复制 Impedance Measurement 模块并命名为 ZB2，将两个接口一个连接 B2 节点一个接地，得到如图 5-100 所示的系统。

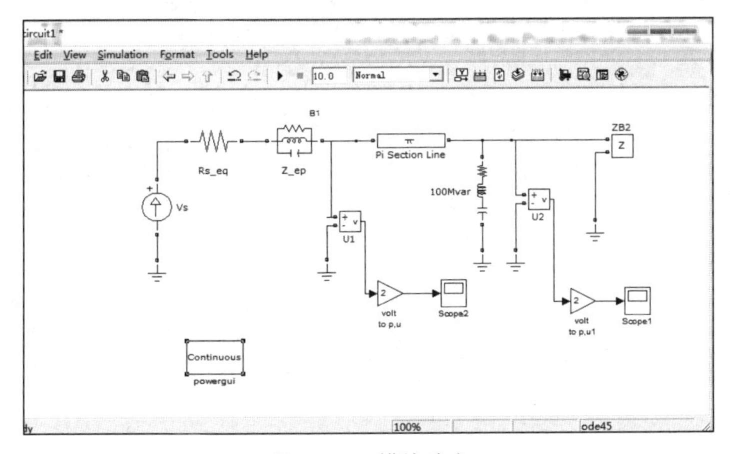

图 5-100　模块建立

双击 powergui，选择 Impedance vs Frequency Measurement，打开后将频率范围改为 0:1500，结果输出如图 5-101 所示。

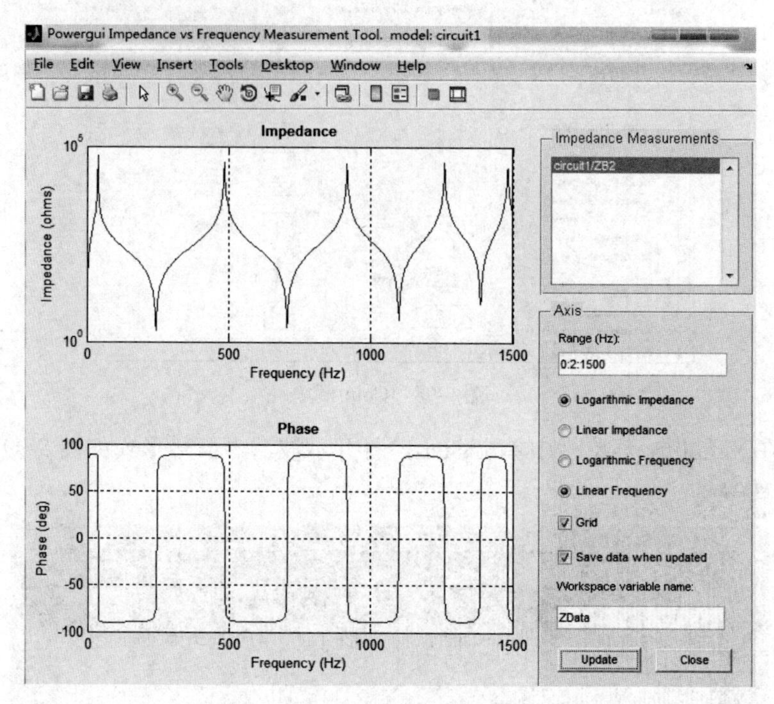

图 5-101　仿真结果

6 Stateflow

Stateflow 是有限状态机的图形实现工具，可以解决复杂的监控逻辑问题。用户可以用图形化的工具来实现各个状态之间的转换。Stateflow 主要用于 Simulink 中控制和检测逻辑关系的表示，它和 Simulink 同时使用使得 Simulink 更具有事件驱动控制的能力。Stateflow 可以直接嵌入到 Simulink 中，达到两者的无缝连接。Stateflow 和 Simulink 环境可以综合在一起进行建模、仿真和分析。

本章主要内容：

- Stateflow 的基本概念。
- 详细介绍 Stateflow 模块，使读者对该模块有清晰的认识。

6.1 概述

Stateflow 是与 Simulink 一起运行的图形设计和开发工具，非常适合在 Simulink 中对控制和操作实际系统开发逻辑进行建模。Stateflow 是有限状态机的图形实现工具，可以解决复杂的监控逻辑问题。用户可以用图形化的工具来实现各个状态之间的转换。可以在 Simulink 中直接嵌入 Stateflow，达到两者的无缝连接。Stateflow 和 Simulink 环境可以综合在一起进行建模、仿真和分析。Stateflow 可以通过图形环境设计一个监视控制系统。通过有限状态机和图形化表示，通常可以为一个相对复杂的控制系统的建模和仿真提供一个清晰明了的描述，能够将系统的描述和设计结合得更为紧密，使系统更加容易设计，利于考虑各种情况，可以不断修改，直到满足设计要求为止。

Stateflow 的原理是有限状态机理论。所谓有限状态机是指系统中存在可数的状态，在某些事件发生时，系统从一个状态转换成另一个状态。有限状态机又称为事件驱动系统。在有限状态机的描述中，可以设定一个状态到另一个状态转换的条件，并可对每对可转换的状态均设状态迁移事件，从而组成状态迁移图。

Simulink/Stateflow 为用户提供了图形界面支持的设计有限状态机的方法。它允许用户建立有限的状态，用图形的形式绘制出状态迁移的条件，并使用其规定的命令设计状态迁移执行的任务，从而构造出整个有限状态机系统。

在 Stateflow 中，状态和状态转换是最基本的元素，有限状态机的示意图如图 6-1 所示。

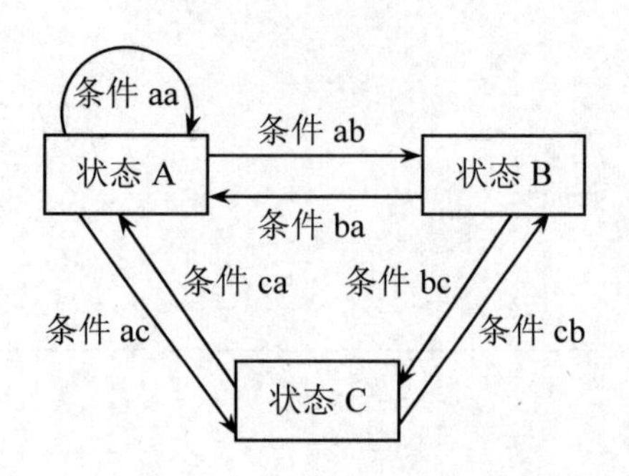

图 6-1　有限状态机示意图

在图 6-1 中有 3 个状态，它们之间的转换是有条件的，有些状态可以相互转换，状态 A 还可以自行转换。在有限状态机系统中还表明了状态迁移的条件或事件。

6.2　应用基础

在 Simulink 中，Stateflow 模块是用 Stateflow 图形来表示一个离散模型集合的目标，这些模型就是其中的状态。通过改变控制目标状态这一事件来激发 Stateflow 有限状态机的运行，目标的行为取决于目标的状态和控制目标的状态变化。本节将详细介绍 Stateflow 模块，使读者对该模块有清晰的认识。

1. 将 Stateflow 嵌入到 Simulink 中

将 Stateflow 嵌入到 Simulink 中一般有如下 3 种方法：

（1）在 Matlab 命令窗口中输入 stateflow 命令，打开如图 6-2 所示的界面。图（a）为 sflib 窗口，该窗口中有许多 Simulink 为用户提供的仿真算例；图(b)为嵌入 Stateflow 模块的 Simulink 窗口，该窗口中 Chart 为空白的 Stateflow 模块图标。

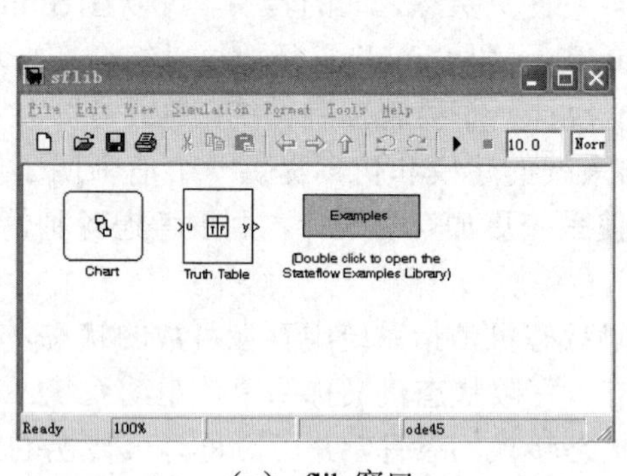

（a）sflib 窗口

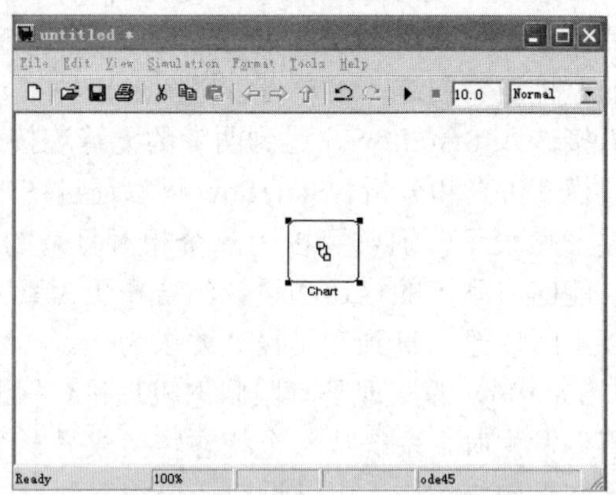

（b）嵌入 Stateflow 模块的 Simulink 窗口

图 6-2　Stateflow 启动窗口

（2）在 Matlab 命令窗口中输入 sfnew 命令，打开如图 6-2（b）所示的嵌入 Stateflow 模块的 Simulink 窗口。

（3）打开 Simulink 工具箱，其中有一个 Stateflow 模块，如图 6-3 所示，将 Chart 拖入新建的模型窗口，也可得到如图 6-2（b）所示的嵌入 Stateflow 模块的 Simulink 窗口。

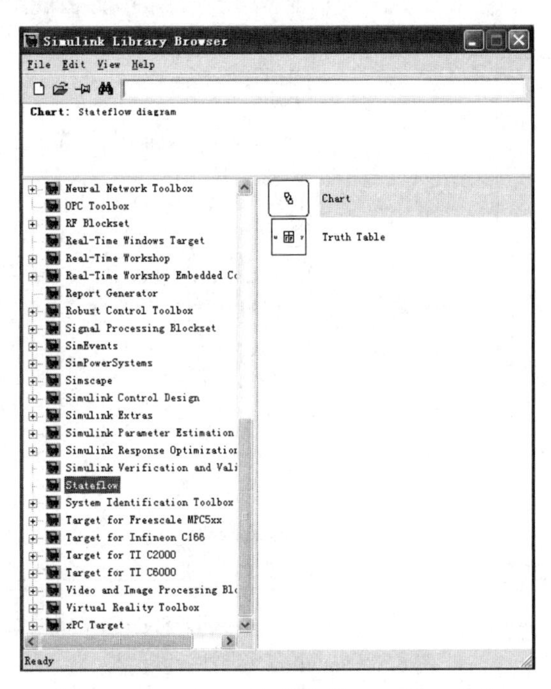

图 6-3　Simulink 工具箱中的 Stateflow 模块

2. Stateflow 模块编辑

双击图 6-2（b）中的 Stateflow 模块，打开如图 6-4 所示的 Stateflow 编辑界面，用户可以在此窗口中编辑所需的 Stateflow 模型。Stateflow 提供了强大的图形编辑功能，用户可以使用它来描述复杂的逻辑关系式。

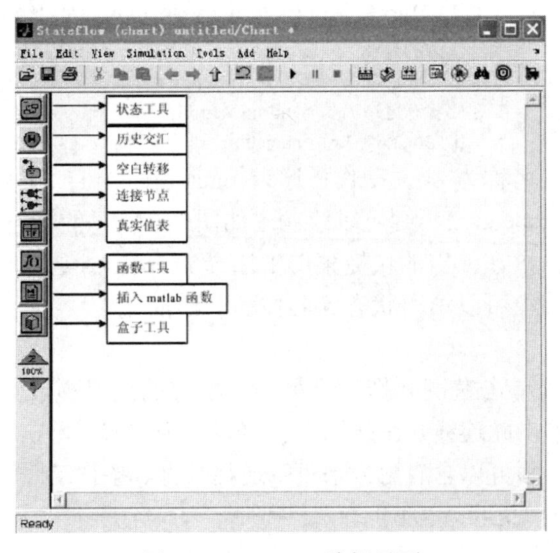

图 6-4　Stateflow 编辑界面

在 Stateflow 编辑界面中右击，弹出如图 6-5（a）所示的快捷菜单，选择 Properties 命令，弹出如图 6-5（b）所示的对话框，用户可以在其中设置 Stateflow 模型的属性。

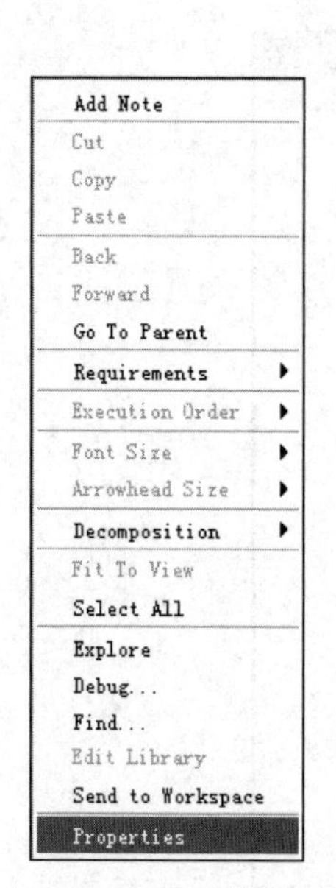

（a）Stateflow 快捷菜单

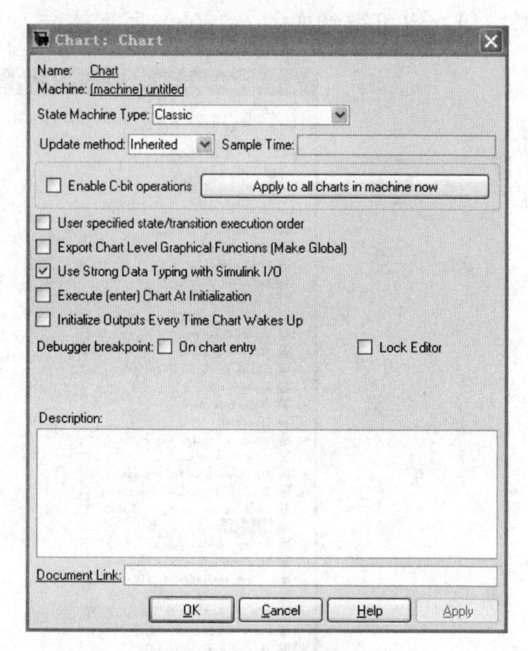

（b）Stateflow 属性设置对话框

图 6-5　Stateflow 模型属性设置

利用 Stateflow 编辑界面左侧的编辑工具可以绘制 Stateflow 图形，下面对常用的编辑工具进行简要介绍。

（1）状态工具。

系统的状态是指系统运行的状态。在 Stateflow 模块下，状态有两种行为：active（激活的）和 inactive（非激活的）。单击状态工具按钮并将其拖到编辑界面的空白处，即可绘制一个状态的示意模块。单击模块左上角的问号位置，可以在此处填写状态的名称和动作描述，格式如下：

```
name/                          %此状态的名称
entry:entry action             %刚转换到此状态时执行 entry action
during:during action           %在此状态之中时执行 during action
exit:exit action               %退出此状态时执行 exit action
```

如在模块中输入状态名称为 on，动作描述为 entry:speed=1；在另一模块中输入状态名称为 off，动作描述为 entry:speed=2，则可以绘制出如图 6-6 所示的状态。

右击建立的状态图标，在弹出的快捷菜单中选择 Properties 选项，弹出如图 6-7 所示的状态属性设置对话框，在其中可以填写状态的名称和动作描述。

（2）状态迁移。

在一个状态的边界处单击左键并拖动至另一个状态的边界释放，可以绘制出从一个状态到另一个状态的连线。单击此连线，在连线上会出现一个问号，单击问号，用户可以在此处添加状态迁移标记。状态迁移可以含有触发事件、迁移事件、条件动作、迁移动作或者它们的任意组合。状态迁移标记的一般形式如下：

```
触发事件[迁移条件关系式]{条件动作}/迁移动作
```

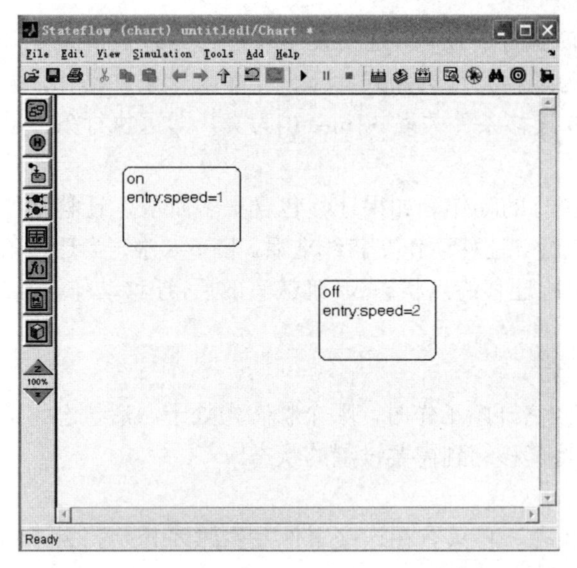

图 6-6 Stateflow 窗口的新建状态及其设置

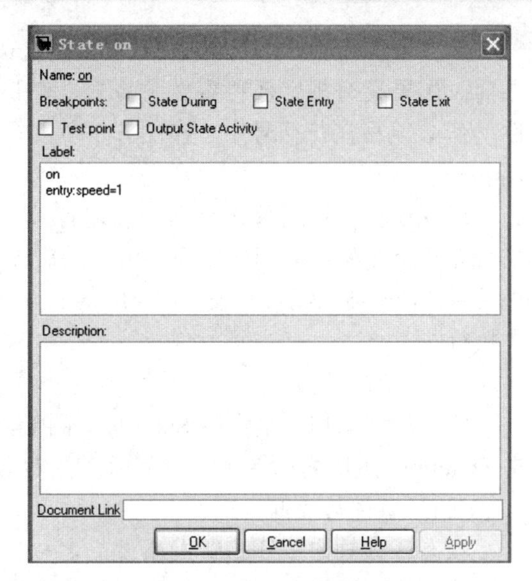

图 6-7 状态属性设置对话框

如在图 6-6 中绘制连线，在连线上方输入 off_switch[in= =0]{in++}/out=2，则会出现如图 6-8 所示的状态迁移。

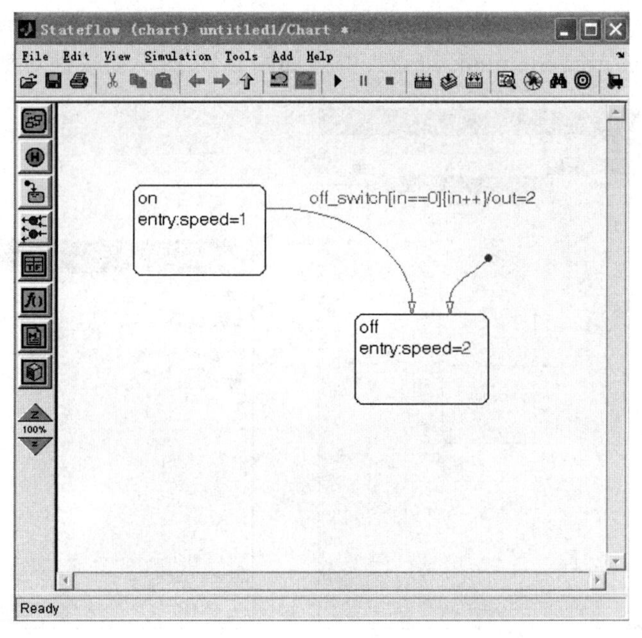

图 6-8 状态迁移

触发事件表示只要迁移条件关系式为真，则该触发事件可以引发状态的迁移；缺省触发事件时，任何事件均可在迁移条件关系式为真的情况下引发状态迁移。

迁移条件关系式一般是布尔表达式，写在方括号中。迁移条件关系式为真时，才对特定的触发信号迁移有效。在图 6-8 中，只有当迁移条件关系式[in= =0]为真时，事件 off_switch 才可以引发状态 on 迁移至 off。

条件动作是指一旦迁移条件关系式成立就执行的动作，通常发生在迁移终点被确定有效之前。如果没有规定迁移条件关系式，则认为迁移条件关系式为真，立即执行条件动作，条件动作必须写在花括号中。在图 6-8 中，只要迁移条件关系式[in==0]为真，即可执行条件动作 in++。

迁移动作是指迁移终点已经确定有效才执行的动作。如果迁移包含很多阶段，迁移动作只有在整个迁移通道到终点确认为有效后才执行。迁移动作在斜线之后。图 6-8 中，当迁移条件关系式[in= =0]为真时，发生了 off_switch 事件，迁移终点状态 off 确认有效后，迁移动作 out=2 才执行。

（3）空白转移。

空白转移的作用是告诉 Stateflow 图形，当它开始工作时，哪个状态先处于激活状态。单击 Stateflow 图形编辑界面中的图标，然后将其移动到需要设置的状态。

（4）事件与数据设置。

状态迁移规定了迁移触发事件的名称，状态迁移只有在这些事件发生时才开始。为了利用这些事件触发状态迁移，必须先定义这些事件。

Stateflow 中事件定义有 3 个选项：Local 是指利用 Stateflow 图形界面产生的触发事件；Input from Simulink 是指从 Simulink 模型引入事件至 Stateflow 图形界面；Output to Simulink 是指将 Stateflow 图形界面产生的事件输出到 Simulink 模型中。

建立如图 6-9 所示的状态迁移，下面进行事件 ss1、ss2 定义。在 Stateflow 编辑界面中选择 Add→Event→Input from Simulink 命令，弹出如图 6-10 所示的事件对话框。

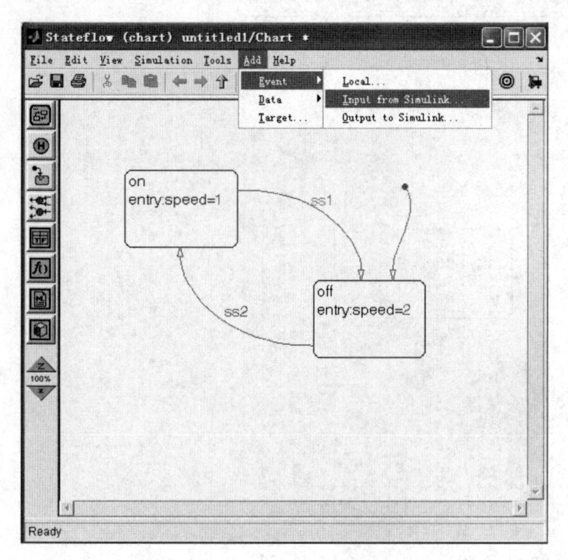

图 6-9　状态迁移及事件定义

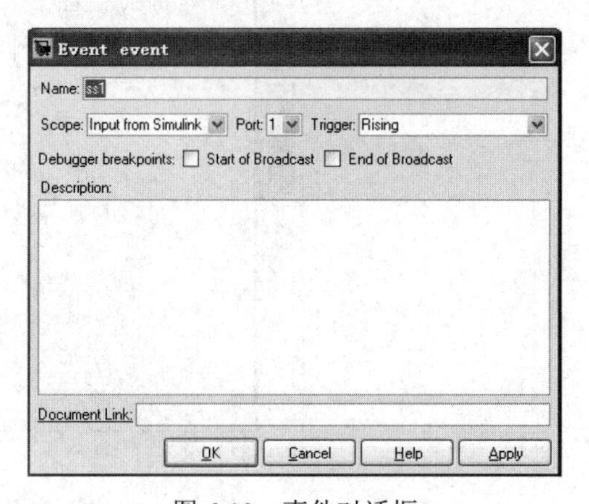

图 6-10　事件对话框

将事件对话框中的 Name 改为 ss1，选择 Rising 触发方式，单击 OK 按钮保存 ss1 事件设置。同理可定义 ss2 事件。

此处注意对话框中的事件名称与连线上方的名称要一致（本例中即为 ss1、ss2）。事件触发方式有多种选择：Either、Rising、Falling 和 Function Call。Rising 指利用事件的上升沿触发；Falling 指利用事件的下降沿触发；Either 指不管是上升沿还是下降沿事件均可以触发；

Function Call 是一种函数调用的触发方式。

图 6-9 中状态 on 的动作描述 entry:speed=1，表示状态 on 激活时将 speed 的值赋为 1。这个数据要在 Simulink 模型中使用，就要将数据传递到 Simulink 模型中，并且这个数据必须先定义。

下面进行图 6-9 中的数据 speed 定义。在 Stateflow 编辑界面中选择 Add→Data→Output to Simulink 命令，如图 6-11 所示，弹出如图 6-12 所示的数据对话框。

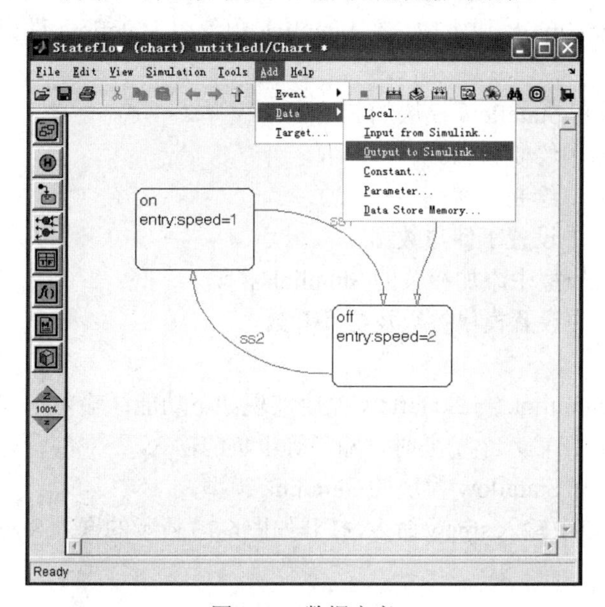

图 6-11 数据定义

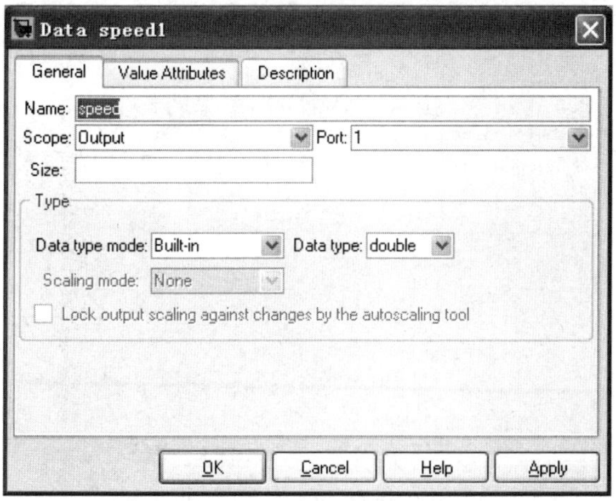

图 6-12 数据对话框

将数据名 Name 改为 speed，单击 OK 按钮保存设置。

说明： 数据范围可以设置为 Local（局部数据）、Input from Simulink（从 Simulink 模型中输入数据，当 Stateflow 需要利用 Simulink 模型的数据时，此选项可将数据输入到 Stateflow 中）、Output to Simulink（向 Simulink 模型输出数据）和 Constant（常数）4 种形式。数据类型可以是 Double（双精度）、Single（单精度）、Int32（整数）、Boolean（布尔数）等；也可以设置为 Inherited，即继承原来的设置。

6.3 应用实例

本节通过制作和执行两个简单模型来进一步了解 Stateflow，模型由一个简单的 Stateflow 模块和一些相关的 Simulink 模块组成。在 Simulink 中使用 Stateflow 进行仿真分析的一般步骤如下：

（1）创建一个带有 Stateflow 模块的 Simulink 模型。

（2）在 Stateflow 中绘制状态。

（3）在 Stateflow 中绘制迁移。

（4）在 Stateflow 中设置事件与数据。

（5）在 Simulink 模型中添加相关的 Simulink 模块。

（6）在 Simulink 中设置模块参数及仿真参数。

（7）仿真运行。

【例 6-1】利用 Simulink 与 Stateflow 结合实现如下功能：输入正弦函数，当输入不小于零时，输出等于输入；当输入小于零时，输出等于负的输入。

（1）创建一个带有 Stateflow 模块的 Simulink 模型。

在 Matlab 命令窗口中输入 sfnew 命令，打开如图 6-13 所示的嵌入 Stateflow 模块的 Simulink 窗口。

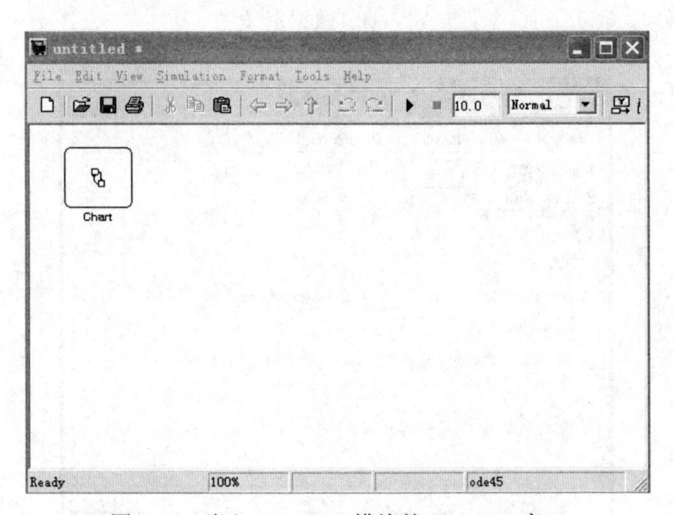

图 6-13　嵌入 Stateflow 模块的 Simulink 窗口

（2）在 Stateflow 中绘制状态。

双击图 6-13 中的 Stateflow 模块，单击状态工具按钮并将其拖到编辑界面的空白处绘制一个状态的示意模块，模块中输入状态名称为 S，如图 6-14 所示。

（3）在 Stateflow 中绘制迁移。

绘制如图 6-15 所示的连线，在连线 1 上方输入[in<0]/out=-in，此式没有触发事件，只有

迁移条件关系式[in<0]，表示当输入小于零时，输出等于负的输入；在连线 2 处输入[in>=0]/out=in，表示当输入不小于零时，输出等于输入。

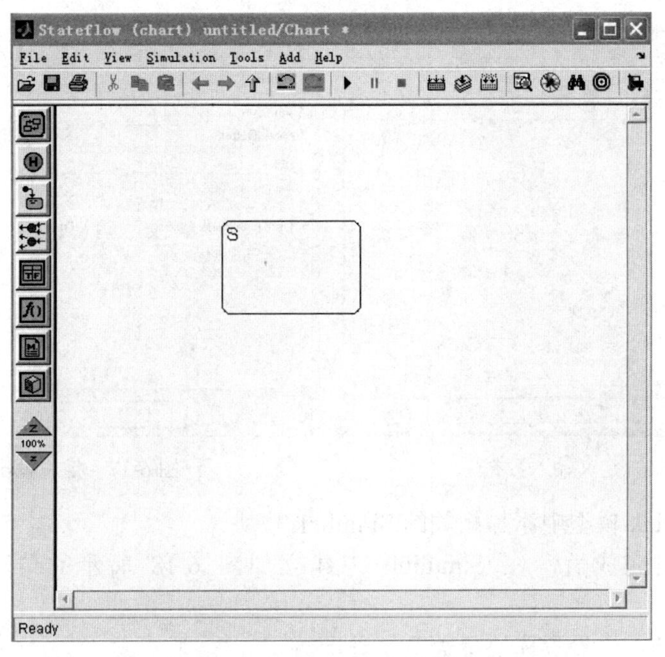

图 6-14　在 Stateflow 中绘制状态

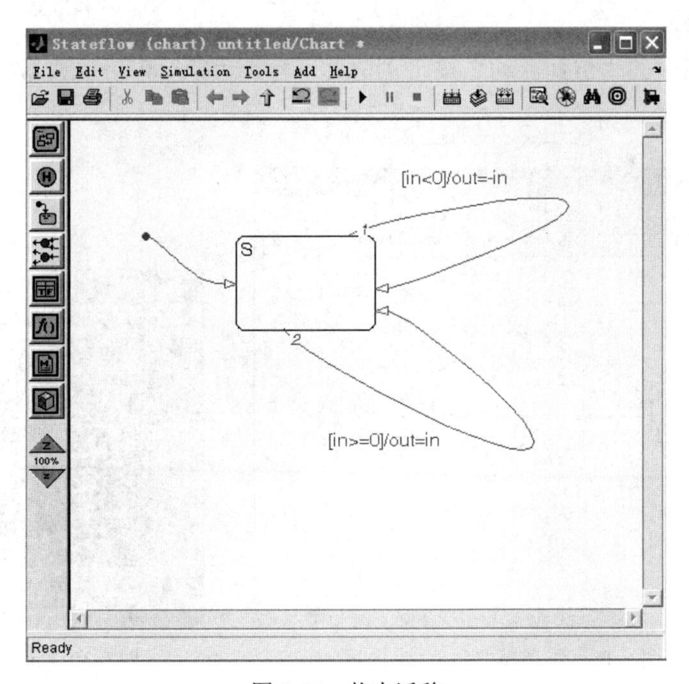

图 6-15　状态迁移

（4）在 Stateflow 中设置事件与数据。

此模型中没有触发事件，不需要定义事件，但需要定义输入和输出。在 Stateflow 编辑界面中选择 Add→Data→Input from Simulink 命令，定义输入数据 in，如图 6-16 所示；在 Stateflow 编辑界面中选择 Add→Data→Output to Simulink 命令，定义输出数据 out，如图 6-17 所示。

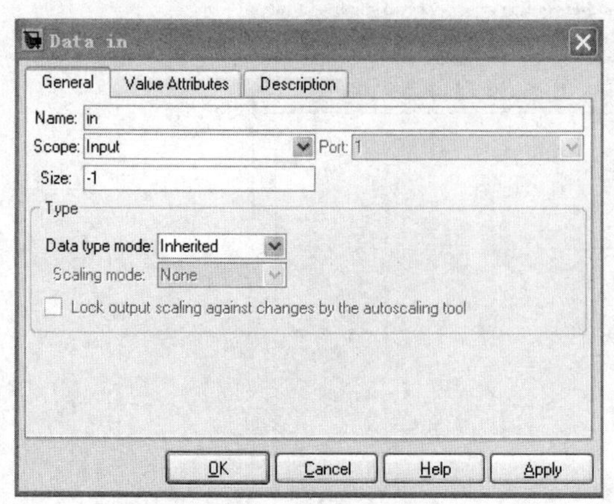

图 6-16　定义输入数据

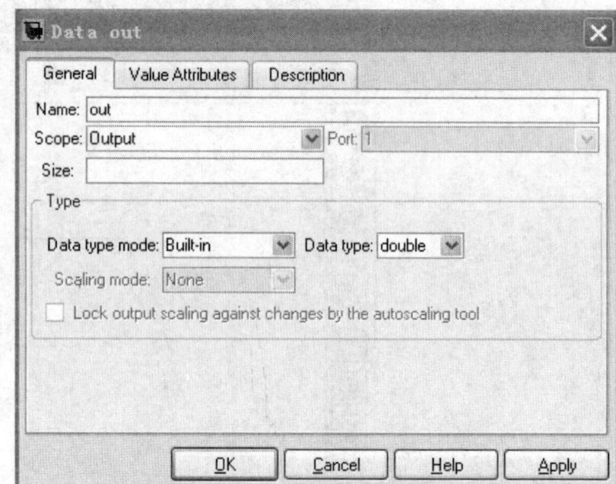

图 6-17　定义输出数据

（5）在 Simulink 模型中添加相关的 Simulink 模块。

Stateflow 编辑完成后，在 Simulink 中建立如图 6-18 所示的仿真模型，模型名为 jiandan1.mdl。

（6）在 Simulink 中设置模块参数及仿真参数。

此处 Simulink 中的模块参数及仿真参数取默认值。

（7）仿真运行。

单击模型窗口中的“仿真启动”按钮 ▶ 仿真运行，运行结束后示波器显示结果如图 6-19 所示。

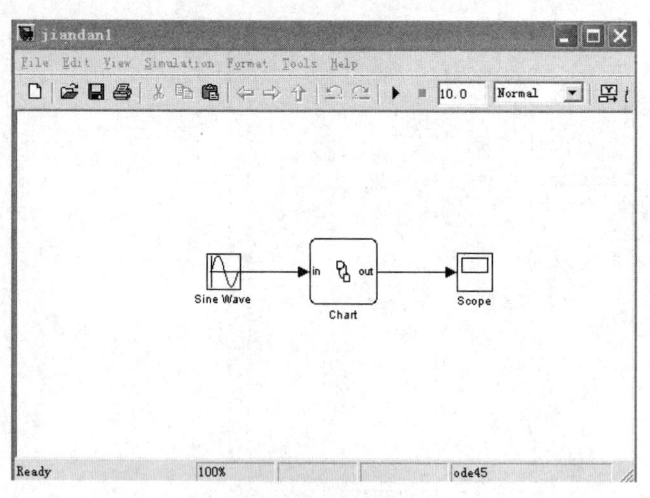

图 6-18　仿真模型

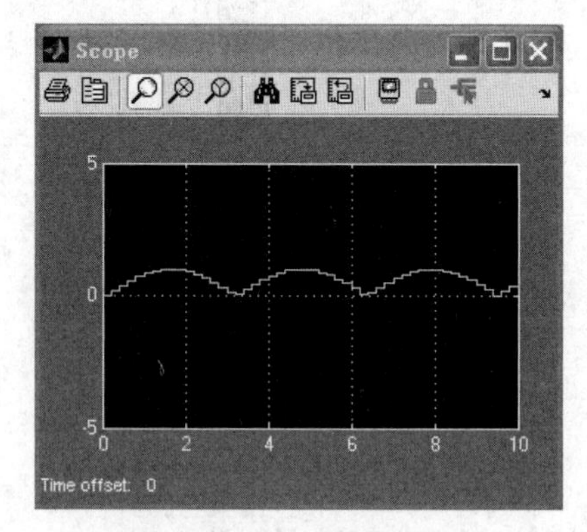

图 6-19　示波器显示结果

【例 6-2】利用 Simulink 与 Stateflow 结合实现如下功能：输入 1 为 y=t，输入 2 为 y=-t；系统有两个状态，状态由 positive 迁移到 negative 时，输出等于输入 1，状态由 negative 迁移到 positive 时，输出等于输入 2；状态迁移的触发事件 E 为上升沿触发方式。

（1）创建一个带有 Stateflow 模块的 Simulink 模型。

在 Matlab 命令窗口中输入 sfnew 命令，打开如图 6-20 所示的嵌入 Stateflow 模块的 Simulink 窗口。

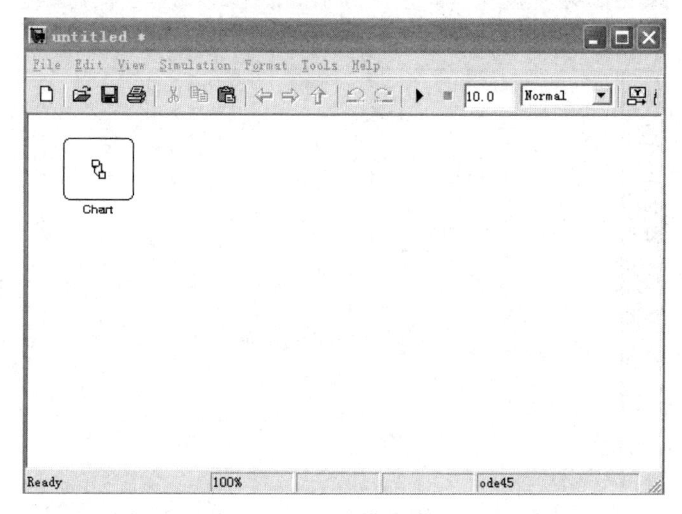

图 6-20　嵌入 Stateflow 模块的 Simulink 窗口

（2）在 Stateflow 中绘制状态。

双击图 6-20 中的 Stateflow 模块，单击状态工具按钮并将其拖到编辑界面的空白处绘制一个状态的示意模块，在模块中输入状态名称，如图 6-21 所示。

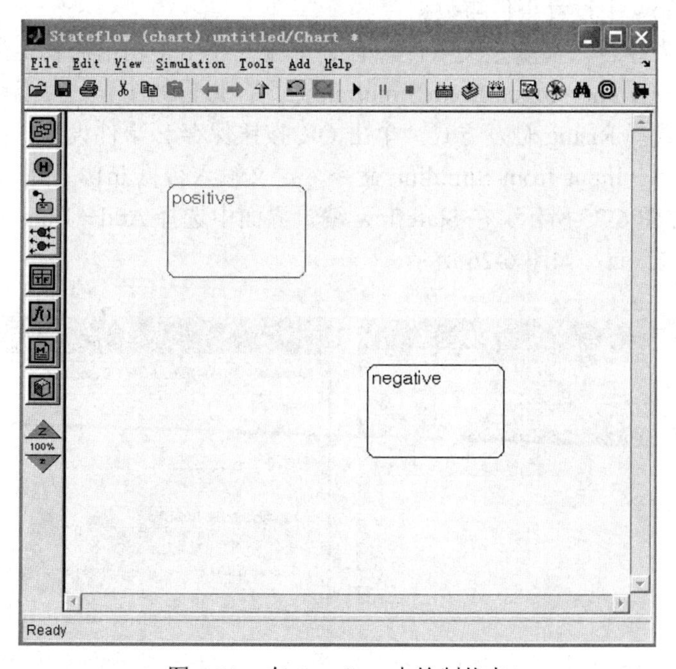

图 6-21　在 Stateflow 中绘制状态

（3）在 Stateflow 中绘制迁移。

绘制如图 6-22 所示的连线，在 positive 到 negative 的连线上方输入 E/out=in2，此时有触发事件，没有迁移条件关系式，表示触发事件发生时，输出等于输入 2；在 negative 到 positive 连线处输入 E/out=in1，表示当触发事件发生时，输出等于输入 1。

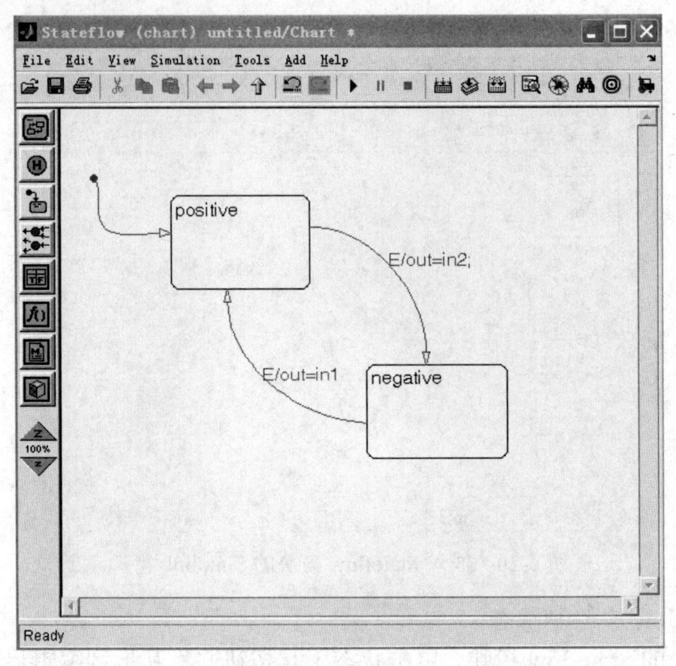

图 6-22　状态迁移

（4）在 Stateflow 中设置事件与数据。

此模型中有触发事件，需要定义事件，有 2 个输入和 1 个输出需要定义。在 Stateflow 编辑界面中选择 Add→Event→Input from Simulink 命令，弹出如图 6-23 所示的事件对话框，设置事件名称为 E，选择 Rising 触发方式，单击 OK 按钮保存 E 事件设置。在 Stateflow 编辑界面中选择 Add→Data→Input from Simulink 命令，定义输入数据 in1，如图 6-24 所示。同理定义输入数据 in2，如图 6-25 所示。在 Stateflow 编辑界面中选择 Add→Data→Output to Simulink 命令，定义输出数据 out，如图 6-26 所示。

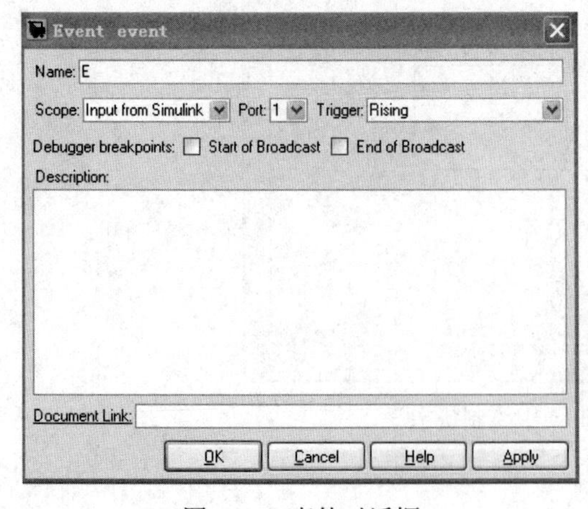

图 6-23　事件对话框

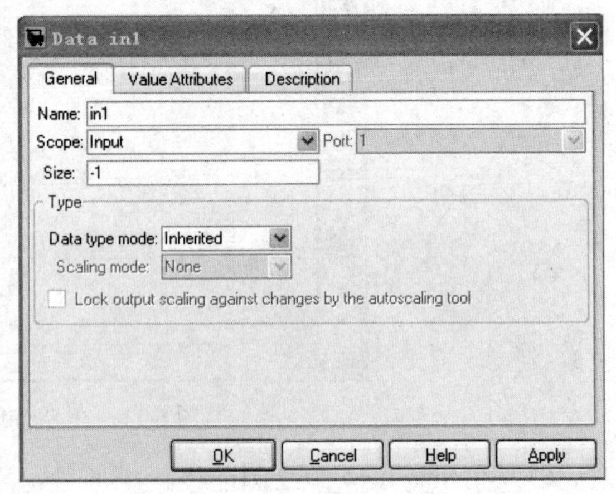

图 6-24　定义输入数据 in1

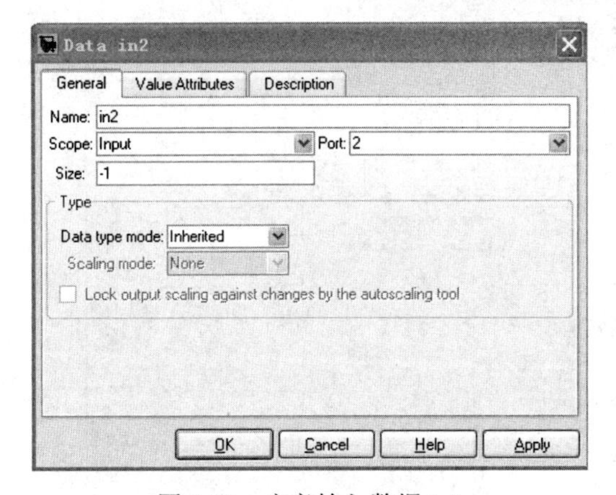

图 6-25　定义输入数据 in2

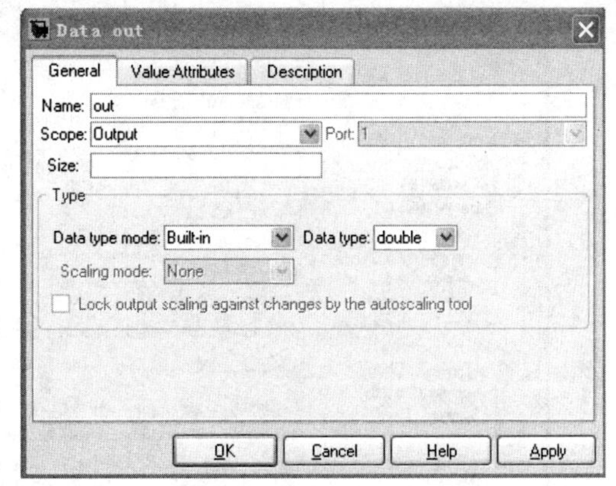

图 6-26　定义输出数据 out

（5）在 Simulink 模型中添加相关的 Simulink 模块。

Stateflow 编辑完成后，在 Simulink 中建立如图 6-27 所示的仿真模型，模型名为 jiandan11.mdl。

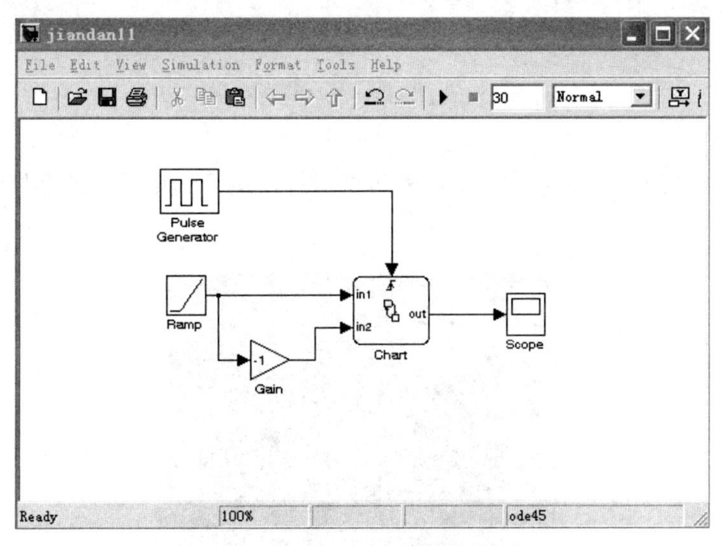

图 6-27　仿真模型

（6）在 Simulink 中设置模块参数及仿真参数。

执行 Simulation→Configuration Parameters 命令，弹出仿真参数设置对话框，设置 stop time 为 30，如图 6-28 所示。

- Start time：仿真开始时间，在此取默认值 0。
- Stop time：仿真结束时间，在此改为 30。
- Type：是否固定步长，在此接受默认选项 Variable-step。
- Solver：计算方法，在此取默认 ode45 求解器。
- Max step size 和 Min step size：变步长的最大值和最小值，在此取默认值。
- Relative tolerance 和 Absolute tolerance：相对误差和绝对误差，在此取默认值。
- Initial step size：初始步长大小，在此取默认值。
- Zero crossing control：取默认值。

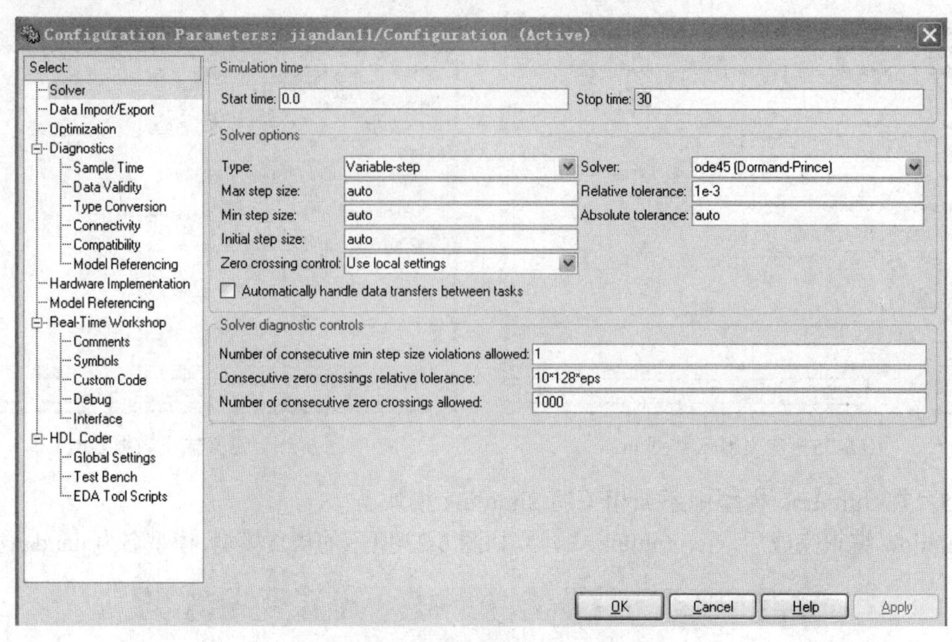

图 6-28　仿真参数设置对话框

（7）仿真运行。

单击模型窗口中的“仿真启动”按钮仿真运行，运行结束后示波器显示结果如图 6-29 所示。

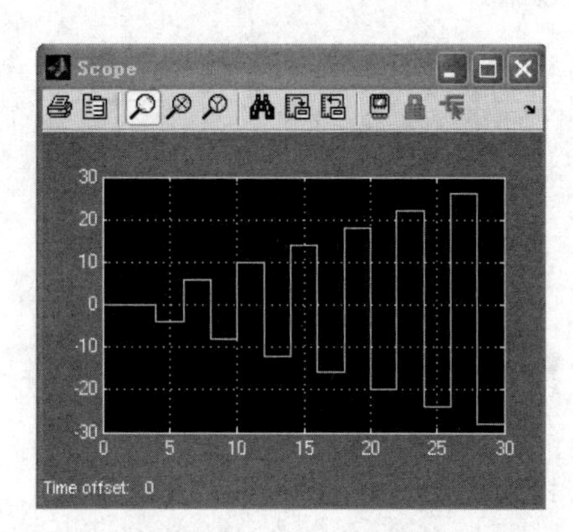

图 6-29　示波器显示结果

7 其他辅助工具

在三维的虚拟现实环境中，还会用到动态显示系统仿真的功能，这时可以使用 Simulink 3D Animation 模块。有时候也会需要自动对大型系统生成文档，这时 Simulink Report Generator 能够帮助我们解决具体的问题。本章就来具体讲解这两个有用的工具。

本章主要内容：

- Simulink 3D Animation 模块。
- Simulink Report Generator。

7.1 Simulink 3D Animation 模块

Simulink 3D Animation 在三维的虚拟现实环境中动态显示系统仿真，提供了虚拟现实建模语言（Virtual Reality Modeling Language，VRML）。由于早期的网络使用语言 HTML（Hyper Text Mark-up Language）无法满足巨大信息量的要求，为了解决这个问题，应运而生了 VRML 语言。运动可视化技术是借用 VRML 强大的建模功能，在 Matlab 平台上实现虚拟现实，它能够修改虚拟现实中的目标位置、旋转方向、大小以及其他属性，还能够观察系统的动态行为。Simulink 3D Animation 包括显示虚拟场景的细节和演示高质量动画的观察器。主要功能如下：

- 能够将 Simulink 模型和虚拟现实世界进行关联，并显示和追踪 3D 对象的运动。
- 提供了创建、修改和观察虚拟现实世界的工具。
- 录像录制和动画回放的功能。
- 实现仿真的可视化。
- 连接通用的输入设备，包括摇杆和 3D 鼠标。
- 客户/服务器架构能够分布的团队合作。

7.1.1 应用领域与适用范围

Simulink 3D Animation 通过 3D 可视化地观察动态系统的 Simulink 模型，使用标准的 VRML 创建虚拟世界，并在 Simulink 中控制。Simulink 3D Animation 包括一系列的组件，可以用于：

（1）使用 VRML 授权的工具创建虚拟现实世界。

（2）导入 VRML 虚拟现实世界，包括 CAD 模型。

（3）使用 VRML 观察器查看虚拟现实世界。

（4）使用 Matlab 函数和 Simulink 模块与虚拟世界连接和交互。

（5）协同工作在虚拟环境中。

1. 创建虚拟现实世界

Simulink 3D Animation 提供了设计和导入虚拟现实世界的工具。Simulink 3D Animation 中的 V-Realm Builder 是设计 VRML 的工具，使用 VRML 可以创建物理对象的视角和外观。V-Realm Builder 的 GUI 对虚拟世界进行分层，进行树状浏览。GUI 包括一系列的对象、文本、转换和方便重用的素材库。可以使用任何其他的 3D 设计工具创建虚拟场景，并导出为 VRML97 标准格式，便于 Simulink 3D Animation 使用。

2. 导入 CAD 模型

Simulink 3D Animation 可以导入像 Solidworks 和 Pro/ENGINEER 这样的 CAD 工具创建的 VRML 文件并进行处理，然后通过使用 SimMechanics 链接单元自动将从 CAD 工具中创建的这些模块的 VRML 文件创建可视化场景。

Simulink 3D Animation 包括可以显示虚拟世界和记录场景数据的 VRML 浏览器。

（1）VRML 浏览器。

集成在 Matlab 的 figure 中的 Simulink 3D Animation 浏览器将虚拟场景和控制的图形对象联结起来，提供一个或多个虚拟世界的多个视角；可以通过缩放、平面化、移动边界以及在感兴趣视点的旋转来导航虚拟世界。在虚拟世界中，可以对感兴趣的重点区域建立视点，观察者引导或者从不同的位置观察运动中的对象。在仿真中，还可以对不同的视角进行切换。

（2）记录场景数据。

Simulink 3D Animation 可以控制虚拟世界的帧快照（捕获）或者录制动画到视频文件，还可以保存当前浏览器场景的帧快照为 TIFF 或 PNG 文件，也可以调度和配置录制的动画数据到 AVI 文件和 VRML 动画文件以便将来回放。除此之外，Simulink 3D Animation 还可以从虚拟世界创建视频输出，通过使用虚拟现实环境链接可视化的反馈循环来开发控制算法。

（3）连接到虚拟现实世界。

Simulink 3D Animation 提供了虚拟现实世界的 Matlab 和 Simulink 接口，还提供了可视化实时仿真和连接到硬件输入的功能。

（4）虚拟现实世界的 Simulink 接口。

Simulink 3D Animation 库提供了 Simulink 信号直接和虚拟现实世界链接的模块。可以控制场景中某个虚拟对象的位置、旋转方向、大小以及其他属性，以观察它的运动和变形；可以用于轴转换的一组向量和矩阵，能够灵活地和表示虚拟世界中对象属性的 Simulink 信号相连；还可以调整对象关联的视角，在虚拟世界中用文本显示 Simulink 信号。

（5）虚拟现实世界的 Matlab 接口。

Simulink 3D Animation 提供了虚拟现实世界灵活的 Matlab 接口。可以从 Matlab 中读取和改变 VRML 对象的位置和其他属性，或者从 VRML 传感器中读取信号，从 GUI 中创建回调函数，记录虚拟场景动画，绘制数据到虚拟对象；还可以使用 Matlab 的 Compiler 生成包含 Simulink 3D Animation 功能的可发布的、独立的应用程序。

（6）实时仿真的可视化。

可以使用 RTW 从 Simulink 模型生成 C 代码驱动动画。这种方法通过提供动态系统模型和连接了实时硬件一样的可视化动画，增强了实时仿真的功能。

（7）支持硬件输入。

Simulink 3D Animation 包括为用户和带 3D 输入设备的虚拟原型的交互提供了 Simulink 模块和 Matlab 函数，包括从 3D 联结器接入的 3D 鼠标和力回馈游戏操纵杆。

（8）在协同环境中工作。

Simulink 3D Animation 可以和运行 Simulink 的一台计算机或者通过本地网络或互联网连接的计算机群上仿真的虚拟世界进行查看与交互；在协同工作的环境中，还可以在通过 TCP/IP 协议连接到服务器上的多个客户端观察动画的虚拟世界；工作在独立的（没有联网的）环境中，模拟运行在同样主机上的系统和 3D 图形。

7.1.2 安装与启动

Simulink 3D Animation 服务器是 Simulink 3D Animation 软件的一部分，与 Simulink 模块有接口。工具箱本身可以和 Matlab 一起安装，如果在允许的安装组件列表中有 Virtual Reality Toolbox 选项，则可以直接安装。如果以前没有安装此工具箱，则可以重新启动 Matlab 的安装程序，输入允许安装该工具箱的 PLP，再选择虚拟现实工具箱安装选项，即可安装该工具箱。Simulink 3D Animation 的启动界面如图 7-1 所示。

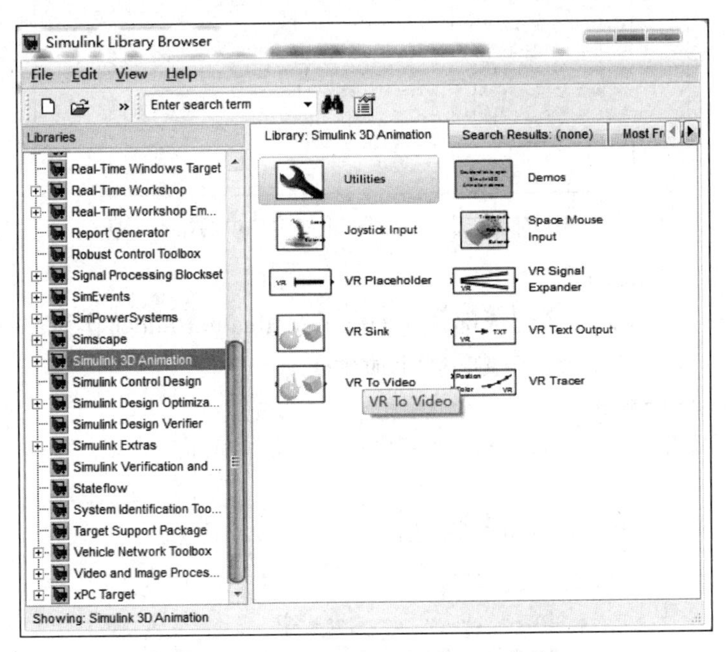

图 7-1　Simulink 3D Animation 启动

1. VRML 预览器安装

VRML 语言构造虚拟现实场景可以通过基于 Web 的预览器来显示，可以选择虚拟现实工具箱中提供的 blaxxun Contact 的 VRML 插件，通过下面的命令将 VRML 预览器建立起来：

```
>>vrinstall -install viewer
```

Do you want to use OpenGL or Direct3d acceleration?(o/d)

从上面的提示中可以选择其一。例如选择 o 表示 OpenGL 加速方式，则将弹出如图 7-2 所示的对话框，该对话框将引导用户进行预览器安装，安装全部预览器程序，安装成功后界面如图 7-3 所示，并给出如图 7-4 所示的提示。

Starting viewer installation…Done.

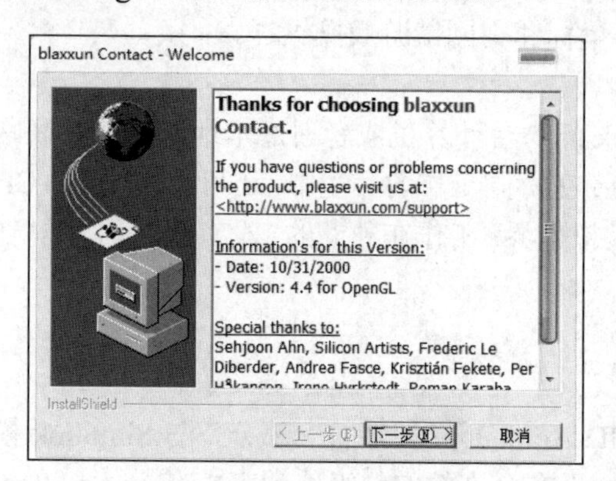

图 7-2　VRML 的安装界面

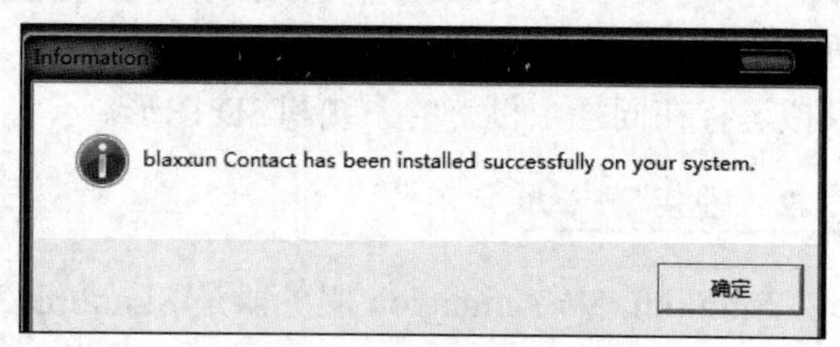

图 7-3　安装成功后的界面

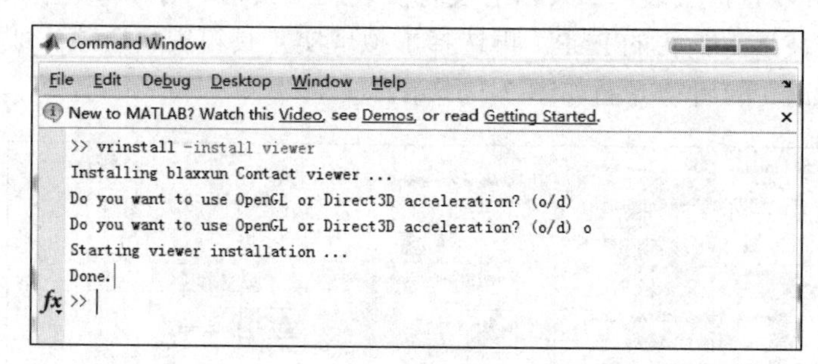

图 7-4　安装完成后 Matlab 命令窗口中的显示信息

2. VRML 程序编辑器安装

作为虚拟实现工具箱的一个组成部分，提供了 V_Realm Builder 作为 VRML 程序编辑器，其安装方法是在 Matlab 命令窗口中输入如下命令：

>>vrinstall -install editor

安装插件和编辑器后，可以运行命令来检查安装是否完成：

>>vrinstall -check

在 Matlab 命令窗口中的显示如图 7-5 所示。

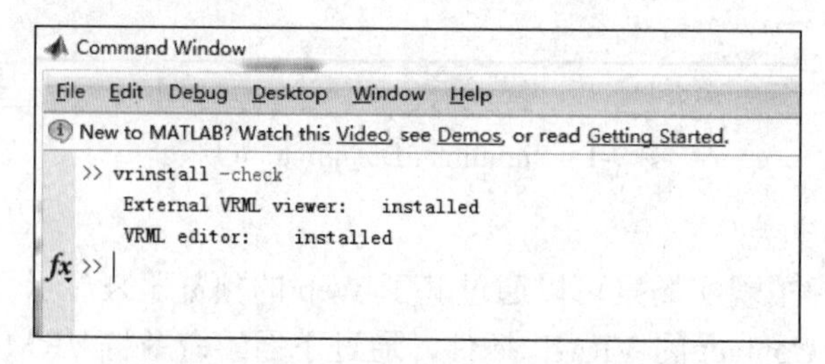

图 7-5　检查后 Matlab 命令窗口中的显示

7.1.3 简单操作实例

【例 7-1】一个球从地上反弹，因为球击中地面发生形变，保持球的体积不变，变形是通过改变球形状实现的。

在 Matlab 的命令窗口中输入 vrbounce，建立好仿真模型，如图 7-6 所示。在 Simulink 菜单栏中单击 start，即可看到球在这个过程中的动画，如图 7-7 所示。球在 y 轴方向上的轨迹如图 7-8 所示。

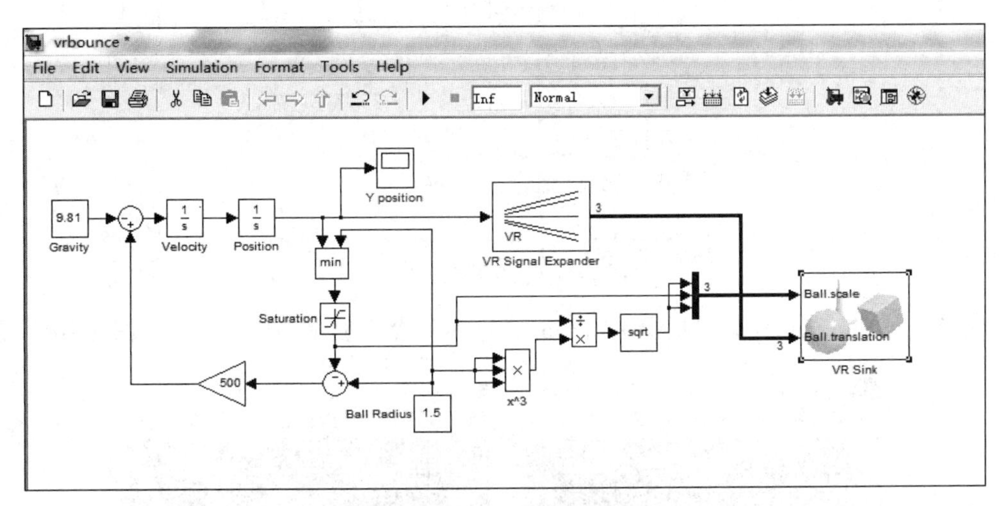

图 7-6 系统仿真的建立

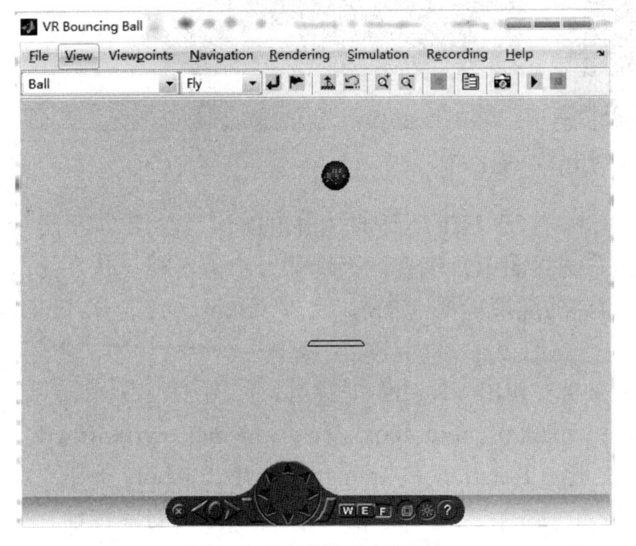

图 7-7 仿真的动画界面

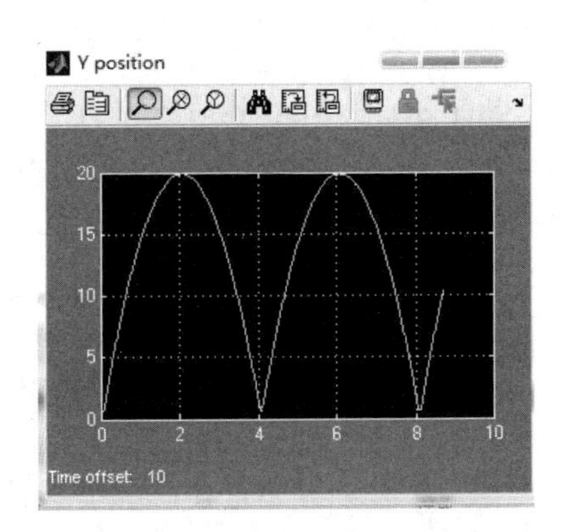

图 7-8 球在 y 轴方向上的轨迹

【例 7-2】Vrtkoff 实例，将展示一个简化的飞机从跑道上起飞的形态，在这个模型中，可以从不同的角度观看飞机的起飞状态。还将展示外界模型导入虚拟现实场景的技术，通常导入的模型需要 VRML 包装，这个包装器可以改变模型的尺寸、位置和方向以适应现实场景。

Step 1：在 Matlab 命令窗口中输入 vrtut2，出现如图 7-9 所示的窗口。Simulink 模型打开以后没有一个 Simulink 的三维动画模型连接到一个虚拟的世界。

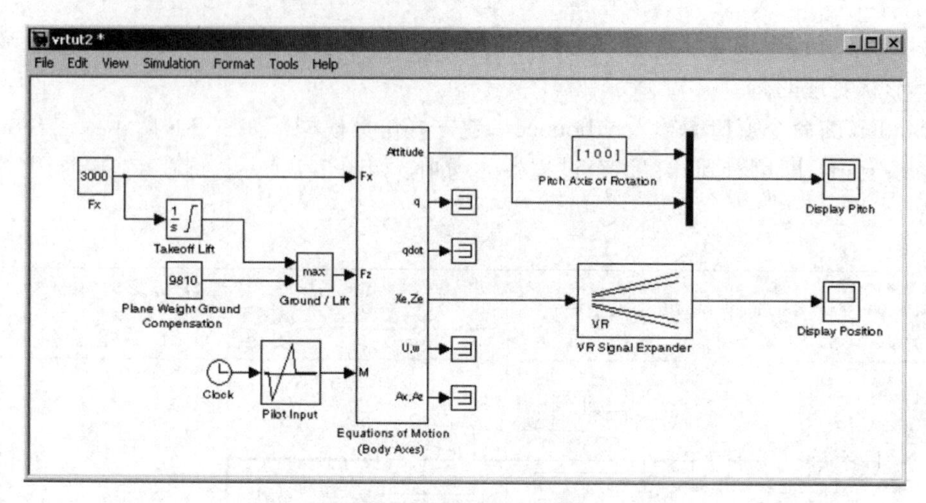

图 7-9　仿真系统的建立

Step 2：在 Simulation 菜单栏中单击 Start，在示波器中显示的模拟结果如图 7-10 所示。

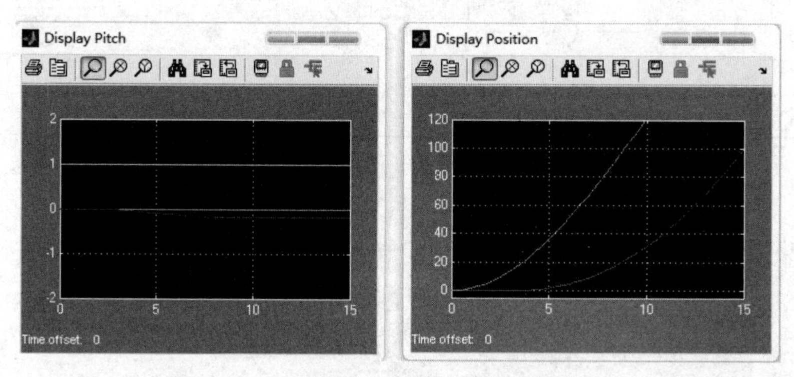

图 7-10　模拟结果

Step 3：在 Matlab 命令窗口中输入 vrlib，打开三维动画的 Simulink 库，如图 7-11 所示。

Step 4：将 VR Sink 模块拖拉到仿真系统界面中，现在已经选择一个为可视化仿真的虚拟世界。在一条跑道和一个平面上的一个简单的虚拟世界 VRML 文件 vrtkoff.wrl 位于 vrdemos 文件夹中。

Step 5：在 Simulink 模块中双击 VR Sink，弹出 VR Sink 对话框，如图 7-12 所示。

Step 6：在 Source File 中单击 Browse→matlabroot\toolbox\sl3d\sl3ddemos→vrtkoff.wrl。

Step 7：在 Plane（Transform）节点中选中 Rotation 和 Transform，单击 Apply 按钮。

第一个输入是平面旋转。旋转是由 4 个元素定义向量，前 3 个数字定义的旋转轴。在这个例子中，100 为 x 轴（见俯仰轴旋转模型）平面的间距，它表示关于 x 轴的旋转，最后一个是绕 x 轴旋转的角度，为弧度。第二个输入是平面翻译，此输入描述飞机在虚拟世界中的位置。这个位置有 3 个坐标轴，x、y、z 连接载体必须具备 3 个值，在这个例子中，跑道（见 VR 信号扩展块）在 xz 平面，y 轴定义的是平面的高度。

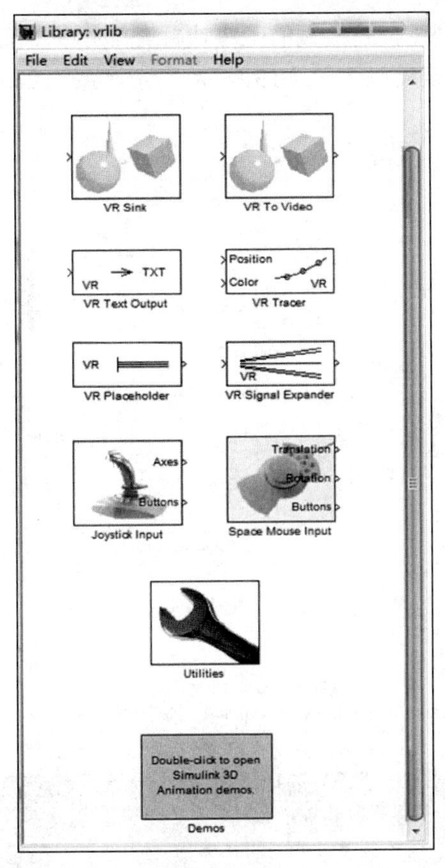

图 7-11　三维动画的 simulink 库

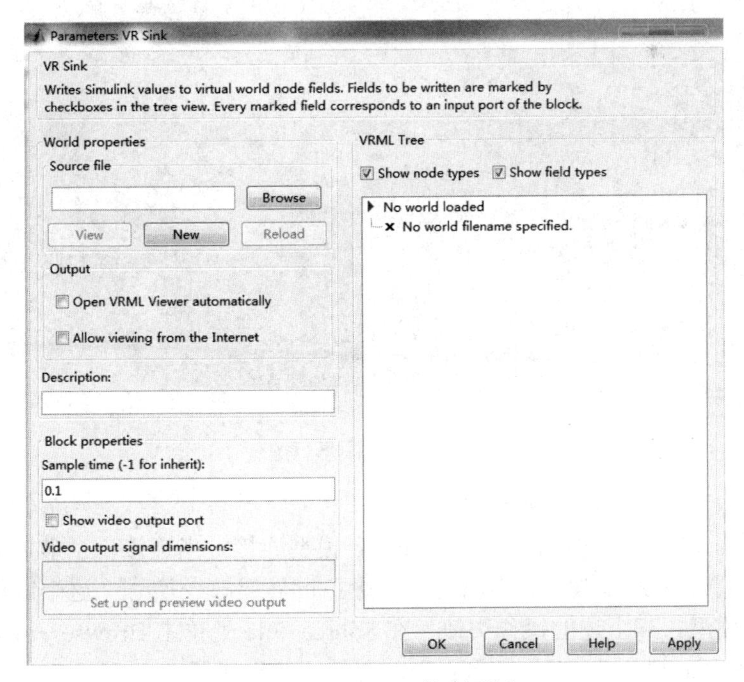

图 7-12　VR Sink 控制面板

Step 8：在 Simulink 模型中，连接线的范围块标记显示位置的平面翻译输入、连接后的信号和删除的范围块，模型应该类似于图 7-13 所示。动画示意图如图 7-14 所示。

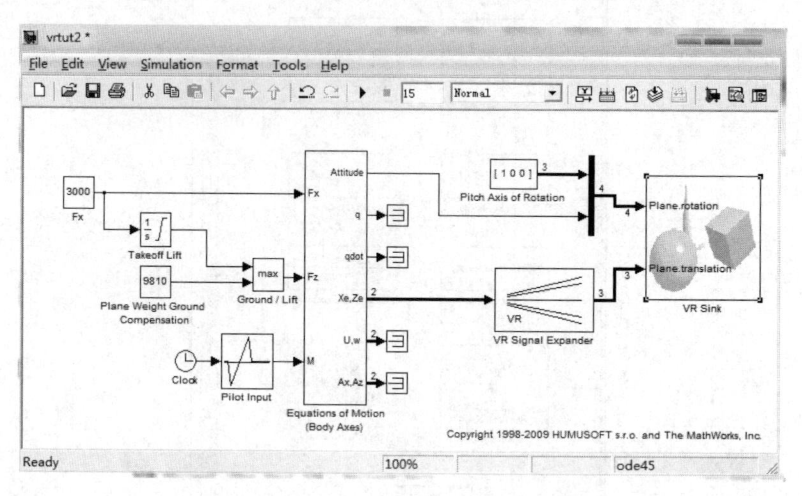

图 7-13　加入 VRSink 后的系统仿真

图 7-14　动画示意图

更改与虚拟世界连接 Simulink 模块。

有时可能要与一个不同虚拟世界的 Simulink 模型连接。当连接一个虚拟世界的 Simulink 模型时，可以选择连接到虚拟世界中的另一个虚拟世界或改变信号。这个过程假定已经连接 Vrtut2 Simulink 模型。和上述的操作类似，在 Source File 处单击 Browse→matlabroot\toolbox\sl3d\sl3ddemos→vrtkoff2.wrl，其他操作不变，则模拟结果如图 7-15 所示。

图 7-15 更改与虚拟世界连接 simulink 模块后的模拟结果

7.2 Simulink Report Generator

以多种格式将 Matlab、Simulink、Stateflow 中的各种信息生成文档。

7.2.1 应用领域

Simulink Report Generator 能够以多种格式将 Matlab、Simulink 和 State flow 中的模型和数据生成文档，包括 HTML、RT F、XML 和 SGML 格式。工程师可以自动地对大型系统进行文档生成，可以建立能重复使用的、可扩展的模板在各部门之间传递信息；文档中可以包含从 Matlab 工作空间得到的任何信息，如数据、变量、函数、Matlab 程序、模型和框图等。文档甚至可以包含 M 文件或模型所生成的所有图片。

Simulink Report Generator 的特点如下：

（1）对 Matlab、Simulink 和 Statef low 中的任何信息生成报告。

（2）在报告生成器中执行任何 Matlab 命令。

（3）以多种格式生成报告，包括 RTF（95 & 97）、XML（Flow Object Tree）和 SGML（DocBook）等。

（4）使用报告生成器逻辑和流控制组件根据条件产生报告。

（5）使用图形化的 Report Explorer 对配置文件进行设置，选择和排列报告的组件，设定组件的属性，并执行报告。

（6）使用配置文件和组件设计报告，简单易用，扩展性强，可根据需要定制。

（7）利用预先提供的大量默认配置文件库从 Matlab 命令行运行产生标准的报告。

（8）保持与现有的标准 industry-standard tagsets（DocBook DTD）和 stylesheets（DSSSL）兼容。

（9）格式、逻辑、流程和图形控制，采用提供的组件类型来执行 Matlab 命令。

7.2.2 主要功能

报告生成器能够在任何时候迅速、准确地将工程师所有的工作生成文档。通过与 Matlab、Simulink 和 Stateflow 无缝集成，报告生成器提供了其他类似的报告生成软件所没有的能力。

报告生成器创建两类强大的数据目标：配置（setup）文件和组件（components）。配置文件列举了所有将被包含到报告中的组件，每个组件指定了在报告中执行的一个具体操作（如插入表格、生成图形）。配置文件和组件具有极其灵活的设计和编排报告的能力，能够对报告的内容进行完全的控制。

1. 使用 Report Explorer 定制报告生成

工程师能够采用 Matlab 提供的默认配置文件从 Matlab 命令行迅速地生成标准的报告，也可以使用 Report Explorer 修改或新建配置文件来定制报告。Report Explorer 为报告生成器提供了一个易用的图形界面，工程师可以增加或删除组件，改变组件的层次排序，修改组件的属性。

Report Explorer 左边的面板显示当前配置文件的梗概，梗概中的每一项代表一个组件。组件之间通过层次结构相关联，子组件相对父组件缩进排列，可以激活/禁止组件和使用导航按钮调整组件的顺序。

2. 条件生成报告

报告生成器的逻辑和流程控制组件使工程师能够根据报告生成过程中的信息有条件地生成报告。例如，工程师在仿真时捕捉到发生了超出范围的条件，报告就会自动修改来反映这一条件。报告生成器还能够自动修改仿真参数，重新运行并把整个过程生成报告。

7.2.3 安装与启动

1. 安装 Simulink Report 的平台和系统要求

- Microsoft Windows
- HP -UX 11
- Linux
- Linux x86-64
- Solaris
- MacOSX

2. 使用 Simulink Report Generator 需要的资源

- Matlab
- Simulink
- Matlab Report Generator

3. 启动方法

（1）在 Matlab 的命令窗口中直接输入 Simulink 并回车，进入 Simulink；或者直接在 Matlab 工具栏中单击，进入 Simulink，如图 7-16 所示。

（2）双击 Report Generator，进入模块。

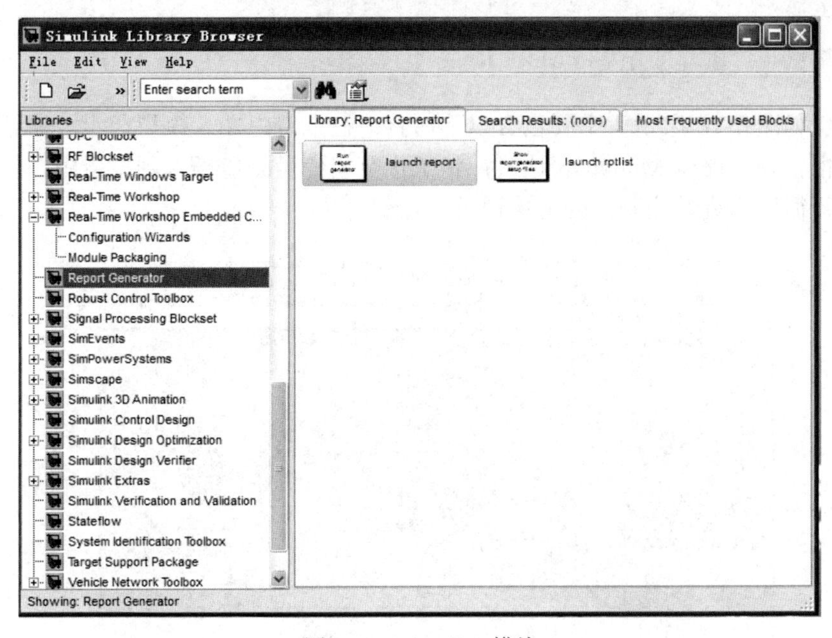

图 7-16 Simulink 模块

4. 界面介绍

Simulink Report Generator 界面共有 3 个面板，分别是左边的概要面板、中间的选项面板和右边的性能面板，如图 7-17 所示。

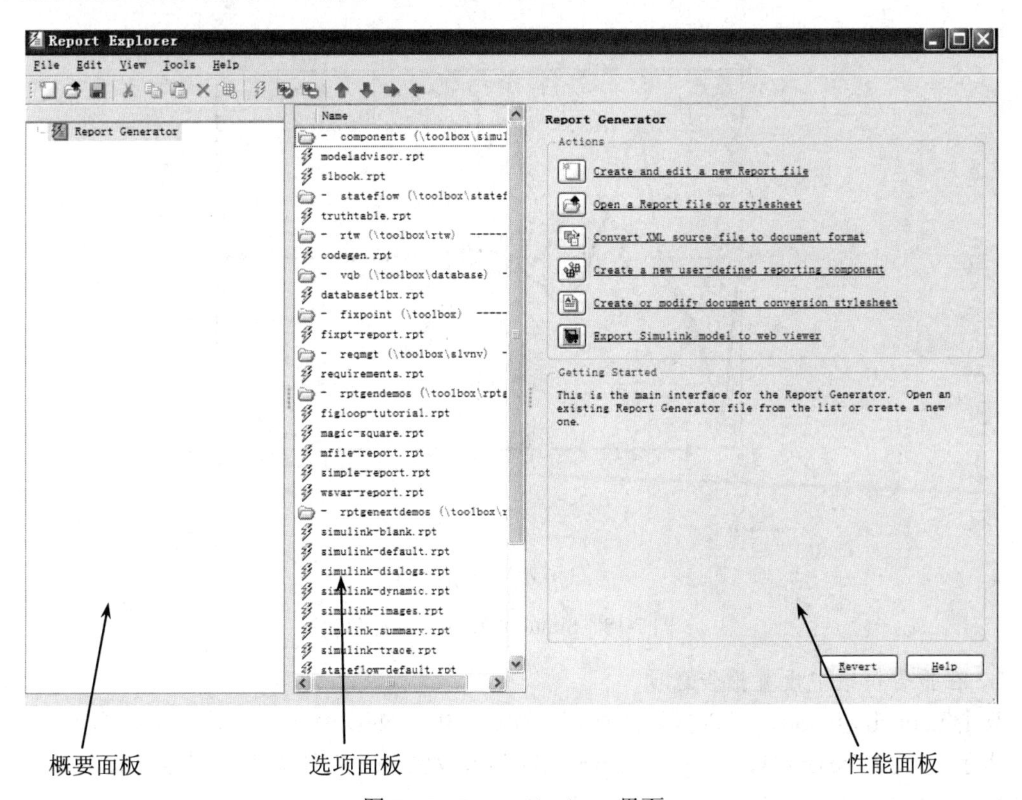

图 7-17 Report Explorer 界面

7.2.4 简单举例——创建一个 Simulink Report

该报告（如图 7-18 所示）主要包含以下内容：在报告中插入模型和示波器结果；创建工作区数据的报告表；评估 Matlab 表达式；将工作空间变量的值插入到报告中；创建报告章节和小节；运行循环和流量控制；处理错误。

This report demonstrates Simulink Report Generator's ability to experiment with Simulink systems and auto-document the results. In this report, you load the model vdp and simulate it length times. This report modifies the vdp/Mu block's "Gain" value, setting it to the values [-1 0 0.5 1 2] . Each iteration of the test includes a set of scope snapsnots in the report.

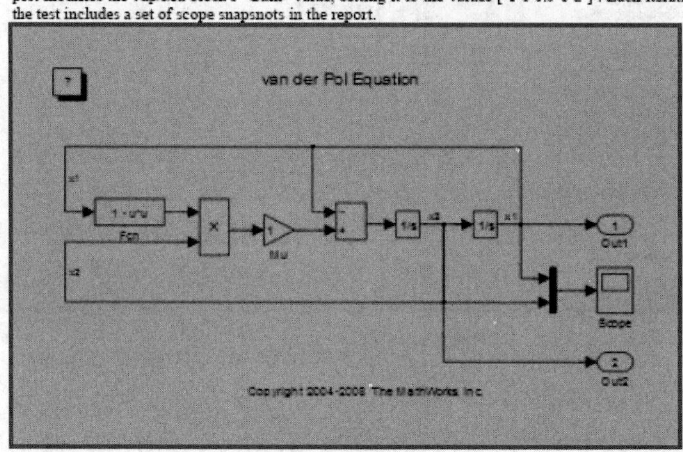

（a）模型

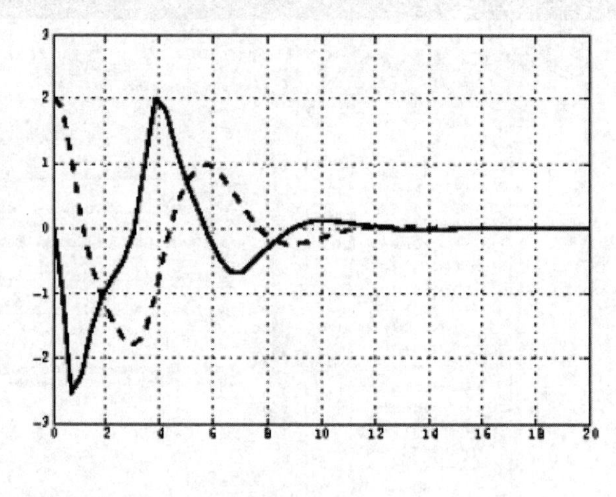

（b）示波器结果

图 7-18　Simulink Report 示意图

1. 在报告模板中设置报告选项

双击 Launch Report，进入报告生成器；单击 File→New 命令，创建一个报告模板，如图 7-19 所示；选择 Present Working Directory，保存模板到当前文件夹中；报告格式选择 Acrobat (PDF)；在 Report description 中输入以下内容：

Simulink Dynamic Report

This report opens up a model, sets a block parameter several times, simulates the model, and collects the results. Results that fall within a specified range are displayed in a table after the test is complete. The report is configured to test the vdp model only. By selecting the Eval String component immediately below the Report component, you can modify：

* model
* block
* parameter
* tested values

单击 File→Save As 命令，将当前文件保存为 simulink_tutorial.rpt。

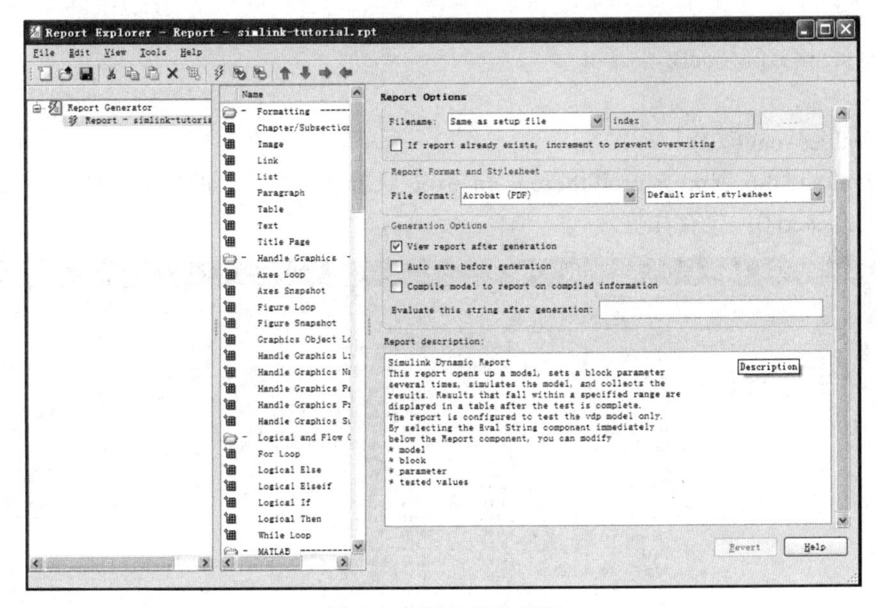

图 7-19　创建报告模板

2. 在报告模板中添加组件

（1）添加 Matlab 信息。

在左边的概要面板中，单击 simulink_tutorial.rpt，如图 7-20 所示；在选项面板中，选择 Matlab 下的 Evaluate Matlab Expression；在性能面板中，单击 Add component current report 旁边的图标；不选中 Insert Matlab expression in report 和 Display command window output in report 复选项；在 Expression to evaluate in the base workspace 文本框中输入：

```
%The name of the model
%that will be changed
expModel='vdp';
%The name of the block in the model
%that will be changed
expBlock='vdp/Mu';
%The name of the block parameter
```

```
%that will be changed
expParam='Gain';
%The values that will be set
%during experimentation
expValue=[-1 0 .5 1 2];
%expValue can be either a vector
%or a cell array
testMin=2.1;
testMax=3;
%---- do not change code below line ---
try
open_system(expModel);
end
expOkValues=cell(0,2);
```

选中 Evaluate this expression if there is an error 复选项，在下边的文本框中输入 disp(['Error during eval: ', lasterr])；保存文件。

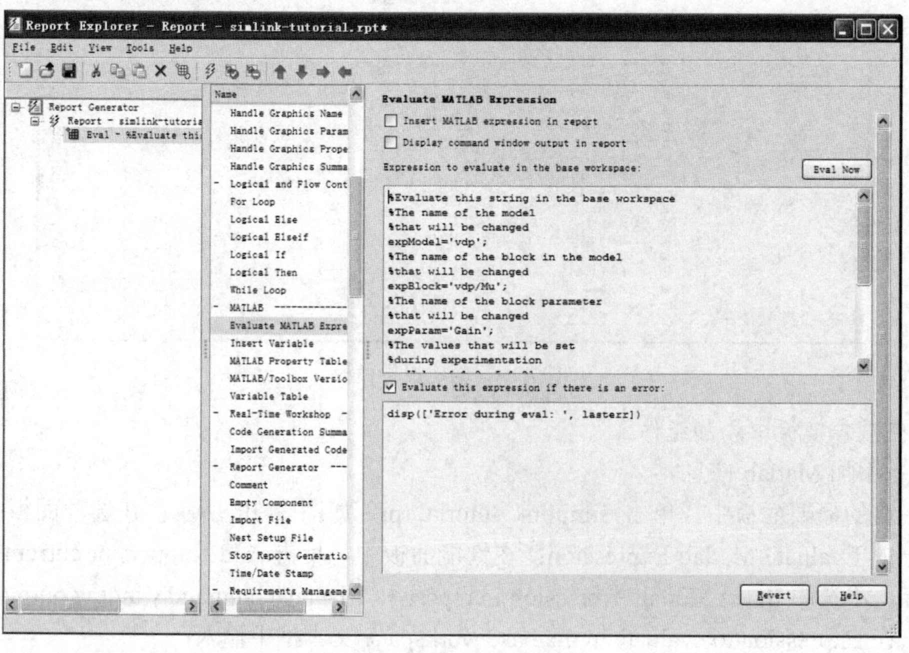

图 7-20　添加 Matlab 信息

（2）添加标题页。

选中概要面板中的 Eval component，如图 7-21 所示；选择 Formatting 下的 Title Page，单击 Add component to current report 左侧的图标；在 Title text box 中输入 Dynamic Simulink Report；在 Subtitle text box 中输入 Using Simulink Report Generator to Document Changes；选择 Custom Author；输入创建者的名字；选中 Include report creation date 复选项；选择默认的报告创建日期的格式。

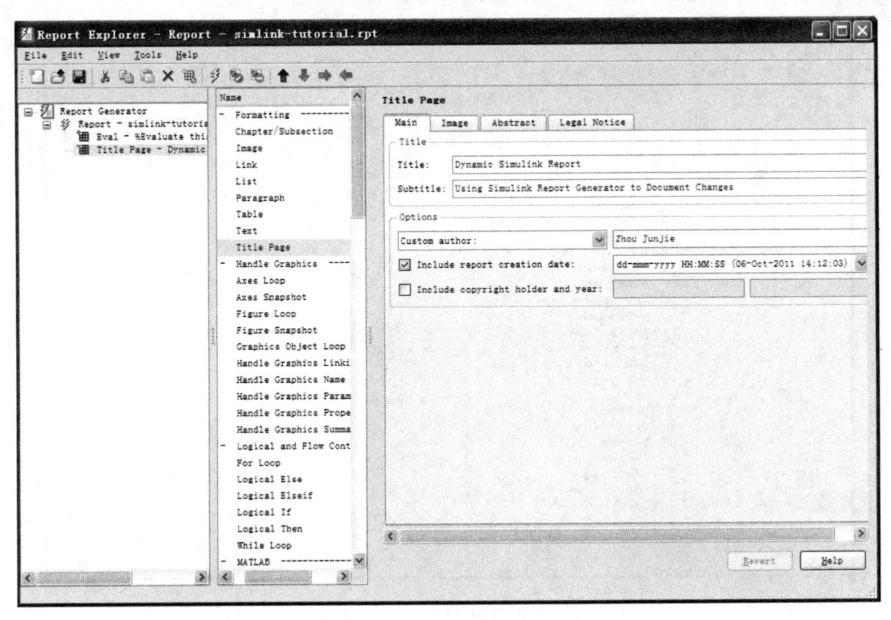

图 7-21　添加标题页

（3）打开 Simulink 模板。

单击 Logical and Flow Control 下的 Logical If，如图 7-22 所示，选中 Add component to current report 左侧的图标，在 Test expression 中输入 strcmp(bdroot(gcs),expModel)；保存。

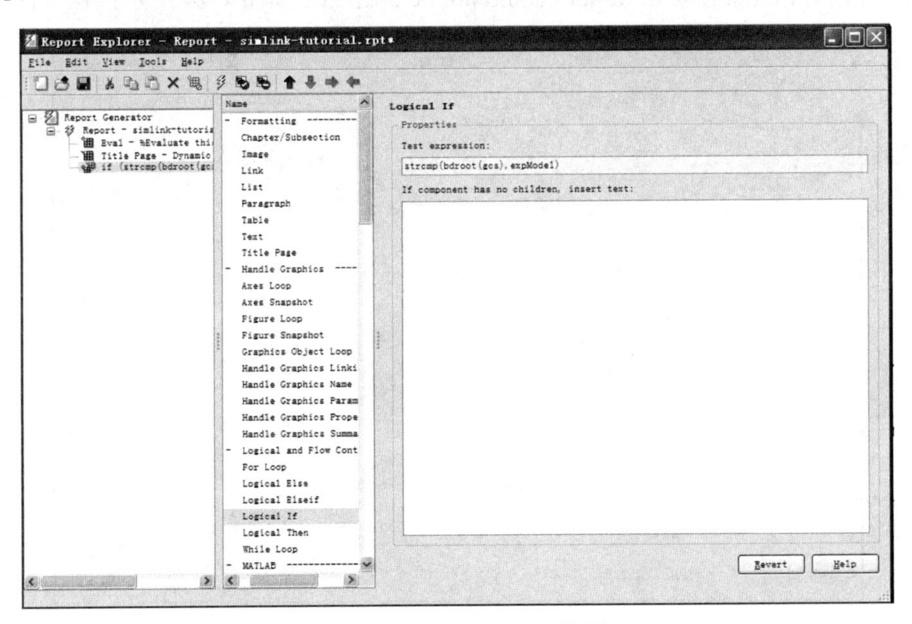

图 7-22　打开 Simulink 模板

（4）添加 Logical Then 和 Logical Else 组件。

选中刚才添加的 if 组件，双击 Logical and Flow Control 下的 Logical Then；再次选中 if 组件，双击 Logical and Flow Control 下的 Logical Else，如图 7-23 所示；单击工具栏中向下的箭头，将 else 移到 then 下方；保存。

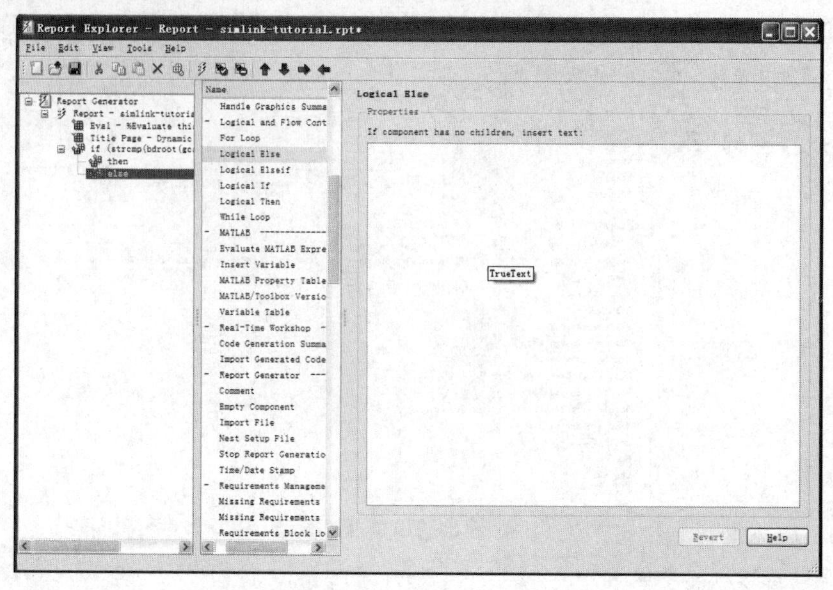

图 7-23　添加 Logical Then 和 Logical Else 组件

（5）模型不能打开时报告显示错误。

选中 else 组件，双击 Chapter/Subsection；Title 选项选择 Custom，然后在其后的文本框中输入 Load Model Failed；再次选中 Chapter 组件，双击 Paragraph，在右边的 Paragraph Text 文本框中输入 Error: Model %<expModel> could not be opened，如图 7-24 所示；保存。

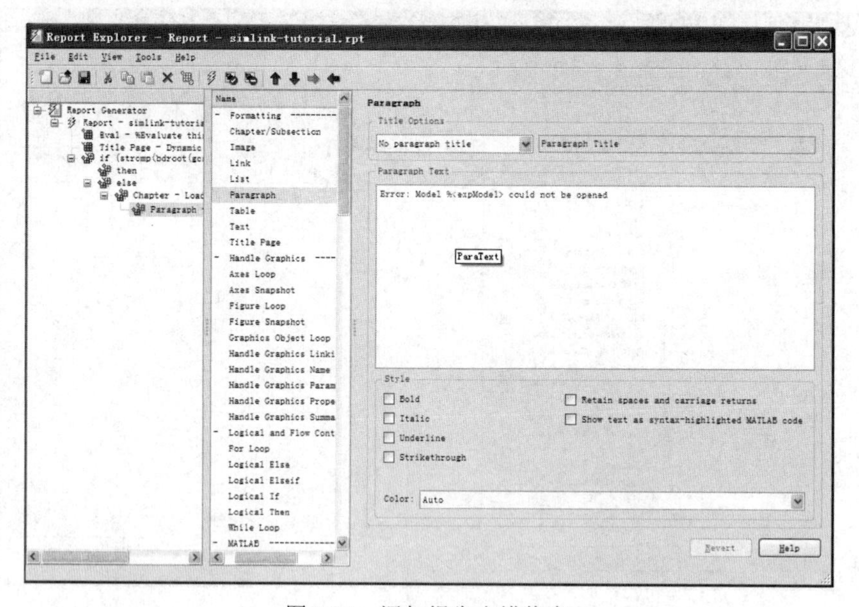

图 7-24　添加报告出错信息

（6）创建报告主体。

1）采用模型循环组件处理模型。

选中 then 组件，双击 Simulink 下的 Model Loop；选中 Active 复选项，在 Traverse model 选项列表中选择 Selected system(s) only；在 Starting system 选项列表中选择 Model root；选中 Create section for each object in loop 和 Display the object type in the section title 复选项；清空 Create link anchor for each object in loop 复选项，如图 7-25 所示；保存。

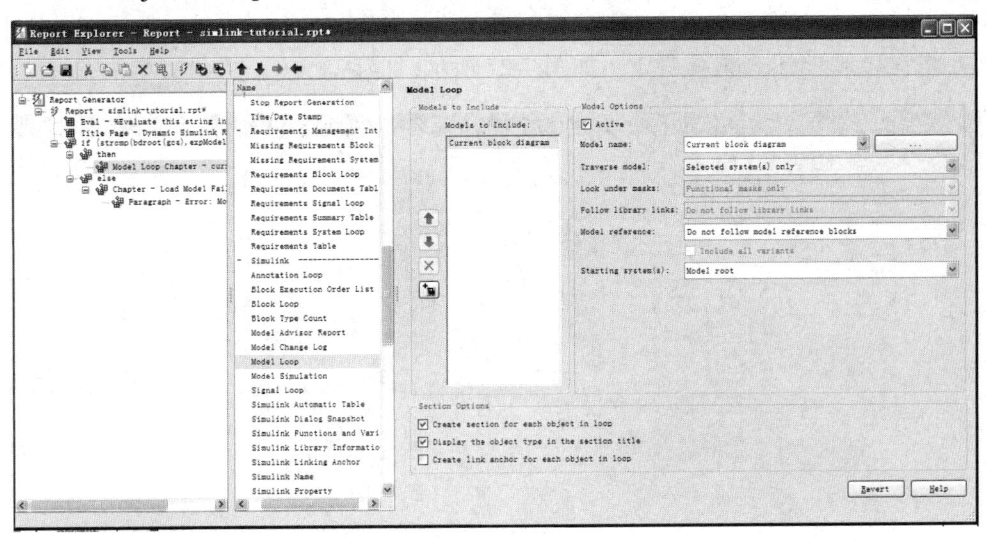

图 7-25 采用循环组件

2）为每个模型添加段落。

选中概要面板中的 Model Loop Chapter 组件，双击 Formatting 下的 Paragraph；在右边的 Paragraph Text 文本框中输入：

This report demonstrates Simulink Report Generator's ability to experiment with Simulink systems and auto-document the results. In this report, you load the model %<expModel> and simulate it %<length> times. This report modifies the %<expBlock> block's "%<expParam>" value, setting it to the value%<expValue>. Each iteration of the test includes a set of scope snapsnots in the report.

如图 7-26 所示，保存。

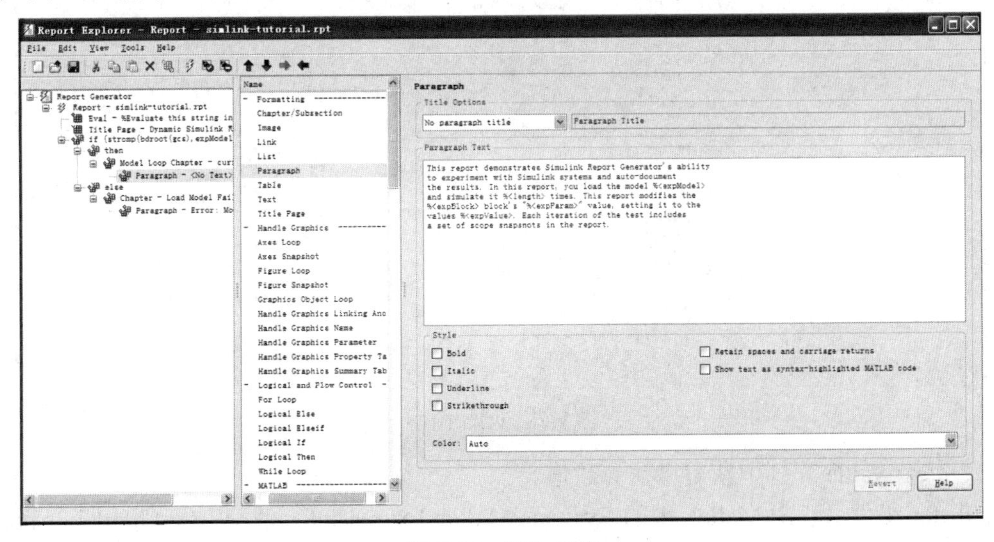

图 7-26 添加段落

3）在报告模型中插入快捷键。

单击 Model Loop Chapter 组件，双击选项面板 Simulink 下的 System Snapshot；选择尺寸选项列表中的 Zoom，输入 70%；选中概要面板中的 System Snapshot，然后单击工具栏中向下的箭头，将它移到 Paragraph 组件下，如图 7-27 所示；保存。

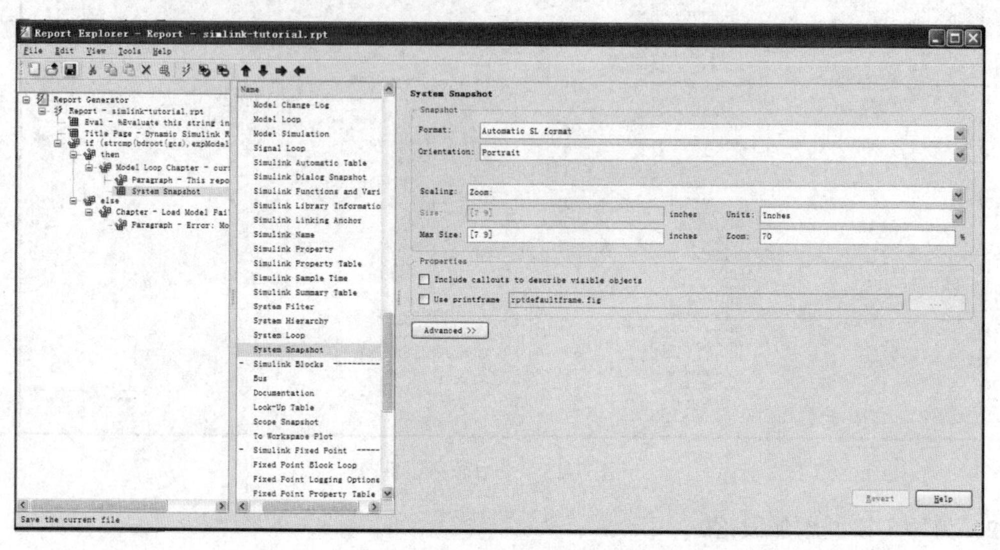

图 7-27　添加快捷键

4）在处理模型中增加一个循环。

单击 System Snapshot，双击 Logical and Flow Control 下的 For Loop；在 End 文本框中输入 length(expValue)；在 Variable name 文本框中输入 expIteration，如图 7-28 所示；保存。

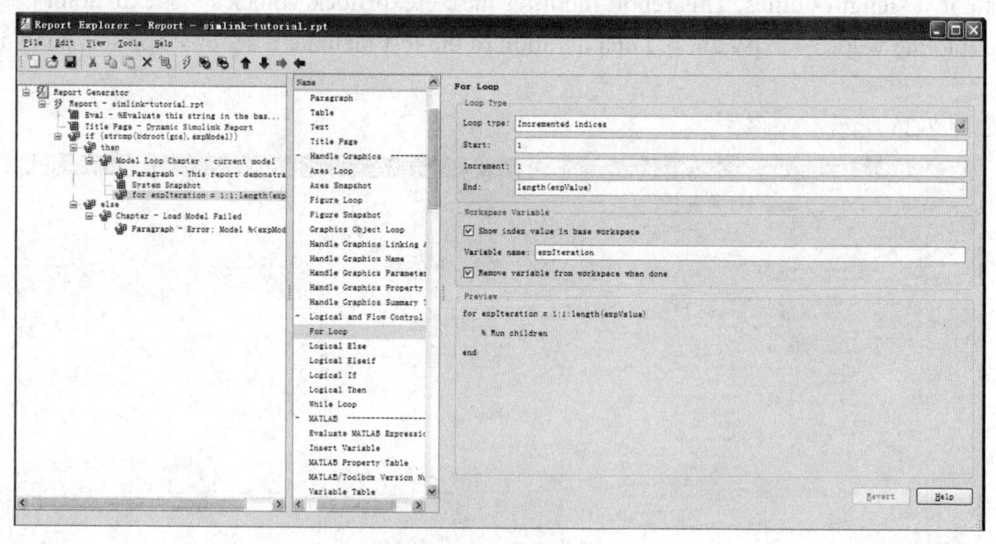

图 7-28　增加循环

5）从 expValue 阵列中获得增益参数值。

单击 for 组件，双击 Matlab 中的 Evaluate Matlab Expression；清空 Insert Matlab expression in report 和 Display command window output in report 复选项；在 Expression to evaluate in the base workspace 文本框中输入：

```
%Evaluate this string in the base workspace
if iscell(expValue)
Iteration_Value=expValue{expIteration};
else
Iteration_Value=...
num2str(expValue(expIteration));
End
```

清空 Evaluate expression if there is an error 复选项，如图 7-29 所示；保存。

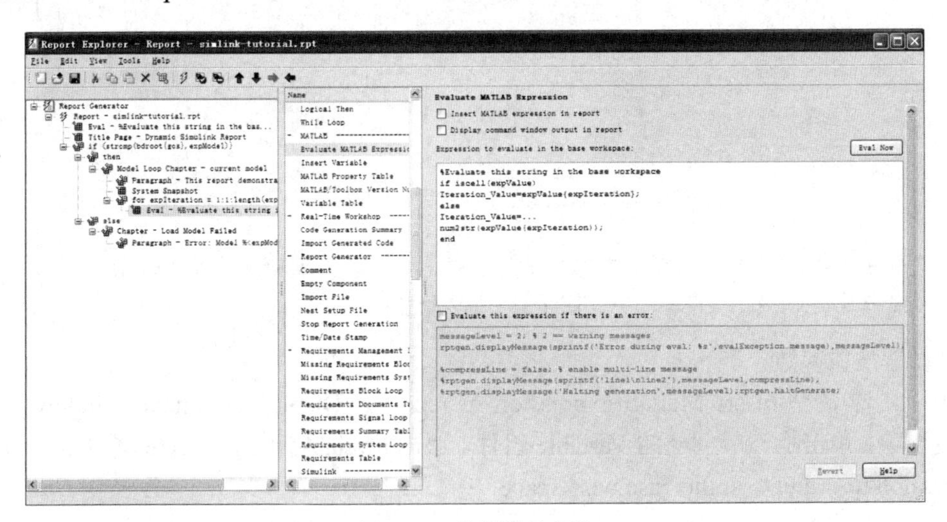

图 7-29　获得增益参数

6）为每次迭代创建章节。

选中 Eval 组件，双击 Formatting 下的 Chapter/Subsection；在性能面板中的标题选择列表中选择 Custom；在文本框中输入 Processing the vdp model，如图 7-30 所示；保存报告模板。

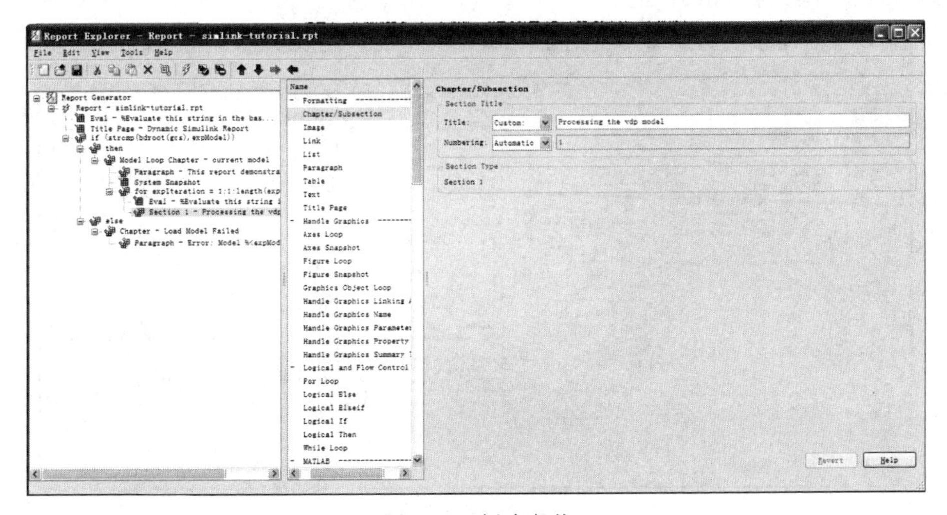

图 7-30　创建章节

7）在报告中插入增益值。

选中上一步创建的 Section 1 组件，双击 Matlab 下的 Variable；在性能面板中的 Variable name 文本框中输入 Iteration_Value；在 Display as 选项列表中选择 Paragraph，如图 7-31 所示；保存报告模板。

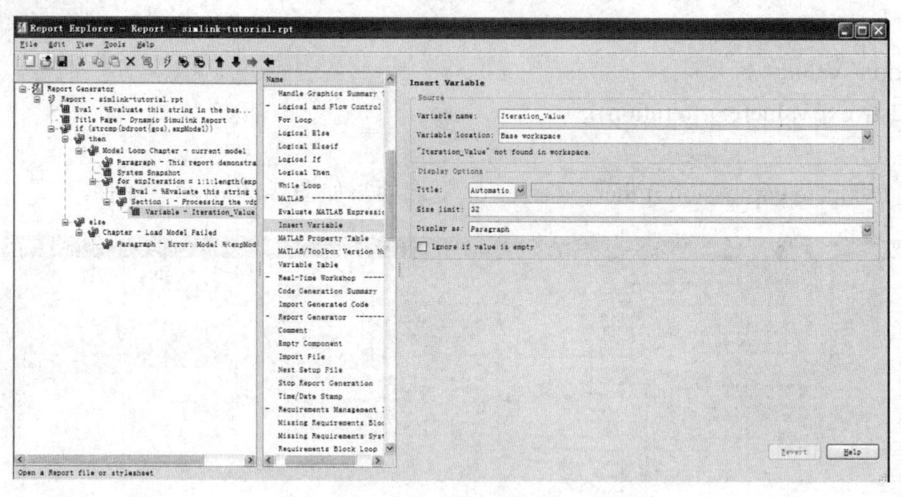

图 7-31　插入增益值

8）设置增益参数。

选中上一步清空 Insert Matlab expression in report 和 Display command window output in report 复选项；单击上一节创建的 Variable 组件，双击 Matlab 下的 Evaluate Matlab Expression；在 Expression to evaluate in the base workspace 中输入：

```
set_param(expBlock,expParam,Iteration_Value);
okSetValue=(1);
```

确保选中 Evaluate this expression if there is an error 复选项，在其下方的文本框中输入：

```
okSetValue=logical(0);
```

如图 7-32 所示，保存报告模板。

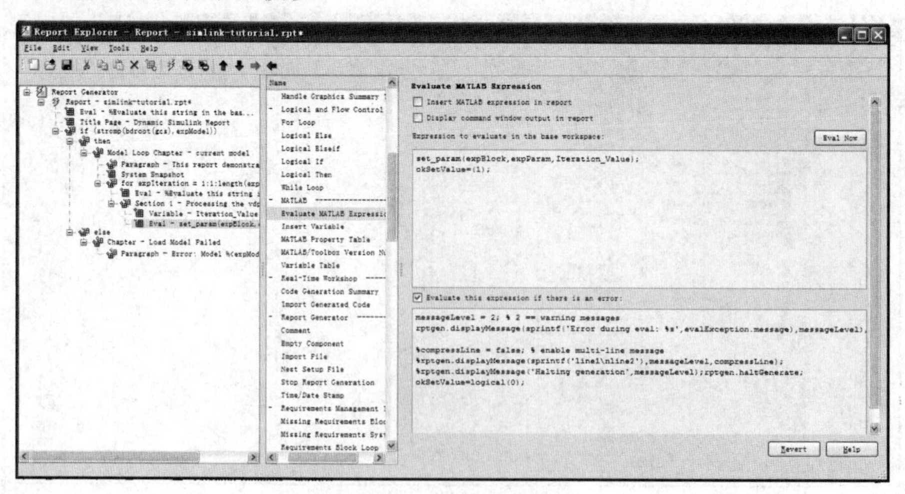

图 7-32　设置增益参数

9）检查 okSetValue。

单击上一步创建的 Eval 组件，双击 Logical and Flow Control 下的 Logical If；用 okSetValue 代替 Test expression 文本框中的 true；单击 if(okSetValue)组件，双击选项面板中的 Logical Else；再次单击 if(okSetValue)组件，双击选项面板中的 Logical Then；单击概要面板中的 else 组件，双击选项面板中的 Paragraph；在性能面板的 Title Options 选项列表中选择 Custom title，在其后的文本框中输入 Error；在 Paragraph Text 文本框中输入：

Could not set %<expBlock> "%<expParam>" to value

%<Iteration_Value>.

如图 7-33 所示，保存报告。

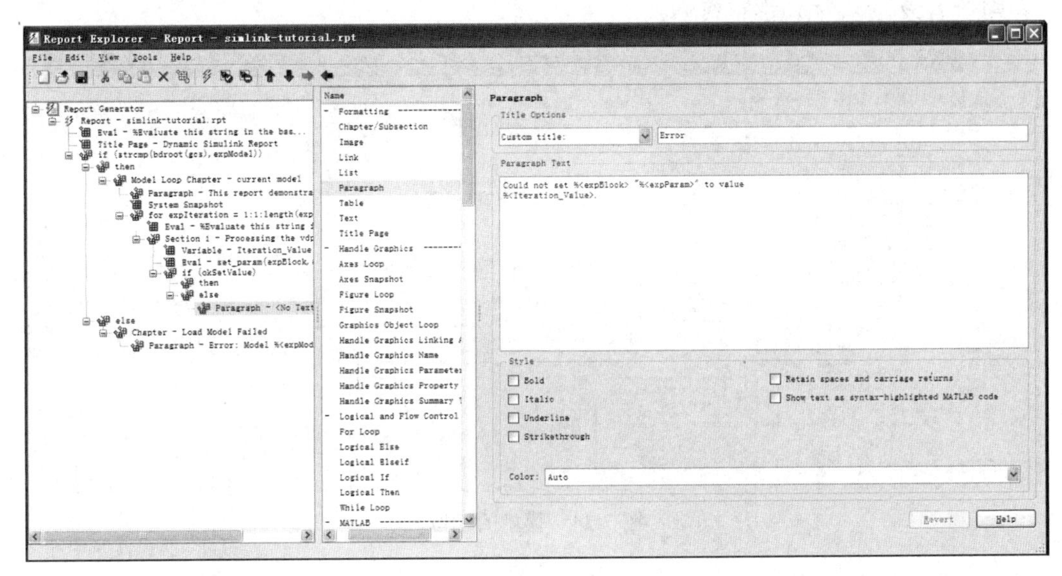

图 7-33　检查 okSetValue

10）模拟模型，获得波形和数据。

单击 if(okSetValue)组件下的 then 组件，双击选项面板中 Simulink 下的 Model Simulation；清空性能面板中的 Use model's workspace I/O variable names；在 Time 文本框中输入 dynamicT；在 States 文本框中输入 dynamicX；在 Output 文本框中输入 dynamicY。

单击 Simulate model 组件，双击选项面板中 Simulink Blocks 下的 Scope Snapshot；在性能面板的 Paper orientation 选项列表中选择 Portrait；在 Image size 文本框中输入[5 4]；选择 Scaling 选项列表中的 Zoom，百分值为 75；保存报告模板。

单击 Scope Snapshot 组件，双击 Logical and Flow Control 下的 Logical If；用 max(dynamicX(:,2))>testMin & max(dynamicX(:,2))代替性能面板中的 Test expression 文本框中的 true；保存报告。

单击刚添加的 if 组件，双击 Formatting 下的 Paragraph；在性能面板的 Title Options 选项列表中选择 Custom title；在文本框中输入 Success，在 Paragraph text 文本框中输入：

The conditioned signal has a maximum value of %<max(dynamicX(:,2))>, which lies in the desired range of greater than %<testMin> and less than %<testMax>.

单击 Paragraph 组件，双击 Matlab 下的 Evaluate Matlab Expression；选中概要面板中的 Evaluate Matlab Expression，然后单击工具栏中向左的箭头，将 Eval 组件与 Paragraph 组件形成并列关系。

对于当前添加的 Eval 组件，清空 Insert Matlab expression in report 和 Display command window output in report 复选项；在 Expression to evaluate in the base workspace 文本框中输入：

expOkValues=[expOkValues;...

{Iteration_Value,max(dynamicX(:,2))}];

确保选中 Evaluate this expression if there is an error 复选项，在其后的文本框中输入：

disp(['Error during eval: ', lasterr])

如图 7-34 所示，保存报告模板。

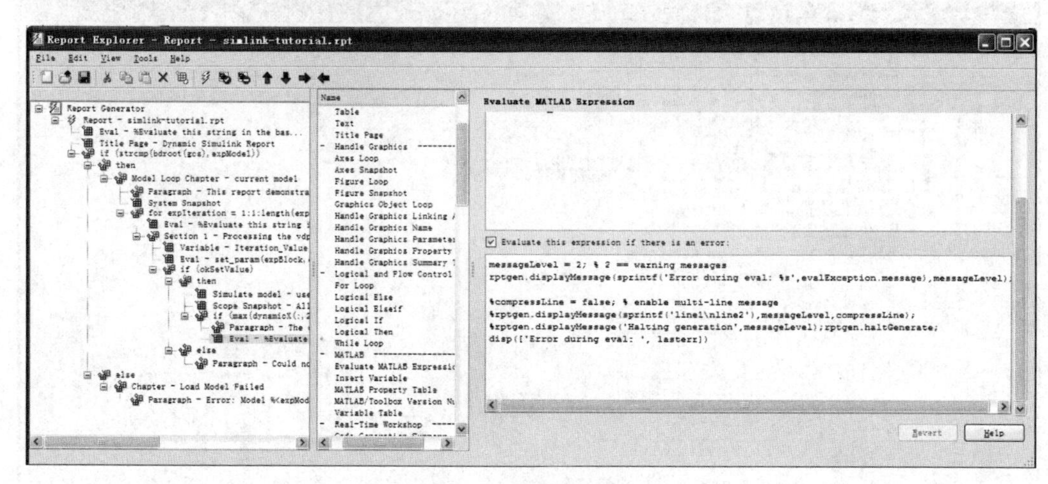

图 7-34　模型的模拟

11）创建测后分析部分。

单击概要面板中的 Model Loop Chapter 组件，双击选项面板中 Formatting 下的 Chapter/Subsection；应用向下的箭头将 Section 1 移到 Model Loop Chapter 组件下。

在性能面板的 Title 选项列表中选择 Custom，在其后的文本框中输入 Post-Test Analysis。

双击选项列表中 Formatting 下的 Paragraph，保持其默认性能不变。

单击概要面板下的 Paragraph 组件，增加一个 Logical If 子组件；在性能面板中的 Test expression 文本框中输入~isempty(expOkValues)；单击概要面板中的~isempty(expOkValues)组件，为其增加一个 Logical Then 子组件；保存报告模板。

单击概要模板中的 else 组件，添加一个 Test 组件作为 else 子组件；在右边的性能面板的 Text to include in report 文本框中输入 None of the selected iteration values had a maximum signal value between %<testMin> and %<testMax>。

单击概要面板中的 then 组件，为其添加一个 text 子组件，在右边的性能面板的 Text to include in report 文本框中输入%<size(expOkValues, 1)> values for %<expBlock> were found that resulted in a maximum signal value greater than %<testMin> but less than %<testMax>. The following table shows those values and their resulting signal maximum，然后将 text 组件移到 if(~isempty(expOkValues)中 then 组件的下方。

为了在形成表格时创建一个阵列，需要增加一个 Evaluate Matlab Expression 组件：在选择面板中双击 Evaluate Matlab Expression，同时清空性能面板中的 Insert Matlab expression in report 和 Display command window output in report 文本框，在 Expression to evaluate in the base workspace 的文本框中输入 expOkValues=[{'Mu Value','Signal Maximum'} expOkValues]；确保选中 Evaluate this expression if there is an error check box 复选项，并在其后的文本框中输入 disp(['Error during eval: ', lasterr])。

在左边的概要面板中，单击 Eval 组件，双击选项面板中 Formatting 下的 Table 组件，在右边的 Workspace variable name 文本框中输入 expOkValues；在 Table title 文本框中输入 Valid Iteration Values，如图 7-35 所示；保存报告。

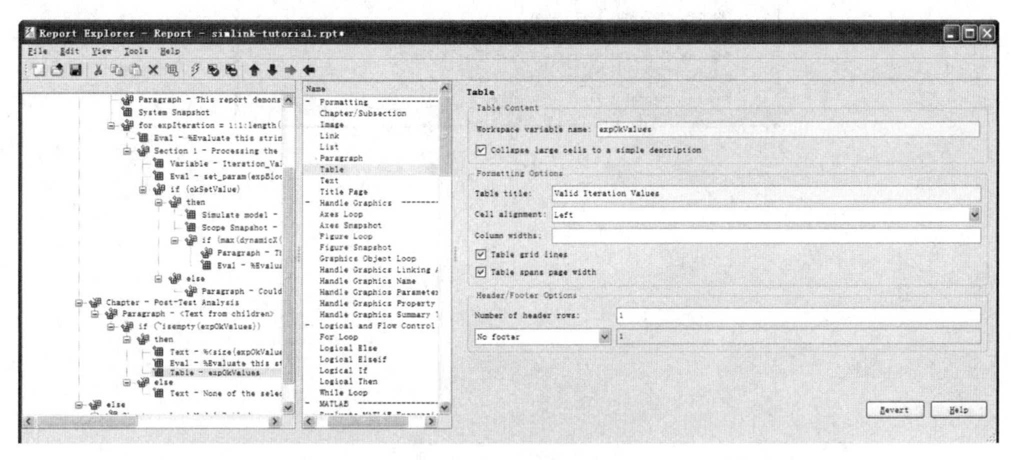

图 7-35　创建后分析

3. 生成报告

单击 File→Report 命令生成报告，如图 7-36 所示。

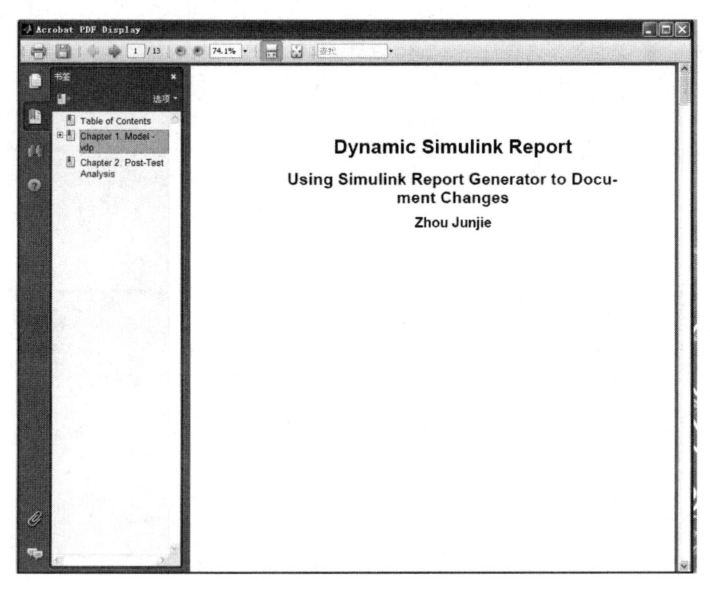

图 7-36　生成报告

同时，在 Simulink 中的 Message List 中可以显示报告生成过程中的所有信息，如图 7-37 所示。

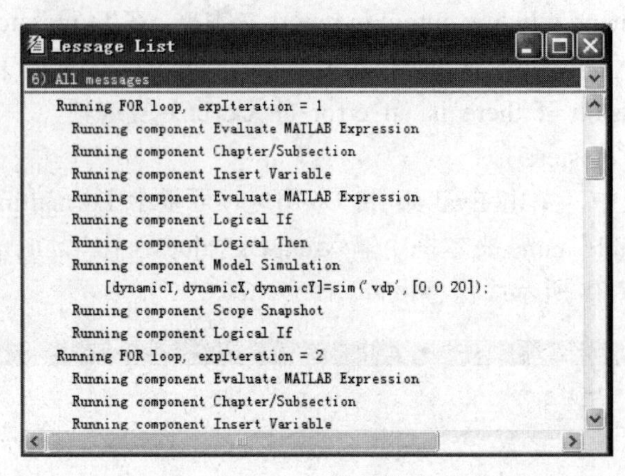

图 7-37　信息表

8

控制系统的建模与仿真

系统对高性能的追求使得控制系统在实际工程和科学实验中得到广泛应用，常见的控制问题可视其对控制对象的要求分为两类：当控制对象的输出偏离平衡状态或有这种趋势时，对它加以控制，使其回到平衡状态，这是调节器问题；对控制对象加以控制，使它的输出按某种规律变化，这是伺服控制问题。

在带钢的连续轧制过程中，跑偏控制是很有必要的。电液伺服系统是跑偏控制中常用的一种控制系统，本章将利用 Simulink 中的传递函数 Transfer Fcn 模块对带钢卷取电液伺服控制系统进行建模仿真。

本章主要内容：

- 带钢轧制过程中的跑偏控制。
- 分析带钢卷取电液伺服控制系统。
- 详细介绍带钢卷取电液伺服控制系统建模与仿真的过程与步骤。

8.1 概述

在带钢的连续轧制过程中，跑偏控制是很有必要的。尽管在机组及辅助设备设计中采取了许多使带钢运动定向的措施，但跑偏仍是不可避免的。跑偏控制的作用在于使带钢在准确的位置上运动，避免跑偏过大损坏设备或造成断带停产。此外，跑偏控制也使带钢卷取整齐，从而减少带边的剪切量，提高成品率，同时也为钢卷的摆放、包装、运输和使用带来许多方便。

电液伺服系统是跑偏控制中常用的一种控制系统，它是电气和液压两种控制方式结合起来组成的控制系统。在电液伺服控制系统中，用电气和电子元件实现信号的检测、传递和处理，用液压传动来驱动负载。电液伺服控制系统充分利用了电气系统的方便性、智能性以及液压系统响应速度快、负载刚度大的特点，使整个系统具有很强的适应性。

本章利用 Simulink 对带钢卷取电液伺服控制系统进行建模仿真，帮助读者进一步了解带钢卷取电液伺服控制系统。

8.2 系统分析

带钢卷取跑偏电液伺服控制系统如图 8-1 所示。该系统由液压能源、电液伺服阀、电流放大器、伺服液压缸、卷取机和光电检测器等部件组成。带钢的跑偏位移是系统的输入量，卷取机的跟踪位移是系统的输出量。输入量与输出量的差值经光电检测器检测后由电流放大器放大，放大后的功率信号驱动电液伺服阀动作，进而控制伺服液压缸驱动卷取机的移动。液压能源为整个系统的工作提供足够的能量。除此之外，系统中还设置了辅助液压缸和液控单向阀组。辅助液压缸有两个作用：一是在卷完一卷要切断带钢前光电检测器从检测位置退出，而在卷取下一卷前又能使检测器自动复位对准带边，这样可以避免在换卷过程中损坏光电检测器；二是在卷取不同宽度的带钢时调节光电检测器的位置。液控单向阀组可使伺服液压缸和辅助液压缸有较高的位置精度。

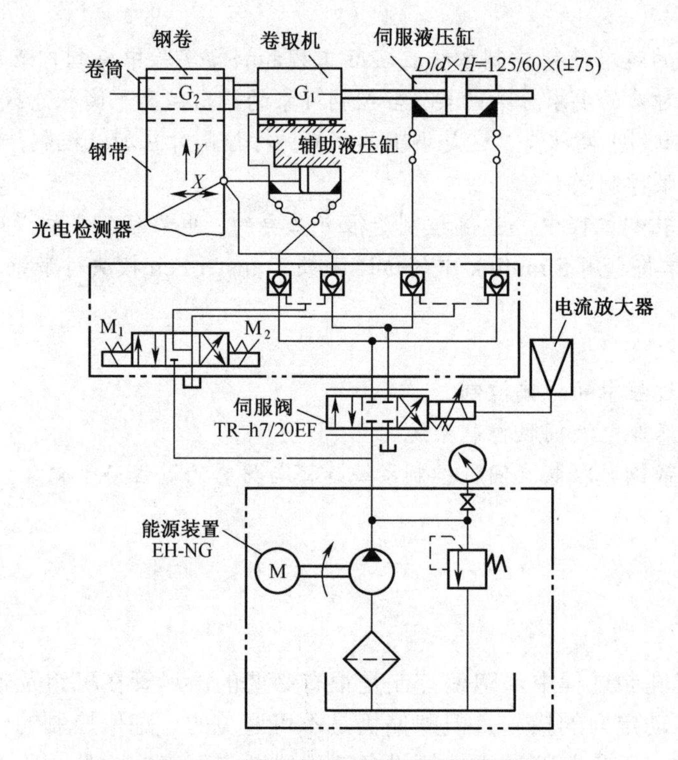

图 8-1 带钢卷取跑偏控制系统原理图

带钢卷取电液伺服控制系统方框图如图 8-2 所示。

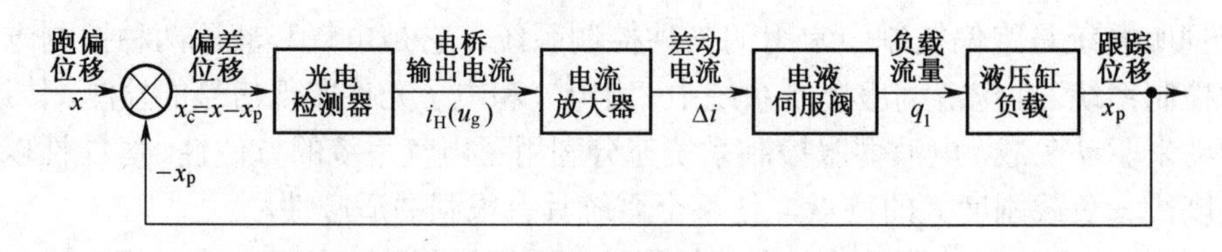

图 8-2 带钢卷取电液伺服控制系统方框图

8.3 系统建模与仿真

带钢卷取电液伺服控制系统的建模仿真步骤如下：

（1）建立系统数学模型。

光电检测器和电流放大器：光电检测器与电流放大器的时间常数都很小，可看作比例环节，光电控制器（包括光电检测器和电流放大器）的传递函数为：

$$G_1(s) = 100 \tag{8-1}$$

电液伺服阀：控制系统中采用的是 TR-h7/20EF 型动圈双级滑阀位置反馈式电液伺服阀，伺服阀可以看成是一个二阶振荡环节，其传递函数为：

$$G_2(s) = \frac{1.67 \times 10^{-3}}{\frac{s^2}{112^2} + \frac{2 \times 0.6}{112}s + 1} \tag{8-2}$$

液压缸－负载：液压缸－负载是惯性负载，此环节的传递函数为：

$$G_3(s) = \frac{1/A_p}{s\left(\frac{s^2}{{\omega_n}^2} + \frac{2\zeta}{\omega_n}s + 1\right)} \tag{8-3}$$

其中，A_p 为液压缸有效工作面积，ζ 为液压缸－负载环节的阻尼比，ω_n 为液压缸－负载环节的固有频率。

这里取此环节的传递函数为：

$$G_3(s) = \frac{\frac{1}{9.45 \times 10^{-3}}}{s\left(\frac{s^2}{60.5^2} + \frac{2 \times 0.2}{60.5}s + 1\right)} \tag{8-4}$$

（2）构建 Simulink 模型。

构建 Simulink 模型，如图 8-3 所示模型名为 dianyesifu.mdl。模型输入为单位阶跃信号，输出显示在示波器中。其中主要用到 Gain 和 Transfer Fcn 模块组，数学模型中的式（8-1）用 Gain 模块实现，式（8-2）和式（8-4）用 Transfer Fcn 模块实现。

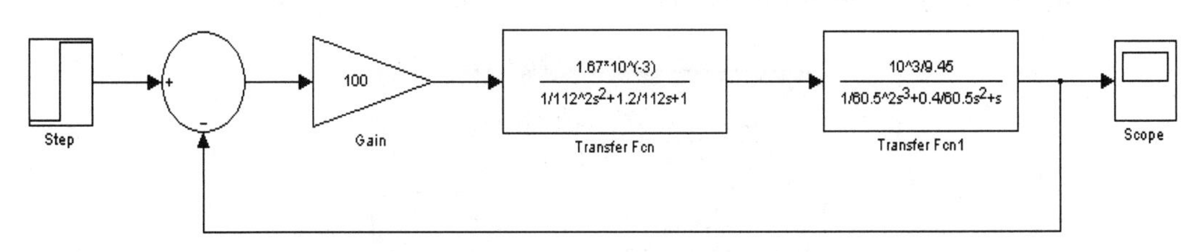

图 8-3 带钢卷取电液伺服控制系统仿真模型

（3）模块参数设置。

图 8-3 中的模块参数设置如下：

- Step 模块：双击该模块，弹出如图 8-4 所示的参数对话框，设定 Step time 为 1，Initial

value 为 0，Final value 为 1，表示输入为单位阶跃信号。

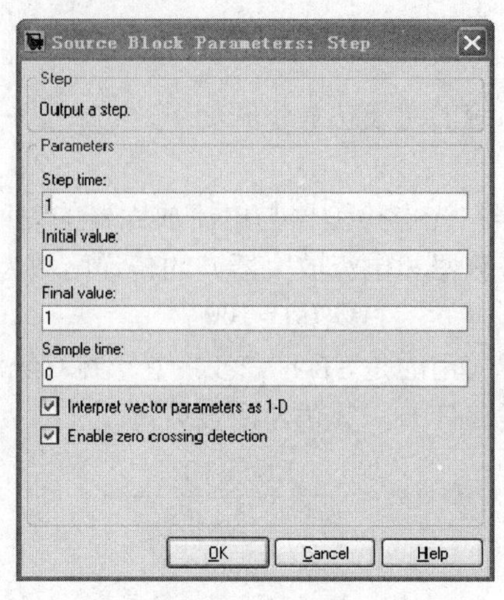

图 8-4　Step 模块参数对话框

- Sum 模块：双击该模块，弹出如图 8-5 所示的参数对话框，设定 List of signs 为+-，表示负反馈控制系统。

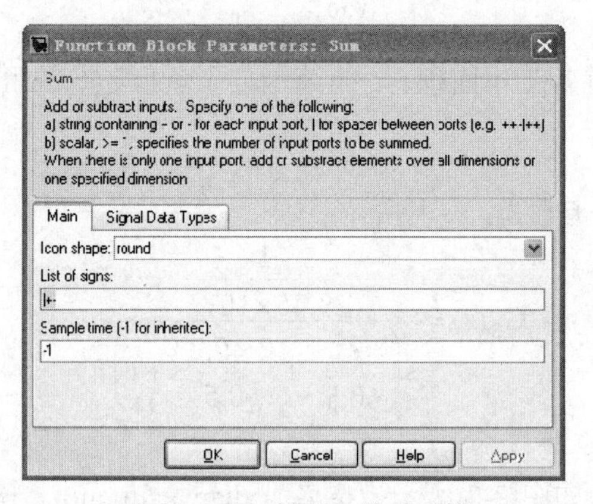

图 8-5　Sum 模块参数对话框

- Gain 模块：双击该模块，弹出如图 8-6 所示的参数对话框，设定 Gain 为 100，表示光电控制器的传递函数 $G_1(s)=100$。

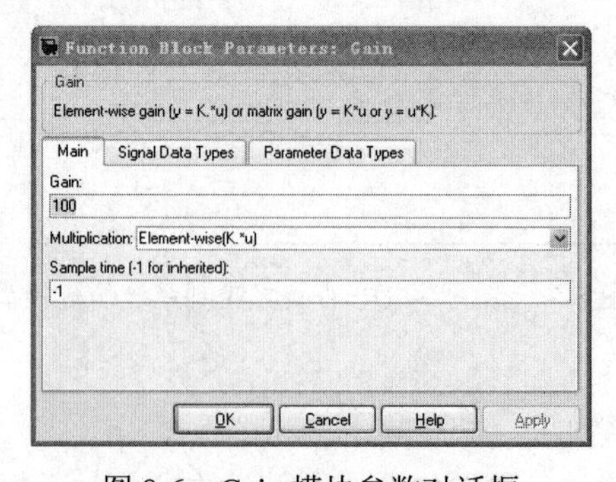

图 8-6　Gain 模块参数对话框

- Transfer Fcn 模块：双击该模块，弹出如图 8-7 所示的参数对话框，设定 Numerator coefficient 为[1.67*10^(-3)]，Denominator coefficient 为[1/112^2 1.2/112 1]，表示电液伺服阀传递函数 $G_2(s)=\dfrac{1.67\times10^{-3}}{\dfrac{s^2}{112^2}+\dfrac{2\times0.6}{112}s+1}$。同理，双击 Transfer Fcn1，弹出如图 8-8 所示的参数对话框，设定 Numerator coefficient 为[10^3/9.45]，Denominator coefficient 为[1/60.5^2 0.4/60.5 1 0]，表示液压缸－负载的传递函数 $G_3(s)=\dfrac{\dfrac{1}{9.45\times10^{-3}}}{s\left(\dfrac{s^2}{60.5^2}+\dfrac{2\times0.2}{60.5}s+1\right)}$。

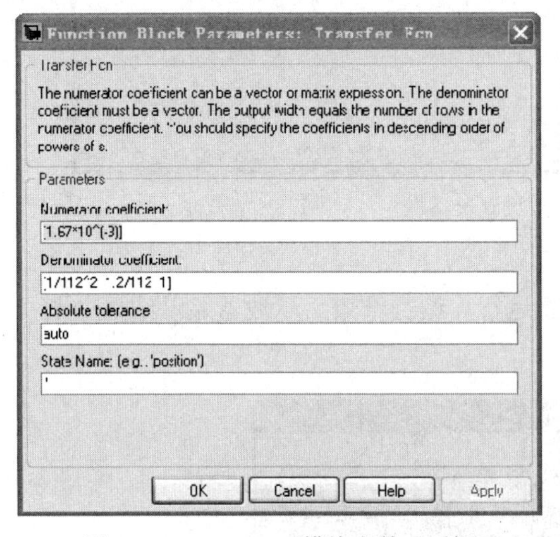

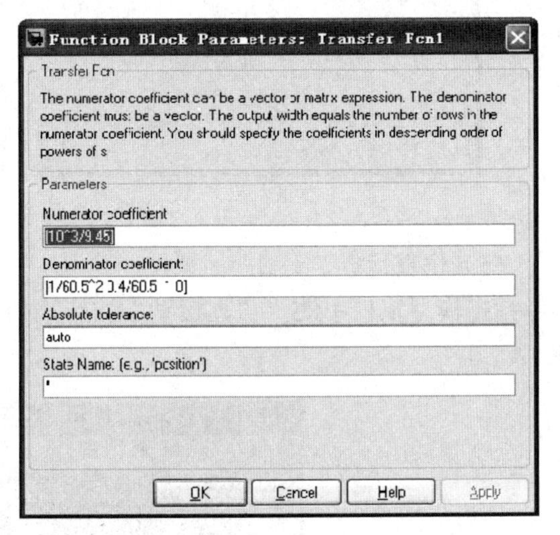

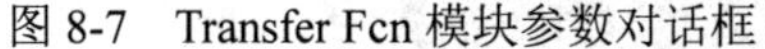

图 8-7　Transfer Fcn 模块参数对话框　　　图 8-8　Transfer Fcn1 模块参数对话框

说明：控制系统中的线性传递函数用 Transfer Fcn 模块可以实现，如式（8-2）所示。在 Numerator coefficients 区域输入一个矢量表示传递函数分子系数，在 Denominator coefficients 区域输入一个矢量作为传递函数分母系数。

（4）仿真参数设置。

设置仿真时间：执行 Simulation→Configuration Parameters 命令，弹出仿真参数设置对话框，设置 Stop time 为 5，如图 8-9 所示。

- Start time：仿真开始时间，在此取默认值 0。
- Stop time：仿真结束时间，在此改为 5。
- Type：是否固定步长，在此接受默认选项 Variable-step。
- Solver：计算方法，在此取默认 ode45 求解器。
- Max step size 和 Min step size：变步长的最大值和最小值，在此取默认值。
- Relative tolerance 和 Absolute tolerance：相对误差和绝对误差，在此取默认值。
- Initial step size：初始步长大小，在此取默认值。
- Zero crossing control：取默认值。

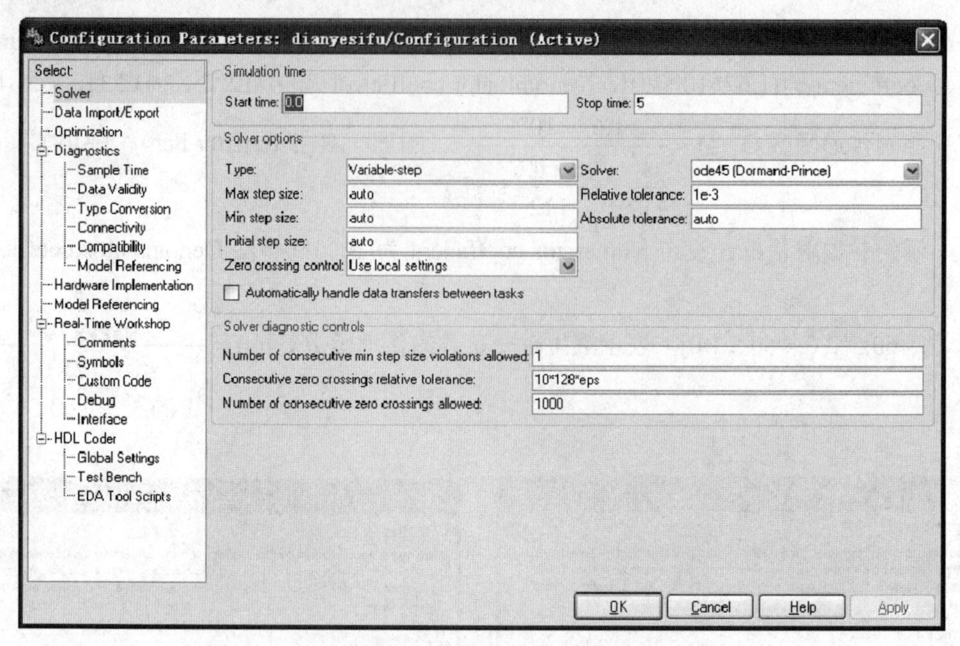

图 8-9　仿真参数设置对话框

（5）仿真运行。

单击模型窗口中的“仿真启动”按钮 仿真运行，运行结束后示波器显示结果如图 8-10 所示。

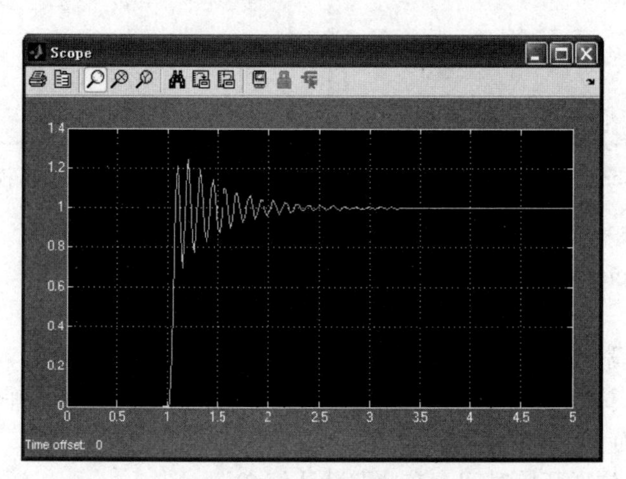

图 8-10　示波器显示结果

说明：仿真结束后，命令窗口会出现如下警告（此警告并非错误，不影响仿真结果）：

“Warning: Using a default value of 0.1 for maximum step size. The simulation step size will be equal to or less than this value. You can disable this diagnostic by setting 'Automatic solver parameter selection' diagnostic to 'none' in the Diagnostics page of the configuration parameters dialog.”

这是因为 Configuration Parameter 里的 Max step size 设为 auto 或 0.1。之所以为 0.1 是因为图形轴或示波器时间轴为 5s，默认采样点为 50，0.1=(5-0)/50。Max step size 一定要小于等于

0.1，该值越小绘制的图形越平滑，但计算量越大 。

消除该警告的方法：simulink→configuration parameter→Max step size:auto，将可变步长的最大步长改为小于 0.1，即可消除该警告，但不能太小。

示波器常用来显示仿真结果。示波器默认的背景颜色为黑色，线条为黄色，但在书写论文时，此背景颜色会影响打印效果，在命令窗口中输入如下语句可以改变示波器背景颜色：

```
set(0,'ShowHiddenHandles','On')
set(gcf,'menubar','figure')
```

这时 scope 工具栏的上面多了一个菜单栏，如图 8-11 所示。

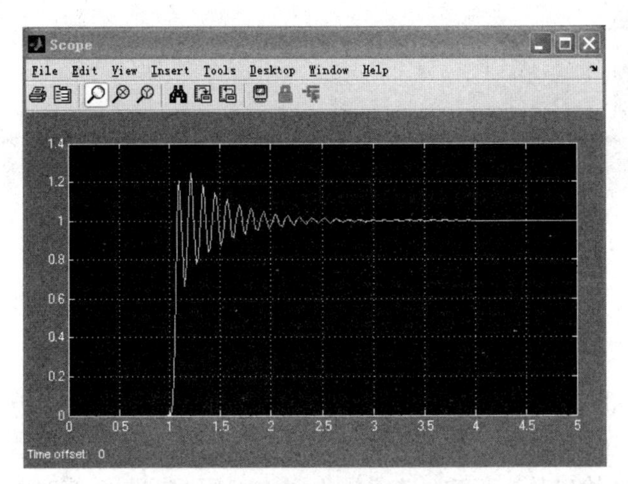

图 8-11 多了菜单栏的示波器

单击 Insert→axes 命令，鼠标指针会变成十字形，然后在图像的任意位置双击，弹出如图 8-12 所示的 PropertyEditor 对话框，在其左侧的 Colors 处可以修改背景颜色及坐标显示颜色。

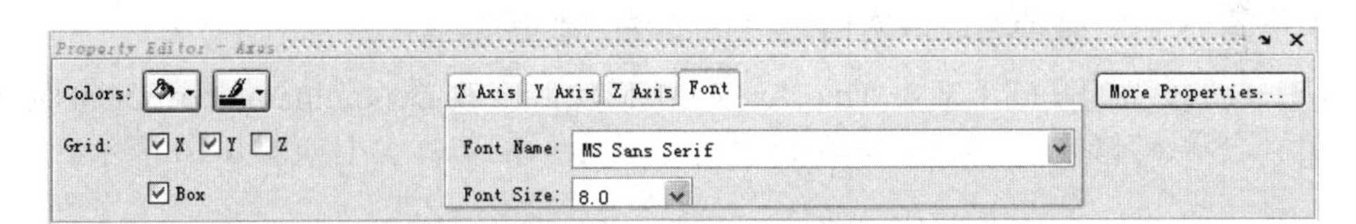

图 8-12　左侧为 Colors 的 PropertyEditor 对话框

修改完成后双击黄色线条，Property Editor 对话框左侧会出现 Line，如图 8-13 所示，在此处可以修改线条颜色。

图 8-13　左侧为 Line 的 Property Editor 对话框

修改完成后示波器的显示结果如图 8-14 所示。

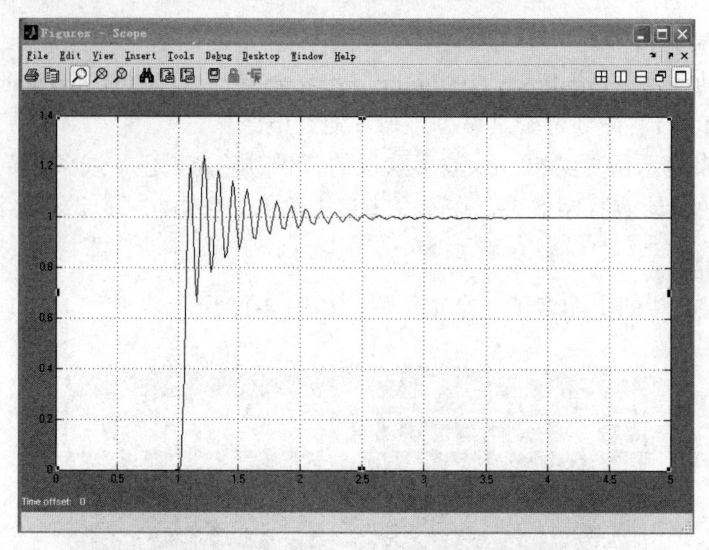

图 8-14 修改后的示波器显示结果

8.4 仿真结果分析

系统的输入量为带钢的跑偏位移，取为单位阶跃信号，系统输出为卷取机的跟踪位移。由图 8-14 可以看出：1s 时当系统输入变化时，系统输出也会随之做出调整，开始时输出变化幅度较大，2.5s 时系统输出基本稳定。该带钢卷取电液伺服控制系统对跑偏位移有一定的控制作用，但该系统的响应速度较慢，系统还需要改进。

系统响应速度较慢的一个重要原因是液压－负载环节的固有频率 ω_n 偏低。提高 ω_n 的方法有增大活塞面积、减小负载重量和控制容积等。为了说明 ω_n 对系统响应速度的影响，其他条件不变，分别取 ω_n =75 和 ω_n =90 对该带钢卷取电液伺服控制系统进行建模仿真。

（1）ω_n =75 时该带钢卷取电液伺服控制系统的建模仿真。

在原有仿真模型的基础上双击 Transfer Fcn1 模块，修改 Denominator cofficient 为[1/75^2 0.4/75 1 0]，表示 ω_n 修改为 75，如图 8-15 所示。修改后的仿真模型如图 8-16 所示。

Function Block Parameters: Transfer Fcn1

Transfer Fcn

The numerator coefficient can be a vector or matrix expression. The denominator coefficient must be a vector. The output width equals the number of rows in the numerator coefficient. You should specify the coefficients in descending order of powers of s.

Parameters

Numerator coefficient:

[10^3/9.45]

Denominator coefficient:

[1/75^2 0.4/75 1 0]

Absolute tolerance:

auto

State Name: (e.g., 'position')

''

OK Cancel Help Apply

图 8-15 ω_n =75 时 Transfer Fcn1 模块参数设置对话框

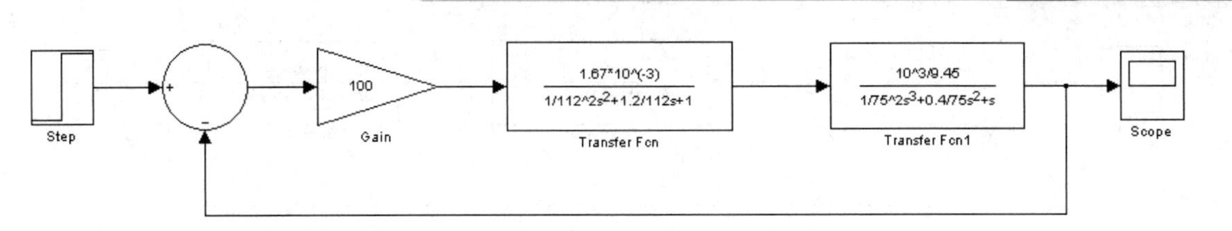

图 8-16 ω_n =75 时带钢卷取电液伺服控制系统仿真模型

单击模型窗口中的“仿真启动”按钮▶仿真运行，运行结束后在命令窗口中输入如下语句：

```
set(0,'ShowHiddenHandles','On')
set(gcf,'menubar','figure')
```

改变示波器的背景颜色，示波器显示的仿真结果如图 8-17 所示。

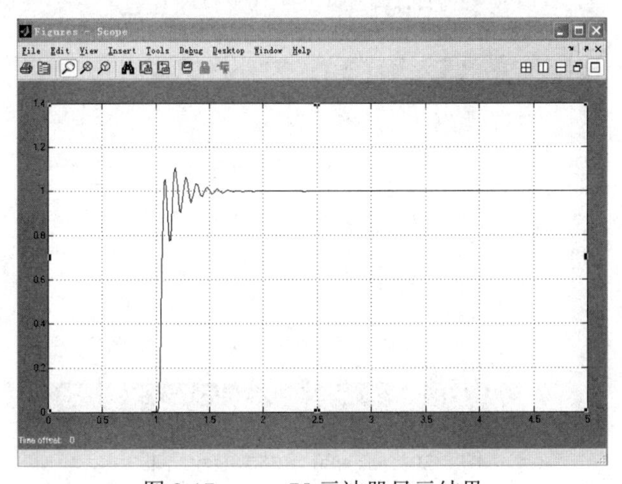

图 8-17 ω_n =75 示波器显示结果

（2）ω_n =90 时该带钢卷取电液伺服控制系统的建模仿真。

在原有仿真模型的基础上双击 Transfer Fcn1 模块，修改 Denominator cofficient 为[1/90^2 0.4/90 1 0]，表示 ω_n 修改为 90，如图 8-18 所示。修改后的仿真模型如图 8-19 所示。

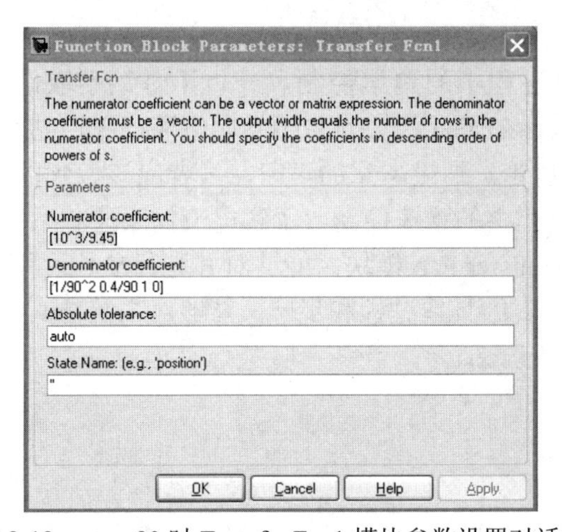

图 8-18 ω_n =90 时 Transfer Fcn1 模块参数设置对话框

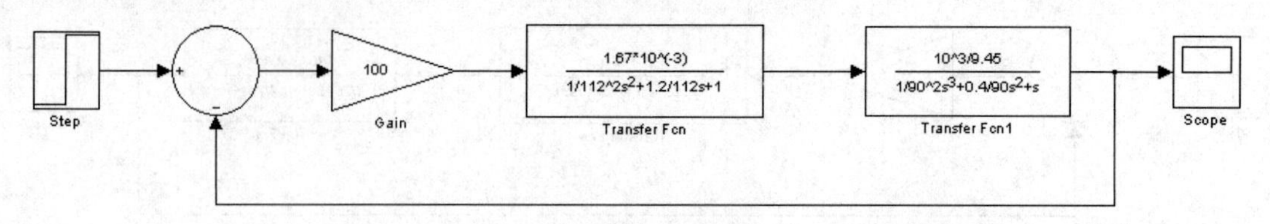

图 8-19　ω_n =90 时带钢卷取电液伺服控制系统仿真模型

单击模型窗口中的“仿真启动”按钮 ▶ 仿真运行，运行结束后在命令窗口中输入如下语句：

```
set(0,'ShowHiddenHandles','On')
set(gcf,'menubar','figure')
```

改变示波器的背景颜色，示波器显示的仿真结果如图 8-20 所示。

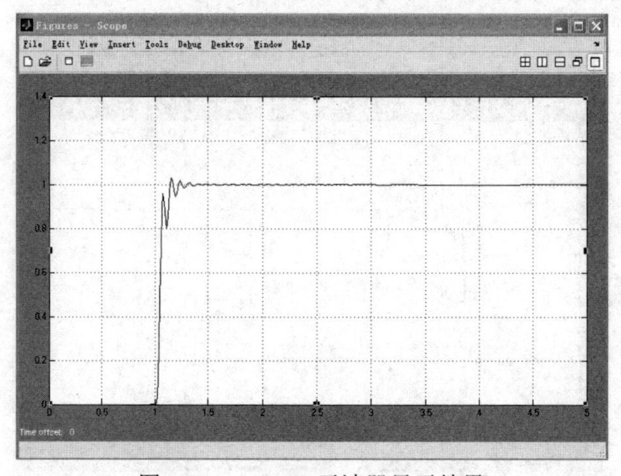

图 8-20　ω_n =90 示波器显示结果

由图 8-14 ω_n =60.5 示波器显示结果、图 8-17 ω_n =75 示波器显示结果和图 8-17 ω_n =90 示波器显示结果可知，随着 ω_n 的增加，系统响应速度逐渐增大。

8.5　小结

本章介绍了带钢轧制过程中的跑偏控制，分析了带钢卷取电液伺服控制系统，并利用 Simulink 中的传递函数 Transfer Fcn 模块对带钢卷取电液伺服控制系统进行了建模仿真，最后对仿真结果进行了分析和讨论。通过本章的学习，读者应该做到以下几点：

（1）了解带钢轧制过程中的跑偏控制，了解电液伺服控制系统。

（2）掌握传递函数 Transfer Fcn 模块，能够对其进行参数设置。

（3）掌握 Simulink 仿真的具体过程和步骤，能够对系统仿真参数进行设置，对 Simulink 仿真的具体过程有一定的认识。

8.6　上机实习

电压－转角机电伺服系统是一类小功率位置随动实验装置，在高校和科研院所的自动化实验室中可以看到它们的应用。利用这套设备不仅可以完成一些验证性实验，还可以做一些设计性、研究性实验。这类实验设备有多种成型产品，被普遍用于教学和科研中。

机电伺服系统主要用于小功率伺服控制。驱动负载能力和响应速度偏低是这类控制方式的缺点，但在信号检测、传递、处理以及新控制策略再生方面表现的灵活性、准确性和经济性是其他控制方式所不能比拟的。

电压－转角机电伺服控制系统的输入量是给定的电压信号 Ui，输出量是直流伺服电动机 SYL-5 的转角 α，该系统的方框图如图 8-21 所示。

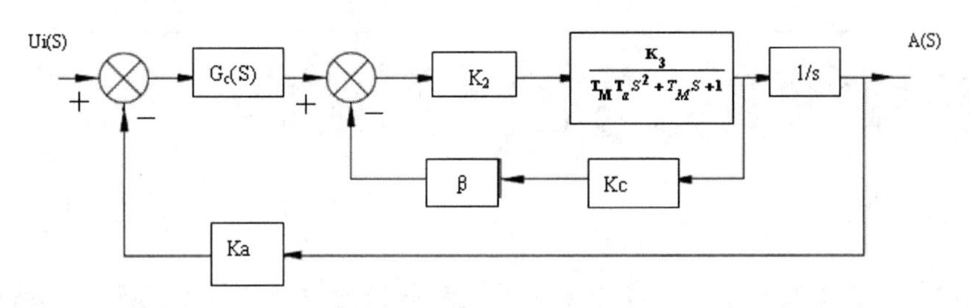

图 8-21　控制系统方框图

PI 校正环节的传递函数为 $G_c(s)=\dfrac{U_{i2}(s)}{\varepsilon(s)}=\dfrac{0.12s+1}{0.01s}$。

功率放大器增益 $K_2=10$。

伺服电机传递系数 $K_3=2.83\text{rad}/(\text{V}\cdot\text{s})$。

测速发电机传递系数 $K_c=1.15\text{V}\cdot\text{s/rad}$。

伺服电机机电时间常数 $T_M=0.1\text{s}$。

位置反馈电位计增益 $K_a=4.7\ \text{V/rad}$。

伺服电机电磁时间常数 $T_a=4\text{ms}$。

速度反馈分压系数 $\beta=0.6$。

读者可以根据以上信息对电压－转角机电伺服控制系统进行建模仿真，研究阶跃输入时该控制系统的响应。提示：该控制系统仿真模型如图 8-22 所示。

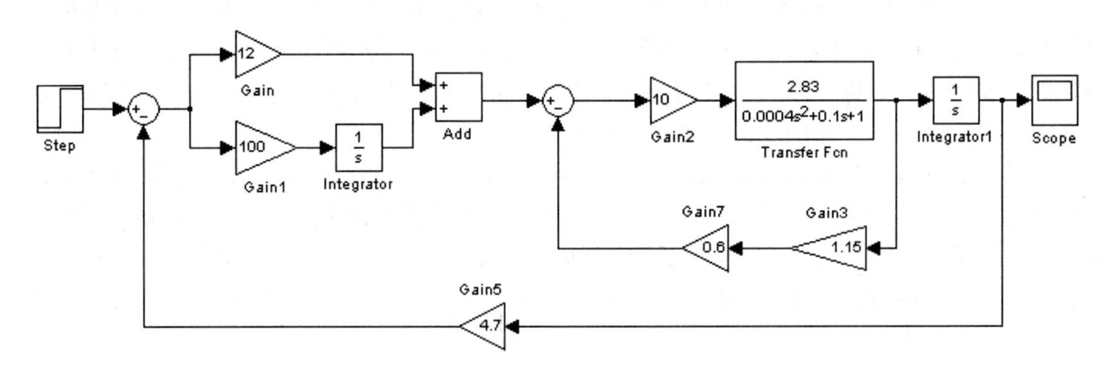

图 8-22　电压－转角机电伺服控制系统仿真模型

9

电力系统的建模与仿真

能源是人类社会发展的基础，各国都在开发和寻找清洁的可再生能源，以满足人们对能源尤其是对电力的迫切需求。本章将使用 Matlab 中的 Simulink 模块对太阳能发电建立模型并进行性能分析，对进一步推动新能源发电具有一定的意义。

本章主要内容：

- 介绍太阳能发展背景及发展现状。
- 分析太阳能发电系统。
- 详细介绍太阳能发电系统建模与仿真的过程与步骤。
- 分析太阳能发电特性。

9.1 概述

世界能源的消耗量随着社会的快速发展而增长，化石能源的日趋匮乏受到广泛关注。在《2000－2015 年新能源和可再生能源产业发展规划》中提出，到 2015 年我国可再生能源开发利用量将达到 4000 万吨标煤，1998 年由国家发展计划委员会发布的“中国长期能源战略”研究认为，到 2020－2030 年，可再生能源将会成为替代能源。经专家预测，到 2050 年左右，可再生能源发电将达到世界总发电量的 30%～40%，将成为人类的基础能源之一。太阳能是可再生能源中发展较迅速的清洁能源，太阳能的开发利用受到各国的广泛重视。

太阳能光伏发电的市场有非常好的发展前景，吸引了许多国际知名企业和财团加入光伏电池制造的行列。由于这些大公司的介入，大大加快了产业化进程。1998 年世界太阳能电池组件年生产量为 155MW，2000 年增长为 288MW；截至 2006 年底，太阳能光伏发电累计总装机容量高达 1300MW，预计到 2050 年左右，太阳能光伏发电将占世界总发电量的 10%～20%，成为人类的重要能源之一。

我国太阳能电池的发展速度也非常迅速。20 世纪 80 年代之前，太阳能光伏电池年产量低于 10kW；21 世纪以后，我国太阳能光伏电池产业的生产力快速提高扩大，2000 年太阳能光伏电池年产量猛增至 3MW；2003 年国内光伏电池的生产能力约 20MW，占世界太阳能光伏电池生产量的 1%左右；2005 年，光明工程项目使太阳能光伏电池市场的年销售量增加到 40MW；

到2007年，短短几年时间，我国就成为世界上最大的太阳能光伏电池生产国，占全球总产量的27.2%。据《可再生能源中长期规划》，截至2020年全国将建成2万个太阳能光伏发电项目，总容量高达100万千瓦。

9.2 系统分析

太阳能光伏发电系统是利用太阳电池半导体材料的光伏效应，将太阳光辐射能直接转换为电能的一种新型发电系统。太阳能电池发电的原理简单来说是光生伏打效应。当太阳光（或其他光）照射到太阳能电池上时，电池吸收光能，产生光电子一空穴对。在电池内建电场作用下，光生电子和空穴被分离，电池两端出现异号电荷的累积，即产生“光生电压”，这就是“光生伏打效应”。若在内建电场的两侧引出电极并接上负载，则负载就有“光生电流”流出，从而获得功率输出。这样，太阳能就直接变成了可以付诸实用的电能。光伏电池的V-I特性与太阳辐射强度和环境温度有关，建立光伏阵列仿真模型时考虑了工作温度、太阳辐射强度和光伏电池模块参数（在参考条件下光伏电池最大功率点的电压和电流、短路电流和电压、电流温度系数和电压温度系数）。

光伏阵列V-I特性曲线的数学模型：

$$I = I_{sc}[1 - C_1(\exp[(V - \Delta V)/C_2 V_{oc}] - 1)] + \Delta I \tag{9-1}$$

$$C_1 = (1 - I_m/I_{sc})\exp[-V_m/(C_2 \times V_{oc})] \tag{9-2}$$

$$C_2 = (V_m/V_{oc} - 1)/[\ln(1 - I_m/I_{sc})] \tag{9-3}$$

$$\Delta I = \alpha \frac{R}{R_{ref}} \Delta T + \left(\frac{R}{R_{ref}} - 1\right) I_{sc} \tag{9-4}$$

$$\Delta V = -\beta \Delta T - R_s \Delta I \tag{9-5}$$

$$\Delta T = T_c - T_r \tag{9-6}$$

其中，I_{sc}、I_m为短路电流（A）和最大工作电流（A）；V_{oc}和V_m为开路电压（V）和最大工作电压（V）；R_{ref}和T_r为太阳能辐射强度和光伏电池温度参考值，一般取$1kW/m^2$，25℃；R和T_c为任意时刻的光伏阵列总的太阳能辐射和温度；α和β为电流和电压温度系数；R_s为光伏阵列串联电阻。

串联电阻由下式计算：

$$R_s = \frac{N}{N_p} R_{s,ref} = \frac{N}{N_p}\left[A_{ref}\ln\left(1 - \frac{I_{m,ref}}{I_{sc,ref}}\right) - V_{m,ref} + V_{oc,ref}\right] / I_{m,ref} \tag{9-7}$$

$$A_{ref} = \frac{T_{c,ref}\mu_{V_{oc}} - V_{oc,ref} + \varepsilon N_s}{\frac{\mu_{Isc} T_{c,ref}}{R_{ref}} - 3} \tag{9-7a}$$

$$V_{oc} = V_{oc,ref} + \mu_{Voc}(T_c - T_{c,ref}) \tag{9-7b}$$

$$V_m = V_{m,ref} + \mu_{Voc}(T_c - T_{c,ref}) \tag{9-7c}$$

$$I_m = \frac{R}{R_{ref}}[I_{m,ref} + \mu_{Isc}(T_c - T_{c,ref})] \tag{9-7d}$$

$$I_{sc} = \frac{R}{R_{ref}}[I_{sc,ref} + \mu_{Isc}(T_c - T_{c,ref})] \tag{9-7e}$$

其中，E 为材料带能，ε=1.12eV（硅）；$I_{m,ref}$ 和 $V_{m,ref}$ 为在参考条件下光伏阵列最大功率点的电流和电压；$I_{sc,ref}$ 和 $V_{oc,ref}$ 为在参考条件下光伏阵列的短路电流和开路电压；$\mu_{V_{oc}}$ 和 μ_{Isc} 为在参考条件下光伏阵列的开路电压和短路电流温度系数；N 为光伏阵列模块的串联数；N_p 为光伏阵列模块的并联数；$T_{c,ref}$ 为在参考条件下光伏电池的温度。

9.3 系统建模与仿真

太阳能发电建模仿真步骤如下：

（1）建立数学模型。

利用式（9-1）至式（9-7）模拟太阳能的电压－电流特性和功率－电流特性，其中输入为太阳能温度、日照强度、电压，输出为电流、功率。太阳能电池中使用的参数如表 9-1 所示。设定太阳能温度分别为 0℃、25℃、5℃、75℃，日照强度分别为 200W/m^2、400 W/m^2、600 W/m^2、800 W/m^2、1000 W/m^2，对太阳能电池进行模拟。

表 9-1　太阳能电池中使用的参数

参数名	参数值
光伏阵列开路电压 V_{oc}/V	21.6
光伏阵列最大功率点的电压 V_m/V	17.2
光伏阵列短路电流 I_{sc}/A	3.41
光伏阵列最大功率点的电流 I_m/A	3.19
电流温度系数 α	0.015
电压温度系数 β	-0.07
电阻/Ohm	2

（2）构建 Simulink 模型。

构建 Simulink 模型，如图 9-1 所示模型名为 taiyangnengfadian.mdl。模型主要用到 Math operations 和 Sinks 模块组。在计算中，当温度和日照强度变化时，光伏电池最大功率点的电压和电流、短路电流和电压也随之变化，需要通过式（9-7b）至式（9-7e）重新计算。

（3）模块参数设置。

图 9-1 中的模块参数设置：双击 Constant 模块，弹出如图 9-2 所示的参数对话框。根据图 9-2 中 Constant 模块中显示的值在弹出的参数对话框中设定 Constant value。图中 Constant 模块显示的值：25 表示太阳能电池温度设定值，1000 表示日照强度设定值，最大功率点的电压和电流、短路电流和电压设置方法一样。

（4）仿真参数设置。

设置仿真时间：执行 Simulation→Configuration Parameters 命令，弹出仿真参数设置对话框，由于电压为 0～25V，故设置 Stop time 为 25，如图 9-3 所示。

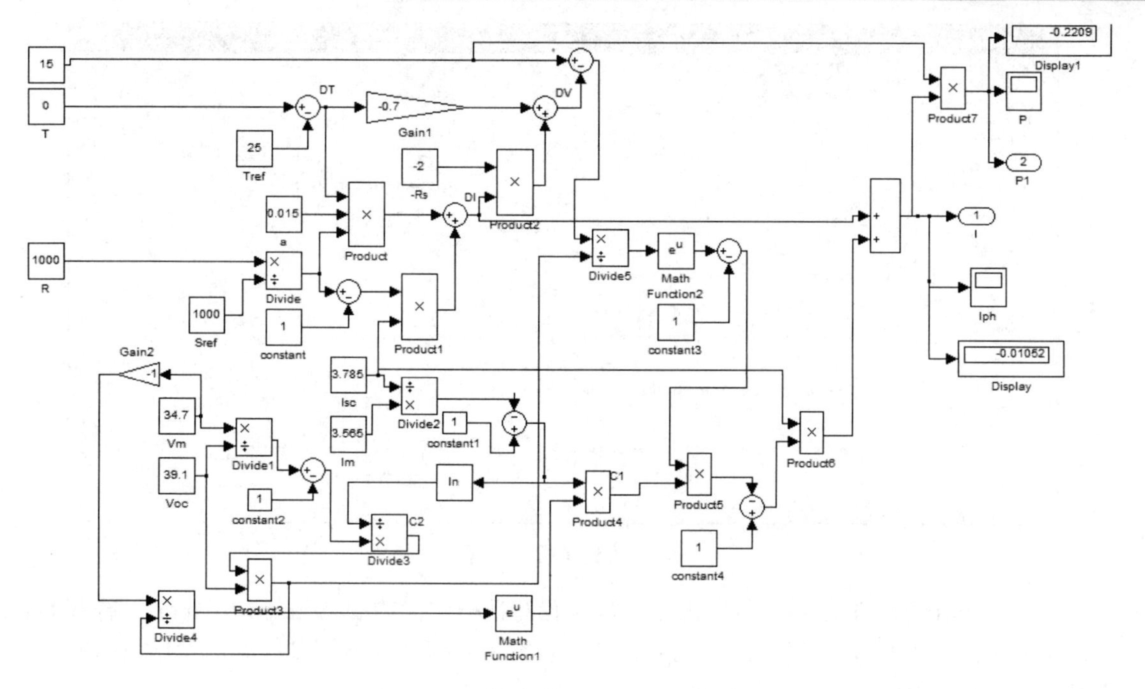

图 9-1　光伏阵列 Simulink 仿真模块

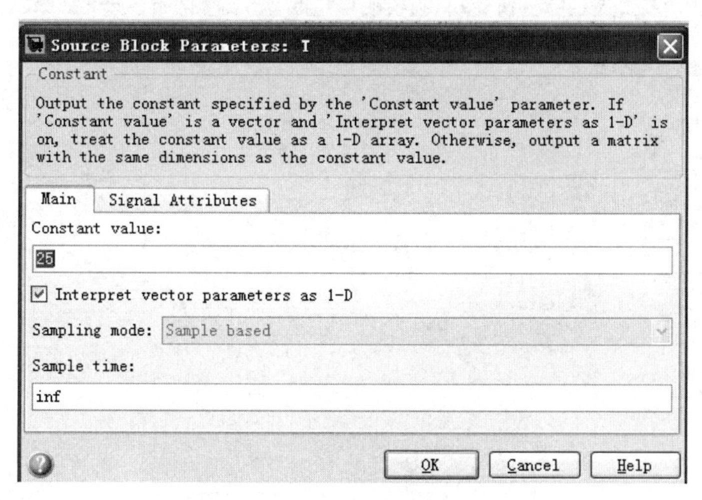

图 9-2　Constant 模块参数对话框

- Start time：仿真开始时间，在此取默认值 0。
- Stop time：仿真结束时间，在此改为 25。
- Type：是否固定步长，在此接受默认选项 Variable-step。
- Solver：计算方法，在此取默认 ode45 求解器。
- Max step size 和 Min step size：变步长的最大值和最小值，在此取默认值。
- Relative tolerance 和 Absolute tolerance：相对误差和绝对误差，在此取默认值。
- Initial step size：初始步长大小，在此取默认值。
- Zero crossing control：取默认值。

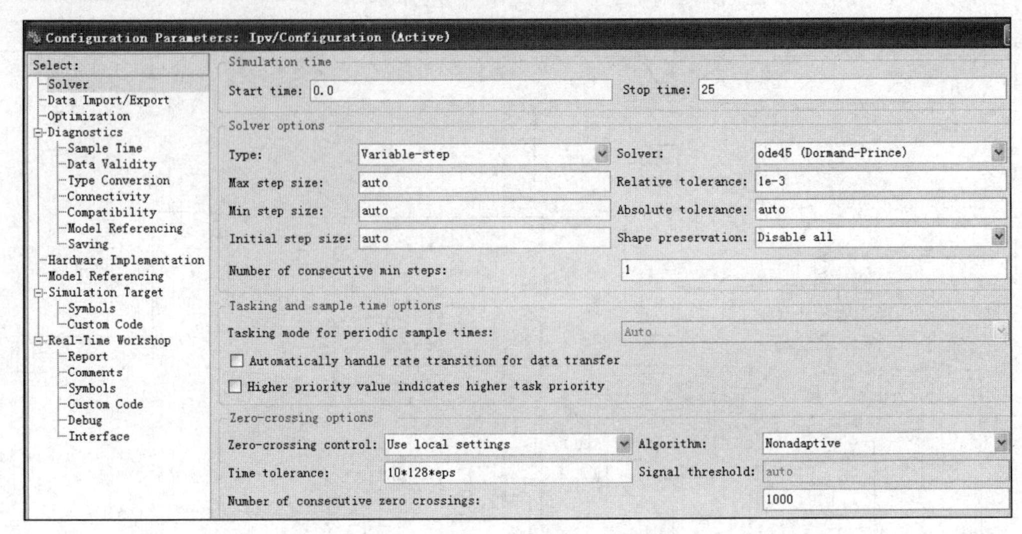

图 9-3　仿真参数设置对话框

设置 Data Import/Export：单击仿真参数设置对话框左侧的 Data Import/Export，打开 Data Import/Export 参数设置对话框，选中 Input 复选项，因为此仿真模型的参数输入靠 In1 模块，设置后如图 9-4 所示。

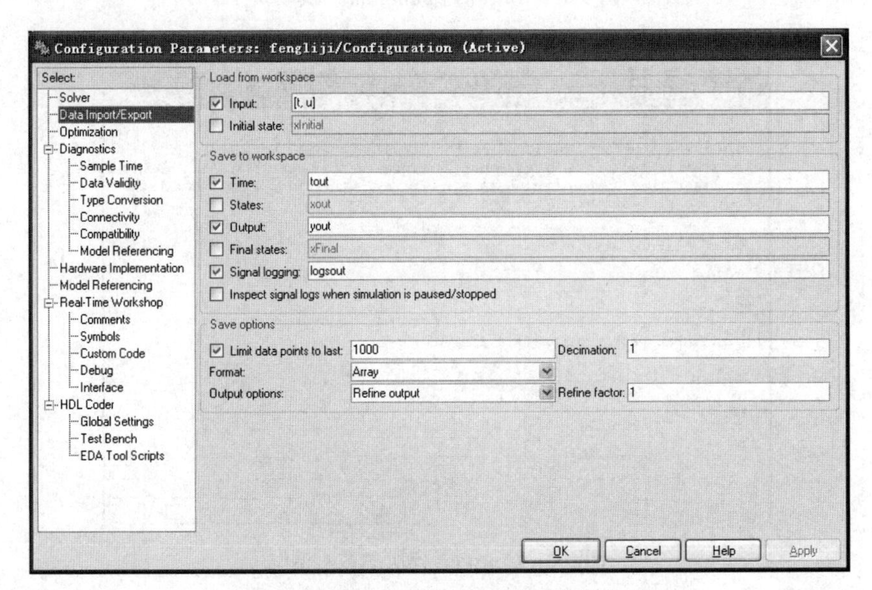

图 9-4　Data Import/Export 参数设置对话框

（5）仿真运行。

在命令窗口中输入如下语句，表示电压为 0～25V：

```
>>   t=[0:0.1:25]';                %t 为列向量
     u=t;                          %仿真中 In1 输入数据，表示电压为 0～25V
```

单击模型窗口中的“仿真启动”按钮仿真运行，运行结束后在命令窗口中输入如下语句，仿真输出在 tout,yout 中：

```
>>  figure(1)                      %图 1
    plot(tout,yout(:,1))           %画 I-V 关系曲线
```

```
xlabel('U(V)')                      %横轴为 U（V）
ylabel('I(A)')                      %纵轴为 I（A）
grid on
figure(2)                           %图 2
plot(tout,yout(:,2))                %画 P-V 关系曲线
xlabel('U(V)')                      %横轴为 U（V）
ylabel('P(W)')                      %纵轴为 P（W）
grid on
PT=[tout,yout];
xlswrite('PT.xls',PT)               %将数据写入 PT.xls 中
```

输出结果为：当太阳能温度 T=25℃、日照强度 R=1000W/m^2 时，V-I 关系曲线如图 9-5 所示，P-V 关系曲线如图 9-6 所示。

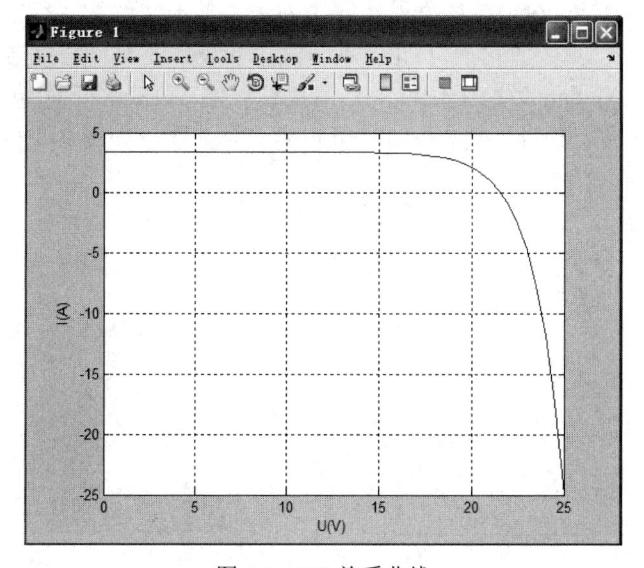

图 9-5　V-I 关系曲线

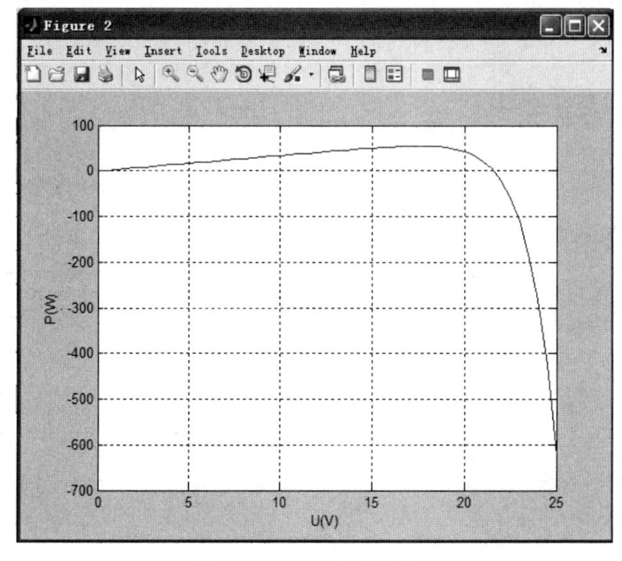

图 9-6　P-V 关系曲线

说明：仿真结束后，命令窗口中出现如下警告（并非错误，不影响仿真结果）：

①Warning: Using a default value of 0.5 for maximum step size. The simulation step size will be equal to or less than this value. You can disable this diagnostic by setting 'Automatic solver parameter selection' diagnostic to 'none' in the Diagnostics page of the configuration parameters dialog. 具体原因及解决办法参见本章仿真运行下的说明。

②Warning: The model 'Ipv' does not have continuous states, hence Simulink is using the solver 'Variable Step Discrete' instead of solver 'ode45'. You can disable this diagnostic by explicitly specifying a discrete solver in the solver tab of the Configuration Parameters dialog, or by setting the 'Automatic solver parameter selection' diagnostic to 'none' in the Diagnostics tab of the Configuration Parameters dialog. 具体原因及解决办法参见本章仿真运行下的说明。

数据后处理：一般地，人们在书写论文时，常用 origin 处理一些数据，得到相关曲线。本例中数据文件保存在 Matlab 当前工作目录下，找到数据文件，将三次仿真结果导入 origin 中得到太阳能温度和日照强度的 V-I 关系曲线和 P-V 关系曲线，如图 9-7 和图 9-8 所示。

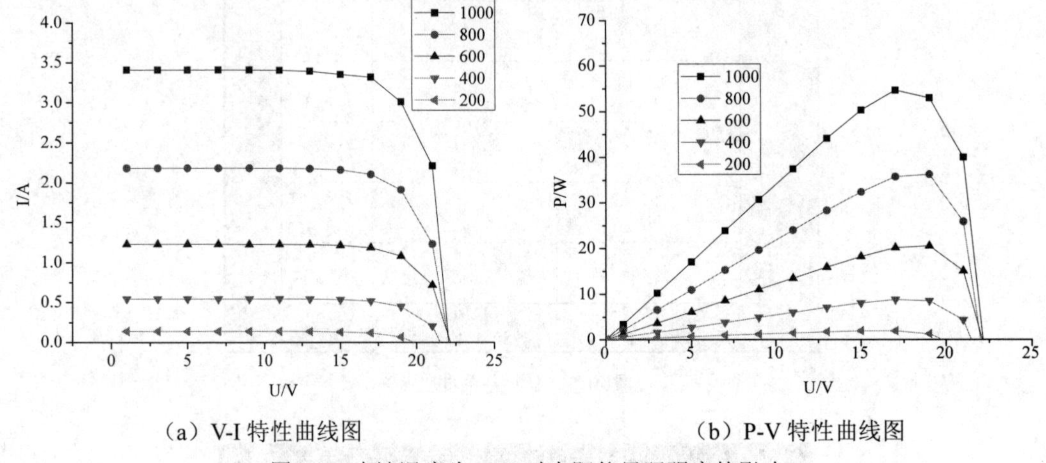

（a）V-I 特性曲线图　　（b）P-V 特性曲线图

图 9-7　电池温度为 25℃时太阳能日照强度的影响

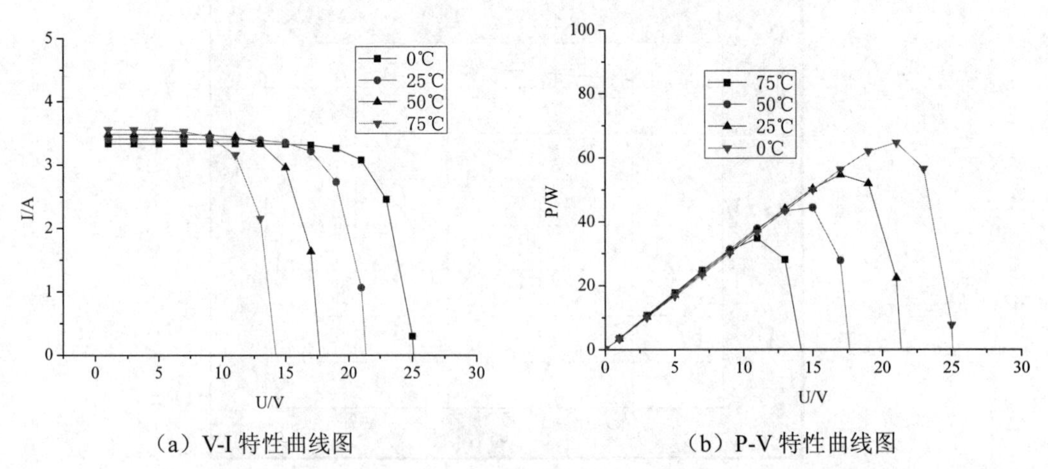

（a）V-I 特性曲线图　　（b）P-V 特性曲线图

图 9-8　太阳能日照为 $1kW/m^2$ 时环境温度变化对太阳能电池输出特性的影响

9.4 仿真结果分析

由图 9-7 和图 9-8 所示的太阳能 V-I 曲线和 P-V 曲线可知：

（1）当太阳能辐射强度固定在 1000 W/m^2 时，温度从 75℃降到 0℃时，最大功率点增大，最佳工作电压也随之增大。

（2）当电池温度固定为 25℃时，太阳能辐射强度从 1000W/m^2 降低到 200W/m^2 时，最佳工作电压几乎没有变，而最大功率点随着日照强度的减小而减小。

（3）太阳能电池的电压和电流成非线性关系，无论是改变太阳能辐射强度还是电池温度，每条工作曲线只有一个最大功率点，此点即为太阳能电池的最佳工作点。

9.5 小结

本章介绍了太阳能发电发展的基本情况，分析了太阳能发电的原理并利用 Simulink 中的 Math Operations 和 Sinks 模块组对太阳能电池进行了建模仿真，最后对仿真结果进行了分析和讨论。通过本章的学习，读者应该做到以下几点：

（1）了解太阳能发展的情况，了解太阳能发电的原理。

（2）掌握 Math Operations 和 Sinks 模块组，能够对这些模块进行参数设置。

（3）掌握 In1、Out1 模块的应用，能够对系统仿真参数进行设置。

（4）掌握 Simulink 仿真的具体过程和步骤，对 Simulink 仿真的具体过程有更深的认识。

（5）学会举一反三，利用 Simulink 能够解决类似的工程问题。

9.6 上机实习

本章主要计算了太阳能温度分别为 0℃、25℃、5℃、75℃和日照强度分别为 200W/m^2、400W/m^2、600W/m^2、800W/m^2、1000W/m^2 时太阳能电池电压－电流和功率－电压的关系，读者可根据本章实例讨论其他温度和日照强度对太阳能电池电压－电流和功率－电压关系的影响。

10

动力系统的建模与仿真

锅炉是一种能量转换设备，向锅炉输入燃料的化学能，经过锅炉转换，向外输出具有一定热能的蒸汽、高温水或有机热载体。锅炉中产生的蒸汽可通过蒸汽动力装置转换为机械能，产生动力。本章将利用 Simulink 中的 Transfer Fcn 模块、Transport Delay 模块、Gain 模块等实现锅炉燃烧过程控制系统的仿真。

本章主要内容：

- 介绍锅炉燃烧过程控制系统的研究现状。
- 分析锅炉燃烧过程控制系统。
- 详细介绍锅炉燃烧过程控制系统建模与仿真的过程与步骤。
- 分析锅炉燃烧过程控制系统的仿真结果。

10.1 概述

锅炉是一种能量转换设备，其产生的蒸汽可通过蒸汽动力装置转换为机械能，产生动力，广泛用于火电站、船舶、机车和工矿企业。燃烧过程在锅炉中是必要的一环，燃烧过程的控制是燃烧过程的重要环节，控制系统的性能直接关系到设备和工作人员的安全问题及节能问题。提高燃烧过程的自动控制水平，对当前技术改造和节能工作具有重要意义。

目前燃烧过程控制系统的研究受到许多人的关注。姚若玉采用模糊自整定 PID 的控制方法，对供暖锅炉的燃烧系统进行了控制规律的设计，在炉膛负压控制系统中将送风调节器的输出作为前馈信号，送到炉膛负压调节回路的引风调节器，使送风量变化时引风量也立即变化，以解决滞后问题。薛福珍、梁远针对锅炉燃烧系统多变量、强耦合、大时滞的复杂性，提出一种多变量时滞对象的控制方法，以动态风煤比的形式对燃烧过程实施先进控制，所实现的改进的多变量 Smith 预估算法有效地克服了模型失配对控制的不利影响，多模型智能控制解决了在负荷变化时对象模型参数的不确定性，控制效果优于原 DCS 系统的 PID 控制。吴明永对燃烧控制系统进行了仿真研究和性能分析，提出了蒸汽压力控制系统采用模糊自适应 PID 串级控制能增强系统的抗干扰能力；炉膛负压控制系统中引入送风量作为前馈补偿，使得引风量能迅速跟随送风量的变化，使炉膛负压保持在允许范围；风煤比自寻优控制系统以给燃料量为前馈量，使送风量能迅速跟随燃料量的变化，模糊自寻优控制器使得送风量能较快搜索到最佳值，从而提高炉膛温度，达到提高锅炉热效率的目的，起到节约能源的作用。

本章将利用 Simulink 中的 Transfer Fcn 模块、Transport Delay 模块、Gain 模块等对锅炉燃

烧过程控制系统进行仿真，并对控制系统的性能进行分析，确保燃烧系统安全、经济地运行，为燃烧过程控制系统的分析、评估研究提供有效途径。

10.2 系统分析

燃烧控制主要由蒸汽压力控制系统、燃料空气比值控制系统组成。锅炉燃烧的目的是生产蒸汽供其他生产环节使用。一般生产过程中蒸汽的控制是通过压力实现的，随着后续环节的生产用量不同，反映在燃油蒸汽锅炉环节就是蒸汽压力的波动。蒸汽压力是衡量蒸汽供求关系是否平衡的重要指标，是蒸汽的重要参数。蒸汽压力过低或过高，对于金属导管和负荷设备都是不利的。在锅炉运行过程中，蒸汽压力降低，说明负荷设备的蒸汽消耗量大于锅炉的蒸发量；蒸汽压力升高，表明负荷设备的蒸汽消耗量小于锅炉的蒸发量。因此，控制蒸汽压力，是安全生产的需要，是维持负荷设备正常工作的需要，也是保证燃烧经济性的需要。

保证蒸汽压力恒定的主要手段是随着蒸汽压力的波动及时调节燃烧产生的热量，而燃烧产生热量的调节是通过控制所供应的燃料量以及适当比例的助燃空气实现的。因此，蒸汽压力是最终被控制量，可以根据生成情况确定，燃料量是根据蒸汽压力确定的，空气供应量根据空气量与燃料量的合理比值确定。

蒸汽压力控制系统、燃料空气比值控制系统的方案如图 10-1 所示。

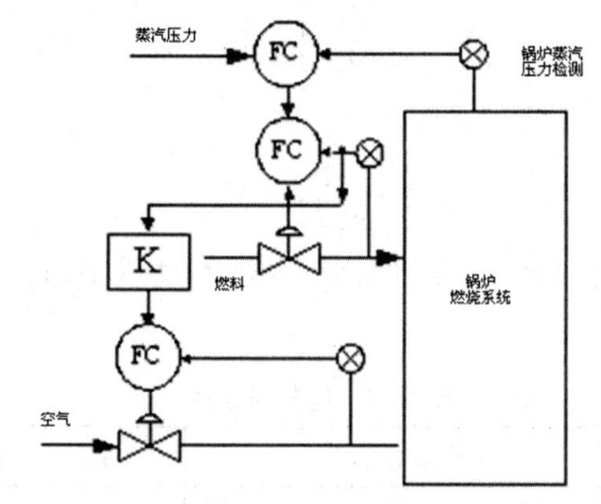

（a）蒸汽压力控制和燃料空气比值控制系统结构简图

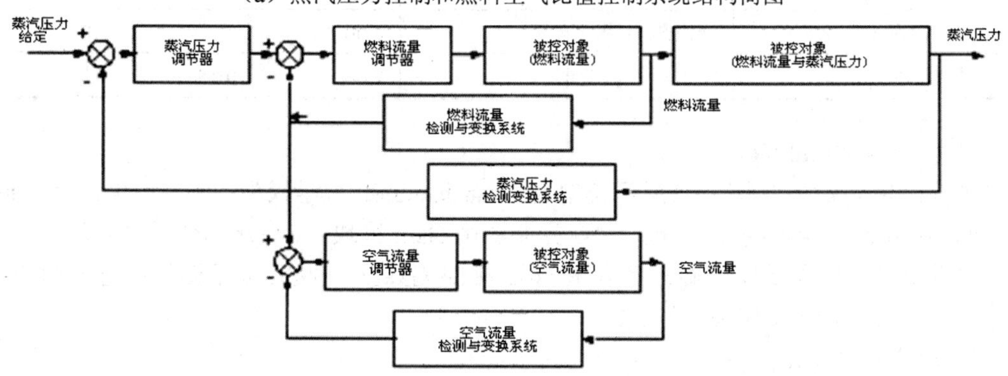

（b）蒸汽压力控制和燃料空气比值控制系统框图

图 10-1 蒸汽压力控制和燃料空气比值控制系统的方案

10.3 系统建模与仿真

锅炉燃烧过程控制系统的建模仿真步骤如下：

（1）建立系统数学模型

燃料流量被控对象：

$$G(s)=\frac{2}{13s+1}e^{-3s} \tag{10-1}$$

燃料流量至蒸汽压力关系约为：

$$G(s)=3 \tag{10-2}$$

蒸汽压力至燃料流量关系约为：

$$G(s)=\frac{1}{3} \tag{10-3}$$

蒸汽压力检测变换系统数学模型：

$$G(s)=1 \tag{10-4}$$

燃料流量检测变换系统数学模型：

$$G(s)=1 \tag{10-5}$$

燃料流量与控制流量比值：

$$G(s)=\frac{1}{2} \tag{10-6}$$

空气流量被控对象：

$$G(s)=\frac{2}{8s+1}e^{-2s} \tag{10-7}$$

控制系统采用 PID 控制，燃料流量调节器、蒸汽压力调节器、空气流量调节器的参数如表 10-1 所示。

表 10-1 控制器参数

控制系统	PID 控制器	K_P	K_I	K_D
燃料流量控制系统	燃料流量调节器	1.15	0.10	0
蒸汽压力控制系统	蒸汽压力调节器	1.00	0	0
空气流量控制系统	空气流量调节器	1.00	0.15	0

（2）构建 Simulink 模型。

构建Simulink模型，如图10-2所示模型名为ranshao.mdl。数学模型中的式（10-1）由Transfer Fcn 模块、Transport Delay 模块实现，PID 控制器由 Gain 模块、Integrator 模块实现。

构建模型时如果需要模块旋转（如图 10-2 中的 Gain）可执行如下操作：选中模块后右击并选择 Format→Rotate Block 命令。

（3）模块参数设置。

图 10-2 中模块参数的设置如下：

- Constant 模块：双击该模块，弹出如图 10-3 所示的参数对话框。根据图 10-2 中

Constant 模块显示的值在弹出的参数对话框中设定 Constant value。图中 Constant 模块显示的值：20 表示蒸汽压力设定值。

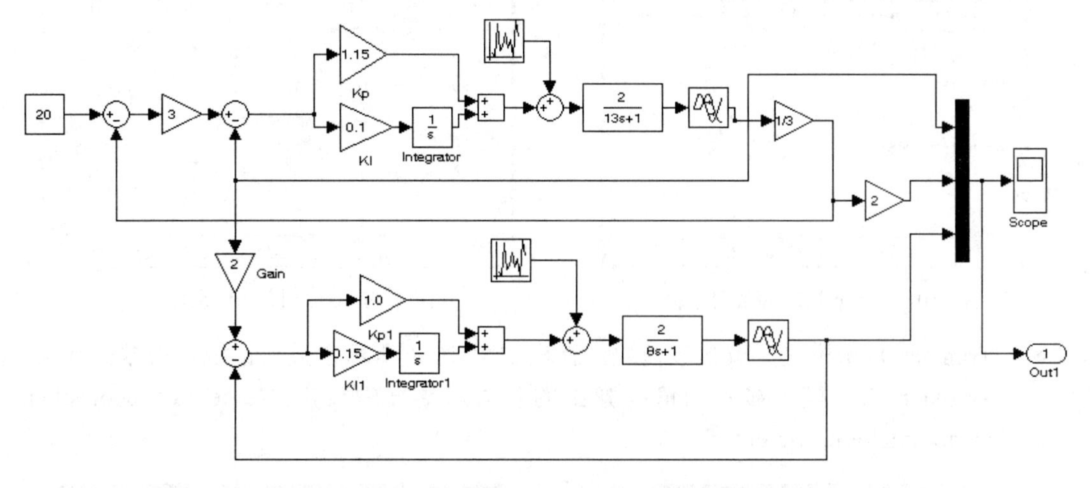

图 10-2　燃烧过程控制系统仿真框图

- Gain 模块：双击该模块，弹出如图 10-4 所示的参数对话框。根据图 10-2 中 Gain 模块显示的值在弹出的参数对话框中设定 Gain。图中 Gain 模块显示的值：1.15 表示燃料流量调节器 $K_p = 1.15$，0.1 表示燃料流量调节器 $K_I = 0.1$，1.0 表示空气流量调节器 $K_p = 1.0$，0.15 空气流量调节器 $K_I = 0.15$，其他见数学模型中的关系式。

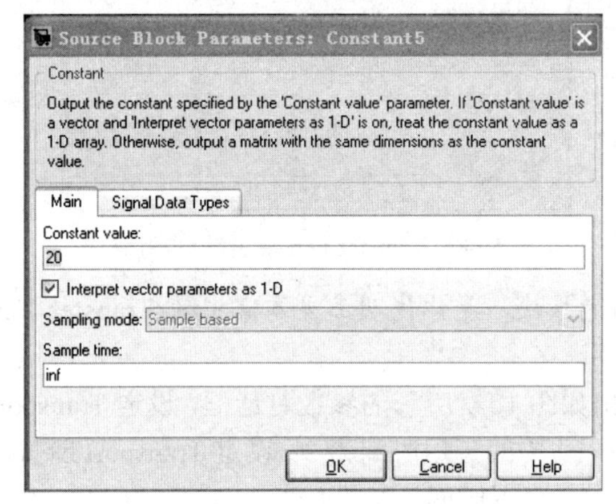

图 10-3　Constant 模块参数对话框

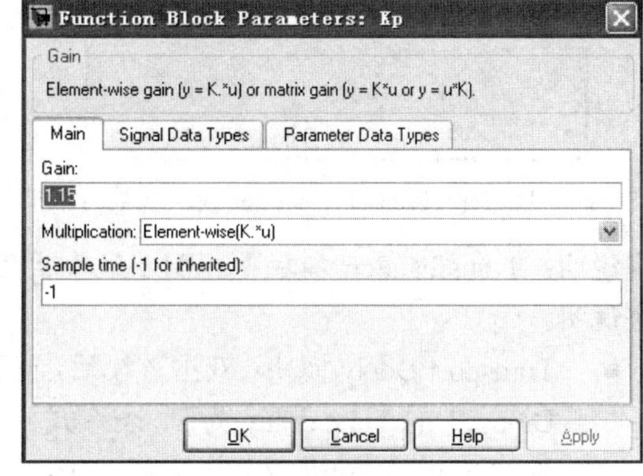

图 10-4　Gain 模块参数对话框

- Sum 模块：双击该模块，弹出如图 10-5 所示的参数对话框。根据图 10-2 中 Sum 模块的显示，在弹出的参数对话框中设定 List of signs。其中设定 List of signs 为+-，表示负反馈控制系统。
- Mux 模块：双击该模块，弹出如图 10-6 所示的参数对话框，将 Number of inputs 设为 3。
- Uniform Random Number 模块：双击该模块，弹出如图 10-7 所示的参数对话框，取默认值，表示系统受幅值为±0.1 的随机干扰。

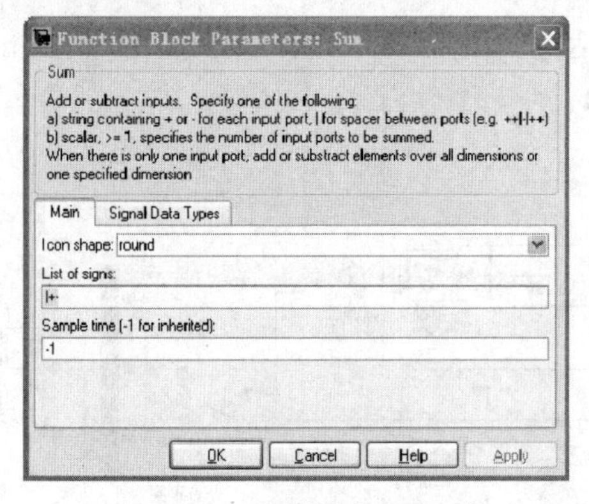

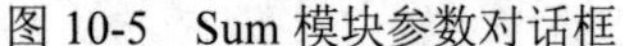
图 10-5　Sum 模块参数对话框

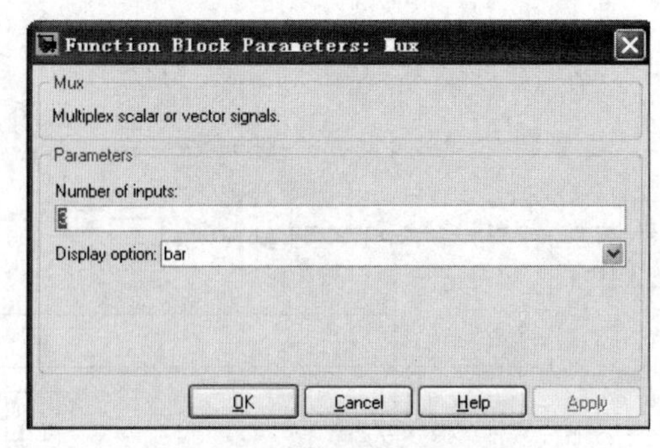

图 10-6　Mux 模块参数对话框

- Transfer Fcn 模块：双击该模块，弹出如图 10-8 所示参数对话框，根据图 10-2 中 Transfer Fcn 模块显示的值在弹出的参数对话框中设定 Numerator coefficient、Denominator cofficient。

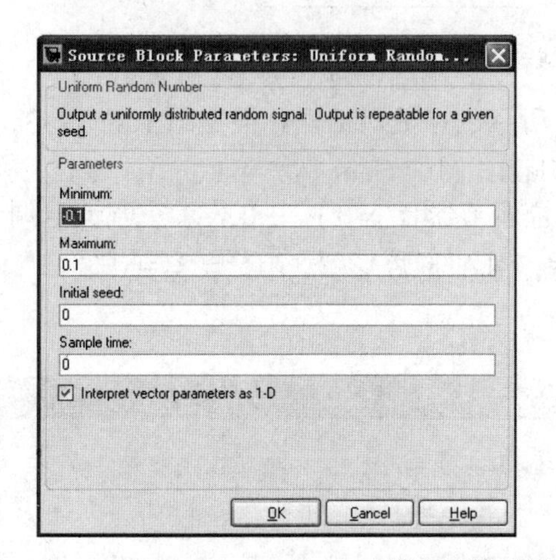

图 10-7　Uniform Random Number 模块参数对话框

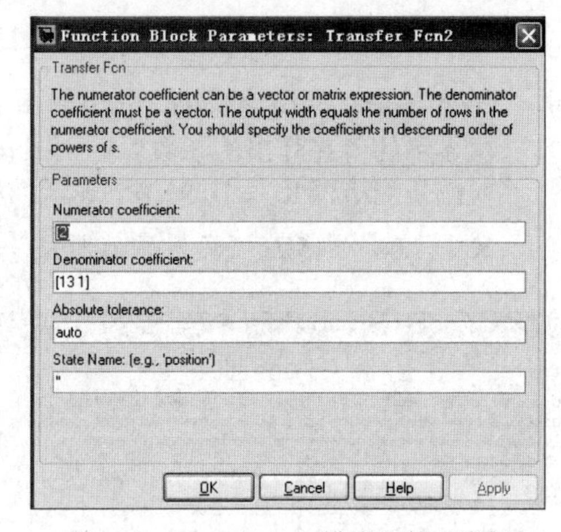

图 10-8　Transfer Fcn 模块参数对话框

说明：Transfer Fcn 模块是控制系统中常用的模块，具体说明参见本章中的 Transfer Fcn 模块说明。

- Transport Delay 模块：双击该模块，弹出如图 10-9 所示的参数对话框，设定 Transport Delay 中的 Time delay 为 3，表示式（10-1）中的延迟时间为 3；设定 Transport Delay1 中的 Time delay 为 2，表示式（10-7）中的延迟时间为 2。

说明：数学模型式（10-1）、（10-7）中含延迟环节，延迟环节是输入量加上以后，输出量要等待一段时间 τ 后，才能不失真地复现输入环节。它不单独存在，一般与其他环节同时出现。其传递函数为 $G(s)=e^{-\tau s}$，在 Simulink 中可用 Transport Delay 模块实现，在 Transport Delay 模块参数对话框（如图 10-9 所示）中设置延迟时间 Time delay 为 τ 即可，τ 为具体值。

- 模块封装：此处将燃料流量调节器、空气流量调节器模块封装起来，如图 10-10 所示，选择要封装的模块，右击并选择 Create Subsystem 命令，这样便将所选模块封装起来。封装会使模型简洁，增强模型的可读性，封装后的结果如图 10-11 所示。其中 PI1 封装的模块如图 10-12 所示，PI2 封装的模块如图 10-13 所示。

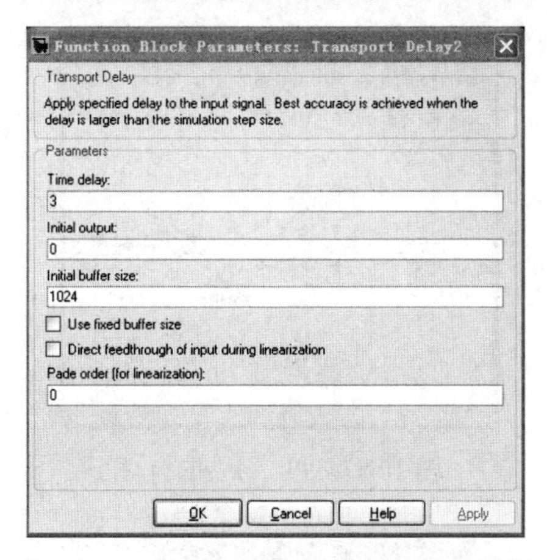

图 10-9　Transport Delay 模块参数对话框

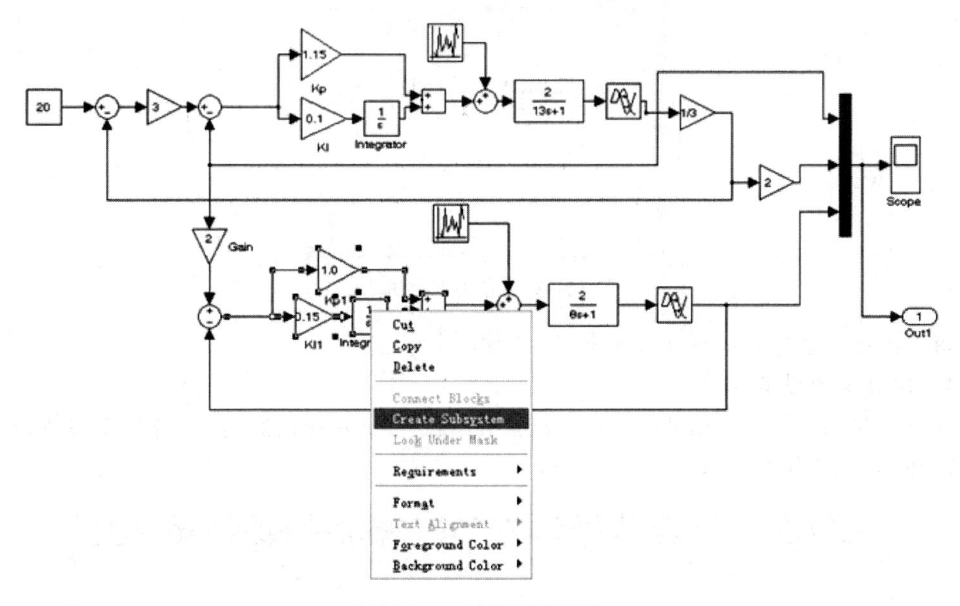

图 10-10　模块封装操作

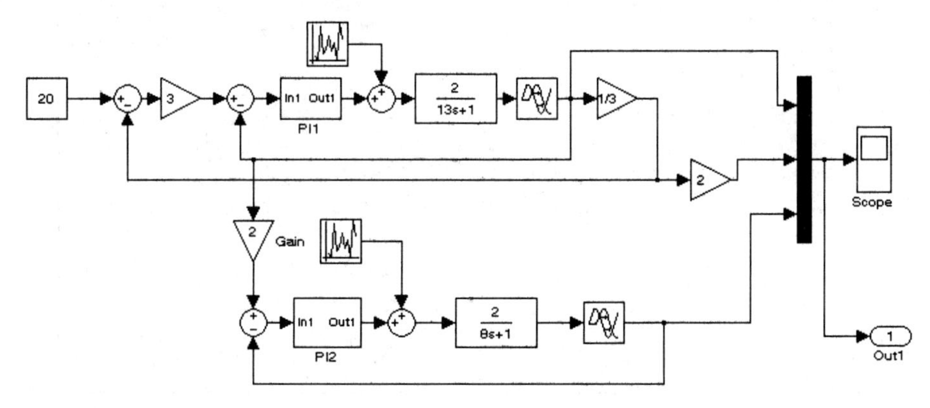

图 10-11　封装后的结果

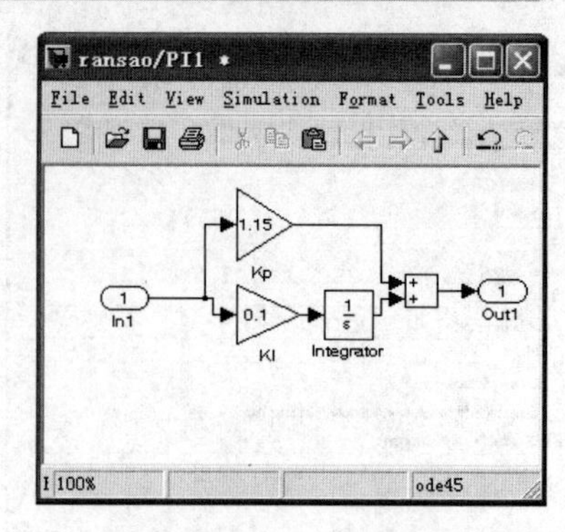

图 10-12　PI1 封装的模块

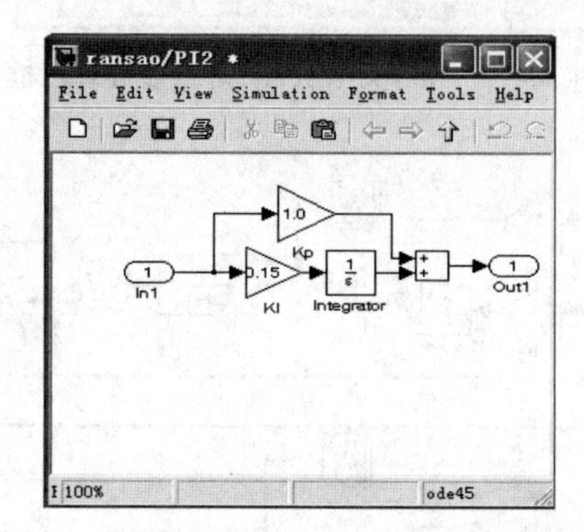

图 10-13　PI2 封装的模块

说明：模块封装的详细说明参见第 27 章模块封装。

（4）仿真参数设置。

设置仿真时间：执行 Simulation→Configuration Parameters 命令，打开仿真参数设置对话框，设置 Stop time 为 200，如图 10-14 所示。

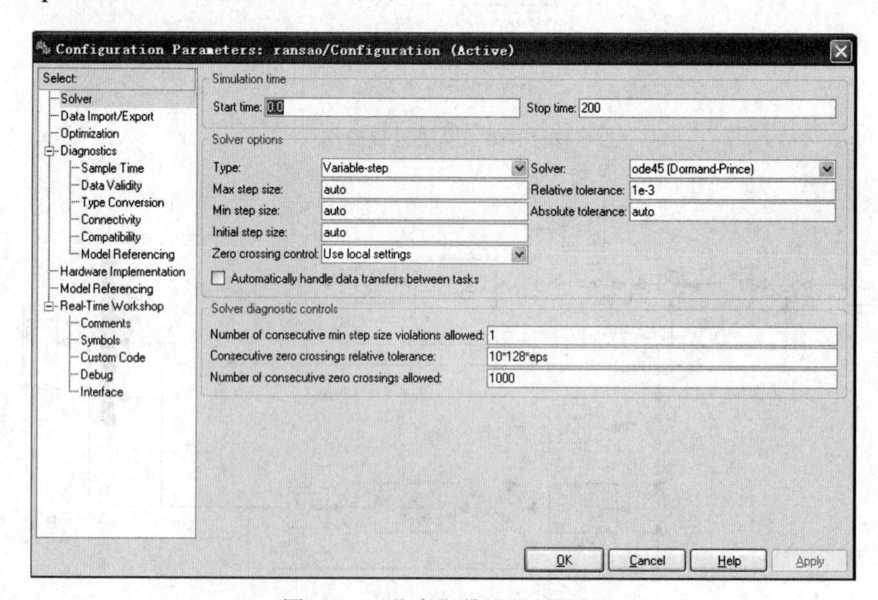

图 10-14　仿真参数设置对话框

- Start time：仿真开始时间，在此取默认值 0。
- Stop time：仿真结束时间，在此改为 200。
- Type：是否固定步长，在此接受默认选项 Variable-step。
- Solver：计算方法，在此取默认 ode45 求解器。
- Max step size 和 Min step size：变步长的最大值和最小值，在此取默认值。
- Relative tolerance 和 Absolute tolerance：相对误差和绝对误差，在此取默认值。
- Initial step size：初始步长大小，在此取默认值。
- Zero crossing control：取默认值。

（5）仿真运行。

单击模型窗口中的“仿真启动”按钮▶仿真运行，运行结束后示波器显示结果如图 10-15 所示。

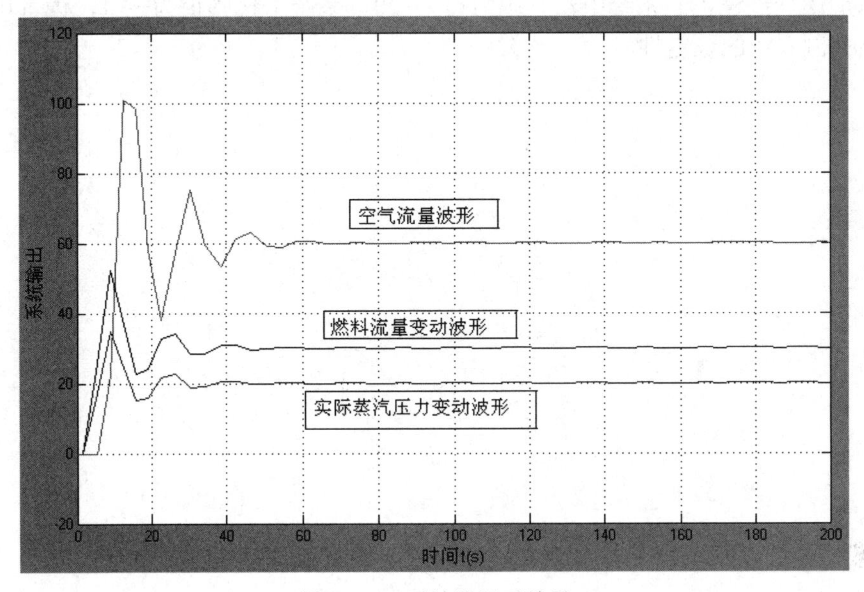

图 10-15　示波器显示结果

10.4　仿真结果分析

由图 10-15 燃烧过程控制系统的仿真结果可以看出：当燃料流量、空气流量受 chip 信号干扰时，系统控制的蒸汽压力最大超调量为 0.36%，响应时间为 46.5s，系统的稳定程度和响应速度都比较好。Matlab/Simulink 仿真软件为燃烧过程控制系统的分析、评估研究提供了有效途径。

10.5　小结

本章介绍了锅炉燃烧过程控制系统的研究现状，分析了锅炉燃烧过程控制系统并利用 Simulink 中的 Transfer Fcn 模块、Transport Delay 模块、Gain 模块等对锅炉燃烧过程控制系统进行了建模仿真，最后对仿真结果进行了分析和讨论。通过本章的学习，读者应该做到以下几点：

（1）了解锅炉燃烧过程控制系统。

（2）掌握 Transfer Fcn 模块、Transport Delay 模块、Gain 模块等，能够对这些模块进行参数设置。

（3）掌握 Simulink 仿真的具体过程和步骤，对 Simulink 仿真的具体过程有更深的认识，能够对系统仿真参数进行设置。

（4）学会举一反三，利用 Simulink 能够解决类似的工程问题。

10.6 上机实习

本章锅炉燃烧过程控制系统中蒸汽压力设为 20，系统干扰幅值为±0.1，读者可以改变参数，观察该控制系统的稳定性。

11

石化系统的建模与仿真

蒸馏工艺是化工生产中常用的分离提纯方法。在蒸馏过程中，伴随着巨大的能量消耗和不同产品对蒸馏要求的不同，使得蒸馏塔的过程建模、操作优化及控制显得尤为重要。本章将利用 Simulink 中的 Transfer Fcn 模块、Transport Delay 模块、Gain 模块、Switch 模块等实现蒸馏塔馏出产品冷却水流量控制系统的仿真。

本章主要内容：

- 介绍蒸馏系统工艺流程及其控制指标。
- 分析塔顶精馏产品的质量控制系统。
- 详细介绍蒸馏塔馏出产品冷却水流量控制系统建模与仿真的过程与步骤。
- 分析蒸馏塔馏出产品冷却水流量控制系统的仿真结果。

11.1 概述

化工生产常需进行液体混合物的分离以达到提纯或回收有用组分的目的。互溶液体混合物的分离方法有多种，蒸馏是其中最常用的一种。

在蒸馏过程中，伴随着巨大的能量消耗和不同产品对蒸馏要求的不同，使得蒸馏塔的过程建模、操作优化及控制显得尤为重要。而蒸馏塔的过程建模问题又是极其困难的，国内外有大量的专家学者对蒸馏塔的过程建模做了大量的工作。

图 11-1 所示为某厂常压蒸馏系统工艺流程图，原料经过 D6002 冷凝罐冷凝后，经泵 P6005 和加热器 E6013（通过釜底馏出产品预热）送入蒸馏塔 C6001 的 32、34 和 36 层进料塔板，36 层以上为精馏段，32 层以下为提馏段，进入塔内的液体与塔内上升的蒸汽在各层塔板上充分接触，进行传质传热，使沸点低的易挥发组分汽化上行，沸点高的难发挥组分随液体往下流。下流到塔釜的液体分为两部分：一部分作为加热液体预热进口液体料后，通过冷凝器 E6012 冷却至室温后从 G601 管道引出为塔底提馏产品；另一部分通过再沸器 E6003 蒸汽加热汽化后返回蒸馏塔内。从塔顶馏出的汽化组分一部分直接进入回流储液罐 D6003，一部分通过冷凝器 E6008 冷凝为液体后再进入回流储液罐，回流储液罐中的液体一部分经回流泵 P6006 重新打回蒸馏塔 C6001 内，一部分流经控制阀 LIC6010 馏出为塔顶产品 1，回流储液罐中的蒸汽组分

经液位控制阀 LIC 6005 从罐顶引出为塔顶精馏产品 2。

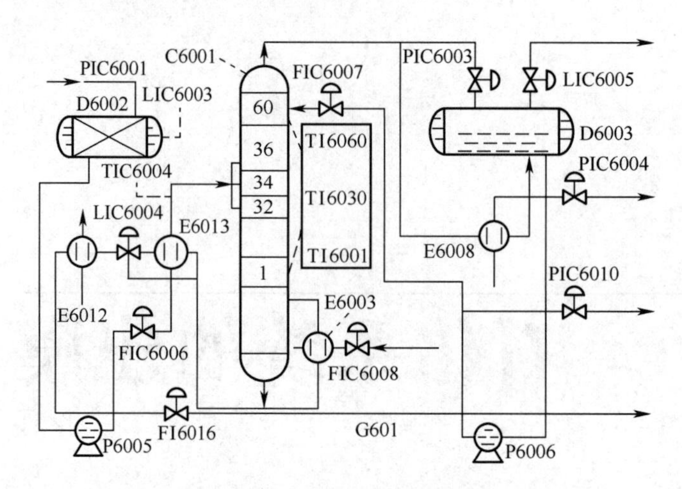

图 11-1 蒸馏工艺流程图

蒸馏塔的控制指标主要有两项：①产品的提纯质量和产量指标：产品质量指标包括塔釜提馏产品的纯度要求和塔顶精馏各产品的纯度要求，产品的产量一般用回收率衡量，回收率越高的产品产量越高；②安全和能耗指标：安全性主要体现在蒸馏过程控制中的参数设限问题（如蒸汽压力、流量等的最大、最小值），以防止事故发生；蒸馏过程是高能耗生产过程，能耗控制问题是蒸馏过程研究的重点问题，能耗的降低主要考虑工艺过程的合理性、过程控制的参数选择和控制策略选择的合理性等。

此蒸馏系统的过程控制主要分为塔底提馏产品的质量控制和塔顶精馏产品的质量控制。本章采用一种简化的蒸馏塔建模方法，利用 Simulink 中的 Transfer Fcn 模块、Transport Delay 模块、Gain 模块、Switch 模块等来实现蒸馏塔馏出产品冷却水流量控制系统的仿真。

11.2 系统分析

塔顶精馏产品的质量控制采用压力－液位控制系统，其具体控制方案为：以塔内压力控制 PIC6003（设定值为 0.562MPa）、回流储液罐内压力控制 PIC 6004（设定值为 0.479MPa）、回流储液罐内的中心液位控制 LIC6010（设定值为 47.9cm）和回流储液罐的外侧液位控制 LIC 6005（设定值为 62.8cm）为控制参数变量，以 C6001 蒸馏塔塔顶馏出汽化组分流量、冷却水流量和塔顶汽相组分馏出产品 1 的流量和塔顶液相组分馏出产品 2 的流量为被控制参数变量，回流储液罐的回流量采用恒定流量控制（FIC6007），再沸器加热量也采用加热蒸汽定值流量控制（FIC6008）。这种控制方案再沸器加热蒸汽采用定值流量蒸汽加热，有利于保证塔顶馏出产品的质量；回流液体采用恒值流量控制，有利于蒸馏塔的平稳工作；通过塔内压力、回流储液罐的压力和液位来控制塔顶馏出两种产品的质量，保证产品合格，但有一定的控制回路滞后。

图 11-2 所示为塔顶精馏产品质量控制系统结构图，图 11-3 所示为蒸馏塔馏出产品冷却水流量控制系统框图。蒸馏塔馏出产品质量的控制，被调节变量可以取蒸馏塔的供料流量、塔压、蒸馏塔塔釜液位或回流储液罐液位，供料流量、塔压、蒸馏塔塔釜液位与冷却水流量之间都存在非线性关系，而塔釜液位与冷却水之间还存在反向响应特性，需要设计非线性调节器，而回

流储液罐的液位变化基本上与冷却水流量的变化成比例关系（本控制系统关系系数为 0.2088），所以此处蒸馏塔馏出产品质量的控制采用回流储液罐的液位控制来调节冷却水的流量。由于冷却水流量的变化要通过冷凝器对塔顶馏出气相冷凝后再影响回流储液罐的液位，这些变化通过冷凝器、储液罐后有一定的滞后特性，采用 PID 调节器较为合适。

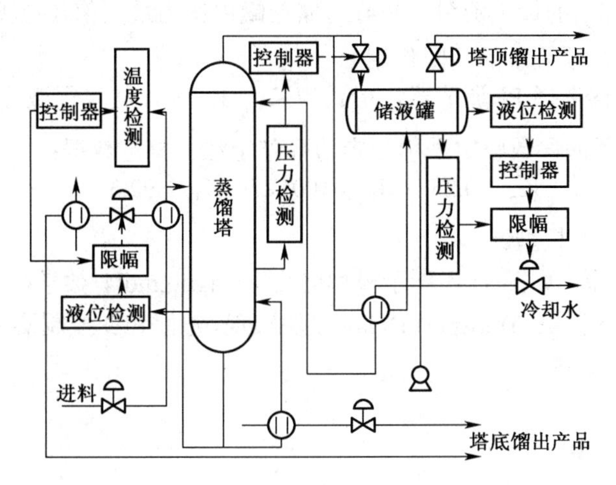

图 11-2 塔顶精馏产品质量控制系统结构图

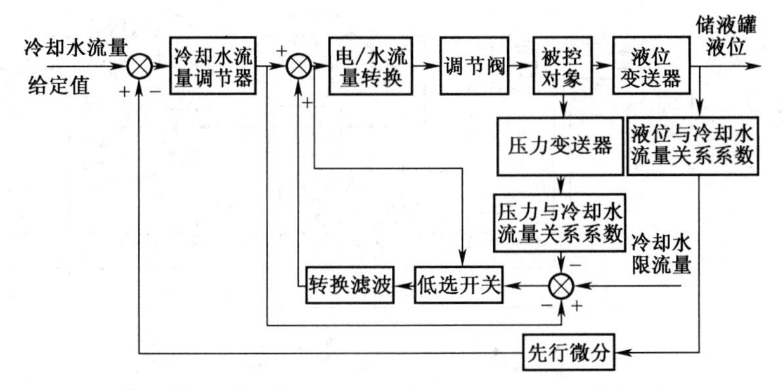

图 11-3 蒸馏塔馏出产品冷却水流量控制系统框图

11.3 系统建模与仿真

蒸馏塔馏出产品冷却水流量控制系统的建模仿真步骤如下：

（1）建立系统数学模型。

蒸馏塔对象的机理比较复杂，通过机理建模不仅难度高，而且模型反映蒸馏塔的实际运行情况实时性差，本章采用简化的数学模型。从冷却水至冷凝器、回流储液罐液位（包括电/水流量变换器、阀门定位器/阀门、被控对象和液位变送器）的数学模型为：

$$G_1(s)=\frac{5.65e^{-40s}}{(26s+1)^2} \tag{11-1}$$

从冷凝器冷却水流量至储液罐压力测量变送器的数学模型为：

$$G_2(s)=\frac{e^{-4s}}{14s+1} \quad (11\text{-}2)$$

冷却水限制流量和储液罐内压力关系为：

$$Q_x(s)=Q_m\text{-}0.45P(s) \quad (11\text{-}3)$$

其中，Q_m 为冷却水的最大流量，P(s) 为储液罐内压力最大值（拉氏变换），$Q_x(s)$ 为冷却水限制流量（即为冷却水流量的超限作用）。

冷却水流量调节器选择 PI 调节器，形式为 K_p+K_I/s，与先行微分 $1+K_Ds$ 构成微分先行 PID 控制器，该控制器的参数整定采用稳定边界整定法。整定数据：

$$K_p=0.234;\ K_I=0.0127;\ K_D=92.3 \quad (11\text{-}4)$$

（2）构建 Simulink 模型。

构建 Simulink 模型，如图 11-4 所示模型名为 zhengliu.mdl。数学模型中的式（11-1）和式（11-2）由 Transfer Fcn 模块、Transport Delay 模块实现，先行 PID 控制器由 Gain 模块、Integrator 模块、Derivative 模块实现。

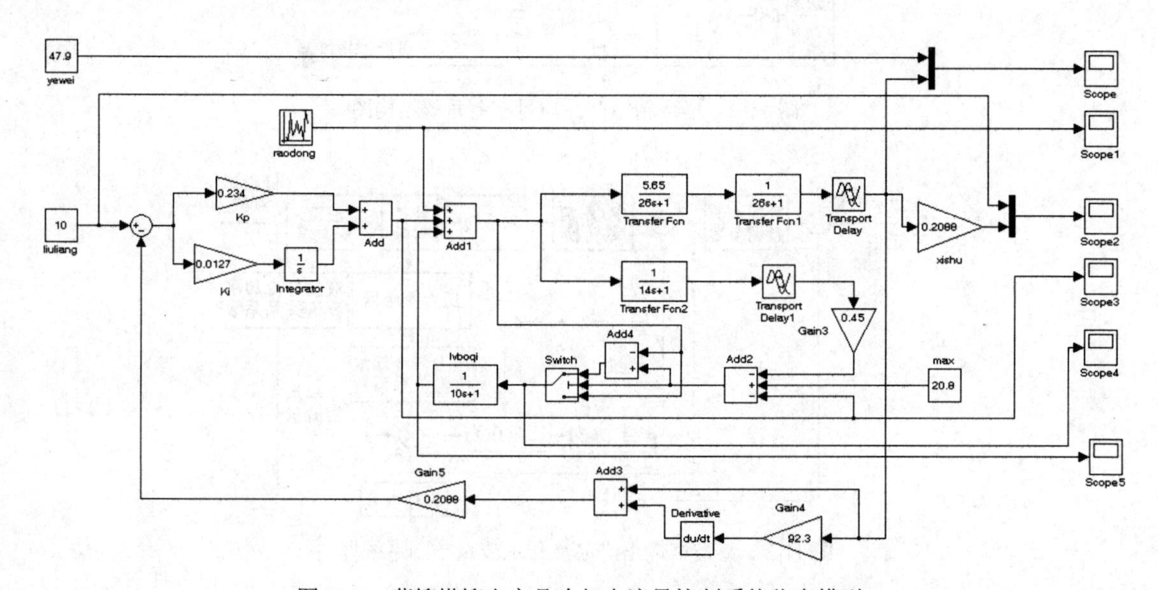

图 11-4　蒸馏塔馏出产品冷却水流量控制系统仿真模型

构建模型时如果需要模块旋转（如图 11-4 中的 Gain3）可执行如下操作：选中模块后右击并选择 Format→Rotate Block 命令。

（3）模块参数设置。

图 11-4 中模块参数的设置如下：

- Constant 模块：双击该模块，弹出如图 11-5 所示的参数对话框。根据图 11-4 中 Constant 模块显示的值在弹出的参数对话框中设定 Constant value。图中 Constant 模块显示的值：10 表示流量设定值，47.9 表示液位设定值，20.8 表示最大流量。
- Gain 模块：双击该模块，弹出如图 11-6 所示的参数对话框。根据图 11-4 中 Gain 模块显示的值在弹出的参数对话框中设定 Gain。图中 Gain 模块显示的值：0.234 表示 $K_p=0.234$，0.0127 表示 $K_I=0.0127$，92.3 表示 $K_D=92.3$，0.2088 表示回流储液罐的液位变化与冷却水流量的变化的关系系数，0.45 表示式（11-3）的系数。

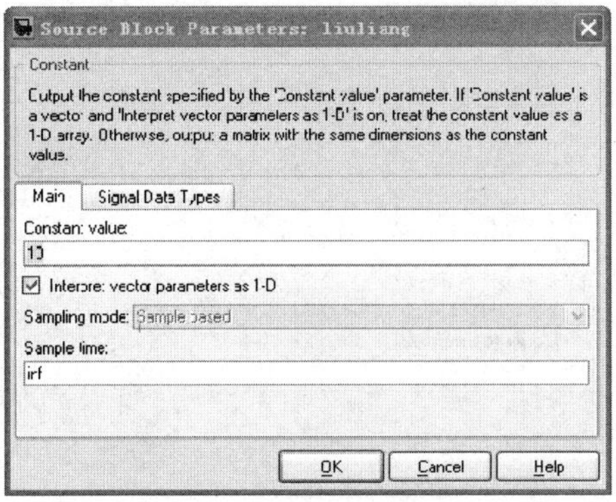

图 11-5 Constant 模块参数对话框

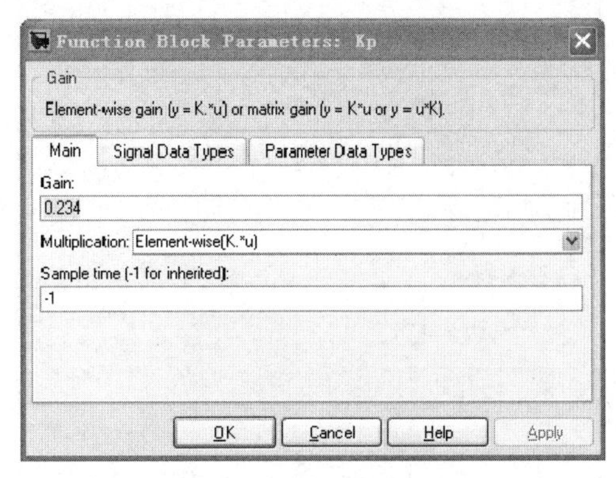

图 11-6 Gain 模块参数对话框

- Add 模块：双击该模块，弹出如图 11-7 所示的参数对话框。根据图 11-4 中 Add 模块显示，在弹出的参数对话框中设定 List of signs，List of signs 默认为++。
- Sum 模块：双击该模块，弹出如图 11-8 所示的参数对话框，设定 List of signs 为+-，表示负反馈控制系统。

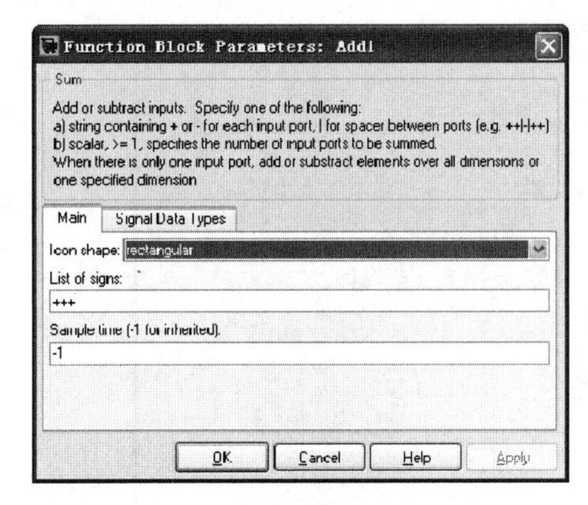

图 11-7 Add 模块参数对话框

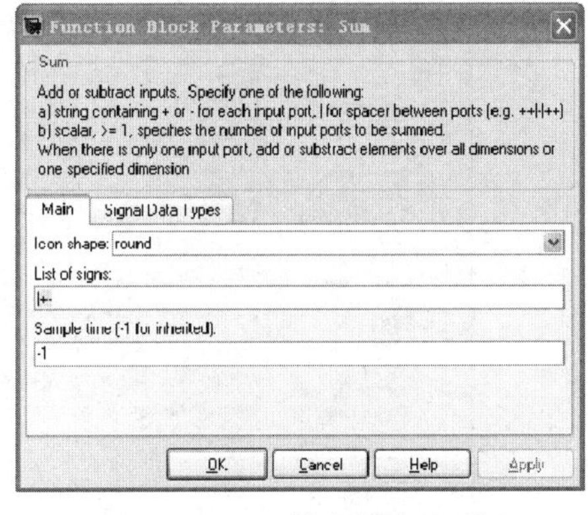

图 11-8 Sum 模块参数对话框

- Transfer Fcn 模块：双击该模块，弹出如图 11-9 所示的参数对话框。根据图 11-4 中 Transfer Fcn 模块显示的值在弹出的参数对话框中设定 Numerator coefficient、Denominator coefficient。

说明：Transfer Fcn 模块是控制系统中常用的模块，具体说明参见第 8 章中的 Transfer Fcn 模块说明。

- Transport Delay 模块：双击该模块，弹出如图 11-10 所示的参数对话框。设定 Transport Delay 中的 Time delay 为 40，表示式（11-1）中延迟时间为 40；设定 Transport Delay1 中的 Time delay 为 4，表示式（11-2）中延迟时间为 4。

说明：数学模型式（11-1）和（11-2）中含延迟环节，延迟环节是输入量加上以后，输出量要等待一段时间 τ 后，才能不失真地复现输入环节。它不单独存在，一般与其他环节同时出现。其传递函数为 $G(s)=e^{-\tau s}$，在 Simulink 中可用 Transport Delay 模块实现。在 Transport Delay 模块参数对话框（如图 11-10 所示）中设置延迟时间 Time delay 为 τ，τ 为具体值。

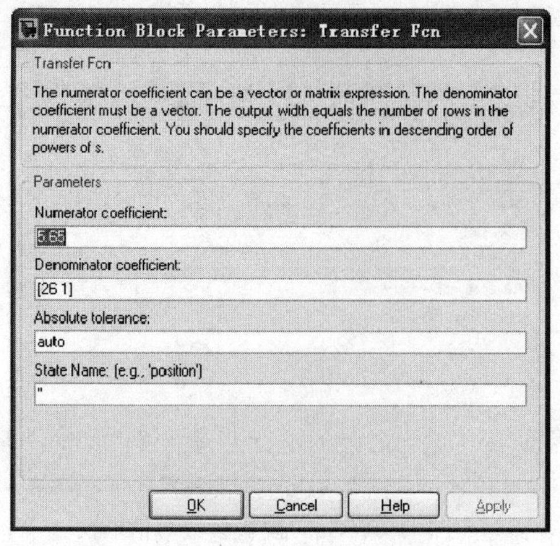

图 11-9 Transfer Fcn 模块参数对话框

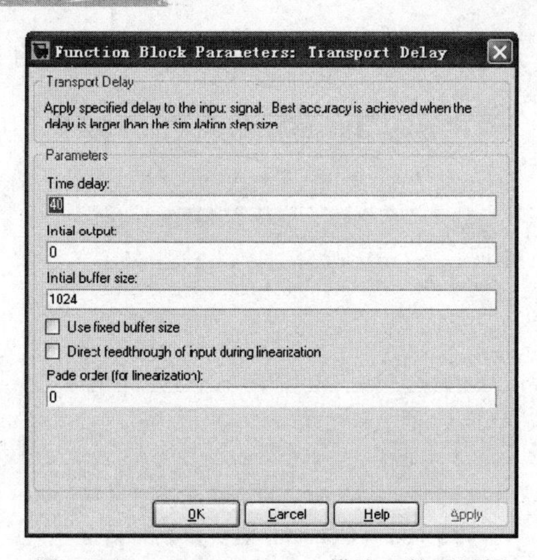

图 11-10 Transport Delay 模块参数对话框

（4）仿真参数设置。

设置仿真时间：执行 Simulation→Configuration Parameters 命令，打开仿真参数设置对话框，设置 Stop time 为 1000，如图 11-11 所示。

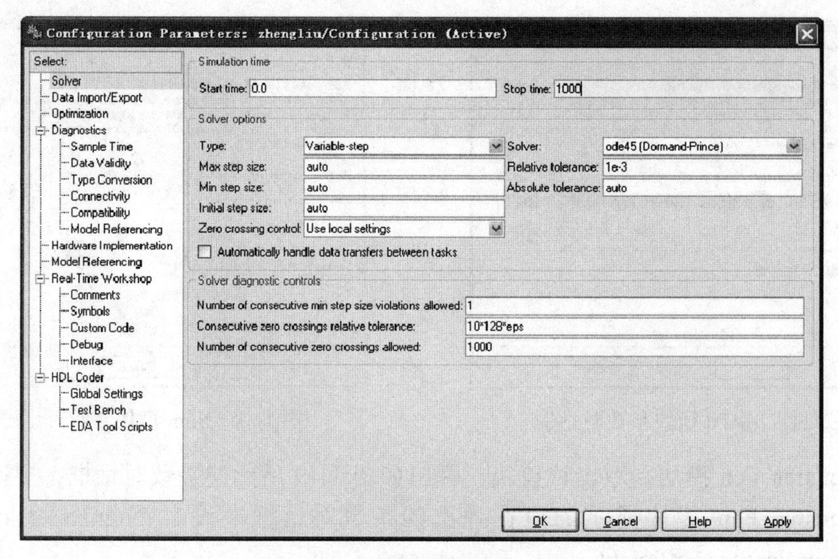

图 11-11 仿真参数设置对话框

- Start time：仿真开始时间，在此取默认值 0。
- Stop time：仿真结束时间，在此改为 1000。
- Type：是否固定步长，在此接受默认选项 Variable-step。
- Solver：计算方法，在此取默认 ode45 求解器。
- Max step size 和 Min step size：变步长的最大值和最小值，在此取默认值。
- Relative tolerance 和 Absolute tolerance：相对误差和绝对误差，在此取默认值。
- Initial step size：初始步长大小，在此取默认值。
- Zero crossing control：取默认值。

（5）仿真运行。

单击模型窗口中的“仿真启动”按钮▶仿真运行，运行结束后示波器显示结果如图 11-12 所示。

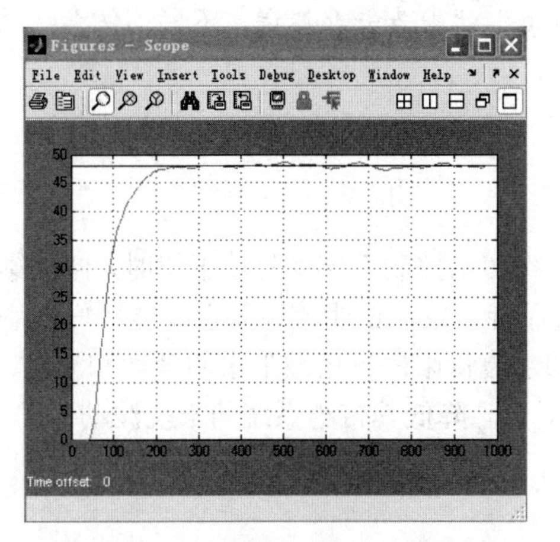

（a）储液罐中心液位设定值与实际液位波形

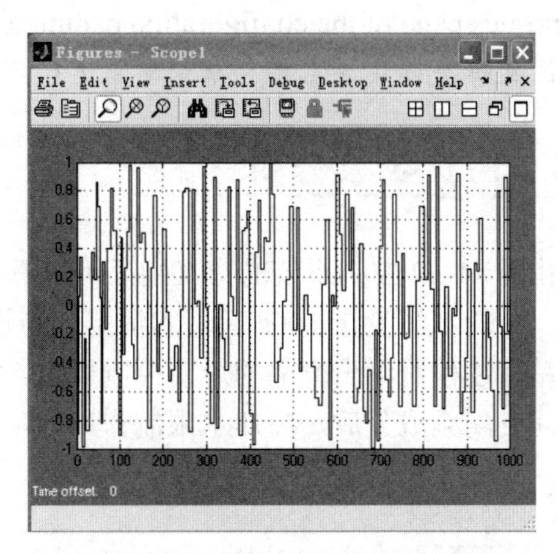

（b）冷却水控制系统所受干扰波形

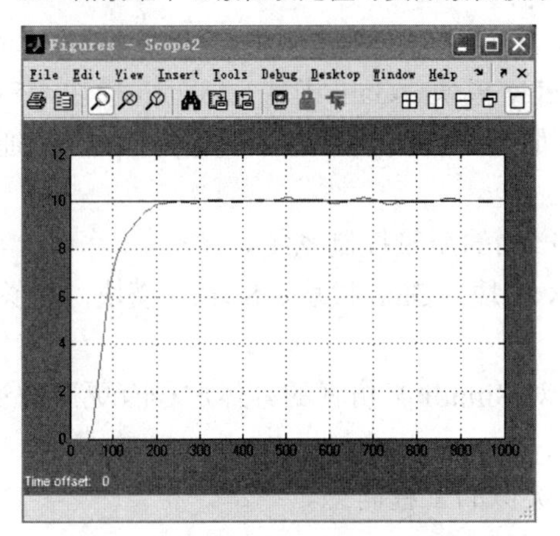

（c）冷却水流量设定值与实际流量波形

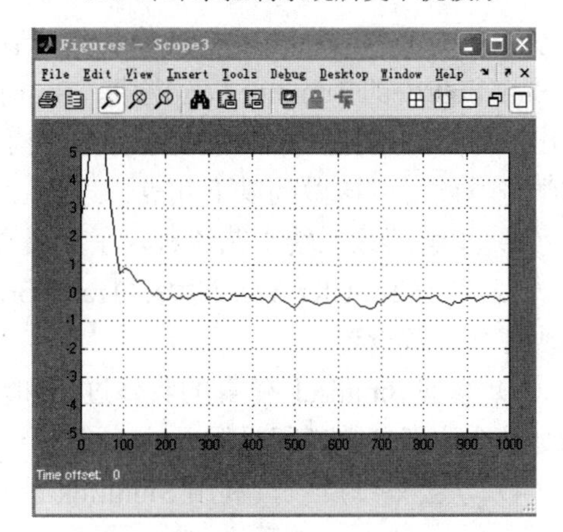

（d）冷却水流量控制器控制量波形

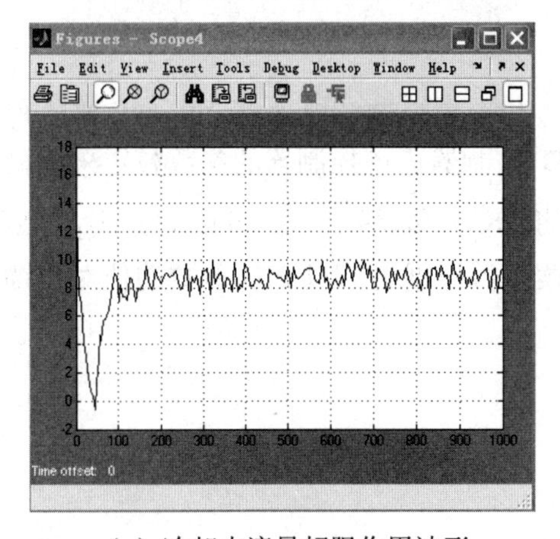

（e）冷却水流量超限作用波形

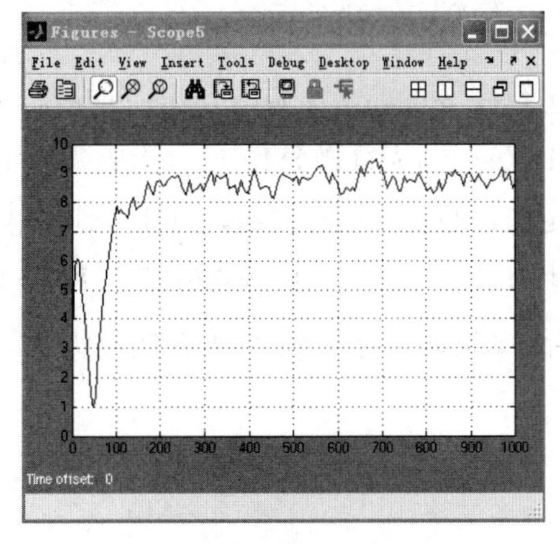

（f）冷却水流量超限作用滤波后波形

图 11-12　示波器显示结果

说明：仿真结束后，命令窗口中会出现如下警告："Warning: Using a default value of 20 for maximum step size. The simulation step size will be equal to or less than this value. You can disable this diagnostic by setting 'Automatic solver parameter selection' diagnostic to 'none' in the Diagnostics page of the configuration parameters dialog."此警告并非错误，不影响仿真结果。具体原因及解决办法详见第 8 章中仿真运行下的说明。

11.4 仿真结果分析

由图 11-12 控制系统的仿真结果可以看出：当冷却水控制系统受外境干扰时，储液罐中心液位、冷却水流量在 200s 后基本恒定，与设定值保持一致，说明该控制系统能较好地满足精馏塔精馏过程对馏出产品的质量控制要求。原冷却水流量限制作用波形中的脉冲和波动，经滤波器滤去高频成分后，冷却水限制作用波形变得平坦，降低其带给系统的干扰波动。

11.5 小结

本章介绍了蒸馏系统工艺流程及其控制指标，分析了塔顶精馏产品的质量控制系统，并利用 Simulink 中的 Transfer Fcn 模块、Transport Delay 模块、Gain 模块、Switch 模块等对蒸馏塔馏出产品冷却水流量控制系统进行了建模仿真，最后对仿真结果进行了分析和讨论。通过本章的学习，读者应该做到以下几点：

（1）了解蒸馏系统工艺流程，了解塔顶精馏产品的质量控制系统。

（2）掌握 Transfer Fcn 模块、Transport Delay 模块、Gain 模块、Switch 模块，能够对这些模块进行参数设置。

（3）掌握 Simulink 仿真的具体过程和步骤，对 Simulink 仿真的具体过程有更深的认识，能够对系统仿真参数进行设置。

（4）学会举一反三，利用 Simulink 能够解决类似的工程问题。

11.6 上机实习

本章蒸馏塔馏出产品冷却水流量控制系统中冷却水流量调节器选择 PI 调节器，形式为 $K_p + K_I/s$，与先行微分 $1 + K_D s$ 构成微分先行 PID 控制器，该控制器的参数整定采用稳定边界整定法。整定数据有两组，其中一组是本章用到的 $K_p = 0.234$，$K_I = 0.0127$，$K_D = 92.3$；另一组为 $K_p = 1.174$，$K_I = 0.0127$，$K_D = 18.4$。读者可根据另一组 PID 参数的值对蒸馏塔馏出产品冷却水流量控制系统重新建模仿真。

12

冶金系统的建模与仿真

近几年，我国汽车工业及装备制造业的迅猛发展大大增加了对钢材特别是带材的需求。目前，钢铁集团面对大量的生产订单，一些老化的生产设备已不能适应生产需要，因此对原有设备的技术改造必须进行。带钢卷取对边系统 EPC 是钢铁生产中重要的控制系统，本章将利用 Simulink 中的 Transfer Fcn 模块、Gain 模块等实现带钢卷取对边系统 EPC 的仿真。

本章主要内容：

- 介绍钢铁工业及带钢卷取对边系统。
- 分析带钢卷取对边系统。
- 详细介绍带钢卷取对边系统建模与仿真的过程与步骤。
- 分析仿真结果。

12.1 概述

冶金工业是指对金属矿物的勘探、开采、精选、冶炼，以及轧制成材的工业，包括黑色冶金工业和有色冶金工业两大类，是重要的原材料工业部门，为国民经济各部门提供金属材料，也是经济发展的物质基础。

新中国成立以来，钢铁工业发展迅速。在大连、天津、上海等沿海城市发展钢铁工业的同时，内地的包头、太原、武汉、重庆、攀枝花等地也建设了一批大型钢铁和铁合金、耐火材料等辅助原料企业。在黑色冶金工业发展的同时，中国有色金属冶炼及加工业迅速发展起来，辽宁、黑龙江、山东、河南、四川、贵州、甘肃等地先后建设了一批大型氧化铝厂、电解铝厂和铝材加工厂，还在湖南、江西、贵州、广西等地建立了大型的有色金属生产基地。

近几年，中国钢铁行业在内需的拉动下出现了较好的发展机遇，国内钢材的实际需求增长保持年均 7.57%的增速。预计中南地区将成为未来中国钢铁产品需求最具潜力的区域，武钢、鞍钢是最受益于下游行业需求增长的企业。未来，建筑行业和资源能源行业的需求所占比例将有所下降，而机械、轻工和汽车等行业的需求所占比例将有所上升。

目前，钢铁集团面对大量的生产订单，一些老化的生产设备已不能适应生产需要，因此对原有设备的技术改造必须进行。带钢卷取对边系统 EPC 是钢铁生产中重要的控制系统，带钢卷取对边系统（Edge Position Control，EPC）即边缘位置控制，广泛应用在轧钢或钢带热处理等连续生产线中，用来对带材连续生产进行跑偏控制。引起跑偏的主要原因有：张力不适当或张力波动较大；辊系的不平行和不水平；辊子偏心或锥度；钢带厚度不均，浪形及横向弯曲等。跑偏控制的作用在于使机组带钢定位，实现自动卷齐，使钢带可以立放，便于中间多道工序的生产，并可大量减少带边的剪切量而提高成品率，使成品钢卷整齐，包装、运输及使用方便。

目前，卷取对边系统多采用 PID 控制方式。本章利用 Simulink 中的 Transfer Fcn 模块、Gain 模块等实现带钢卷取对边系统 EPC 的仿真。

12.2 系统分析

带钢卷取对边系统即边缘位置控制，广泛应用在轧钢或钢带热处理等连续生产线中，用来对带材连续生产进行跑偏控制。常见的跑偏控制系统有气液和光电液伺服控制系统。两者的工作原理相同，其区别仅在于检测器和伺服阀不同：前者为气动检测器和气液伺服阀；后者为光电检测器和电液伺服阀，并各有所长。电液伺服控制系统的优点是信号传输快；电反馈和校正方便；光电检测器的开口（即发射与接收器间距）可达一米左右，因此可直接方便地装于卷取机旁，但系统较复杂。气液伺服系统的最大优点是简单可靠且不怕干扰；气液伺服阀中的膜片不仅起气压一位移转换作用，还起力放大作用，因此系统中省去了放大器，简化了系统。但气动信号传输速度较慢，传输距离有限，且气动检测器开口较小，通常为 3060mm；检测器必须由支架伸出，装于距卷筒较远处。

如图 12-1 所示为典型的带钢卷取对边纠编系统，主要由卷取机、光电测器（摄像头、日光灯）、调节器（位移传感器及 PLC 控制放大单元）、液压伺服系统（液压站、伺服阀）、卷取机组成。

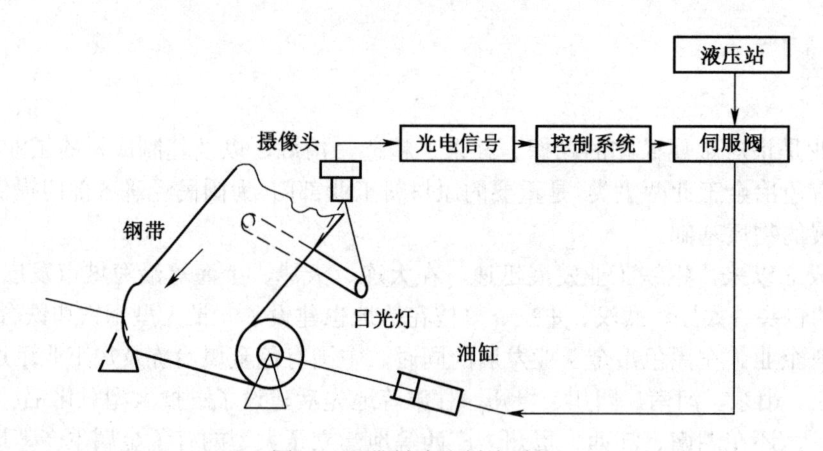

图 12-1　带材边缘纠编系统

控制系统一般有手动和自动两挡。当控制系统置于“自动”状态时，由光电检测仪对运行中的带材边缘在线检测出偏移信号，并将与偏移信号对应的偏差电流送至电控装置，经运算和放大产生电液伺服阀的控制信号，进而由伺服阀操纵油缸动作，以纠正带材边缘运行偏移。

系统由 PLC 控制器、伺服放大器、伺服阀、卷取机、传感器及 A/D 和 D/A 模块等环节组成。控制器给出控制信号，经伺服放大器放大后驱动伺服阀，控制油缸活塞杆运动来推动卷取机跟随带钢，带钢位移信号经传感器反馈回控制器构成闭环控制系统。系统原理框图如图 12-2 所示。

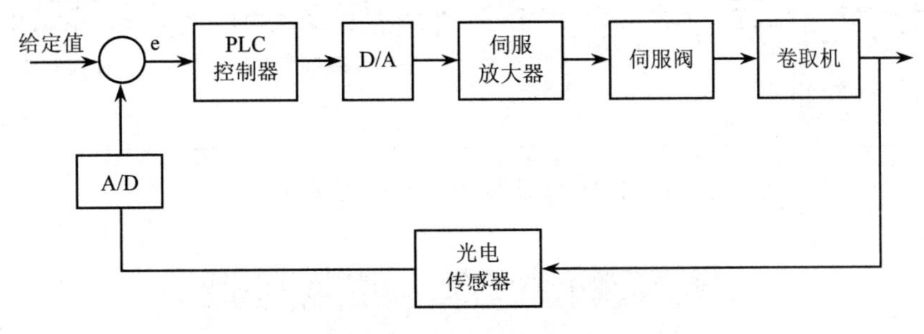

图 12-2 系统原理框图

12.3 系统建模与仿真

带钢卷取对边系统的建模仿真步骤如下：

（1）建立系统数学模型。

控制系统：由于 PLC 及其附属 A/D、D/A 模块和伺服放大器组成的控制系统对整个系统的影响只相当于一个比例采样环节，根据经验对于采用一阶数字校正器的系统，计算时间大约要 1ms，因此取采样时间 T=0.01s，取控制系统的传递函数为：

$$G_P(s)=\frac{T}{0.5T*S+1}*202 \tag{12-1}$$

控制器采用 PID 控制器，K_p=1，K_i=0.01，K_d=0.008。

伺服阀：伺服阀的传递函数可由下式得出：

$$G_{sr}(s)=\frac{Ksv}{s^2/w^2+(2\times\delta/w)\cdot s+1}=\frac{6.8\times10^{-3}}{\dfrac{s^2}{440^2}+\dfrac{2\times1.2066s}{440}+1} \tag{12-2}$$

卷取机（包括负载）：卷取机（包括负载）的传递函数可由下式得出：

$$G_2(s)=\frac{\dfrac{1}{Ap}}{s\left(\dfrac{s^2}{{w_n}^2}+\dfrac{2\varepsilon_n}{w_n}\cdot s+1\right)}=\frac{\dfrac{1}{137.4\times10^{-4}}}{s\left(\dfrac{s^2}{49.0^2}+\dfrac{2\times0.2s}{49.0}+1\right)} \tag{12-3}$$

光电传感器：光电传感器的传递函数可以简化为比例环节 K_2=1。

（2）构建 Simulink 模型。

构建 Simulink 模型，如图 12-3 所示模型名为 EPC.mdl。数学模型中的式（12-1）至式（12-3）由 Transfer Fcn 模块实现；PID 控制器由 Gain 模块、Integrator 模块、Derivative 模块实现。

（3）模块参数设置。

图 12-3 中模块参数的设置如下：

- Step 模块：双击该模块，弹出如图 12-4 所示的参数对话框，设定 Step time 为 1，Initial value 为 0，Final value 为 1，表示输入为单位阶跃信号。

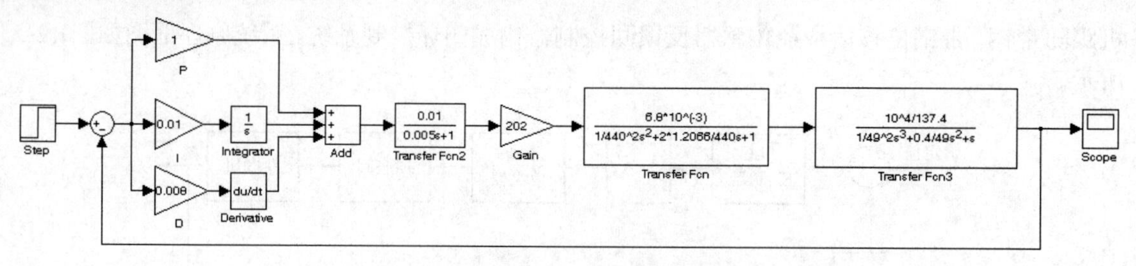

图 12-3　带钢卷取对边系统仿真模型

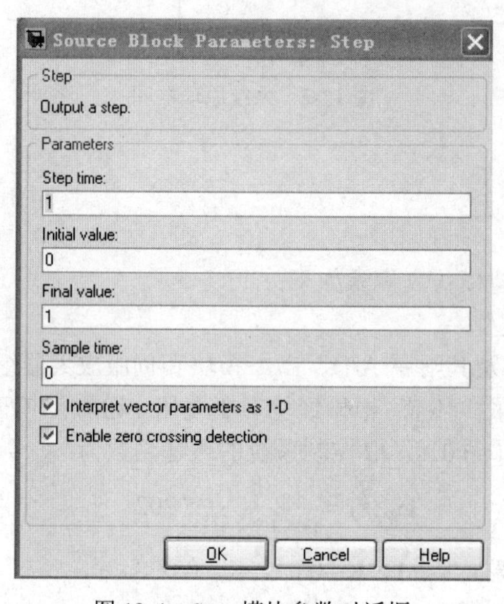
Source Block Parameters: Step

Step

Output a step.

Parameters

Step time:

1

Initial value:

0

Final value:

1

Sample time:

0

☑ Interpret vector parameters as 1-D

☑ Enable zero crossing detection

OK　Cancel　Help

图 12-4　Step 模块参数对话框

- Sum 模块：双击该模块，弹出如图 12-5 所示的参数对话框，设定 List of signs 为+-，表示负反馈控制系统。

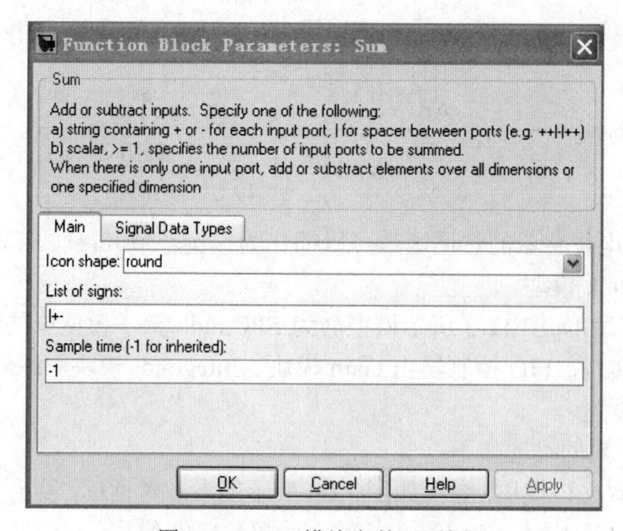
Function Block Parameters: Sum

Sum

Add or subtract inputs. Specify one of the following:
a) string containing + or - for each input port, | for spacer between ports (e.g. ++|-|++)
b) scalar, >= 1, specifies the number of input ports to be summed.
When there is only one input port, add or substract elements over all dimensions or one specified dimension

Main　Signal Data Types

Icon shape: round

List of signs:

|+-

Sample time (-1 for inherited):

-1

OK　Cancel　Help　Apply

图 12-5　Sum 模块参数对话框

- Gain 模块：双击该模块，弹出如图 12-6 所示的参数对话框。根据图 12-3 中 Gain 模块显示的值在弹出的参数对话框中设定 Gain。图中 Gain 模块显示的值：1 表示 PID 控制器中 K_p=1，0.01 表示 PID 控制器中 K_i=0.01，0.008 表示 PID 控制器中 K_d=0.008，202 表示式（12-1）的系数。
- Add 模块：双击该模块，弹出如图 12-7 所示的参数对话框。根据图 12-3 中 Add 模块显示，在弹出的参数对话框中设定 List of signs，List of signs 默认为++。

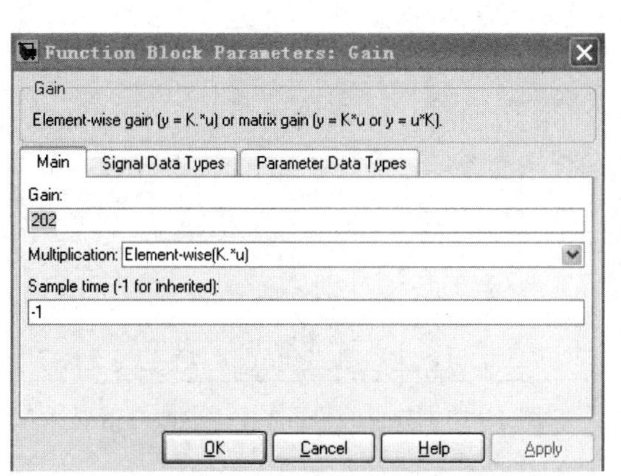

图 12-6　Gain 模块参数对话框

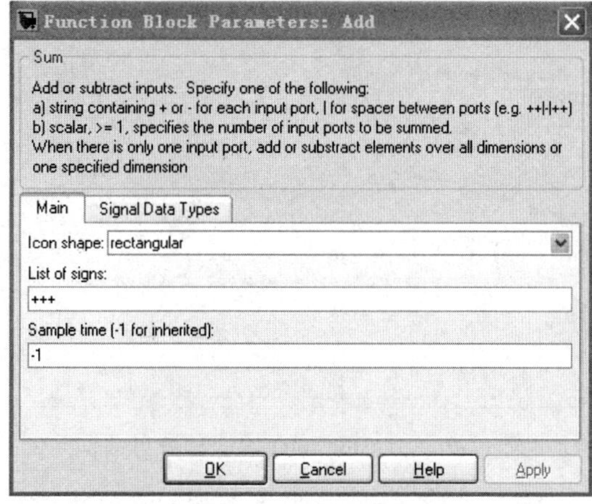

图 12-7　Add 模块参数对话框

- Transfer Fcn 模块：双击该模块，弹出如图 12-8 所示的参数对话框。根据图 12-3 中 Transfer Fcn 模块显示的值在弹出的参数对话框中设定 Numerator coefficient、Denominator coefficient，设定 Numerator coefficient 为[6.8*10^(-3)]；Denominator cofficient 为[1/440^2 2*1.2066/440 1]。伺服阀的传递函数：

$$G_{sr}(s)=\frac{Ksv}{s^2/w^2+(2\times\delta/w)\cdot s+1}=\frac{6.8\times10^{-3}}{\frac{s^2}{440^2}+\frac{2\times1.2066s}{440}+1}$$

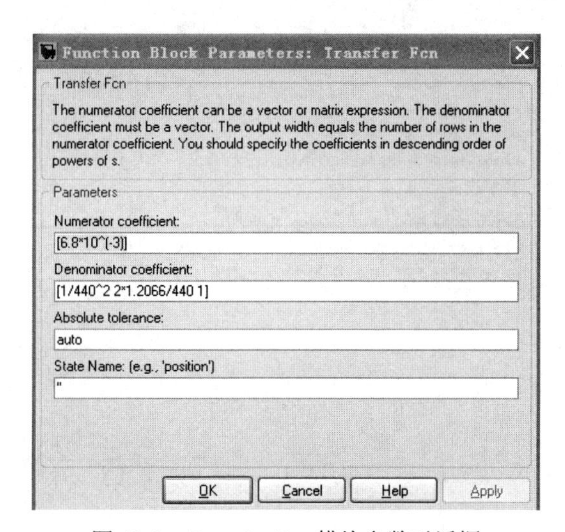

图 12-8　Transfer Fcn 模块参数对话框

同理，双击 Transfer Fcn2，弹出如图 12-9 所示的参数对话框，设定 Numerator coefficient、Denominator coefficient，实现式（12-1）。双击 Transfer Fcn3，弹出如图 12-10 所示的参数对话框，设定 Numerator coefficient、Denominator coefficient，实现式（12-3）。

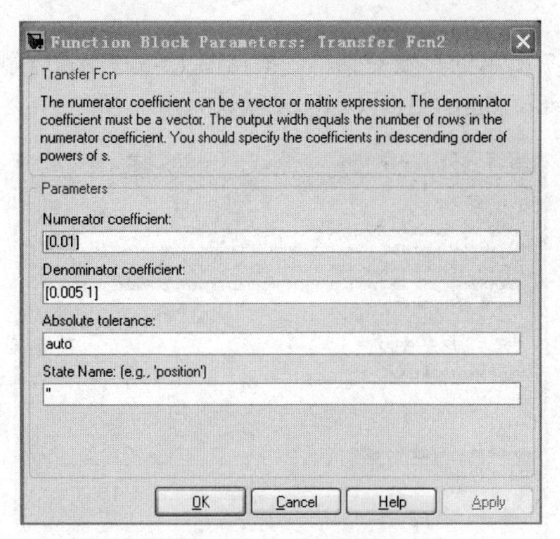

图 12-9　Transfer Fcn2 模块参数对话框

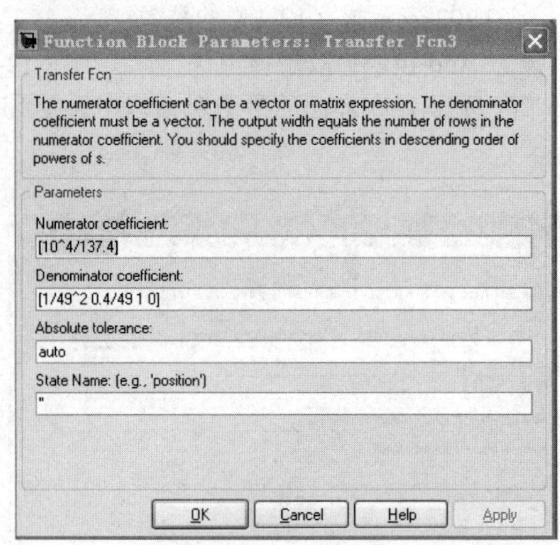

图 12-10　Transfer Fcn3 模块参数对话框

说明：Transfer Fcn 模块是控制系统中常用的模块，具体说明参见第 8 章中的 Transfer Fcn 模块说明。

（4）仿真参数设置。

设置仿真时间：执行 Simulation→Configuration Parameters 命令，打开仿真参数设置对话框，设置 Stop time 为 20，如图 12-11 所示。

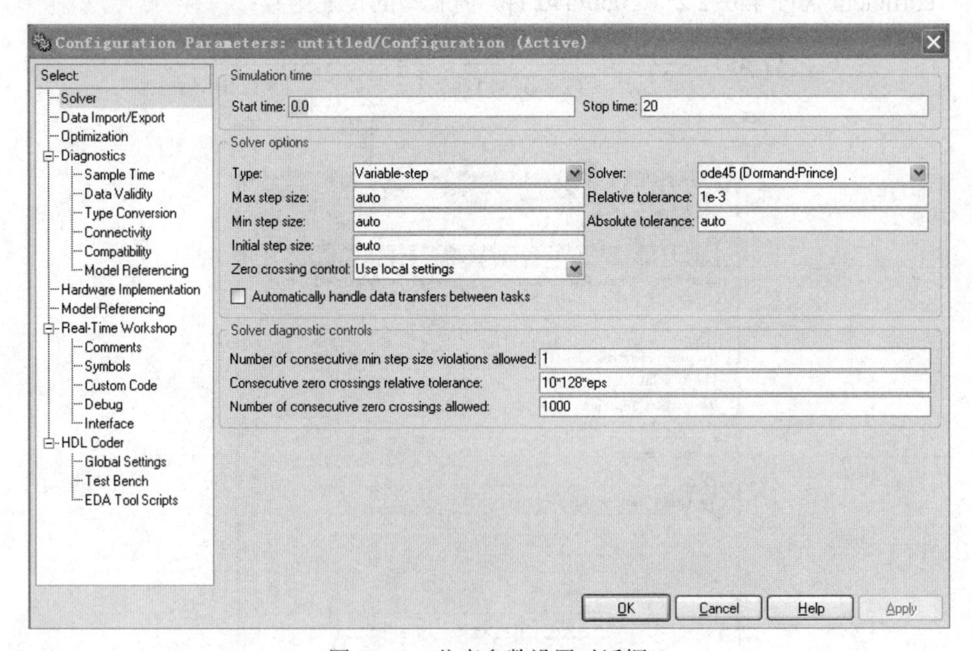

图 12-11　仿真参数设置对话框

- Start time：仿真开始时间，在此取默认值 0。
- Stop time：仿真结束时间，在此改为 20。
- Type：是否固定步长，在此接受默认选项 Variable-step。
- Solver：计算方法，在此取默认 ode45 求解器。
- Max step size 和 Min step size：变步长的最大值和最小值，在此取默认值。
- Relative tolerance 和 Absolute tolerance：相对误差和绝对误差，在此取默认值。
- Initial step size：初始步长大小，在此取默认值。
- Zero crossing control：取默认值。

（5）仿真运行。

单击模型窗口中的“仿真启动”按钮仿真运行，运行结束后示波器显示结果如图 12-12 所示。

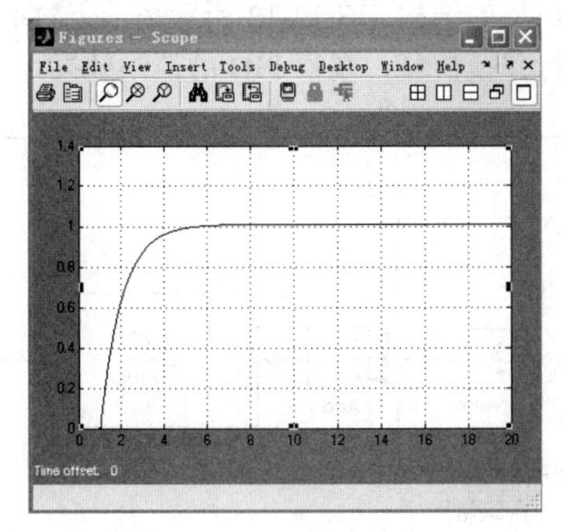

图 12-12　示波器显示结果

说明：仿真结束后，命令窗口中会出现如下警告：“Warning: Using a default value of 0.4 for maximum step size. The simulation step size will be equal to or less than this value. You can disable this diagnostic by setting 'Automatic solver parameter selection' diagnostic to 'none' in the Diagnostics page of the configuration parameters dialog.”此警告并非错误，不影响仿真结果。具体原因及解决办法详见第 8 章中仿真运行下的说明。

12.4　仿真结果分析

系统的输入量为带钢的跑偏位移，取为单位阶跃信号，系统输出为卷取机的跟踪位移。由图 12-12 可以看出：1s 时当系统输入变化时，系统输出也会随之做出调整，5s 后系统输出基本稳定。该带钢卷取对边系统对跑偏位移有一定的控制作用，但该系统的响应速度较慢，系统还需要改进，因此有许多学者研究了模糊 PID 控制，读者可以查取相关资料了解。

12.5　小结

本章介绍了钢铁工业及带钢卷取对边系统，分析了带钢卷取对边系统，并利用 Simulink

中的 Transfer Fcn 模块、Gain 模块等对带钢卷取对边系统进行了建模仿真，最后对仿真结果进行了分析和讨论。通过本章的学习，读者应该做到以下几点：

（1）了解钢铁工业及带钢卷取对边系统。

（2）掌握 Transfer Fcn 模块、Gain 模块，能够对这些模块进行参数设置。

（3）掌握 Simulink 仿真的具体过程和步骤，对 Simulink 仿真的具体过程有更深的认识，能够对系统仿真参数进行设置。

（4）学会举一反三，利用 Simulink 能够解决类似的工程问题。

12.6 上机实习

PID 控制是控制工程中技术成熟、应用广泛的一种控制策略，经过长期的工程实践，已形成了一套完整的控制方法和典型的结构。图 12-13 所示是一个简单的 PID 控制实例，读者可根据图 12-13 在 Simulink 中进行建模仿真，观察 PID 的控制效果。

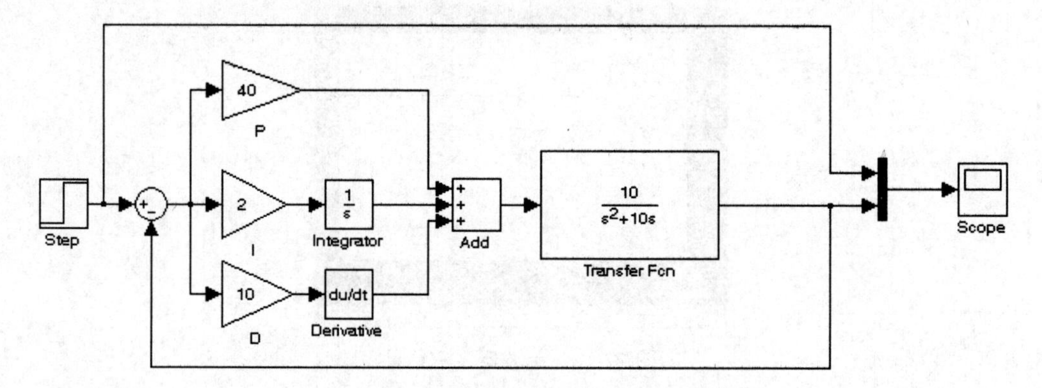

图 12-13　PID 控制实例

13

制冷系统的建模与仿真

随着汽车工业的发展，汽车空调作为汽车舒适性的重要保障之一，是汽车发展中不可缺少的重要组成部分，它已成为衡量汽车功能是否齐全的标志之一，日益受到厂家和用户的重视。本章将利用 Simulink 中的 Lookup Table 模块和 Embedded Matlab Function 模块等对汽车空调压缩机进行建模仿真。

本章主要内容：

- 介绍汽车空调的重要性。
- 分析汽车空调系统。
- 详细介绍汽车空调压缩机建模与仿真的过程与步骤。
- 分析汽车空调压缩机的制冷剂流量的变化情况。

13.1 概述

随着汽车工业的发展，汽车空调作为汽车舒适性的重要保障之一，是汽车发展中不可缺少的重要组成部分。汽车空调系统是实现对车厢内空气进行制冷、加热、换气和空气净化的装置，它可以为乘车人员提供舒适的乘车环境，降低驾驶员的疲劳程度，提高行车安全。空调装置已成为衡量汽车功能是否齐全的标志之一，日益受到厂家和用户的重视。汽车空调工作环境复杂，运行条件差，运行时影响因素较多。针对上述特点，本章以汽车空调系统中的压缩机为例，利用 Simulink 对其进行建模仿真，以期为汽车空调的配套、生产提供实用性的参考。

13.2 系统分析

汽车空调制冷大多采用的是蒸汽压缩式制冷循环，其工作原理如图 13-1 所示。

汽车空调压缩机由发动机驱动旋转，压缩机排出的高温、高压制冷剂蒸汽，通过高压软管进入汽车空调的冷凝器。高温、高压的制冷剂蒸汽温度高于车外的空气温度，因此借助冷凝器风扇使冷凝器中制冷剂蒸汽的热量被车外空气带走，使高温、高压的制冷剂蒸汽冷凝成为较高温度的高压液体，通过高压软管流入干燥贮液器，经干燥和过滤后，流过膨胀阀；在膨胀阀的节流作用下，制冷剂变成低温、低压的液体而进入汽车空调的蒸发器，吸收蒸发器管外空气中的热量，使流经蒸发器的车内循环空气的温度降低成为冷气，通过鼓风机送入车内，降低车内的空气温度；气化后的制冷剂蒸汽，由压缩机吸入进行压缩，又变成高温、高压的制冷剂气体，通过高压软管压入汽车空调的冷凝器，完成了汽车空调的一个制冷循环。此循环周而复始地进行，就可以使车内的温度维持在舒适的状态。

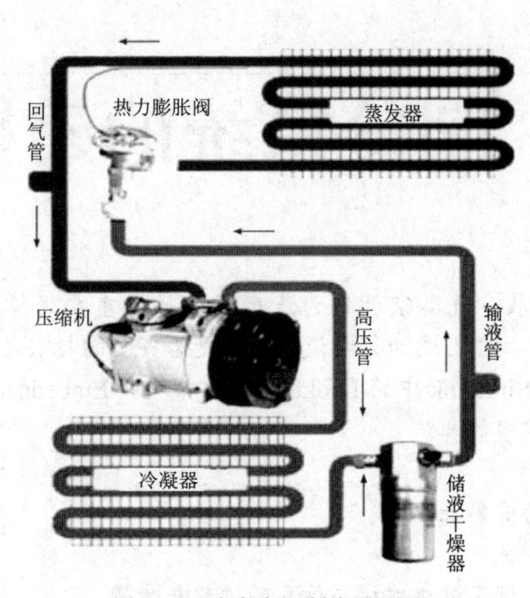

图 13-1　汽车空调制冷原理图

在汽车空调系统中，压缩机是一个枢纽，它与其他部件都有紧密的联系，而这个联系的关键是压缩机在工作工况下的排量，即输送到冷凝器及从蒸发器接收的制冷剂的流量 Gr。在压缩机的实际流量的确定中，可计算得到：

$$Gr = \frac{Q_0}{q_0} = 1.66 \times 10^{-8} \times V_h \lambda n / \nu_1 \qquad (13\text{-}1)$$

其中，Gr 为制冷剂的流量（kg/s），Q_0 为压缩机的制冷量（kW），q_0 为制冷循环的单位质量制冷量(kJ/kg)，V_h 为压缩机的排量(cm^3/r)，λ 为压缩机的容积效率，n 为压缩机转速(r/min)，υ_1 为压缩机吸气比容（m^3/kg）。

压缩机的容积效率是随压缩比和转速改变的。压缩比越大，余隙系数和节流系数越低；同时，当排气压力一定时，压缩比增加，则吸气压力下降，进气温度降低，气体的吸气加热量和泄漏量将增大，预热系数和气密系数将减小。因此，随着压缩比的增加，容积效率降低。容积效率和压缩比的关系如图 13-2 所示。

当行程和压缩比不变时，随着转速增加，通过压缩机进气阀的流量增加，进气阻力增加，节流系数会降低，同时吸气加热和压缩机的泄漏量会减小，预热系数和气密系数增加。所以容积效率的变化趋势取决于两方面综合作用的结果。如图 13-3 所示，在转速较小时，随着转速的增加，容积效率增大；在转速较大时，随着转速的增加，容积效率减小。

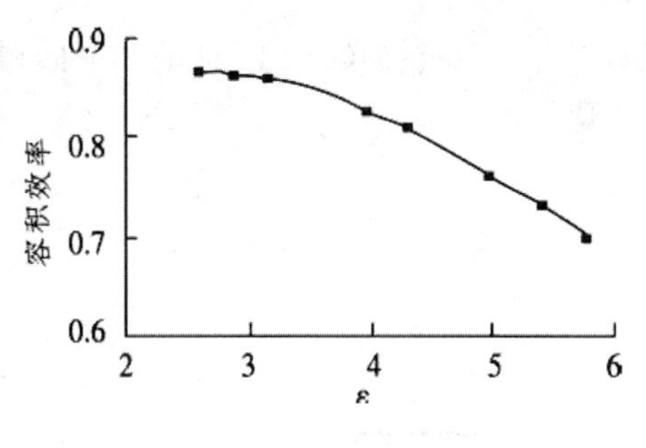

图 13-2　容积效率和压缩比的关系

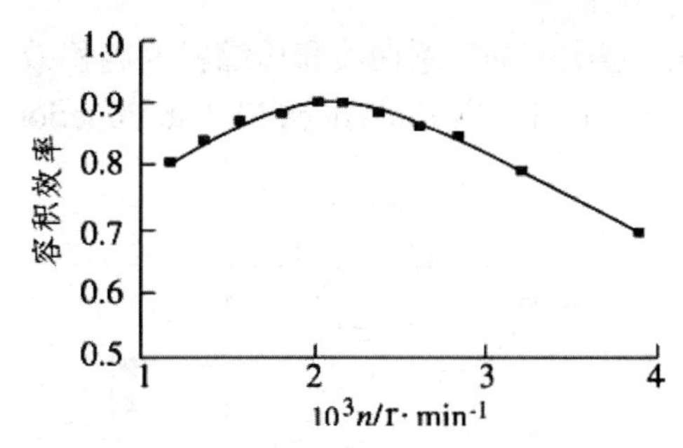

图 13-3　容积效率和转速的关系

13.3　系统建模与仿真

汽车空调压缩机的建模仿真步骤如下：

（1）建立系统数学模型。

利用式（13-1）分析汽车空调压缩机制冷剂流量 Gr 与压缩比及转速的关系，其中输入为压缩机的转速、压缩比，输出为压缩机制冷剂流量 Gr。压缩机的容积效率λ与压缩比 ε 的关系曲线如图 13-2 所示，其数值对应关系如表 13-1 所示。压缩机的容积效率λ与转速 n 的关系曲线如图 13-3 所示，其数值对应关系如表 13-2 所示。V_h=5000（cm^3/r），υ_1=1/1487（m^3/kg）。

表 13-1　λ与 ε 的关系

ε	2.58989	2.80365	2.96695	3.18064	3.38183	3.57015	3.77097
λ_1	0.868786	0.867052	0.86185	0.858382	0.856647	0.847977	0.837572
ε	3.95914	4.1601	4.37336	4.59912	4.82488	5.07558	5.30149
λ_1	0.825434	0.818497	0.804624	0.789017	0.77341	0.752601	0.740462
ε	5.52725	5.75272					
λ_1	0.724855	0.702312					

表 13-2　λ与 n 的关系

n（r/min）	1167.3	1359.24	1581.27	1793.06	2004.8	2186.01
λ_2	0.809238	0.842211	0.869631	0.888773	0.905152	0.904985
n（r/min）	2377	2517.77	2628.12	2849.26	3060.05	3250.93
λ_2	0.890997	0.88258	0.863142	0.846363	0.815783	0.79627
n（r/min）	3401.49	3582.14	3762.84	3913.4		
λ_2	0.774032	0.746241	0.721213	0.698975		

（2）构建 Simulink 模型。

构建 Simulink 模型，如图 13-4 所示模型名为 qichekongtiao.mdl。模型输入为压缩比和压缩机转速，输出为压缩机制冷剂流量 Gr。其中主要用到 Lookup tables 中的 Lookup Table 模块和 User-Defined Functions 中的 Embedded Matlab Function 模块，数学模型中压缩机的容积效率

λ与压缩比ε的关系曲线和压缩机的容积效率λ与转速n的关系曲线由Lookup Table模块实现，式（13-1）用Embedded Matlab Function模块实现。

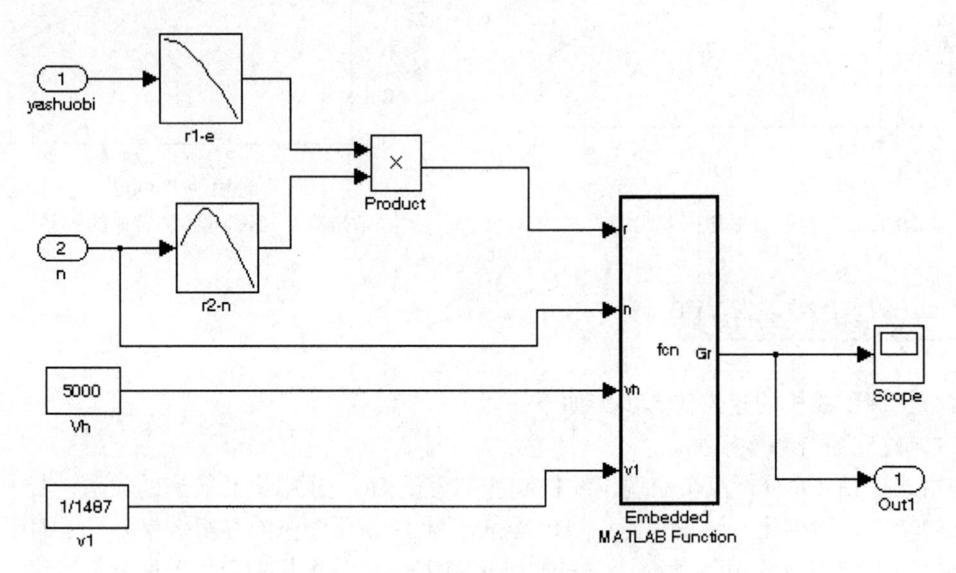

图 13-4　汽车空调压缩机的仿真模型

（3）模块参数设置。

图 13-4 中模块参数的设置如下：

- Constant 模块：双击该模块，弹出如图 13-5 所示的参数对话框。根据图 13-4 Constant 模块中显示的值在弹出的参数对话框中设定 Constant value。在图 13-5（a）中设定 Constant value 为 5000，表示压缩机的排量 V_h=5000（cm^3/r）；在图 13-5（b）中设定 Constant value 为 1/1487，表示为压缩机吸气比容 υ_1=1/1487（m^3/kg）。

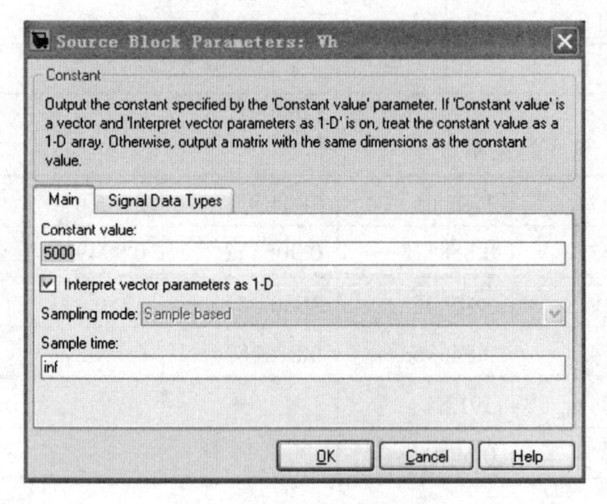

（a）V_h 设置对话框

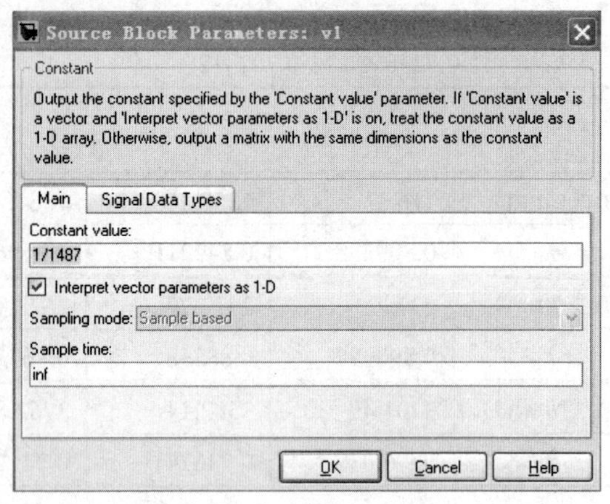

（b）υ_1 设置对话框

图 13-5　Constant 模块参数对话框

- Lookup table 模块：双击该模块，弹出如图 13-6（a）所示的参数对话框。在 Vector of input values 中输入压缩比的值[2.58989 2.80365 2.96695 3.18064 3.38183 3.57015

3.77097 3.95914 4.1601 4.37336 4.59912 4.82488 5.07558 5.30149 5.52725 5.75272]，在 Table data 中输入和压缩比相对应的容积效率λ（数据见表 13-1）[0.868786 0.867052 0.86185 0.858382 0.856647 0.847977 0.837572 0.825434 0.818497 0.804624 0.789017 0.77341 0.752601 0.740462 0.724855 0.702312]，输入完成后单击 OK 按钮。单击 Edit... 按钮，打开 Lookup Table 编辑窗口，如图 13-6（b）所示，第一列表示压缩比，第二列表示和压缩比对应的容积效率。这样便用 Lookup Table 模块完成了压缩机的容积效率λ与压缩比ε的关系曲线。同理可以用 Lookup Table 模块实现压缩机的容积效率λ与转速 n 的关系（数据见表 13-2），设置窗口如图 13-7 所示。

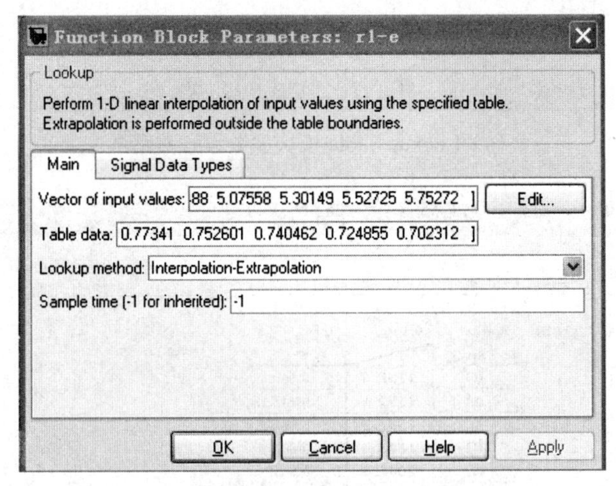

（a）Lookup Table 模块参数设置对话框

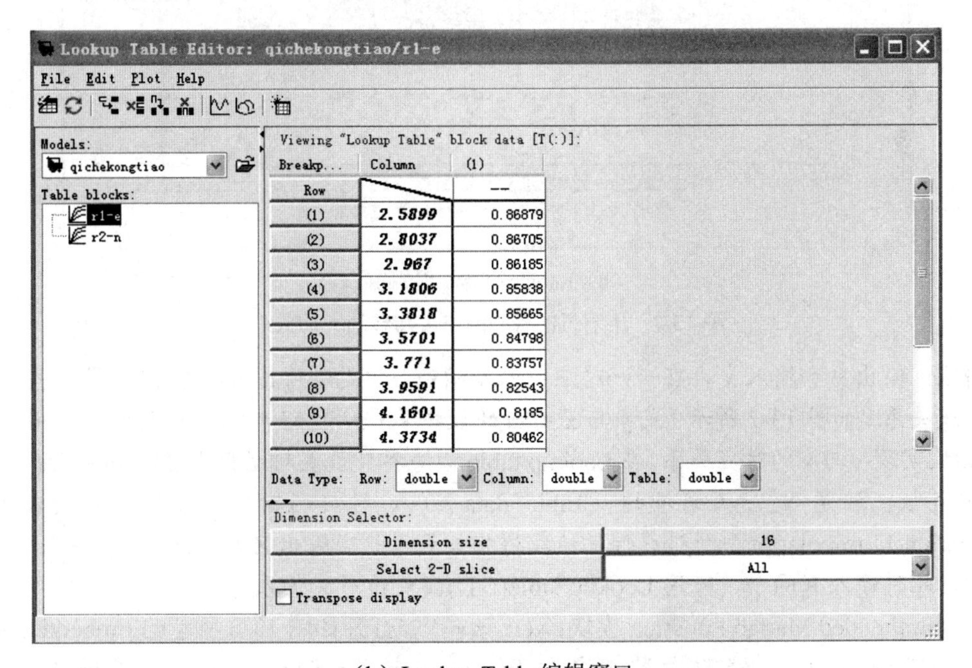

（b）Lookup Table 编辑窗口

图 13-6 压缩机的容积效率λ与压缩比ε的关系

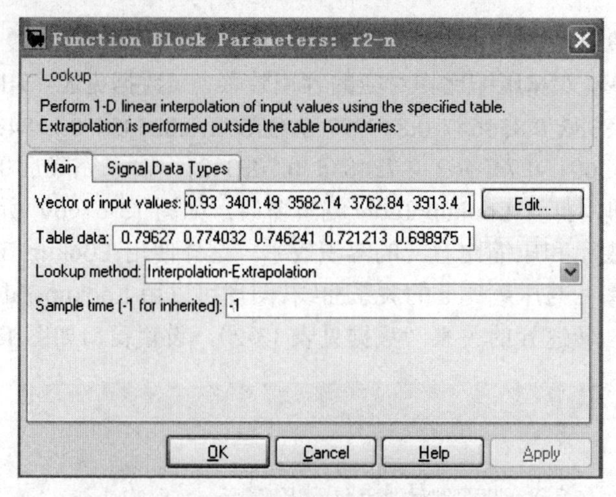

（a）Lookup Table 模块参数设置对话框

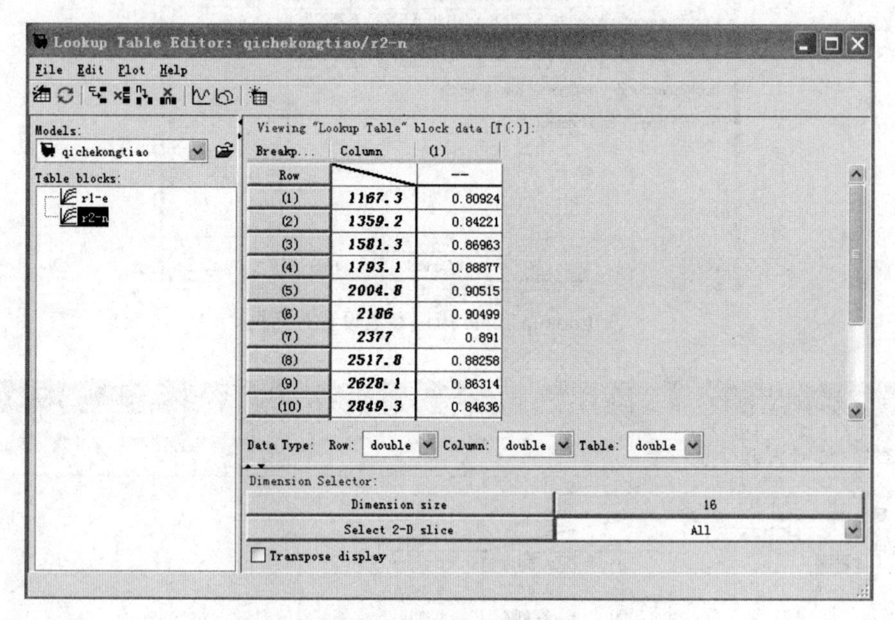

（b）Lookup Table 编辑窗口

图 13-7　压缩机的容积效率 λ 与转速 n 的关系

说明：输出 y 和输入 x 存在一一对应关系 y=f(x)，但无法得出 f(x)的具体表达式，只有对应的曲线关系（如图 13-2 所示）或 y 与 x 对应的数据表（如表 13-1 所示），此时可以用 Lookup Table 模块实现 y 与 x 的对应关系。在 Lookup table 模块参数设置对话框中，Vector of input values 为输入值 x，注意 x 应为递增的，Table data 为 x 对应的输出 y。默认的查表方法是 Interpolation-Extrapolation，通过线性插值获得相关数据。当输出 Z 与输入 x、y 存在一一对应关系时，此时输入有两个，可用 Lookup table(2-D)实现该对应关系。

- Embedded Matlab Function 模块：双击该模块，打开如图 13-8 所示的 Embedded Matlab Editor 窗口。修改函数输入输出 function Gr=fcn(r,n,vh,v1)，函数关系为 Gr =1.66*10^(-8)*vh*r*n/v1。

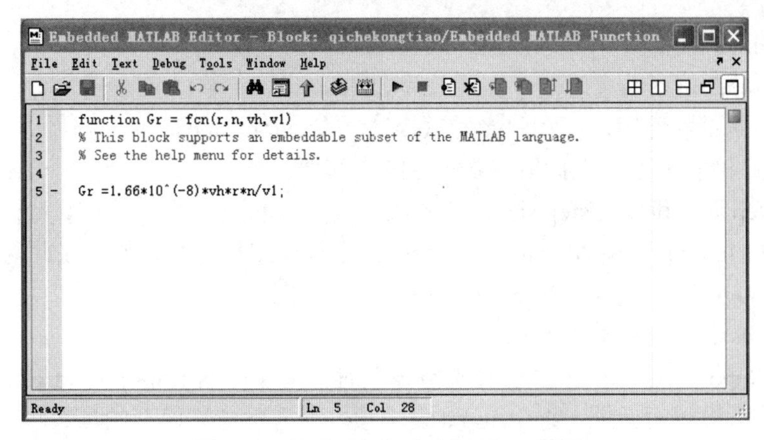

图 13-8　Embedded Matlab Editor 窗口

说明：Embedded Matlab Function 模块位于 Simulink/User-Defined Functions 模块库中。该模块工作于 Matlab 语言的一个子集（称为 Embedded Matlab Subset），不在此子集的函数（如 plot 函数），需要用 eml.extrinsic 声明才能使用：eml.extrinsic('plot')，声明之后就可以在函数中使用 plot 函数。运行时 plot 会自动在 Matlab 中运行，而不是在 Embedded Matlab Subset 中运行。

function Gr=fcn(r,n,vh,v1)

函数头部可以定义模块的输入、输出和参数（Parameter），本例中只有输入和输出。在本例中，Gr 为输出；r、n、vh、v1 为输入，并且可以很明显地在模块中显示出来。

（4）仿真参数设置。

设置仿真时间：执行 Simulation→Configuration Parameters 命令，打开仿真参数设置对话框，如图 13-9 所示。此处模拟压缩比为 3、4 时，转速为 1200～3500r/min 时压缩机制冷剂流量 Gr 的变化情况。设置 Start time 为 1200，Stop time 为 3500，表示转速变化为 1200～3500r/min。

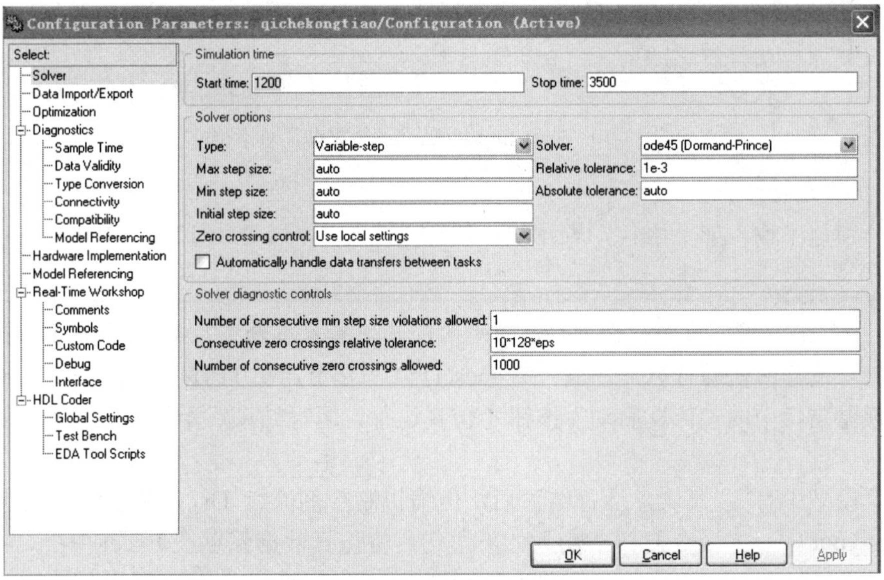

图 13-9　仿真参数设置对话框

- Start time：仿真开始时间，在此改为 1200。
- Stop time：仿真结束时间，在此改为 3500。
- Type：是否固定步长，在此接受默认选项 Variable-step。
- Solver：计算方法，在此取默认 ode45 求解器。
- Max step size 和 Min step size：变步长的最大值和最小值，在此取默认值。
- Relative tolerance 和 Absolute tolerance：相对误差和绝对误差，在此取默认值。
- Initial step size：初始步长大小，在此取默认值。
- Zero crossing control：取默认值。

设置 Data Import/Export：单击仿真参数设置对话框左侧的 Data Import/Export，弹出 Data Import/Export 参数设置对话框，选中 Input 复选项，因为此仿真模型的参数输入压缩比、转速靠 In 模块 实现，设置后如图 13-10 所示。

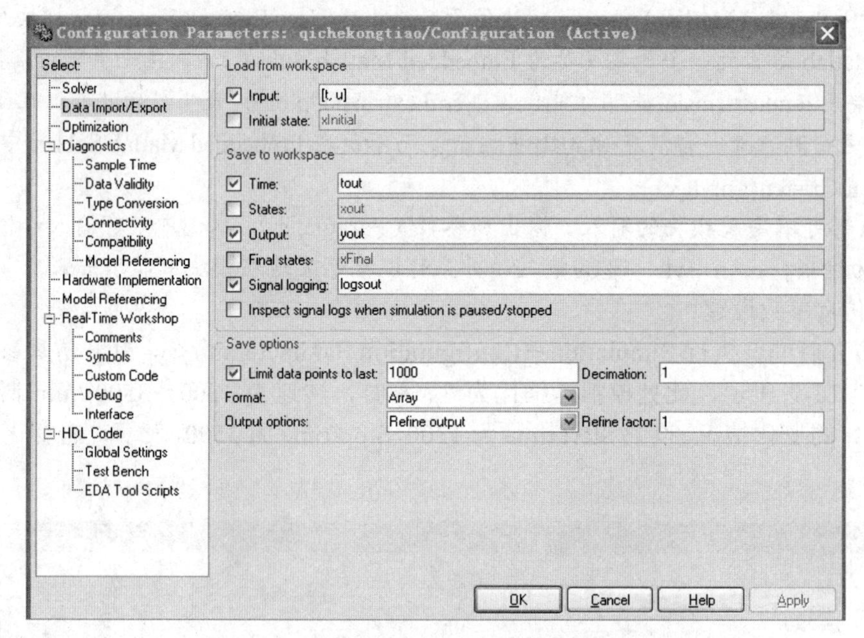

图 13-10　Data Import/Export 参数设置对话框

（5）仿真运行。

在命令窗口中输入如下语句，表示输入的压缩比为 3，转速为 1200～3500r/min：

```
>>  t=[1200:2:3500]';               % t 为列向量
u=[3*ones(1151,1),t];               % u 表示输入
```

注意：t 表示时间，应为列向量；u 为输入，此处输入有两个，第一列表示压缩比，第二列表示转速，注意两列的行数应一致；3*ones(1151,1)表示产生 1151 行 1 列全为 3 的数据。

单击模型窗口中的“仿真启动”按钮 仿真运行，运行结束后示波器显示结果如图 13-11 所示。

此仿真模型中有 模块，运行结束后，压缩机制冷剂流量 Gr 随转速的变化情况的数据输出在 tout,yout 中，在命令窗口中输入如下语句，将仿真数据保存在 Excel 中：

```
>> Gr=[tout,yout];            %tout 表示时间，和压缩机转速一致，yout 表示制冷剂流量
xlswrite('Gr.xls',Gr)         %将数据写入 Gr.xls 中
```

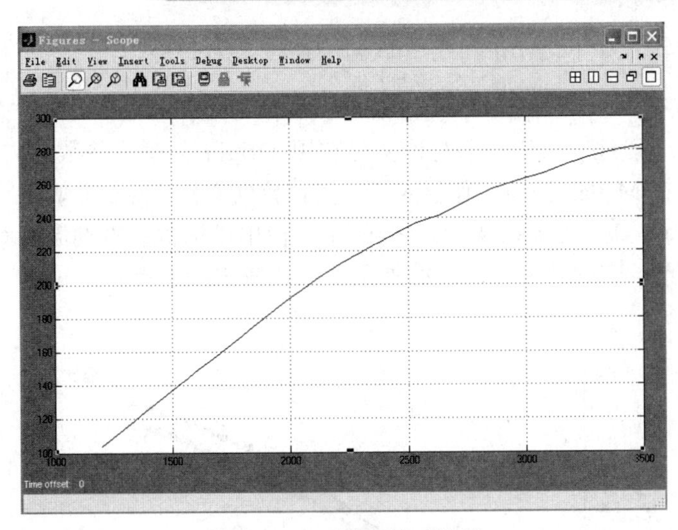

图 13-11 示波器显示结果

说明：仿真结束后，命令窗口中会出现如下提示："Warning: The model 'qichekongtiao' does not have continuous states, hence using the solver 'VariableStepDiscrete' instead of solver 'ode45'. You can disable this diagnostic by explicitly specifying a discrete solver in the solver tab of the Configuration Parameters dialog, or setting 'Automatic solver parameter selection' diagnostic to 'none' in the Diagnostics tab of the Configuration Parameters dialog." 表明系统采用的是离散方法，系统运行时算法自动改了，这对仿真结果并没有影响。如果想让这个提示消失，在仿真参数设置窗口中把算法选择改为离散的即可。

此处得到的仅为压缩比为 3 时压缩机制冷剂流量的变化情况，在命令窗口中输入如下语句，改变压缩比为 4，得出压缩机制冷流量的变化情况：

```
>>  t=[1200:2:3500]';           % t 为列向量
u=[4*ones(1151,1),t];           % u 表示输入
```

单击模型窗口中的"仿真启动"按钮 ▸ 仿真运行，运行结束后示波器显示结果如图 13-12 所示。

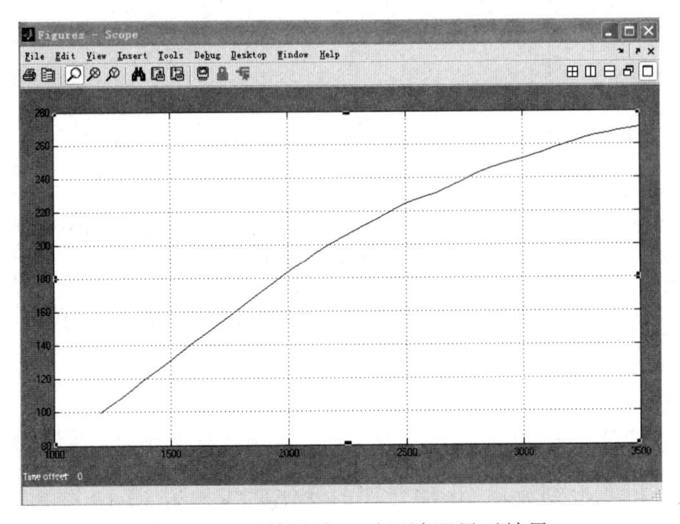

图 13-12 压缩比为 4 时示波器显示结果

在命令窗口中输入如下语句，将仿真数据保存在 Excel 中：

```
>> Gr=yout;                    % yout 表示制冷剂流量
xlswrite('Gr1.xls',Gr)         %将数据写入 Gr1.xls 中
```

数据后处理：一般地，人们在书写论文时常用 Origin 处理一些数据，得到相关曲线。本例中数据文件保存在 Matlab 当前工作目录下，找到数据文件，将压缩机制冷剂流量 Gr 随转速的变化情况的数据 Gr.xls、Gr1.xls 导入 Origin 中，得出压缩机制冷剂流量 Gr 随转速的变化曲线，如图 13-13 所示。容积效率与转速的关系曲线如图 13-14 所示。

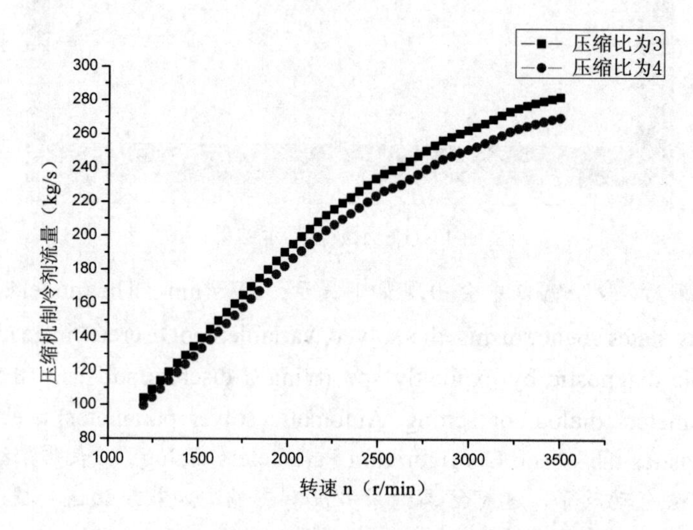

图 13-13　压缩机制冷剂流量 Gr 随转速的变化曲线

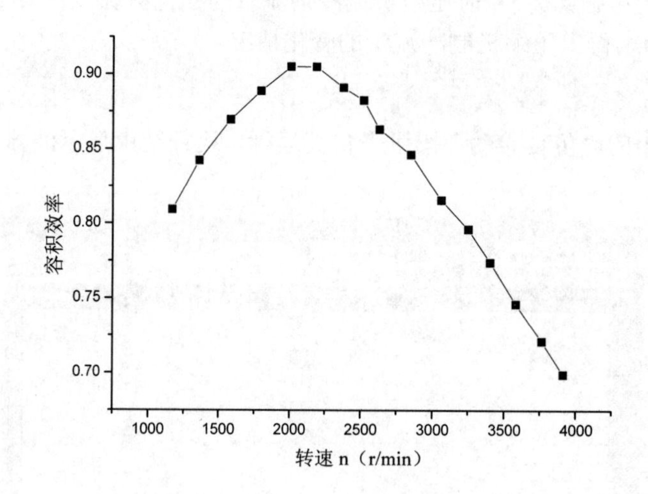

图 13-14　容积效率与转速的关系曲线

13.4　仿真结果分析

由图 13-13 压缩机制冷剂流量 Gr 随转速的变化曲线和图 13-14 容积效率与转速的关系曲线可知：

（1）压缩机转速一定时，压缩比为 3 的压缩机制冷剂流量比压缩比为 4 的压缩机制冷剂流量大。

（2）压缩比一定时，随着压缩机转速的增大，压缩机制冷剂流量也增大，但压缩机的容积效率则是先增大后减小，容积效率对应有一最佳转速。

13.5　小结

本章介绍了汽车空调的重要性，分析了汽车空调系统，并利用 Simulink 中的 Lookup Table 模块和 Embedded Matlab Function 模块对汽车空调压缩机进行了建模仿真，最后对仿真结果进行了分析和讨论。通过本章的学习，读者应该做到以下几点：

（1）了解汽车空调系统。

（2）掌握 Lookup Table 模块和 Embedded Matlab Function 模块，能够对这些模块进行参数设置。

（3）掌握 Simulink 仿真的具体过程和步骤，对 Simulink 仿真的具体过程有更深的认识。

（4）学会举一反三，利用 Simulink 能够解决类似的工程问题。

13.6　上机实习

汽车空调压缩机的制冷剂流量与压缩机的转速和压缩比有关，本章只分析了压缩比为 3、4 时不同转速下压缩机制冷剂流量的变化情况。读者可以确定压缩机的转速，利用 Simulink 进行建模仿真，分析不同压缩比下压缩机制冷剂流量的变化情况。

14 汽车系统的建模与仿真

随着社会的发展及科学技术的进步，人们对汽车乘坐舒适性（即汽车的行驶平顺性）的要求越来越高。汽车悬架系统的动态仿真对于改进悬架系统的设计，提高汽车行驶的平顺性和安全性都具有重要意义。本章将利用 Simulink 中的 Integrator 模块、Band-Limited White Noise 模块、Gain 模块等对汽车悬挂系统进行仿真。

本章主要内容：

- 介绍汽车悬挂系统的背景。
- 分析汽车悬挂系统。
- 详细介绍汽车悬挂系统建模与仿真的过程与步骤。
- 分析汽车悬挂系统的仿真结果。

14.1 概述

随着社会的发展及科学技术的进步，人们对汽车乘坐舒适性（即汽车的行驶平顺性）的要求越来越高。

汽车的行驶平顺性可由图 14-1 所示的汽车振动系统框图来分析。系统的输入主要是汽车以一定速度驶过的随机路面不平度，该输入经过由轮胎、悬架、座椅、减振器和悬挂质量、非悬挂质量所构成的振动系统传递到悬挂质量和人体，悬挂质量和人体的加速度即是主要的输出量。

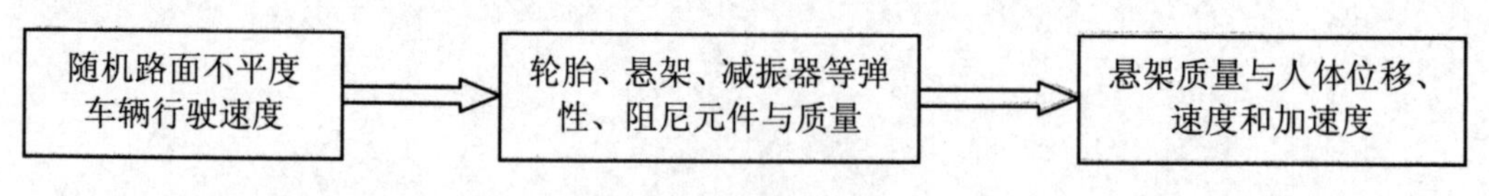

图 14-1 汽车振动系统框图

汽车悬架系统的动态仿真对于改进悬架系统的设计，提高汽车行驶的平顺性和安全性都具有重要意义。随着悬架系统逐渐趋于复杂和对悬架系统仿真要求的不断提高，传统的利用微分方程和差分方程建模进行动态特性仿真的方法需要大量的编程，工作量大、效率低，并且不能很好地满足仿真需要。Matlab 提供的 Simulink 工具箱可以方便地对悬架系统的动态特性进行仿真。

本章将利用 Simulink 中的 Integrator 模块、Band-Limited White Noise 模块、Gain 模块等对汽车悬挂系统进行仿真。

14.2 系统分析

现代汽车的悬架尽管有各种不同的结构形式，但一般都是由弹性元件、减振器和导向机构三部分组成，如图 14-2 所示。这三部分分别起缓冲、减振和导向作用。

用二自由度汽车模型对汽车被动悬架进行动态分析，如图 14-3 所示。

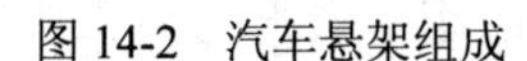
1—弹簧；2—减振器；3—导向机构

图 14-2 汽车悬架组成

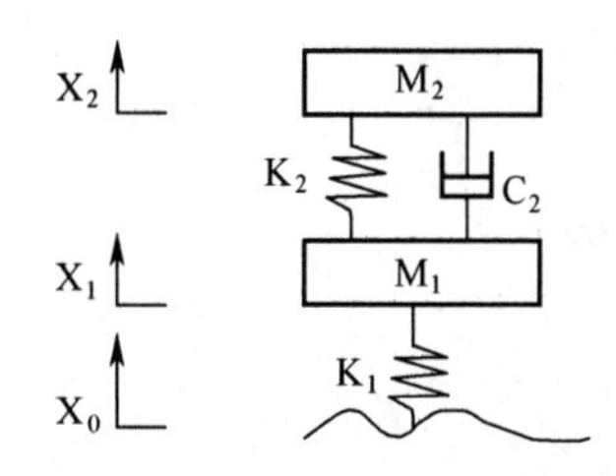

图 14-3 动态分析图

根据牛顿第二定律得出运动微分方程：

$$m_2\ddot{x}_2 = -k_2(x_2 - x_1) - c_2(\dot{x}_2 - \dot{x}_1) \tag{14-1}$$

$$m_1\ddot{x}_1 = k_2(x_2 - x_1) + c_2(\dot{x}_2 - \dot{x}_1) - k_1(x_1 - x_0) \tag{14-2}$$

其中，m_2 为悬挂质量（车身质量）；m_1 为非悬挂质量（车轮质量），k_2 为悬架刚度，k_1 为轮胎刚度，c_2 为阻尼器阻力系数。

14.3 系统建模与仿真

汽车悬挂系统的建模仿真步骤如下：

（1）建立系统数学模型。

利用式（14-1）和式（14-2）模拟汽车悬挂系统的主要输出量，即悬挂质量和人体的加速度、速度和位移。此处取：

$$m_1 = 33$$

$$m_2 = 330$$

$$k_1 = 117000$$

$$k_2 = 13000$$

$$c_2 = 1000$$

由于要仿真汽车在实际路面上行驶时的性能，本仿真模块输入源取为 Band-Limted White

Noise（有限带宽白噪声），经积分后得到仿真路面。其中，有限带宽白噪声的功率谱为：

$$G_q(f) = 4\pi^2 G_q(n_0) n_0^2 v \tag{14-3}$$

白噪声，是一种功率谱密度为常数的随机信号或随机过程，即此信号在各个频段上的功率是一样的。由于白光是由各种频率（颜色）的单色光混合而成，因而此信号的这种具有平坦功率谱的性质被称为是“白色的”，此信号也因此被称为白噪声。相对地，其他不具有这一性质的噪声信号被称为有色噪声。

实际路面可以看作路面速度功率谱幅值在整个频率范围为一常数，即为“白噪声”，v=20m/s，n0=0.1m^{-1}，Gq(n$_0$)=256*10^{-6}m^2/m^{-1}，Gq(f)=0.002。

（2）构建 Simulink 模型。

构建 Simulink 模型，如图 14-4 所示模型名为 qichexuanjia.mdl。数学模型中的式（14-1）和式（14-2）由 Integrator 模块、Gain 模块、Add 模块等实现，路面由 Band-Limited White Noise 模块经积分后得到。

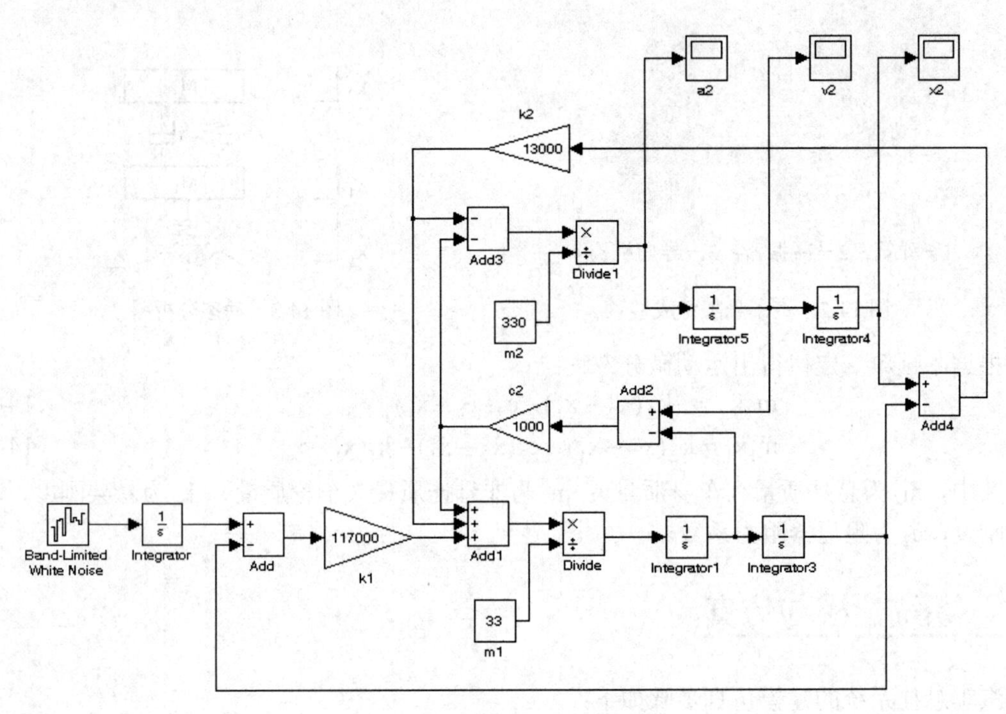

图 14-4　汽车悬挂系统仿真框图

（3）模块参数设置。

图 14-4 中模块参数的设置如下：

- Constant 模块：双击该模块，弹出如图 14-5 所示的参数对话框。根据图 14-4 中 Constant 模块显示的值在弹出的参数对话框中设定 Constant value。图中 Constant 模块显示的值：33 表示 m_1，330 表示 m_2。
- Gain 模块：双击该模块，弹出如图 14-6 所示的参数对话框。根据图 14-4 中 Gain 模块显示的值在弹出的参数对话框中设定 Gain。图中 Gain 模块显示的值：117000 表示 k_1，13000 表示 k_2，1000 表示 c_2。

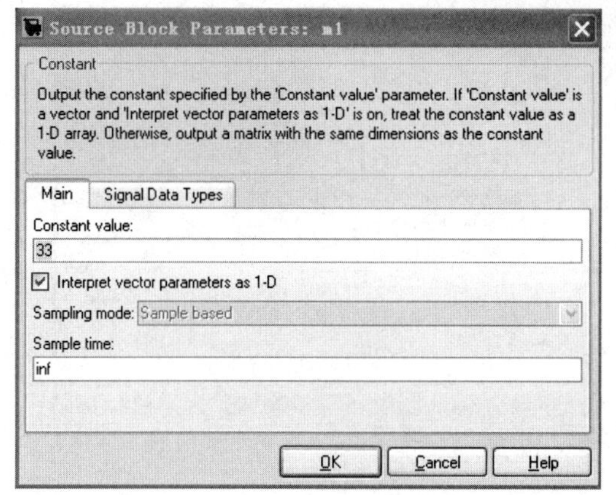

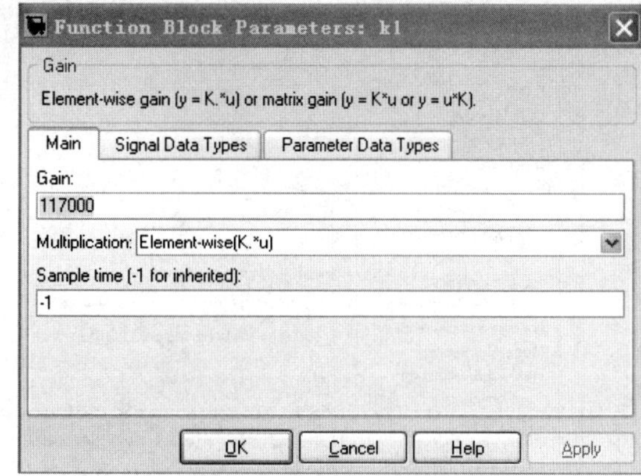

图 14-5　Constant 模块参数对话框

图 14-6　Gain 模块参数对话框

- Add 模块：双击该模块，弹出如图 14-7 所示的参数对话框。根据图 14-4 中 Add 模块的显示，在弹出的参数对话框中设定 List of signs。
- Band-Limited White Noise 模块：双击该模块，弹出如图 14-8 所示的参数对话框，将 Noise power 设为 0.002，此模块经积分后得到仿真路面。

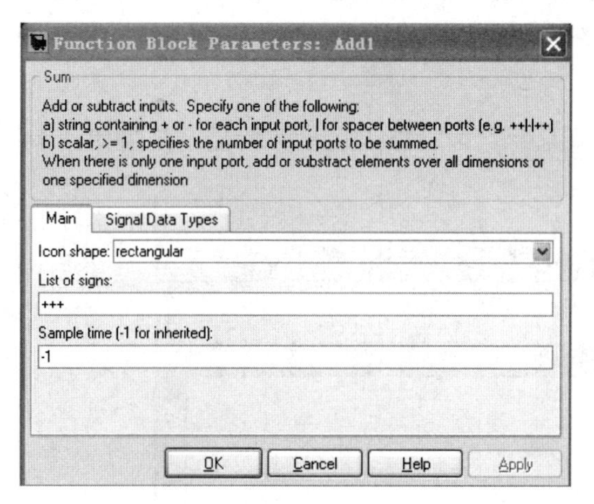

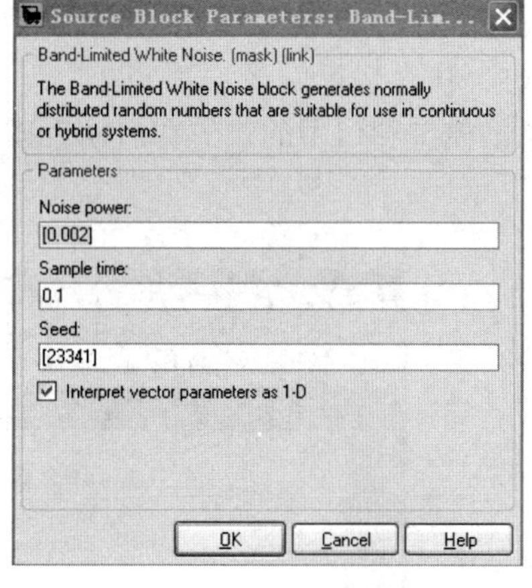

图 14-7　Add 模块参数对话框

图 14-8　Band-Limited White Noise 模块参数对话框

（4）仿真参数设置。

设置仿真时间：执行 Simulation→Configuration Parameters 命令，打开仿真参数设置对话框，设置 Stop time 为 5，如图 14-9 所示。

- Start time：仿真开始时间，在此取默认值 0。
- Stop time：仿真结束时间，在此改为 5。
- Type：是否固定步长，在此接受默认选项 Variable-step。
- Solver：计算方法，在此取默认 ode45 求解器。
- Max step size 和 Min step size：变步长的最大值和最小值，在此取默认值。
- Relative tolerance 和 Absolute tolerance：相对误差和绝对误差，在此取默认值。
- Initial step size：初始步长大小，在此取默认值。
- Zero crossing control：取默认值。

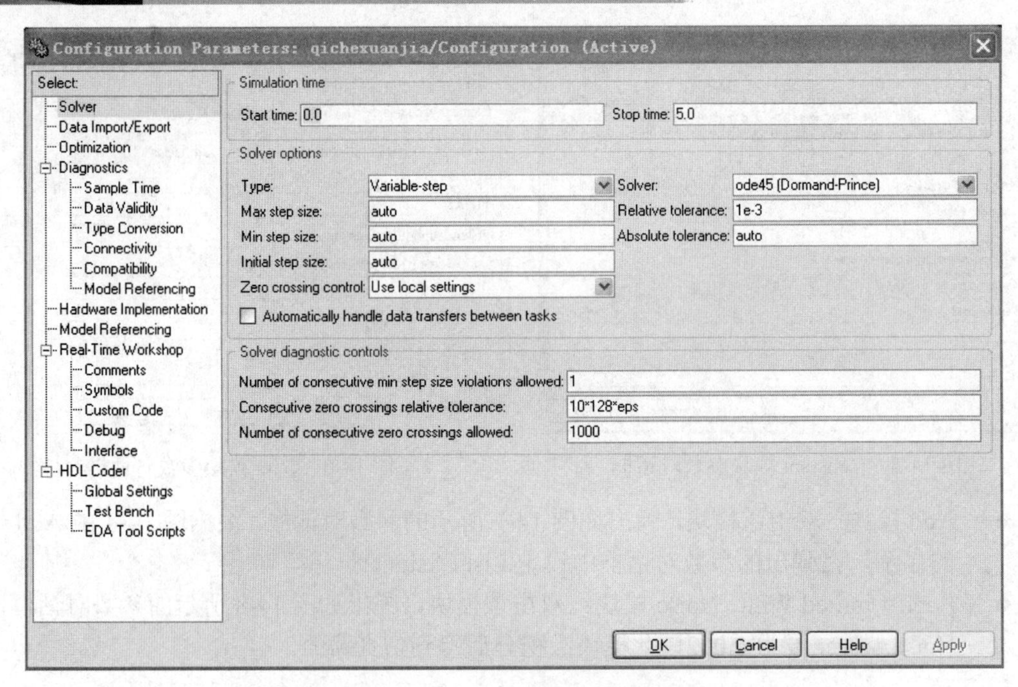

图 14-9　仿真参数设置对话框

（5）仿真运行。

单击模型窗口中的“仿真启动”按钮 仿真运行，运行结束后示波器显示结果如图 14-10 所示。

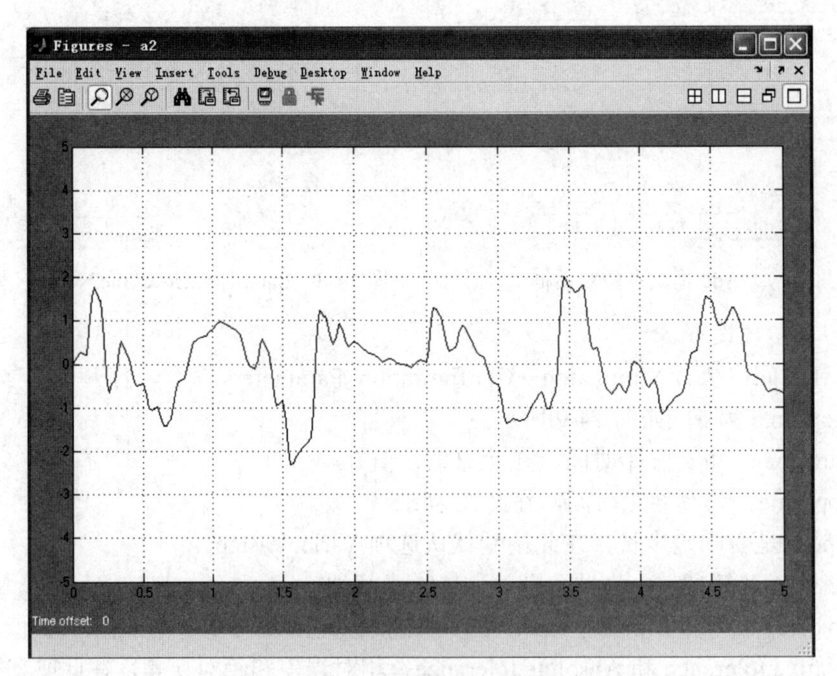

（a）车身振动加速度曲线

图 14-10　示波器显示结果

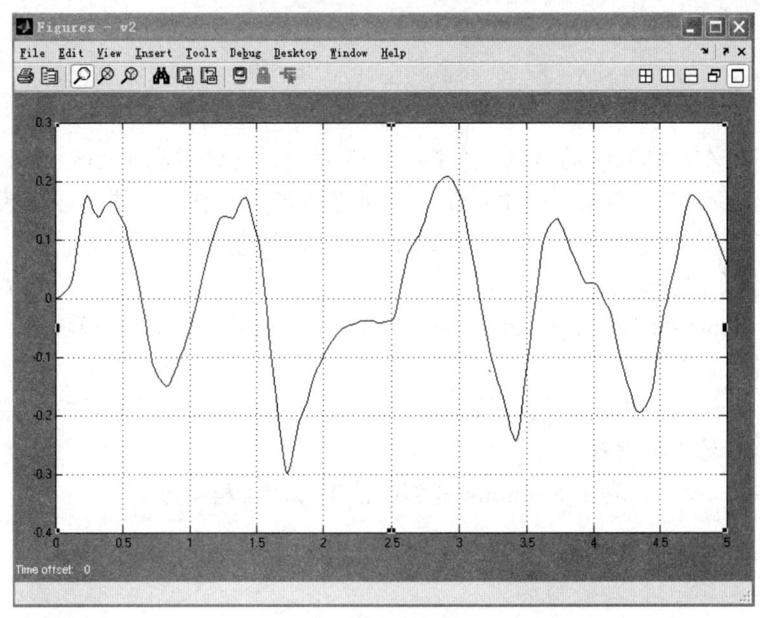

（b）车身振动速度曲线

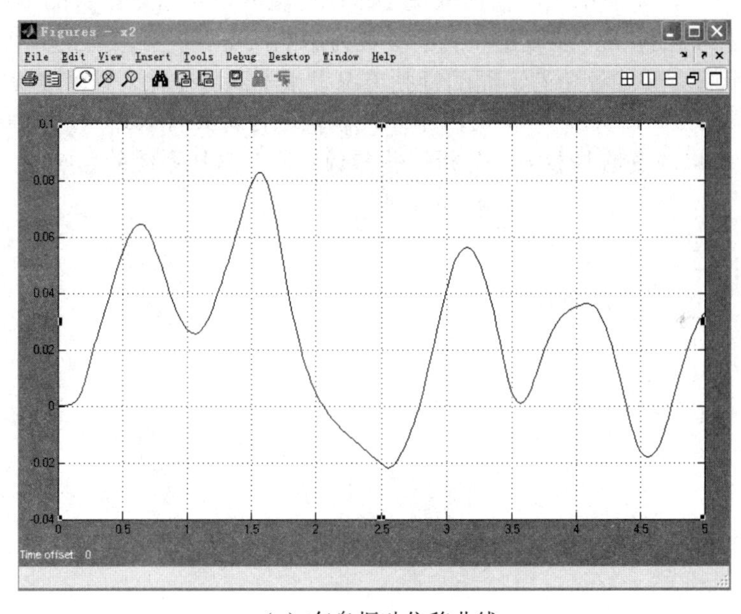

（c）车身振动位移曲线

图 14-10　示波器显示结果（续图）

14.4　仿真结果分析

图 14-10 得出了汽车悬挂系统的主要输出量，即悬挂质量和人体的加速度、速度和位移。从悬架系统动态仿真的结果可以看出，Simulink 方法是对悬架系统进行动态仿真的一条行之有效的途径，且具有方便、直观和准确的优点。

14.5 小结

本章介绍了汽车悬挂系统的背景，分析了汽车悬挂系统，并利用 Simulink 中的 Integrator 模块、Band-Limited White Noise 模块、Gain 模块等对汽车悬挂系统进行了建模仿真，最后对仿真结果进行了分析和讨论。通过本章的学习，读者应该做到以下几点：

（1）了解汽车悬挂系统。

（2）掌握 Integrator 模块、Band-Limited White Noise 模块、Gain 模块等，能够对这些模块进行参数设置。

（3）掌握 Simulink 仿真的具体过程和步骤，对 Simulink 仿真的具体过程有更深的认识，能够对系统仿真参数进行设置。

（4）学会举一反三，利用 Simulink 能够解决类似的工程问题。

14.6 上机实习

由振动理论可知，振动系统的输出取决于系统的输入以及系统本身的频率结构。在汽车振动系统中，车速、路面状况、装载量和悬架参数为影响汽车行驶平顺性的 4 个主要影响因素，其中车速、路面状况、装载量随着不同的行驶工况发生不同的变化，难以准确把握，只有悬架参数属于车辆本身的固有属性。本章对汽车悬挂系统进行仿真时取 $k_1 = 117000$， $k_2 = 13000$， $c_2 = 1000$ 。读者可以改变这些参数，分析这些参数对汽车悬挂系统的影响。

15 能源系统的建模与仿真

能源是人类生存、社会进步、经济发展必不可少的基础。随着我国经济的快速发展、城镇化速度加快，能源短缺问题日益严重，能源安全问题凸显。能源安全对国家安全有重要的影响。如何科学评价我国能源安全状况是关系到我国经济健康快速发展，全面建设小康社会的重大现实问题。本章正是在这种情况下针对当今我国的能源安全状况进行分析与建模。

本章主要内容：

- 介绍我国现阶段能源安全的总体形势。
- 详细介绍我国能源安全的评价方法。
- 应用 Simulink 对模型进行建模与仿真。

15.1 概述

改革开放以来，我国能源生产能力不断提高，生产和消费都出现了快速增长，但同时能源需求缺口也逐渐扩大，尤其是石油安全问题已成为无法回避的问题，总体来说，我国能源呈现出以下形势：

（1）资源的有限性和能源的稀缺性。我国主要消费的能源煤炭、石油、天然气都是不可再生的一次性资源。在 3 种资源中，除了煤炭相对丰富以外，石油、天然气均为短缺资源。

（2）需求的急速增长和过度依赖。改革开放 30 多年来，随着经济的快速发展，我国能源的消费也快速增长，并且经济的发展对能源的依赖越来越重。

（3）人均资源占有量较低。中国人口众多，人均能源资源拥有量在世界上处于较低水平。煤炭和水力资源人均拥有量相当于世界平均水平的 50%，石油、天然气人均资源量仅为世界平均水平的 1/15 左右，耕地资源不足世界人均水平的 30%，制约了物质能源的开发。

（4）能耗强度高、效率低。由于我国产业结构的不合理性与管理技术上的落后，尽管在能源消耗上有了很大的改善，但是与发达国家相比还存在很大的差距。我国的产业生产和居民生活大多使用高耗能的落后技术和产品。现有的近 400 亿 m^3 的建筑中，99%属于高能耗建筑。中国发电、冶金、建材、化工等产业消耗全部一次能源的 80%左右，单位产品能耗平均高于国际先进水平 20%～30%。

（5）国际能源市场影响我国能源供应，从国外获取能源的难度大。世界能源市场竞争激烈，由于无资金和技术优势，我国不能决定国际能源市场的游戏规则，能源进口面临诸多困难。

15.2 系统分析与建模

15.2.1 指标体系的建立

对于我国能源的安全状况，由于其涉及到政治、军事、经济、资源和人文等众多因素，因此能源安全的评价是一个复杂系统的问题，需要构建一个能反映各个方面的综合评价体系，以此来作出科学的评价。通过查阅资料，我们将能源安全的状况分为能源资源储备指标、能源进口指标、能源消费指标、能源意识、科技因素、环境因素这六大类及其下所包含的 24 小类来表征能源安全的状况，使之能够比较全面地反映影响能源安全的各方面因素，如表 15-1 所示。

表 15-1 能源安全评价的指标体系

目标	因素	指标
我国能源安全度	B_1 能源储备因素	B_{11} 能源资源储量
		B_{12} 能源储采比
		B_{13} 战略能源储备度（天）
	B_2 能源进口因素	B_{21} 国际能源的可获得性
		B_{22} 进口国政治稳定性与我国的外交关系
		B_{23} 能源进口份额
		B_{24} 对外依存度
		B_{25} 进口集中度
		B_{26} 运输通道可靠性
		B_{27} 军事力量
		B_{28} 政府政策对能源安全影响度
		B_{29} 国家外汇储备
		B_{210} 国际能源价格
		B_{211} 价格波动率
	B_3 能源消费因素	B_{31} 能源消费总量
		B_{32} 能源消费需求增长速度
		B_{33} 能源消费结构
		B_{34} 人均能源消费总量
	B_4 能源意识因素	B_{41} 国民节能意识
		B_{42} 国民社会责任感
	B_5 科技因素	B_{51} 能源可转换与替代程度
		B_{52} 技术进步对能源的替代率
	B_6 环境因素	B_{61} 生态环境对能源使用的影响度
		B_{62} 国际社会的干预

15.2.2 能源安全评价指标等级及分值

参照各类评价指标体系及标准，依照 1～9 标度法，一般将能源安全的等级划分为 5 个。分别为非常安全、比较安全、普通（基本安全）、危险、非常危险，同样评价指标分值也分为 5 级，如表 15-2 所示。

表 15-2 评价指标等级分值表

安全等级	非常安全	比较安全	普通	危险	非常危险
分值	9	7	5	3	1

各个指标等级及分值依照能源安全的等级分为五级。这里对指标等级的确定主要是根据我国或省能源状况并征求专家意见，然后依照国际通用标准来进行。

（1）能源资源储量。能源越丰富，能源自给程度就越高，能源供应安全性就越高。表 15-3 反映了世界主要能源储量大国的对比情况。

表 15-3 2005 年世界主要国家煤炭探明储量情况

排序	国家	无烟煤与烟煤（百万吨）	次烟煤与褐煤（百万吨）	总计（百万吨）	比例（%）	储采比	人均储量（十吨）
1	美国	111338	135305	246643	27.1	240	83.18
2	俄罗斯	49088	107922	157010	17.3	>500	109.80
3	中国	62200	52300	114500	12.6	52	8.78
4	印度	90085	2360	92445	10.2	217	8.44
5	澳大利亚	38600	39900	78500	8.6	213	392.50
6	南非	48750	0	48750	5.4	198	108.33
7	乌克兰	16274	17879	34153	3.8	436	72.67
8	哈萨克	28151	3128	31279	3.4	362	208.53
9	波兰	14000	0	14000	1.5	88	36.84
10	巴西	0	10113	10113	1.1	>500	5.44
	世界	478771	430293	909064	100	155	14.12

通过与世界各国进行比较，我国能源资源储量可划分到普通状态，5 分。

（2）能源储采比。能源资源的储采比是指能源剩余可采储量支持现有能源生产水平的能力，是资源保障程度的一种表达方法，它表示储量可供开采的年限。储采比越高，供给越安全。一般储采比超过 50 年属非常安全，30 年为临界值，小于 5 年则非常危险。2008 年我国主要能源储采比与世界对比如表 15-4 所示，可见能源储采比属于危险状态，3 分。

（3）战略能源储备度。能源量占消费量的比例。一般表示主要储备度越大，能源战略储备量可供消费的天数或储备在非常时期供国内消费的时间就越长，对国内市场的稳定作用越明显，越利于社会稳定，安全度就越高；储备度越小，安全度就越低。根据国际能源机构 90 天的储备标准，这里将 90 天作为储备度的安全点，我国能源储备起步较晚，尤其是石油储备仅为 21 天，属非常危险等级；综合主要能源的储备情况，能源储备属于危险等级，3 分。

表 15-4　主要能源储采比与世界对比表

能源种类	煤炭	石油	天然气
世界平均	122	42	60.4
中国	41	11.1	32.3

（4）国际能源的可获得性。指从国外获取能源的难易程度，我国近些年已经意识到能源安全的重要性，与中东、非洲、俄罗斯、中亚等国家建立了比较友好的关系，从这些地区获得能源较容易，该指标属于比较安全等级，7 分。

（5）进口国政治稳定性及与我国的外交关系。既包括了该国的政治体制、政局的稳定性、政策的连续性、政府的执行力度和效率、政府与公众对待外资的态度等国内政治因素，也包括出口国和其他国家的外交关系、战争冲突等地缘方面，还包括了该国社会秩序、民族宗教等方面状况。与我国的外交关系一般分为盟国、战略协作伙伴、一般、紧张和敌对等几类。作为正在崛起的大国，我国与世界上多数国家关系较好，且除了中东国家外，其余地区政治稳定性较好，因此此指标等级为比较安全，7 分。

（6）能源进口份额。反映能源进口量在能源贸易总量中所占的比例。份额越大，越不利于能源安全。我国属于比较安全等级，7 分。

（7）对外依存度。能源对外依存度为进口量和出口量的差与能源消费量的比值。当对外依存度为 0 时，说明能源供给可完全依靠本国，因此能源供给处于绝对的安全状态，对外依存度越大，越不利于能源安全。通常 30%是公认的对外依存警戒线，我国主要能源中对外依存度逐年上升，因此综合来说，我国能源对外依存度为危险等级，3 分。

（8）进口集中度。反映能源进口来源地的集中程度，通常以能源进口量前 5 位的国家的进口量占总进口量（或总消费量）的比例表示，50%为临界值，比例越高，则进口来源越集中，越不利于分散进口风险，进口来源多元化程度越低，能源安全越不利。现在我国能源进口集中度为普通等级，5 分。

（9）运输通道可靠性。该指标与运输的距离、运输线的安全性、运输方式等有关。我国能源进口方式有铁路和海运，主要是海运，因此我国运输通道可靠性一般，为危险等级，5 分。

（10）军事力量。我国近些年来十分关注能源进口安全，在索马里等地分别派遣护航舰队负责能源进口的安全，在此确定此指标为比较安全等级，7 分。

（11）政府政策对能源安全的影响度。通常政府会指定宏观政策来调节能源消费、鼓励国内企业海外合作，以保障能源安全。政府影响能源安全的程度越大，越有利于能源安全。我国政府在保障能源安全方面具有较强的控制力，属于比较安全等级，7 分。

（12）国家外汇储备。我国外汇储备现居全球第一，因此我国有充足的外汇储备来保障能源的进口。此指标处于非常安全等级，9 分。

（13）国际能源价格。主要能源交易价格，价格越高，成本越高，安全性越低；反之，则安全性越高，价格不断上升将对经济产生十分不利的影响。我国属于危险等级，5 分。

（14）价格波动率。采用能源价格波动系数表示，价格波动系数=$(P_{max}-P_{min})/p_{avg}\times100$，其中，$P_{max}$ 表示某一期间最高价，P_{min} 表示同期最低价，P_{avg} 表示同期的平均价。从总体来看，波动属于基本安全范围，5 分。

（15）能源消费总量。一国消费的主要能源的总量，在不影响社会正常发展的情况下，能源总量越低，说明利用效率越高，对能源安全越有利。我国由于能源利用率低、浪费严重，因此相对经济总量来说，能源消费总量为危险等级，3 分。

（16）能源消费需求增长速度。能源消费必然随着 GDP 的增长而增长，在 GDP 正常增长的情况下，能源消费增长率越小，对能源安全越有利。近些年我国能源消费率小于 GDP 增长率，说明能源利用率在提高，随着低碳经济的加强，政府强制性减排力度加大，能源消费增速还会逐渐降低，处于基本安全状态，5 分。

（17）能源消费结构。能源消费结构对能源安全具有重大影响，合理的能源消费结构能大大提升能源安全度。我国能源消费过于依赖煤炭，结构有待优化，需要加大对天然气、风电及新能源的消费力度，此项指标为危险状态，3 分。

（18）人均能源消费总量。我国人口基数大，人均能源消费总量对能源消费总量影响大。我国人均能耗自 1984 年以后开始逐年增加，但是增加幅度较小，人均能耗也比较小，属于比较安全状态，7 分。

（19）国民节能意识。节能意识越强，越利于能源安全。随着政府对节能宣传的重视，国民节能意识在加强，此项指标为基本安全，5 分。

（20）国民社会责任感。国民社会责任感会直接体现在日常能源消费和节能中，以及对我国能源安全的关注上。此指标参照国民节能意识，为基本安全，5 分。

（21）能源可转换与替代程度。该指标反映在能源领域，天然气和可再生能源是替代石油的关键。能源可转换与替代程度越高，说明对短缺能源的依赖程度越小，能源总体安全系数就越高。我国煤炭资源丰富，将煤炭液化转变成石油和石化产品，将减少对石油的依赖。2008 年下半年以来，我国煤制油接连取得突破性进展，潞安煤制油项目、神华鄂尔多斯煤制油产出合格油品；2009 年，内蒙古伊泰煤制油项目、晋煤集团煤制油项目也成功出油。但是距离大规模产业化仍为时尚早，可转换与替代程度还很低，安全等级处于危险区，3 分。

（22）技术进步对能源的替代率。反映科技进步与能源的合理利用间的关系，替代率越高，越利于能源安全。我国此指标属于危险等级，3 分。

（23）生态环境对能源使用的影响度。生态环境影响能源的消费结构，能源使用造成的生态环境问题越大，越不利于能源安全。目前全国范围内还没有出现能源使用带来的大规模生态环境污染事件，但是由于低碳因素的加强，此指标仍需降低，属于危险等级，3 分。

（24）国际社会的干预。政府下达节能减排指标，影响能源安全度。此指标属于基本安全等级，5 分。

15.2.3 层次分析法简介

在确定各个指标权重时，有主观赋权法和客观赋权法两种。前者较多受到人为因素的影响，后者容易忽略各个指标的重要程度，不能反映实际问题。在实际操作中，需要将两者结合使用，已取得满意的效果。这里选用层次分析法来确定各个指标的权重。

运用层次分析法进行系统分析、设计、决策时，可分为 4 个步骤进行：

（1）分析系统中各因素之间的关系，建立系统的递阶层次结构。

（2）对同一层次的各元素关于上一层中某一准则的重要性进行两两比较，构造两两比较的判断矩阵。

（3）由判断矩阵计算被比较元素对于该准则的相对权重。

（4）计算各层元素对系统目标的合成权重，并进行排序。

1. 递阶层次结构的建立

把系统问题条理化、层次化，构造出一个层次分析的结构模型。在模型中，复杂问题被分解，分解后各组成部分称为元素，这些元素又按属性分成若干组，形成不同层次。同一层次的元素作为准则对下一层的某些元素起支配作用，同时它又受上面层次元素的支配。层次可分为三类：

- 最高层：这一层次中只有一个元素，它是问题的预定目标或理想结果，因此也叫目标层。
- 中间层：这一层次包括要实现目标所涉及的中间环节中需要考虑的准则。该层可由若干层次组成，因此有准则和子准则之分，这一层也叫准则层。
- 最底层：这一层次包括为实现目标可供选择的各种措施、决策方案等，因此也称为措施层或方案层。

上层元素对下层元素的支配关系所形成的层次结构被称为递阶层次结构。当然，上一层元素可以支配下层的所有元素，但也可只支配其中的部分元素。递阶层次结构中的层次数与问题的复杂程度及需要分析的详尽程度有关，可不受限制。每一层次中各元素所支配的元素一般不要超过 9 个，因为支配的元素过多会给两两比较判断带来困难。层次结构的好坏对于解决问题来说极为重要，当然，层次结构建立得好坏与决策者对问题的认识是否全面、深刻有很大关系。

2. 构造两两比较判断矩阵

在递阶层次结构中，设上一层元素 C 为准则，所支配的下一层元素为 u_1，u_2，…，u_n，对于准则 C 的相对重要性即权重。通常可分两种情况：

（1）如果 u_1，u_2，…，u_n 对 C 的重要性可定量（如可以使用货币、重量等），其权重可直接确定。

（2）如果问题复杂，u_1，u_2，…，u_n 对于 C 的重要性无法直接定量，只能定性，那么确定权重用两两比较方法。方法是：对于准则 C，元素 u_i 和 u_j 哪一个更重要，重要的程度如何，通常按 1～9 比例标度对重要性程度赋值，表 15-5 列出了 1～9 标度的含义。

表 15-5　标度的含义

标度	含义
1	表示两个元素相比，具有同样的重要性
3	表示两个元素相比，前者比后者稍重要
5	表示两个元素相比，前者比后者明显重要
7	表示两个元素相比，前者比后者强烈重要
9	表示两个元素相比，前者比后者极端重要
2、4、6、8	表示上述相邻判断的中间值
倒数	若元素 i 与 j 的重要性之比为 a_{ij}，那么元素 j 与元素 i 的重要性之比为 $a_{ji}=1/a_{ij}$

由准则 C，n 个元素之间相对重要性的比较得到一个两两比较判断矩阵：

$$A=(a_{ij})_{m\times n}$$

其中，a_{ij} 就是元素 u_i 和 u_j 相对于 C 的重要性的比例标度。判断矩阵 A 具有下列性质：$a_{ij}>0$，$a_{ji}=1/a_{ij}$，$a_{ii}=1$。

由判断矩阵所具有的性质知，一个 n 个元素的判断矩阵只需要给出其上（或下）三角的 n(n-1)/2 个元素就可以了，即只需做 n(n-1)/2 个比较判断即可。

若判断矩阵 A 的所有元素满足 $a_{ij}\cdot a_{jk}=a_{ik}$，则称 A 为一致性矩阵。

不是所有的判断矩阵都满足一致性条件，也没有必要这样要求，只是在特殊情况下才有可能满足一致性条件。

3. 单一准则下元素相对权重的计算以及判断矩阵的一致性检验

已知 n 个元素 u_1，u_2，…，u_n 对于准则 C 的判断矩阵为 A，求 u_1，u_2，…，u_n 对于准则 C 的相对权重 ω_1，ω_2，…，ω_n，写成向量形式即为 $W=(\omega_1, \omega_2, \cdots, \omega_n)^T$。

（1）权重计算方法。

①和法。将判断矩阵 A 的 n 个行向量归一化后的算术平均值近似作为权重向量，即

$$\omega_i=\frac{1}{n}\sum_{j=1}^{n}\frac{a_{ij}}{\sum_{k=1}^{n}a_{kj}} \qquad i=1, 2, \cdots, n \tag{15-1}$$

计算步骤如下：

第一步：A 的元素按行归一化。

第二步：将归一化后的各行相加。

第三步：将相加后的向量除以 n，即得权重向量。

类似地还有列和归一化方法计算，即

$$\omega_i=\frac{\sum_{j=1}^{n}a_{ij}}{n\sum_{k=1}^{n}\sum_{j=1}^{n}a_{kj}} \qquad i=1, 2, \cdots, n \tag{15-2}$$

②根法（即几何平均法）。将 A 的各个行向量进行几何平均，然后归一化，得到的行向量就是权重向量。其公式为：

$$\omega_1=\frac{\left(\prod_{j=1}^{n}a_{ij}\right)^{\frac{1}{n}}}{\sum_{k=1}^{n}\left(\prod_{j=1}^{n}a_{kj}\right)^{\frac{1}{n}}} \qquad i=1, 2, \cdots, n \tag{15-3}$$

计算步骤如下：

第一步：A 的元素按列相乘得一新向量。

第二步：将新向量的每个分量开 n 次方。

第三步：将所得向量归一化后即为权重向量。

③特征根法（简记 EM）。解判断矩阵 A 的特征根问题。

$$AW = \lambda_{max} W \tag{15-4}$$

其中，λ_{max} 是 A 的最大特征根，W 是相应的特征向量，所得到的 W 经归一化后即可作为权重向量。

（2）一致性检验。

在计算单准则下权重向量时，还必须进行一致性检验。在判断矩阵的构造中，并不要求判断具有传递性和一致性，即不要求 $a_{ij} \cdot a_{jk}=a_{ik}$ 严格成立，这是由客观事物的复杂性与人的认识的多样性所决定的。但要求判断矩阵满足大体上的一致性是应该的。如果出现“甲比乙极端重要，乙比丙极端重要，而丙又比甲极端重要”的判断，则显然是违反常识的。一个混乱的经不起推敲的判断矩阵有可能导致决策上的失误，而且上述各种计算排序权重向量（即相对权重向量）的方法，在判断矩阵过于偏离一致性时，其可靠程度也就值得怀疑了，因此要对判断矩阵的一致性进行检验，具体步骤如下：

①计算一致性指标 C.I.（Consistency Index）。

$$C.I.=\frac{\lambda_{max}-n}{n-1} \tag{15-5}$$

②查找相应的平均随机一致性指标 R.I.（Random Index）。

表 15-6 给出了 1～11 互反矩阵计算 1000 次得到的平均随机一致性指标。

表 15-6　平均随机一致性指标

阶数	1	2	3	4	5	6	7	8	9	10	11
R.I.	0	0	0.52	0.89	1.12	1.26	1.36	1.41	1.46	1.49	1.52

③计算性一致性比例 C.R.（Consistency Ratio）。

$$C.R.=\frac{C.I.}{R.I.} \tag{15-6}$$

当 C.R.＜0.1 时，认为判断矩阵的一致性是可以接受的；当 C.R.≥0.1 时，应该对判断矩阵进行适当修正。

15.2.4　各个指标权重的确定

由表 15-1 可知，指标体系共分为 3 层 24 个指标，其中：

目标层 A：能源安全度，是我国能源安全状况好坏的综合体现。

准则层 B：能源储备、能源进口、能源消费、能源意识、科技因素、环境因素 6 个方面的因素。

指标层 C：指标体系中最底层的组成单位，由 24 个指标构成。

（1）准则层 B 相对于目标层 A 的比较矩阵及权重，如表 15-7 所示。

$$\lambda_{max}=6;\ C.I.=0;\ C.R.=0$$

（2）能源储备因素中各指标的比较矩阵及权重（B_1～B_{1n}），如表 15-8 所示。

$$\lambda_{max}=3.004;\ C.I.=0.002;\ C.R.=0.003<0.1$$

（3）能源进口因素各指标的比较矩阵及权重（B_2～B_{2n}），如表 15-9 所示。

$$\lambda_{max}=12.10322;\ C.I.=0.1;\ C.R.=0.07<0.1$$

表 15-7 准则层相对目标层判断矩阵（A）

A	B_1	B_2	B_3	B_4	B_5	B_6	W
B_1	1	3	1	8	5	2	0.3166
B_2	1/3	1	1/3	7/3	5/3	2/3	0.1055
B_3	1	3	1	8	5	2	0.3166
B_4	1/8	3/7	1/8	1	5/8	1/4	0.0396
B_5	1/5	3/5	1/5	8/5	1	2/5	0.0633
B_6	1/2	3/2	1/2	4	5/2	1	0.1583

表 15-8 能源储备因素判断矩阵

B_1	B_{11}	B_{12}	B_{13}	W_1
B_{11}	1	3	5	0.6479
B_{12}	1/3	1	2	0.2299
B_{13}	1/5	1/2	1	0.1222

表 15-9 能源进口因素判断矩阵

B_1	B_{21}	B_{22}	B_{23}	B_{24}	B_{25}	B_{26}	B_{27}	B_{28}	B_{29}	B_{210}	B_{211}	W_2
B_{21}	1	2	2	2	4	5	3	5	8	2/3	2	0.1858
B_{22}	1/2	1	1	1	2	2.5	2	2.5	4	1/3	1	0.0950
B_{23}	1/2	1	1	1	1/3	1/2	2	3	4	1/2	1	0.0828
B_{24}	1/2	1	1	1	1	2	3	1	3	1/3	1/2	0.0777
B_{25}	1/4	1/2	3	1	1	2	3	2	5	1/3	1/2	0.0916
B_{26}	1/5	2/5	2	1/2	1/2	1	1	1/2	1/3	1/4	1/2	0.0458
B_{27}	1/3	1/2	1/2	1/3	1/3	1	1	2	2	1/4	1/2	0.0476
B_{28}	1/5	2/5	1/3	1	1/2	2	1/2	1	2	1/2	1	0.0554
B_{29}	1/8	1/4	1/4	1/3	1/5	3	1/2	1/2	1	1/5	1/4	0.0327
B_{210}	3/2	3	2	3	3	4	4	2	5	1	2	0.1892
B_{211}	1/2	1	1	2	2	2	2	1	4	1/2	1	0.0965

（4）能源消费因素各指标的比较矩阵及权重（B_3～B_{3n}），如表 15-10 所示。

表 15-10 能源消费因素判断矩阵

B_3	B_{31}	B_{32}	B_{33}	B_{34}	W_3
B_{31}	1	2	2	3	0.4228
B_{32}	1/2	1	5/8	2/3	0.1574
B_{33}	1/2	8/5	1	2	0.2548
B_{34}	1/3	3/2	1/2	1	0.1650

$$\lambda_{max}=4.0862;\ C.I.=0.03;\ C.R.=0.03<0.1$$

（5）能源意识因素各指标的比较矩阵及权重（B_4～B_{4n}），如表 15-11 所示。

表 15-11　能源意识因素判断矩阵

B_4	B_{41}	B_{42}	W_4
B_{41}	1	1/2	0.3333
B_{42}	2	1	0.6667

$$\lambda_{max}=2;\ C.I.=0;\ C.R.=0$$

（6）科技因素各指标的比较矩阵及权重（B_5～B_{5n}），如表 15-12 所示。

$$\lambda_{max}=2;\ C.I.=0;\ C.R.=0$$

（7）环境因素各指标的比较矩阵及权重（B_6～B_{6n}），如表 15-13 所示。

$$\lambda_{max}=2;\ C.I.=0;\ C.R.=0$$

表 15-12　科技因素判断矩阵

B_5	B_{51}	B_{52}	W_5
B_{51}	1	2	0.6667
B_{52}	1/2	1	0.3333

表 15-13　环境因素判断矩阵

B_6	B_{61}	B_{62}	W_6
B_{61}	1	3	0.75
B_{62}	1/3	1	0.25

通过以上计算，各个判断矩阵均满足一致性检验。计算各层次因子的组合权重，如表 15-14 所示。

表 15-14　各个层次因子的组合权重

目标	因素	指标	组合权重
我国能源安全度	B_1 能源储备因素（0.3166）	B_{11} 能源资源储量（0.6479）	0.2051
		B_{12} 能源储采比（0.2299）	0.0728
		B_{13} 战略能源储备度（天）（0.1222）	0.0387
	B_2 能源进口因素（0.1055）	B_{21} 国际能源的可获得性（0.01858）	0.0196
		B_{22} 进口国政治稳定性与我国的外交关系（0.0950）	0.0100
		B_{23} 能源进口份额（0.0828）	0.0087
		B_{24} 对外依存度（0.0777）	0.0082
		B_{25} 进口集中度（0.0916）	0.0097
		B_{26} 运输通道可靠性（0.0458）	0.0048
		B_{27} 军事力量（0.0476）	0.0050
		B_{28} 政府政策对能源安全影响度（0.0554）	0.0058
		B_{29} 国家外汇储备（0.0327）	0.0034
		B_{210} 国际能源价格（0.1892）	0.0200
		B_{211} 价格波动率（0.0965）	0.0100

续表

目标	因素	指标	组合权重
我国能源安全度	B_3 能源消费因素（0.3166）	B_{31} 能源消费总量（0.4228）	0.1339
		B_{32} 能源消费需求增长速度（0.1574）	0.0498
		B_{33} 能源消费结构（0.2548）	0.0807
		B_{34} 人均能源消费总量（0.1650）	0.0522
	B_4 能源意识因素（0.0396）	B_{41} 国民节能意识（0.3333）	0.0132
		B_{42} 国民社会责任感（0.6667）	0.0264
	B_5 科技因素（0.0633）	B_{51} 能源可转换与替代程度（0.6667）	0.0422
		B_{52} 技术进步对能源的替代率（0.3333）	0.0210
	B_6 环境因素（0.1583）	B_{61} 生态环境对能源使用的影响度（0.7500）	0.1187
		B_{62} 国际社会的干预（0.2500）	0.0396

15.3 实现与结果分析

依据上述建模与分析，建立如图 15-1 所示的 Simulink 模型。

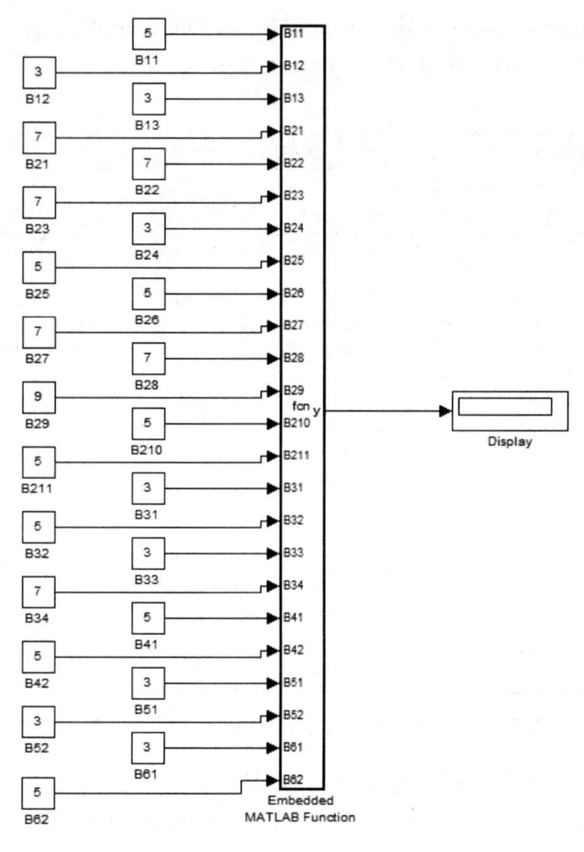

图 15-1 Simulink 模型

进行参数设置。

Constant 模块：双击该模块，弹出如图 15-2 所示的参数对话框。根据图 15-1 Constant 模块中显示的值在弹出的参数对话框中设定 Constant value。

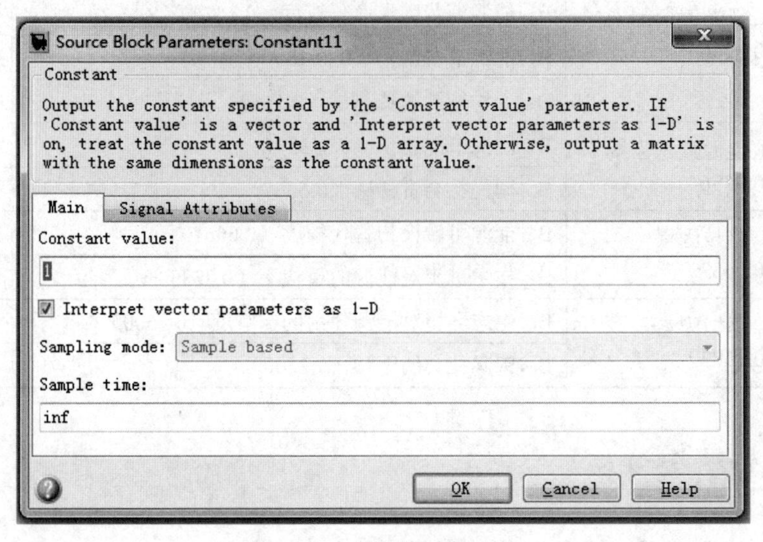

图 15-2　参数设置对话框

Embedded MATLAB Function 模块：双击该模块，打开 Embedded MATLAB Editor 窗口。根据前面的计算公式在窗口中编辑函数，如图 15-3 所示。

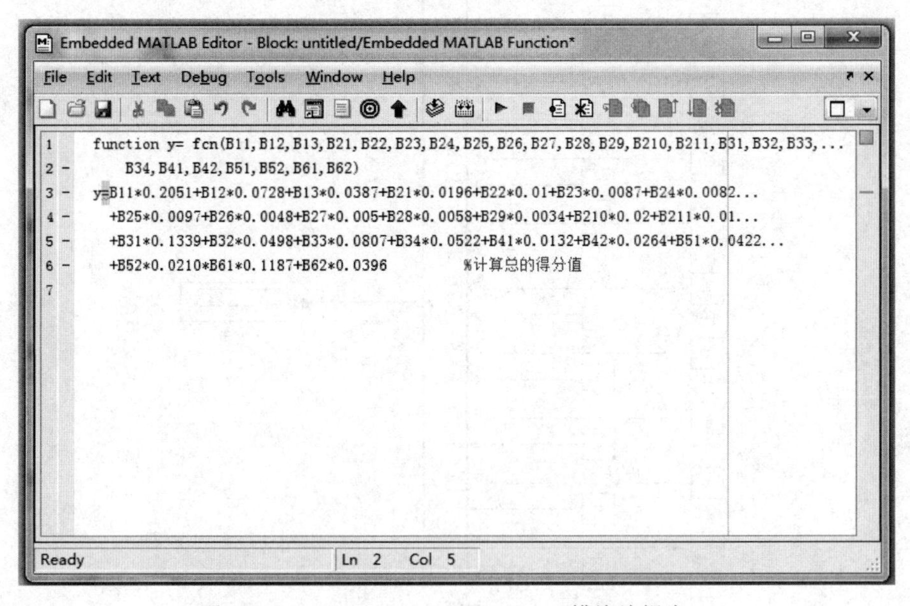

图 15-3　Embedded MATLAB Editor 模块编辑窗口

单击“仿真运行”按钮，实现结果如图 15-4 所示。

由仿真结果可知，能源评价的最终得分为 3.785 分，所以我国能源安全的评价等级为普通。

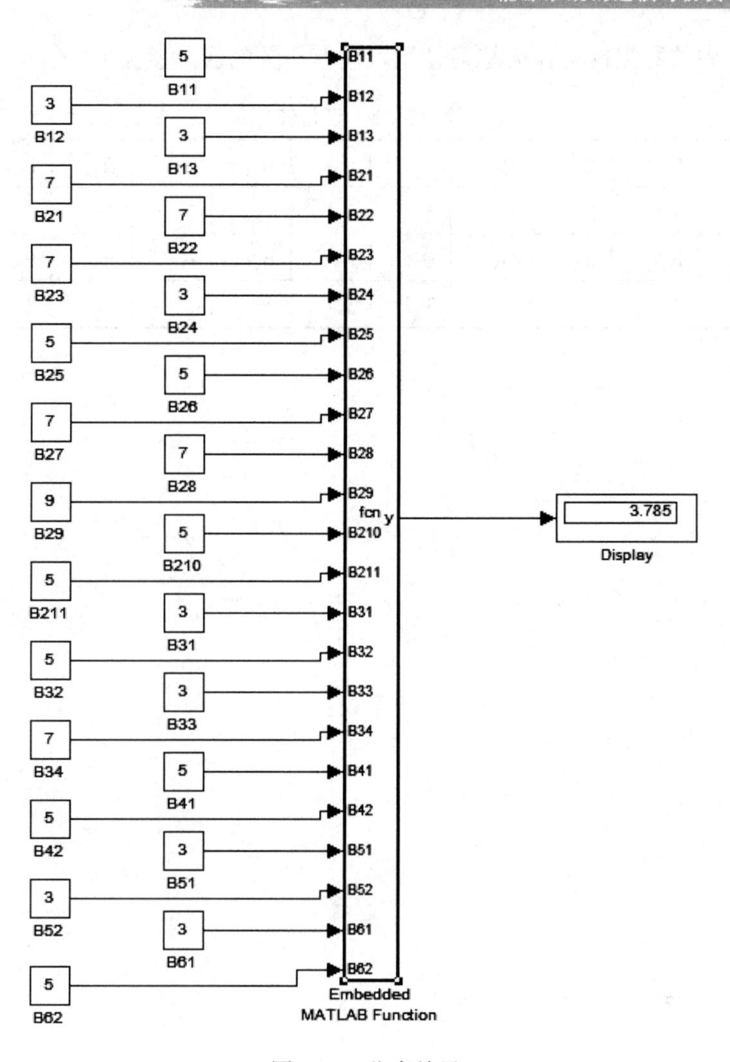

图 15-4　仿真结果

15.4　小结

通过对我国能源安全的评价分析与建模，建立了关于我国能源安全评价的 Simulink 模型。通过本章的学习，读者应该做到以下几点：

（1）了解我国能源现阶段的基本情况。

（2）掌握能源安全评价的方法。

（3）掌握仿真中 S 函数这种方法的应用。

（4）学会举一反三，利用 Simulink 能够解决类似的工程问题。

15.5　上机实习

针对以上我国能源安全的评价体系，当 B_{11}～B_{62} 的评价值为表 15-15 所示时对能源安全进行评价（表 15-5 中的数据仅可作为练习使用，没有相关的实际意义）。

表 15-15　评价值

因素	B_{11}	B_{12}	B_{13}	B_{21}	B_{22}	B_{23}	B_{24}	B_{25}	B_{26}	B_{27}	B_{28}	B_{29}
评价分值	7	3	5	5	5	3	1	9	3	5	3	5
因素	B_{210}	B_{211}	B_{31}	B_{32}	B_{33}	B_{34}	B_{41}	B_{42}	B_{51}	B_{52}	B_{61}	B_{62}
评价分值	7	7	7	1	3	5	7	7	9	3	3	3

16

交通系统的建模与仿真

随着农村城市化提上我国建设的日程，城市交通系统规划成为交通系统中重要的组成部分。城市交通规划部门在设置城市道路里程时要考虑多种因素，因此利用仿真技术动态地显示交通系统规划问题成为必要。本章将利用 Simulink 中的 Constant 模块、MATLAB Fcn 模块、Demux 模块、Out 模块等对城市交通系统进行仿真，为北京市城市交通部门在城市道路里程设计方面提供参考。

本章主要内容：

- 介绍交通系统的现状及仿真的必要性。
- 分析对交通系统研究的内容并建立数学模型。
- 详细介绍交通系统的仿真步骤及结果分析。

16.1 概述

交通问题是目前世界各国现代化城市发展与管理所面临的基本性关键复杂问题之一，影响广泛而且巨大。在美国，交通的经济总量已占其 GDP 的 11%左右，而美国国会将要通过的 6 年联邦交通预算高达 2750 亿美元，这其中不包括各州独立的交通预算。在一些地方，包括我国的许多大城市，交通问题已成为制约经济和社会发展的瓶颈、污染自然和生态环境的祸首之一。

城市交通系统是一个“天然”的多学科、跨领域的复杂开放系统，涉及几乎所有的工程学科，以及经济、人口、生态、资源和法律等社会科学知识，介于纯工程系统与纯社会系统之间，因此为复杂系统和复杂性研究提供了一个十分具体且具有科学和社会影响的案例。如果能够有效地解决城市交通问题，不但为一般复杂系统问题的解决提供思路，产生巨大的经济和社会效益，也为用全面、协调、可持续的科学发展观解决其他城市发展与管理问题奠定了基础。

然而，交通系统除了其多学科、跨领域、规模巨大等复杂特性之外，还具有实验试行成本极高甚至无法进行的特征。因此，很难对解决交通问题的方案事先进行较为全面和准确的评估和修正，这也是过去交通系统技术相对落后的原因之一。随着计算机和网络技术在交通中的广泛应用，智能交通系统的概念和方法不断成熟，交通系统的信息化、网络化、自动化和智能化要求不断提高，全面、准确、及时地评估和修正交通解决方案已成为交通研究所面临的迫切问题。正是因为这一原因，国际上多种大规模的交通规划、管理、优化和控制计算机仿真模拟系统应运而生。经过 10 多年的不断改进，这些仿真系统日趋完善，已成为研究交通系统的重要工具和不可缺少的重要部分，并且在实际中得到了广泛有效的应用。

城市交通规划部门在设置城市道路里程时要考虑多种因素。城市道路里程的设置不仅要从它的必要性上考虑，而且还要从它的经济性上考虑。如果城市道路里程过长，就会造成浪费；如果城市道路里程设置过短，又会满足不了城市交通主体的需求，造成城市交通拥挤、交通堵塞，严重影响人们的出行，造成巨大的社会资源浪费，从而与“和谐社会”的口号相悖，影响全面建设小康社会的进程。这里是在北京市关于交通的 20 年数据的基础上运用回归分析方法，分析了北京市常住人口、国民生产总值 GDP、公路里程、民用汽车拥有量、轨道交通里程、公路交通旅客周转量六者之间的关系，从而为北京市城市交通部门在城市道路里程设计方面提供参考。

16.2 系统分析与建模

合理设置城市交通道路里程非常重要，这里通过回归分析对影响交通道路里程的因素进行拟合，以得到各因素之间的关系。

1. 模型建立

（1）多元回归模型和回归方程。

设因变量为 y，p 个变量分别为 x_1，x_2，…，x_p，描述因变量 y 如何依赖于自变量 x_1，x_2，…，x_p 和误差项 ε 的方程一般形式可写为：

$$y=\beta_0+\beta_1 x_1+\beta_2 x_2+\cdots+\beta_p x_p+\varepsilon \qquad (16\text{-}1)$$

其中，β_0，β_1，…，β_p 是未知参数，ε 是随机误差项，反映了除 x_1，x_2，…，x_p 对 y 的线性关系之外的随机因素对 y 的影响，是不能由 x_1，x_2，…，x_p 与 y 之间的线性关系所解释的变异性。

通常，在作显著性检验等许多情况下，我们对误差项作如下假定：

$$\varepsilon \sim N(0,\sigma^2) \text{ 且相互独立}$$

这种假定意味着，对于自变量的一组特定值，误差项与任意一组其他值所对应的误差项不相关，且对应的因变量 y 也是一个服从正态分布的随机变量。

利用样本统计量 $R^2=\dfrac{SSR}{SST}=1-\dfrac{SSE}{SST}$ 来估计回归方程中的参数 β_0，β_1，β_2，…，β_p 时，得到估计的多元回归方程：

$$\hat{y}=\hat{\beta}_0+\hat{\beta}_1 x_1+\hat{\beta}_2 x_2+\cdots+\hat{\beta}_p x_p \qquad (16\text{-}2)$$

对于参数的估计则利用最小二乘法求得，即使得残差平方和：

$$Q=\sum_{i=1}^{n}(y_i-\hat{y}_i)^2=\sum_{i=1}^{n}(y_i-\hat{\beta}_0-\hat{\beta}_1 x_1-\hat{\beta}_2 x_2-\cdots-\hat{\beta}_p x_p)^2 \qquad (16\text{-}3)$$

最小。参数的最小二乘估计量为：

$$\hat{\beta}=(X'X)^{-1}X'Y \tag{16-4}$$

$\hat{\beta}$、X、Y 为估计参数和观测值的矩阵表示，X' 为 X 的转置阵。可以证明，在符合误差项 ε 的假定下，最小二乘估计量 $\hat{\beta}$ 具有无偏性和有效性。

（2）回归方程的拟合程度、显著性检验与参数估计。

我们定义：

总平方和：

$$SST=\sum(y_i-\bar{y})^2 \tag{16-5}$$

回归平方和：

$$SSR=\sum(\hat{y}_i-\bar{y})^2 \tag{16-6}$$

残差平方和：

$$SSE=\sum(y_i-\hat{y}_i)^2 \tag{16-7}$$

多重判定系数：

$$R^2=\frac{SSR}{SST}=1-\frac{SSE}{SST} \tag{16-8}$$

修正多重判定系数：

$$R_a^2=1-(1-R^2)\times\frac{n-1}{n-p-1} \tag{16-9}$$

估计标准误差：

$$s_y=\sqrt{\frac{SSE}{n-p-1}}=\sqrt{MSE} \tag{16-10}$$

线性关系检验统计量：

$$F=\frac{SSR/p}{SSE/(n-p-1)}\sim F(p,n-p-1) \tag{16-11}$$

回归系数 $\hat{\beta}_i$ 抽样分布标准差：

$$s_{\hat{\beta}_i}=\frac{s_y}{\sqrt{\sum x_i^2-\frac{1}{n}(\sum x_i)^2}} \tag{16-12}$$

回归系数检验统计量：

$$t_i=\hat{\beta}_i/s_{\hat{\beta}_i}\sim t(n-p-1) \tag{16-13}$$

Beta 系数：

$$\hat{\beta}_i^*=\hat{\beta}_i\frac{S_{X_j}}{S_Y}=\hat{\beta}_i\sqrt{\frac{\sum x_i^2}{\sum y^2}} \tag{16-14}$$

弹性系数：

$$\eta_i=\hat{\beta}_i\frac{\bar{X}}{\bar{Y}} \tag{16-15}$$

其中，y_i 表示实际的观测 y 值，$\hat{y}_i$ 表示利用回归方程预测的 y 值，$\overline{y_i}$ 表示观测值的均值，p 为自变量 x 的个数。

多重判定系数 R_2 的含义是：因变量 y 取值的变差中能被估计的多元回归方程所解释的比例，R_2 越大，说明估计的多元线性回归方程对观测值的拟合程度越好；R_2 的平方根称为多重相关系数或复合相关系数，反映了因变量与 p 个自变量之间的复合相关程度；线性关系检验表明了因变量 y 与 p 个自变量之间的线性关系是否显著，是对线性方程总体的检验；回归系数检验表明了单个自变量对因变量的关系是否显著；Beta 系数表示自变量变化一个标准差时因变量 y 变化多少个标准差；弹性系数表示在变量平均值周围，自变量每变动 1%，将使因变量变动百分之几，该系数与因变量的计量单位无关，适宜进行对回归模型中各变量相对重要性的比较。

（3）多重贡献性及处理。

当回归模型中两个或两个以上的自变量彼此相关时，就认为存在多重贡献性。这样可能会使回归的结果混乱，甚至可能将分析引入歧途；其次，多重贡献性有可能对参数估计值的正负号产生影响。

例如，当回归方程整体的 F 检验很显著时却发现自变量参数估计值的 t 检验只有少数几个通过了检验。这种结果的原因是，因变量与多个自变量中的某一个或几个的线性关系是显著的，但一些自变量之间还存在不独立的线性关系。事实上，很可能每个自变量对因变量的预测都有贡献，只不过一些自变量的贡献与另一些自变量的贡献重叠。

检测多重贡献性的方法：计算模型中各对自变量之间的相关系数，并对各相关系数进行显著性检验。如果某两个自变量的相关性显著，则说明存在多重贡献性问题。

多重贡献性的处理：常用自变量选择的方法，即通过剔除自变量或增加自变量以使得回归方程中最后保留的自变量尽可能不相关。自变量选择通常有以下方法：

- 平均残差平方和法。从存在多重贡献性的回归方程中选择几个自变量重新进行多元线性回归分析，得到的新的回归方程中平均残差平方和最小，则所选自变量的回归方程越好。残差平方和=SSE/(n-p-1)。
- 根据修正的全相关系数判定。修正的全相关系数为修正相关系数的平方根。
- 进行逐步回归。思路如下：检验每个自变量与因变量的相关性，按照相关性从大到小逐个将自变量进行筛选，每次选择一个进入自变量时要对模型整体再次进行参数的 t 检验，将没有通过检验的自变量剔除。最后直到没有可以进入的变量和可以剔除的变量为止。

（4）利用回归方程进行估计和预测。

点估计：点估计值 $\hat{Y}_0$ 只需要将样本值向量 X_0 代入回归方程即可求出。

区间估计：要求得 $\hat{Y}_0$ 的区间估计，需要求得 $\hat{Y}_0$ 的分布。在误差项服从正态分布的假设下，$\hat{Y}_0$ 也服从正态分布：

$$\hat{Y}_0 = X_0\hat{\beta} \sim N(X_0\hat{\beta}, \sigma^2 X_0'(X'X)^{-1}X_0) \tag{16-16}$$

当误差项方差 σ^2 未知时用 SSE/(n-p-1)代替，得到区间估计（显著水平 α）为：

$$X_0\hat{\beta} \pm T_{1-\alpha/2}(n-p-1)\cdot\sigma\cdot\sqrt{X_0'(X'X)^{-1}X_0} \tag{16-17}$$

2. 模型应用

数据和参数定义：这里采用的数据来自 2008 年北京市统计局统计年鉴，如表 16-1 所示，包括 1989 年到 2008 年的常住人口、国民生产总值 GDP、公路里程、民用汽车拥有量、轨道交通里程、公路交通旅客周转量共 6 个指标，其中定义自变量常住人口为 X_1，国民生产总值 GDP 为 X_2，民用汽车拥有量为 X_3，轨道交通里程为 X_4，公路交通旅客周转量为 X_5，因变量为公路里程 Y。

表 16-1 北京市交通数据

年份	常住人口（万人）	GDP（亿元）	公路里程（公里）	民用汽车拥有量（万辆）	轨道交通里程（公里）	公路旅客周转量（万人公里）
1989	1075	456	9218	247503	40.1	122435
1990	1086	500.8	9648	270655	40.1	132350
1991	1094	598.9	10259	296985	40	139041
1992	1102	709.1	10827	341015	41.6	161735
1993	1112	886.2	11242	416047	41.6	127461
1994	1125	1145.3	11532	481279	41.6	180030
1995	1251.1	1507.7	11811	589408	41.6	234540
1996	1259.4	1789.2	12084	621847	41.6	250488
1997	1240	2075.6	12306	784302	41.6	261204
1998	1245.6	2376	12498	898473	41.6	304592
1999	1257.2	2677.6	12825	951388	53.7	400597
2000	1363.6	3161	13597	1041159	54	527645
2001	1385.1	3710.5	13891	1144734	54	529776
2002	1423.2	4330.4	14359	1339345	75	603510
2003	1456.4	5023.8	14453	1630704	114	693100
2004	1492.7	6060.3	14630	1871306	114	1582441
2005	1538	6886.3	14696	2145772	114	1873754
2006	1581	7861	20503	2441359	114	791947
2007	1633	9353.3	20754	2777869	142	1474249
2008	1695	10488	20340	3180798	200	2409604

下面进行各个指标的相关性分析。

散点图是表示两个变量之间的关系图，又称相关图，用于分析两个变量之间的相关关系，它具有直观简单的优点。通过作散点图可以对数据的相关性进行直观检查，不但可以得出定性的结论，而且可以通过观察剔除异常数据，从而提高对相关程度计算的准确性。对于多个变量，我们可以利用矩阵散点图来分析多个变量之间的相关关系。下面就用矩阵散点图来说明北京市常住人口、国民生产总值 GDP、公路里程、民用汽车拥有量、轨道交通里程、公路交通旅客周转量六者之间的关系。

通过图 16-1 所示的矩阵散点图分析可得上述各个因素之间存在相关关系，其中民用汽车拥有量和国民生产总值存在线性的相关关系，其次就是国民生产总值和常住人口，再次就是国民生产总值和公路里程之间具有相关关系。从而也可以说明公路里程的设置要从上述因素之间考虑。

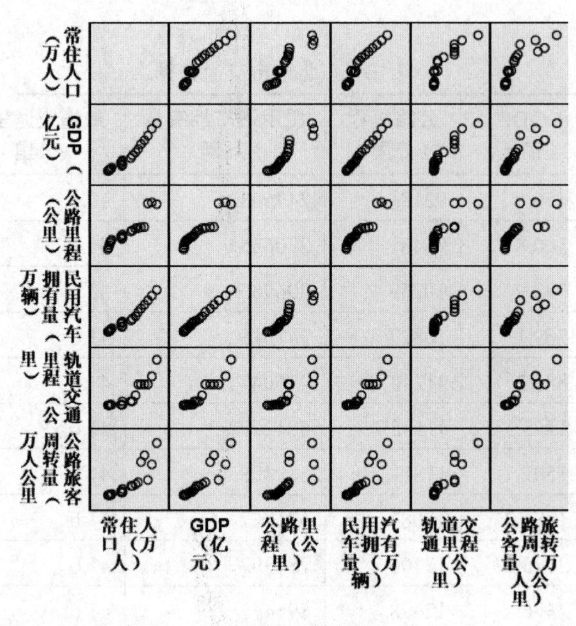

图 16-1　散点图

由上述分析建立如下模型：

$$y=\beta_0+\beta_1 x_1+\beta_2 x_2+\cdots+\beta_5 x_5+\varepsilon \tag{16-18}$$

16.3　实现与结果分析

（1）构建 Simulink 模型。

由模型的假设可知，X_1、X_2、X_3、X_4、X_5、y 已知，求系数 β_0，β_1，β_2，…，β_5 使总平方和 $SST=\sum(y_i-\overline{y})^2$ 平均值最小。构建 Simulink 模型，如图 16-2 所示模型名为 jiaotong.mdl。数学模型由 Constant 模块、MATLAB Fcn 模块、Sum 模块、Product 模块等实现，最后残差结果在示波器（Scope）中直观显示，在 Out 模块中可以看出残差及参数具体值。

构建模型时如果需要模块旋转可执行如下操作：选中模块后右击并选择 Format→Rotate Block 命令，可选择 Clockwise（顺时针旋转 90°）或 Counterclockwise（逆时针旋转 90°）；还可以选中模块后右击并选择 Format→Flip block（旋转 180°）命令。

（2）模块参数设置。

图 16-2 中模块参数的设置如下：

- Constant 模块：双击该模块，弹出如图 16-3 所示的参数对话框。根据模型需要在 Constant 参数中输入 randn(1,20)，即服从正态分布的随机变量；在 Constant1～Constant7 中分别输入的是 X_5～X_1 和 y 的值。
- MATLAB Fcn 模块：双击该模块，弹出如图 16-4 所示的参数对话框。此模块是调用自己编写的 Matlab 程序，在 MATLAB function 中输入已经编写好的程序名称

huigui，huigui.m 中的程序如图 16-5 所示，此程序的作用是求出模型的参数，并返回参数值。

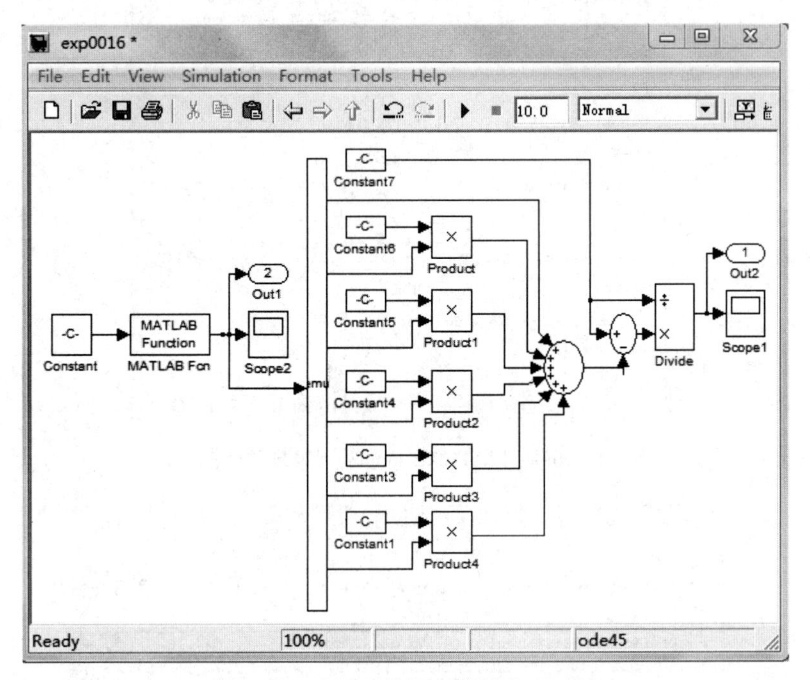

图 16-2　交通系统回归模型仿真示例

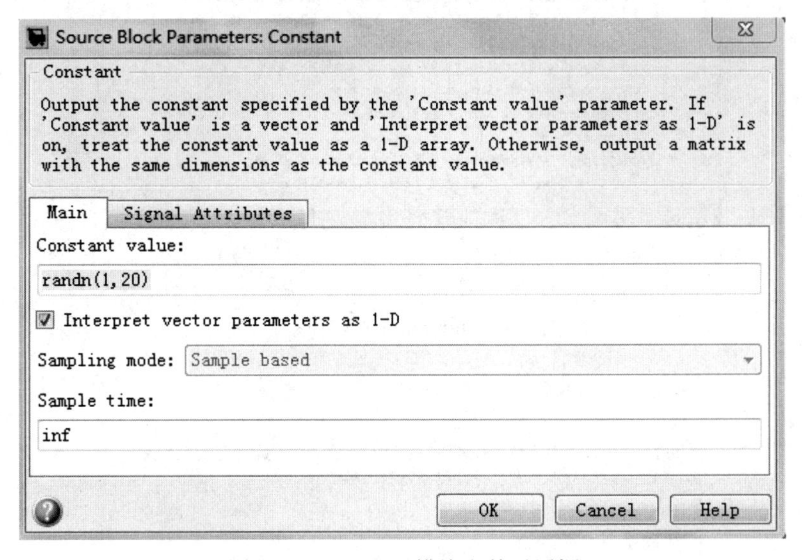

图 16-3　Constant 模块参数对话框

- Demux 模块：双击该模块，弹出如图 16-6 所示的参数对话框，设定 Number of outputs 为 6，表示输出回归模型拟合的 6 个参数。
- Product 模块：双击该模块，弹出如图 16-7 所示的参数对话框，设定 Number of inputs 为 2，表示输入端口为两个（由图 16-2 可得输入端需要 3 个）。

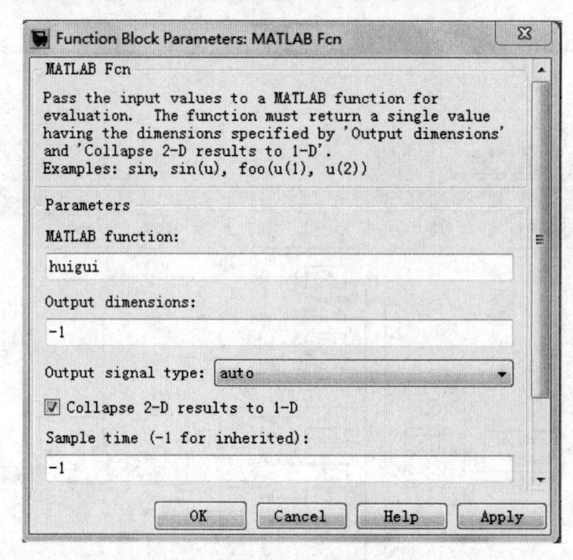

图 16-4　MATLAB Fcn 模块参数对话框

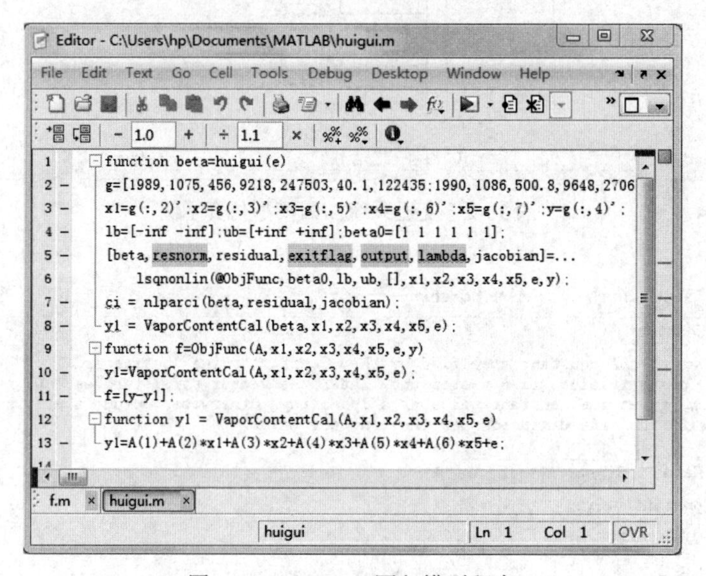

图 16-5　huigui.m 回归模型程序

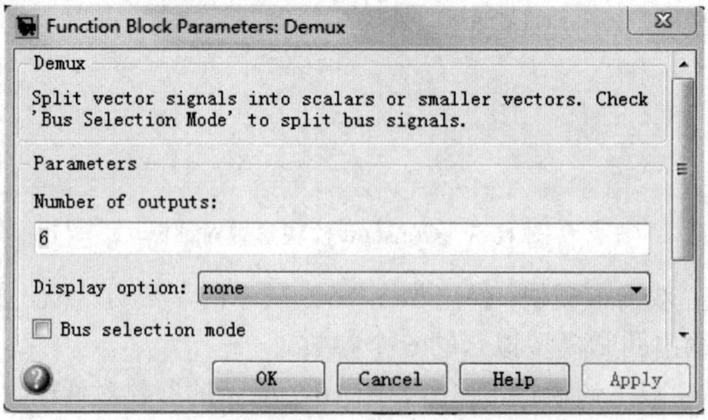

Function Block Parameters: Demux
Demux
Split vector signals into scalars or smaller vectors. Check 'Bus Selection Mode' to split bus signals.
Parameters
Number of outputs:
6
Display option: none
Bus selection mode
OK　Cancel　Help　Apply

图 16-6　Demux 模块参数设置对话框

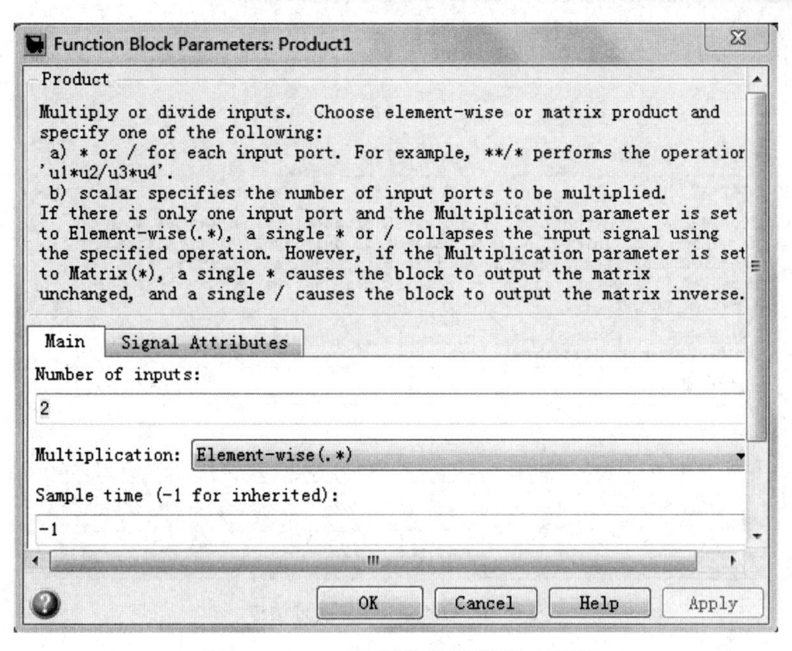

图 16-7　Product 模块参数设置对话框

- Sum 模块：双击该模块，弹出如图 16-8 所示的参数对话框，设定 List of signs 为|+++++，表示输入各参数为相加关系（由所建模型确定）。

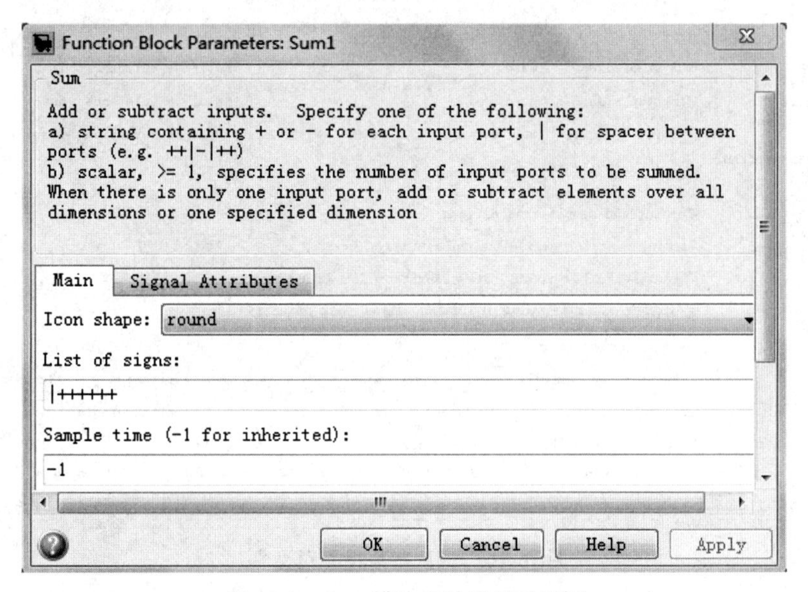

图 16-8　Sum 模块参数设置对话框

- Out 模块：双击该模块，弹出如图 16-9 所示的参数对话框，设定 Port number 为 1，读者通过 Matlab 中的命令窗口输入 yout 来观看仿真的确切结果，也可以通过在工作空间窗口中单击 yout 查看此变量值。

（3）仿真参数设置。

设置仿真时间：执行 Simulation→Configuration Parameters 命令，打开仿真参数设置对话框，由于模型仿真与时间无关，故 Stop time 可设置为任何值，在此设为 1，以节省仿真时间，如图 16-10 所示。

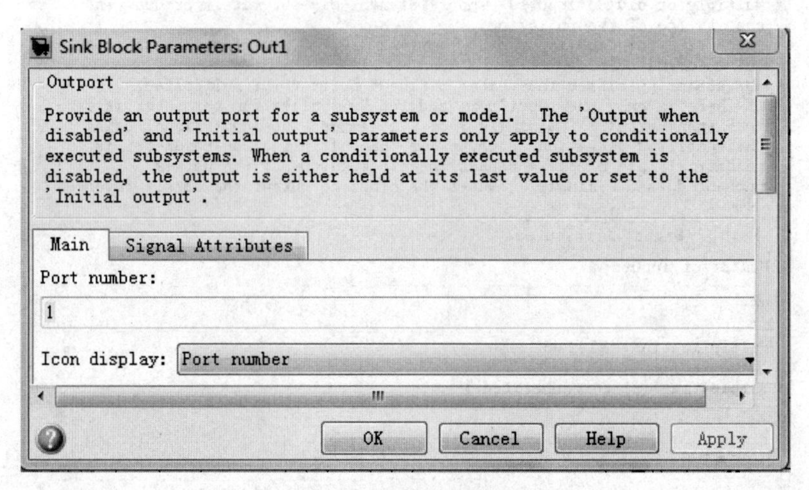

图 16-9　Out 模块设置对话框

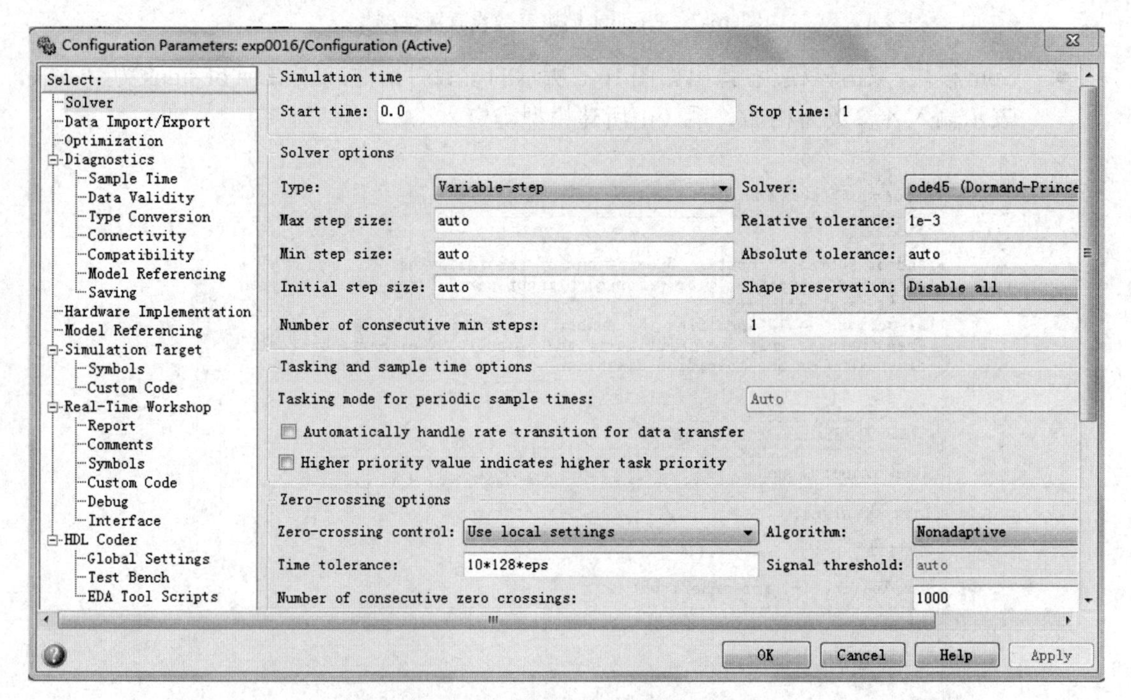

图 16-10　仿真参数设置对话框

- Start time：仿真开始时间，在此取默认值 0。
- Stop time：仿真结束时间，在此改为 20。
- Type：是否固定步长，在此接受默认选项 Variable-step。
- Solver：计算方法，在此取默认 ode45 求解器。
- Max step size 和 Min step size：变步长的最大值和最小值，在此取默认值。
- Relative tolerance 和 Absolute tolerance：相对误差和绝对误差，在此取默认值。

- Initial step size：初始步长大小，在此取默认值。
- Zero crossing control：取默认值。

（4）仿真运行。

单击模型窗口中的“仿真启动”按钮 ▶ 仿真运行，运行结束后示波器显示结果如图 16-11 和图 16-12 所示。

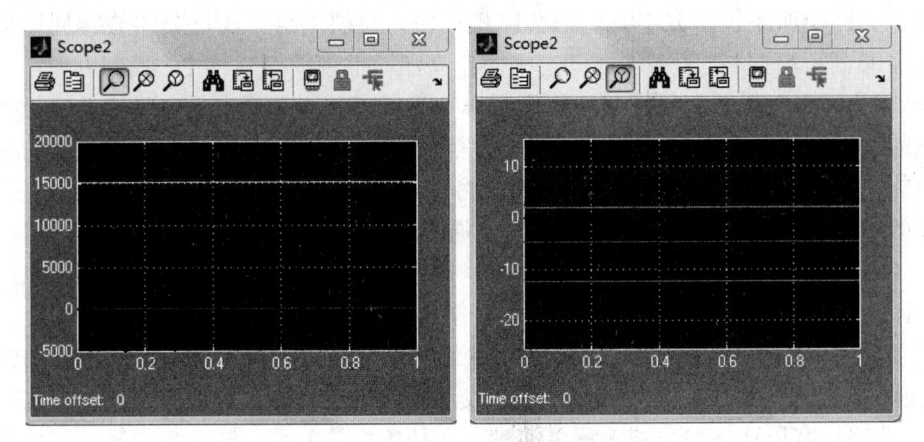

图 16-11　回归模型参数值

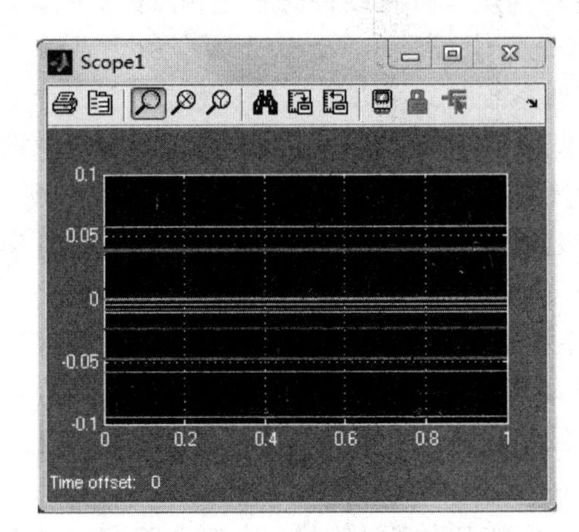

图 16-12　回归模型残差分布情况

（5）仿真结果分析。

运行仿真模型，在 Matlab 工作空间窗口中单击 yout 查看此变量值，可得具体系数值为：15034.8395225147、-4.7747459945725、1.8948756060061、0.000676051269499155、-12.3869621857386、-0.00287022439754381。从输出结果中可以看出，第一列给出了 5 个系数的估计值，$\beta_0=15034.84$，$\beta_1=-4.7747$，$\beta_2=1.8949$，$\beta_3=0.000676$，$\beta_4=-12.3869$，$\beta_5=-0.00287$，于是我们可以得出回归方程：

$$y=15034.84-4.7747X_1+1.8949X_2+0.000676X_3-12.3869X_4-0.00287X_5 \tag{16-19}$$

从上述回归方程知，当自变量为 0 时，北京市公路里程取值为 15035.840。由 yout 的残差值（如表 16-2 所示）可知 $R<0.1$，故此线性回归模型的各项检验通过，显著性强，可用此模型进行预测。

表 16-2 残差值

-0.09408	-0.04735	0.00065	0.042417	0.0389	0.035137	0.057823
0.04022	-0.00052	-0.02476	-0.0085	0.04139	-0.01049	-0.023
-0.0587	-0.00493	-0.04793	0.007614	-0.00456	0.037759	0.00543

在城市公路交通系统研究中我们把公路里程作为交通供给，而把公路旅客周转量作为客运交通的需求。而交通供给和需求的动态平衡建立在城市规模的基础上，我们以城市常住人口量和 GDP 作为城市规模的衡量变量，民用汽车作为城市公路交通中最为重要的客运手段，是交通系统的基础——城市规模与交通系统的供需之间作用的载体，轨道交通是重要的分散公路交通压力的手段，而且其分散作用主要集中在客运量上，我们通过研究这些变量的关系，制订一个初步的城市与交通系统之间的关系模型。通过回归得到的方程，我们可以得到以下结论：

（1）GDP 和公路里程满足正相关的关系，也就是说和交通投入成正相关关系。这是很有道理的。因为 GPD 增加了，国家和交通管理部门必然会加大对交通建设的投资力度，公路里程也会随之提高。同时，这也反映了我们目前交通系统建设的目标是指向经济规模与经济效益的，对交通建设投资的增加，会提高我们城市交通系统的运行效率，反过来促进 GDP 的增加。

（2）公路旅客周转量和公路里程之间满足一种负相关关系。这和我们第一印象里公路里程和公路旅客周转量之间应该满足一种正线性关系是相反的。但是，通过我们的数据得出，它们就是一种负相关关系。这是为什么呢？作者认为国家和交通部门提高公路里程的目的有两个：一个是为了通过增强交通系统的效率来提高经济效益；另一个是满足人们的出行需求。通过数据可以知道，交通部门把重点放在了经济效益方向上。比方说货运量在城市交通中占了很大一部分比率，而满足客运需求这方面只是占了一小部分。这和我们目前“和谐交通”中以人为本的理念是相悖逆的。所以说，国家和交通部门应该把重点放在客运需求这一方面，加大满足客运需求的力度，使城市交通更好地为民众出行服务。

（3）影响公路里程的主要因素中没有常住人口和本地民用汽车拥有量。一方面是因为常住人口和民用汽车拥有量以及 GDP 都有线性相关关系，所以为避免多重贡献性对回归结果的影响，我们在逐步回归的时候把这两个变量剔除了。从现实意义上，这也说明，目前交通系统的主要服务对象是出入城市的交通参与者。

（4）轨道交通是城市交通客流的重要载体，会对公路客运量产生显著的分散效用，但通过数据分析得出，轨道交通和公路交通不存在一个直接的相关关系，这说明对轨道交通的投入力度还不够，轨道交通系统还不够成熟，它的发展变化不会造成对公路客运的一个影响，不能对城市客运起到客运分流的辅助作用。所以，目前应该增强对轨道交通的规划，实现对公路客运的一个合理分流的辅助作用。

16.4 小结

本章介绍了交通系统的发展及回归模型，分析了影响城市道路里程的各种因素，建立回归模型，并利用 Simulink 中的 Constant 模块、MATLAB Fcn 模块、Demux 模块、Out 模块等对城市交通系统进行仿真，以便为北京市城市交通部门在城市道路里程设计方面提供参考。通过本章的学习，读者应该做到以下几点：

（1）了解交通系统，掌握回归模型的建立方法。

（2）掌握 Constant 模块、MATLAB Fcn 模块、Demux 模块、Out 模块等的应用，能够对这些模块进行合理的参数设置。

（3）掌握 Simulink 仿真的具体过程和步骤，对 Simulink 仿真的具体过程有更深的认识，能够对系统仿真参数进行设置。

（4）学会举一反三，利用 Simulink 能够解决交通系统的问题。

16.5　上机实习

本章所建立的交通系统回归模型，使用的是线性模型，考虑非线性模型各影响因素之间的联系即因素之间的交互作用，建立模型：

$$y=\beta_0+\beta_1X_1+\beta_2X_2+\cdots+\beta_nX_n+\beta_{11}X_1^{\ 2}+\beta_{12}X_1X_2\cdots$$

建立 Simulink 仿真模型。

17

机械系统的建模与仿真

机械振动在工程实际和日常生活中普遍存在。为了认识振动现象，有必要研究和掌握振动规律，掌握它的益处来为生产和生活服务，同时在生产和生活中有效地避免振动造成的危害。本章将利用 Simulink 中的状态空间(State-Space)模块对三自由度机械振动系统进行建模仿真。

本章主要内容：

- 介绍机械系统及其简化组成。
- 分析机械振动系统。
- 详细介绍机械振动系统建模与仿真的过程与步骤。
- 分析机械振动系统的动态特性。

17.1 概述

由质量、刚度和阻尼等元素以一定形式组成的系统，称为机械系统。实际的机械系统一般都比较复杂，在分析其振动问题时往往把它简化为由若干个“无弹性”的质量和“无质量”的弹性元件组成的力学模型，这种机械系统称为弹簧质量系统。弹性元件的特性用弹簧的刚度来表示，它是弹簧每缩短或伸长单位长度所需要施加的力。例如，可将汽车的车身和前后桥作为质量，将板簧和轮胎作为弹性元件，将具有耗散振动能量作用的各环节作为阻尼，三者共同组成了研究汽车振动的一种机械系统。

在工程实际和日常生活中机械振动现象普遍存在。为了认识振动现象，有必要研究和掌握振动规律，掌握它的益处来为生产和生活服务，同时在生产和生活中有效地避免振动造成的危害。本章以三自由度机械振动系统为例，利用 Simulink 对其进行建模仿真，准确直观地获得系统的振动情况。

17.2 系统分析

三自由度机械振动系统如图 17-1 所示，为了简化计算，设质量 $m=1$，阻尼系数 $c_1=c_2=c_3=3$，弹簧刚度 $k=2$，外部激励 $x(t)$ 为 $F_1=h_1\sin(\omega t)$，$F_2=h_2\sin(\omega t)$，$F_3=h_3\sin(\omega t)$。

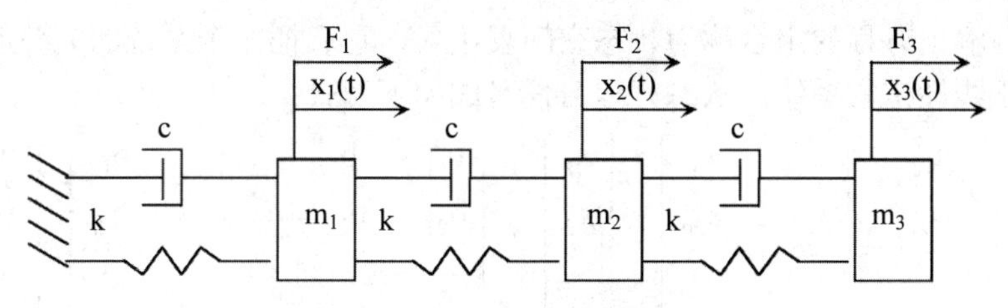

图 17-1 三自由度机械振动系统

该系统的动力学方程如下：

$$m\ddot{x}_1 + c(2\dot{x}_1 - \dot{x}_2) + k(2x_1 - x_2) = F_1 \tag{17-1}$$

$$m\ddot{x}_2 + c(-\dot{x}_1 + 2\dot{x}_2 - \dot{x}_3) + k(-x_1 + 2x_2 - x_3) = F_2 \tag{17-2}$$

$$m\dot{x}_3 + c(-\dot{x}_2 + \dot{x}_3) + k(-x_2 + x_3) = F_3 \tag{17-3}$$

写成矩阵的形式如下：

$$m\begin{bmatrix}1 & 0 & 0\\0 & 1 & 0\\0 & 0 & 1\end{bmatrix}\begin{Bmatrix}\ddot{x}_1\\\ddot{x}_2\\\ddot{x}_3\end{Bmatrix}+c\begin{bmatrix}2 & -1 & 0\\-1 & 2 & -1\\0 & -1 & 1\end{bmatrix}\begin{Bmatrix}\dot{x}_1\\\dot{x}_2\\\dot{x}_3\end{Bmatrix}+k\begin{bmatrix}2 & -1 & 0\\-1 & 2 & -1\\0 & -1 & 1\end{bmatrix}\begin{Bmatrix}x_1\\x_2\\x_3\end{Bmatrix}=\begin{Bmatrix}h_1\\h_2\\h_3\end{Bmatrix}u \tag{17-4}$$

即：

$$M\ddot{X} + P\dot{X} + KX = Gu \tag{17-5}$$

17.3 系统建模与仿真

机械振动系统的建模仿真步骤如下：

（1）建立系统数学模型。

利用式（17-5）模拟三自由度机械振动系统的位移、速度随时间的变化情况。

通常线性微分方程都可以转化成状态空间方程，将式（17-5）的微分方程转化为状态空间方程，令：

$$Z(t)=\begin{bmatrix}X(t)\\\dot{X}(t)\end{bmatrix}，\quad A=\begin{bmatrix}0 & 1\\-M^{-1}K & -M^{-1}P\end{bmatrix}，\quad B=\begin{bmatrix}0\\M^{-1}G\end{bmatrix}，\quad C=1_{6\times6}，\quad D=0_{6\times1}$$

取 $F_1 = F_2 = F_3 = \sin(2t)$，则 $G=\begin{bmatrix}1\\1\\1\end{bmatrix}$，$u=\sin(2t)$

将微分方程（17-5）转化成状态空间方程：

$$\begin{cases}\dot{Z}(t) = AZ(t) + Bu(t)\\y(t) = CZ(t) + Du(t)\end{cases} \tag{17-6}$$

说明：系统的状态空间理论是 1960 年前后发展起来的，该理论是现代控制理论的基础。以传递函数为基础的控制理论主要考虑的是系统的输入、输出和偏差信号，其局限性在于它只适用于单输入单输出线性系统，对于多输入多输出系统、时变系统、非线性系统则无能为力。而状态方程可以表示单输入单输出和多输入多输出系统、线性和非线性系统、时不变和时变系统等。用状态空间法分析控制系统，比以传递函数为基础的分析设计方法更为直接和方便。

状态方程与输出方程的组合称为状态空间表达式，它表征一个系统的完整动态过程。

通常，对于线性定常系统，状态方程习惯写成如下形式：

$$\begin{bmatrix} \dot{x}_1 \\ \dot{x}_2 \\ \cdot \\ \cdot \\ \cdot \\ \dot{x}_n \end{bmatrix} = \begin{bmatrix} a_{11} & a_{12} & \cdots & a_{1n} \\ a_{21} & a_{22} & \cdots & a_{2n} \\ \cdot & \cdot & & \cdot \\ \cdot & \cdot & & \cdot \\ \cdot & \cdot & & \cdot \\ a_{n1} & a_{n2} & \cdots & a_{nn} \end{bmatrix} \begin{bmatrix} x_1 \\ x_2 \\ \cdot \\ \cdot \\ \cdot \\ x_n \end{bmatrix} + \begin{bmatrix} b_{11} & b_{12} & \cdots & b_{1r} \\ b_{21} & b_{22} & \cdots & b_{2r} \\ \cdot & \cdot & & \cdot \\ \cdot & \cdot & & \cdot \\ \cdot & \cdot & & \cdot \\ b_{n1} & b_{n2} & \cdots & b_{nr} \end{bmatrix} \begin{bmatrix} u_1 \\ u_2 \\ \cdot \\ \cdot \\ \cdot \\ u_r \end{bmatrix} \tag{17-7}$$

输出方程习惯写成如下形式：

$$\begin{bmatrix} y_1 \\ y_2 \\ \cdot \\ \cdot \\ \cdot \\ y_m \end{bmatrix} = \begin{bmatrix} c_{11} & c_{12} & \cdots & c_{1n} \\ c_{21} & c_{22} & \cdots & c_{2n} \\ \cdot & \cdot & & \cdot \\ \cdot & \cdot & & \cdot \\ \cdot & \cdot & & \cdot \\ c_{m1} & c_{m2} & \cdots & c_{mn} \end{bmatrix} \begin{bmatrix} x_1 \\ x_2 \\ \cdot \\ \cdot \\ \cdot \\ x_n \end{bmatrix} + \begin{bmatrix} d_{11} & d_{12} & \cdots & d_{1r} \\ d_{21} & d_{22} & \cdots & d_{2r} \\ \cdot & \cdot & & \cdot \\ \cdot & \cdot & & \cdot \\ \cdot & \cdot & & \cdot \\ d_{m1} & d_{m2} & \cdots & d_{mr} \end{bmatrix} \begin{bmatrix} u_1 \\ u_2 \\ \cdot \\ \cdot \\ \cdot \\ u_r \end{bmatrix} \tag{17-8}$$

状态空间表达式写成向量矩阵形式为：

$$\begin{cases} \dot{X} = AX + Bu \\ y = CX + Du \end{cases} \tag{17-9}$$

其中，$X = [x_1, x_2, \cdots, x_n]'$ 表示 n 维状态向量；$y = [y_1, y_2, \cdots, y_m]'$ 表示 m 维输出向量，$u = [u_1 \quad u_2 \quad \cdots \quad u_r]'$ 表示 r 维输入向量；A 表示系统内部状态的系数矩阵，称为系统矩阵 $A_{n\times n}$；B 表示输入对状态作用的矩阵，称为输入矩阵 $B_{n\times r}$；C 表示输出与状态关系的矩阵，称为输出矩阵 $C_{m\times n}$；D 表示输入直接对输出作用的矩阵，称为直接转移矩阵 $D_{m\times r}$。

A 由系统内部结构及其参数决定，体现了系统内部的特性，而 B 主要体现了系统输入的施加情况，通常情况下 D=0。

此处仅说明作用函数不含导数项时 n 阶线性系统的状态方程的求解，作用函数含导数项时 n 阶线性系统的状态方程的求解读者可以自己查找相关资料参考。

设系统的微分方程为：

$$y^{(n)} + a_1 y^{(n-1)} + a_2 y^{(n-2)} + \cdots + a_{n-1}\dot{y} + a_n y = u \tag{17-10}$$

式中，y、$y^{(i)}$（$i=1, 2, \cdots, n$）分别为系统的输出及输出的各阶导数；u 为系统的作用函数（即系统的输入）；$a_1, a_2, \cdots, a_n$ 为常数。

令 $\begin{cases} x_1 = y \\ x_2 = \dot{y} \\ x_3 = \ddot{y} \\ \cdots \\ x_n = y^{(n-1)} \end{cases}$，则式（17-10）所示的 n 阶常微分方程可以写成 n 个一阶常微分方程组，

即：

$$\begin{cases} \dot{x}_1 = x_2 \\ \dot{x}_2 = x_3 \\ \dot{x}_3 = x_4 \\ \cdots \\ \dot{x}_n = -a_n x_1 - a_{n-1} x_2 - a_{n-2} x_3 - \cdots - a_1 x_n + u \end{cases} \tag{17-11}$$

写成矩阵微分方程的形式如下：

$$\begin{bmatrix} \dot{x}_1 \\ \dot{x}_2 \\ \cdot \\ \cdot \\ \cdot \\ \dot{x}_{n-1} \\ \dot{x}_n \end{bmatrix} = \begin{bmatrix} 0 & 1 & 0 & \cdots & 0 \\ 0 & 0 & 1 & \cdots & 0 \\ \cdot & \cdot & \cdot & & \cdot \\ \cdot & \cdot & \cdot & & \cdot \\ \cdot & \cdot & \cdot & & \cdot \\ 0 & 0 & 0 & \cdots & 1 \\ -a_n & -a_{n-1} & -a_{n-2} & \cdots & -a_1 \end{bmatrix} \begin{bmatrix} x_1 \\ x_2 \\ \cdot \\ \cdot \\ \cdot \\ x_{n-1} \\ x_n \end{bmatrix} + \begin{bmatrix} 0 \\ 0 \\ \cdot \\ \cdot \\ \cdot \\ 0 \\ 1 \end{bmatrix} u \tag{17-12}$$

令 $\dot{X} = \begin{bmatrix} \dot{x}_1 \\ \dot{x}_2 \\ \cdot \\ \cdot \\ \cdot \\ \dot{x}_{n-1} \\ \dot{x}_n \end{bmatrix}$，$A = \begin{bmatrix} 0 & 1 & 0 & \cdots & 0 \\ 0 & 0 & 1 & \cdots & 0 \\ \cdot & \cdot & \cdot & & \cdot \\ \cdot & \cdot & \cdot & & \cdot \\ \cdot & \cdot & \cdot & & \cdot \\ 0 & 0 & 0 & \cdots & 1 \\ -a_n & -a_{n-1} & -a_{n-2} & \cdots & -a_1 \end{bmatrix}$，$X = \begin{bmatrix} x_1 \\ x_2 \\ \cdot \\ \cdot \\ \cdot \\ x_{n-1} \\ x_n \end{bmatrix}$，$B = \begin{bmatrix} 0 \\ 0 \\ \cdot \\ \cdot \\ \cdot \\ 0 \\ 1 \end{bmatrix}$，则：

$$\dot{X} = AX + Bu \tag{17-13}$$

根据系统状态变量的选取，其输出方程为：

$$y = x_1 \tag{17-14}$$

写成矩阵的形式为：

$$y = [1 \quad 0 \quad \cdots \quad 0] \begin{bmatrix} x_1 \\ x_2 \\ \vdots \\ x_n \end{bmatrix} = CX \tag{17-15}$$

所以，系统的状态空间方程为：

$$\begin{cases} \dot{X} = AX + Bu \\ y = CX \end{cases} \tag{17-16}$$

（2）构建 Simulink 模型。

构建 Simulink 模型，如图 17-2 所示模型名为 zhendong.mdl。模型输入为 $u(t)$，输出为位移随时间的变化关系 $x_1(t)$、$x_2(t)$、$x_3(t)$ 和速度随时间的变化关系 $\dot{x}_1(t)$、$\dot{x}_2(t)$、$\dot{x}_3(t)$。其中主要用到 State-Space 模块，数学模型中的式（17-6）用 State-Space 模块实现。

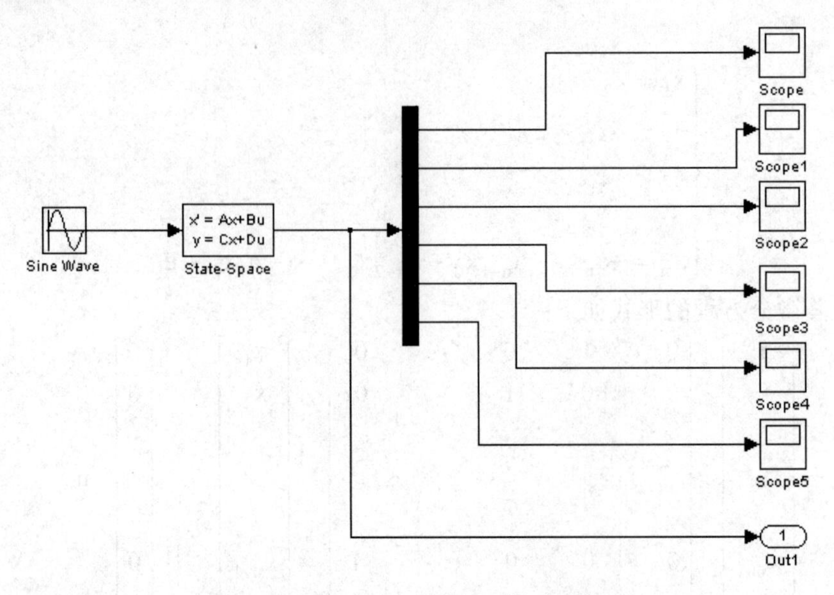

图 17-2　三自由度机械振动系统仿真模型

（3）模块参数设置。

图 17-2 中模块参数的设置如下：

- Sine Wave 模块：双击该模块，弹出如图 17-3 所示的参数对话框，在其中设定幅值为 1，频率为 2。

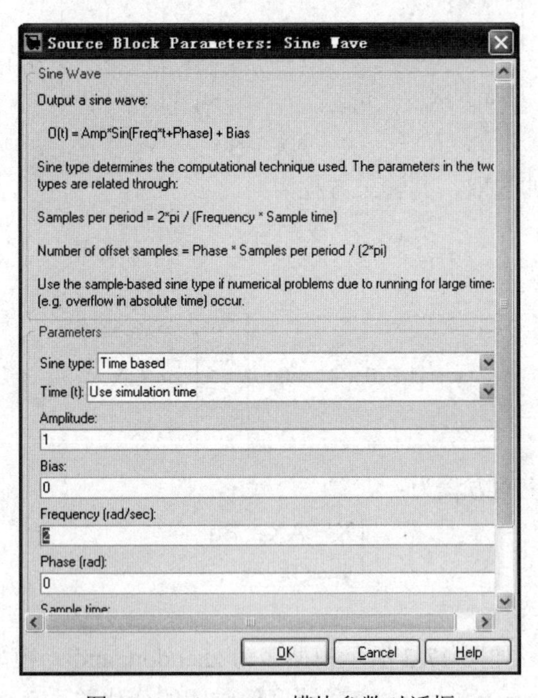

图 17-3　Sine Wave 模块参数对话框

- State-Space 模块：双击该模块，弹出如图 17-4 所示的参数对话框，设置 A 为 A，B 为 B，C 为 C，D 为 D，Initial conditions 为[0.5;0.5;0.5;0;0;0]。

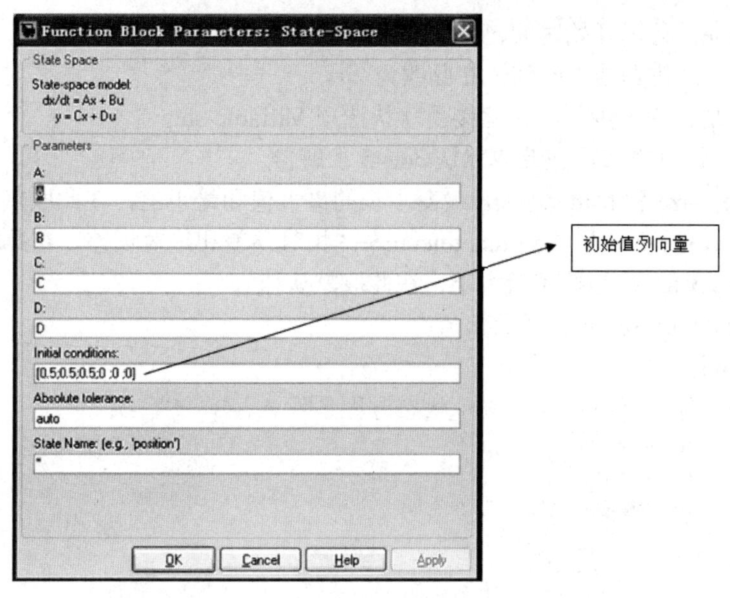

图 17-4　State-Space 模块参数对话框

说明：若已知系统的状态方程：$\begin{cases}\dot{X} = AX + Bu \\ y = CX + Du\end{cases}$，其中 u 为输入向量，y 为输出向量，则可以通过状态空间模块对系统进行建模仿真。其中在 State-Space 模块参数对话框（如图 17-4 所示）中输入 A、B、C、D 及输出的初始值，注意初始值为列向量。然后在命令窗口中输入 A、B、C、D 的具体值。

（4）仿真参数设置。

设置仿真时间：执行 Simulation→Configuration Parameters 命令，打开仿真参数设置对话框，设置 Stop time 为 20，如图 17-5 所示。

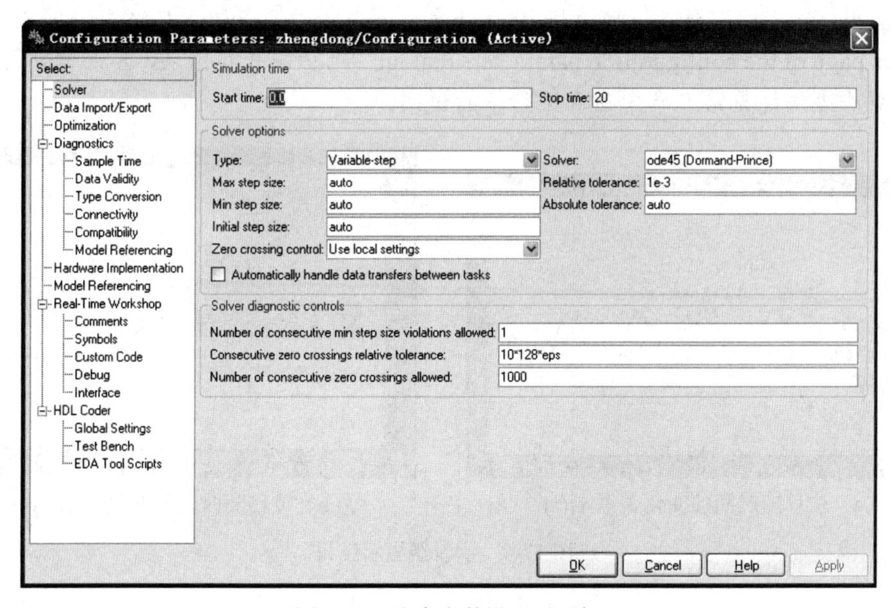

图 17-5　仿真参数设置对话框

- Start time：仿真开始时间，在此取默认值 0。
- Stop time：仿真结束时间，在此改为 20。
- Type：是否固定步长，在此接受默认选项 Variable-step。
- Solver：计算方法，在此取默认 ode45 求解器。
- Max step size 和 Min step size：变步长的最大值和最小值，在此取默认值。
- Relative tolerance 和 Absolute tolerance：相对误差和绝对误差，在此取默认值。
- Initial step size：初始步长大小，在此取默认值。
- Zero crossing control：取默认值。

（5）仿真运行。

在命令窗口中输入如下语句，表示状态方程系数 A、B、C、D：

```
>> m=1;            %质量 m
c=3;               %阻尼系数 c
k=2;               %弹簧刚度 k
G=[1;1;1];
M=m*eye(3);
P=c*[2 -1 0;-1 2 -1;0 -1 1];
K=k*[2 -1 0;-1 2 -1;0 -1 1];
A=cat(1,cat(2,zeros(3,3),eye(3)),cat(2,-inv(M)*K,-inv(M)*P));      %状态方程系数 A
B=cat(1,zeros(3,1),-inv(M)*G);                                      %状态方程系数 B
C=eye(6);                                                           %状态方程系数 C
D=zeros(6,1);                                                       %状态方程系数 D
```

单击模型窗口中的“仿真启动”按钮 ▶ 仿真运行，运行结束后示波器显示结果如图 17-6 所示，其分别表示位移随时间的变化关系 $x_1(t)$、$x_2(t)$、$x_3(t)$ 和速度随时间的变化关系 $\dot{x}_1(t)$、$\dot{x}_2(t)$、$\dot{x}_3(t)$。

说明：仿真结束后，命令窗口中会出现如下警告：“Warning: Using a default value of 0.4 for maximum step size. The simulation step size will be equal to or less than this value. You can disable this diagnostic by setting 'Automatic solver parameter selection' diagnostic to 'none' in the Diagnostics page of the configuration parameters dialog.” 此警告并非错误，不影响仿真结果。具体原因及解决办法详见第 8 章中仿真运行下的说明。

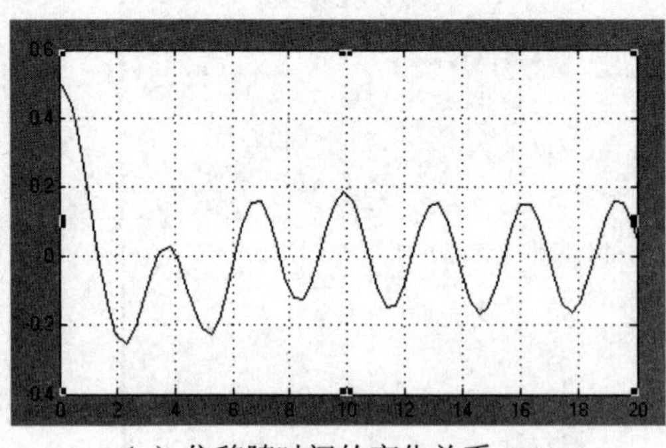

（a）位移随时间的变化关系 $x_1(t)$

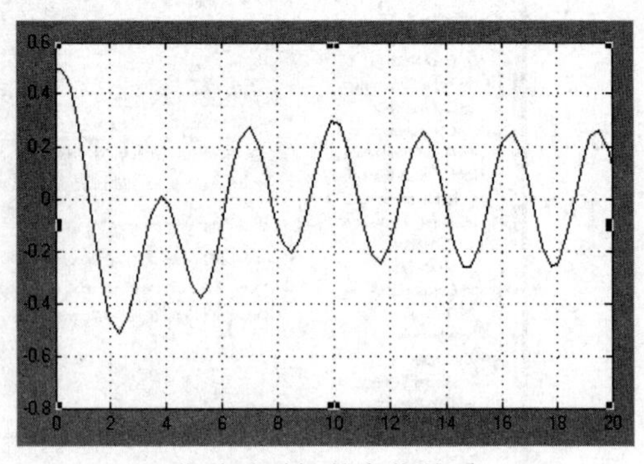

（b）位移随时间的变化关系 $x_2(t)$

图 17-6　示波器显示结果

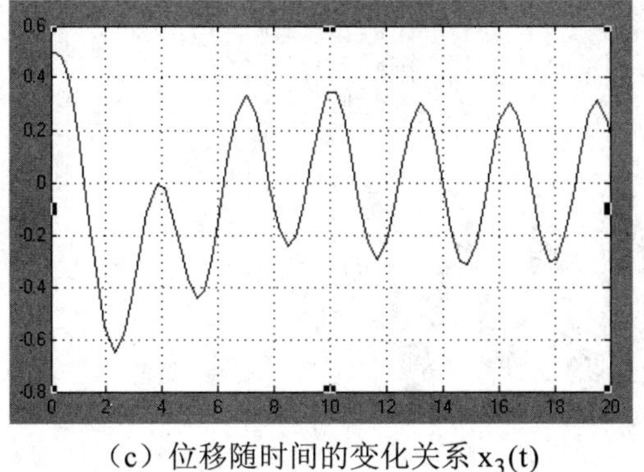

（c）位移随时间的变化关系 $x_3(t)$

（d）速度随时间的变化关系 $\dot{x}_1(t)$

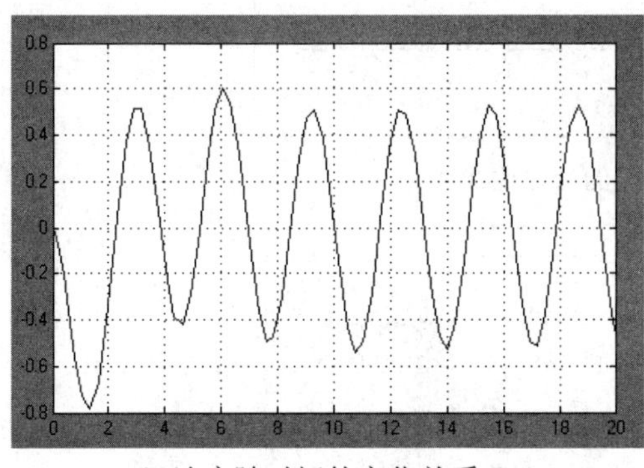

（e）速度随时间的变化关系 $\dot{x}_2(t)$

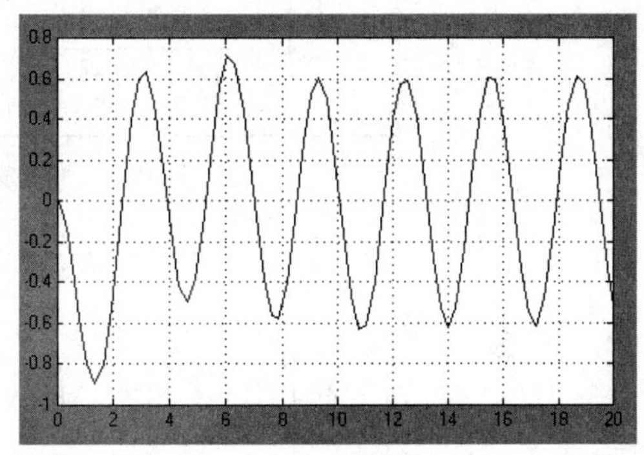

（f）速度随时间的变化关系 $\dot{x}_3(t)$

图 17-6　示波器显示结果（续图）

此仿真模型中有模块，运行结束后，位移随时间的变化关系 $x_1(t)$、$x_2(t)$、$x_3(t)$ 和速度随时间的变化关系 $\dot{x}_1(t)$、$\dot{x}_2(t)$、$\dot{x}_3(t)$ 的数据输出在 tout,yout 中，在命令窗口中输入如下语句，将仿真数据保存在 Excel 中：

```
>> S=[tout,yout(:,1:3)];        %tout 表示时间，yout 前三列表示位移
   V=[tout,yout(:,4:6)];        %tout 表示时间，yout 后三列表示速度
 xlswrite('S.xls',S)            %将位移随时间数据写入 S.xls
 xlswrite('V.xls',V)            %将速度随时间数据写入 V.xls
```

数据后处理：一般地，人们在书写论文时，常用 Origin 处理一些数据，得到相关曲线。本章数据文件保存在 Matlab 当前工作目录下，找到数据文件，将位移随时间数据 S.xls、速度随时间数据 V.xls 导入 Origin 中，得到位移随时间的变化曲线及速度随时间的变化曲线，如图 17-7 和图 17-8 所示。

17.4　仿真结果分析

由图 17-7 位移随时间的变化曲线和图 17-8 速度随时间的变化曲线可知：

（1）在外部激励作用下，m_2、m_3 开始振动幅度较大，6s 后振动趋于稳定，振幅 $m_1 < m_2 < m_3$。

（2）在外部激励作用下，m_2、m_3 开始最大振动速度较大，稳定后最大振动速度 $m_1 < m_2 < m_3$。

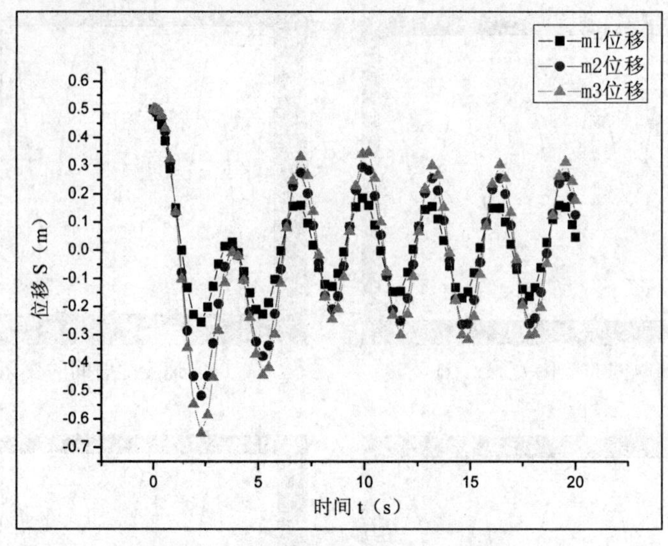

图 17-7　位移随时间的变化曲线

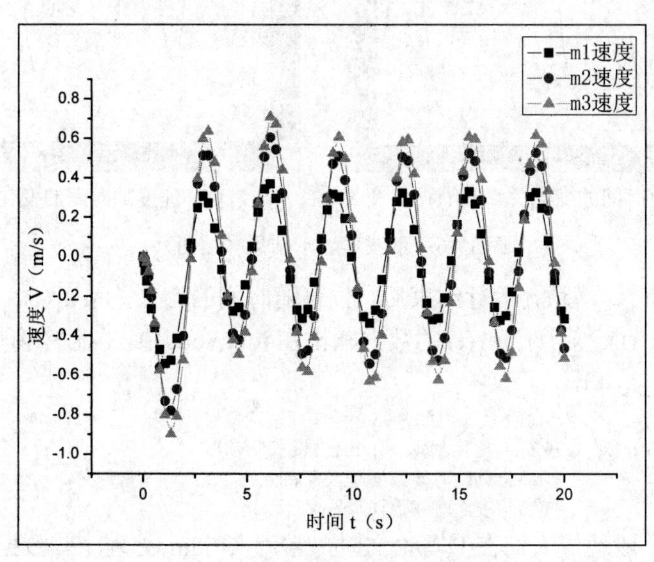

图 17-8　速度随时间的变化曲线

17.5　小结

本章介绍了机械系统及其简化组成，分析了机械振动系统，并利用 Simulink 中的状态空间（State-Space）模块对三自由度机械振动系统进行建模仿真，最后对仿真结果进行了分析和讨论。通过本章的学习，读者应该做到以下几点：

（1）了解机械系统及其简化组成。

（2）掌握分析系统、建立系统数学模型的方法。

（3）掌握状态空间表达式，能够利用系统微分方程求解状态空间表达式。

（4）掌握状态空间（State-Space）模块，能够对其进行参数设置。

（5）学会举一反三，利用 Simulink 能够解决类似的工程问题。

17.6　上机实习

图 17-9 所示为汽车悬挂系统原理图，当汽车在道路上行驶时，轮胎的垂直位移是一个运动激励，作用在汽车的悬挂系统上。该系统的运动由质心的平移运动和围绕质心的旋转运动组成。要建立整个系统的精确模型比较复杂。通过本章的学习，我们可以建立车体在垂直方向上运动的简化模型，如图 17-10 所示。

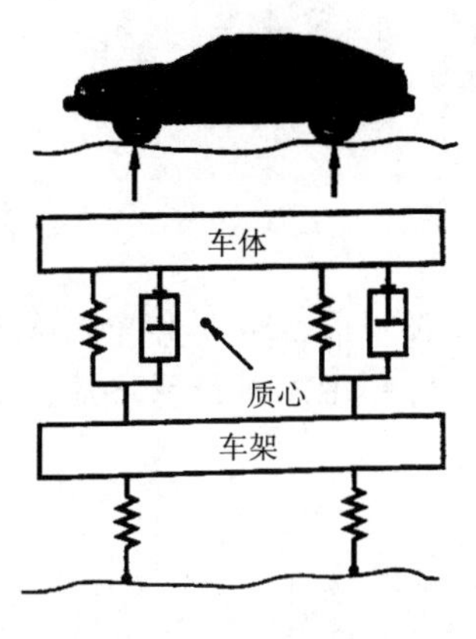

图 17-9　悬挂系统原理图

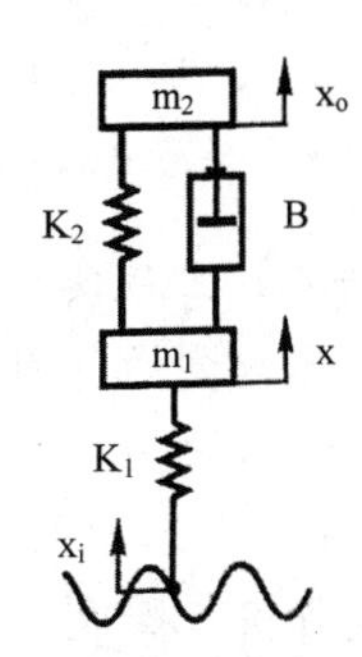

图 17-10　简化的悬挂系统

读者可根据牛顿定律结合图 17-10 建立系统的数学模型，系统输入量为汽车轮胎的垂直运动 x_i，系统的输出量为车体的垂直运动 x_o，读者可根据情况假设 m_1、m_2、K_1、K_2、B 值，建立系统的仿真模型。

提示：由牛顿定律得系统的运动方程为：

$$\begin{cases} m_1\ddot{x} = B(\dot{x}_o - \dot{x}) + K_2(x_o - x) + K_1(x_i - x) \\ m_2\ddot{x}_o = -B(\dot{x}_o - \dot{x}) - K_2(x_0 - x) \end{cases}$$

假设初始条件为 0，拉氏变换得：

$$\begin{cases} [m_1s^2 + Bs + (K_1 + K_2)]X(s) = (Bs + K_2)X_o(s) + K_1X_i(s) \\ [m_2s^2 + Bs + K_2]X_o(s) = (Bs + K_2)X(s) \end{cases}$$

消去中间变量 X(s) 得：

$$\frac{X_o(s)}{X_i(s)} = \frac{K_1(Bs + K_2)}{m_1m_2s^4 + (m_1 + m_2)Bs^3 + [K_1m_2 + (m_1 + m_2)K_2]s^2 + K_1Bs + K_1K_2}$$

18

环境评价系统的建模与仿真

在环境科学研究、工程实践、环境规划、环境评价、环境管理等工作中，数据处理和模拟计算发挥着越来越重要的作用。本章以环境评价为例，利用 BP 神经网络建立了 Simulink 仿真模块，并利用该模块实现了对河流溶解氧的预测控制。

本章主要内容：

- 介绍环境评价在国民生产过程中的应用。
- 分析河流水质评价模型。
- 介绍神经网络算法及利用该算法建立水质评价模型与仿真的过程与步骤。
- 分析水质评价的仿真结果。

18.1 概述

在环境科学的研究过程中，无论是相对简单的数据统计、拟合、回归等数学处理分析，还是操纵比较复杂的数学模型，都是从事环境科学研究的重要能力之一，尤其是数学模型是科学研究中广泛使用的一种工具。模型在检验科学假设、揭示环境系统性质和特征、加快研究进度、缩短研究周期等方面具有无可比拟的优点。但是在实际的环境科学中有很多是需要定量化的。例如有机污染物在河流运动过程中的含量和浓度的动态变化，对这些的研究更能了解污染物对环境的影响程度。因此在研究环境科学时除了使用传统的数学模型外，还要借助一些先进的数学算法。本章就是利用神经网络算法预测河流中污染物与数学模型的对比。

18.2 系统分析

水质评价是根据水质评价标准和采样水样本各项指标值，通过一定的数学模型计算确定采样水样本的水质等级，为污染防治和水源保护提供依据。目前我国水体水质指标有很多，从大的方向有：物理指标、化学指标、生物指标。这里采用化学指标，作为例子，主要包括氨氮、溶解氧、化学需氧量、高锰盐酸指数、总磷和总氮，为简单起见这里只采用简单的溶解氧指标。

18.3 系统建模与仿真

1. 神经网络模型的构建

这里采用 BP 神经网络，它是一种多层前馈神经网络，该网络的主要特点是信号前向传递，误差反向传播。在传递过程中，信号从输入层输入，经隐含层处理后到输出层，每一层的神经元状态只影响下一层神经元的状态。如果输出层得不到期望输出，则转入反向传播，根据预测误差调整网络权值和阀值，从而使 BP 神经网络预测输出不断逼近期望输出。

BP 神经网络的训练过程有以下几个步骤：

（1）网络初始化。根据系统输入输出序列 (X,Y) 确定网络输入层节点数 n，隐含层节点数 l，输出层节点数 m，初始化输入层、隐含层和输出层神经元之间的连接权值 ω_{ij} 和 ω_{jk}，初始化隐含层阀值 a，输出层阀值 b，给定学习速率和神经元激励函数。

（2）隐含层输出计算。根据向量 X、输入层和隐含层间的连接权值 ω_{ij} 以及隐含层阀值 a 计算隐含层输出 H。

$$H_j = f\left(\sum_{i=1}^{n}\omega_{ij}x_i - a_j\right) \quad j=1,\ 2,\ \cdots,\ l \tag{18-1}$$

式中，l 为隐含层节点数，f 为隐含层激励函数，该函数有多种表达形式。

（3）输出层输出计算。根据隐含层输出 H、连接权值 ω_{jk} 和阀值 b 计算 BP 神经网络预测输出 O。

$$O_k = \sum_{j=1}^{l} H_j\omega_{jk} - b_k \quad k=1,\ 2,\ \cdots,\ m \tag{18-2}$$

（4）误差计算。根据网络预测输出 O 和期望输出 Y 计算网络预测误差 e。

$$e_k = Y_k - O_k \quad k=1,\ 2,\ \cdots,\ m \tag{18-3}$$

（5）权值更新。根据网络预测误差 e 更新网络连接权值 ω_{ij} 和 ω_{jk}。

$$\omega_{ij} = \omega_{ij} + \eta H_j(1-H_j)x(i)\sum_{k=1}^{m}\omega_{jk}e_k \quad i=1,\ 2,\ \cdots,\ n;\ j=1,\ 2,\ \cdots,\ l \tag{18-4}$$

$$\omega_{jk} = \omega_{jk} + \eta H_j e_k \quad j=1,\ 2,\ \cdots,\ l;\ k=1,\ 2,\ \cdots,\ m \tag{18-5}$$

式中，η 为学习速率。

（6）阀值更新。根据网络预测误差 e 更新网络节点阀值 a 和 b。

$$a_j = a_j + \eta H_j(1-H_j)\sum_{k=1}^{m}\omega_{jk}e_k \quad j=1,\ 2,\ \cdots,\ l \tag{18-6}$$

$$b_k = b_k + e_k \quad k=1,\ 2,\ \cdots,\ m \tag{18-7}$$

（7）判断算法迭代是否结束，若没有结束，返回步骤（2）。

2. 构建 Simulink 模型

在 Matlab 命令窗口中使用 gensim 函数能够对已经在 Matlab 中生成的一个网络进行模块化，使用户能够直接在 Simulink 中对模型进行参数设置。

```
gensim(net,st)
```

其中，net 表示神经网络，st 表示样本时间，默认为 1。如果 net 没有输入和相关的延迟，即 net.numInputDelays 和 net.numLayerDelays 均为 0，那么可以设定 st 为-1，来得到一个连续取样的网络。

以某河流溶解氧随距离的变化为例来说明 BP 神经网络在 Simulink 中的应用。

已知某河流平均流速为 5km/d，饱和溶解氧 O_s=8.32mg/L，河流起始点的 BOD 浓度为 100mg/L，O_o=8.2mg/L，K_a=3.3351 d^{-1}，K_d=0.2835 d^{-1}，河流溶解氧变化符合式（18-8），根据表 18-1 所示的数据建立一个神经网络模型，并在 Simulink 模块中调试。

表 18-1　溶解氧随距离的变化

X/km	0	1	2	5	8	10	15	20	28	35	40
DO/(mg/L)	8.2	4.25	2.46	1.68	2.49	3.09	4.37	5.34	6.43	7.05	7.36

河流溶解氧方程：

$$O = O_s - (O_s - O_o)\exp\left(-\frac{K_a X}{u_x}\right) + \frac{K_d L_0}{K_a - K_d}\left[\exp\left(-\frac{K_a X}{u_x}\right) - \exp\left(-\frac{K_d X}{u_x}\right)\right] \tag{18-8}$$

步骤如下：

（1）输入向量 X 和相应目标向量 DO，即在命令窗口中输入：

```
>>x=[0,1,2,5,8,10,15,20,28,35,40];
>>DO=[8.2,4.25,2.46,1.68,2.49,3.09,4.37,5.34,6.43,7.05,7.36];
```

（2）利用函数 newff 构建一个网络。newff 能够建立一个 BP 神经网络。函数形式为：

```
net=newff(P,T,S,TF,BTF,BLF,PF,IPF,OPF,DDF)
```

其中 P 为输入数据，T 为输出数据，S 为隐含层节点数，TF 为节点传递函数，BTF 为训练函数，BLF 为网络学习函数，PF 为性能分析函数，IPF 为输入处理函数，OPF 为输出处理函数，DDF 为验证数据划分函数。

在命令窗口中输入：

```
>> net=newff(x,DO,5, {'tansig','purelin'},'traingdm')
net =
    Neural Network object:
    architecture:
            numInputs: 1
            numLayers: 2
          biasConnect: [1; 1]
         inputConnect: [1; 0]
         layerConnect: [0 0; 1 0]
        outputConnect: [0 1]
           numOutputs: 1    (read-only)
    numInputDelays: 0    (read-only)
    numLayerDelays: 0    (read-only)
    subobject structures:
               inputs: {1x1 cell} of inputs
               layers: {2x1 cell} of layers
              outputs: {1x2 cell} containing 1 output
               biases: {2x1 cell} containing 2 biases
         inputWeights: {2x1 cell} containing 1 input weight
         layerWeights: {2x2 cell} containing 1 layer weight
    functions:
            adaptFcn: 'trains'
           divideFcn: 'dividerand'
         gradientFcn: 'gdefaults'
             initFcn: 'initlay'
```

```
            performFcn: 'mse'
              plotFcns: {'plotperform','plottrainstate','plotregression'}
              trainFcn: 'trainlm'

    parameters:
            adaptParam: .passes
           divideParam: .trainRatio, .valRatio, .testRatio
         gradientParam: (none)
             initParam: (none)
          performParam: (none)
            trainParam: .show, .showWindow, .showCommandLine, .epochs,
                        .time, .goal, .max_fail, .mem_reduc,
                        .min_grad, .mu, .mu_dec, .mu_inc,
                        .mu_max
eight and bias values:
                    IW: {2x1 cell} containing 1 input weight matrix
                    LW: {2x2 cell} containing 1 layer weight matrix
                     b: {2x1 cell} containing 2 bias vectors
    other:
                  name: ''
              userdata: (user information)
```

（3）使用函数 train 训练生成的网络。函数形式为：

```
[net,tr]=train(NET,X,T,Pi,Ai)
```

其中 NET 为待训练网络，X 为输入数据，T 为输出数据，Pi 为初始化输入层条件，Ai 为初始化输出层条件，net 为训练好的网络，tr 为训练过程记录。

在命令窗口中输入：

```
>>[net,tr]=train(net,x,DO)
```

生成训练好的网络 net 信息和 tr 信息，即训练的 net 如图 18-1 所示的界面，表示了迭代次数、误差等信息。

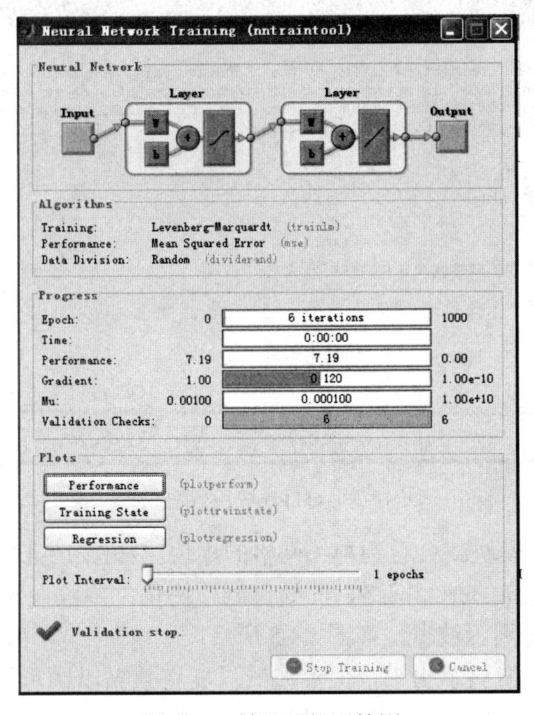

图 18-1　神经网络训练图

（4）调用 gensim 函数生成 net 网络的 Simulink 模型。在命令窗口中输入：

```
>>gensim(net)
```

可生成 Simulink 模块，如图 18-2 所示。

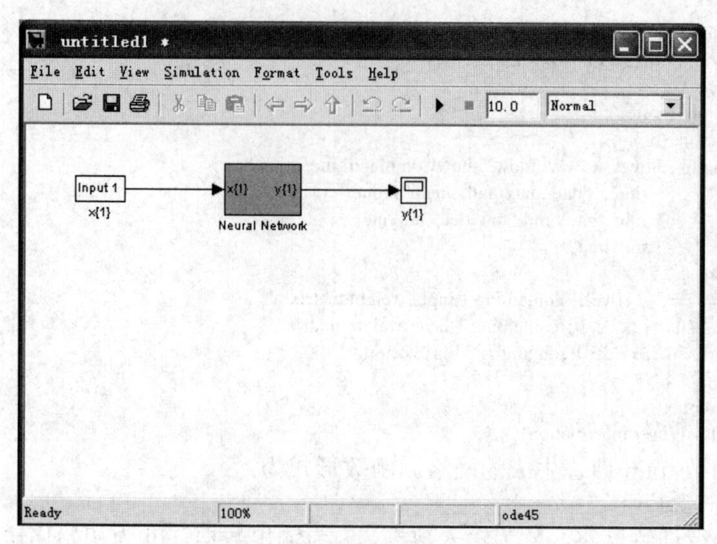

图 18-2　神经网络的 Simulink 模块

（5）参数设置。

双击 x{1}模块，弹出如图 18-3 所示的参数对话框，在其中设定 Constant value，此值是神经网络的输入数据。

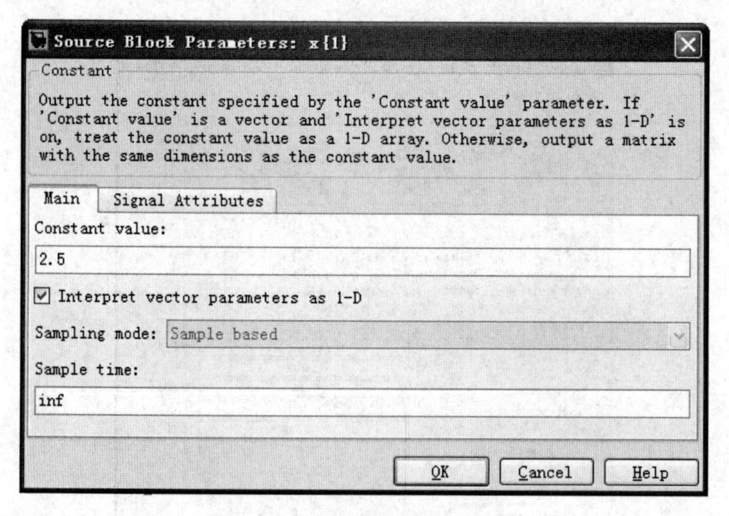

图 18-3　x{1}模块参数对话框

双击 Neural Network 模块就会看到神经网格的模块，如图 18-4 所示。

该模块是我们前面建立的神经网络，此处已经模块化，参数设置保持默认即可。

双击 y{1}模块就会得到示波器，如图 18-5 所示。

该模块是将预测的数据显示出来，但示波器只能将数据以图形形式显示，为此我们可将 Sinks 模块中的 Diplay 模块添加到输出端，如图 18-6 所示。

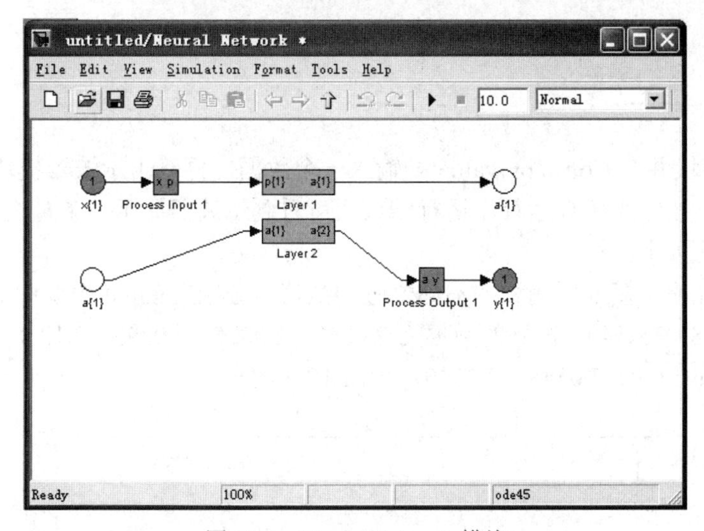

图 18-4　Neural Network 模块

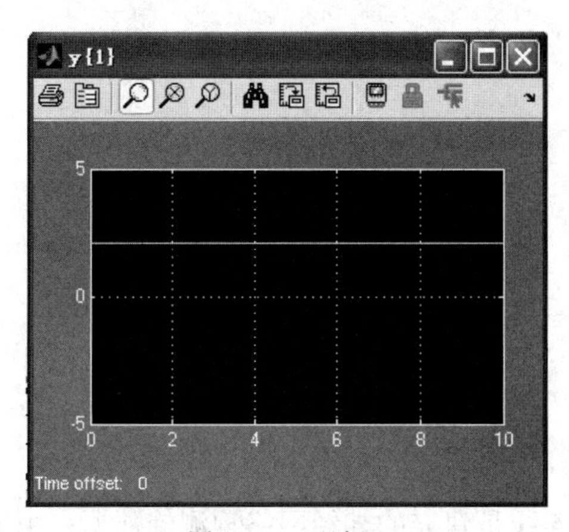

图 18-5　示波器

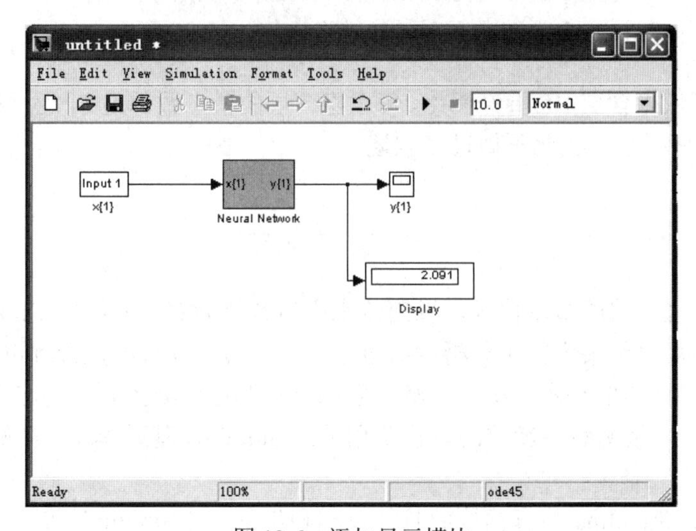

图 18-6　添加显示模块

18.4 仿真结果分析

双击 Input 模块并在 Constant value 处输入一个数据，再双击示波器模块，单击模型窗口中的“仿真启动”按钮▶仿真运行，运行结束后可看到示波器显示一条直线，且可在 Display 中显示该预测值的大小。

用建立的神经网络模型预测 x 在不同位置的数值，分别在 Input 模块中输入 0、1、2、5、8、10、15、20、28、35、40，得到的数据为 2.0867、2.0875、2.0893、2.1208、2.4050、3.0936、4.4348、5.3504、6.1779、7.0548、7.3590，如图 18-7 所示。

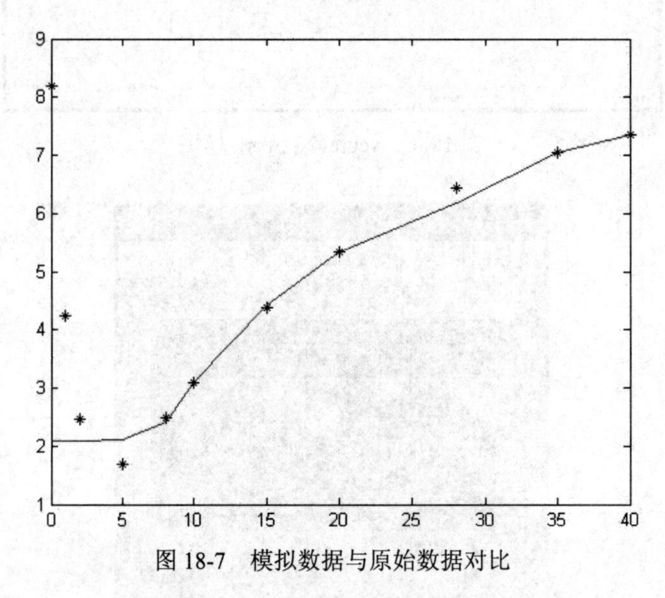

图 18-7 模拟数据与原始数据对比

图中*号是原始数据，连线是建立的神经网络预测的数据。由图可知，x 从 8 以后神经网络预测的数据比较好，与原来的误差小；x 在 0～8 之间时预测误差较大，此时可以调整建立的神经网络模型，例如构建多个隐含层的 BP 神经网络，语句如下：

```
net=newff(x,DO,[5,5])
```

该语句构建了双隐含层 BP 神经网络，每个隐含层的节点数都是 5，运行程序可知 x 在 0～8 之间的误差会有所减小，在此不做过多叙述。

18.5 小结

本章介绍了神经网络的基本情况，以河流水中溶解氧为例，并结合 Simulink 模块对其进行了建模仿真，最后对结果进行了分析。通过本章的学习，读者应该做到以下几点：

（1）了解神经网络的基本情况，了解神经网络控制在环境控制中的应用。

（2）掌握神经网络函数中参数的设置及相关的 Simulink 基础模块，能够正确地调用这些函数。

（3）掌握生成 Simulink 仿真模块的具体过程和步骤，对 Simulink 仿真的具体过程有更深的认识。

（4）学会举一反三，利用 Simulink 能够解决类似的工程问题。

18.6 上机练习

本章题目中只讨论了溶解氧在河流中浓度的变化，读者可以考虑多个因素，如氨氮、化学需氧量、高锰盐酸指数、总磷和总氮等，将一维数据调整成多维数据进行计算仿真，以便综合评价环境影响因素。

19 风力机的性能仿真分析

风力发电是风能利用的重要形式，风能是可再生、无污染、能量大、前景广的能源，大力发展清洁能源是世界各国的战略选择。风力机是风力发电的核心，本章将利用 Simulink 中的 Math operations 和 Lookup tables 模块组对风力机进行建模仿真。

本章主要内容：

- 介绍风电发展背景、发展现状和系统组成。
- 分析风力机系统。
- 详细介绍风力机系统建模与仿真的过程与步骤。
- 分析风力机特性。

19.1 概述

当今煤、石油、天然气等传统能源的消耗日益增加，能源危机日益严重。按可开采储量预计，煤炭资源可供人类使用 200 年，天然气资源可供人类使用 50 年，石油资源仅可用 30 年。因此，寻找新的可再生能源成为人类社会发展所面临的重要问题。风能是可再生能源中发展较迅速的清洁能源，风能的开发利用受到各国的广泛重视，其中风能利用的主要形式是风电，风电系统的研究对风能的开发利用具有重要意义。

全球可利用的风能资源非常丰富，风能总量比地球上可开发利用的水能总量大 10 倍以上。目前，全球已有 50 多个国家正积极地促进风能事业的发展。由于风力发展技术相对成熟，许多国家投入较大、发展较快，使风电价格不断下降，在投资、电价方面有些地区已可以与火电等能源展开竞争。自 1995 年以来，世界风能发电速度几乎增加近 5 倍。在全球范围内，风力发电已经形成年产值超过 50 亿美元的产业。

我国风能资源储量居世界首位，可开发利用的风能总量为 2.53 亿千瓦，居世界第三，仅次于俄罗斯和美国。我国风能资源分布很广，在东南沿海、山东、辽宁沿海及其岛屿平均风速达到 6～9m/s；在内陆地区，如内蒙古北部、甘肃、新疆北部以及松花江下游风速达 6.3m/s。目前，我国已建成 40 多个风电场，然而风电装机容量仅占全国电力装机容量的 0.11%，因此具有巨大的商业化、规模化发展空间。

风力发电机组是由气动设备（风力机）、能量传递装置、发电机、塔架及电器系统等组成的发电装置。风力发电机整体框图如图 19-1 所示。

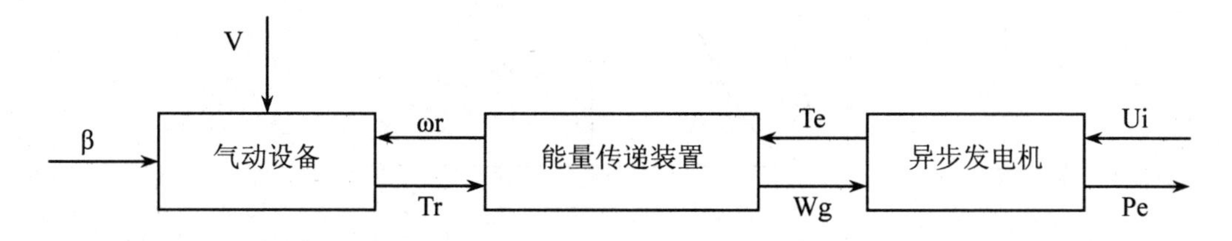

图 19-1　风力发电机整体框图

系统分为 3 个子系统：气动设备、部分能量传递装置和异步发电机。气动设备输入参数包括风速 V 、叶片桨距角 β 及转子转速 ωr ，并产生一个输出——转子转矩 Tr，采用伺服机构可以调节叶片桨距角 β，能量传递装置包括风轮及其传动轴、齿轮箱等，异步电机直接并网运行。其中风力机是风力发电机组的核心技术，利用 Simulink 对风力机进行建模仿真可使人们对风力机的性能有进一步了解。

19.2　系统分析

风力机是吸收风能并将其转换成机械能的部件。风以一定的速度和攻角作用在叶片上，使叶片产生旋转，从而使风能转变成机械能，进而驱动发电机。风力机的空气动力学模型很多，有些涉及到风轮形状的空气动力学因素，这样的模型参数多、方程复杂、计算需要很多时间。本章采用一种简单的模型来描述风力机的特性，它反映了风速与风力机从风中吸收功率的关系，风力机吸收的功率可以用式（19-1）表示：

$$p_m = \frac{1}{2}\rho A V^3 C_p(\lambda, \theta) \tag{19-1}$$

式中，p_m 为风力机吸收的功率（W），ρ 为空气密度（kg/m^3），A 为风轮叶片面积（m^2），V 为风速（m/s），C_p 为风轮功率系数，λ 为叶尖速比，θ 为桨距角。

$$\lambda = \frac{v}{V} = \frac{2\pi R\omega}{60V};\quad A = \pi R^2 \tag{19-2}$$

式中，ω 为风轮转速（r/min），R 为风轮转动半径（m）。

风力机的转矩可表示为：

$$T_W = \frac{P_m}{\omega} = \frac{1}{2}\rho A V^3 C_P(\lambda,\theta)/\omega \tag{19-3}$$

式中，T_w 为风力机的机械转矩。

当 θ 一定时，λ 决定 C_p 的大小，其关系如图 19-2 所示，当 $\lambda = \lambda_{opt}$ 时，存在一个最大风能利用系数 C_{pmax}，此时 P_m 和 T_m 最大。当风速固定时，风力机在某一转速时可输出最大功率，转速较小或较大时输出功率都会降低，这个转速为最佳转速。

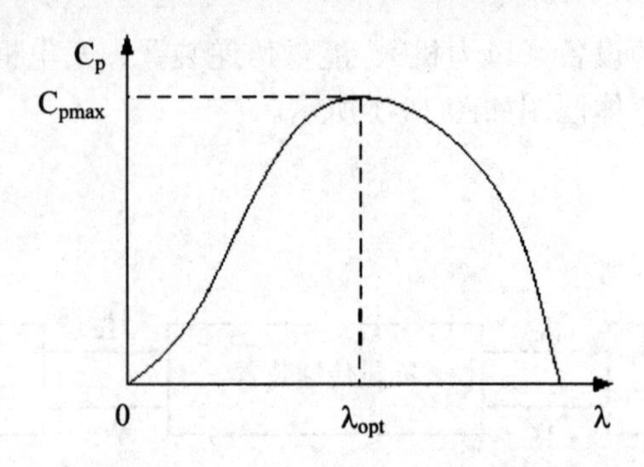

图 19-2　风力机 C_p 与 λ 的关系曲线

19.3　系统建模与仿真

风力机系统的建模仿真步骤如下：

（1）建立系统数学模型。

利用式（19-1）至式（19-3）模拟风力机的功率－转速特性和转矩－转速特性，其中输入为风力机转速、风速，输出为功率、转矩。ρ=1.225kg/m^3，R=5m，C_p 与 λ 的关系曲系如图 19-2 所示，其数值对应关系如表 19-1 所示，角速度设置为 0～30rad/s，风速分别设定为 6m/s、8m/s、10m/s，对风力机进行模拟。

表 19-1　C_p 与 λ 的关系

λ	C_p	λ	C_p	λ	C_p	λ	C_p
0.95713	0.016385	4.3983	0.18422	9.4999	0.36702	12.033	0.16106
1.4613	0.028286	4.7032	0.20798	10.053	0.37151	12.28	0.1329
1.8146	0.038694	5.0571	0.22283	10.605	0.36117	12.579	0.1092
2.1683	0.052068	5.2605	0.23916	11.005	0.35082	12.927	0.086975
2.371	0.063947	5.6148	0.25698	11.154	0.33451	13.427	0.069216
2.6742	0.075834	5.9695	0.27777	11.251	0.31376	13.928	0.055906
2.9778	0.090687	6.4752	0.30006	11.398	0.29004	14.378	0.045558
3.2312	0.10554	6.9301	0.31789	11.496	0.26929	14.98	0.032255
3.4846	0.12039	7.3842	0.33127	11.544	0.25446	15.531	0.023397
3.688	0.13671	7.8887	0.34465	11.691	0.23074	16.033	0.021952
3.8909	0.15008	8.342	0.3521	11.739	0.20998	16.535	0.019023
4.0945	0.16789	8.8456	0.35955	11.886	0.18775	17.138	0.016101

（2）构建 Simulink 模型。

构建 Simulink 模型，如图 19-3 所示模型名为 fengliji.mdl。模型输入为风力机转速 ω 、风速 V，输出为功率 P_m 、转矩 T_w 。其中主要用到 Math operations 和 Lookup tables 模块组，图中 C_p 与 λ 的关系曲线用 Lookup tables 模块组中的 Lookup table 模块实现，数学模型中的式

（19-1）至式（19-3）用 Math operations 模块组实现。

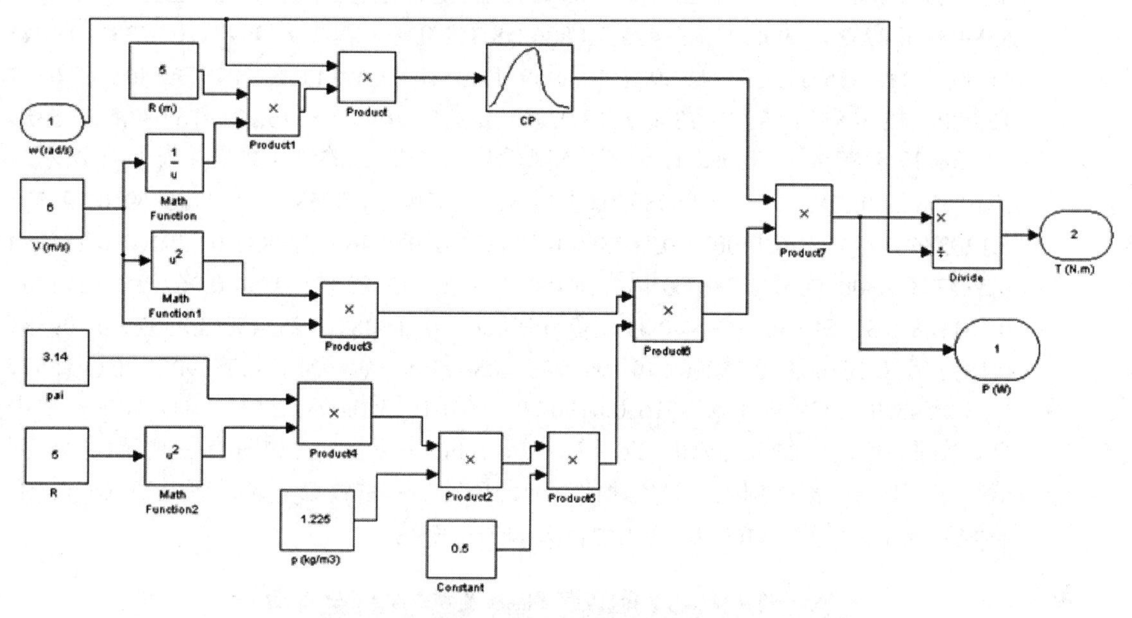

图 19-3　风力机仿真模型

（3）模块参数设置。

图 19-3 中模块参数的设置如下：

- Constant 模块：双击该模块，弹出如图 19-4 所示的参数对话框。根据图 19-2 Constant 模块中显示的值在弹出的参数对话框中设定 Constant value。图中 Constant 模块显示的值：6 表示风速设定值，5 表示风轮半径设定值，1.225 表示空气密度设定值。

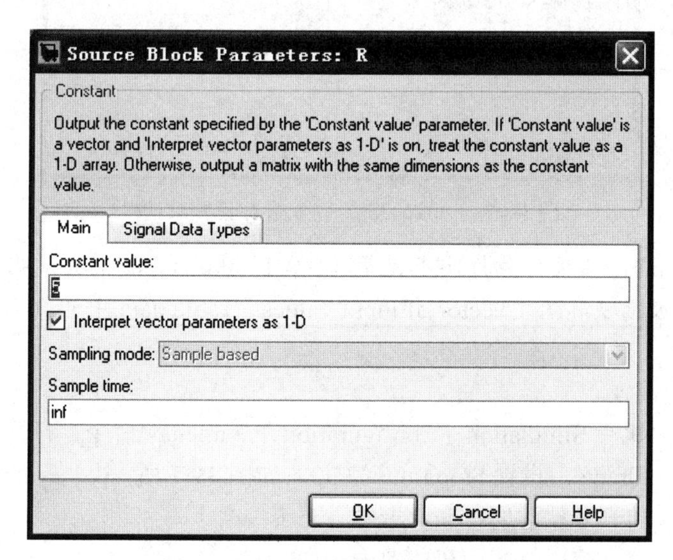

图 19-4　Constant 模块参数对话框

- Lookup table 模块：双击该模块，弹出如图 19-5 所示的参数对话框。在 Vector of input values 中输入尖速比 λ 的值[0.957126 1.46135 1.8146 2.16828 2.37099 2.6742 2.97784 3.23123 3.48462 3.68797 3.89089 4.09446 4.39831 4.70323 5.05712 5.26047 5.61479 5.96953 6.47524 6.93006 7.38425 7.88868 8.34201 8.84559 9.49993 10.0533 10.6046 11.0051 11.1536 11.2511 11.3984 11.4959 11.5441 11.6914 11.7387 11.8863 12.0332 12.2804 12.5785 12.9271 13.427 13.9276 14.3784 14.9795 15.531 16.0333 16.5354 17.138 17.5389]，在 Table data 中输入风轮功率系数 C_p 的值（数据如表 19-1 所示）[0.0163845 0.0282863 0.0386939 0.0520676 0.063947 0.0758339 0.0906869 0.105536 0.120386 0.136714 0.150077 0.167888 0.184224 0.207976 0.222833 0.239161 0.256984 0.277773 0.300056 0.317887 0.331268 0.344653 0.352102 0.359554 0.367018 0.371508 0.361168 0.350816 0.334514 0.313758 0.29004 0.269285 0.254458 0.23074 0.209981 0.187746 0.161062 0.132902 0.109195 0.0869755 0.069216 0.0559057 0.0455577 0.0322548 0.0233974 0.0219516 0.0190228 0.0161013 0.00871581]。输入完成后单击 OK 按钮。单击 Edit... 按钮，打开 Lookup Table 编辑窗口，如图 19-6 所示，第一列表示尖速比 λ，第二列表示和尖速比对应的风轮功率系数 C_p。这样便用 Lookup table 模块完成了风轮功率系数 C_p 与尖速比 λ 的关系曲线。

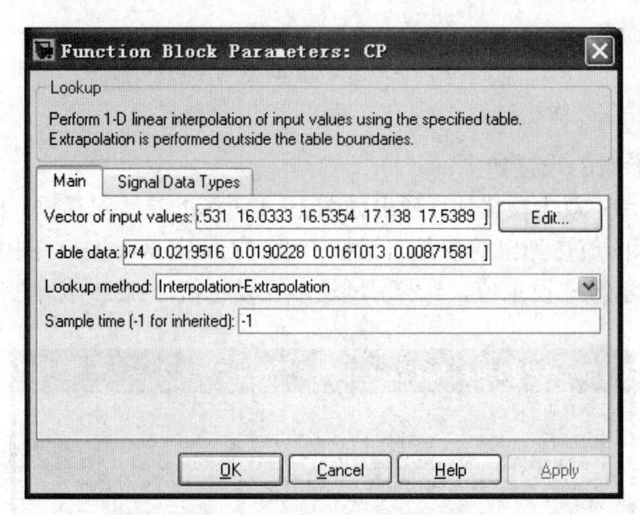

图 19-5 Lookup table 模块参数设置对话框

说明：Lookup table 模块详细说明参见第 14 章 Lookup table 模块说明，本例中输入数据相对较多，逐一输入比较麻烦，Vector of input values、Table data 中的数据可以从 Excel 中复制粘贴。

（4）仿真参数设置。

设置仿真时间：执行 Simulation→Configuration Parameters 命令，打开仿真参数设置对话框，由于转速为 0～30rad/s，设置 Stop time 为 30，如图 19-7 所示。

- Start time：仿真开始时间，在此取默认值 0。
- Stop time：仿真结束时间，在此改为 30。
- Type：是否固定步长，在此接受默认选项 Variable-step。
- Solver：计算方法，在此取默认 ode45 求解器。

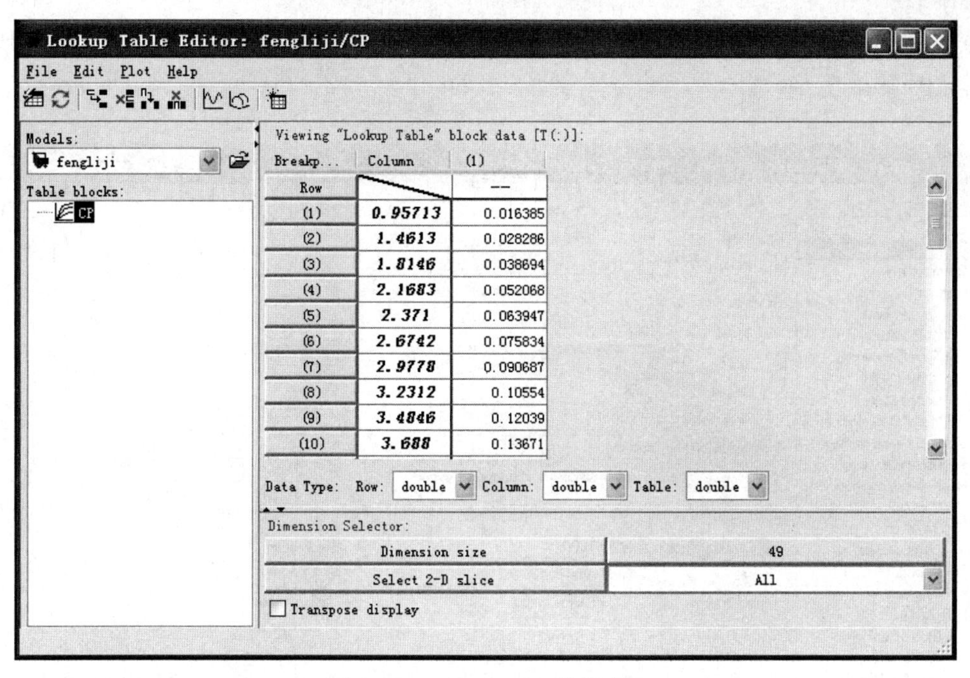

图 19-6　Lookup table 编辑窗口

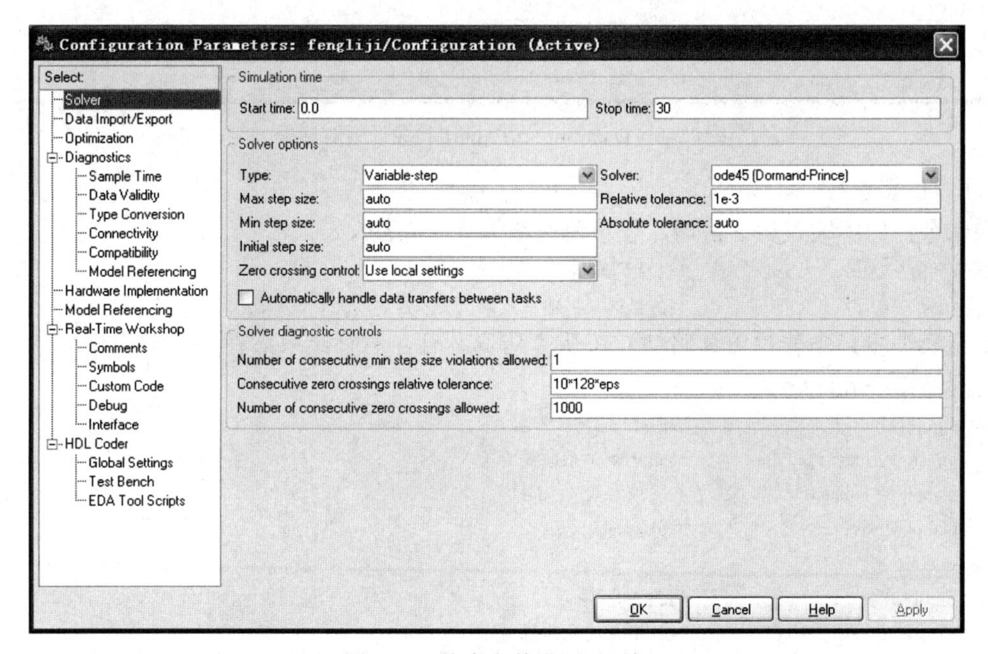

图 19-7　仿真参数设置对话框

- Max step size 和 Min step size：变步长的最大值和最小值，在此取默认值。
- Relative tolerance 和 Absolute tolerance：相对误差和绝对误差，在此取默认值。
- Initial step size：初始步长大小，在此取默认值。
- Zero crossing control：取默认值。

设置 Data Import/Export：单击仿真参数设置对话框左侧的 Data Import/Export，弹出 Data

Import/Export 参数设置对话框，选中 Input 复选项，因为此仿真模型的参数输入靠 In1 模块，设置后如图 19-8 所示。

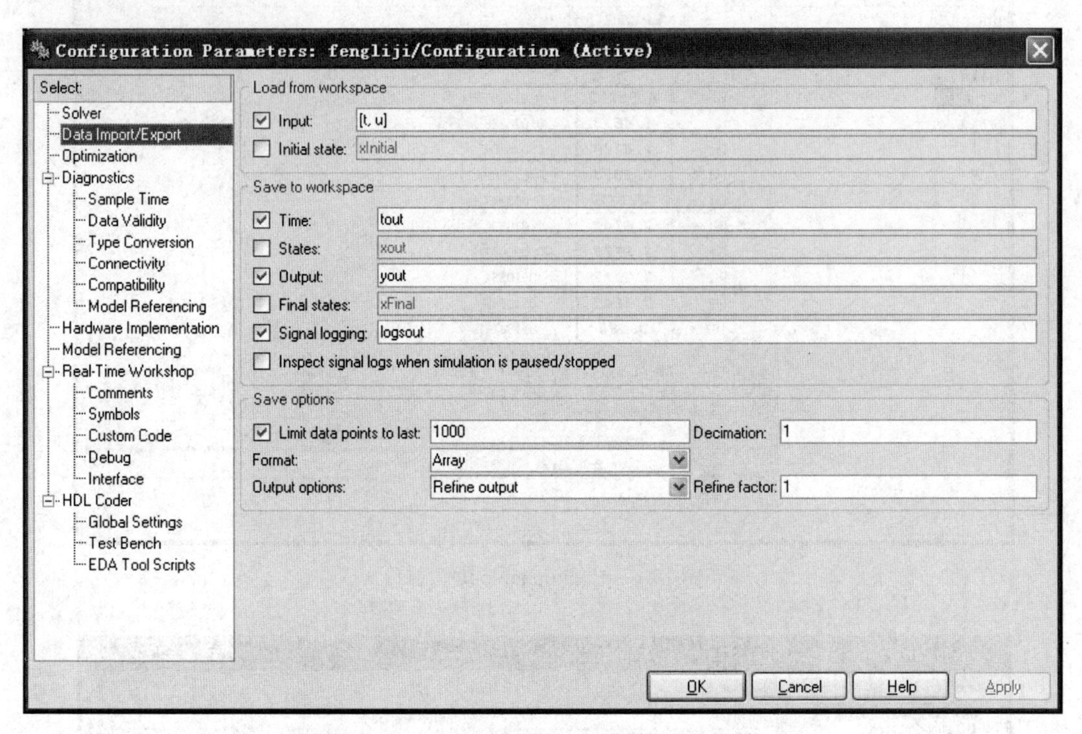

图 19-8　Data Import/Export 参数设置对话框

（5）仿真运行。

在命令窗口中输入如下语句，表示角速度为 0～30rad/s：

```
>>   t=[0:0.1:30]';               %t 为列向量
     u=t;                         %仿真中 In1 输入数据，表示角速度为 0～30rad/s
```

单击模型窗口中的“仿真启动”按钮仿真运行，运行结束后在命令窗口中输入如下语句，仿真输出在 tout,yout 中：

```
>>  figure(1)                     %图 1
    plot(tout,yout(:,1))          %画 P-w 关系曲线
    xlabel('w（rad/s）')          %横轴为 w（rad/s）
    ylabel('P（W）')              %纵轴为 P（W）
    grid on
    figure(2)                     %图 2
    plot(tout,yout(:,2))          %画 T-w 关系曲线
    xlabel('w（rad/s）')          %横轴为 w（rad/s）
    ylabel('T（N.m）')            %纵轴为 T（N.m）
grid on
PT=[tout,yout];
 xlswrite('PT.xls',PT)            %将数据写入 PT.xls 中
```

输出结果为风速为 V = 6 m/s 时 P 与 ω 的关系曲线，如图 19-9 所示，T 与 ω 的关系曲线如图 19-10 所示。

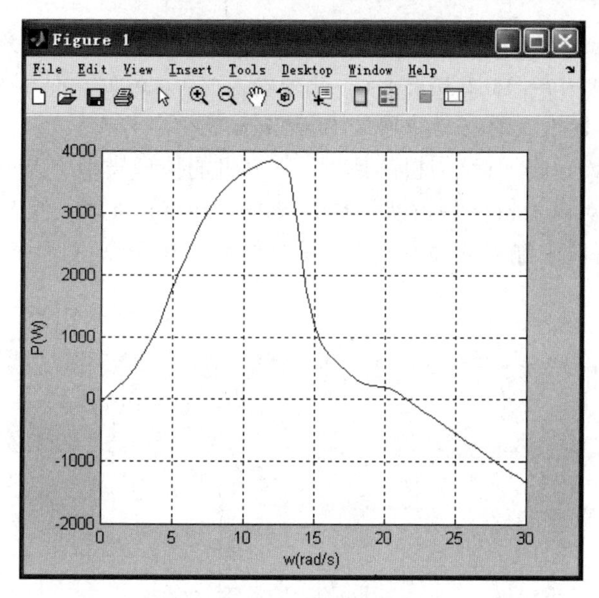

图 19-9　P 与 ω 的关系曲线

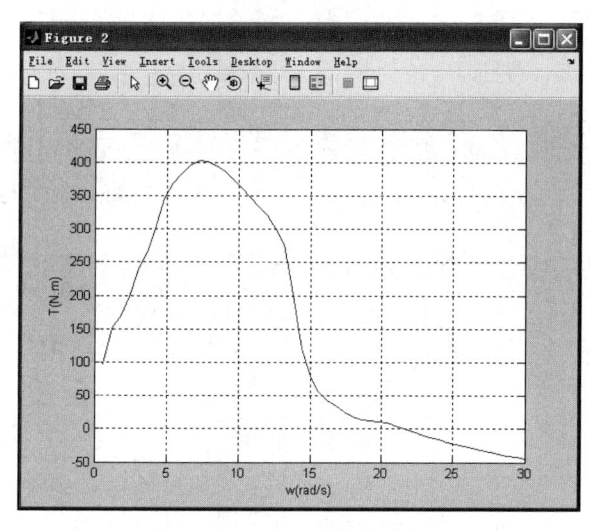

图 19-10　T 与 ω 的关系曲线

说明：仿真结束后，命令窗口中出现如下警告（并非错误，不影响仿真结果）:

①Warning: The model 'fengliji' does not have continuous states, hence using the solver 'VariableStepDiscrete' instead of solver 'ode45'. You can disable this diagnostic by explicitly specifying a discrete solver in the solver tab of the Configuration Parameters dialog, or setting 'Automatic solver parameter selection' diagnostic to 'none' in the Diagnostics tab of the Configuration Parameters dialog.具体原因及解决办法参见第 14 章中仿真运行下的说明。

②Warning: Using a default value of 0.6 for maximum step size.　The simulation step size will be equal to or less than this value.　You can disable this diagnostic by setting 'Automatic solver parameter selection' diagnostic to 'none' in the Diagnostics page of the configuration parameters dialog.具体原因及解决办法参见第 8 章中仿真运行下的说明。

③Warning: Division by zero in 'fengliji/Divide'.表明运算过程中出现分母为 0 的情况，因为仿真前在命令窗口中输入 t=[0:0.1:30]'; u=t;，此处输入含 0，运算中位于分母位置。将 t 起始值设为非 0，并在仿真参数设置对话框中修改 Start time 为非 0 即可。

以上输出结果为 V=6m/s 时风力机的特性，风力机的仿真模型中 V 可以修改，下面分别设定 V=8m/s，V=10m/s 对风力机模型再次仿真。双击 Constant 模块，修改 V 值，其他参数设置不变，仿真运行时在窗口中输入的命令同上，仿真结束后在命令窗口中输入语句同上，仿真结果如图 19-11 所示。

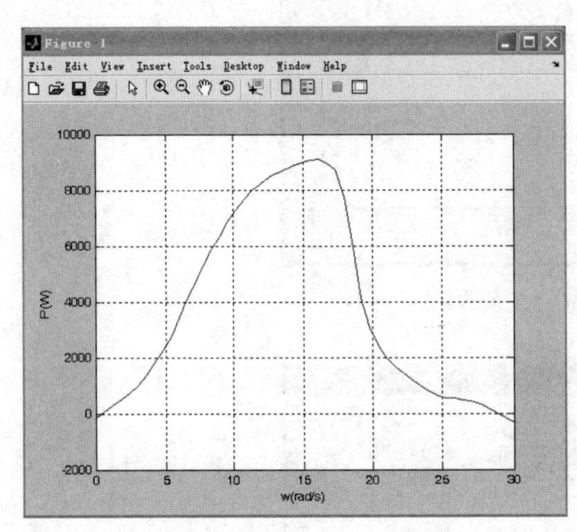

（a）V=8m/s 时 P 与 ω 的关系曲线

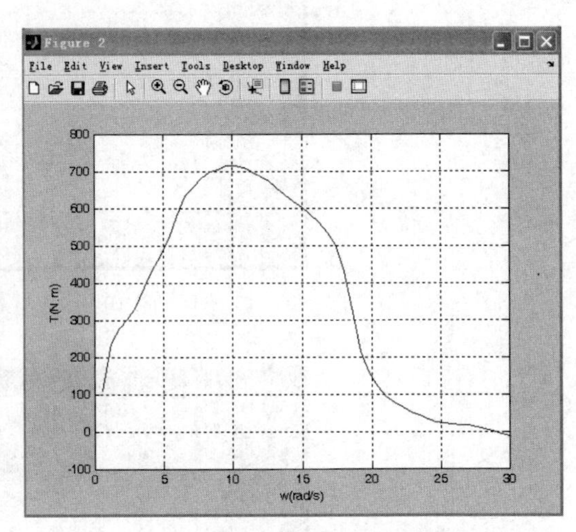

（b）V=8m/s 时 T 与 ω 的关系曲线

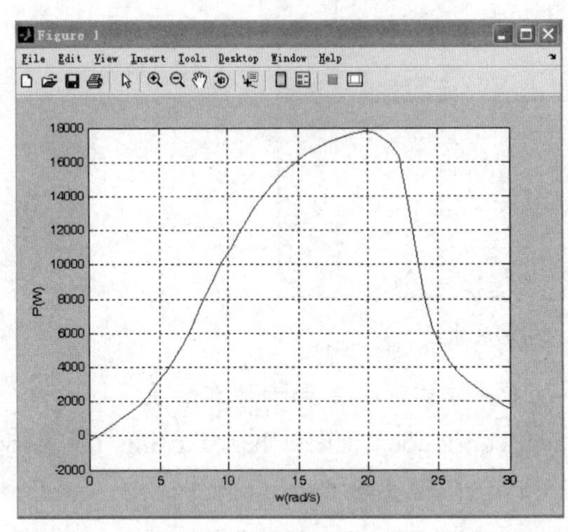

（c）V=10m/s 时 P 与 ω 的关系曲线

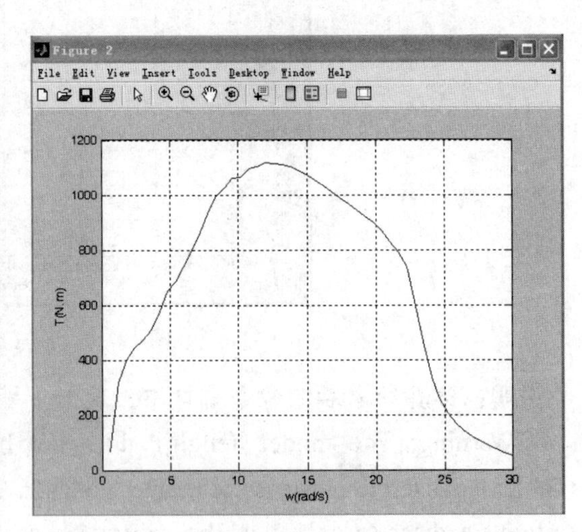

（d）V=10m/s 时 T 与 ω 的关系曲线

图 19-11　仿真结果

数据后处理：一般地，人们在书写论文时常用 Origin 处理一些数据，得到相关曲线。本例中数据文件保存在 Matlab 当前工作目录下，找到数据文件，将三次仿真结果导入 Origin 中得 V=6m/s、V=8m/s、V=10m/s 时风力机 P 与 ω 的关系曲线和 T 与 ω 的关系曲线，如图 19-12 所示。

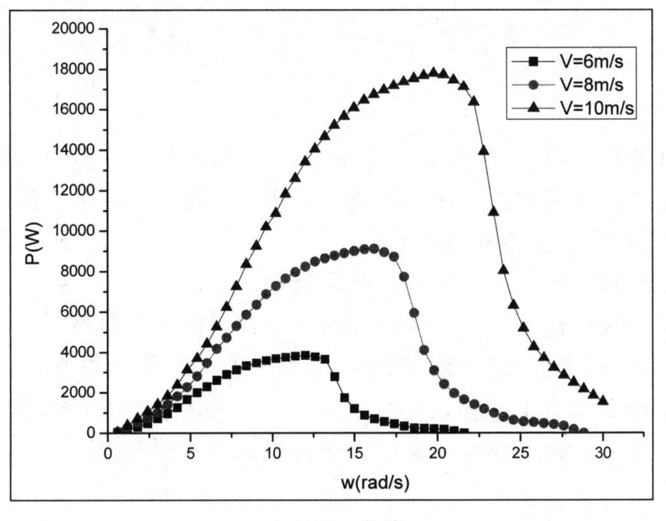

（a）P-ω 曲线

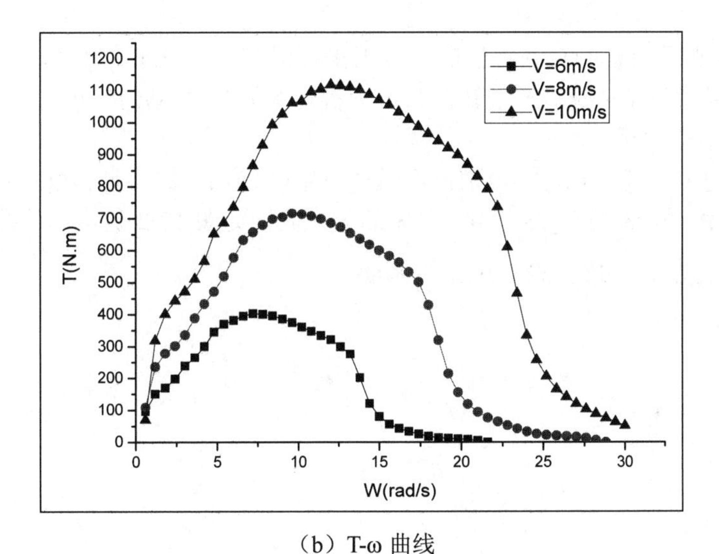

（b）T-ω 曲线

图 19-12　风力机的 P-ω 曲线和 T-ω 曲线

19.4　仿真结果分析

由图 19-12 风力机的 P-ω 曲线和 T-ω 曲线可知：

（1）在仿真范围内，风力机转速一定时，风速越大，风力机的输出功率越大，风力机的转矩也越大。

（2）在仿真范围内，风速一定时，转速增大时，风力机的输出功率先增大后减小，风力机的转矩也是先增大后减小。

（3）输出功率最大时对应的转速为最佳转速，最佳转速对应于某一确定风速，风速变化时，最佳转速也随之改变，当 V=8m/s 时，其最佳转速约为 17rad/s。

19.5 小结

本章介绍了风电发展的基本情况，分析了风力机系统，并利用 Simulink 中的 Math operations 和 Lookup tables 模块组对风力机进行了建模仿真，最后对仿真结果进行了分析和讨论。通过本章的学习，读者应该做到以下几点：

（1）了解风电发展的情况，了解风力机系统。

（2）掌握 Math operations 和 Lookup tables 模块组，能够对这些模块进行参数设置。

（3）掌握 In1、Out1 模块的应用，能够对系统仿真参数进行设置。

（4）掌握 Simulink 仿真的具体过程和步骤，对 Simulink 仿真的具体过程有更深的认识。

（5）学会举一反三，利用 Simulink 能够解决类似的工程问题。

19.6 上机实习

由 19.2 节知道风力机的功率特性的影响因素有很多，如风速、转子转速、桨距角、风轮半径等，本章已经讨论了风速、转子转速与风力机功率的关系，读者可根据本章实例讨论风轮半径与风力机功率的关系。

利用式（19-1）至式（19-3）模拟风力机的 P-ω 特性和 T-ω 特性，其中输入为风轮半径，输出为功率、转矩。$\rho=1.225\text{kg/m}^3$，C_p 与 λ 的关系曲线如图 19-2 所示，其数值对应关系如表 19-1 所示，角速度为 17rad/s，设定风速为 8m/s。

20

化工系统的建模与仿真

化工生产过程中，对各个工艺生产过程中的物理量（或称工艺参数）都有一定的控制要求。本章以化工生产常用的液态反应器为例，利用 Simulink 中的 Netural Network Toolbox 模块和 Simulink 基本模块对液态反应器进行仿真控制。

本章主要内容：

- 介绍化工生产的特点及先进自动控制系统的意义。
- 以液态反应器系统为例介绍神经网络对它的控制过程。
- 详细介绍液态反应器系统建模与仿真的过程与步骤。
- 分析控制结果的优劣性。

20.1 概述

化工生产过程大多是连续的，既有物理变化，又有化学反应。物质的形态各异，性质繁杂。有的可能是气态、液态、固态或混合态；有的可能具有强腐蚀性、剧毒；有的可能易燃、易爆、易挥发；还有的可能是高温、高压、高粘稠。对于这样的生产过程单靠眼睛观察，进行手工操作已不可能，只有借助检测工具对有关参数进行自动检测和监视，并在此基础上实现自动控制，但首要的一环是化工参数的测量问题。有的工艺参数直接表征生产过程，对产品的产量和质量起着决定性作用。如化学反应器的反应温度必须保持平稳，才能使效率达到最佳指标。有些参数虽然不直接影响产品的产量和质量，但是保持它的平稳却是使生产获得良好控制的先决条件。有些工艺参数则直接关系到生产和设备的安全问题。

利用自动控制装置对生产中的某些关键性参数进行自动控制，使它们在受到外界扰动的影响而偏离正常状态时能自动地回到规定范围。目前针对线性控制的系统应用成熟，但是对于非线性控制，需要解决的问题还很多，而神经网络具有分布并行处理、非线性映射、自适应学习和鲁棒容错的特点，为解决非线性系统模型预测控制问题提供了一种新的途径。

20.2 系统分析

神经网络预测控制系统设计的过程如下（如图 20-1 所示）：

（1）构建被控对象的系统模型。

（2）根据被控对象的系统模型构建神经网络模型。

（3）设置非线性优化器。

（4）建立反馈控制系统模型，对系统进行仿真，根据仿真结果调整非线性优化器的各项参数设置。

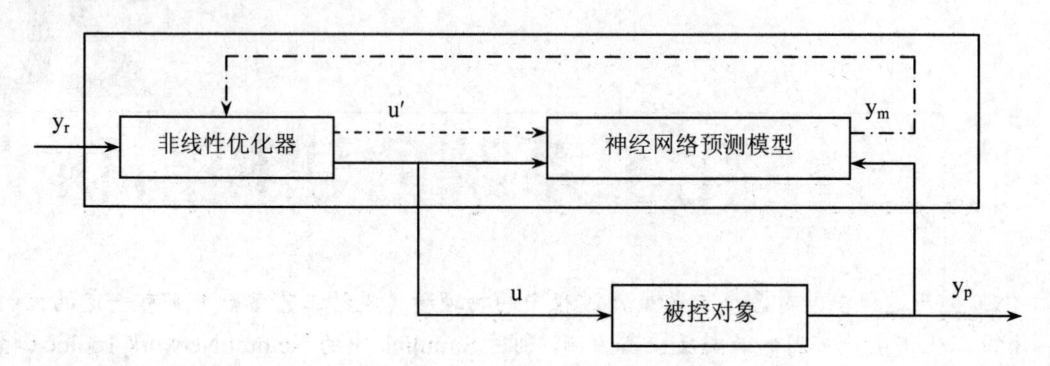

图 20-1　神经网络预测控制模型

本章以液态反应器为例，它是一个非线性系统。神经网络结合 Simulink 模块实现该系统基于神经网络模型的预测控制，构建物理模型如图 20-2 所示。

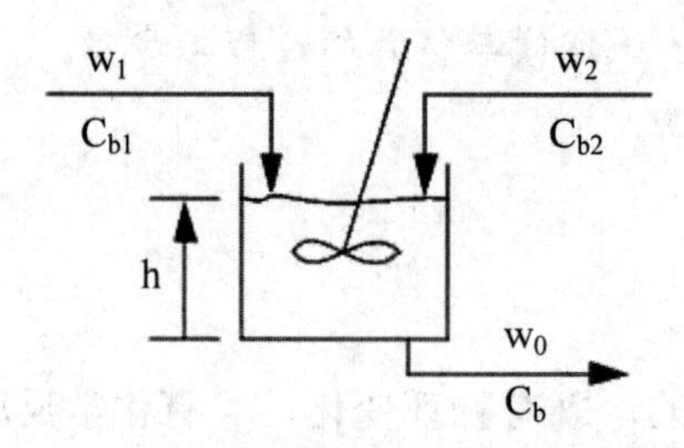

图 20-2　液态反应器的简化物理模型

该系统的动力学模型如下：

$$\frac{dh(t)}{dt}=w_1(t)+w_2(t)-0.2\sqrt{h(t)} \tag{20-1}$$

$$\frac{dC_b(t)}{dt}=(C_{b1}-C_b(t))\frac{w_1(t)}{h(t)}+(C_{b2}-C_b(t)\frac{w_2(t)}{h(t)}-\frac{k_1C_b(t)}{(1+k_2C_b(t))^2} \tag{20-2}$$

其中，h(t)为溶液的高度，$C_b(t)$ 为输出产品浓度，w_1 为浓缩液 C_{b1} 的输入流速，$w_2(t)$ 为浓缩液 C_{b2} 的输入流速。输入常数为 C_{b1}=24.9，C_{b2}=0.1。消耗常量设置为 k_1=0.1，k_2=0.1。

本例控制的目的是通过设置流量来维持稳定的产品浓度。

20.3　系统建模与分析

液态反应器系统的建模与仿真步骤如下：

（1）建立液态反应器的 Simulink 模型。

构建 Simulink 模型，如图 20-3 所示模型名为 Continuous Stirred Tank Reactor.mdl。其中主要用到 Simulink 基本模块中的 Math operations 和 Sinks 等模块。

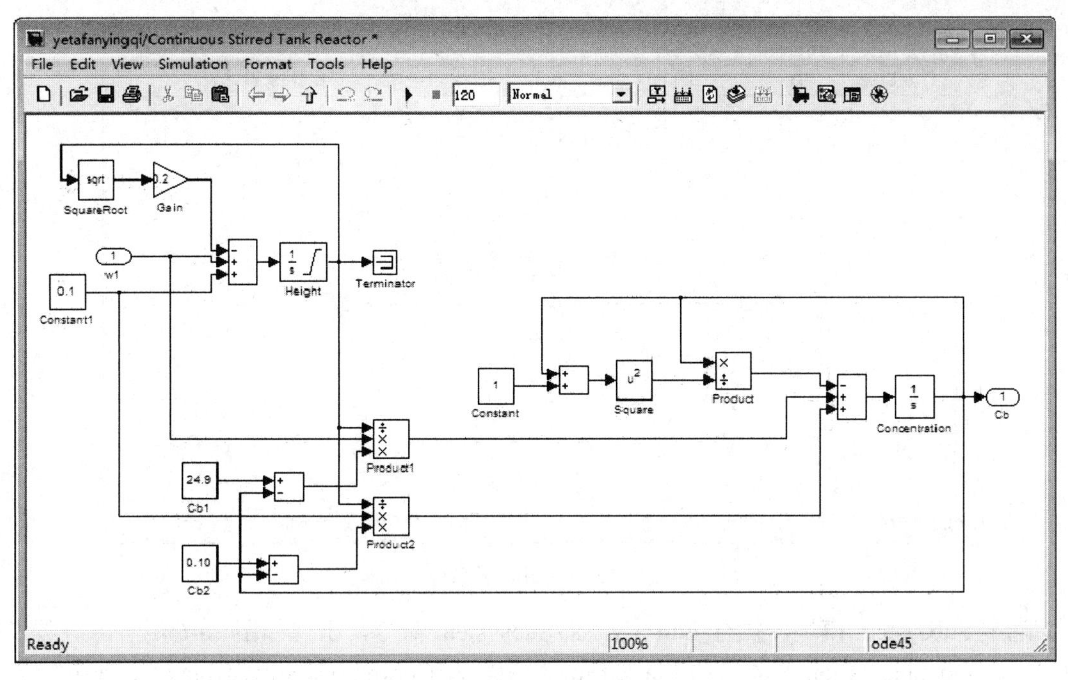

图 20-3　液态反应器的 Simulink 模型

（2）参数设置。

图 20-3 中模块参数的设置如下：

Constant 模块：双击该模块，弹出如图 20-4 所示的参数对话框。根据图 20-3 Constant 模块中显示的值在弹出的参数对话框中设定 Constant value。

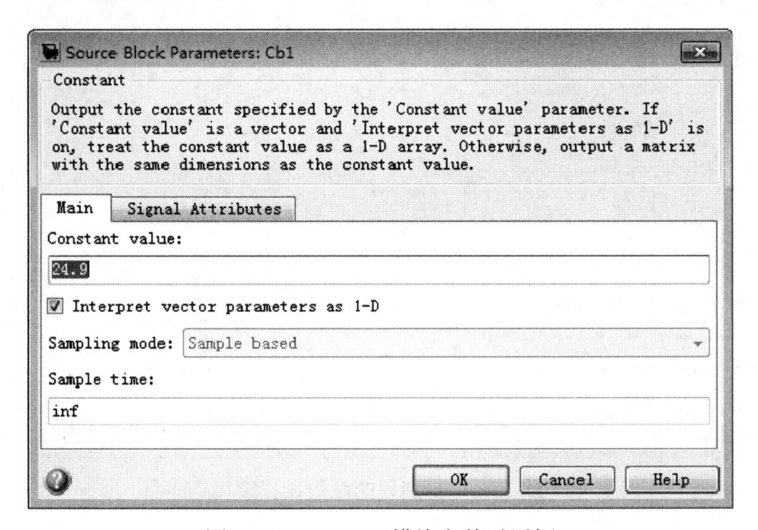

图 20-4　Constant 模块参数对话框

其他 Constant 模块的设置同上。

（3）封装子系统。

选中图 20-3 中所有的子模块及其连线，执行 Edit→Create Subsystem 命令即可创建子系统，如图 20-5 所示。

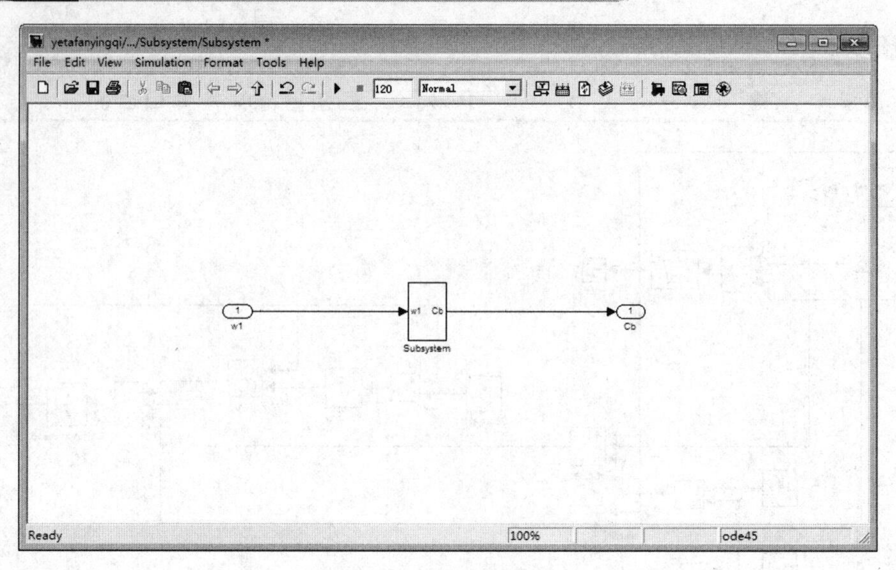

图 20-5　封装子系统

选中 Subsystem 模块，执行 Edit→Mask Subsystem 命令，出现如图 20-6 所示的参数设置窗口，在 Documentation 选项卡的 Mask Type 栏中输入 Continuous Stirred Tank Reactor。

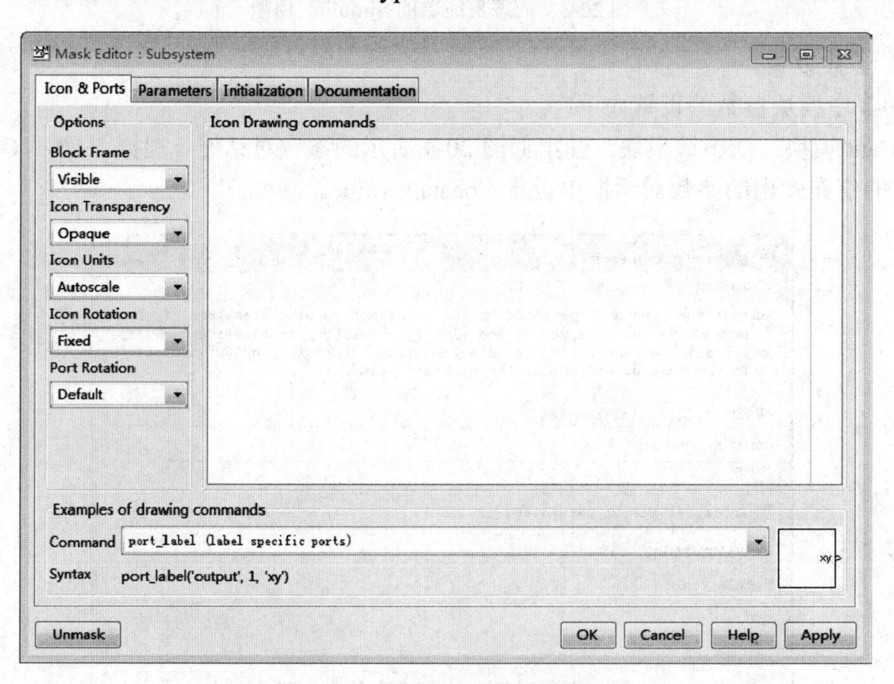

图 20-6　封装后的参数设置窗口

在 Initialization 选项卡的 Initialization commands 栏中输入如下命令：

```
xl = [0   0.45   0.45   NaN   0.3   0.3   1.0   1.0   NaN ];
yl = [1   1   0.7   NaN   0.8   0.2   0.2   0.8   NaN   ]+0.1;
x2 = [0.85   0.85   1.2   NaN   0.8   0.85   0.9   NaN   0.4   0.45   0.5 ];
y2 = [0.7   1    1   NaN   0.8   0.7   0.8   NaN   0.8   0.7   0.8]+0.1;
x3 = [0.3   1   NaN   0.8   0.8   1.1   NaN   1   1.1   1];
y3 = [0.6   0.6   NaN   0.2   0.1   0.1   NaN   0.15   0.1   0.05]+0.1;
```

```
t=(0:24)/24*2*pi;
                    xs = 0.07*cos(t)+0.9;
                    ys = 0.07*sin(t)+0.75;
```

在 Icon & Ports 选项卡的 Icon Drawing commands 栏中输入如下命令：

```
plot([[xl NaN x2 NaN x3]*0.9-0.075 ], [[yl   NaN y2 NaN y3]*0.9-0.1 ]);
```

Command 栏中为 plot(draw lines and shapes)，单击 OK 按钮，出现如图 20-7 所示的图形。

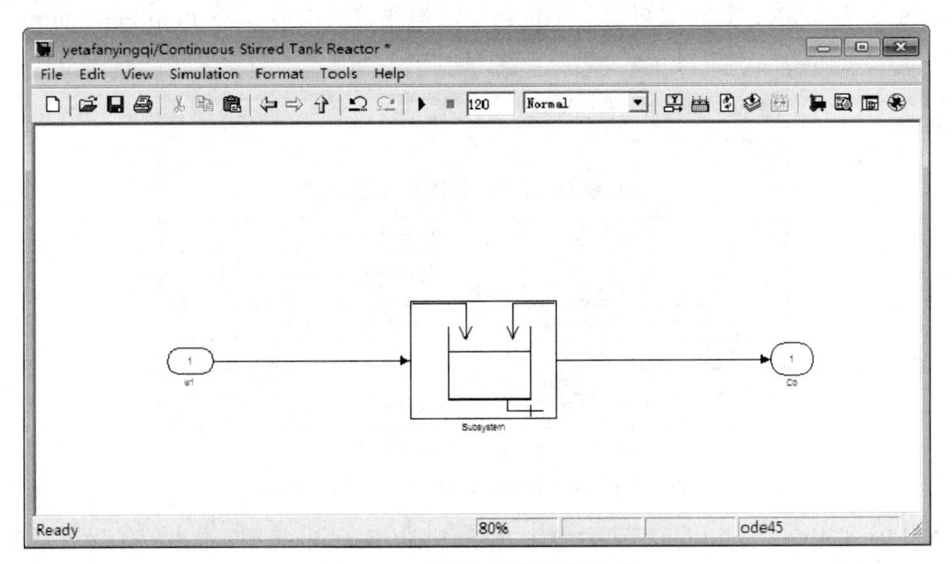

图 20-7　在图标上绘制的图形

（4）创建神经网络控制系统模型。

构建的神经网络控制系统模型如图 20-8 所示，其模型名为 yetafanyinqi.mdl。主要模块为 Netural Network Toolbox 模块、Subsystem（Continuous Stirred Tank Reactor）模块和 Simulink 中的基础模块。

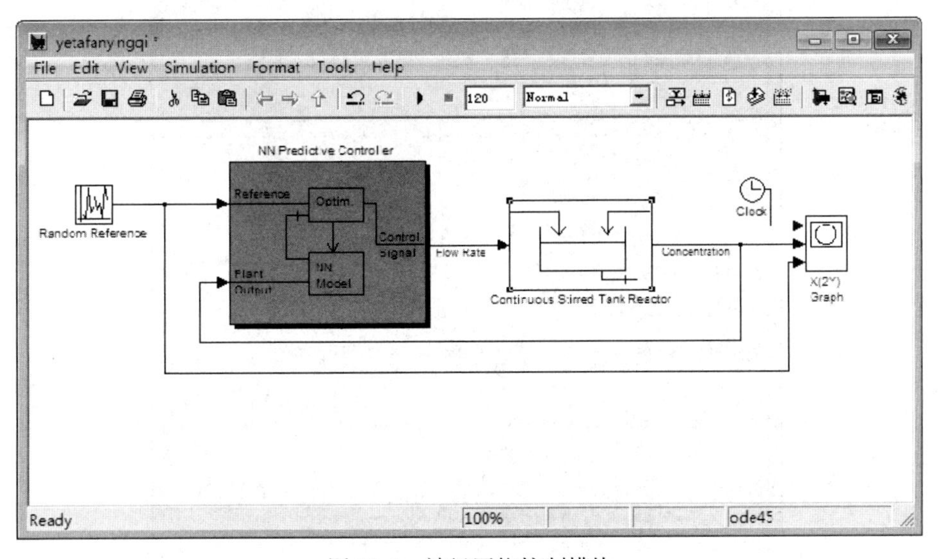

图 20-8　神经网络控制模块

（5）Netural Network Toolbox 模块参数设置。

双击 NN Predictive Controller 模块，出现如图 20-9 所示的对话框。该对话框用于设置模型预测控制器。设定时间步长（Cost Horizon(N2)）值为 7，在此步长内预测误差最小；Control Honizon(Nu)值为 2，在此时间控制增量最小；最优化线性搜索程序（Minimization Routine）为 csrchbac；控制权重因子（Control Weight Factor(ρ)）为 0.05；线性搜索停止时间（Search Parameter(a)）为 0.001；每个采样时间中优化算法生物迭代次数（Iteration Per Sample Time）为 2。

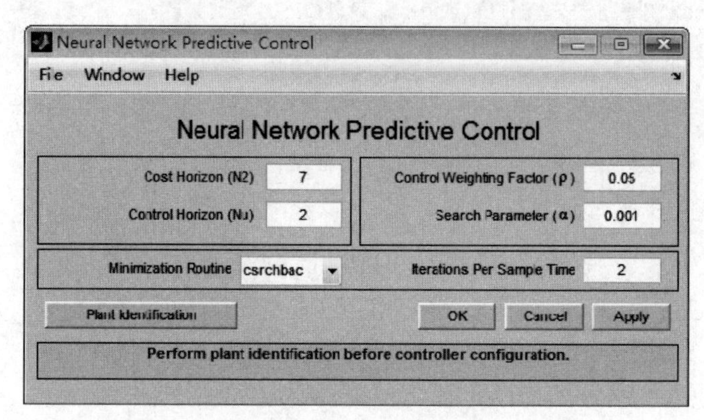

图 20-9　NN Predictive Controller 模块参数设置

在 NN Predictive Controller 模块中单击 Plant Identification 按钮，弹出用于设置系统辨别参数的对话框，参数设置如图 20-10 所示，其中 cstr 为液态反应器的动力学模型（D:\Program Files\Matlab\R2010b\toolbox\nnet\nncontrol）。

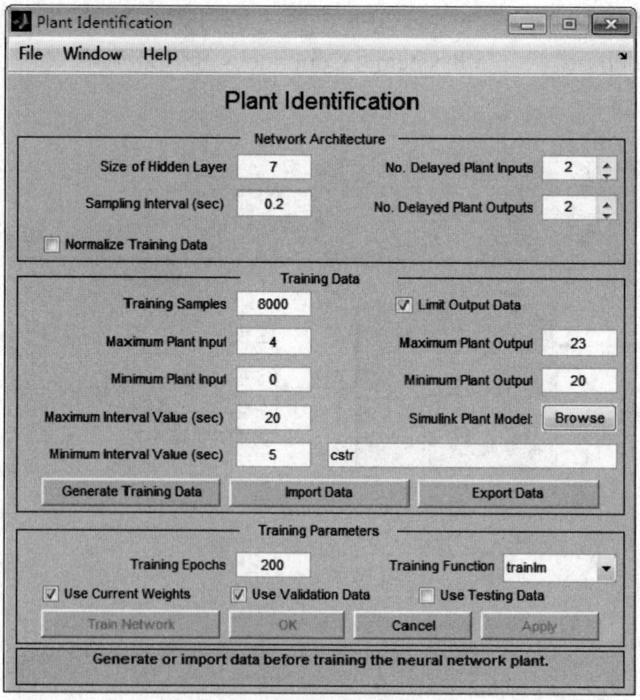

图 20-10　神经网络辨识参数设置对话框

单击 Generate Training Data 按钮开始训练，如图 20-11 所示，单击 Accept Data 按钮回到神经网络辨识对话框。

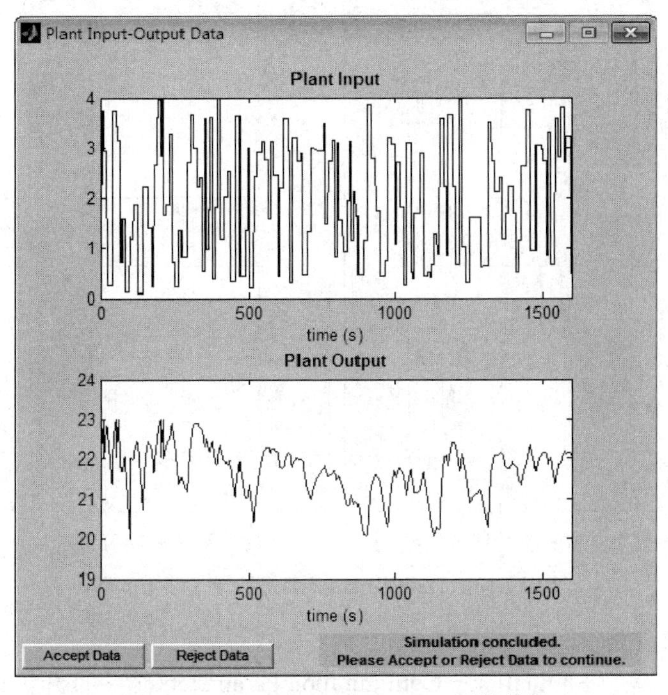

图 20-11　Generate Training Data 训练结果

单击 Train Network 按钮进行神经网络训练。训练后会弹出结果对话框，如图 20-12 所示。然后单击 OK 按钮回到神经网络预测控制器对话框，在神经网络预测控制器对话框中单击 OK 按钮回到 Simulink 模型窗口中。

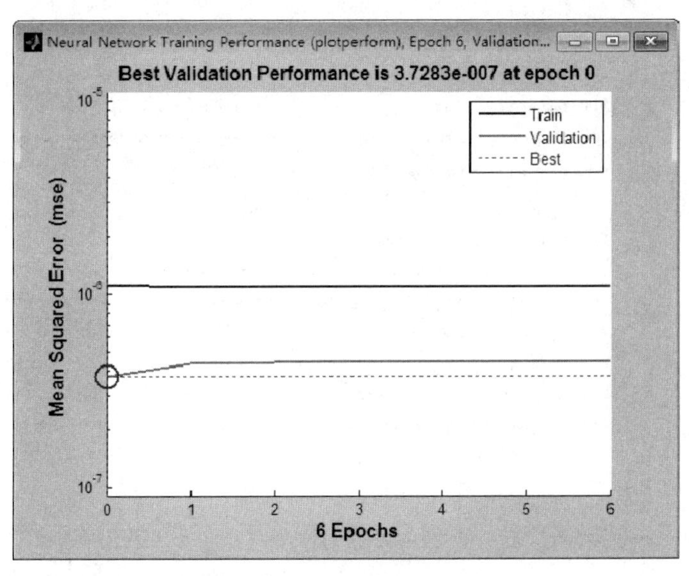

（a）训练误差

图 20-12　Train Network 训练结果

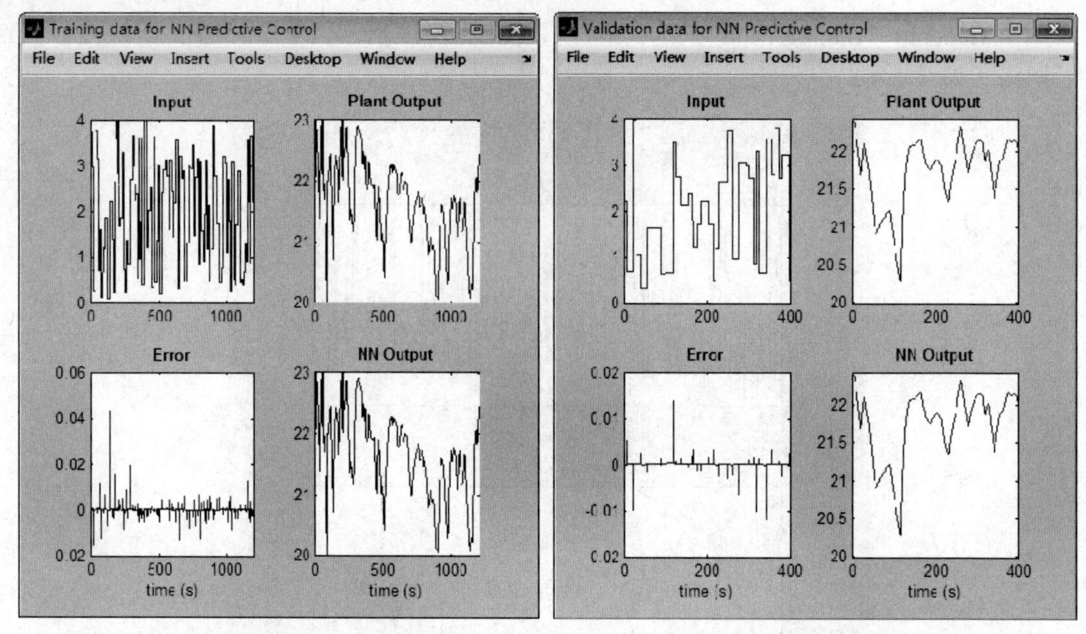

（b）神经网络预测控制所需的训练数据　　　　（c）神经网络预测控制所需的检验数据

图 20-12　Train Network 训练结果（续图）

（6）仿真参数设置。

设置仿真时间：单击 Simulation→Configuration Parameters 命令打开仿真参数设置对话框，设置 Stop time 为 120，如图 20-13 所示。

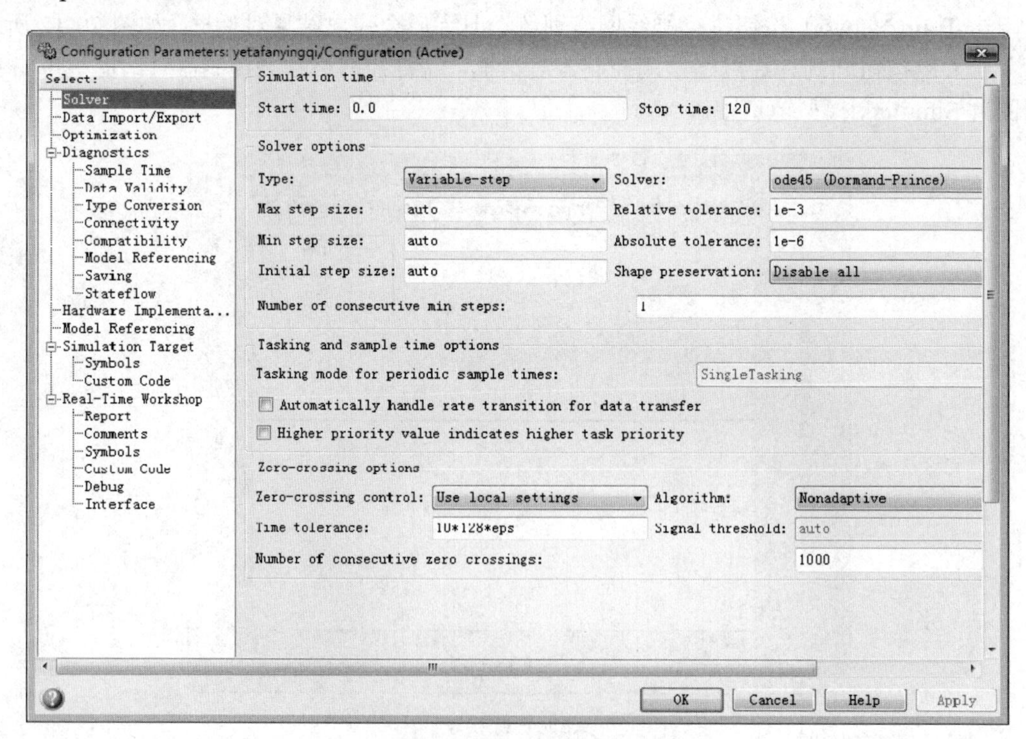

图 20-13　仿真参数设置对话框

20.4　仿真结果分析

仿真结果如图 20-14 所示，图中的阶梯信号表示参考信号，不规则的曲线表示系统输出。由图可见，采用神经网络控制液态反应器的非线性过程效果很好。

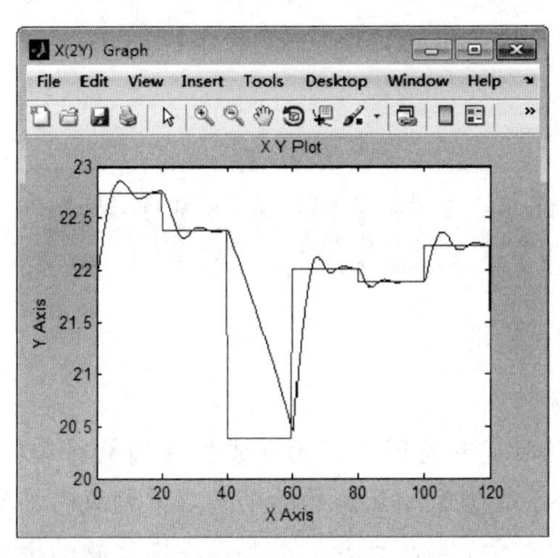

图 20-14　仿真结果

20.5　小结

本章介绍了化工系统控制的基本情况，以液态反应器为例，并利用 Simulink 中的 Netural Network Toolbox 模块和 Simulink 基础模块对其进行了建模仿真，最后对仿真结果进行了分析和讨论。通过本章的学习，读者应该做到以下几点：

（1）了解化工系统的基本情况，了解神经网络控制在化工系统中的应用。

（2）掌握 Netural Network Toolbox 模块及相关的 Simulink 基础模块，能够对这些模块进行参数设置。

（3）掌握 Simulink 仿真的具体过程和步骤，对 Simulink 仿真的具体过程有更深的认识。

（4）学会举一反三，利用 Simulink 能够解决类似的工程问题。

20.6　上机练习

本章神经网络预测控制系统主要是通过控制流量 w_1 来维持产品浓度 $C_b(t)$ 的稳定，其中控制系统中浓缩液浓度 $C_{b1}=24.9$，$C_{b2}=0.1$，读者可以通过改变浓缩液的浓度值来考察其对控制系统的影响。同时，读者也可以改变神经网络控制器中的各种参数来分析控制器中的参数对控制系统的影响。

21

物流系统的建模与仿真

物流系统是指在一定的时间和空间里，由所需输送的物料和包括有关设备、输送工具、仓储设备、人员以及通信联系等若干相互制约的动态要素构成的具有特定功能的有机整体。而大型港口物流系统的竞争力对于货物的调运，尤其是我国货物的进出口有着重要的影响，本章主要针对我国大型港口物流系统的竞争力进行建模与仿真。

本章主要内容：

- 我国港口的基本情况。
- 对港口竞争力进行分析，采用层次分析方法建模。
- 建立关于港口竞争力的 Simulink 模型。

21.1　概述

近几年，我国沿海集装箱港口迅速发展。1992 年，中国内地尚无一个年吞吐量在百万标箱（TEU）以上的大港，而到了 2000 年末，中国内地年吞吐量超过百万 TEU 的大港已达 7 个（上海、深圳、青岛、天津、广州、厦门、大连）。在 2000 年全球集装箱港口吞吐量前 20 强排名中，上海港和深圳港分别位居第 6 位和第 11 位，其他内地主要集装箱港口的世界排名也都是逐年上升，显示出旺盛的生命力。

通过港口调查、客户调查、货代调查以及相关情况分析，可知国际物流过程与港口的许多条件有联系，而港口的运营条件、服务水平、综合环境、设备条件、现代化管理水平，以及港口集装箱吞吐量规模及增长率等均将直接影响到港口在运输物流市场的竞争力。而各港口的市场竞争力对外贸进出口货物运输的网络分配预测有着重要作用，因此有必要对影响港口市场竞争力的主要因素进行分析，进而对其进行定性与定量评价。

影响港口物流能力的因素有很多，从各港口的吞吐能力以及市场营销效果等方面进行分析研究，影响港口竞争力的因素主要包括：港口的运营条件、港口的服务水平、港口的综合环境、港口的集装箱吞吐量及增长率、港口的设备条件、港口的现代化管理水平。

（1）港口的运营条件。

港口的运营条件包括港口与客户（货代）、港口与船舶公司之间所发生的与运输直接相关的一些影响因素，如集装箱班轮密度及航线覆盖面、港口集疏运条件、港口的综合作业费用。

集装箱的班轮密度及航线覆盖面将影响到集装箱能否被快速送达目的地、能否直接运达世界各地；如果对世界上一些主要港口的航线覆盖不够全面，则会影响到集装箱运输的直达能力，进而影响到对货主的吸引力。同样，集疏运条件将影响到货物集港及货物疏港的便捷性，从而影响港口效率，影响货主对港口的评价。港口作业费用通过货代或其他中间环节，最终将影响到货主的综合运输（物流）费用，从而也影响到货主对港口的评价和选择。

（2）港口的服务水平。

港口的各项基础条件对客户的影响集中反映在对客户的综合服务方面。对客户而言，尤其是船舶公司，比较关注装卸效率及船舶在港的必须停留时间，这将直接影响船舶公司的效益，而通关效率以及信息服务将对货主（货代）产生较大的影响。我国内地的各个港口在通关效率方面普遍低于香港港口，因此在国际集装箱运输方面削弱了自己的竞争力。

（3）港口环境。

港口环境是指港口的综合环境，包括港口的自然环境、经济环境和商业运作环境。各港口处于不同的地理位置，水域条件不同、气候条件不同甚至会影响到各港口的有效作业天数或实际作业能力（效率）；各港口处于不同的经济区域，腹地的经济条件不同、对运输需求的类别及规模不同，这些会影响港口的经济区位效果；港口所处区域的金融、保险、商业环境和物流服务水平等，影响到港口的运营模式、港口的发展以及社会化的角色定位，这些不同方面的影响构成了港口的综合环境，从而影响港口的发展和竞争力。

（4）港口集装箱吞吐量规模及增长率。

港口集装箱吞吐量反映了港口的现有规模，也是港口实力的一种表现形式。港口吞吐量的增长率则反映了港口集装箱吞吐量的变化趋势及发展的速度，代表着一种潜在的发展实力，这是一项既标志港口现状又反映港口未来发展的指标。

（5）港口的设备条件。

港口的设备条件是反映港口基础设施条件的综合指标，包括泊位能力、装卸设备以及堆场情况，通过泊位的设计吞吐能力、航道条件及港前水深，全面反映集装箱泊位的基本情况；通过起重设备的总能力及单位设备的最大能力，既反映了装卸设备的规模，又反映了设备的水平；集装箱堆场则综合考虑了前后方堆场及堆存能力。

（6）港口的现代化管理水平。

港口现代化是发展国际化大港的必然趋势，也是基本要求。国际上的集装箱大港均具有很高水平的现代化管理技术，通过电子数据交换系统（EDI）、管理信息系统实现集装箱的实时跟踪查询；安全监控系统的使用既提高通关效率，又保证集装箱的运输安全，防止各种非法运输活动发生；海上引航系统（GPS）一般可用于集卡定位、船舶进港引航以及堆场内的集装箱定位，从而既保证准确安全又可提高作业的效率，提高港口的市场竞争力。

21.2 系统分析与建模

21.2.1 指标等级的划分与指标体系的建立

参照各类评价指标体系及标准，依照 1～9 标度法，一般将港口竞争力的等级划分为 5 个。本章将 5 个等级分为强、较强、普通、较弱、弱，同样评价指标分值也分为 5 级，如表 21-1 所示。

表 21-1 评价指标等级分值表

竞争力等级	强	较强	普通	较弱	弱
分值	9	7	5	3	1

通过上面的叙述，首先可以将港口的竞争力分为 6 个方面：港口的运营条件、港口的服务水平、港口环境、港口集装箱吞吐量规模及增长率、港口的设备条件和现代化管理水平，然后在每一大类指标下再分为若干小类指标。可根据这些指标间的影响关系以及包含关系建立起港口市场竞争力的多层次综合评价指标体系，如图 21-1 所示。

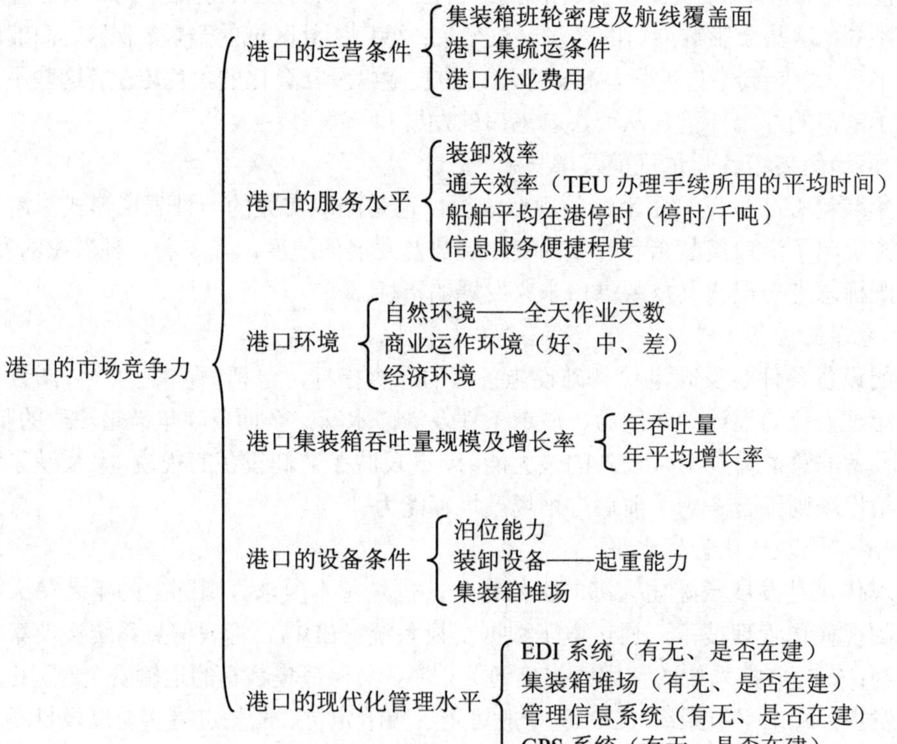

- 港口的市场竞争力
  - 港口的运营条件
    - 集装箱班轮密度及航线覆盖面
    - 港口集疏运条件
    - 港口作业费用
  - 港口的服务水平
    - 装卸效率
    - 通关效率（TEU 办理手续所用的平均时间）
    - 船舶平均在港停时（停时/千吨）
    - 信息服务便捷程度
  - 港口环境
    - 自然环境——全天作业天数
    - 商业运作环境（好、中、差）
    - 经济环境
  - 港口集装箱吞吐量规模及增长率
    - 年吞吐量
    - 年平均增长率
  - 港口的设备条件
    - 泊位能力
    - 装卸设备——起重能力
    - 集装箱堆场
  - 港口的现代化管理水平
    - EDI 系统（有无、是否在建）
    - 集装箱堆场（有无、是否在建）
    - 管理信息系统（有无、是否在建）
    - GPS 系统（有无、是否在建）

图 21-1 港口物流系统指标体系

21.2.2　各个层次因子的权重

这里仍然采用层次分析法来计算各个层次因子的权重（层次分析法的介绍参见第 15 章）。最终求得各个指标因子的权重如表 21-2 所示。

表 21-2　各个层次因子的权重

目标	因素	指标	组合权重
港口的竞争力	B_1港口的运营条件（0.21）	B_{11}集装箱班轮密度及航线覆盖面（0.36）	0.0756
		B_{12}集疏运条件（0.32）	0.0672
		B_{13}港口作业费用水平（0.32）	0.0672
	B_2港口的服务水平（0.17）	B_{21}装卸效率（0.28）	0.0476
		B_{22}通关效率（0.27）	0.0459
		B_{23}船舶平均在港停时（0.21）	0.0357
		B_{24}信息服务便捷程度（0.24）	0.0408
	B_3港口环境（0.15）	B_{31}自然环境（0.35）	0.0630
		B_{32}经济环境（0.31）	0.0558
		B_{33}商业运作环境（0.34）	0.0612
	B_4 港口集装箱吞吐量规模及增长率（0.14）	B_{41}年吞吐量（0.48）	0.0720
		B_{42}年平均增长率（0.52）	0.0780
	B_5港口的设备条件（0.18）	B_{51}泊位能力（0.36）	0.0540
		B_{52}装卸设备（0.34）	0.0510
		B_{53}集装箱堆场（0.30）	0.0450
	B_6 港口的现代化管理水平（0.15）	B_{61}EDI 系统（0.28）	0.0392
		B_{62}安全监控系统（0.27）	0.0378
		B_{63}管理信息系统（0.24）	0.0336
		B_{64}GPS 系统（0.21）	0.0294

21.3　实现与结果分析

（1）构建 Simulink 模型。

依据上述建模与分析建立起如图 21-2 所示的 Simulink 模型。

（2）参数设置。

- Constant 模块：双击该模块，弹出如图 21-3 所示的参数对话框。根据图 21-2 Constant 模块中显示的值在弹出的参数对话框中设定 Constant value。
- Embedded MATLAB Function 模块：双击该模块，打开 Embedded MATLAB Editor 窗口。根据前面的计算公式在窗口中编辑函数，如图 21-4 所示。

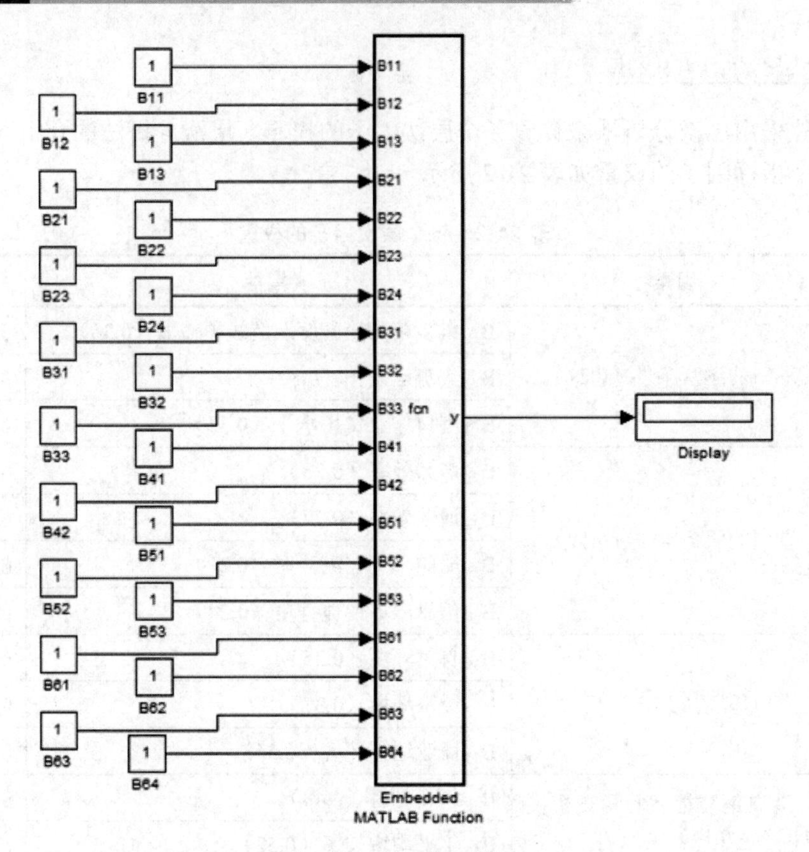

图 21-2 Simulink 模型

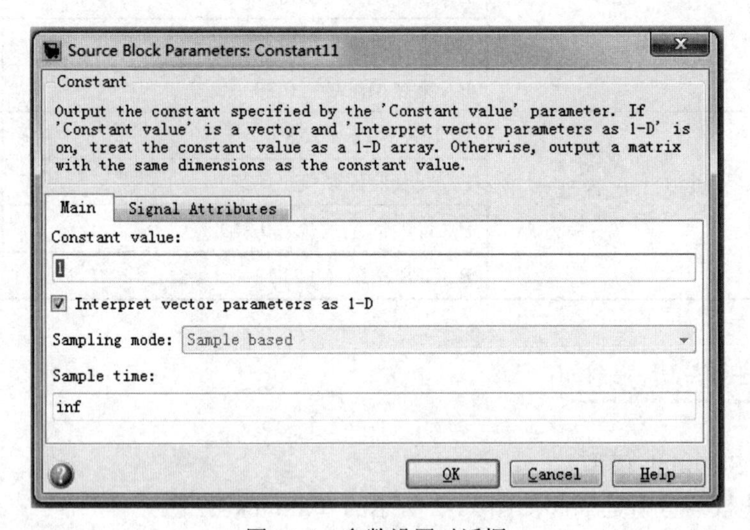

图 21-3 参数设置对话框

（3）实现结果。

单击“仿真运行”按钮，实现结果如图 21-5 所示（图中 Constant 模块的 Constant value 的值为随机设定）。

由仿真结果可知，能源评价的最终得分为 6.116 分，所以港口竞争力的评价等级为强。

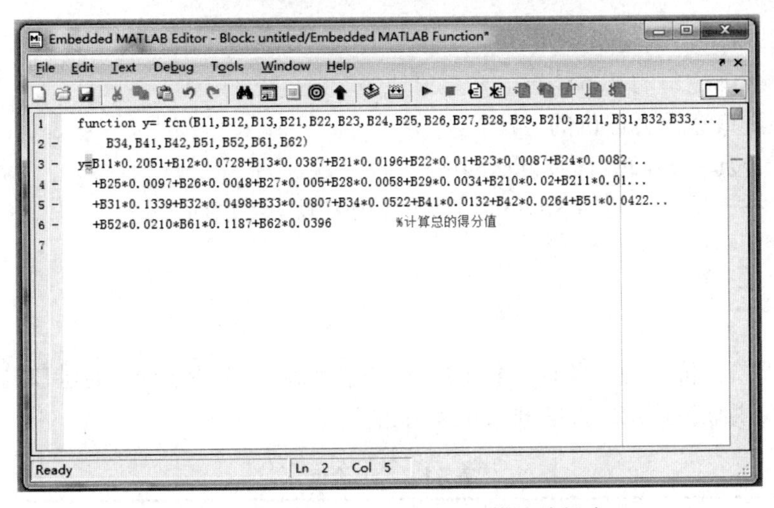

图 21-4 Embedded Matlab Editor 模块编辑窗口

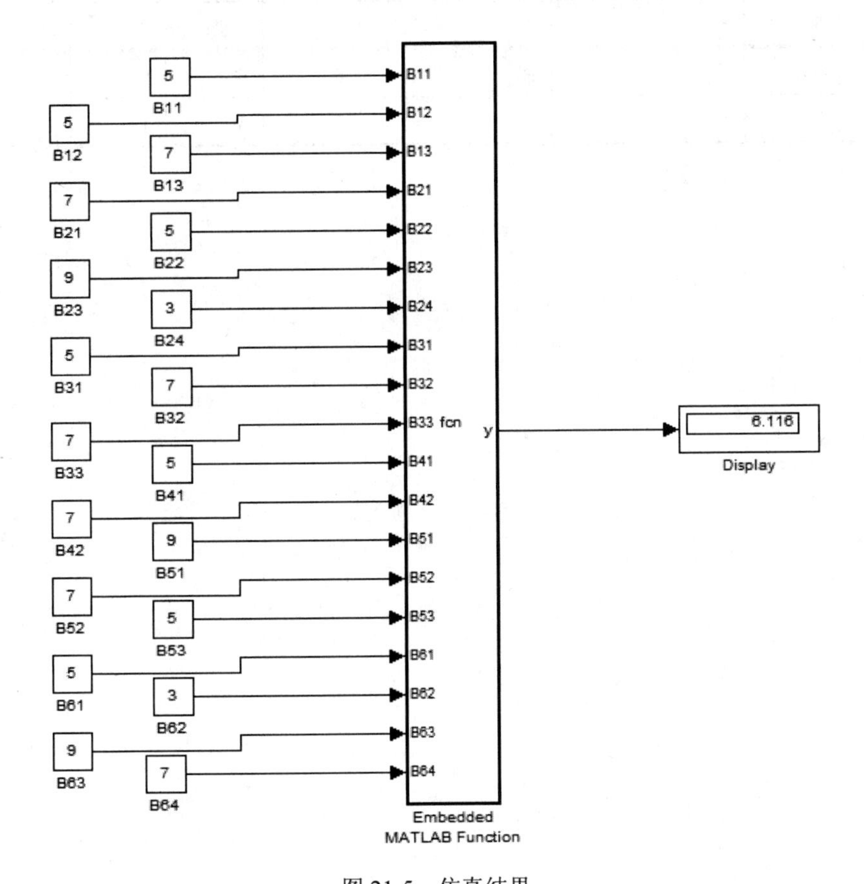

图 21-5 仿真结果

21.4 小结

通过物流系统中港口竞争力的分析与建模建立了关于港口竞争力的 Simulink 模型。通过本章的学习，读者应该做到以下几点：

（1）了解我国港口的基本情况。

（2）掌握港口竞争力评价的方法。

（3）巩固仿真中 S-函数这种方法的应用。

（4）学会举一反三，利用 Simulink 能够解决类似的工程问题。

21.5 上机实习

针对以上港口评价系统，当 B_1～B_6 的评价等级为表 21-3 所示时，对港口的竞争力进行评价（表中数据仅供练习使用，没有相关的实际意义）。

表 21-3 评价值

因素	B_{11}	B_{12}	B_{13}	B_{21}	B_{22}	B_{23}	B_{24}	B_{31}	B_{32}	B_{33}
评价分值	5	5	3	3	9	7	1	3	3	5
因素	B_{41}	B_{42}	B_{51}	B_{52}	B_{53}	B_{61}	B_{62}	B_{63}	B_{64}	
评价分值	7	7	5	7	3	7	5	1	5	3

22 安全系统的建模与仿真

Matlab 推出的模糊工具箱（Fuzzy Toolbox）为仿真模糊系统提供了很大方便，通过它我们不需要进行复杂的模糊化、模糊推理及反模糊化运算，只需设定相应参数，即可很快得到我们所需要的模糊系统，而且修改也非常方便。

在实际问题中，对于一个事物的评价，常常要涉及多个因素或多个指标。这时就要根据这多个因素对事物做出综合评价，而不能只从某个因素的情况去评价事物。利用模糊数学的办法将模糊的安全信息定量化，从而对多个因素进行定量评价与决策就是模糊决策（评价）。本章使用模糊推理对安全系统进行建模，并使用 Matlab 模糊工具箱对建立的模型进行分析，对系统安全评价具有指导意义。

本章主要内容：

- 火灾危险性综合评价研究现状。
- 分析火灾危险性系统隶属函数的选择及模糊规则的建立。
- 详细介绍模糊工具箱实现火灾危险性安全评价的过程与步骤。
- 分析火灾危险性评价结果。

22.1 概述

火灾每年给我国带来巨大的经济损失和人员伤亡，甚至造成严重的社会影响。许桂方和叶义成基于模糊数学理论给出火灾危险性的安全综合评价模型；李长伟也是应用多级模糊综合评价对建筑工程火灾进行研究；李苗通过灰色层次理论分析对石化企业火灾危险性做了研究；刘艳君、郑忠双应用安全评价中的常规危险源辨识对火灾进行分析评价。对于火灾我们常用的还有道化学评价法等，而将火灾危险性评价与 Matlab 结合的研究甚少，本章基于 Matlab 模糊工具箱对火灾危险性进行简单评价，对企业的火灾可以起到预防的作用。

模糊评价法综合了诸因素对火灾危险等级的影响，作出了一个接近实际的评判，避免了片面性，采取模糊综合评判理论较好地解决了火灾综合性评价的问题，完善了安全评价的定量评价方法，从而确保安全系统评价的全面性。本章使用模糊推理对火灾危险性评价系统进行建模，并使用 Matlab 中的模糊工具箱对建立的模型进行性能分析，对评价火灾危险性等级具有一定的意义。

22.2 系统分析

使用 Matlab 模糊推理工具箱的关键问题是隶属函数的选择和模糊规则的建立。

（1）隶属函数的选择

若对论域（研究的范围）U 中的任一元素 x，都有一个数 A(x)∈[0,1]与之对应，则称 A 为 U 上的模糊集，A(x)称为 x 对 A 的隶属度。当 x 在 U 中变动时，A(x)就是一个函数，称为 A 的隶属函数，如图 22-1 所示。隶属度 A(x)越接近于 1，表示 x 属于 A 的程度越高；A(x)越接近于 0，表示 x 属于 A 的程度越低。用取值于区间[0,1]的隶属函数 A(x)表征 x 属于 A 的程度高低。隶属度属于模糊评价函数里的概念：模糊综合评价是对受多种因素影响的事物做出全面评价的一种十分有效的多因素决策方法，其特点是评价结果不是绝对的肯定或否定，而是以一个模糊集合来表示。

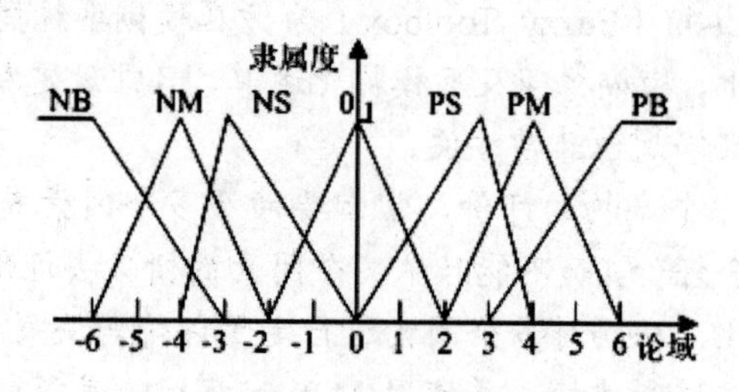

图 22-1　隶属函数

隶属函数（Membership Function）可以是任意形状的曲线，取什么形状主要取决于使用是否简单、方便、有效。实际上，隶属函数的概念是普通集合中描述集合元素性质的特征函数概念的推广。隶属函数是精确量和模糊量转化的桥梁，常见的隶属函数的类型有 Z 形、反 Z 形、三角形、S 形、梯形、钟形、高斯形等。隶属函数的形状对系统的稳定性和快速性有很大的影响。曲线形的隶属函数原型是各种概率分布函数，能较好地反映现实情况，可使系统有较好的准确性。而直线形隶属函数和带有平顶的隶属函数，其准确性较差，但在用软件实现时，直线形隶属函数比较简单，并耗费较少的计算时间。本章中所选用的是梯形和高斯形函数，表达式如式（22-1）和式（22-2）所示。

- 梯形隶属函数：该函数有 4 个特征参数 a、b、c、d，数学形式如下：

$$\mathrm{mf}(x)=\begin{cases}0 & x\leqslant a\\ \dfrac{x-a}{b-a} & a\leqslant x\leqslant b\\ 1 & b\leqslant x\leqslant c\\ \dfrac{d-x}{d-c} & c\leqslant x\leqslant d\end{cases} \tag{22-1}$$

- 高斯型隶属函数：该函数有两个特征参数 sig、c，数学形式如下：

$$\mathrm{mf}(x)=\exp\left[-\frac{(x-c)^2}{2\mathrm{sig}^2}\right] \tag{22-2}$$

（2）模糊规则的建立。

若将某事物用 3 个等级表示，则一般对应的物理意义是“很好”、“中等”、“较差”；若分为 5 个等级表示，则可以表示为“很好”、“较好”、“一般”、“较差”、“很差”。一个精确的信息可以通过这样的等级划分进行模糊化处理，这种等级划分实际上就是确定隶属函数的过程。如果划分为 3 个等级，实际上要确定 3 个隶属函数，分别判定某事物隶属于“很好”、“中等”、“较差”的程度；如果划分 5 个等级，就要确定 5 个隶属函数，分别判定某事物隶属于“很好”、“较好”、“一般”、“较差”、“很差”的程度。

在模糊系统中，模糊推理或评价是通过 if…then…规则实现的，if 后面紧跟的是前件（前提条件），then 后面是后件（结论）。

本章考虑经济损失、人员伤亡等因素对火灾危险性进行评价。由于火灾中评价集元素为评价等级，我国按程度大小把火灾分为一般火灾、重大火灾和特大火灾，本例即判断经济损失、人员伤亡隶属于一般、重大、特大的程度。

结合火灾危险性相关因素，所确定的模糊规则如下：

- If 经济损失一般（重大、特大）and 人员伤亡一般（重大、特大）Then 火灾安全等级为一般（重大、特大）。
- If 经济损失重大（特大）then 火灾安全等级较大（特大）。
- If 人员伤亡重大（特大）then 火灾安全等级较大（特大）。

22.3 系统建模与仿真

利用模糊系统进行模糊综合评价时，应具备两个基本集合。

- 输入变量集（或称为评价因素集合）：U= $\{u_1, u_2, \cdots, u_n\}$，共有 n 个元素。元素 u_i 为影响评判对象的第 i 种因素，例如可以是影响网络系统安全的安全记录、网络投运时间、危险源状况、防灾能力、事故概率、安全投入等；也可以是影响外包施工队伍的指标因素，如安全管理、技术培训、工器具装备、工器具管理等。
- 输出变量集（或称为评价结论集合）：V= $\{v_1, v_2, \cdots, v_n\}$，共有 m 个元素，元素 v_j 为评价对象归属的类别。可以是电力网络系统安全等级：好、较好、中、较差、差；也可以是其他系统的安全等级，如第 I、II、III 等级别。

从一个评价因素 u_i 出发，确定评价对象对归属类别 v_j 的隶属程度 r_{ij}（j=1，2，…，m）的过程称为单因素模糊评价。对第 i 个因素 u_i 的评价结果 R_i 称为单因素模糊评价集 $R_i=\{r_{i1}, r_{i2}, \cdots, r_{im}\}$，它是评价标准集 V 上的一个模糊子集。

下面结合实例讲述火灾安全性评价中如何创建和应用 FIS 系统。

本例需要考虑的评价因素及评价级别如表 22-1 所示，某系统实际的记录结果也列于表中，用模糊综合评价的方法评价该系统的安全等级。

表 22-1　火灾危险性分级标准

评价因素	一般	重大	特大
经济损失	＜5	≥5　＜50	≥50
人员伤亡	＜3	≥3　＜10	≥10

（1）确定模糊系统结构，即根据具体的系统确定输入、输出量。

在 Matlab 的命令窗口中输入 fuzzy 命令，弹出模糊推理系统编辑器界面，如图 22-2 所示。

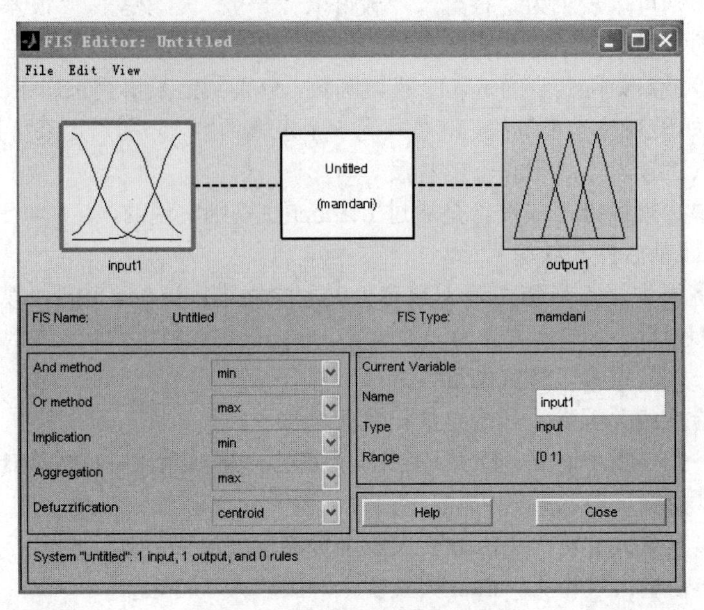

图 22-2　模糊推理系统编辑器

本章考虑经济损失、人员伤亡对火灾安全性的评价，所以系统输入有两个，系统输出有一个。

单击 Edit→Add Variable→Input 命令加入新的输入 Input，如图 22-3 所示，选择 Input（选中为红框），在界面右边的 Name 文本框中可以修改相应的输入名称。添加两个输入并修改输入名称，模糊系统的结构如图 22-4 所示。

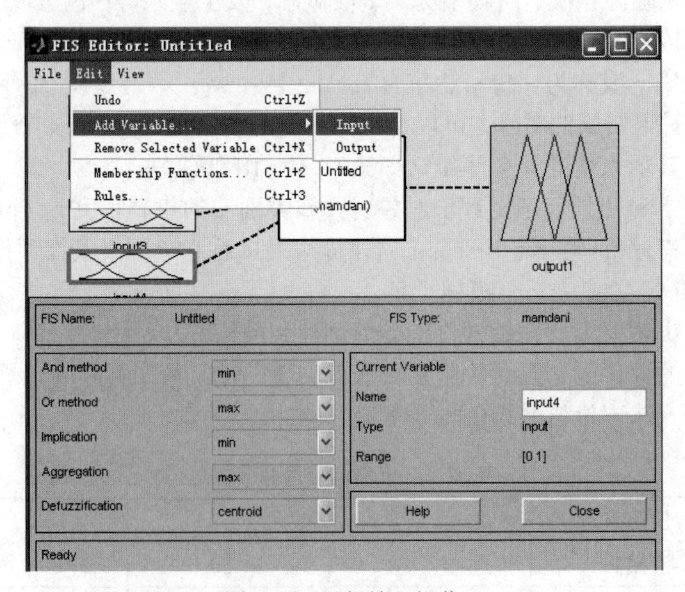

图 22-3　添加输入操作

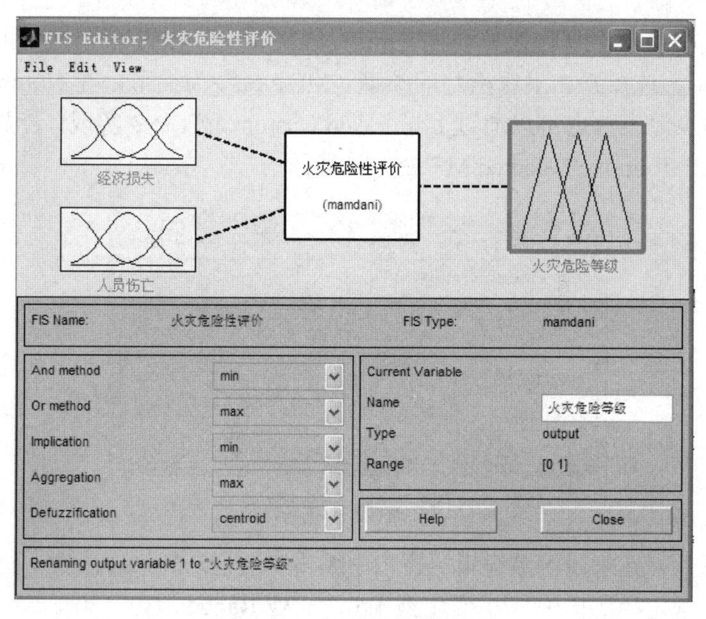

图 22-4 模糊系统结构图

（2）输入输出变量的模糊化，即把输入输出的精确量转化为对应语言变量的模糊集合，亦即选择隶属函数。

1）经济损失隶属函数的编辑：双击所选的 Input，弹出隶属函数编辑器界面，如图 22-5 所示。该编辑器提供一个友好的人机图形交互环境，用来设计和修改模糊推理系统各语言变量对应的隶属函数的相关参数，如隶属函数的形状、范围、论域大小等，系统提供的隶属函数有三角、梯形、高斯形、钟形等，用户也可以自行定义。

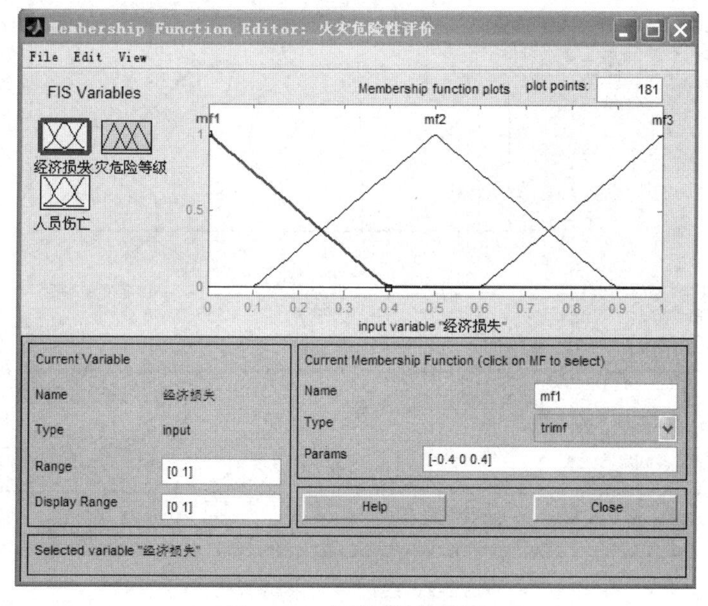

图 22-5 隶属函数编辑器

隶属函数编辑器中默认 3 个隶属函数，由表 22-1 知，本例评价因素分 3 个等级，隶属函数即为 3 个，若需要添加隶属函数则单击 Edit→Add Custom MFS 命令，弹出添加隶属函数窗口，如图 22-6 所示。选择添加隶属函数的类型（MF type）为梯形，在 Number of MFs 栏中确定添加个数。添加隶属函数也可以通过 Edit→Add Custom MF 命令实现，若要删除多余的隶属函数，可通过 Edit→Remove Selected MF 命令实现。

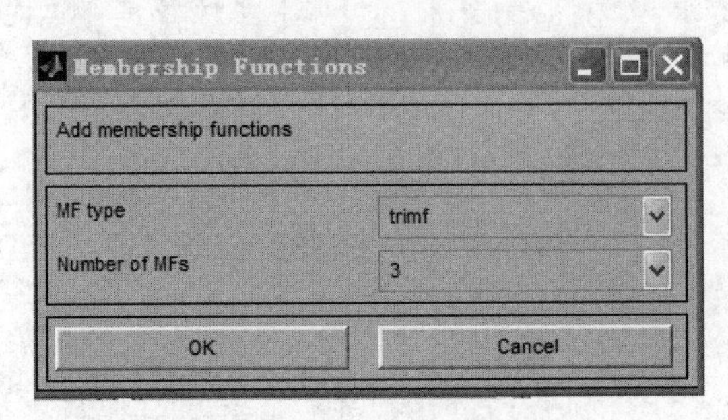

图 22-6　添加隶属函数窗口

添加隶属函数后，在隶属函数编辑器窗口中编辑安全记录的隶属函数，由表 22-1 可知经济损失的评价等级，假定经济损失从 0 变化到 100，此处 Range 取[0 150]。单击坐标系中的 mf1（系统默认的隶属函数名），此时可以编辑 mf1，在右下角的 Name 栏中修改函数名为“一般”，函数类型（Type）选择梯形（trapmf），在 Params 栏中选择梯形涵盖的区间，填写 4 个值，分别为梯形 4 个端点在横坐标上的值，这些值由设计者确定，根据表 22-1，此处值设为[0 0 5 50]。单击 mf2，在 Name 栏中修改函数名为“较大”，函数类型选择梯形，Params 栏设为[5 5 50 100]。

按照上面的操作依次修改 mf3 隶属函数，最后确定经济损失的隶属函数，如图 22-7 所示。

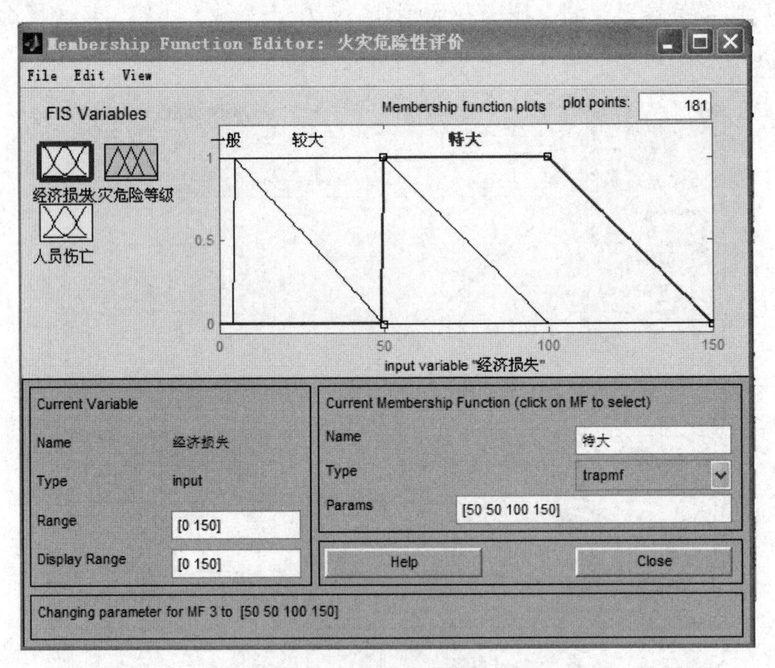

图 22-7　经济损失隶属函数

2）人员伤亡隶属函数的编辑：参照经济损失隶属函数的编辑，根据表 22-1 设置相关参数，其中 Range 为[0 25]，隶属函数类型为梯形，最后确定人员伤亡的隶属函数，如图 22-8 所示。

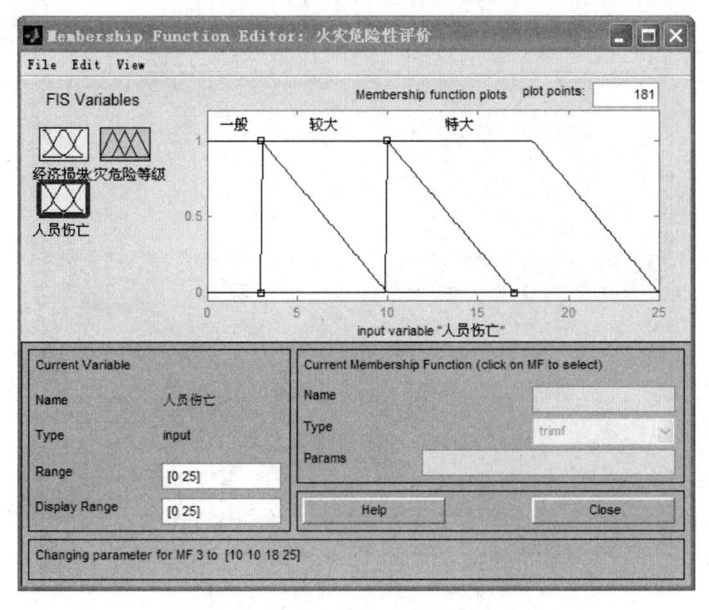

图 22-8　人员伤亡隶属函数

3）输出变量隶属函数的编辑：参照经济损失隶属函数的编辑设置输出变量隶属函数相关参数，其中 Range 为[0.5 5.5]，隶属函数类型为高斯型，“一般”对应的 Params 为[0.2123 1]，“较大”对应的 Params 为[0.2123 2]，“特大”对应的 Params 为[0.2123 3]，最后确定输出变量的隶属函数，如图 22-9 所示。

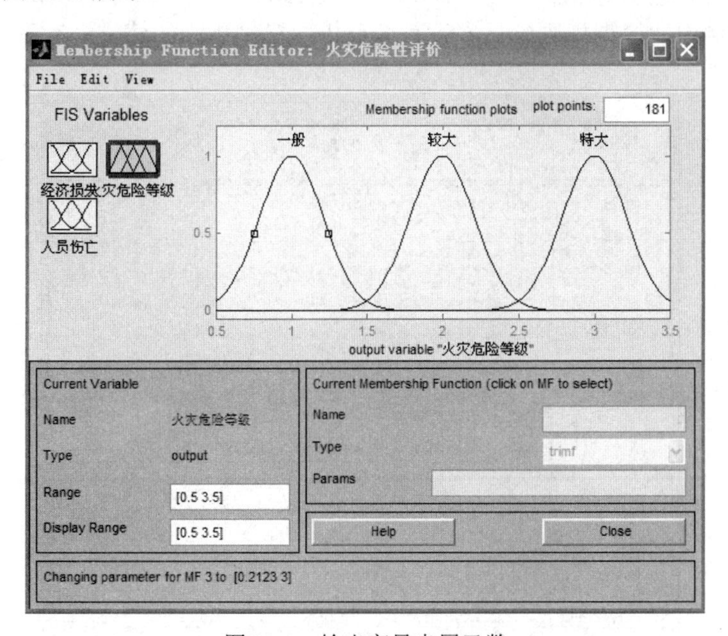

图 22-9　输出变量隶属函数

（3）模糊推理决策算法设计，即根据模糊规则进行模糊推理，并决策出模糊输出量。

双击模糊推理系统编辑器界面中的“火灾危险性评价（mamdan）”或者单击 Edit→Rules 命令，弹出模糊推理规则编辑器，如图 22-10 所示。

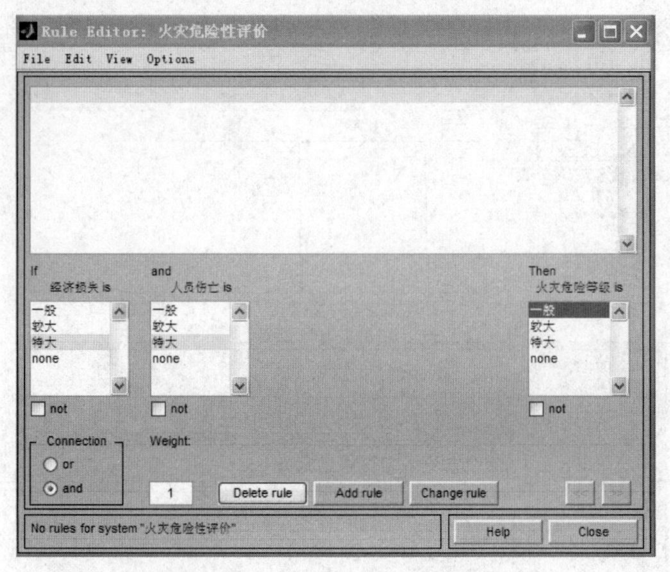

图 22-10　模糊推理规则编辑器

通过模糊推理规则编辑器来设计和修改 If...Then…形式的模糊规则。由该编辑器进行模糊控制规则的设计非常方便，它将输入量各语言变量自动匹配，而设计者只需通过交互式的图形环境选择相应的输出语言变量，这大大简化了规则的设计和修改。另外，还可以为每条规则选择权重，以便进行模糊规则的优化。

在底部的选择框内选择相应的 If…and…Then 规则，单击 Add rule 按钮，上部框内将显示相应的规则。本例中的模糊规则参见本章系统分析中模糊规则的建立，7 条规则依次加入，如图 22-11 所示。

图 22-11　建立模糊规则

（4）对输出模糊量的解模糊。

模糊系统的输出量是一个模糊集合，通过反模糊化方法判决出一个确切的精确量，反模糊化方法很多，我们这里选取重心法，如图 22-12 所示。

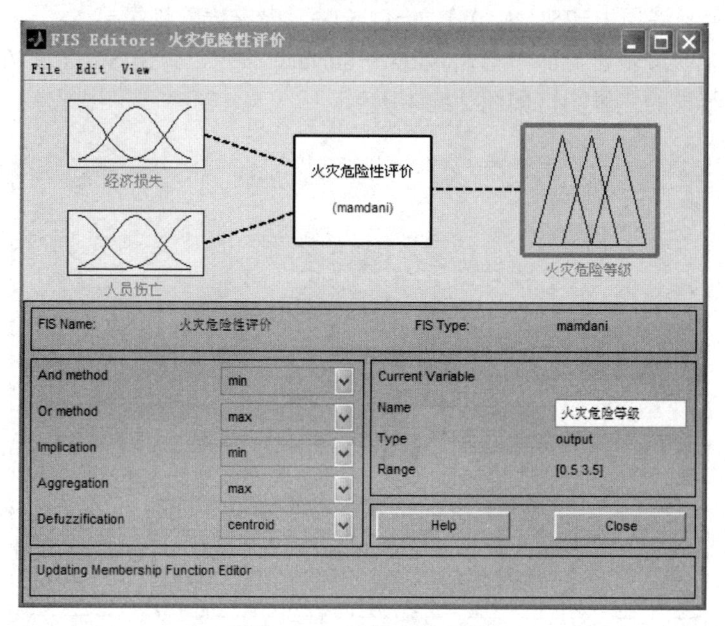

图 22-12　反模糊化方法

（5）仿真结果。

所有规则填入后，在模糊推理系统编辑器界面中单击 View→Rules 命令，弹出模糊规则浏览器（Rule Viewer）界面，如图 22-13 所示。

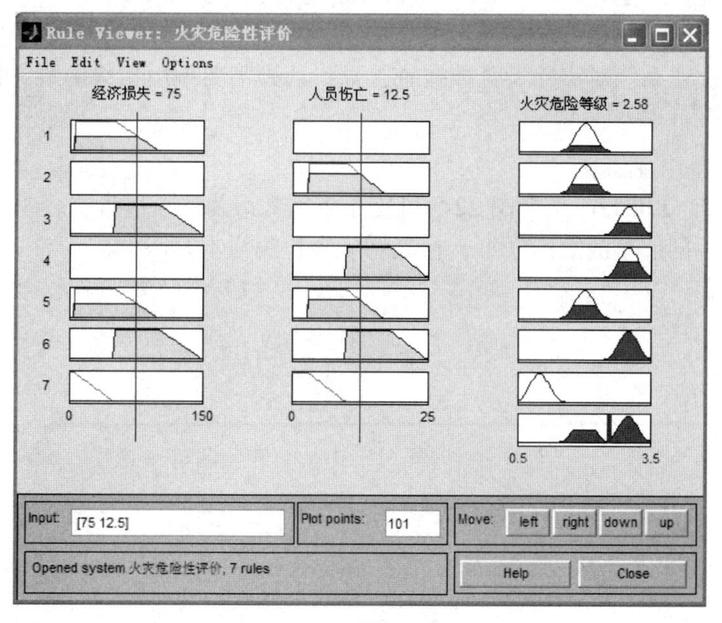

图 22-13　模糊规则浏览器

模糊规则浏览器用于显示各条模糊控制规则对应的输入量和输出量的隶属函数。通过指定输入量，可以直接显示所采用的模糊规则以及通过模糊推理得到相应输出量的全过程，以便对模糊规则进行修改和优化。

图 22-13 表示经济损失=25，人员伤亡=12.5 时，火灾危险等级=2.58。

在模糊推理系统编辑器界面中单击 View→Surface 命令，弹出 Surface Viewer 界面，并显示模糊系统仿真结果的三维图，如图 22-14 所示。

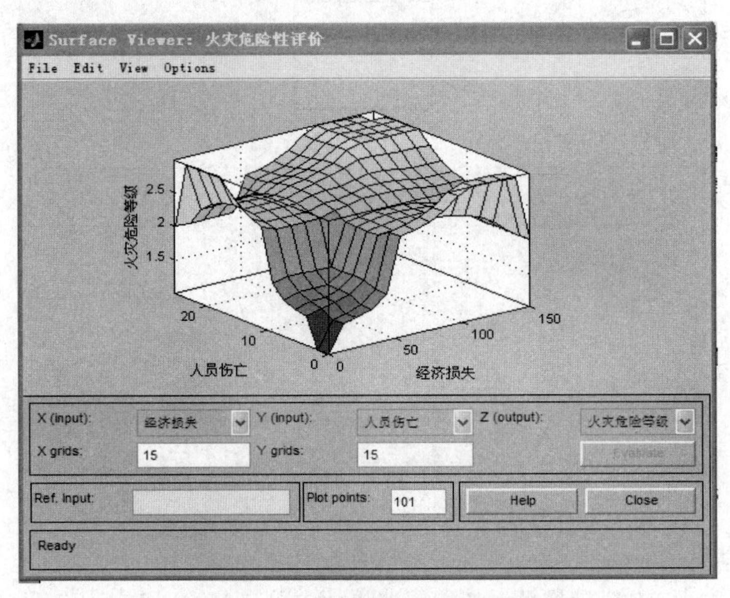

图 22-14　模糊系统仿真结果的三维图

上述系统至此已经建好，单击 File→Export 命令将文件保存到磁盘中。修改时可以用 fuzzy('火灾危险性评价. fis')的格式调出。

如果要使用上述系统对实际调查数据进行评价，则需要调用相关函数文件，形式如下：

```
>> Fis=readfis('火灾危险性评价.fis');
>> MonitorData=[4 2];
>> PJ=evalfis(MonitorData,Fis)
```

运行后得到 PJ=1.0045，结合图 22-9 可见，火灾等级为“一般”。

同样，针对不同的事故数据（每一行表示一个检测样本）：

```
MonitorData=[4 2
            5 3
            6 7
            15 8
            55 15 ]
```

运行结果为：

```
PJ =
1.0045        一般
1.5042        较大
1.6174        较大
1.6873        较大
2.6168        特大
```

（6）模糊工具箱与 Simulink 结合。

1）构建 Simulink 模型。

Simulink 中有一个模糊逻辑工具箱，如图 22-15 所示，利用 Fuzzy Logic Controller 建立如

图 22-16 所示的 Simulink 模型，模型名为火灾.mdl，模型输入有两个：经济损失和人员伤亡，输出为火灾危险等级。

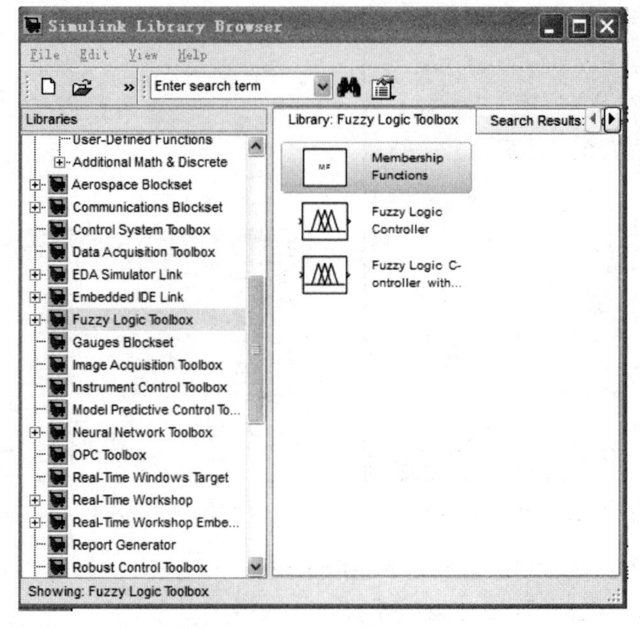

图 22-15 模糊逻辑工具箱

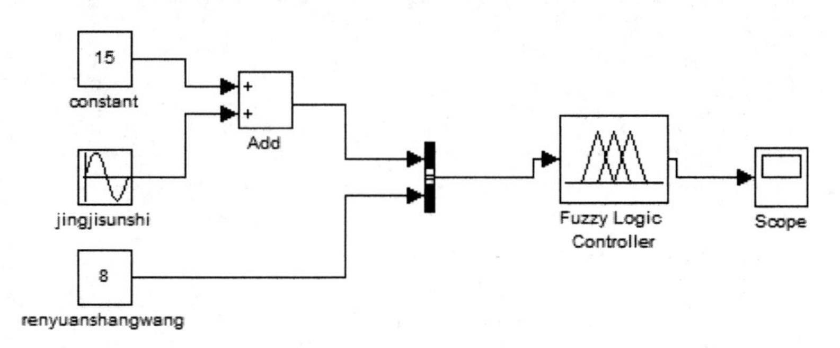

图 22-16 Simulink 模型

2）模块参数设置。

- Constant 模块：双击该模块，根据图 22-16 Constant 模块中显示的值在弹出的参数对话框中设定 Constant value。图中 Constant 从上到下依次为：15 表示经济损失按 15+Asin(wt)，8 表示人员伤亡数。
- Sine Wave 模块：双击该模块，弹出如图 22-17 所示的参数对话框，设定幅值为 50，频率为 1。
- Fuzzy Logic Controller 参数设置：双击 Fuzzy Logic Controller，弹出如图 22-18 所示的参数设置对话框。在用这个控制器之前，需要用 readfis 指令将“火灾危险性评价.fis”文件加载到 Matlab 的工作空间，如 myFLC=readfis('fuzzy1.fis')，这样就创建了一个叫 myFLC 的结构体到工作空间，并在 Fuzzy Logic Controller 中设置 FIS file or structure 为 myFLC。

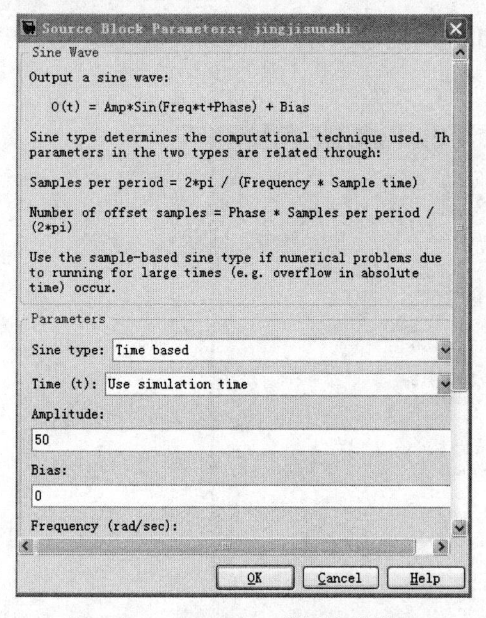

图 22-17　Sine Wave 模块参数设置

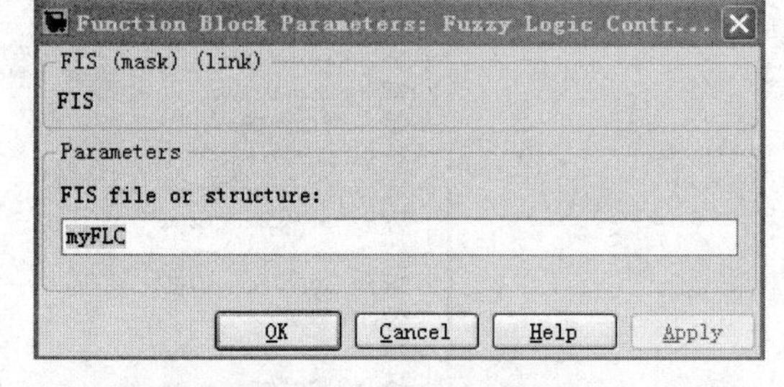

图 22-18　Fuzzy Logic Controller 参数设置

3）仿真参数设置：执行 Simulation→onfiguration Parameters 命令，打开仿真参数设置对话框，设置 Stop time 为 25，如图 22-19 所示。

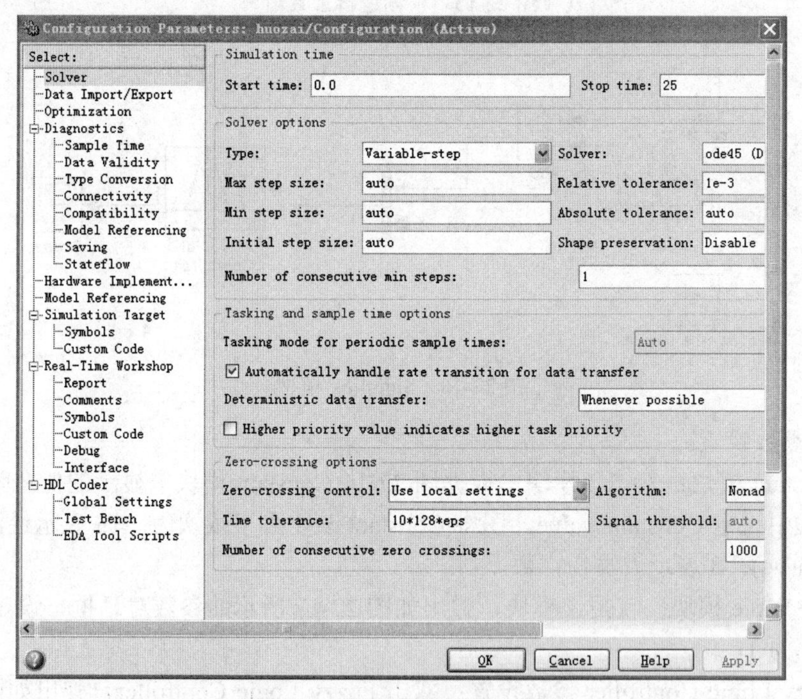

图 22-19　仿真参数设置对话框

4）仿真运行：单击模型窗口中的“仿真启动”按钮▶仿真运行，运行结束后示波器显示结果如图 22-20 所示。该结果表示经济损失为 15+50sin(t)规律变化、人员伤亡为 8 时的火灾危险性变化趋势。

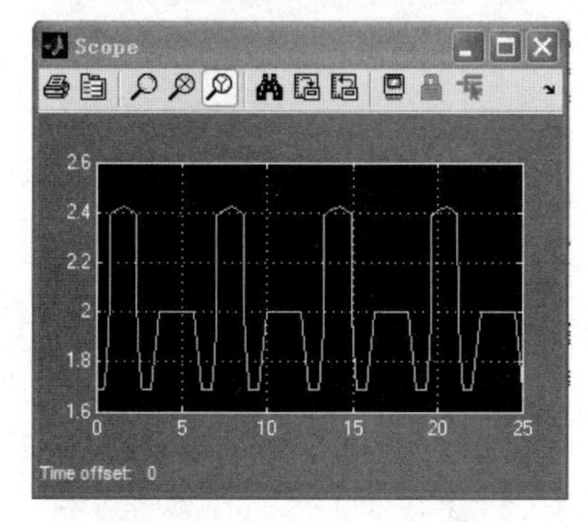

图 22-20　示波器显示结果

22.4　仿真结果分析

本章通过用模糊推理法对火灾危险性等级评价进行建模，建立了模糊规则，并用 Matlab 模糊工具箱进行了实现，结果达到了预定的目的，实现过程表明本方法可以用于火灾危险等级的定量化评价，且方法较简单，较易推广。

对于火灾风险的评价，常常要涉及多个指标，这时就要根据这多个因素对事物进行综合评价，而不能只从某个因素的情况去评价火灾等级。模糊推理方法从多个角度对火灾风险进行评价，最终得到对火灾危险等级的一个综合评价，达到较好的效果。

22.5　小结

本章介绍了火灾危险性研究方法的现状，分析了火灾危险性综合评价系统隶属函数的选择及模糊规则的建立，并利用 Matlab 中的模糊工具箱（Fuzzy Toolbox）对火灾危险性综合评价系统进行了建模仿真。通过本章的学习，读者应该做到以下几点：

（1）了解火灾危险性综合评价方法的研究现状。

（2）了解火灾危险性综合评价系统隶属函数的选择及模糊规则的建立。

（3）掌握模糊工具箱及其实现火灾危险性分级系统评价的过程与步骤。

（4）掌握 Simulink 中模糊工具箱的使用，将 Simulink 与 Fuzzy Toolbox 结合使用。

（5）学会举一反三，利用模糊工具箱能够解决类似的系统评价问题。

22.6　上机实习

常见隶属函数的类型有 Z 形、反 Z 形、三角形、S 形、梯形、钟形、高斯形等。本章系统输入所选用的是梯形隶属函数，读者可根据情况将输入改用三角形隶属函数重新对火灾危险性综合评价系统进行评价，并比较其与梯形隶属函数评价的差别。

23 管理系统的建模与仿真

库存系统是管理系统中最普遍的一种，在库存系统中要通过比较确定各种订货策略的优劣，即根据不同的需求情况确定何时订货和订多少货为宜。订货评价策略的优劣一般采用费用高低来衡量，所考虑的费用包括订货费、库存费和缺货损失费等。本章将利用 Simulink 中的 Clock 模块、Derivative 模块、Gain 模块、Divide 模块、Product 模块等对库存系统订货策略的优劣进行仿真，以便确定最优的订货策略。

本章主要内容：

- 介绍库存系统仿真的必要性及其评价策略。
- 分析对库存系统研究的内容并建立数学模型。
- 详细介绍库存系统的仿真步骤及结果分析。

23.1 概述

商场在经营中必须库存一定数量的商品，以满足销售的需要。过去企业在进行库存管理时由于相互之间缺乏必要的信息交流，往往依靠预测来安排生产，但是预测与实际经常存在着差距，这在货物需求上表现为库存不足或库存过剩；在仓库能力上表现为仓库空间紧缺不能满足存货需求或仓库容量太大储能大量浪费；在设备的使用上导致有的设备超负荷工作，而有的设备长年闲置等。这种传统的交易习惯有时会造成大量设施和资本的浪费，增加了企业的运作成本，占用大量流动资金，有时又使得企业不能满足客户需求，丧失盈利机会。

为了减少预测与实际经常存在的差距所造成的损失，最大限度地降低成本，必须制定合理的库存管理策略。通常，企业在制定出一项库存管理策略后，很难立即对其作出评价，只有实施后才能作出评价，然后再进行修改，如此反复，直到满意为止。这种方法不但浪费时间，而且花费成本也较高。

由于库存系统特别是随机型库存系统随时会受到不确定因素的影响，求解这类复杂的库存系统问题，数学解析方法往往变得无为能力。目前已出现了许多在维护和改进客户服务水平的基础上优化企业库存管理的方法和技术，这其中尤其是计算机仿真技术的发展和应用，将企业的库存管理水平提升到一个新的高度。仿真技术在库存管理中的应用极其广泛，使用仿真技术，可以确定企业何时需要再订货、订多少货；可以确定仓库的选址、布局和容量大小；可以确定各种运输、装卸设备的数量及分配规则；确定货物配送方案等。可以先建立企业库存系统的模型，在此基础上对各种库存管理策略进行仿真，再对仿真结果进行分析评价，从而确定出最优策略。可见使用仿真技术不仅可以动态地模拟入库、出库、库存以及各种设施、资源的使用状况，避免了资金、人力和时间的浪费，最重要的是它可以为库存管理提供有效的科学依据，使得企业能够根据需要正确地掌握入库、出库的时机和数量，合理规划和安排仓库及各类设施、资源，实现库存成本的最小化。

而且系统仿真方法可以在不同的层次上分析不同约束条件和输入下系统的动态响应，并符合人们的思维习惯，有助于系统分析，有利于解决随机因素的影响，因此我们在进行库存系统分析时选择了系统仿真方法。

商场在经营中必须库存一定数量的商品，以满足销售的需要。商家进货要有计划，进货过多，库存量较大，占用的流动资金也越大，库存费增加；进货过少，一方面会增加订货次数而增加采购成本，还会造成因缺货造成利润损失和商场信誉损失而影响收益。在库存系统中要通过比较确定各种订货策略的优劣，即根据不同的需求情况确定何时订货和订多少货为宜。订货评价策略的优劣一般采用费用高低来衡量，所考虑的费用包括订货费、库存费和缺货损失费等。本章就商场经营者十分关心的库存量问题，以商品库存总费用最小为目标，根据随机型库存系统的特点，建立了商品库存模型，并通过计算机仿真获得最优订货点和最优订货批量，寻找最佳进货方案，为合理进货提供依据。

23.2　系统分析与建模

应用系统仿真技术，主要在以下几个方面对库存系统进行研究：

（1）库存系统的规划设计与可靠性分析。在系统规划设计后，通过对规划设计的系统模型进行仿真分析对规划方案的优劣做出评价，及时进行调整和修改，减少系统实施的风险。

（2）物料库存的控制。通过对物流系统各个环节的库存系统状态进行仿真，动态地模拟出入库、出库及库存水平的实际状况，有利于实现库存系统的合理控制，科学地掌握入库和出库的时机与数量。

（3）库存成本的评估。库存系统的流程是一个复杂的动态过程，系统仿真技术通过对整个库存过程的模拟准确便捷地计算出库存系统的成本，同时也可以建立起库存成本控制与物流规划、库存管理与运输策略之间的联系。我们通过对国内著名企业的调研与分析，针对目前制造企业库存控制存在的主要问题制定了库存系统仿真的目标，设计了库存系统仿真软件的总体方案与模块结构，开发研制了库存系统仿真软件的基本模块，运用设计开发的仿真软件分别对库存结构优化和库存策略优化两个实际案例进行仿真，得到了较满意的结果。

针对需求与订货的规律，库存系统有确定型和随机型两种形式。在确定型库存系统中，其相关参数如需求量和提前订货时间等均被认作为已知、确定的值，而且在相当长的时间内稳定不变。因此在应用中，如果所考虑参数的波动性不大，就可以按确定型库存系统进行分析、建模。下面只对确定型库存系统建立模型，以满足大众读者的需求，降低难度。

配件厂为装配线生产若干种产品，轮换产品时因更换设备要付生产准备费，产量大于需求时要付贮存费。该厂生产能力非常大，即所需数量可在很短时间内产出。已知某产品日需求量 100 件，生产准备费 5000 元，贮存费每日每件 1 元。试安排该产品的生产计划，即多少天生产一次（生产周期）、每次产量多少，使总费用最小。要求不只是回答问题，而且要建立生产周期、产量与需求量、准备费、贮存费之间的关系。

1. 模型假设

（1）产品每天的需求量为常数 r。

（2）每次生产准备费为 c_1，每天每件产品贮存费为 c_2。

（3）T 天生产一次（周期），每次生产 Q 件，当贮存量为 0 时，Q 件产品立即到来（生产时间不计）。

（4）为方便起见，时间和产量都作为连续量处理。

2. 模型建立

离散问题连续化（如图 23-1 所示）：贮存量表示为时间的函数 q(t)，t=0 生产 Q 件，q(t) 以需求速度 r 递减，且 q(T)=0，则：

$$Q=rT \tag{23-1}$$

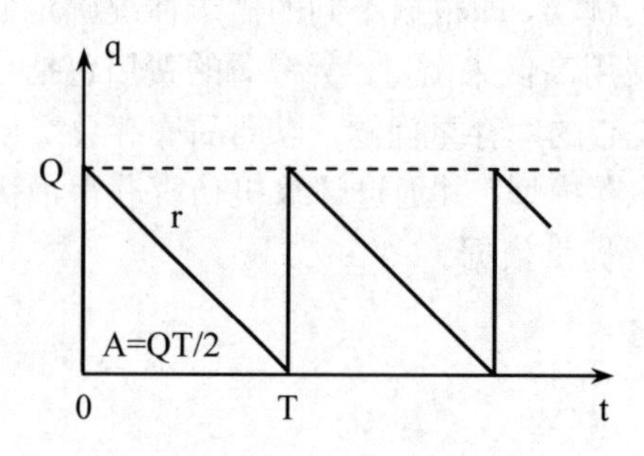

图 23-1　离散问题连续化

一周期贮存费：

$$c_2\int_0^T q(t)dt = c_2 A \tag{23-2}$$

一周期总费用：

$$\tilde{C}=c_1 + c_2\frac{Q}{2}T = c_1 + c_2\frac{rT^2}{2} \tag{23-3}$$

每天总费用平均值（目标函数）：

$$C(T)=\frac{\tilde{C}}{T}=\frac{c_1}{T}+\frac{c_2 rT}{2} \tag{23-4}$$

3. 模型求解

求 T 使 $C(T)=\frac{c_1}{T}+\frac{c_2 rT}{2}\to \text{Min}$。

由 $\frac{dC}{dT}=0$ 得：

$$T=\sqrt{\frac{2c_1}{rc_2}} \qquad Q=rT=\sqrt{\frac{2c_1 r}{c_2}} \tag{23-5}$$

23.3　实现与结果分析

（1）构建 Simulink 模型。

由模型的假设可知，c_1、c_2、r 已知，求 T、Q 使每天总费用的平均值最小。构建 Simulink 模型，如图 23-2 所示模型名为 kucun.mdl。数学模型中的式（23-4）由 Clock 模块、Derivative 模块、Gain 模块、Divide 模块、Product 模块等实现，最后结果用两个示波器（Scope、Scope1）对比显示，直观地得出模型的最优解。

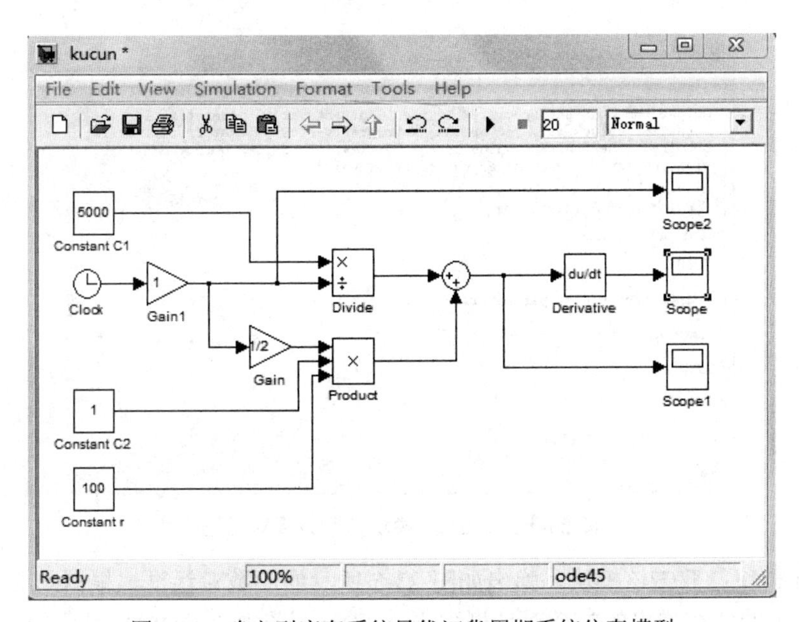

图 23-2　确定型库存系统最优订货周期系统仿真模型

构建模型时如果需要模块旋转可以执行如下操作：选中模块后右击并选择 Format→Rotate Block 命令，可以选择 Clockwise（顺时针旋转 90°）或 Counterclockwise（逆时针旋转 90°）；还可以选中模块后右击并选择 Format→Flip block 命令（旋转 180°）。

（2）模块参数设置。

图 23-2 中模块参数的设置如下：

- Clock 模块：双击该模块，弹出如图 23-3 所示的参数对话框。本仿真模型利用软件提供的仿真时间作为本模型的进货周期所取的值，若选中 Display time 复选项则用 Display time 来代替原来的时钟像即由图像 Clock 变成图像 10 Clock，由此图像可形象地知道仿真所用的总时间为 10s。Decimation 参数用来设置仿真的单位时间的时间增量，例如设为 1000，则单位时间增量为 1ms，在此设为 10 即可。
- Constant 模块：双击该模块，弹出如图 23-4 所示的参数对话框。根据图 23-2 中 Constant 模块显示的值在弹出的参数对话框中设定 Constant value。图中 Constant 模块显示的值：5000 表示每次生产准备费 c_1 的设定值，1 表示每天每件产品贮存费 c_2 的设定值，100 表示产品每天的需求量 r 的设定值。

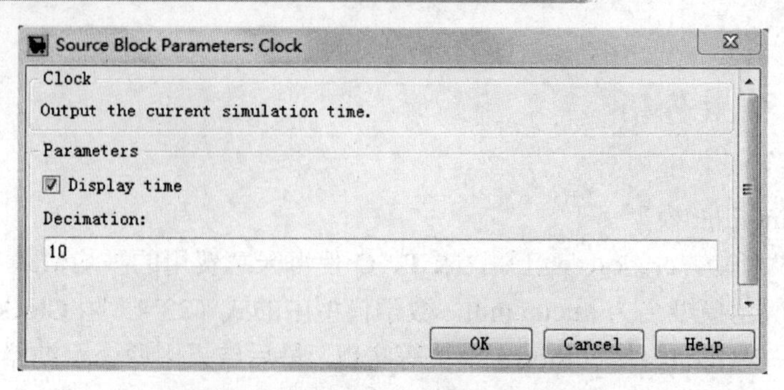

图 23-3 Clock 模块参数设置对话框

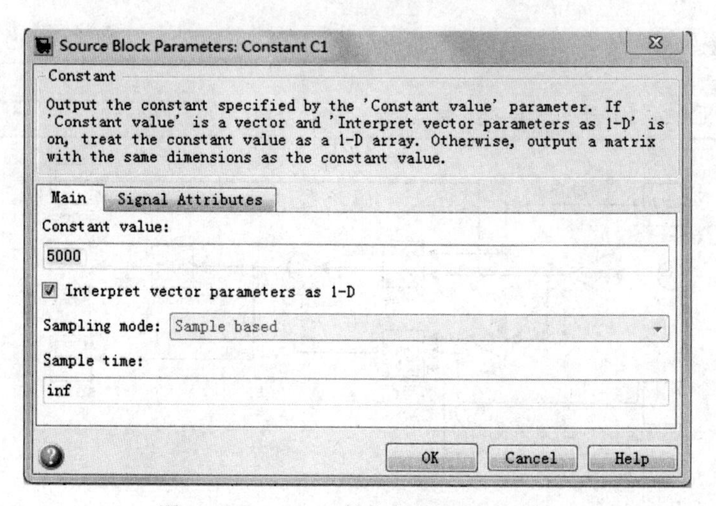

图 23-4 Constant 模块参数设置对话框

- Gain 模块：双击该模块，弹出如图 23-5 所示的参数对话框。根据图 23-2 中 Gain 模块显示的值在弹出的参数对话框中设定 Gain。图中 Gain 模块显示的值：1/2 表示式（23-4）所示的系数；2 表示没有实际含义，由于仿真所用的总时间为 10s，有可能会小于订货的最小周期，因此设置此模块以设定仿真时间的范围，也可以通过 Simulation→Configuration Parameters 直接设置仿真停止时间。

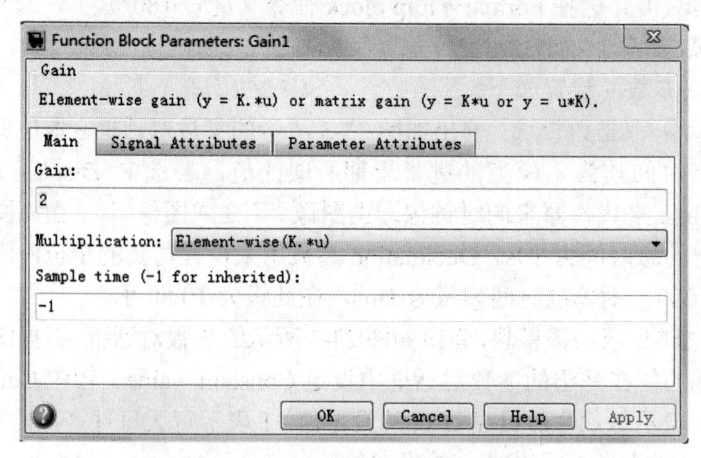

图 23-5 Gain 模块参数设置对话框

- Divide 模块：双击该模块，弹出如图 23-6 所示的参数对话框，设定 Number of inputs 为“*/”，表示输入参数的运算关系（由式（23-4）确定）。

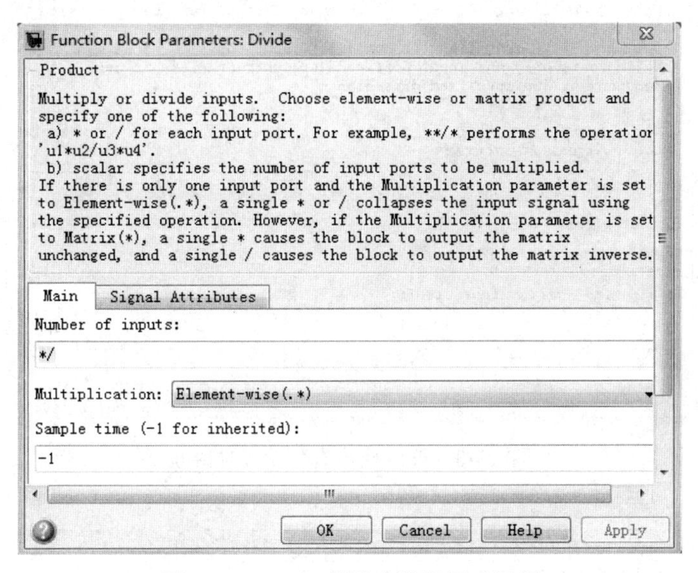

图 23-6　Divide 模块参数设置对话框

- Product 模块：双击该模块，弹出如图 23-7 所示的参数对话框，设定 Number of inputs 为 3，表示输入端口为 3 个（由图 23-2 可得输入端需要 3 个）。

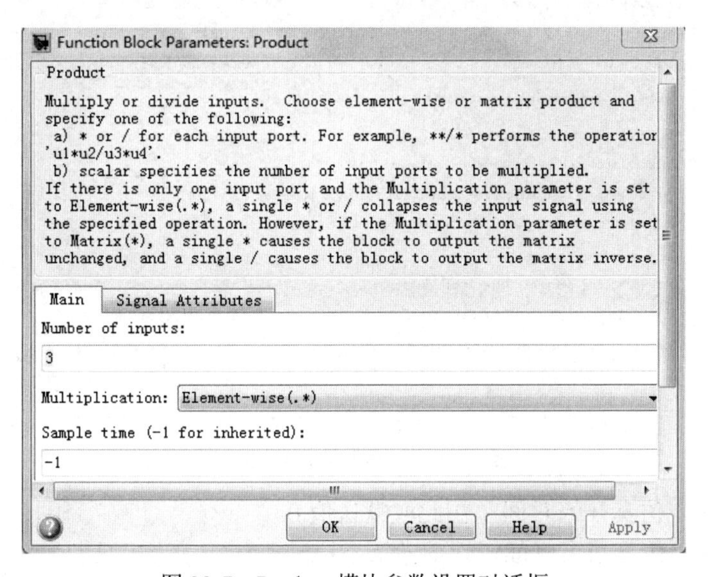

图 23-7　Product 模块参数设置对话框

- Sum 模块：双击该模块，弹出如图 23-8 所示的参数对话框，设定 List of signs 为|++，表示输入参数为相加关系（由式（23-4）确定）。

（3）仿真参数设置。

设置仿真时间：执行 Simulation→Configuration Parameters 命令，打开仿真参数设置对话框，设置 Stop time 为 20，如图 23-9 所示。

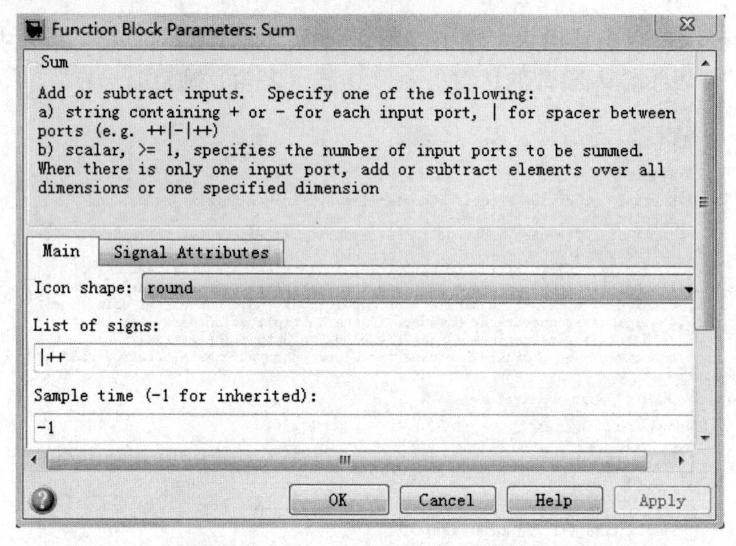

图 23-8　Sum 模块参数设置对话框

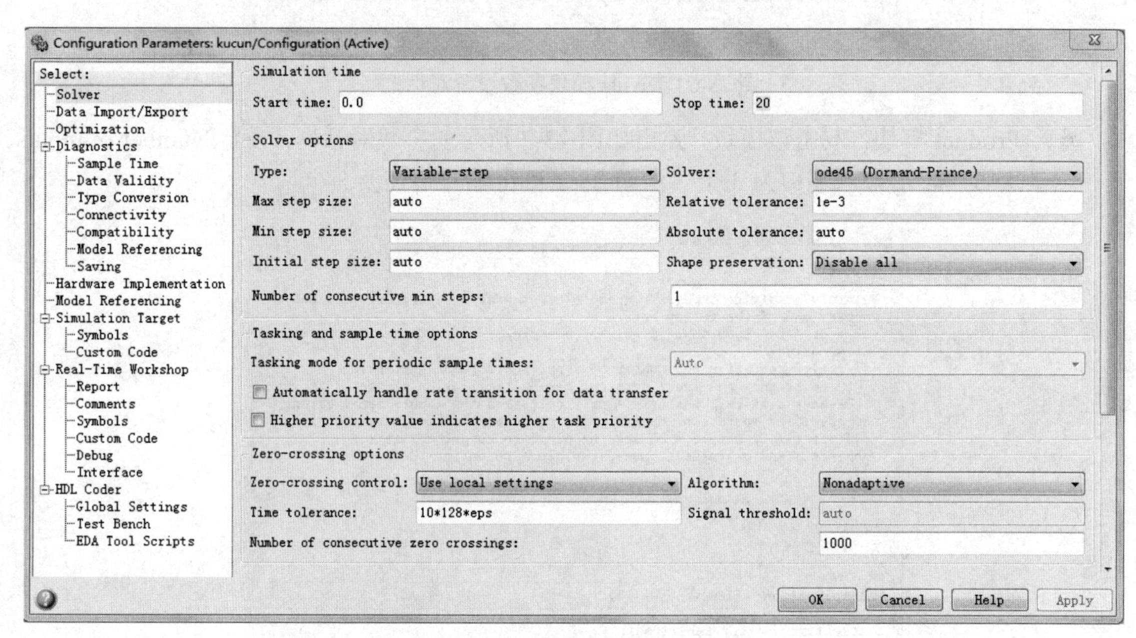

图 23-9　仿真参数设置对话框

- Start time：仿真开始时间，在此取默认值 0。
- Stop time：仿真结束时间，在此改为 20。
- Type：是否固定步长，在此接受默认选项 Variable-step。
- Solver：计算方法，在此取默认 ode45 求解器。
- Max step size 和 Min step size：变步长的最大值和最小值，在此取默认值。
- Relative tolerance 和 Absolute tolerance：相对误差和绝对误差，在此取默认值。
- Initial step size：初始步长大小，在此取默认值。
- Zero crossing control：取默认值。

（4）仿真运行。

单击模型窗口中的“仿真启动”按钮 ▸ 仿真运行，运行结束后示波器显示结果如图 23-10 至图 23-12 所示。

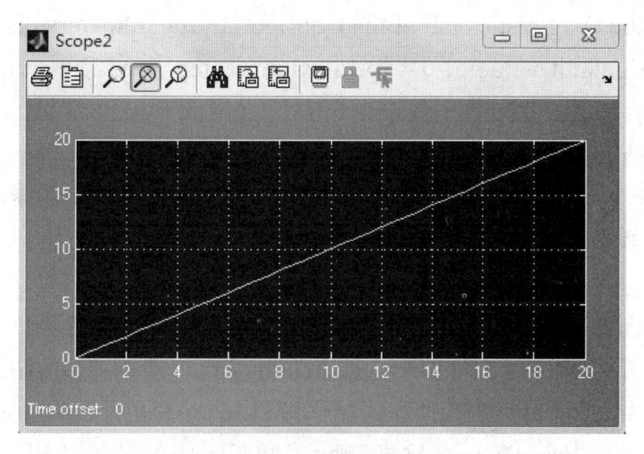

图 23-10　仿真时间波形

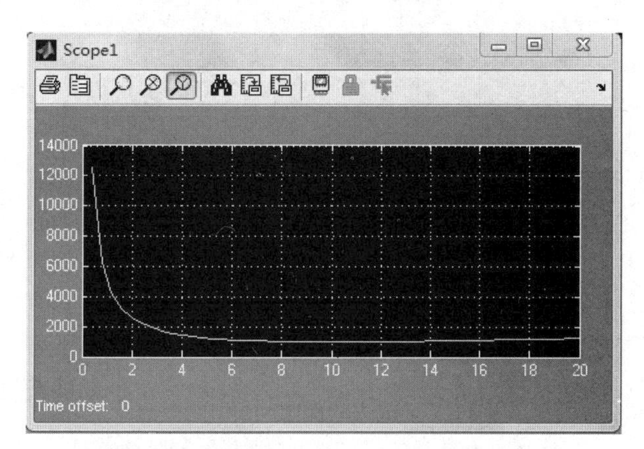

图 23-11　每天总费用平均值 C(T)的波形

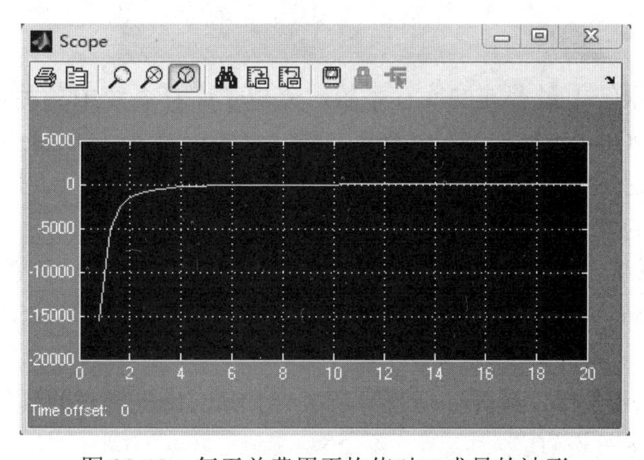

图 23-12　每天总费用平均值对 T 求导的波形

说明：仿真结束后，命令窗口中会出现如下警告：“Warning: The model 'kucun' does not have continuous states, hence Simulink is usingthe solver 'VariableStepDiscrete' instead of solver 'ode45'. You can disable thisdiagnostic by explicitly specifying a discrete solver in the solver tab of theConfiguration Parameters dialog, or by setting the 'Automatic solver parameterselection' diagnostic to 'none' in the Diagnostics tab of the Configuration Parameters dialog

Warning: Using a default value of 0.4 for maximum step size. The simulation stepsize will be equal to or less than this value. You can disable this diagnostic bysetting 'Automatic solverparameter selection' diagnostic to 'none' in theDiagnostics page of the configuration parameters dialog

Warning: Division by zero in 'kucun/Divide'" 此警告并非错误，不影响仿真结果。具体原因及解决办法详见第 8 章中仿真运行下的说明。

（5）仿真结果分析。

由模型求解可得图 23-12，每天总费用的平均值对时间 T 求导得 0 时即为模型的最优解，取得最优解的时间 T 所对应的图 23-11 所示的值即为每天总费用平均值的最小值。放大图 23-12 中的图形，如图 23-13 所示，可清楚地看到最优解即最优订货周期为 10s，转换成实际天数即为 10 天。由图形可以直观地判断订货周期和此周期所对应的平均费用。

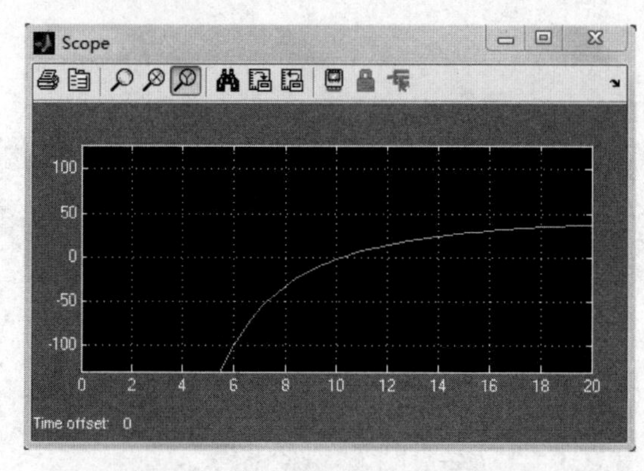

图 23-13 放大的图 23-12 中的图形

23.4 小结

本章介绍了管理系统中最普遍的库存系统，分析了库存系统中各种订货策略的优劣评比，并利用 Simulink 中的 Clock 模块、Derivative 模块、Gain 模块、Divide 模块、Product 模块等对库存系统订货策略的优劣进行仿真，以便于确定最优的订货策略，最后对仿真结果进行了分析和讨论。通过本章的学习，读者应该做到以下几点：

（1）了解库存系统中各种订货策略优劣的评比方法，进而了解管理系统的管理方法。

（2）掌握 Transfer Fcn 模块、Transport Delay 模块、Gain 模块、Switch 模块，能够对这些模块进行参数设置。

（3）掌握 Simulink 仿真的具体过程和步骤，对 Simulink 仿真的具体过程有更深的认识，能够对系统仿真参数进行设置。

（4）学会举一反三，利用 Simulink 能够解决管理系统的问题。

23.5 上机实习

本章讲了确定型库存系统时不允许缺货的存储模型，如图 23-14 所示。若允许缺货，当贮存量降到零时仍有需求 r，出现缺货，造成损失。原模型假设：贮存量降到零时 Q 件立即生产出来（或立即到货）；现假设：允许缺货，每天每件缺货损失费为 c_3，缺货需要补足。要求建立生产周期、产量与需求量、准备费、贮存费之间的关系。

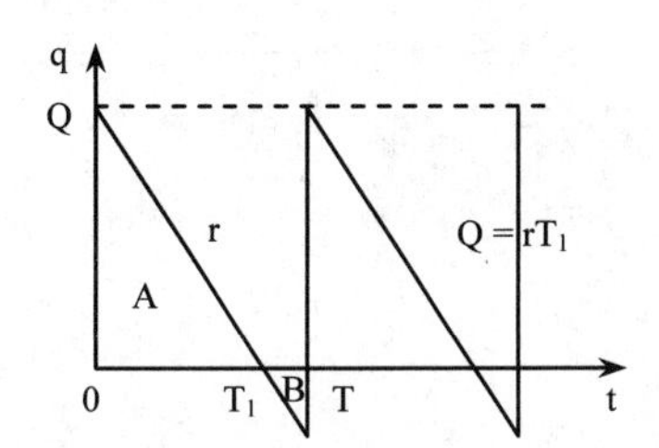

图 23-14 不允许缺货的存储模型

24 金融系统的建模与仿真

人工神经网络是对人类大脑系统一阶特性的一种描述。它是一个数学模型，可以用电子线路来实现，也可以用计算机程序来模拟，是人工智能研究的一种方法。神经网络已经在各个领域中得到应用，实现各种复杂的功能，用来解决常规计算机和人难以解决的问题。

当今随着金融全球化进程的加快，金融风险也在不断积累，对银行的生存与发展提出了严峻的考验。本章将使用人工神经网络对银行风险进行建模，并使用 Matlab 中的人工神经网络对建立的模型进行性能分析，对银行风险定量评价具有一定意义。

本章主要内容：

- 介绍银行风险理论和方法的研究现状。
- 介绍人工神经网络及银行风险系统。
- 详细介绍人工神经网络实现银行风险系统评价的过程与步骤。
- 分析仿真结果。

24.1 概述

随着世界经济一体化、金融全球化进程的加快，金融风险也在不断积累，对银行的生存与发展提出了严峻的考验，进而影响实体经济的发展，造成了大量企业破产，在建立社会主义市场经济和金融体制转轨时期，商业银行的许多问题不断暴露出来。国内学术界针对商业银行风险理论和方法进行了大量深入的研究。据中国期刊网统计显示，张美恋和王秀珍探讨了径向基神经网络（RBF）在商业银行风险预警系统中的应用；杨文泽从资本金、资产质量、管理水平、收益能力和流动性等方面定性地探讨了商业银行的风险评估；邵新宏采用因子分析方法对商业银行的风险进行了分析：王建新和于立勇从信用风险的角度构建了商业银行风险评估模型；李洪梅和卜田定性地分析了商业银行的各种风险及应对策略；毛勇较为系统地提出了我国商业银行风险评价体系构建的思路；卢鸿综述了西方商业银行风险评估方法和技术的演变，以及商业银行风险评估方法和技术的未来发展方向。

在西方发达国家，尽管商业银行的信用风险管理技术已经比较成熟，但也存在着不足，如方法还不够成熟、可使用的工具有待开发、准确性有待进一步提高。本章使用人工神经网络对银行风险进行建模，并使用 Matlab 对建立的模型进行性能分析，对银行风险定量评价具有一定意义。

24.2　系统分析

本章利用人工神经网络对银行风险进行建模，本节将对人工神经网络及银行风险进行简要介绍。

1. 人工神经网络概述

人工神经网络（Artificial Neural Networks）是一种用以模仿人脑神经网络的复杂网络系统，具有高维性、并行分布处理性、自适应性、自组织性、自学习性等优良特性，是生物神经元特性及功能的数学抽象，通常指由大量简单神经元互连而构成的一种计算结构，在某种程度上可以模拟生物神经系统的工作过程，从而具备解决实际问题的能力。

一个完整的神经网络由接收信号的输入层、输出信号的输出层以及用于转换和处理信号的隐含层组成，如图 24-1 所示。

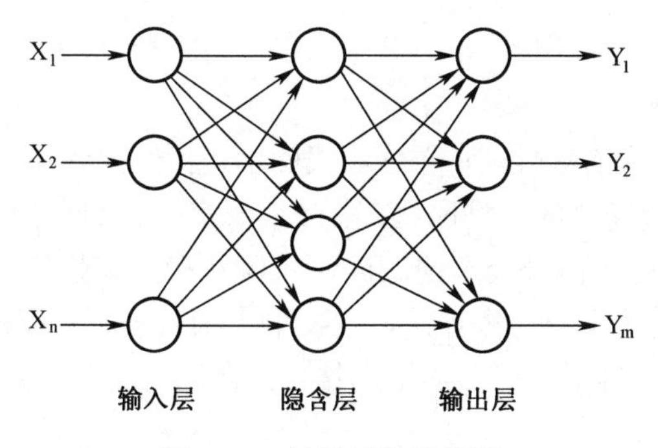

图 24-1　神经网络结构图

对于某一神经元，首先按照连接强度（权重值）完成来自其他神经元的输入信号的累积运算，再将结果通过传递函数变换，最后经阈值函数判断。若输出大于阈值，则神经元被激活，给出输出值，否则不产生输出。目前比较先进的神经元 BP 算法的学习过程包括正向传播和反向传播。在正向传播中，输入的信息从输入层节点传播到隐含层节点，经过作用函数后，隐含层节点的信息继续正向传播到输出层，在输出层经过作用函数，最后输出结果；如果在输出层得不到期望的输出结果，则开始反向传播过程，将误差信号沿原来的连接通道返回，经修改各层神经元的权系数和阈值，使误差信号最小。

在神经网络中，权重值和传递函数是两个非常关键的因素。权重值的物理意义是输入信号的强度，若设计多个神经元，则可理解为神经元之间的连接强度。神经网络中的传递函数一般是单值函数。这样使得神经元运算可逆。其常用的函数名称及基本形状如图 24-2 所示。

人工神经网络的运行分两个阶段：①训练和学习阶段；②预测推广阶段。在训练和学习阶段，向神经网络提供一系列的输入－输出模式，并不断调整节点之间的相互连接权重值，直到特定的输入产生期望的输出，这时学习结束，系统成熟。然后调入新的同类型输入信息，利用训练好的神经网络预测其输出信息。

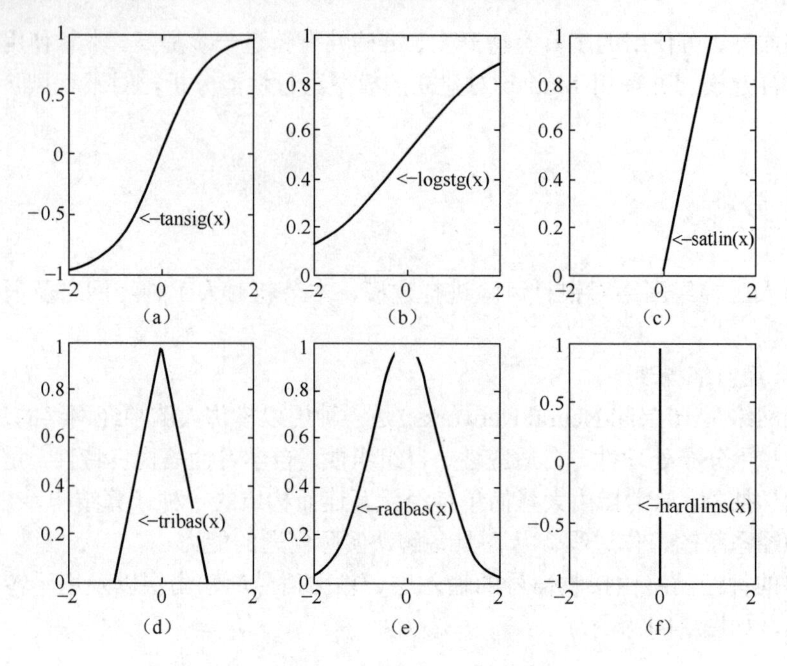

图 24-2　常见传输函数名称及曲线

2. 人工神经网络类型

- 感知器神经网络：具有线性闭值单元组成的单层神经元系统，适合简单的模式分类问题。
- 线性神经网络：最简单的一种网络，由一个或多个神经元组成，其输出可以是任意值，主要用于函数逼近、信号处理的滤波、预测和模式识别等。
- BP 神经网络：采用反向传播算法，主要用于函数逼近、模式识别、分类和数据压缩。
- 径向基神经网络：典型的局部逼近网络，其在逼近能力、分类能力和学习速度方面优于 BP 网络。
- 自组织网络：是具有无导师监督学习、自组织能力的网络，不需要十分理想的输入样本，大大拓展了模式分类的方法。

3. 人工神经网络的特点

（1）学习能力。人工神经网络具有学习能力，通过学习，人工神经网络具有很好的输入一输出映射能力。学习方式可分为：有导师学习（Learning With a Teacher）和无导师学习（Learning Without a Teacher）。

（2）容错性。容错包括空间上的容错、时间上的容错和故障检测。容错性是生物神经网络所具有的特性，靠硬件或软件实现的人工神经网络也具有容错性。由于在人工神经网络中信息存储具有分布特性，这意味着局部的损害会使人工神经网络的运行适度地减弱，但不会产生灾难性的后果。

（3）适应性。人工神经网络具有调整权重值以适应变化的能力，尤其是在特定环境中训练的神经网络能很容易地被再次训练以处理条件的变化，这反映了人工神经网络的适应性。

（4）并行分布处理。采用并行分布处理方法，同时由于计算机硬件的迅猛发展，使得快速进行大量运算成为可能。

（5）仿真软件的逐步完善。人工神经网络仿真软件的逐步完善，将人们从繁琐的编程中解放出来，同时也为人工神经网络在经济领域的应用提供了可能，经济工作者可以利用人工神经网络作为工具，对经济问题进行分析和预测。

4. 银行风险

本章考虑流动性比率、资本充足率、风险权重资产率、逾期贷款率、呆滞贷款率等因素对银行风险评价。结合银行风险因素，所确定的简单评价规则为：If 流动性比率很好（较好、一般、较差、很差）and 资本充足率很好（较好、一般、较差、很差）and 风险权重资产率很好（较好、一般、较差、很差）and 逾期贷款率很好（较好、一般、较差、很差）and 呆滞贷款率很好（较好、一般、较差、很差）and 呆账贷款率很好（较好、一般、较差、很差）and 单个贷款率很好（较好、一般、较差、很差）then 银行风险状况很好（较好、一般、较差、很差）。

银行风险评价分级标准如表 24-1 所示。

表 24-1 银行风险评价分级标准

评价因素	很好	较好	一般	较差	很差
流动性比率值%	35	30	25	20	15
资本充足比率值%	12	10	8	6	4
风险权重资产率%	40	50	60	70	80
逾期贷款率%	6	8	10	12	14
呆滞贷款率%	3	4	5	6	7
呆账贷款率%	1.0	1.5	2	2.5	3.0
单个贷款比率%	11	13	15	17	19
银行风险	1	2	3	4	5

24.3 系统建模与仿真

Matlab 中的人工神经网络工具箱（ANN）具有强大的功能，包括丰富的函数、方便的仿真手段和非常容易操作的 GUI 窗口。应用神经网络解决问题的一般步骤为：分析问题，选用适合的网络类型；建立网络；对网络初始化；对网络进行训练；对网络进行仿真检验；应用网络解决问题。

在 Matlab 中应用神经网络一般有 3 种途径：利用 GUI 窗口、命令行函数（编程）、调用仿真模块。本章使用人工神经网络的 3 种方法对银行风险进行建模，并对建立的模型进行性能分析。

1. 利用 GUI 窗口建模

（1）在命令窗口中输入 nntool 并回车，进入神经网络 GUI 建模窗口，如图 24-3 所示。

（2）单击 New 按钮，进入如图 24-4 所示的界面，单击 Data 选项卡，进入如图 24-5 所示的界面，在 Name 栏中输入 X，在 Value 中输入[35 30 25 20 15；12 10 8 6 4；40 50 60 70 80；6 8 10 12 14；3 4 5 6 7；1.0 1.5 2 2.5 3.0；11 13 15 17 19]，在 Data Type 区域中选择 Inputs 单选

项，单击 Create 按钮，将输入数据添加到网络中。同样输入目标数据 Do=[1 2 3 4 5]，将其添加到网络中，如图 24-5 所示。

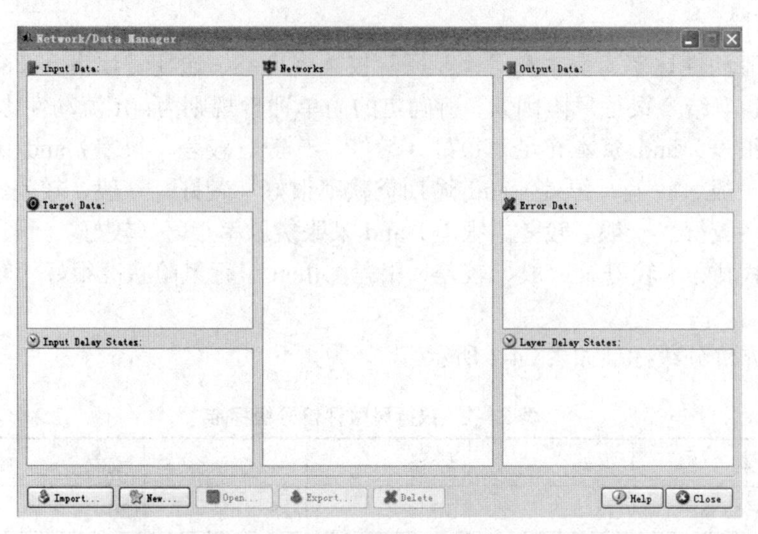

图 24-3　神经网络 GUI 建模窗口

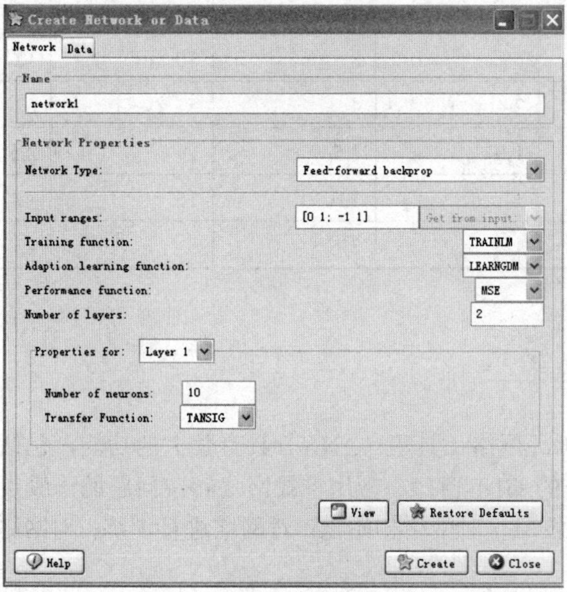

图 24-4　神经网络创建窗口

说明：输入样本数据时，分号应该用英文的，否则会出现图 24-6 所示的提示对话框。

（3）单击图 24-4 中的 Network 选项卡，在 Name 栏中输入 jinrong，选择网络类型（Network Type）为 BP 反馈型网络，输入变量范围（Input ranges）选择 Get from X，训练函数选择 Trainlm，自适应学习函数选择 Learngdm，层数设为 2 层，第一层设 10 个神经元，传递函数（Training function）为 tansig，第二层神经元设为 1，传递函数（Transfer Function）为 purelin，如图 24-7 所示，然后单击右下角的 Create 按钮，完成网络创建。这时在图 24-3 所示窗口的 Networks 区域中出现 jinrong 的神经网络名称，如图 24-8 所示。

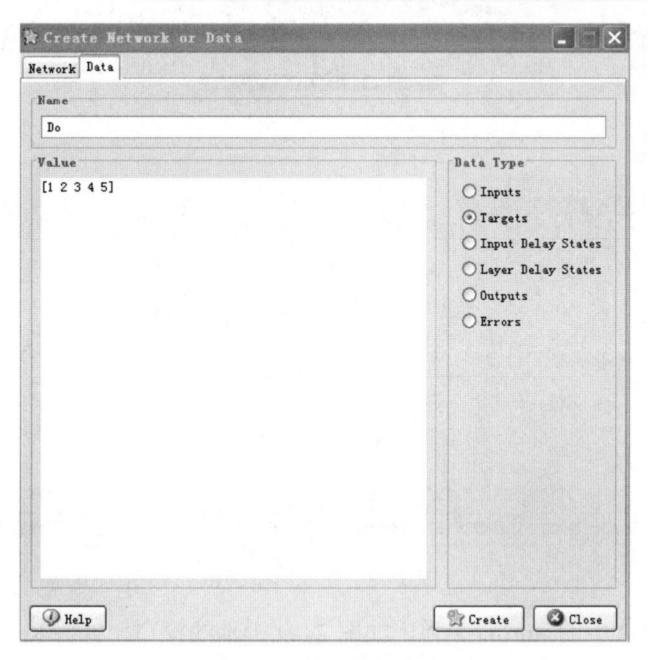

图 24-5　输入目标变量

图 24-6　提示对话框

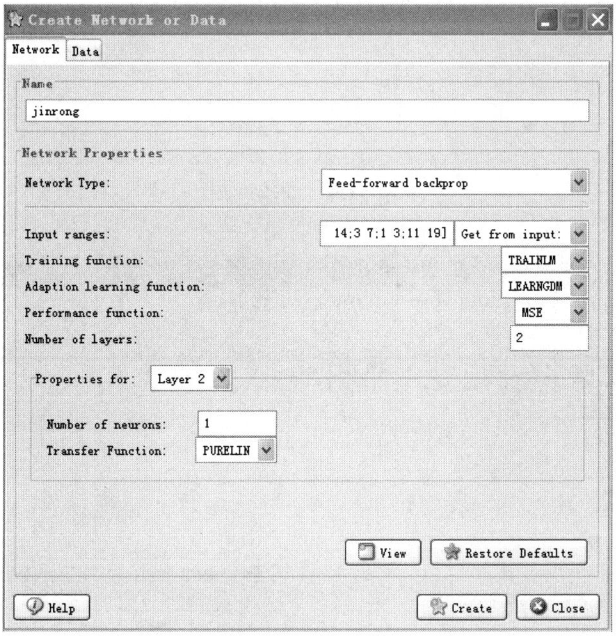

图 24-7　网络设置

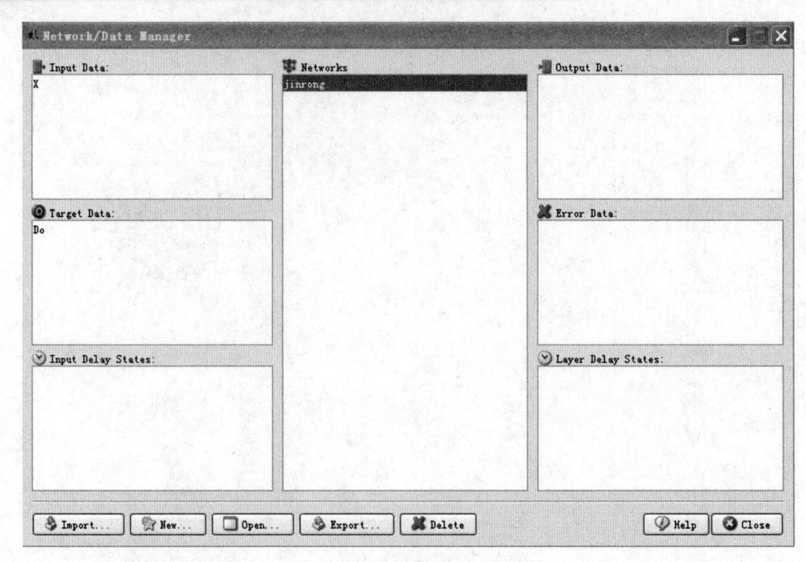

图 24-8　完成网络创建

（4）双击图 24-8 中的 jinrong，弹出如图 24-9 所示的窗口，单击 Reinitialize Weights 选项卡，进入如图 24-10 所示的界面，进行网络初始化。

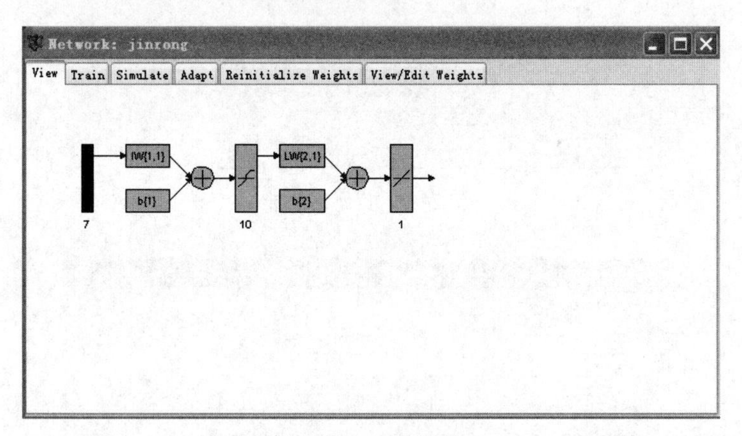

图 24-9　网络结构

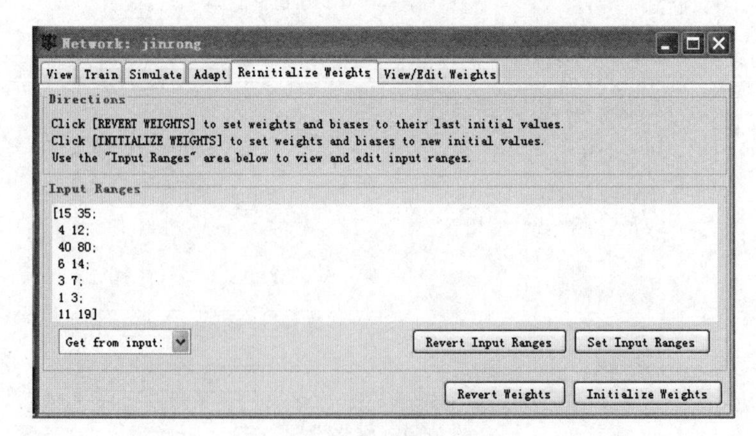

图 24-10　网络初始化

（5）训练网络。单击图 24-10 中的 Train 选项卡，进入图 24-11 所示的界面，进行网络训练，包括设置输入变量、目标变量、输出变量、训练次数、训练精度等，设置如图 24-11 所示，其他设置默认，单击右下角的 Train Network 按钮，得到如图 24-12 所示的训练过程中的误差变化。

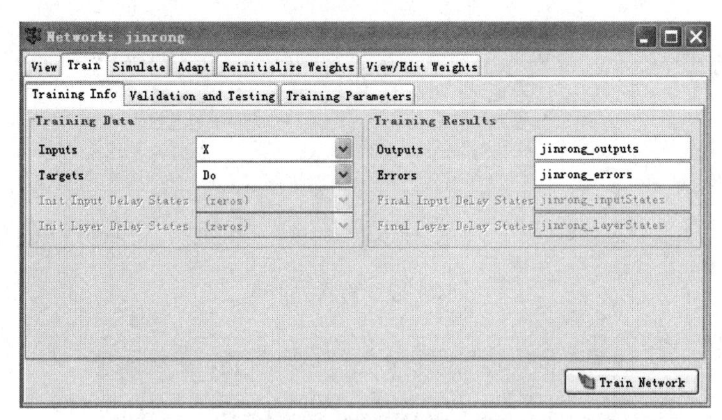

图 24-11　网络训练

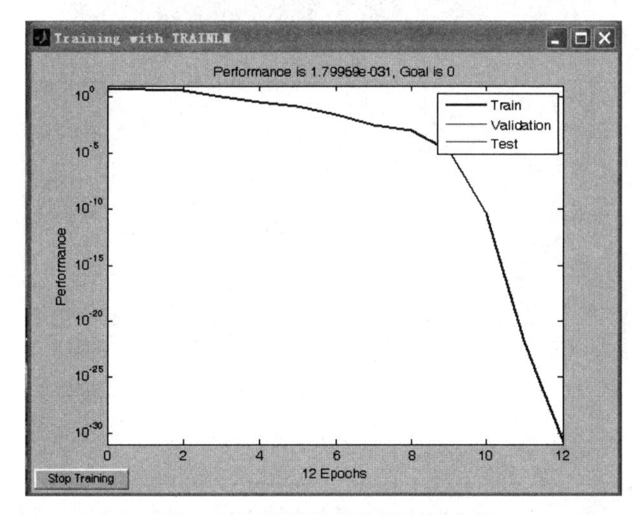

图 24-12　训练过程中的误差变化

（6）进行仿真。单击图 24-11 中的 Simulate 选项卡，进入图 24-13 所示的界面，从中选择输入变量、输出变量后单击右下角的 Simulate Network 按钮，进行仿真。

（7）将仿真结果导出到工作区。单击图 24-8 中的 Export 按钮，弹出如图 24-14 所示的界面，选择相应的变量导出到 Matlab 的工作区间内。

（8）将仿真结果和原来的数据结果对比，观察其模拟性能的好坏。在 Matlab 窗口中输入命令：

```
>> jinrong_outputs
```

得到结果如下：

```
jinrong_outputs =    1.0000    2.0000    3.0000    4.0000    5.0000
```

由以上结果可以看出，通过 Matlab 建立的神经网络模型模拟得到的结果几乎和原始数据完全重合，说明神经网络建模的可靠性。

Network: jinrong

View | Train | Simulate | Adapt | Reinitialize Weights | View/Edit Weights

Simulation Data

Inputs X

Init Input Delay States (zeros)

Init Layer Delay States (zeros)

Supply Targets

Targets Do

Simulation Results

Outputs jinrong_outputs

Final Input Delay States jinrong_inputStates

Final Layer Delay States jinrong_layerStates

Errors jinrong_errors

Simulate Network

图 24-13　仿真界面

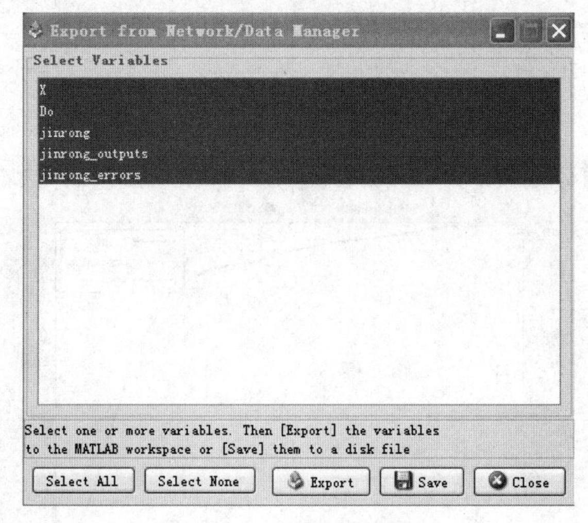

图 24-14　导出变量界面

2. 利用命令行函数建模

```
>>% 定义样本输入数据
X=[35 30 25 20 15;12 10 8 6 4;40 50 60 70 80;6      8 10 12 14;3 4 5 6 7;1.0 1.5 2 2.5 3.0;11 13 15 17 19];
% 定义样本目标数据
Do=[1 2 3 4 5];
%创建一个两层的 BP 网络
%隐含层传递函数'tansig'，神经元个数 10 个
%输出层传递函数'purelin'，神经元个数 1 个
%训练函数'trainlm'
net=newff(minmax (X),[10,1],{'tansig','purelin'},'trainlm');
%设置网络训练参数
net.trainParam.epochs=1000;          %最大训练次数
net.trainParam.goal=1e-6;            %收敛误差
net.trainParam.show=100;             %显示间隔
net.trainParam.lr=0.1;               %学习率设置，应设置较小值，太大虽然会在开始加快收敛速度，
                                     %但临近最佳点时会产生动荡，而致使无法收敛
net.trainParam.mc=0.9;
%训练神经网络
[net,tr]=train(net,X,Do) ;
```

```
%仿真
tout1=sim(net,X);
```

将仿真结果和原来的数据结果对比，观察其模拟性能的好坏。在 Matlab 窗口中输入命令：

```
>> tout1
```

得到结果如下：

```
tout1 =     1.0000     2.0000     3.0000     4.0000     5.0000
```

由以上结果可以看出，通过 Matlab 建立的神经网络模型模拟得到的结果几乎和原始数据完全重合，说明神经网络建模的可靠性。

3. 调用仿真模块建模

对于训练好的网络，在 Matlab 命令窗口中使用 gensim 函数能够对已经在 Matlab 中生成的一个网络模块化，使得用户能够直接在 Simulink 中对模型进行参数设置。

```
gensim(net,st)
```

其中，net 表示神经网络，st 表示样本时间，默认为 1。如果 net 没有输入和相关的延迟，即 net.numInputDelays 和 net.numLayerDelays 均为 0，那么可以设定 st 为-1 来得到一个连续取样的网络。

```
>> % 定义样本输入数据
X=[35 30 25 20 15;12 10 8 6 4;40 50 60 70 80;6     8 10 12 14;3 4 5 6 7;1.0 1.5 2 2.5 3.0;11 13 15 17 19];
% 定义样本目标数据
Do=[1 2 3 4 5];
%创建一个两层的 BP 网络
%隐含层传递函数'tansig'，神经元个数 10 个
%输出层传递函数'purelin'，神经元个数 1 个
%训练函数'trainlm'
net=newff(minmax (X),[10,1],{'tansig','purelin'},'trainlm');
%设置网络训练参数
net.trainParam.epochs=1000;          %最大训练次数
net.trainParam.goal=1e-6;            %收敛误差
net.trainParam.show=100;             %显示间隔
net.trainParam.lr=0.1;               %学习率设置，应设置较小值，太大虽然会在开始加快收敛速度，
                                     %但临近最佳点时会产生动荡，而致使无法收敛

net.trainParam.mc=0.9;
%训练神经网络
[net,tr]=train(net,X,Do) ;
%调用 gensim 函数生成 net 网络的 Simulink 模型
gensim(net,-1)
```

生成的 Simulink 模型如图 24-15 所示，双击 Input 1 模块，设置输入为[35 12 40 6 3 1 11]，如图 24-16 所示，其他设置默认，单击“仿真”按钮，仿真结果如图 24-17 所示。

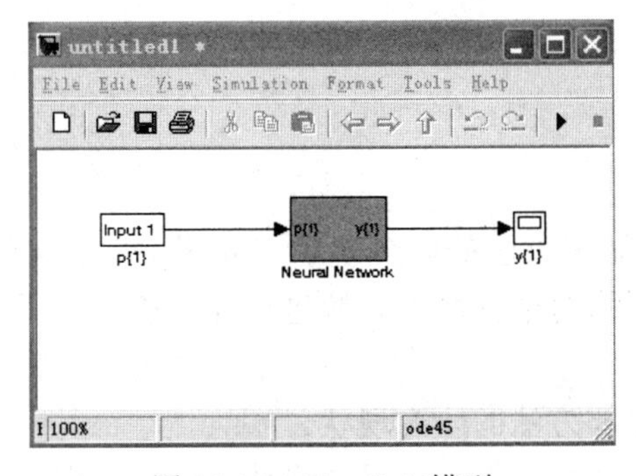

图 24-15 Simulink 模型

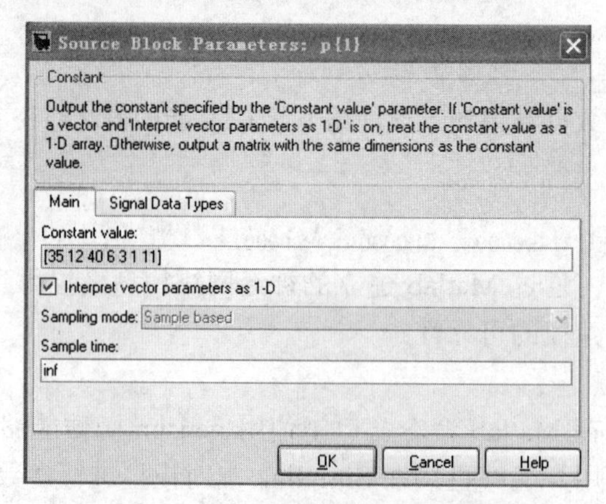

图 24-16 Input 1 模块参数设置

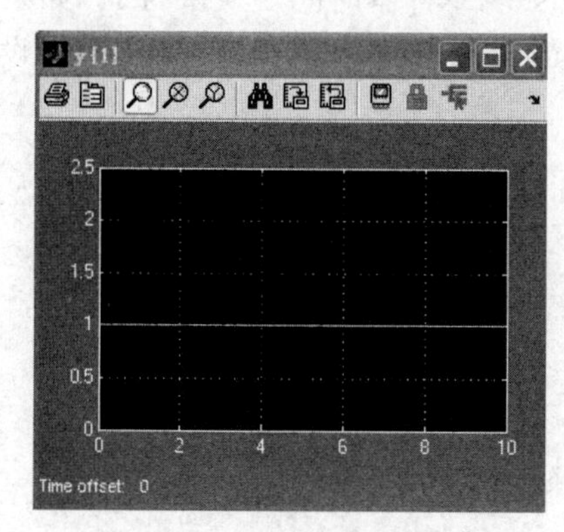

图 24-17 仿真结果

由结果可以看出，通过 Matlab 建立的神经网络模型模拟得到的结果几乎和原始数据完全重合，说明神经网络建模的可靠性。

24.4 仿真结果分析

本章通过人工神经网络对银行风险进行建模，并用 Matlab 实现。由仿真结果可以看出，通过 Matlab 建立的神经网络模型模拟得到的结果几乎和原始数据完全重合，说明神经网络建模的可靠性。神经网络技术具有广泛的应用前景，总体来讲，神经网络具有一些其他方法无法比拟的优点。

24.5 小结

本章介绍了银行风险理论和方法的研究现状，介绍了人工神经网络及银行风险系统，并利用 Matlab 中的人工神经网络对银行风险系统进行建模仿真。通过本章的学习，读者应该做到以下几点：

（1）了解银行风险理论和方法的研究现状。

（2）掌握人工神经网络及其实现银行风险系统评价的过程与步骤。

（3）学会举一反三，利用人工神经网络能够解决类似的系统评价问题。

24.6 上机实习

本章介绍的评价规则过于简单，与实际偏差较大，且输入数据较少，下面建立较复杂的评价规则：

- If 流动性比率很好（较好、一般、较差、很差）and 资本充足率很好（较好、一般、较差、很差）and 风险权重资产率很好（较好、一般、较差、很差）and 逾期贷款率很好（较好、一般、较差、很差）and 呆滞贷款率很好（较好、一般、较差、很差）and 呆账贷款率很好（较好、一般、较差、很差）and 单个贷款率很好（较好、一般、较差、很差）then 银行风险状况很好（较好、一般、较差、很差）。
- If 流动性比率很好 and 资本充足率很好 then 银行风险状况很好。
- If 流动性比率一般（较差、很差）and 资本充足率一般（较差、很差）and 风险权重资产率（逾期贷款率、呆滞贷款率、呆账贷款率、单个贷款率）很好（较好、一般）then 银行风险较好（一般、较差）。

读者可以根据情况利用上述评价规则（第 25 章将利用模糊工具箱结合此规则对银行系统进行分析）对银行风险系统进行建模分析。

25 经济系统的建模与仿真

Matlab 推出的模糊工具箱（Fuzzy Toolbox）为仿真模糊系统提供了很大的方便，通过它我们不需要进行复杂的模糊化、模糊推理及反模糊化运算，只需要设定相应参数，就可以很快得到我们所需要的模糊系统，而且修改也非常方便。

当今随着金融全球化进程的加快，金融风险也在不断积累，对银行的生存与发展提出了严峻的考验。本章将使用模糊推理对银行风险进行建模，并使用 Matlab 中的模糊工具箱（Fuzzy Toolbox）对建立的模型进行性能分析，对银行风险定量评价具有一定意义。

本章主要内容：

- 介绍银行风险理论和方法的研究现状。
- 分析银行风险系统隶属函数的选择及模糊规则的建立。
- 详细介绍模糊工具箱实现银行风险系统评价的过程与步骤。
- 分析银行风险系统评价结果。

25.1 概述

随着世界经济一体化、金融全球化进程的加快，金融风险也在不断积累，对银行的生存与发展提出了严峻的考验，进而影响实体经济的发展，造成了大量企业破产，在建立社会主义市场经济和金融体制转轨时期，商业银行的许多问题不断暴露出来。国内学术界针对商业银行风险理论和方法进行了大量深入的研究。据中国期刊网统计显示，杨文泽从资本金、资产质量、管理水平、收益能力和流动性等方面定性地探讨了商业银行的风险评估；邵新宏采用因子分析方法对商业银行的风险进行了分析：王建新和于立勇从信用风险的角度构建了商业银行风险评估模型；李洪梅和卜田定性地分析了商业银行的各种风险及应对策略；毛勇较为系统地提出了我国商业银行风险评价体系构建的思路；卢鸿综述了西方商业银行风险评估方法和技术的演变，以及商业银行风险评估方法和技术的未来发展方向，但较少提及模糊推理方法在商业银行风险评价中的应用。

在西方发达国家，尽管商业银行的信用风险管理技术已经比较成熟，但也存在着不足，如方法还不够成熟、可使用的工具有待开发、准确性有待进一步提高。模糊评价法综合了诸因素对商业银行风险的影响，作出了一个接近实际的评判，避免了片面性，采取模糊综合评判理论较好地解决了商业银行风险的评价问题，完善了控制和化解商业银行风险的手段，从而确保商业银行资产质量。本章使用模糊推理对银行风险进行建模，并使用 Matlab 中的模糊工具箱对建立的模型进行性能分析，对银行风险定量评价具有一定意义。

25.2　系统分析

使用 Matlab 模糊推理工具箱的主要关键问题是隶属函数的选择和模糊规则的建立。

（1）隶属函数的选择。

若对论域（研究的范围）U 中的任一元素 x，都有一个数 A(x)∈[0,1]与之对应，则称 A 为 U 上的模糊集，A(x)称为 x 对 A 的隶属度。当 x 在 U 中变动时，A(x)就是一个函数，称为 A 的隶属函数，如图 25-1 所示。隶属度 A(x)越接近于 1，表示 x 属于 A 的程度越高；A(x)越接近于 0，表示 x 属于 A 的程度越低。用取值于区间[0,1]的隶属函数 A(x)表征 x 属于 A 的程度高低。隶属度属于模糊评价函数里的概念：模糊综合评价是对受多种因素影响的事物做出全面评价的一种十分有效的多因素决策方法，其特点是评价结果不是绝对的肯定或否定，而是以一个模糊集合来表示。

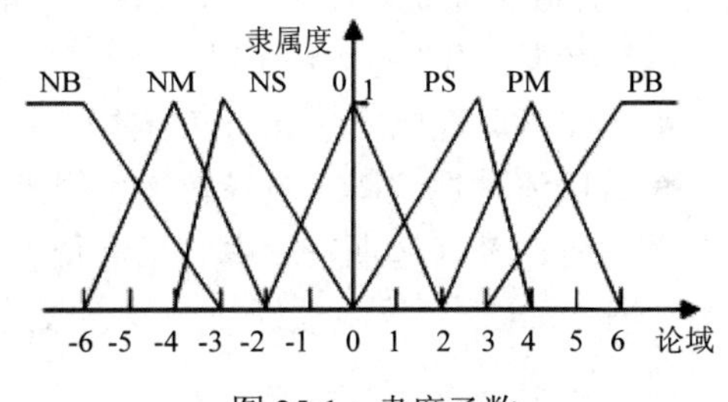

图 25-1　隶度函数

隶属函数可以是任意形状的曲线，取什么形状主要取决于使用是否简单、方便、有效。实际上，隶属函数的概念是普通集合中描述集合元素性质的特征函数概念的推广。隶属函数是精确量和模糊量转化的桥梁，常见的隶属函数的类型有 Z 形、反 Z 形、三角形、S 形、梯形、钟形、高斯形等。隶属函数的形状对系统的稳定性和快速性有很大的影响。曲线形的隶属函数原型是各种概率分布函数，能较好地反映现实情况，可使系统有较好的准确性。而直线形隶属函数和带有平顶的隶属函数，其准确性较差，但在用软件实现时，直线形隶属函数比较简单，并耗费较少的计算时间。本章中所选用的是梯形和高斯形函数，表达式如式（25-1）和式（25-2）所示。

- 梯形隶属函数：该函数有 4 个特征参数 a、b、c、d，数学形式如下：

$$mf(x)=\begin{cases}0 & x\leqslant a\\ \dfrac{x-a}{b-a} & a\leqslant x\leqslant b\\ 1 & b\leqslant x\leqslant c\\ \dfrac{d-x}{d-c} & c\leqslant x\leqslant d\end{cases} \tag{25-1}$$

- 高斯型隶属函数：该函数有两个特征参数 sig、c，数学形式如下：

$$mf(x)=\exp\left[-\frac{(x-c)^2}{2sig^2}\right] \tag{25-2}$$

（2）模糊规则的建立。

若将某事物用 3 个等级表示，则一般对应的物理意义是“很好”、“中等”、“较差”；若分为 5 个等级表示，则可以表示为“很好”、“较好”、“一般”、“较差”、“很差”。一个精确的信息可以通过这样的等级划分进行模糊化处理，这种等级划分实际上就是确定隶属函数的过程。如果划分为 3 个等级，实际上要确定 3 个隶属函数，分别判定某事物隶属于“很好”、“中等”、“较差”的程度；如果划分 5 个等级，就要确定 5 个隶属函数，分别判定某事物隶属于“很好”、“较好”、“一般”、“较差”、“很差”的程度。

在模糊系统中，模糊推理或评价是通过 if…then…规则实现的，if 后面紧跟的是前件（前提条件），then 后面是后件（结论）。

本章考虑流动性比率、资本充足率、风险权重资产率、逾期贷款率、呆滞贷款率等因素对银行风险的评价。

结合银行风险因素，所确定的模糊规则如下：

- If 流动性比率很好（较好、一般、较差、很差）and 资本充足率很好（较好、一般、较差、很差）and 风险权重资产率很好（较好、一般、较差、很差）and 逾期贷款率很好（较好、一般、较差、很差）and 呆滞贷款率很好（较好、一般、较差、很差）and 呆账贷款率很好（较好、一般、较差、很差）and 单个贷款率很好（较好、一般、较差、很差）Then 银行风险状况很好（较好、一般、较差、很差）。
- If 流动性比率很好 and 资本充足率很好 Then 银行风险状况很好。
- If 流动性比率一般（较差、很差）and 资本充足率一般（较差、很差）and 风险权重资产率（逾期贷款率、呆滞贷款率、呆账贷款率、单个贷款率）很好（较好、一般）Then 银行风险较好（一般、较差）。

25.3 系统建模与仿真

（1）确定模糊系统结构，即根据具体的系统确定输入和输出量。

在 Matlab 的命令窗口中输入 fuzzy 命令，弹出模糊推理系统编辑器界面，如图 25-2 所示。

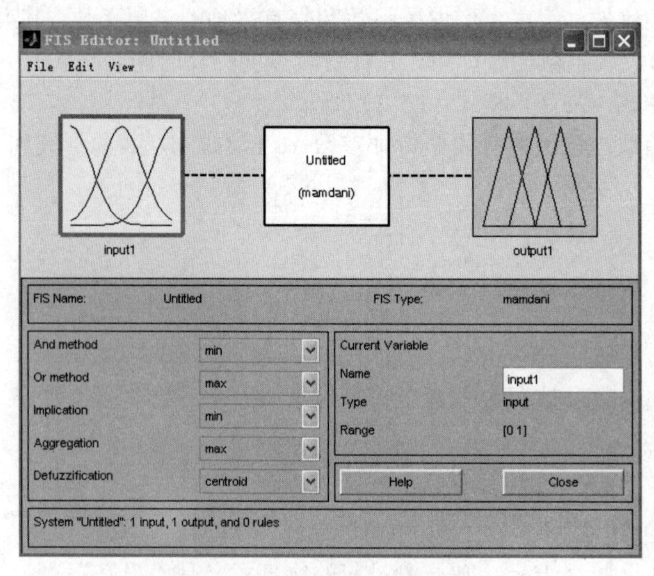

图 25-2 模糊推理系统编辑器

本章考虑流动性比率、资本充足率、风险权重资产率、逾期贷款率、呆滞贷款率、呆账贷款率、单个贷款率对银行风险的评价，所以系统输入有 7 个，系统输出有 1 个。

单击 Edit→Add Variable→Input 命令加入新的输入 Input，如图 25-3 所示，选择 Input（选中为红框），在界面右边的 Name 栏中可以修改相应的输入名称。添加其余 6 个输入，修改输入名称后，模糊系统的结构如图 25-4 所示。

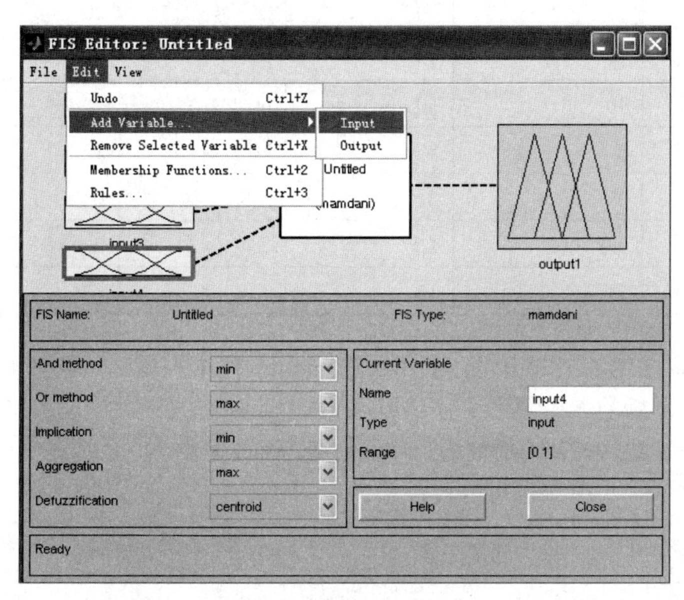

图 25-3　添加输入操作

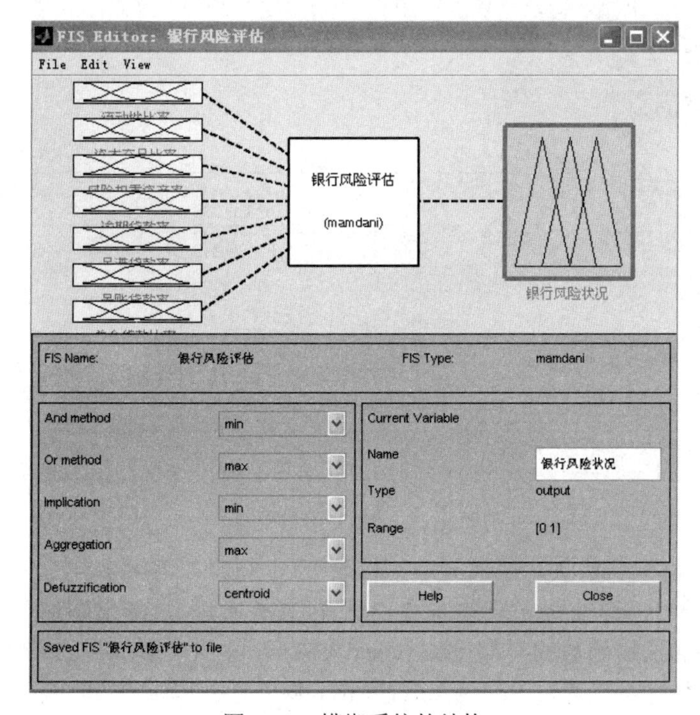

图 25-4　模糊系统的结构

（2）输入输出变量的模糊化，即把输入输出的精确量转化为对应语言变量的模糊集合，亦即选择隶属函数。银行风险评价分级标准如表 25-1 所示。

表 25-1　银行风险评价分级标准

评价因素	很好	较好	一般	较差	很差
流动性比率值%	35	30	25	20	15
资本充足比率值%	12	10	8	6	4
风险权重资产率%	40	50	60	70	80
逾期贷款率%	6	8	10	12	14
呆滞贷款率%	3	4	5	6	7
呆账贷款率%	1.0	1.5	2	2.5	3.0
单个贷款比率%	11	13	15	17	19

1）流动性比率隶属函数的编辑。双击所选 Input，弹出隶属函数编辑器，如图 25-5 所示。该编辑器提供一个友好的人机图形交互环境，用来设计和修改模糊推理系统中各语言变量对应的隶属函数的相关参数，如隶属函数的形状、范围、论域大小等，系统提供的隶属函数有三角、梯形、高斯形、钟形等，用户也可以自行定义。

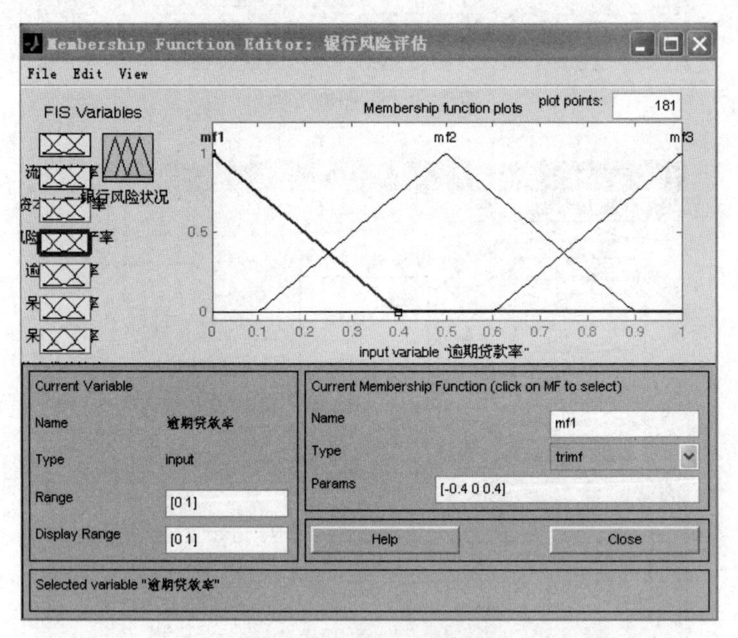

图 25-5　隶属函数编辑器

隶属函数编辑器中默认 3 个隶属函数，由表 25-1 知，评价因素分 5 个等级，隶属函数应有 5 个。单击 Edit→Add Custom MFS 命令（如图 25-6 所示），弹出添加隶属函数窗口，如图 25-7 所示。选择添加隶属函数的类型（MF type）为梯形，添加隶属函数的个数（Number of MFs）为 2。添加隶属函数也可以通过 Edit→Add Custom MF 命令实现，若要删除多余的隶属函数可以通过 Edit→Remove Selected MF 命令实现。

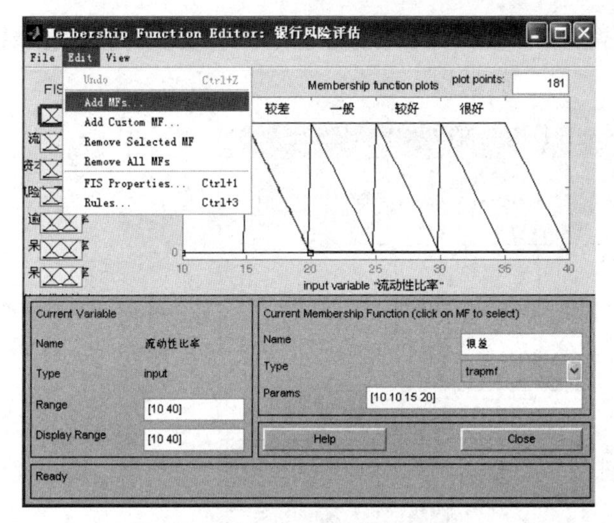

图 25-6 添加隶属函数操作

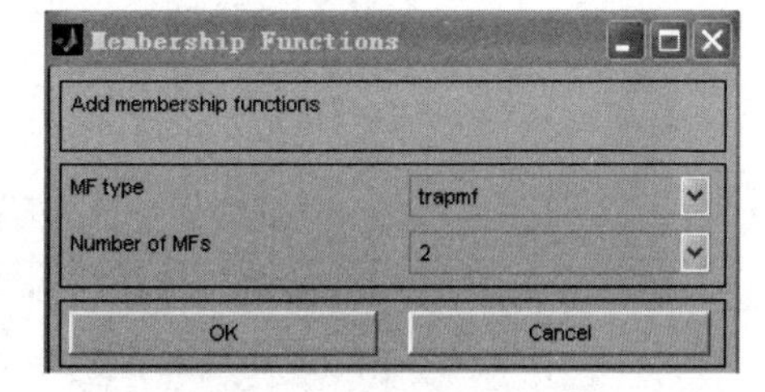

图 25-7 添加隶属函数窗口

添加隶属函数后，在隶属函数编辑器窗口中编辑流动性比率的隶属函数，由表 25-1 知流动性比率的评价等级，流动性比率值从 15 变化到 35，此处 Range 取[10 40]。单击坐标系中的 mf1（系统默认的隶属函数名），此时可以编辑 mf1，在右下角的 Name 栏中修改函数名为“很差”，函数类型（Type）选择梯形（trapmf），在 Params 栏中选择梯形涵盖的区间，填写 4 个值，分别为梯形 4 个端点在横坐标上的值，这些值由设计者确定，根据表 25-1，此处值设为[10 10 15 20]。单击 mf2，在 Name 栏中修改函数名为“较差”，函数类型选择“梯形”，Params 栏中设为[15 15 20 25]。

按照上面的操作依次修改 mf3、mf4、mf5 隶属函数，最后确定流动性比率的隶属函数，如图 25-8 所示。

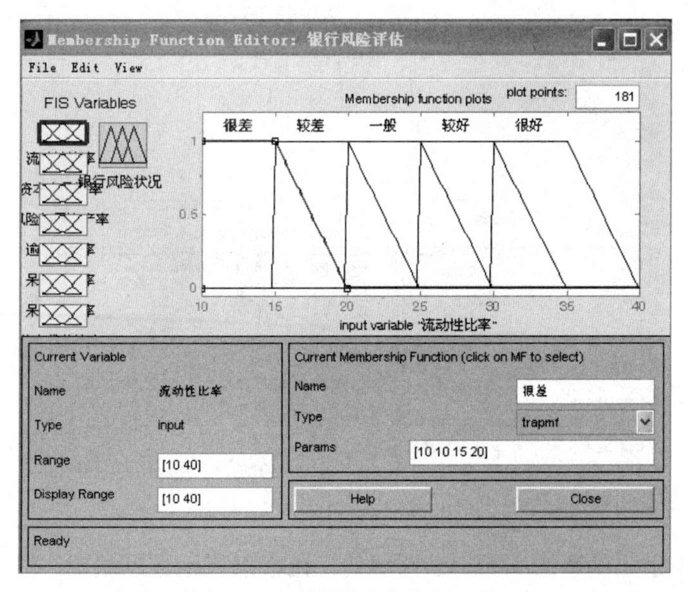

图 25-8 流动性比率隶属函数

2）资本充足比率隶属函数的编辑。参照流动性比率隶属函数的编辑，根据表 25-1 设置相关参数，其中 Range 为[2 14]，隶属函数类型为“梯形”，最后确定资本充足比率的隶属函数，如图 25-9 所示。

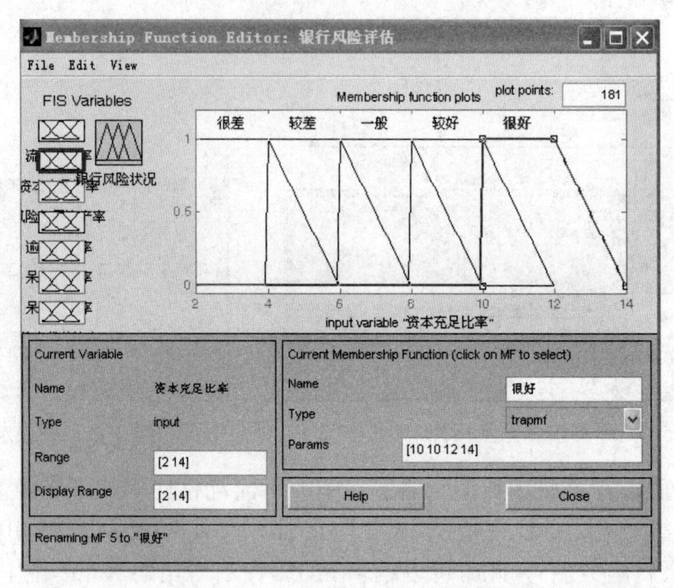

图 25-9　资本充足比率隶属函数

3）风险权重资产率隶属函数的编辑。参照流动性比率隶属函数的编辑，根据表 25-1 设置相关参数，其中 Range 为[30 90]，隶属函数类型为“梯形”，最后确定风险权重资产率的隶属函数，如图 25-10 所示。

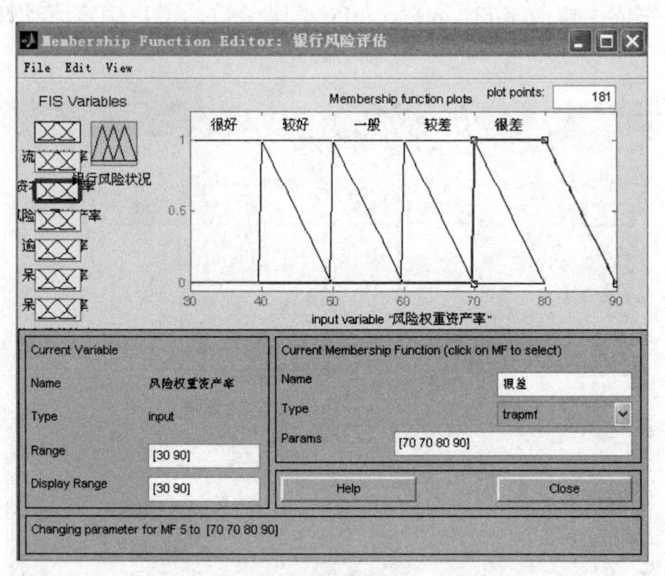

图 25-10　风险权重资产率隶属函数

4）逾期贷款率隶属函数的编辑。参照流动性比率隶属函数的编辑，根据表 25-1 设置相关参数，其中 Range 为[4 16]，隶属函数类型为“梯形”，最后确定逾期贷款率的隶属函数，如图 25-11 所示。

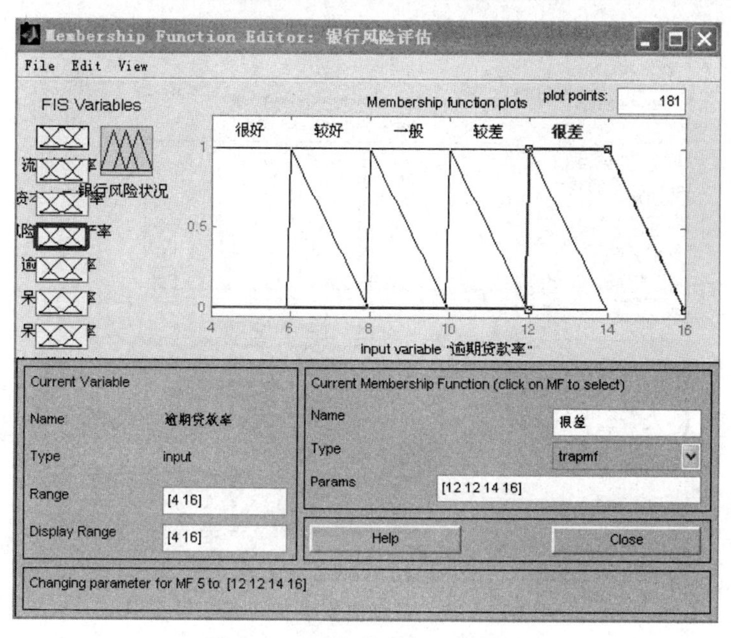

图 25-11 逾期贷款率隶属函数

5）呆滞贷款率隶属函数的编辑。参照流动性比率隶属函数的编辑，根据表 25-1 设置相关参数，其中 Range 为[2 8]，隶属函数类型为“梯形”，最后确定呆滞贷款率的隶属函数，如图 25-12 所示。

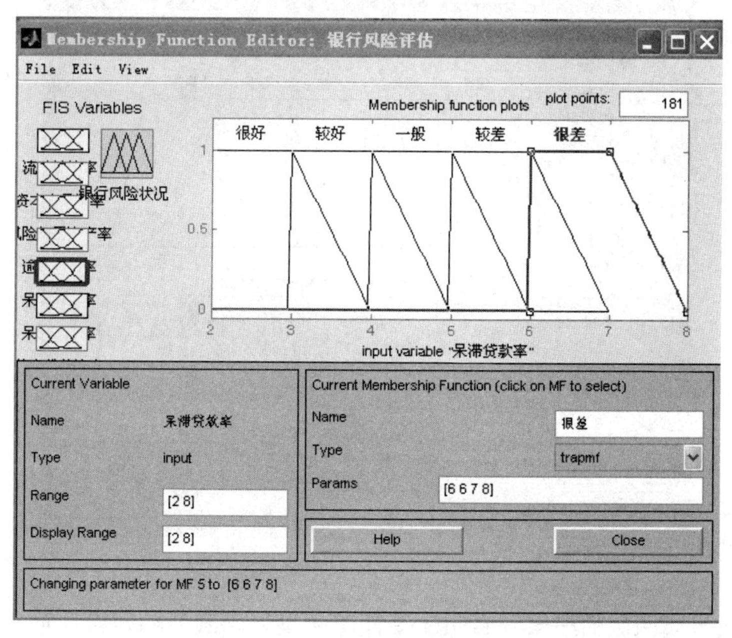

图 25-12 呆滞贷款率隶属函数

6）呆账贷款率隶属函数的编辑。参照流动性比率隶属函数的编辑，根据表 25-1 设置相关参数，其中 Range 为[0.5 3.5]，隶属函数类型为“梯形”，最后确定呆账贷款率的隶属函数，如图 25-13 所示。

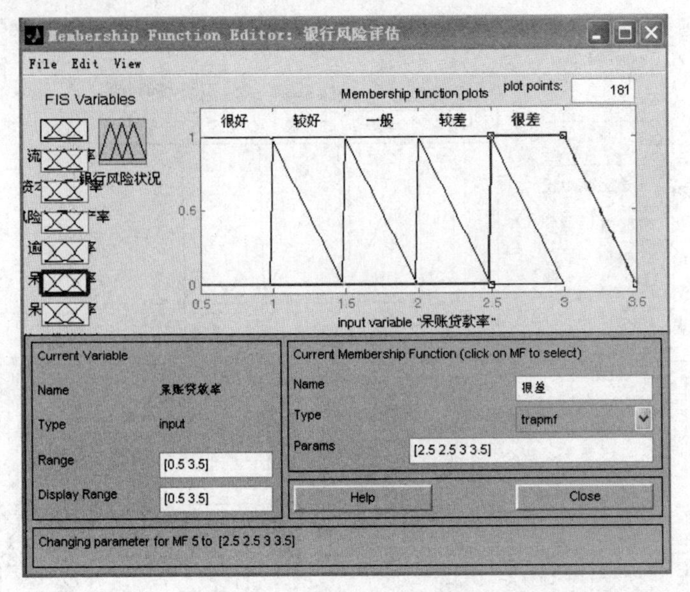

图 25-13　呆账贷款率隶属函数

7）单个贷款比率隶属函数的编辑。参照流动性比率隶属函数的编辑，根据表 25-1 设置相关参数，其中 Range 为[9 21]，隶属函数类型为“梯形”，最后确定单个贷款比率的隶属函数，如图 25-14 所示。

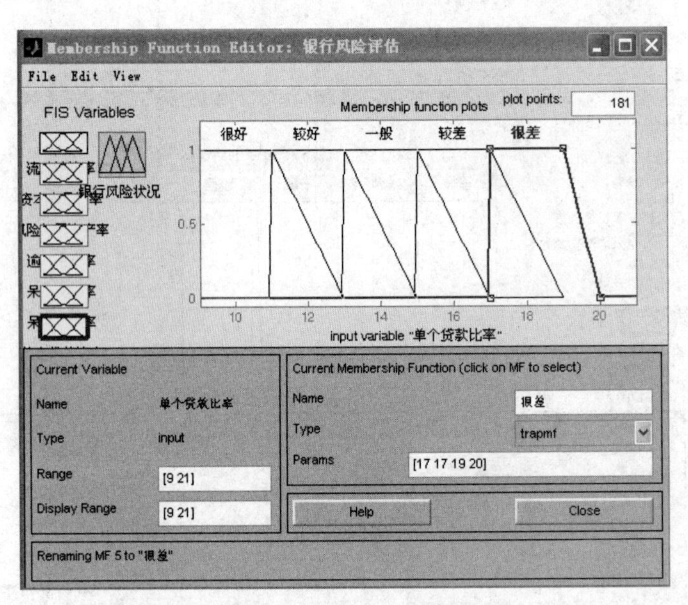

图 25-14　单个贷款比率隶属函数

8）输出变量隶属函数的编辑。参照流动性比率隶属函数的编辑设置输出变量隶属函数相关参数，其中 Range 为[0.5 5.5]，隶属函数类型为高斯型，“很好”对应的 Params 为[0.2123 1]，“较好”对应的 Params 为[0.2123 2]，“一般”对应的 Params 为[0.2123 3]，“较差”对应的 Params 为[0.2123 4]，“很差”对应的 Params 为[0.2123 5]，最后确定输出变量的隶属函数，如图 25-15 所示。

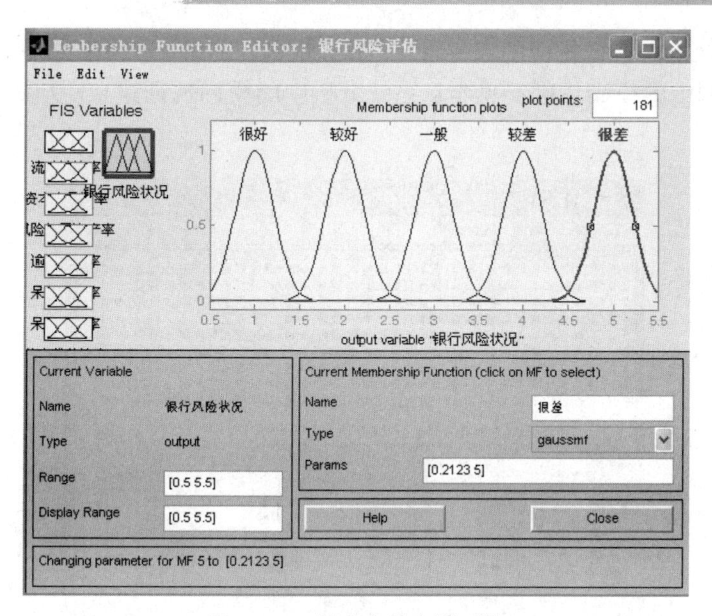

图 25-15　输出变量隶属函数

（3）模糊推理决策算法设计，即根据模糊规则进行模糊推理，并决策出模糊输出量。

双击模糊推理系统编辑器界面中的“银行风险评估”按钮或者单击 Edit→Rules 命令，弹出模糊推理规则编辑器，如图 25-16 所示。

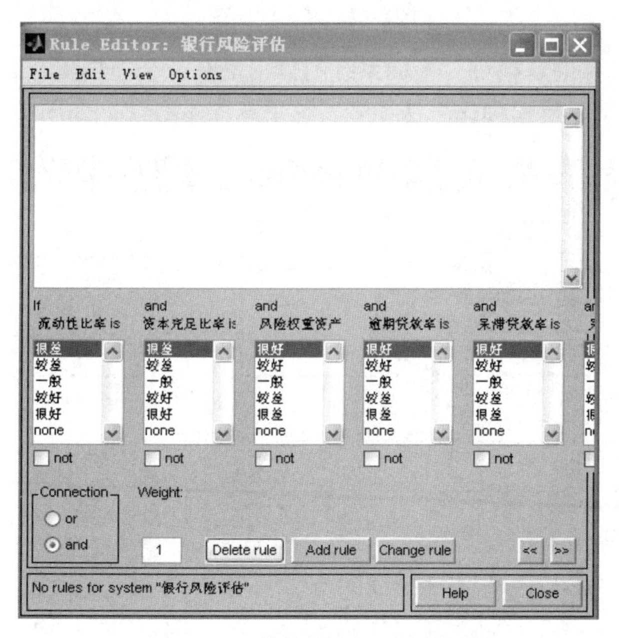

图 25-16　模糊推理规则编辑器

通过模糊推理系统编辑器来设计和修改 If…Then…形式的模糊规则。由该编辑器进行模糊控制规则的设计非常方便，它将输入量各语言变量自动匹配，而设计者只需通过交互式的图形环境选择相应的输出语言变量，这大大简化了规则的设计和修改。另外，还可以为每条规则选择权重，以便进行模糊规则的优化。

在底部的选择框内选择相应的 If…and…Then 规则，单击 Add rule 按钮，上部框内将显示相应的规则。本例中的模糊规则参见本章系统分析中的模糊规则建立，9 条规则依次加入，如图 25-17 所示。

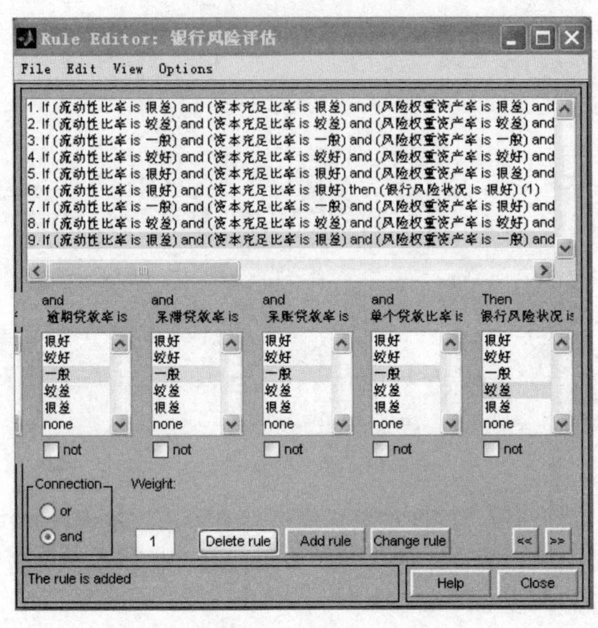

图 25-17　建立模糊规则

（4）对输出模糊量的解模糊。模糊系统的输出量是一个模糊集合，通过反模糊化方法判决出一个确切的精确量，反模糊化方法很多，这里选取重心法，如图 25-18 所示。

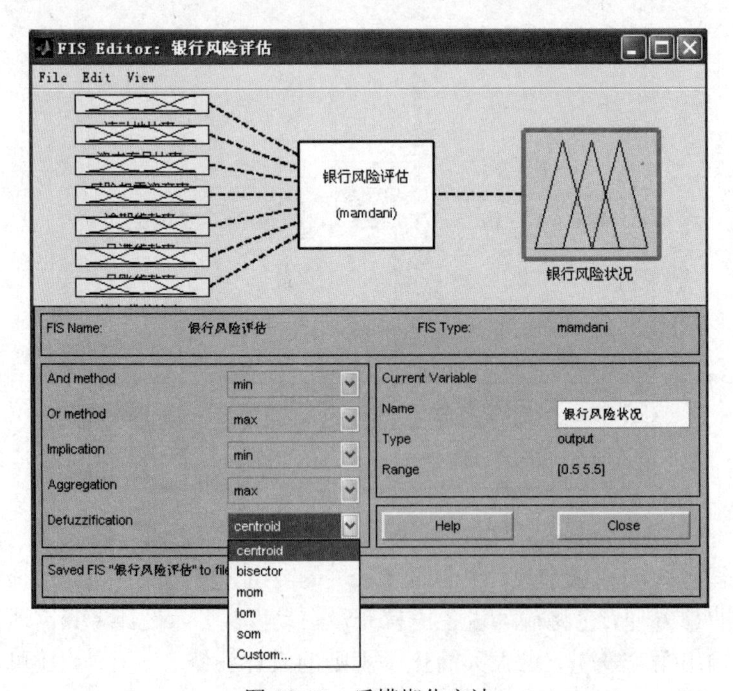

图 25-18　反模糊化方法

（5）仿真结果。

所有规则填入后，在模糊推理系统编辑器界面中单击 View→Rules 命令，弹出模糊规则浏览器（Rule Viewer），如图 25-19 所示。

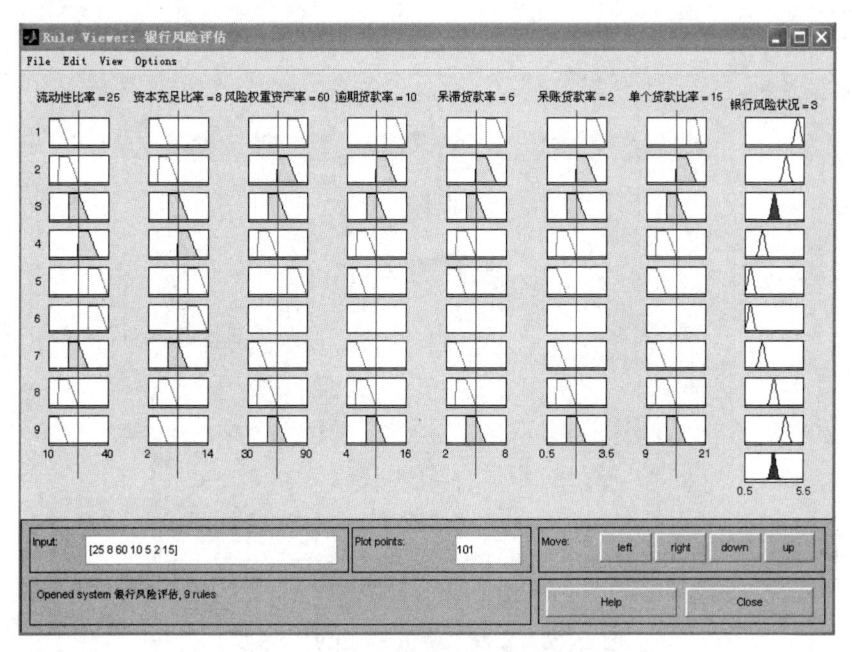

图 25-19　模糊规则浏览器

模糊规则浏览器用于显示各条模糊控制规则对应的输入量和输出量的隶属函数。通过指定输入量，可以直接显示所采用的模糊规则以及通过模糊推理得到相应输出量的全过程，以便对模糊规则进行修改和优化。

图 25-19 表示流动性比率=25，资本充足率=8，风险权重资产率=60，逾期贷款率=10，呆滞贷款率=5，呆账贷款率=2，单个贷款率=15 时，银行风险状况=3。

在模糊推理系统编辑器界面中单击 View→Surface 命令，弹出 Surface Viewer 和模糊系统仿真结果的三维图，如图 25-20 所示。

上述系统至此已经建好，单击 File→Export 命令将文件保存到磁盘中，如图 25-21 所示。修改时可以用 fuzzy (' 银行风险评估. fis')的格式调出。

如果要使用上述系统对监测数据进行评价，则需要调用相关函数文件，格式如下：

```
>> Fis=readfis('银行风险评估.fis');
>> MonitorData=[25 8 40 6 3 1.5 13];
>> PJ=evalfis(MonitorData,Fis)
```

运行后得到 PJ=2.00，结合图 25-15 可见，结果为“较好”。

同样，如果有不同银行的数据（每一行表示一个检测样本）：

```
MonitorData=[33   9    55   12   3     1.5    12
             19   10   43   9    3.5   2.5    16
             32   10   75   8    5.5   1.4    11
             35   11   42   7    3.5   1.1    12
             22   9    52   9    6.5   2.2    16
             32   6    72   13   4.2   1.8    14];
```

运行结果为：

```
PJ =
3.0000    一般
3.0000    一般
1.0040    很好
1.0040    很好
3.0000    一般
3.0000    一般
```

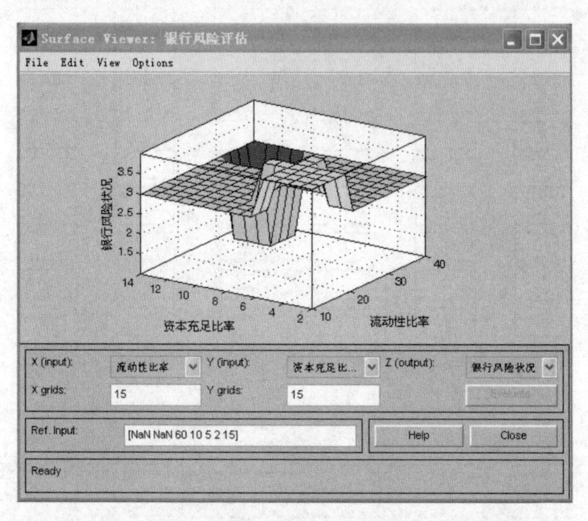

图 25-20　模糊系统仿真结果的三维图

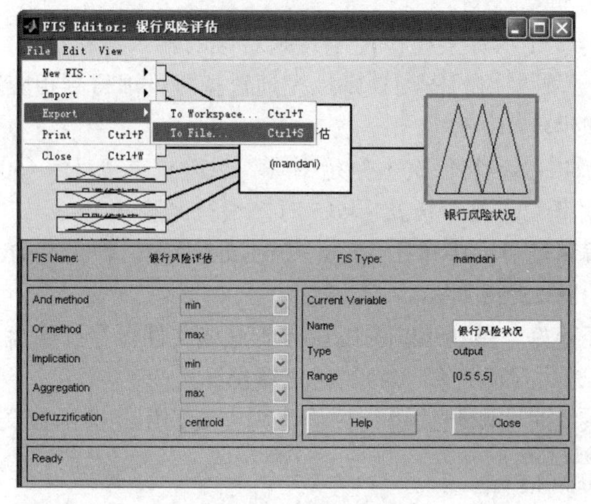

图 25-21　导出文件

（6）模糊工具箱与 Simulink 结合。

1）构建 Simulink 模型。

Simulink 中有一个模糊逻辑工具箱，如图 25-22 所示，利用 Fuzzy Logic Controller 建立如图 25-23 所示的 Simulink 模型，模型名为 yinghang.mdl。模型输入有 7 个，分别为流动性比率、资本充足率、风险权重资产率、逾期贷款率、呆滞贷款率、呆账贷款率、单个贷款率，输出为银行风险。

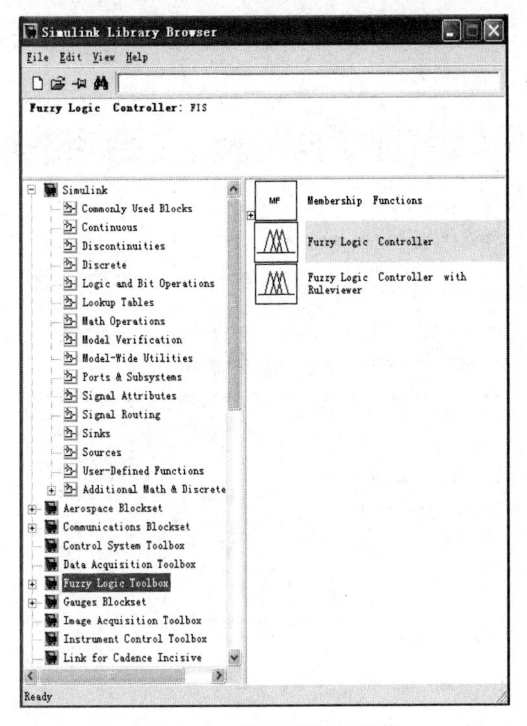

图 25-22　模糊逻辑工具箱

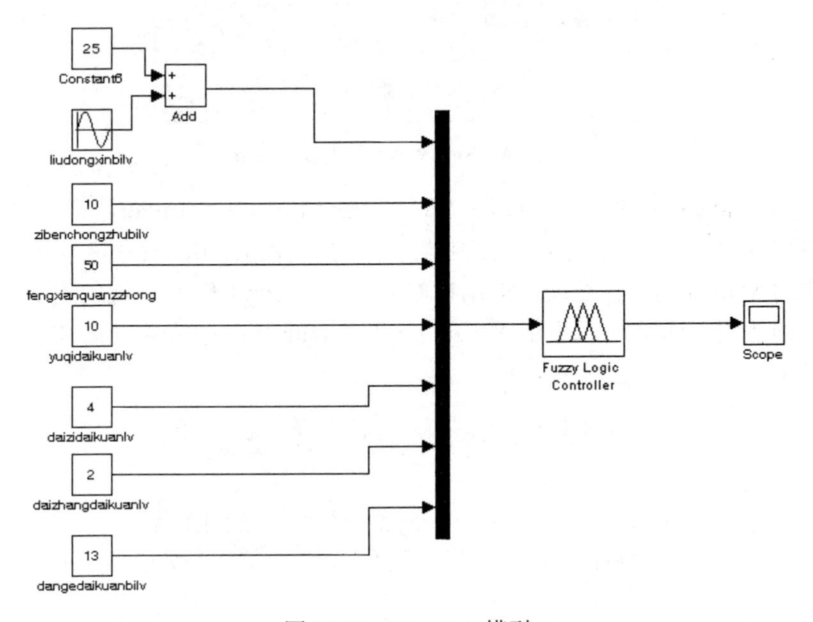

图 25-23　Simulink 模型

2）模块参数设置。

- Constant 模块：双击该模块，根据图 25-23 Constant 模块中显示的值在弹出的参数对话框中设定 Constant value。图中 Constant 从上到下依次：25 表示流动性比率按 25+Asin(wt)，10 表示资本充足率，50 表示风险权重资产率，10 表示逾期贷款率，4 表示呆滞贷款率，2 表示呆账贷款率，13 表示单个贷款率。

- Sine Wave 模块：双击该模块，弹出如图 25-24 所示的参数对话框，在其中设定幅值为 10，频率为 1。

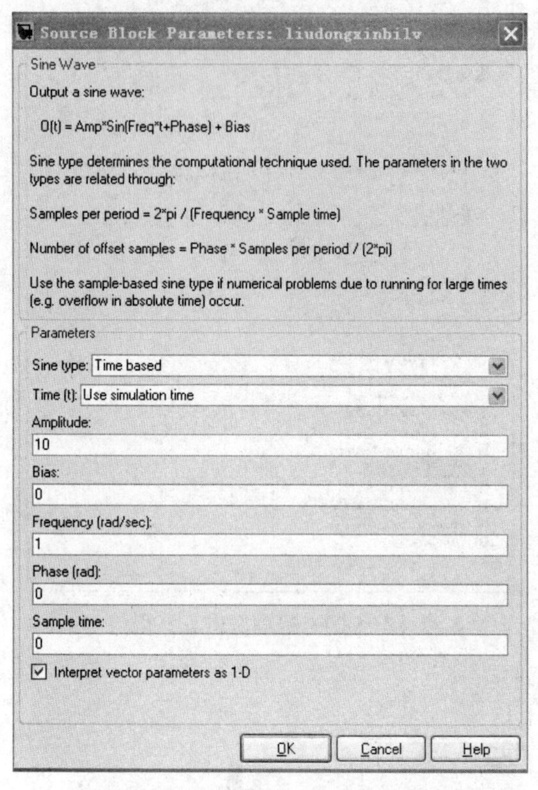

图 25-24　Sine Wave 模块参数设置

- Fuzzy Logic Controller 参数设置：双击 Fuzzy Logic Controller，弹出如图 25-25 所示的参数设置对话框。在用这个控制器之前，需要用 readfis 指令将“银行风险评估.fis”加载到 Matlab 的工作空间，如 myFLC=readfis('fuzzy1.fis')，这就创建了一个叫 myFLC 的结构体到工作空间，并在 Fuzzy Logic Controller 中设置 Fis file or structure 为 myFLC。

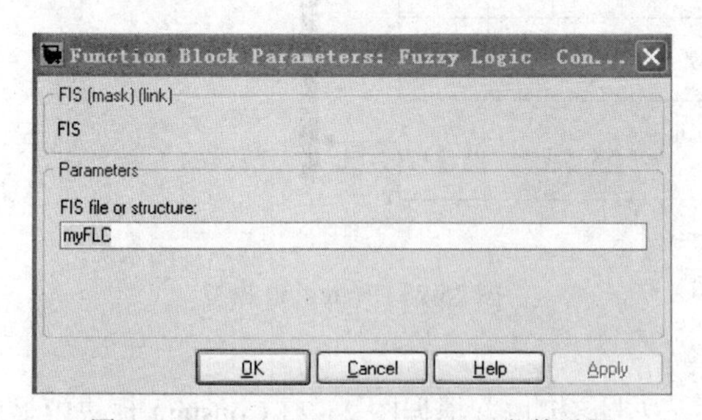

图 25-25　Fuzzy Logic Controller 参数设置

3）仿真参数设置。执行 Simulation→Configuration Parameters 命令，打开仿真参数设置对话框，设置 Stop time 为 10，如图 25-26 所示。

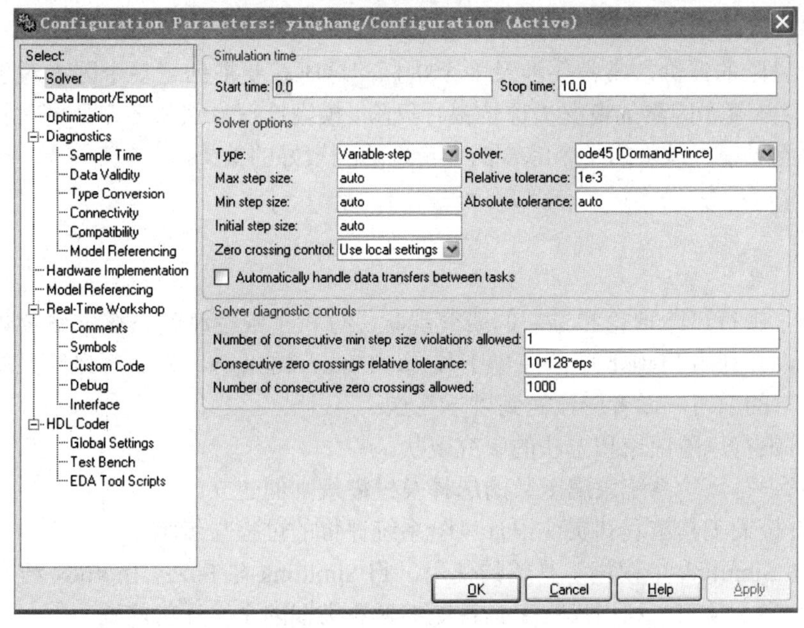

图 25-26　仿真参数设置对话框

4）仿真运行。单击模型窗口中的“仿真启动”按钮▶仿真运行，运行结束后示波器显示结果如图 25-27 所示。该结果表示流动性比率按 25+10sin(t)规律变化，资本充足率为 10、风险权重资产率为 50、逾期贷款率为 10、呆滞贷款率为 4、呆账贷款率为 2、单个贷款率为 13 时银行风险的变化趋势。

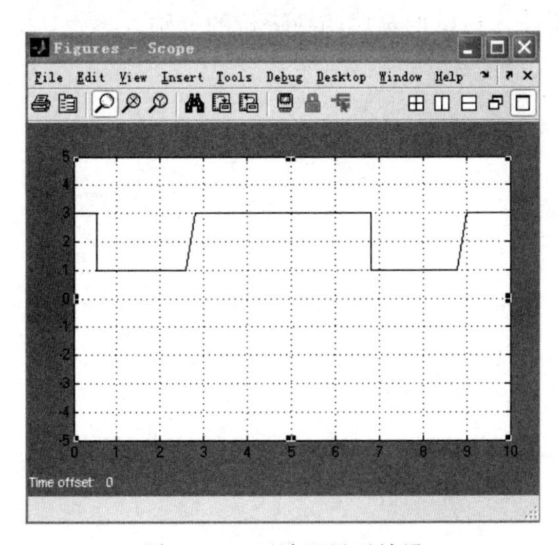

图 25-27　示波器显示结果

25.4　仿真结果分析

本章通过模糊推理法对银行风险进行建模，建立了模糊规则，并用 Matlab 模糊工具箱进行了实现，结果表明达到了预定的目的，实现过程表明本方法可以用于银行风险的定量化评价，且方法较简单，较易推广。

对于银行风险的评价，常常要涉及多个指标，这时就要根据这多个因素对事物进行综合评价，而不能只从某个因素的情况去评价银行风险。模糊推理方法从多个角度对银行风险进行评价，最终得到对银行风险的一个综合的评价，达到较好的效果。

25.5 小结

本章介绍了银行风险理论和方法的研究现状，分析了银行风险系统隶属函数的选择及模糊规则的建立，并利用 Matlab 中的模糊工具箱（Fuzzy Toolbox）对银行风险系统进行了建模仿真。通过本章的学习，读者应该做到以下几点：

（1）了解银行风险理论和方法的研究现状。

（2）了解银行风险系统隶属函数的选择及模糊规则的建立。

（3）掌握模糊工具箱及其实现银行风险系统评价的过程与步骤。

（4）掌握 Simulink 中模糊工具箱的使用，将 Simulink 与 Fuzzy Toolbox 结合使用。

（5）学会举一反三，利用模糊工具箱能够解决类似的系统评价问题。

25.6 上机实习

常见的隶属函数的类型有 Z 形、反 Z 形、三角形、S 形、梯形、钟形、高斯形等。本章系统输入所选用的是梯形隶属函数，读者可以根据情况将输入改用三角形隶属函数重新对银行风险系统进行评价，并比较其与梯形隶属函数评价的差别。

26 函数编写与应用

函数是 System Function 的简称，用它来写自己的 Simulink 模块。S-Function 可以使用 Matlab、C、C++、Ada 或 FORTRAN 语言来编写。使用 MEX 实用工具，将 C、C++、Ada 和 FORTRAN 语言的 S-Function 编译成 MEX-文件，在需要的时候，它们可与其他的 MEX-文件一起动态地链接到 Matlab 中。

本章主要内容：

- 如何在 Matlab 中使用函数。
- 一般函数的编写。
- 函数编写的具体实例。

26.1 概述

1. S-Function 简介

S-Function 使用一种特殊的调用格式让你可以与 Simulink 方程求解器相互作用，这与发生在求解器和内置 Simulink 块之间的相互作用非常相似。S-Function 的形式是非常通用的，且适用于连续、离散和混合系统。

S-Function 提供了一种在 Simulink 模型中增加自制块的手段，你可以使用 Matlab、C、C++、Ada 或 FORTRAN 语言来创建自己的块。按照下面一套简单的规则你可以在 S-Function 中实现自己的算法。编写一个 S-Functin 函数时，将函数名放置在一个 S-Functin 块中（在用户定义的函数块库中有效）后，通过使用 masking 定制用户界面；还可以与 Real-Time Workshop（RTW）一起使用 S-Function；也可以通过编写目标语言编译器（TLC）文件来定制由 RTW 生成的代码。

2. 在模型中使用 S-Function

为了将一个 S-Function 组合到一个 Simulink 模型中，首先从 Simulink 用户定义的函数块库中拖出一个 S-Function 块，然后在 S-Function 块对话框的 S-Function name 区域中指定 S-Function 的名字，如图 26-1 所示。

在本例中，模型包含了两个 S-Function 块，这两个块使用到同一个源文件（mysfun，可以是一个 C MEX 文件，也可以是一个 M 文件）。如果一个 C MEX 文件与一个 M 文件具有相同的名字，则 C MEX 文件被优先使用，即在 S-Function 块中使用的是 C MEX 文件。

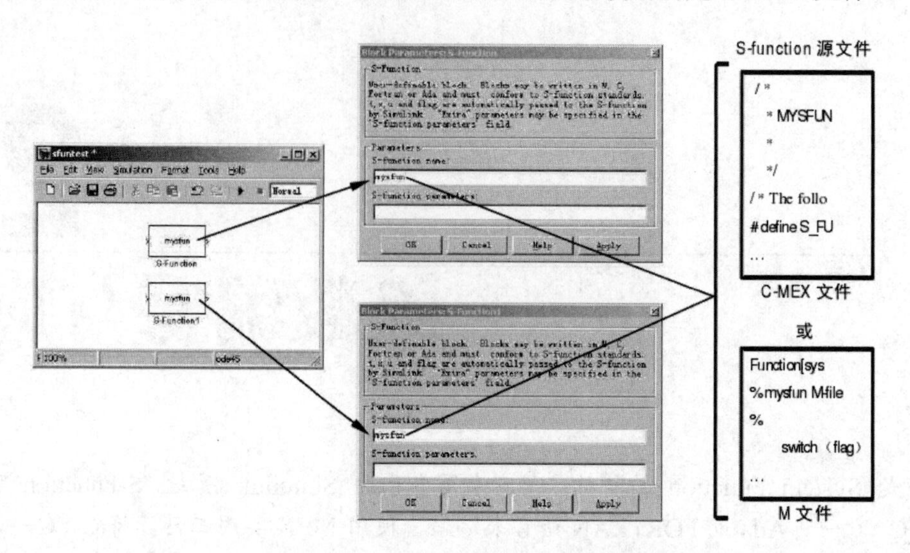

图 26-1 S-Function 块、对话框及决定块功能的源文件之间的关系

（1）向 S-Function 传递参数。

在 S-Function 块的 S-Function parameters 区域中可以指定参数值，这些值将被传递到相应的 S-Function 中。要使用这个区域，必须了解 S-Function 所需要的参数以及参数的顺序（如果不知道，应查询 S-Function 的编制者、相关文件或源代码）。输入参数值时，参数之间应使用逗号分隔，并按照 S-Function 要求的参数顺序进行输入。参数值可以是常量、模型空间定义的变量名或 Matlab 表达式。图 26-2 所示为使用 S-Function parameters 区域输入用户自定义参数。

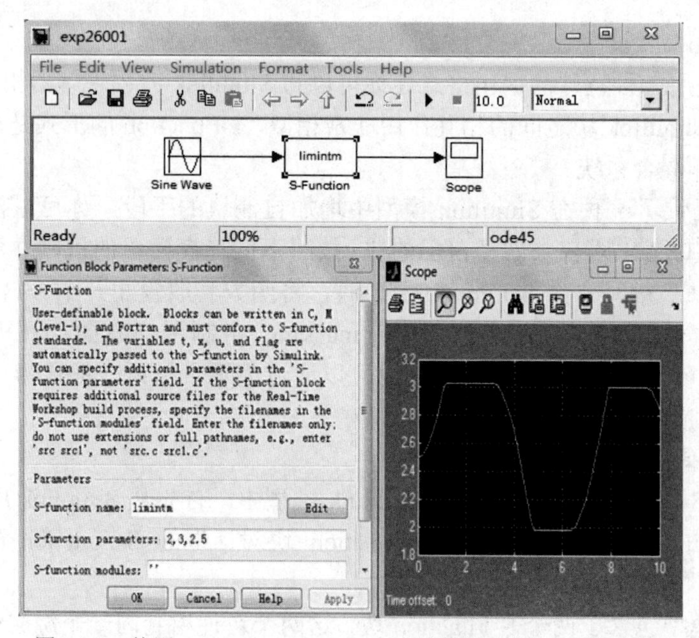

图 26-2 使用 S-Function parameters 区域输入用户自定义参数

在本例中，模型使用的是由 Simulink 提供的 S-Function 范例 limintm。该 S-Function 的源代码在目录 toolbox\simulink\blocks 下可以找到。函数 limintm 接收了 3 个参数：一个下边界、一个上边界和一个初始条件。该函数将输入信号对时间进行积分，如果积分值在上下边界之间则输出积分值；如果积分值小于下边界值，则输出下边界值；如果积分值大于上边界值，则输出上边界值。在本例的对话框中指定下边界、上边界和初始条件分别为 2、3 和 2.5。图中示波器显示的曲线是当输入振幅为 1 的正弦波时的输出结果。可以使用 Simulink 的 masking 工具来为自己的 S-Function 块创建用户对话框和图标。通过封装对话框可以使 S-Function 附加参数的指定更清楚容易。

（2）何时使用 S-Function。

S-Function 的应用在大多数情况下是创建自定义的 Simulink 块。可以使用 S-Function 作为一些类型的应用，这些应用包括：

- 向 Simulink 增加一些新的通用块。
- 增加作为硬件设备驱动程序的块。
- 将已有的 C 代码组合到仿真中。
- 使用一组数学方程式来对系统进行描述。
- 使用可视化动作（参见倒立摆范例，penddemo）。

使用 S-Function 的一个优点是可以创建一个普通用途的块，在一个模型中多次使用，而且可单独改变模型中所使用的每个块的参数。

3. S-Function 的工作原理

要创建 S-Function，必须了解 S-Function 是如何工作的。要了解 S-Function 如何工作，则需要了解 Simulink 是如何进行模型仿真的，那么又需要了解块的数学公式。因此，本节首先从一个块的输入、状态和输出之间的数学关系开始介绍。

（1）Simulink 块的数学关系。

Simulink 块包含一组输入、一组状态和一组输出。其中，输出是采样时间、输入和块状态的函数，如图 26-3 所示。

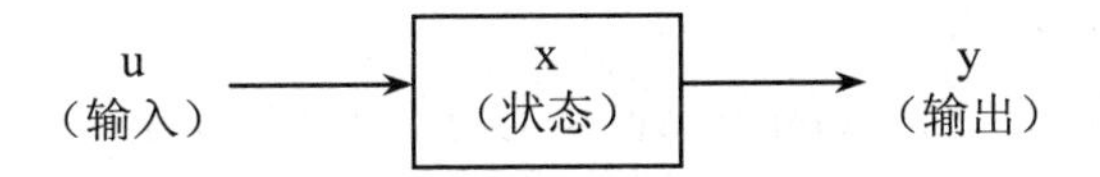

图 26-3　输入、输出及状态之间的关系

下面的方程式表述了输入、输出和状态之间的数学关系。

$$y = f_0(t,x,u) \quad （输出） \quad (26\text{-}1)$$

$$x_c' = f_d(t,x,u) \quad （求导） \quad (26\text{-}2)$$

$$x_{d_{k+1}} = f_u(t,x,u) \quad （更新） \quad (26\text{-}3)$$

其中 $x=x_c+x_d$。

（2）仿真过程。

Simulink 模型的执行分几个阶段进行。首先进行的是初始化阶段。在此阶段中，Simulink 将库块合并到模型中来，确定传送宽度、数据类型和采样时间，计算块参数，确定块的执行顺序，并分配内存。然后，Simulink 进入到“仿真循环”，每次循环可认为是一个“仿真步”。在每个仿真步期间，Simulink 按照初始化阶段确定的块执行顺序依次执行模型中的每个块。对于每个块而言，Simulink 调用函数来计算块在当前采样时间下的状态、导数和输出。如此反复，一直持续到仿真结束。

图 26-4 所示为一个仿真的步骤。

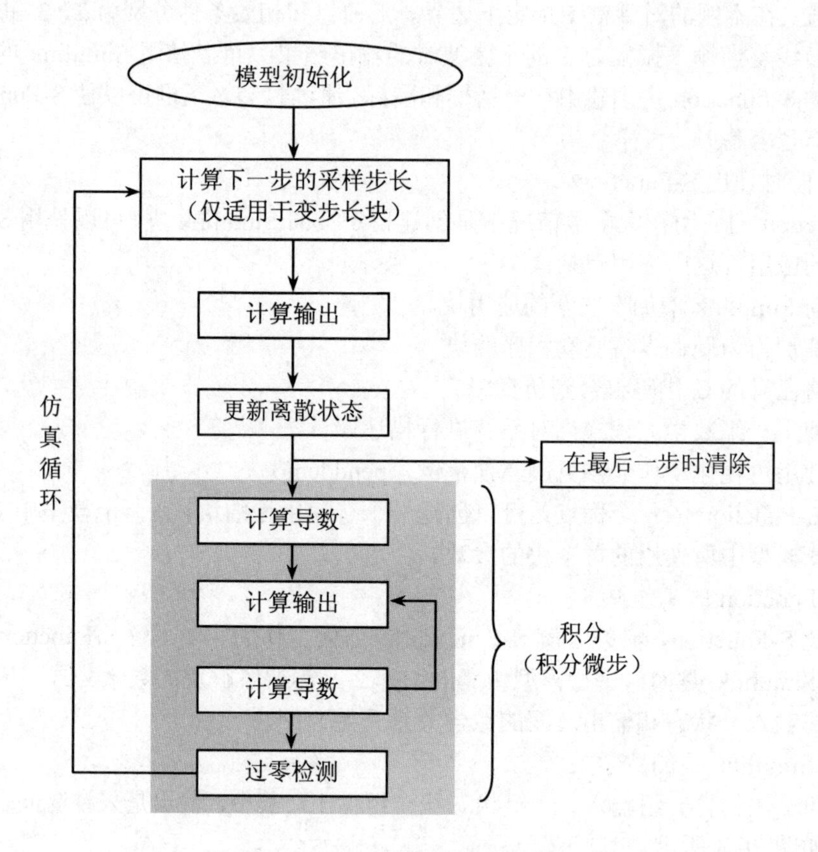

图 26-4 Simulink 执行仿真的步骤

（3）S-Function 回调程序。

一个 S-Function 包含了一组 S-Function 回调程序，用以执行在每个仿真阶段所必需的任务。在模型仿真期间，Simulink 对于模型中的每个 S-Function 块调用适当的程序，通过 S-Function 程序来执行的任务包括：

- 初始化：在仿真循环之前，Simulink 初始化 S-Function。
  - 初始化 SimStruct，这是一个仿真数据结构，包含了关于 S-Function 的信息。
  - 设置输入和输出端口的数量与宽度。
  - 设置块的采样时间。
  - 分配存储区间和参数 sizes 的阵列。
- 计算下一步采样点：如果创建了一个变步长块，那么在这里计算下一步的采样点，即计算下一个仿真步长。
- 计算主步长的输出：在该调用完成后，所有块的输出端口对于当前仿真步长有效。
- 按主步长更新离散状态：在这个调用中，所有的块应该执行“每步一次”的动作，如为下一个仿真循环更新离散状态。

- 计算积分：这适用于连续状态和/或非采样过零的状态。如果 S-Function 中具有连续状态，Simulink 在积分微步中调用 S-Function 的输出和导数部分。这是 Simulink 能够计算 S-Function 状态的原因。如果 S-Function（仅对于 C MEX）具有非采样过零的状态，Simulink 在积分微步中调用 S-Function 的输出和过零部分，这样可以检测到过零点。

4. S-Function 的实现

S-Function 可以通过 M 文件或 MEX 文件来实现。下面介绍这些文件的实现方法，并讨论各种实现方法的优缺点。

（1）M 文件的 S-Function。

一个 M 文件的 S-Function 由以下形式的 Matlab 函数构成：

[sys,x0,str,ts]=f(t,x,u,flag,p1,p2,...)

其中，f 是 S-Function 的函数名，t 是当前时间，x 是相应 S-Function 块的状态向量，u 是块的输入，flag 指示了需要被执行的任务，p1,p2,...是块参数。在模型仿真过程中，Simulink 反复调用 f，对于特定的调用使用 flag 来指示需要执行的任务。S-Function 每次执行任务都返回一个结构，该结构的格式在语法范例中给出。

在目录 matlabroot\toolbox\simulink\blocks 中给出了 M 文件 S-Function 的模板 sfuntmpl.m。该模板由一个主函数和一组骨架子函数组成，每个子函数对应于一个特定的 flag 值。主函数通过 flag 的值分别调用不同的子函数。在仿真期间，这些子函数被 S-Function 以回调程序的方式调用，执行 S-Function 所需的任务。下面给出了按此标准格式编写的 M 文件 S-Function 的内容。

flag = 0 时，调用 mdlInitializeSizes 函数，定义 S 函数的基本特性，包括采样时间，连续或者离散状态的初始条件和 Sizes 数组。

flag = 1 时，调用 mdlDerivatives 函数，计算连续状态变量的微分方程，求所给表达式的等号左边状态变量的积分值的过程。

flag = 2 时，调用 mdlUpdate 函数，用于更新离散状态、采样时间和主时间步的要求。

flag = 3 时，调用 mdlOutputs 函数，计算 S 函数的输出。

flag = 4 时，调用 mdlGetTimeOfNextVarHit 函数，计算下一个采样点的绝对时间，这个方法仅仅是使用户在 mdlInitializeSize 里说明一个可变的离散采样时间。

flag = 9 时，调用 mdlTerminate 函数，实现仿真任务的结束。

当创建 M 文件的 S-Function 时，推荐使用模板的结构和命名习惯，这可方便其他人读懂和维护你所创建的 M 文件的 S-Function。

（2）MEX 文件的 S-Function。

类似于 M 文件的 S-Function，MEX 文件的 S-Function 也由一组回调程序组成，在仿真期间，Simulink 调用这些回调程序来执行各种块的相关任务。然而，两者之间也存在很大的不同。其一，MEX 文件的 S-Function 的实现使用了不同的编程语言：C、C++、Ada 或 FORTRAN；其二，Simulink 直接调用 MEX 文件的 S-Function 程序，而不像调用 M 文件的 S-Function 程序通过 flag 值来选择。因为 Simulink 要直接调用这些函数，MEX 文件的 S-Function 函数必须按照 Simulink 指定的标准命名规定来定义函数名。

还存在着其他一些关键的不同点。第一，MEX 函数能实现的回调函数比 M 文件能实现的回调函数要多得多；第二，MEX 函数直接访问内部数据结构 SimStruct，SimStruct 是 Simulink 用来保存关于 S-Function 信息的一个数据结构；第三，MEX 函数也可使用 Matlab MEX 文件 API 来直接访问 Matlab 的工作空间。

在目录 matlabroot\simulink\src 中有一个 C 语言的 MEX 文件 S-Function 的模板 sfuntmpl_basic.c。该模板包含了所有 C 语言的 MEX 文件 S-Function 可执行的必需和可选的回调函数的基本结构。该目录下的另一个模板程序 sfuntmpl_doc.c 具有更详细的注释。

（3）MEX 文件与 M 文件的 S-Function 的比较。

MEX 文件与 M 文件的 S-Function 都有各自的优点。M 文件的 S-Function 的优点是开发迅速。开发 M 文件的 S-Function 避免了开发编译语言的编译－连接－执行所需的时间开销。M 文件的 S-Function 还可以更容易地访问 Matlab 和工具箱函数。

MEX 文件的 S-Function 的主要优点是多功能性。更多数量的回调函数及对 SimStruct 的访问使 MEX 函数可实现 M 文件的 S-Function 所不能实现的许多功能。这些功能包括可处理除了 double 之外的数据类型、复数输入、矩阵输入等。

5. S-Function 的概念

了解以下几个关键概念有助于正确编写 S-Function：

- 直接馈通。
- 动态宽度的输入。
- 设置采样时间和偏移量。

（1）直接馈通。

直接馈通意味着输出（或者是对于变步长采样块的可变步长）直接受控于一个输入口的值。有一条很好的经验方法来判断输入是否为直接馈通，如果：

- 输出函数（mdlOutputs 或 flag==3）是输入 u 的函数，即如果输入 u 在 mdlOutputs 中被访问，则存在直接馈通。输出也可以包含图形输出，类似于一个 XY 绘图板。
- 对于一个变步长 S-Function 的“下一步采样时间”函数（mdlGetTimeOfNextVarHit 或 flag==4）中可以访问输入 u。

例如，一个需要其输入的系统（也就是具有直接馈通）是运算 y=k×u，其中，u 是输入，k 是增益，y 是输出。又如，一个不需要其输入的系统（也就是没有直接馈通）是一种简单的积分运算：

$$输出：y=x$$

$$导数：\dot{x}=u$$

其中，x 是状态，$\dot{x}$ 是状态对时间的导数，u 是输入，y 是输出。注意 x 是 Simulink 的积分变量。正确设置直接馈通标志是十分重要的，因为它影响模型中块的执行顺序，并可用来检测代数环。

（2）动态维矩阵。

S-Function 可以编写成支持任意维的输入。在这种情况下，当仿真开始时，根据驱动 S-Function 的输入向量的维数动态确定实际输入的维数。输入的维数也可以用来确定连续状态的数量、离散状态的数量以及输出的数量。

M 文件的 S-Function 只可以有一个输入端口，而且输入端口只能接收一维（向量）的信号输入。但是，信号的宽度是可以变化的。在一个 M 文件的 S-Function 内，如果要指示输入宽度是动态的，必须在数据结构 sizes 中将相应的域值指定为-1，结构 sizes 是在调用 mdlInitializeSizes 时返回的一个结构。当 S-Function 通过使用 length(u)来调用时，可以确定实际输入的宽度。如果指定为 0 宽度，那么 S-Function 块中将不出现输入端口。

一个 C S-Function 可以有多个 I/O 端口，而且每个端口可以具有不同的维数，维数及每维的大小可以动态确定。

例如，图 26-5 所示为在一个模型中将一个相同的 S-Function 块进行了两次使用。

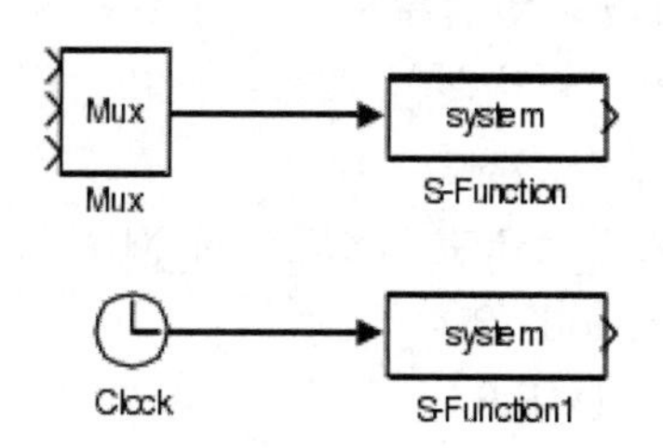

图 26-5 S-Function 的使用

图中上面的 S-Function 块由一个带三元素输出的块来作为输入；下面的 S-Function 块由一个标量输出块来驱动。通过指定该 S-Function 块的输入端口具有动态宽度，那么同一个 S-Function 可以适用于两种情况。Simulink 会自动地按照合适宽度的输入端口来调用该块。同样地，如果块的其他特性（如输出数量、离散状态数量或连续状态数量）被指定为动态宽度，那么 Simulink 会将这些向量定义为与输入向量具有相同的长度。

C S-Function 在指定输入和输出宽度时提供了更多的灵活性。

（3）设置采样时间和偏移量。

M 文件与 C MEX 文件的 S-Function 在指定 S-Function 何时执行上都具有高度的灵活性。Simulink 对于采样时间提供了以下 3 个选项：

- 连续采样时间：用于具有连续状态和/或非过零采样的 S-Function。对于这种类型的 S-Function，其输出在每个微步上变化。
- 连续但微步长固定采样时间：用于需要在每一个主仿真步上执行，但在微步长内值不发生变化的 S-Function。
- 离散采样时间：如果 S-Function 块的行为是离散时间间隔的函数，那么可以定义一个采样时间来控制 Simulink 何时调用该块，也可以定义一个偏移量来延迟每个采样时间点。偏移量的值不可超过相应采样时间的值。采样时间点发生的时间按照下面的公式来计算：

  $$TimeHit=(n*period)+offset \qquad (26\text{-}4)$$

  其中，n 是整数，当前仿真步，n 的起始值总是为 0。如果定义了一个离散采样时间，Simulink 在每个采样时间点调用 S-Function 的 mdlOutput 和 mdlUpdate。
- 可变采样时间：采样时间间隔变化的离散采样时间。在每步仿真的开始，具有可变采样时间的 S-Function 需要计算下一次采样点的时间。
- 继承采样时间：有时，S-Function 块没有专门的采样时间特性（它既可以是连续的也可以是离散的，取决于系统中其他块的采样时间）。可以指定这种块的采样时间为

inherited（继承）。比如，一个增益块就是继承采样时间的例子，它从其输入块继承采样时间。一个块可以从以下几种块中继承采样时间：

- 输入块
- 输出块
- 系统中最快的采样时间

要将一个块的采样时间设置为继承，那么在 M 文件的 S-Function 中使用-1 作为采样时间，在 C S-Function 中使用 INHERITED_SAMPLE_TIME 作为采样时间。S-Function 可以是单速率的，也可以是多速率的，多速率系统有多个采样时间。采样时间是按照固定格式成对指定的：[采样时间,偏移时间]。有效的采样时间对如下：

[CONTINUOUS_SAMPLE_TIME,0.0]
[CONTINUOUS_SAMPLE_TIME,FIXED_IN_MINOR_STEP_OFFSET]
[discrete_sample_time_period,offset]
[VARIABLE_SAMPLE_TIME,0.0]

其中：

CONTINUOUS_SAMPLE_TIME=0.0
FIXED_IN_MINOR_STEP_OFFSET=1.0
VARIABLE_SAMPLE_TIME=-2.0

另外，还可以指定采样时间为从驱动块继承而来。在这种情况下，S-Function 只能有一个采样时间对：

[INHERITED_SAMPLE_TIME,0.0]

或者

[INHERITED_SAMPLE_TIME,FIXED_IN_MINOR_STEP_OFFSET]

其中：

INHERITED_SAMPLE_TIME=-1.0

以下指导方针也许有助于你指定采样时间：

- 一个在积分微步期间变化的连续 S-Function 应该采用[CONTINUOUS_SAMPLE_TIME,0.0]作为采样时间。
- 一个在积分微步期间不变化的连续 S-Function 应该采用[CONTINUOUS_SAMPLE_TIME,FIXED_IN_MINOR_STEP_OFFSET]作为采样时间。
- 一个在指定速率下变化的离散 S-Function 应该采用离散采样时间对[discrete_sample_time_period,offset]。其中，discrete_sample_period>0.0 和 0.0=offset<discrete_sample_period。
- 一个在指定速率下变化的离散 S-Function 应该采用离散采样时间对[VARIABLE_SAMPLE_TIME,0.0]
- 对于变步长的离散任务，mdlGetTimeOfNextVarHit 程序被调用以确定下一个采样时间点。如果你的 S-Function 没有本身特定的采样时间，则必须将采样时间指定为继承。
- 即使在积分微步内，S-Function 的变化都是随着输入而变化的，应该采用[INHERITED_SAMPLE_TIME,0.0]作为采样时间。如果一个 S-Function 随着输入而变化，但在一个积分微步内不变化（即积分微步固定），应该采用[INHERITED_SAMPLE_TIME,FIXED_IN_MINOR_STEP_OFFSET]作为采样时间。Scope 块就是这种类型的块。不管驱动块是连续还是离散，Scope 块以其驱动块的速率运行，但是在微步内它应该是不运行的。如果它在微步内也运行，那么 Scope 应该显示求解器的中间计算结果，而不是每个时间点的最终结果。

6. S-Function 范例

Simulink 提供了一个 S-Function 范例库。运行一个范例的步骤如下：

（1）在 Matlab 命令行中输入 sfundemos，Matlab 会显示如图 26-6 所示的 S-Function 范例库，库中的每个块代表了一种类别的 S-Function 范例。

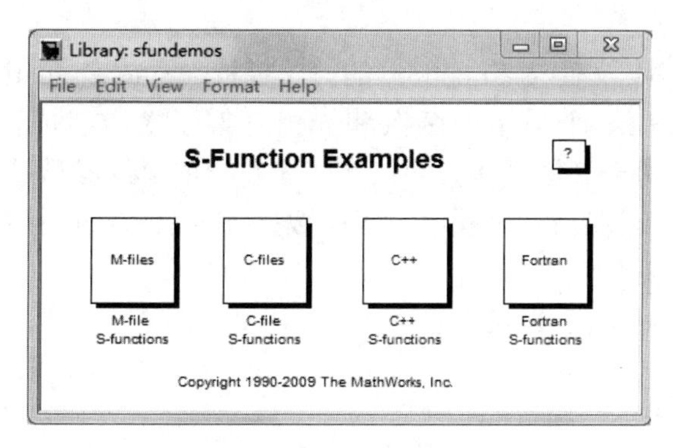

图 26-6 S-Function 范例库

（2）双击一个类别的块，可以显示出它所包含的范例，如图 26-7 所示是 M 文件范例。

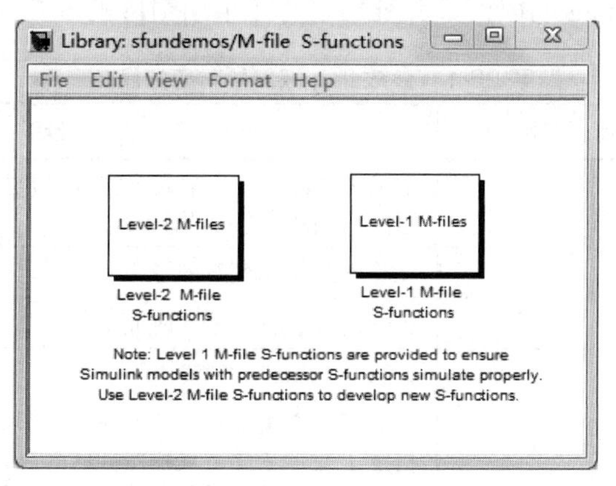

图 26-7 M 文件范例

（3）双击一个块，选择范例并运行。

测试一些在下面所要读到的 S-Function 样本是十分有好处的。这些范例的源代码保存在 Matlab 根目录下的以下几个子目录中：

- M-files toolbox\simulink\blocks
- C,C++,and Fortran simulink\src
- Ada simulink\ada\examples

26.2 一般函数的编写

1. 编写 M S-Function。

（1）M S-Function 的语法结构。

一个 M 文件的 S-Function 由一个 Matlab 函数组成，该函数形式如下：

[sys,x0,str,ts]=f(t,x,u,flag,p1,p2,...)

其中，f 是 S-Function 的函数名。在模型的仿真过程中，Simulink 反复调用 f，并通过 flag 参数来指示每次调用所需完成的任务（或多个任务）。每次 S-Function 执行任务后，将执行结果通过一个输出向量返回。

sfuntmpl.m 是实现 M 文件 S-Function 的一个模板，存放在 matlabroot/toolbox/simulink/blocks 目录下。该模板由一个顶层的函数和一组骨架子函数组成，这些骨架函数被称为 S-Function 的回调函数，每一个回调函数对应着一个特定的 flag 参数值，顶层函数通过 flag 的指示来调用不同的子函数。在仿真过程中，子函数执行 S-Function 所要求的实际任务。

（2）S-Function 的参数。

Simulink 传递以下参数给 S-Function：

- t：当前时间。
- x：状态向量。
- u：输入向量。
- flag：用来指示 S-Function 所执行任务的标志，是一个整数值。

表 26-1 给出了参数 flag 的取值，并列出了每个值所对应的 S-Function 函数。

表 26-1 参数 flag 取值所对应的函数

flag	S-Function 程序	说明
0	mdlInitializeSizes	定义 S-Function 块的基本特性，包括采样时间、连续和离散状态的初始化条件以及 sizes 数组
1	mdlDerivatives	计算连续状态变量的导数
2	mdlUpdate	更新离散状态、采样时间、主步长等必需的条件
3	mdlOutputs	计算 S-Function 的输出
4	mdlGetTimeOfNextVarHit	计算下一个采样点的绝对时间。只有当在 mdlInitializeSizes 中指定了变步长离散采样时间时才使用该程序
9	mdlTerminate	执行 Simulink 终止时所需的任何任务

（3）S-Function 的输出。

一个 M 文件返回的输出向量包含以下元素：

- sys：一个通用的返回参数，返回值取决于 flag 的值。例如 flag=3，sys 则包含了 S-Function 的输出。
- x0：初始状态值（如果系统中没有状态，则向量为空）。除 flag=0 外，x0 被忽略。
- str：保留以后使用。M 文件 S-Function 必须设置该元素为空矩阵[]。
- ts：一个两列的矩阵，包含了块的采样时间和偏移量（参考在线帮助文件中的

SpecifyingSample Time 可获取如何指定块的采样时间和偏移量的相关信息）。例如，如果希望 S-Function 在每个时间步（连续采样时间）都运行，则应设置为[0,0]；如果希望 S-Function 按照其所连接块的速率来运行，则应设置为[-1,0]；如果希望在仿真开始的 0.1s 后每隔 0.25s（离散采样时间）运行一次，则应设置为[0.25,0.1]。

可以创建一个 S-Function 按照不同的速率来执行不同的任务（如一个多速率 S-Function）。在这种情况下，ts 应该按照采样时间升序排列来指定 S-Function 所需使用的全部采样速率。例如，假设 S-Function 每隔 0.25s 执行一个任务，同时在仿真开始的 0.1s 后每隔 1s 执行另一个任务，那么 S-Function 应设置 ts 为[0.25,0;1.0,0.1]。这将使 Simulink 按照这样的时间序列来执行 S-Function：[0,0.1,0.25,0.5,0.75,1,1.1,...]。S-Function 必须确定在每一个采样时间点执行哪一个任务。也可以一个 S-Function 来连续地执行一些任务（如在每个时间步），同时按照离散间隔时间执行另一些任务。

（4）S-Function 块特性。

介绍如何指定 M S-Function 所实现的块的状态、输入和输出的数量，以及块的其他属性。

为了使 Simulink 认识 M 文件 S-Function，必须提供给 Simulink 关于 S-Function 的一些特殊信息。这些信息包括输入、输出、状态的数量，以及其他块特性。为了给 Simulink 提供这些信息，必须在 mdlInitializeSizes 的开头调用 simsizes：

```
sizes=simsizes;
```

该函数返回一个未初始化的 sizes 结构，必须将 S-Function 的信息装载在 sizes 结构中。表 26-2 列出了 sizes 结构的域，并对每个域所包含的信息进行了说明。

表 26-2 sizes 结构的域

域名	说明
sizes.NumContStates	连续状态的数量
sizes.NumDiscStates	离散状态的数量
sizes.NumOutputs	输出的数量
sizes.NumInputs	输入的数量
sizes.DirFeedthrough	直接馈通标志
sizes.NumSampleTimes	采样时间的数量

在初始化 sizes 结构之后，再次调用 simsizes：

```
sys=simsizes(sizes);
```

此次调用将 sizes 结构中的信息传递给 sys，sys 是一个保持 Simulink 所用信息的向量。

（5）S-Function 参数处理。

S-Function 参数介绍如何处理传递到 M S-Function 的块参数。

当调用 M 文件 S-Function 时，Simulink 总是传递标准块参数 t、x、u 和 flag 到 S-Function 作为函数参数。Simulink 还可以传递用户另外指定的特定块参数给 S-Function，这些参数在 S-Function 块参数对话框的 S-Function parameters 中，由用户指定。如果在对话框中指定了附加参数，那么 Simulink 将它们作为函数的附加参数传递给 S-Function。这些附加参数在 S-Function 的参数表中紧随标准参数之后，并以参数出现在对话框中的顺序作为 S-Function 的参数表中附加参数的顺序。可以使用 S-Function 块指定参数的特性来实现一个 S-Function 执行不同的处理选项。参考 toolbox/simulink/blocks 子目录内的 limintm.m 范例，使用块指定参数来实现多种处理。

2. M 文件的 S-Function 范例

要了解 S-Function 是如何工作的，最简单的方法就是学习 S-Function 范例。本节从一个简单的范例——没有状态的 S-Function（timestwo）入手，逐步深入。绝大多数 S-Function 块需要处理状态，有连续的也有离散的。本节对 4 种公共类型的系统进行讨论，你可以将这些 S-Function 块在 Simulink 模型中使用：

- 连续
- 离散
- 混合
- 变步长

所有的范例都是基于 M 文件 S-Function 的模板 sfuntmpl.m 编写的。

【例 26-1】简单的 M 文件 S-Function。

该块输入一个标量信号，将信号加倍，然后输出到一个 Scope 进行显示，如图 26-8 所示。

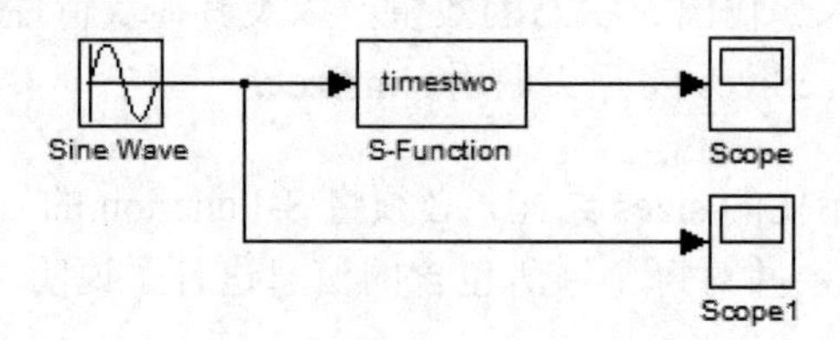

图 26-8　简单 M 文件 S-Function

在 Simulink 中，我们模仿 S-Function 结构建立了一个包含 S-Function 功能的 M 代码模板 sfuntmpl.m。借助于该模板，创建一个 M 文件的 S-Function，其形式类似于 C MEXS，这可使从一个 M 文件到一个 C MEX 文件的转换变得很容易。

下面是 S-Function timestwo.m 的 M 文件代码。

```
function[sys,x0,str,ts]=timestwo(t,x,u,flag)
    switch flag,
        case 0
            [sys,x0,str,ts]=mdlInitializeSizes;     %Initialization
        case 3
            sys=mdlOutputs(t,x,u);     %Calculate outputs
        case{1,2,4,9}
            sys=[];%Unused flags
        otherwise
            error(['Unhandled flag=',num2str(flag)]);     %Error handling
    end;          %End of function timestwo
```

下面是 timestwo.m 要调用的子程序。

```
function[sys,x0,str,ts]=mdlInitializeSizes
sizes=simsizes;
sizes.NumContStates=0;
sizes.NumDiscStates=0;
sizes.NumOutputs=1;
sizes.NumInputs=1;
sizes.DirFeedthrough=1;
```

```
sizes.NumSampleTimes=1;
sys=simsizes(sizes);
x0=[];
str=[];
ts=[-1 0];
function sys=mdlOutputs(t,x,u)
sys=2*u;
```

为了在 Simulink 中测试该 S-Function，将一个正弦波发生器连接到 S-Function 块的输入，将 S-Function 块的输出连接到一个 Scope。双击 S-Function 块打开如图 26-9 所示的参数设置对话框。

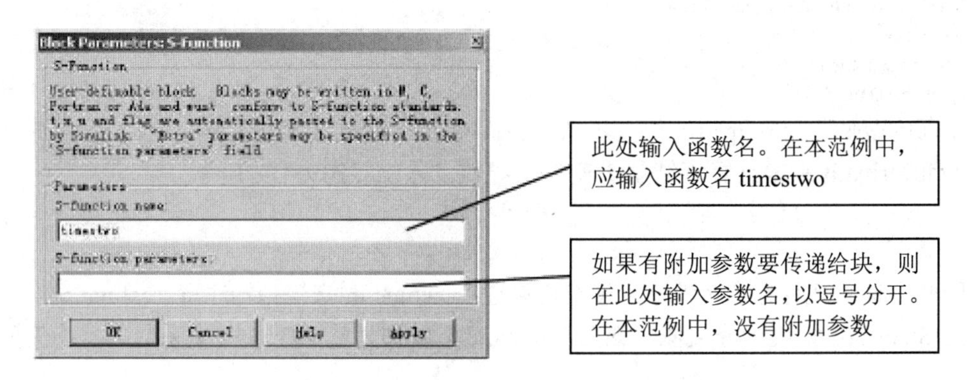

图 26-9 S-Function 参数设置对话框

现在，可以运行这个仿真了。

【例 26-2】 连续状态 S-Function。

Simulink 内包含了一个名为 csfunc.m 的函数，它是一个通过 S-Function 模拟的连续状态系统的范例。

下面是该 M 文件 S-Function 的代码。

```
function[sys,x0,str,ts]=csfunc(t,x,u,flag)
A=[0.09   0.01
    1        0];
B=[1         7
    0        2];
C=[0         2
    1        5];
D=[ 3        0
    1        0];
    switch    flag,
        case 0
            [sys,x0,str,ts]=mdlInitializeSizes(A,B,C,D);     %Initialization
        case 1
            sys=mdlDerivatives(t,x,u,A,B,C,D);          %Calculate derivatives
        case 3
            sys=mdlOutputs(t,x,u,A,B,C,D);              %Calculate outputs
        case{2,4,9}%Unused flags
            sys=[];
        otherwise
            error(['Unhandled flag=',num2str(flag)]);           %Error handling
    end
function[sys,x0,str,ts]=mdlInitializeSizes(A,B,C,D)
```

```
sizes=simsizes;
sizes.NumContStates=2;
sizes.NumDiscStates=0;
sizes.NumOutputs=2;
sizes.NumInputs=2;
sizes.DirFeedthrough=1;     %Matrix D is nonempty.
sizes.NumSampleTimes=1;
sys=simsizes(sizes);
x0=zeros(2,1);
str=[];
ts=[0 0];
function sys=mdlDerivatives(t,x,u,A,B,C,D)
sys=A*x+B*u;
function sys=mdlOutputs(t,x,u,A,B,C,D)
sys=C*x+D*u;
```

上面的范例与最初介绍的仿真步骤一致。与 timestwo.m 不同的是，当 flag=1 时本范例调用了 mdlDerivatives 来计算连续状态变量的导数。系统状态方程如下：

$$\begin{aligned} x' &= Ax+Bu \\ y &= Cx+Du \end{aligned} \tag{26-5}$$

因此，非常通用的连续微分方程组可以通过 csfunc.m 来模拟。注意，csfunc.m 与 Simulink 内置的 State-Space 块十分类似。该 S-Function 可以作为建立一个时变系数的状态空间系统的基础。

每次调用 mdlDerivatives 程序，必须明确地设置所有导数的值，导数向量不保留上一次调用该程序所得到的值。在执行过程中，分配给导数向量的内存一直在变化。

【例 26-3】离散状态 S-Function。

Simulink 包含了一个名为 dsfunc.m 的函数，它是一个通过 S-Function 模拟的离散状态系统的范例。该函数与连续状态系统的范例 csfunc.m 十分相似，唯一的区别是在该函数中调用的是 mdlUpdate，而不是调用 mdlDerivatives。当 flag=2 时，mdlUpdate 更新离散状态。注意，对于一个单速率离散 S-Function 而言，Simulink 只在采样点调用 mdlUpdate、mdlOutputs 和 mdlGetTimeOfNextVarHit（如果需要）。下面是该 M 文件 S-Function 的代码。

```
function[sys,x0,str,ts]=dsfunc(t,x,u,flag)
A=[-1.3839     -0.5097
    1.0000      0       ];
B=[-2.5559      0
    0           4.2382];
C=[0            2.0761
    0           7.7891];
D=[-0.8141     -2.9334
    1.2426      0     ];
switch flag,
case 0
sys=mdlInitializeSizes(A,B,C,D);
case 2
sys=mdlUpdate(t,x,u,A,B,C,D);
case 3
sys=mdlOutputs(t,x,u,A,B,C,D);
case{1,4,9}
sys=[];
otherwise
```

```
error(['unhandled flag=',num2str(flag)]);      %Error handling
end
function[sys,x0,str,ts]=mdlInitializeSizes(A,B,C,D)
sizes=simsizes;
sizes.NumContStates=0;
sizes.NumDiscStates=2;
sizes.NumOutputs=2;
sizes.NumInputs=2;
sizes.DirFeedthrough=1;     %Matrix D is non-empty.
sizes.NumSampleTimes=1;
sys=simsizes(sizes);
x0=ones(2,1);
str=[];
ts=[1 0];
function sys=mdlUpdates(t,x,u,A,B,C,D)
sys=A*x+B*u;
function sys=mdlOutputs(t,x,u,A,B,C,D)
sys=C*x+D*u;
```

上面的范例与最初介绍的仿真步骤一致。该系统离散状态方程如下：

$$\begin{aligned} x(n+1)&=Ax(n)+Bu(n) \\ y(n)&=Cx(n)+Du(n) \end{aligned} \tag{26-6}$$

因此，使用 dsfunc.m 可以模拟一组通用的差分方程组。注意，dsfunc.m 与 Simulink 内置的离散 State-Space 块十分类似。该 S-Function 可以作为建立一个时变系数的离散状态空间系统的基础。

【例 26-4】混合系统 S-Function。

Simulink 包含了一个名为 mixed.m 的函数，它是一个通过 S-Function 模拟的混合系统（组合了连续和离散状态）的范例。处理混合系统十分直接，通过参数 flag 来控制对于系统中的连续和离散部分调用正确的 S-Function 子程序。混合系统 S-Function（或者任何多速率系统 S-Function）的一个差别之处就是在所有的采样时间上 Simulink 都会调用 mdlUpdate、mdlOutputs 和 mdlGetTimeOfNextVarHit 程序。这意味着在这些程序中，必须进行测试以确定正在处理哪个采样点以及哪些采样点只执行相应的更新。

mixed.m 模拟了一个连续积分器及随后的离散的单位延迟。按照 Simulink 方块图的形式，该函数的功能可用图 26-10 所示的模型来说明。

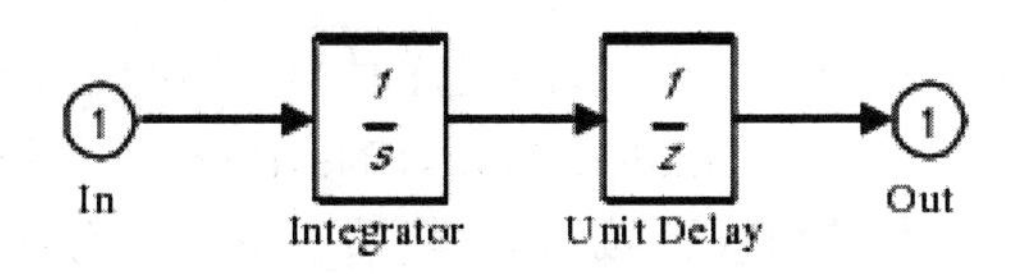

图 26-10　mixed.m 模型

下面是该 M 文件 S-Function 的代码。

```
function[sys,x0,str,ts]=mixedm(t,x,u,flag)
dperiod=1;
doffset=0;
    switch flag,
        case 0      %Initialization
             [sys,x0,str,ts]=mdlInitializeSizes(dperiod,doffset);
        case 1
```

```
            sys=mdlDerivatives(t,x,u);     %Calculate derivatives
        case 2
            sys=mdlUpdate(t,x,u,dperiod,doffset);     %Update disc states
        case 3
            sys=mdlOutputs(t,x,u,doffset,dperiod);     %Calculate outputs
        case{4,9}
            sys=[];     %Unused flags
        otherwise
            error(['unhandled flag=',num2str(flag)]);     %Error handling
    end
function[sys,x0,str,ts]=mdlInitializeSizes(dperiod,doffset)
sizes=simsizes;
sizes.NumContStates=1;
sizes.NumDiscStates=1;
sizes.NumOutputs=1;
sizes.NumInputs=1;
sizes.DirFeedthrough=0;
sizes.NumSampleTimes=2;
sys=simsizes(sizes);
x0=ones(2,1);
str=[];
ts=[0,0
dperiod,doffset];
function sys=mdlDerivatives(t,x,u)
sys=u;
function sys=mdlUpdate(t,x,u,dperiod,doffset)
if abs(round((t-doffset)/dperiod)-(t-doffset)/dperiod)<1e-8
sys=x(1);
%continuous state,x(1),thus introducing a delay.
else
sys=[];
 end
function sys=mdlOutputs(t,x,u,doffset,dperiod)
shouldn't change.
if abs(round((t-doffset)/dperiod)-(t-doffset)/dperiod)<1e-8
sys=x(2);
else
sys=[];
end
```

【例 26-5】变步长 S-Function。

该 M 文件是一个 S-Function 的范例，它的采样时间采用的是变步长。该范例是一个 M 文件 vsfunc.m，当 flag=4 时，它调用了 mdlGetTimeOfNextVarHit 子程序。因为下一步采样时间点的计算取决于输入 u，该块具有直接馈通。一般情况下，所有使用输入计算下一采样步长（flag=4）的块都要求直接馈通。下面是该 M 文件 S-Function 的代码。

```
function[sys,x0,str,ts]=vsfunc(t,x,u,flag)
switch flag,
case 0
[sys,x0,str,ts]=mdlInitializeSizes;     %Initialization
case 2
sys=mdlUpdate(t,x,u);     %Update Discrete states
case 3
sys=mdlOutputs(t,x,u);     %Calculate outputs
case 4
```

```
sys=mdlGetTimeOfNextVarHit(t,x,u);           %Get next sample time
case{1,9}
sys=[];     %Unused flags
otherwise
error(['Unhandled flag=',num2str(flag)]);        %Error handling
end
function[sys,x0,str,ts]=mdlInitializeSizes
sizes=simsizes;
sizes.NumContStates=0;
sizes.NumDiscStates=1;
sizes.NumOutputs=1;
sizes.NumInputs=2;
sizes.DirFeedthrough=1;          %flag=4 requires direct feedthrough
sizes.NumSampleTimes=1;
sys=simsizes(sizes);
x0=[0];
str=[];
ts=[-2 0];          %variable sample time
function sys=mdlUpdate(t,x,u)
sys=u(1);
function sys=mdlOutputs(t,x,u)
sys=x(1);
function sys=mdlGetTimeOfNextVarHit(t,x,u)
sys=t+u(2);
mdlGetTimeOfNextVarHit
```

返回下一个采样点的时间，这个时间就是在仿真中下一次调用 vsfunc 的时间。这意味着直到下一次之前，该 S-Function 没有输出。在 vsfunc 中，下一采样时间点的时间被设置为 t+u(2)，即意味着第二输入 u(2)设置了下一次调用 vsfunc 的时间。

26.3 应用实例

【例 26-6】某系统状态方程如下：

$$x' = \begin{pmatrix} -1 & 0 & 0 \\ 0 & -2 & 0 \\ 0 & 0 & -3 \end{pmatrix} x + \begin{pmatrix} 3 \\ -22 \\ 20 \end{pmatrix} u,$$

$$y = [-1 \quad -1 \quad -1]x$$

试用 S-Function 建立起仿真模型，并求其单位阶跃响应曲线。

打开 S-Function 模板文件。打开 S-Function 模板文件除了按照上述介绍的方法，也可以在命令窗口中输入以下命令：

```
>>open sfuntmpl
```

或者

```
>>edit sfuntmpl
```

执行命令后系统弹出 M 文件的 S-Function 编辑窗口。实现上述系统的函数源代码如下：

```
function[sys,x0,str,ts]=exm2607(t,x,u,flag)
switch   flag,
%初始化函数
case 0
```

```
[sys,x0,str,ts]=mdlInitializeSizes;
%求导数
case 1
sys=mdlDerivatives(t,x,u);
%状态更新
case 2
sys=mdlUpdate(t,x,u);
%计算输出
case 3
sys=mdlOutputs(t,x,u);
%计算下一个采样时间
case 4
sys=mdlGetTimeOfNextVarHit(t,x,u);
%终止仿真程序
case 9
sys=mdlTerminate(t,x,u);
%错误处理
otherwise
error(['Unhandled flag=',num2str(flag)]);        %Error handling
end
% mdlInitializeSizes 模型初始化函数，返回：
%sys 是系统参数
%x0 是系统初始状态，如没有状态，取[]
%str 是系统阶字串，通常设为[]
%ts 是取样时间矩阵，对连续取样时间，ts 取[0 0]
%若使用内部取样时间，ts 取[-1 0]，-1 表示继承输入信号的采样周期
function[sys,x0,str,ts]=mdlInitializeSizes        %模型初始化函数
sizes=simsizes;                                   %去系统默认设置
sizes.NumContStates=3;                            %设置连续状态变量个数
sizes.NumDiscStates=0;                            %设置离散状态变量个数
sizes.NumOutputs=1;                               %设置系统输出变量个数
sizes.NumInputs=1;                                %设置系统输入变量个数
sizes.DirFeedthrough=0;                           %设置系统是直通
 sizes.NumSampleTimes=1;                          %采样周期的个数，必须大于或等于 1
sys=simsizes(sizes);                              %设置系统参数
x0=zeros(3,1);                                    %系统初始化
str=[];                                           %系统阶字串总为空矩阵
ts=[0 0];                                         %设置采样时间矩阵
function sys=mdlDerivatives(t,x,u)
x(1)=-1*x(1)+3*u;
x(2)=-2*x(2)-22*u;
x(3)=-3*x(3)+20*u
sys=x;
function sys=mdlUpdate(t,x,u)
sys=[];                                           %根据状态方程（差分方程部分）修改此处
function sys=mdlOutputs(t,x,u)
sys=-x(1)-x(2)-x(3);                              %根据输出方程修改此处
function sys=mdlGetTimeOfNextVarHit(t,x,u)
sampleTime=1;                                     %例如，下一步仿真时间是 1s 之后
sys=t+sampleTime;
%mdlTerminate 终止仿真设定，完成仿真终止时的任务
function sys=mdlTerminate(t,x,u)
sys=[];
%程序结束
```

将上述 S-Function 在当前目录下保存为 M 文件 exm2607，再建立 Simulink 模型，如图 26-11 所示，并设置 S-Function 模块的参数为 S-Function name，仿真参数取默认值，运行仿真，结果如图 26-12 所示。

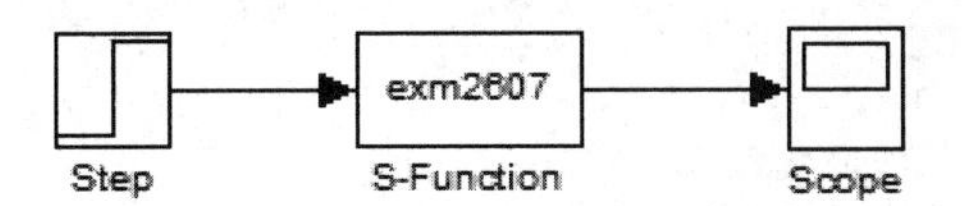

图 26-11　S-Function 仿真模型

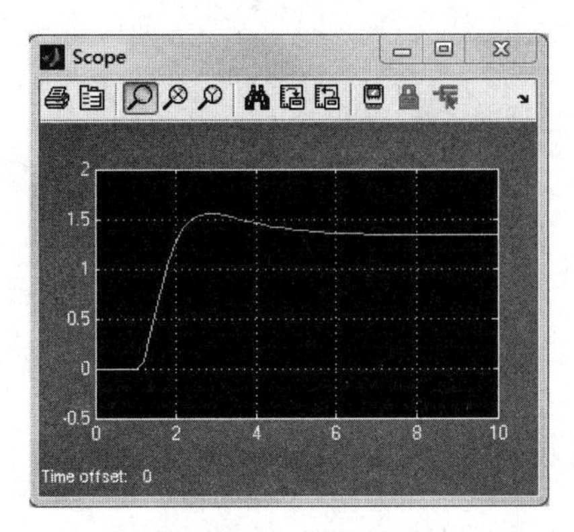

图 26-12　仿真结果

【例 26-7】 已知 PID 流程图的比例微分积分式为：

$$U(k) = K_p \times e(k) + K_i \times T \times \sum_{m=0}^{k} e(k) + K_d \times [e(k-1) - e(k-2)] / T$$

试使用 S-Function 实现该 PID 控制器，并建立其 Simulink 模型。

打开 S-Function 模板程序，建立 PID 的 S-Function 源文件，其代码如下：

```
function[sys,x0,str,ts]=exm2607(t,x,u,flag,kp,ki,kd)
    switch   flag,
    %初始化函数
    case 0
        [sys,x0,str,ts]=mdlInitializeSizes;
    %求导数
    case 1
        sys=mdlDerivatives(t,x,u);
    %状态更新
    case 2
        sys=mdlUpdate(t,x,u,kp,ki,kd);
    %计算输出
    case 3
        sys=mdlOutputs(t,x,u,kp,ki,kd);
    %计算下一个采样时间
    case 4
        sys=mdlGetTimeOfNextVarHit(t,x,u);
    %终止仿真程序
    case 9
        sys=mdlTerminate(t,x,u);
    %错误处理
```

```
    otherwise
        error(['Unhandled flag=',num2str(flag)]);     %Error handling
end
% mdlInitializeSizes 模型初始化函数，返回：
%sys 是系统参数
%x0 是系统初始状态，如没有状态，取[]
%str 是系统阶字串，通常设为[]
%ts 是取样时间矩阵，对连续取样时间，ts 取[0 0]
%若使用内部取样时间，ts 取[-1 0]，-1 表示继承输入信号的采样周期
function[sys,x0,str,ts]=mdlInitializeSizes              %模型初始化函数
sizes=simsizes;                                         %去系统默认设置
sizes.NumContStates=0;                                  %设置连续状态变量个数
sizes.NumDiscStates=4;                                  %设置离散状态变量个数
sizes.NumOutputs=1;                                     %设置系统输出变量个数
sizes.NumInputs=1;                                      %设置系统输入变量个数
sizes.DirFeedthrough=0;                                 %设置系统是直通
sizes.NumSampleTimes=1;                                 %采样周期的个数，必须大于或等于 1
sys=simsizes(sizes);                                    %设置系统参数
x0=zeros(4,1);                                          %系统初始化
str=[];                                                 %系统阶字串总为空矩阵
ts=[-2 0];
%ts(1)=-2 表示采样时间由 flag=4 和 mdlGetTimeOfNextVarHit(t,x,u)决定
%下一个采样时间
function sys=mdlDerivatives(t,x,u)
sys=[];
function sys=mdlUpdate(t,x,u,kp,ki,kd)
x(3)=x(2);
x(2)=x(1);
x(1)=u;
x(4)=u+x(4)
sys=x                                                   %根据状态方程（差分方程部分）修改此处
function sys=mdlOutputs(t,x,u,kp,ki,kd)
sys=kp*x(1)+ki*0.01*x(4)+kd*(x(2)-x(3))/0.01;           %根据输出方程修改此处
function sys=mdlGetTimeOfNextVarHit(t，x，u)
sampleTime=0.01;                                        %例如，下一步仿真时间是 1s 之后
sys=t+sampleTime;
%mdlTerminate 终止仿真设定，完成仿真终止时的任务
function sys=mdlTerminate(t,x,u)
sys=[];
%程序结束
```

将上述 S-Function 在当前目录下保存为 M 文件 exm2608，再建立 Simulink 模型，如图 26-13 所示，并设置 S-Function 模块的参数为 S-Function name，在 S-Function parameters 文本框中设置 6.0,5.0,0.5，如图 26-14 所示。Simulink 仿真参数设置为默认值，运行仿真，结果如图 26-15 所示。

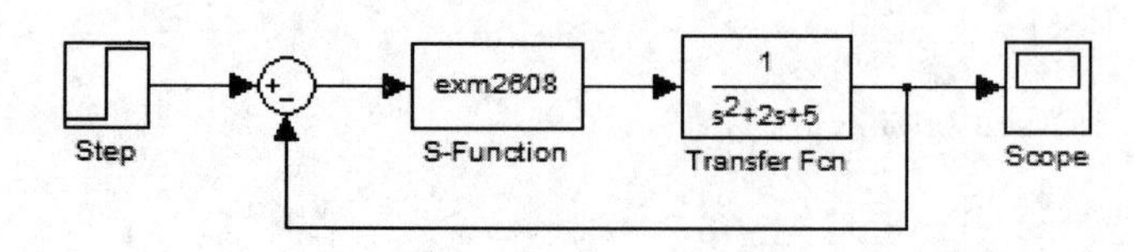

图 26-13　PID 仿真系统

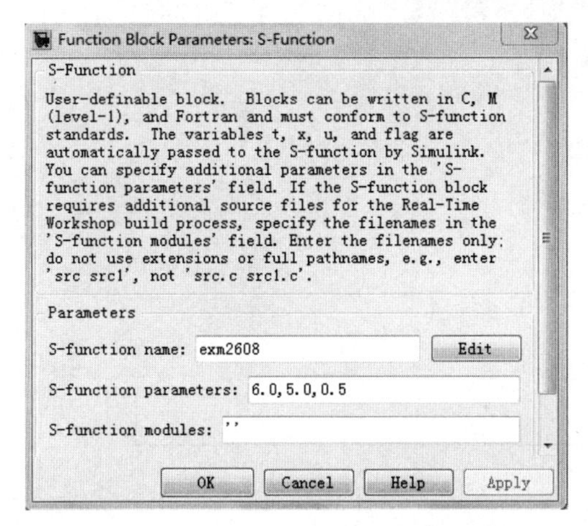

图 26-14　PID-Function 模块参数设置对话框

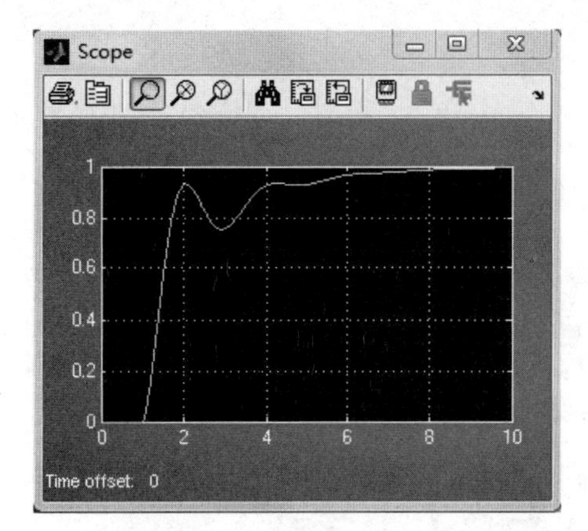

图 26-15　PID 模型仿真结果

26.4　小结

本章介绍了 S-Function 的功能、运行过程、运行原理及 M 文件 S-Function 的编写方法。通过本章的学习，读者应该做到以下几点：

（1）理解 S-Function 的工作原理。

（2）理解 S-Function 采样时间的设置。

（3）掌握 S-Function 的参数设置。

（4）掌握用 M 文件编写 S-Function。

27 模块封装

由第 5 章可知，Simulink 中提供了用户自定义模块，使用户能够创建自己需要的模块，这极大地拓宽了 Matlab 的应用范围。本章重点介绍 Simulink 中子系统的创建和模块封装技术。

本章主要内容：

- 模块封装技术简介。
- 对于复杂的仿真模型，介绍其中子系统的创建过程。
- 对已创建好的子系统进行封装。

27.1 概述

在 Simulink 建模仿真的过程中，对于一些简单的系统，可以直接建立系统的模型，并可以分析模块之间的相互关系以及模块的输入输出关系。但是，对一个复杂系统或者一个大系统中存在多个相对独立的子系统来说，Simulink 中将会包含非常多的模块，这时用户一般并不关心某些基本模块之间的信号交互，而是希望了解系统不同组成部分之间的信号流向。因此，有必要根据系统的结构将同属于一个部分的基本模块用一个模块来代替，建模用到这一部分时只需将一个模块拉入窗口即可。这种用一个模块代替一个子系统的方法就叫做模块封装技术。

Simulink 中采用模块分装技术将会极大地提高建模的效率，采用这一方法的好处有：

- 体现了面向对象的设计方法。封装后的子系统对于用户而言是透明的，用户可以将它看做一个“黑匣子”，只需关心子系统两端的输入输出，而可以不管子系统内部信号的处理过程。
- 提高了工作效率和可靠性，封装后的子系统可以实现“重用”。
- 对于封装的子系统，其工作空间与基本工作空间相互独立，简化了模型的设计。
- 符合实际系统分层或分部组成的基本情况。

27.2　子系统的创建

27.2.1　在已有的系统模型中建立子系统

设已有 Simulink 模型如图 27-1 所示，框选需要封装的模块区域（用 Shift 键和鼠标左键配合可以达到同样的目的），如图 27-2 所示。

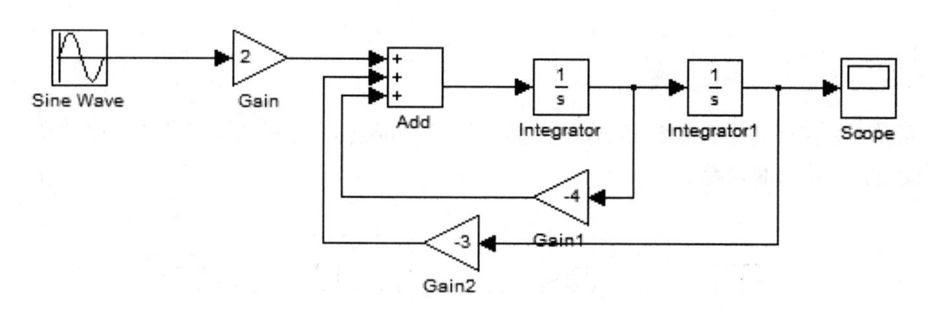

图 27-1　Simulink 模型

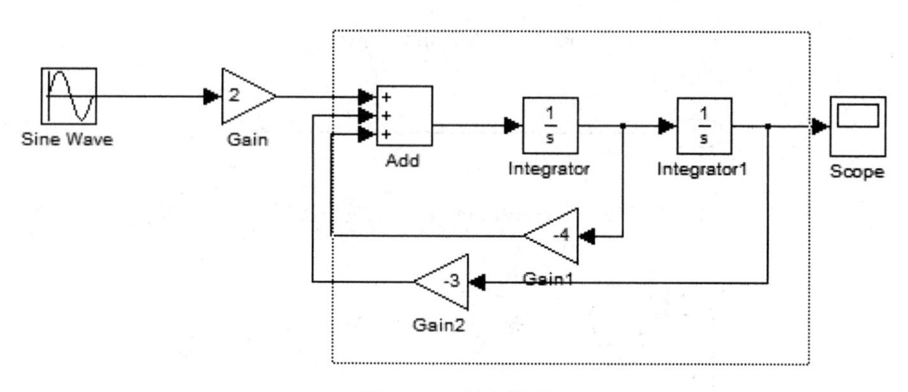

图 27-2　框选模型

然后对所选区域的模块右击并选择 Create Subsystem 命令，即可将上述区域建立成一个子系统，如图 27-3 所示。

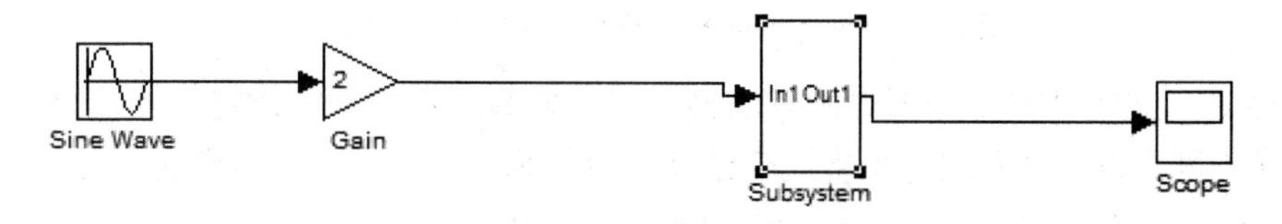

图 27-3　生成子系统后的模型

单击 Subsystem 模块，弹出子系统模型，如图 27-4 所示。

很明显，子系统的功能就是把相关的模块集中起来用一个模块来代替，但并没有删除这些模块，这个系统的结构仍然没有变。

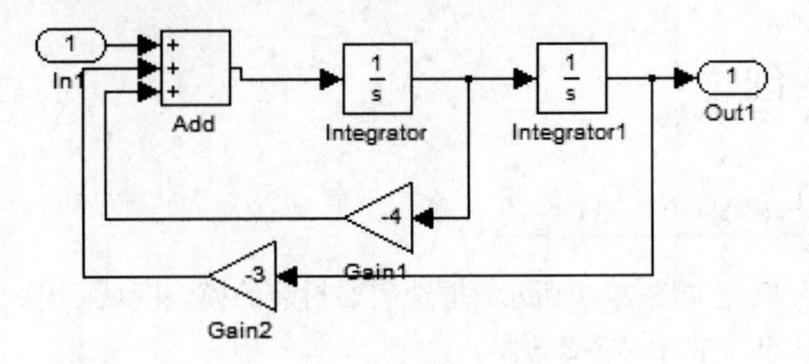

图 27-4　子系统模型

27.2.2　在系统模型中新建子系统

建立简单的系统模型如图 27-5 所示，然后双击 Subsystem 模块，在如图 27-6 所示的窗口中建立如图 27-7 所示的模型。

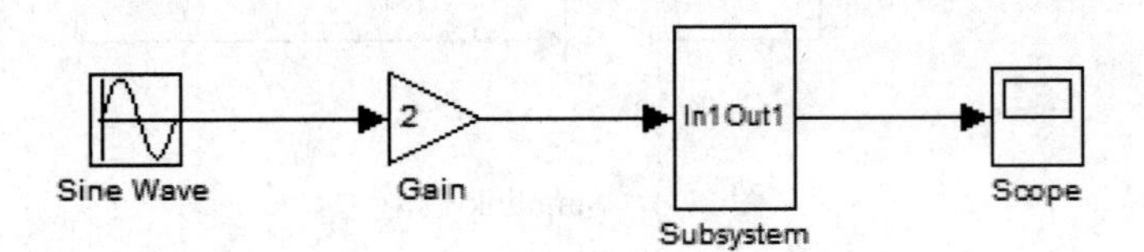

图 27-5　Simulink 模型

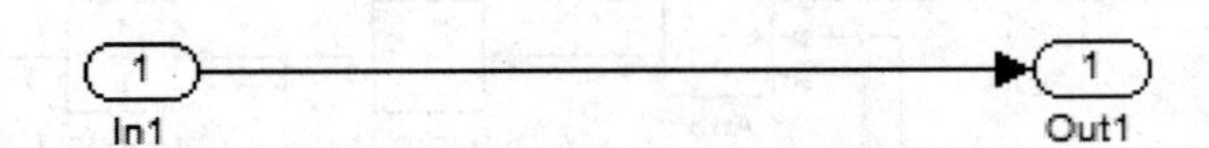

图 27-6　Subsystem 模块的编辑窗口

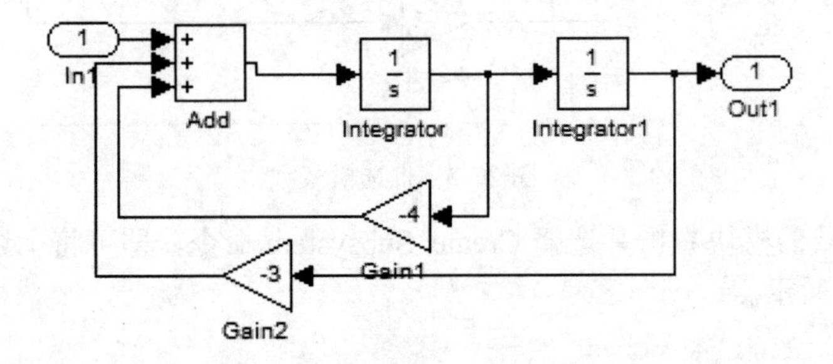

图 27-7　Subsystem 模块的编辑窗口中的生成模型

由此可知，这两种建立子系统的方法最后实现的是一摸一样的功能，不同之处在于前后的操作顺序不同。第一种方法是先将这个结构搭建起来，然后对相关的模块进行封装。第二种方法则是先做一个封装容器，然后在封装容器中添加模块。

在使用 Simulink 中的子系统建立系统模型时通常有以下几个常用的操作：

- 子系统的编辑：双击子系统模块的图标，打开子系统并对其进行编辑。
- 子系统的输入：使用 Sources 模块库中的 Inport 输入模块（即 In1 模块）作为子系统的输入端口。

- 子系统的输出：使用 Sinks 模块库中的 Outport 输出模块（即 Out1 模块）作为子系统的输出端口。

27.2.3 用子系统模块定义模块库

上面介绍了 Simulink 子系统的创建过程。子系统的创建极大地提高了建模仿真的效率，给不同领域的设计者带来了很大方便，使用者调用这些模块和调用 Simulink 内部的模块一样。但是，如果创建的子系统比较多，应用的范围不尽相同，那么如何有效地管理这些模块就成为了一个非常重要的问题。

由第 5 章可知，模块库就是指具有某种相似属性的一类模块的集合。在 Simulink 模块浏览器中有大量的模块库，用户可以调用其中的模块来进行各种系统的仿真。Simulink 允许用户自定义模块库，从而可以对不同的子系统模块进行管理。自定义模块库的使用方法和 Simulink 其他自带的模块库的使用方法一模一样。

创建模块库的步骤如下：

（1）在 Simulink Library Browser 窗口中选择 File→New→Library 命令。

（2）将用户自定义的子系统模块或其他模块库中的模块拖放到新建的模块库中。

（3）保存模块库。

27.3 模块封装

27.3.1 模块封装的特点

所谓封装模块，就是将其对应的子系统内部结构隐含起来，以便访问该模块时只出现一个参数设置对话框，将模块所需要的参数用这个对话框来输入。其实 Simulink 模块库中的大多数模块都是从一些更底层的模块封装起来，例如传递函数模块，双击它是看不到其内部结构的，只是会打开一个参数设置对话框来输入传递函数的分子和分母参数，这正是应用了模块封装技术。

建立子系统模块与封装模块不同，建立子系统模块是将一组可以完成相关功能的模块用一个子系统模块来代替，其主要目的是为了简化 Simulink 模型，使复杂的模型变得简单，便于进行仿真分析。但是每当对子系统模块的参数进行设置时，需要对子系统中的各个模块的参数分别进行设置，所以其并没有简化模型的参数设置。当模型中用到多个子系统模块并且每个子系统中模块的参数设置都不相同时，这就显得很不方便，而且非常容易出错。

而模块封装就是为了解决上述单纯建立子系统的不足，模块封装可以将完成特定功能的相关模块集合在一起，将其中经常要设置的参数转换为变量，然后对其进行封装，使得原来各个模块的参数设置可以在封装系统的参数设置对话框中统一进行设置，这就大大简化了参数的设置，而且不容易出错，这非常有利于进行复杂的大系统仿真。

27.3.2 封装选项设置

对图 27-7 所示的模块进行封装，右击子系统模块后选择 Mask Subsystem 选项，系统将弹出如图 27-8 所示的模块封装编辑程序界面，下面分别介绍该程序界面中各个选项卡的设置。

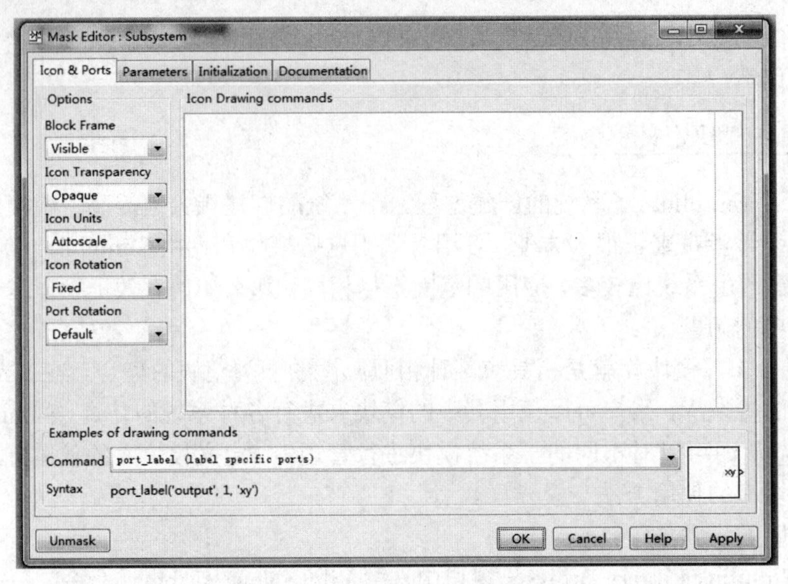

图 27-8　模块封装编辑程序界面

1. Icon&Ports 选项卡

Icon&Ports 选项卡的作用主要是创建封装模块的图标，像普通的模块一样，在图标中可包含描述性文字、状态方程、图像和图形。

（1）Options。

- Frame（框架）：框架指的是将模块封装起来的那个矩形。用户可以通过 Frame 选项来决定显示还是隐藏框架，默认情况是显示框架。
- Transparency（透明）：可以将图标设置为透明的或不透明的。
- Rotation（旋转）：当模块旋转时，该选项可以设定图标是否可跟着变化。
- Units（单位）：控制命令坐标系统的单位。

（2）Icon Drawing commands。

用户可以在该区域内编写绘制图标的命令，例如可以使用 Matlab 的 plot()函数画出线状的图形，也可以使用 disp()函数在图标上写字符串名，还允许用 image()函数来绘制图像。

（3）Examples of drawing commands。

该区域提供了各种模块图标编辑的实例，在 Command 下拉列表框中选择不同的命令，系统将会自动绘制出不同的模块图标，图标显示在窗口的右下角。

2. Parameters 选项卡

Parameters 选项卡可以创建封装模块参数对话框中的变量，这些变量决定了封装子系统的各种特性和行为，如图 27-9 所示。

例如设置如图 27-10 所示的 3 个变量，单击 OK 按钮后再双击子系统模块，可弹出子系统模块的参数设置对话框，如图 27-11 所示。

3. Initialization 选项卡

Initialization 选项卡允许用户输入 Matlab 命令来初始化封装子系统，如图 27-12 所示。

（1）Dialog variables。

此列表显示了封装子系统参数对话框中的变量名。

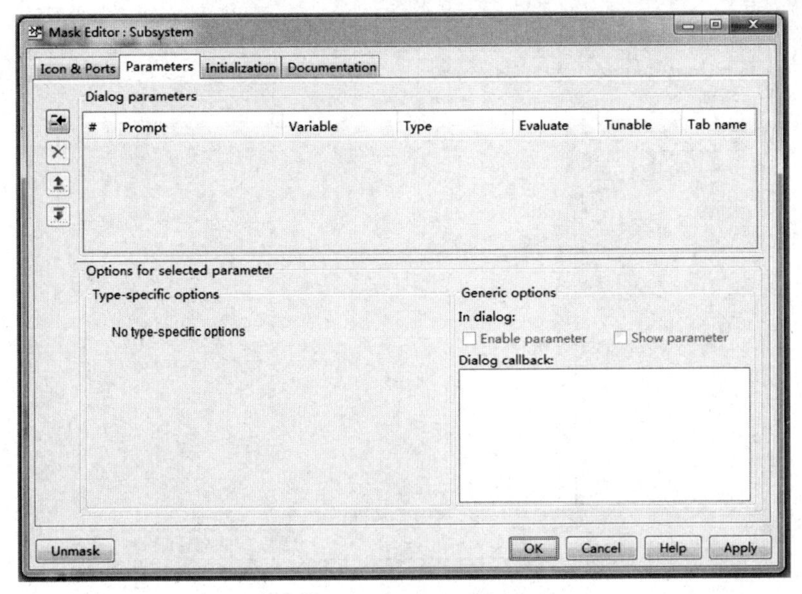

图 27-9　Parameters 选项卡

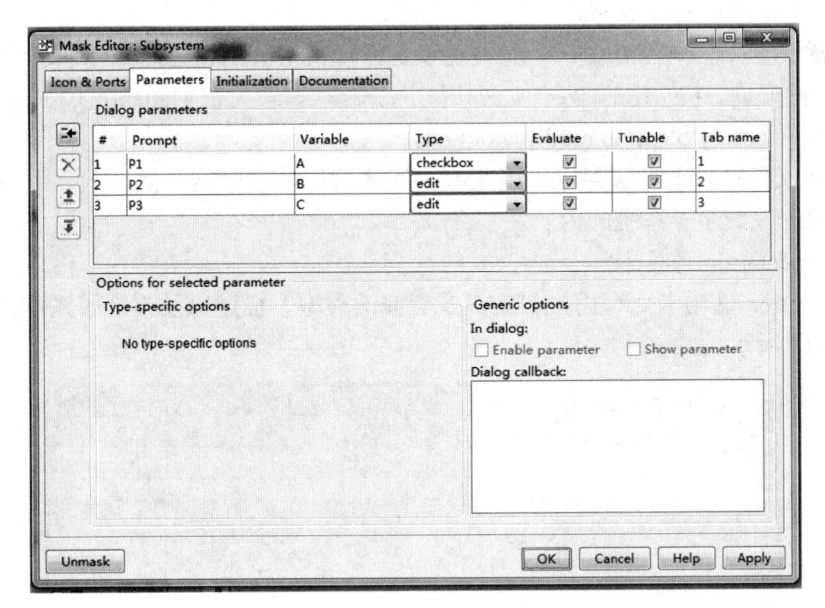

图 27-10　设置变量

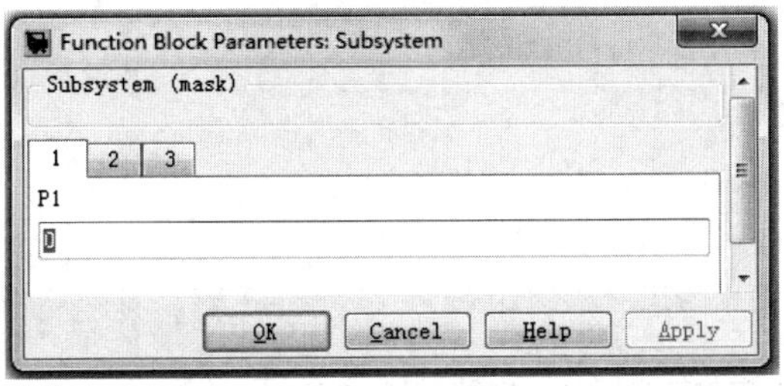

图 27-11　子系统模块参数设置对话框

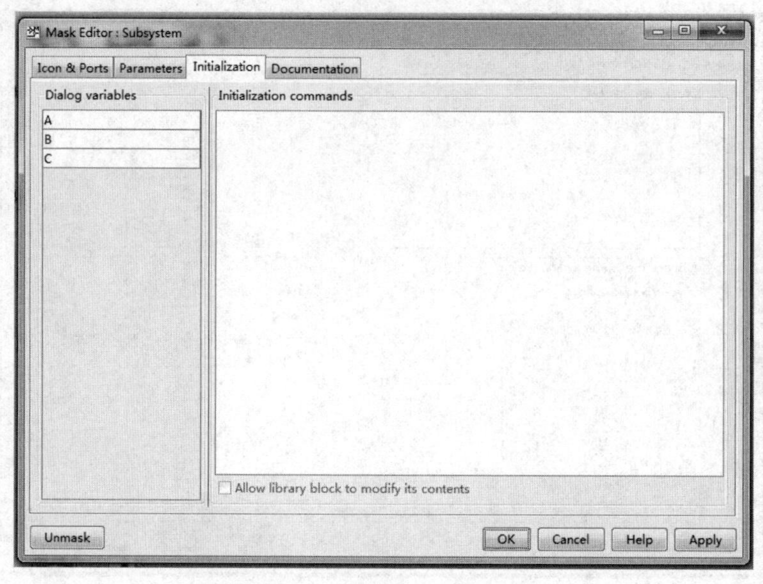

图 27-12 Initialization 选项卡

（2）Initialization commands。

在该区域中可以输入初始化命令，命令可以是任何 Matlab 的表达式，但是初始化命令不能是基本工作空间的变量。初始化的命令一定要用分号来结尾，避免在 Matlab 窗口中出现回调结果。

（3）Allow library block to modify contents。

该复选项仅当封装子系统存在于模块库中时才可用。选中这个复选项，系统将允许模块的初始化代码修改封装子系统的内容。

4. Documentation 选项卡

Documentation 选项卡允许用户自定义或者修改类型、描述以及封装子系统模块的帮助文档，如图 27-13 所示。

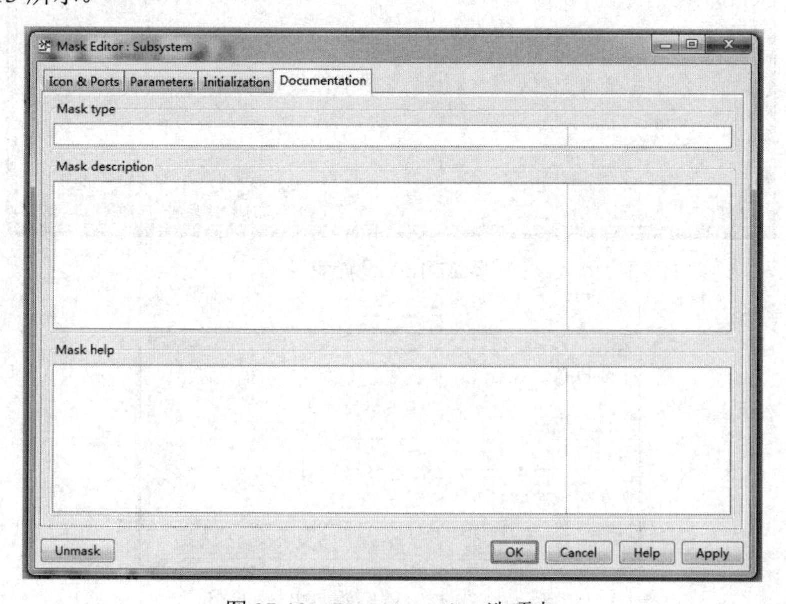

图 27-13 Documentation 选项卡

（1）Mask type。

为封装子系统模块的参数对话框设置说明的标题，当 Simulink 创建模块的参数对话框时，它会自动在名字后面添加“(mask)”，以区别系统内建的模块。

（2）Mask description。

对封装子系统模块的工作进行说明。用户在封装模块时尽量对模块进行描述，以便用于其他模型当中。

（3）Mask help。

该模块的帮助文档，可以在其中讲述如何对模块的参数进行设置，以便其能更好地用于其他模块当中。

27.4 小结

本章讲述了 Simulink 中子系统的创建与模块封装技术。通过本章的学习，读者应该做到以下几点：

（1）了解复杂仿真模型简化的必要性。

（2）掌握在复杂仿真模型中创建子系统的方法。

（3）重点掌握对子系统模块的封装。

28 Real-Time Workshop

RTW（Real-Time Workshop，实时工作间）是 Matlab 图形建模和仿真环境 Simulink 的一个重要的补充功能模块，它作为 Matlab 和 Simulink 的扩展，使系统实时仿真变得异常快速简便。

本章主要内容：

- 介绍 RTW 的功能、特征和应用。
- RTW 自动程序创建过程简介。
- 详细介绍 RTW 创建 C 代码的过程与步骤。

28.1 概述

RTW（Real-Time Workshop，实时工作间）是 Matlab 图形建模和仿真环境 Simulink 的一个重要的补充功能模块，它作为 Matlab 和 Simulink 的扩展，使系统实时仿真变得异常快速简便。它是一个基于 Simulink 的代码自动生成环境，能直接从 Simulink 的模块中产生优化的、可移植的和个性化的代码，并根据目标配置自动生成多种环境下的程序。利用它可加速仿真过程，提供知识产权保护，或者生成可在不同的快速原型化实时环境或产品目标下运行的程序。它支持连续时间、离散时间和混合时间系统，包括条件执行型系统和非虚拟型系统；支持 Ada 代码的自动生成；支持 Stateflow 代码器，可用来生成事件驱动型系统的优先状态机代码。另外，RTW 还将 Simulink 外部模式的运行时监视器（Run-Time Monitor）与实时目标无缝集成在一起，提供了极好的信号监视和参数调整界面。

1. RTW 的主要功能

从概念上讲，RTW 支持两种类型的实时目标：快速原型化目标和嵌入式目标。

从功能上讲，RTW 具有如下 5 个基本功能：

（1）Simulink 代码生成器：能自动地从 Simulink 模型中产生 C 和 Ada 代码。

（2）创建过程：可扩展的程序创建过程使用户产生自己的产品级或快速原型化目标。

（3）Simulink 外部模式：外部模式使 Simulink 与运行在实时测试环境下的模型或相同计算机上的另一个进程进行通信成为可能。外部模式使用户将 Simulink 作为前向终端进行实时的参数调整或数据观察。

（4）多目标支持：使用 RTW 捆绑的目标，用户可以针对多种环境创建程序，包括 Tornado 和 DOS 环境。通用实时目标和嵌入式实时目标为开发个性化的快速原型化环境或产品目标环境提供了框架。除了捆绑的目标外，实时视窗目标或 xPC 目标（两者皆为独立产品，需要另外购买）使用户可以将任何形式的PC机变成一个快速原型化目标或者中小容量的产品级目标。

（5）快速仿真：使用 Simulink 加速器（Simulink 性能工具箱中的一个产品）、S 函数目标或快速仿真目标，用户能以平均 5～20 倍的速度加速仿真过程。

2. RTW 的主要特征

MathWorks 工具集（包括 RTW）的主要目标是使用户加快设计过程，同时降低费用，缩短投向市场的时间并提高质量。传统的开发过程倾向于劳动密集型，采用低劣的工具经常导致缺乏重用性的软件项目的泛滥。使用 MathWorks 工具集，用户可以将精力集中在设计上，并且使用更少的人力在更短的时间内产生更好的效果。为实现上述目标，RTW 具有以下重要特征：

（1）基于 Simulink 模块的代码生成器。它可生成不同类型的优化的和个性化的代码；支持 Simulink 所有的特性，包括 Simulink 的所有数据类型；所生成的代码与处理器无关；支持任何的单任务或多任务操作系统，同时也支持“裸板”环境（即无操作系统）；使用 RTW 目标语言编译器（TCL）能够对所生成的代码进行个性化；通过 TCL 生成 S 函数代码，可将用户手写代码嵌入到生成代码中。

（2）基于模型的调试支持。使用 Simulink 的外部模式可将数据从目标程序上传到模型框图的显示模块上，进而对模型代码的运行情况进行监视，而不必使用传统的 C 或 Ada 调试器来检查代码；通过使用 Simulink 的外部模式，用户可通过 Simulink 模型来调节所生成的代码。当改变模型中的模块参数时，新的参数值下载到所生成的代码中并在目标机上运行，对应的目标存储区域也同时被更新。不必使用嵌入式编译器的调试器执行上述操作，Simulink 模型本身就是调试器用户界面。

（3）与 Simulink 环境紧密集成。用户可从模型中产生代码并生成单机可执行程序，可对所生成的代码进行测试，生成包含执行结果的 MAT 数据文件；所生成的代码包含了系统/模块的标志符，有助于辨识源模型中的模块；支持 Simulink 数据对象，可按需要实现信号和模块参数与外部环境的接口。

（4）具有加速仿真功能。

（5）支持多目标环境。基于 RTW 可生成多种快速原型化的解决途径，能极大地缩短开发周期，实现重复设计的快速转向；RTW 提供了多个快速原型化目标范例，有助于用户开发自己的目标环境；从 MathWorks 公司可得到基于 PC 硬件的目标环境（实时视窗目标和 xPC 目标），这些目标能将快速、高质量和低造价的 PC 机变为一个快速原型化系统；支持多种第三方硬件和工具。

（6）扩展的程序创建过程。允许使用任何类型的嵌入式编译器和链接器，使其可与 RTW 结合使用；可将手工编写的监管性或支持性的代码简单地链接到所生成的目标程序中。

（7）RTW 嵌入式代码生成器提供以下功能：能生成个性化、可移植和可读的 C 代码，直接嵌入到嵌入式产品环境中；使用内嵌化的 S 函数并且不使用连续时间状态，所生成的代码更为有效；支持软件在回路中的仿真，用户可生成用于嵌入式应用系统的代码，同时还可返回到 Simulink 环境中进行仿真校验；提供参数调整和信号监视功能，可以很容易地对实时系统中的代码进行访问。

（8）RTW Ada 代码生成器提供以下功能：能生成个性化、可读的和高效的嵌入式 Ada 代码；由于必须采用内嵌化的 S 函数，因此可生成比其他 RTW 目标更有效的代码；参数调整和信号监视功能可以很容易地对实时系统中的生成代码进行访问。

3. RTW 的应用

RTW 可用于如下应用情况：

（1）产品级的嵌入式实时应用领域。

RTW 能直接从 Simulink 模型中生成具有产品级质量的、用于实时系统（如控制器或数字信号处理应用）的 C 或 Ada 代码，通过交叉编译和链接可直接下载到目标处理器中。用户可通过生成 S 函数的方法对所生成的代码进行个性化，或通过使用目标语言编译器指定生成代码的特性。这样用户可以将主要编写代码的工作集中在产品的特性上（例如设备驱动程序和通用设备接口）。

（2）快速原型化。

当 RTW 作为快速原型化工具使用时，RTW 可使嵌入式系统的设计工作得以快速实现，而无须进行繁琐的手工编写代码和调试过程。其典型的快速原型化可用于设计周期中的软/硬件集成和测试阶段，功能包括：在模块图建模环境下以图形化的方式对算法进行概念化；在设计早期阶段对系统性能进行估价（配置硬件、生成产品软件或设计定型前）；通过算法设计和原型化之间的快速重复对设计进行完善；使用 Simulink 外部模式，可将 Simulink 作为图形前向终端；在运行实时模型的同时调整参数。

用户可使用 RTW 生成可下载的、能在实时操作系统中运行的 C 代码。对于 RTW 的快速原型化目标，所生成的代码包含了一个数据结构——SimStruct，用于将模型的细节封装起来。该数据结构在外部模式下用于和 Simulink 进行双向联系，允许直接进行访问。通过 Simulink 外部模式可以很容易地对生成的代码进行监视和调试，用户可在线监视信号和调整参数，并通过快速重复设计过程进一步精化模型，使用户快速得到满意的结果。

（3）实时仿真。

用户可以为整个系统或指定的子系统生成代码并运行（用于硬件在回路中的仿真）。

（4）生成完善的实时解决途径。

（5）知识产权保护。

（6）快速仿真。

当使用 Simulink 对动态系统进行建模时，可以使用 RTW 来加速仿真速度，从而加速整个设计过程。RTW 提供了 3 个可用于加速仿真的目标：Simulink 加速器目标，它可将速度提高 2～8 倍（相对于标准的仿真过程），支持定步长和变步长积分器；快速仿真目标，可将仿真速度提高 5～20 倍（相对于标准的仿真过程），它非常适用于处理批量参数的仿真过程；S 函数目标，该目标与 Simulink 加速器相似，用户可将生成的动态链接库文件加入到其他模型中，作为一个 S 函数模块进行使用。

28.2 RTW 自动程序创建过程简介

RTW 的实现机制是一个复杂的过程。它提供了一个实时的开发环境，将 Matlab 与 Simulink

连接为一个整体，并在这个基础上提供了从系统设计到硬件实现的方法和简单易用的接口。它的体系结构是开放的和可伸展的，它的代码生成器是完全结构化的。RTW 还提供了 TLC 来扩充自己的功能。通过使用 TLC，可以修改、优化 RTW 生成的 C 程序，扩充 RTW 的功能。比如，硬件驱动程序与硬件有关，随系统改变而改变，因此 RTW 没有也不可能提供自动生成这种程序代码的功能。此时，就需要利用 TLC 生成相应的驱动程序。

RTW 自动程序创建过程能在不同主机环境下生成用于实时应用的程序，该创建过程使用高级语言编译器中的联编实用程序来控制所生成源代码的编译和链接过程。

RTW 使用一个高级的 M 文件命令控制程序创建过程，默认命令是 make_rtw。该创建过程包含以下 4 个步骤，如图 28-1 所示：

（1）分析模型并对模型描述文件进行编译。

（2）由目标语言编译器从模型中生成代码。

（3）程序联编文件（makefile）的生成。

（4）在自定义的程序创建文件的控制下，由联编实用程序生成可执行程序。

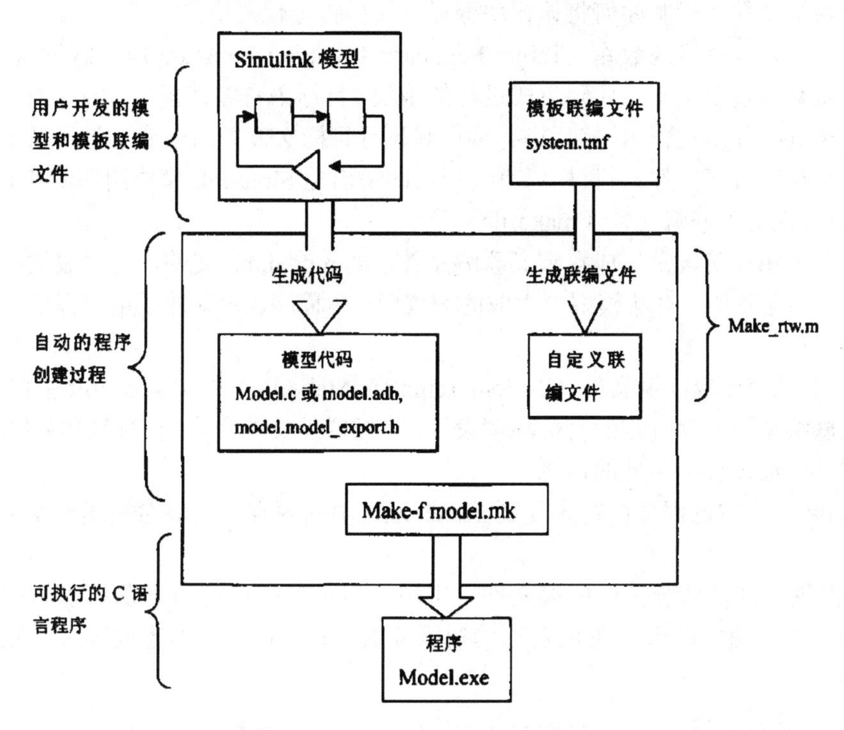

图 28-1 RTW 的自动程序创建过程

28.2.1 程序创建过程

1. 分析模型

RTW 的程序创建过程从对 Simulink 模块方框图的分析开始，包括以下过程：

- 计算仿真和模块参数。
- 递推信号宽度和采样时间。
- 确定模型中各模块的执行次序。

- 计算工作向量（Work Vector）的大小（如 S 函数使用的工作向量）。

在本阶段，RTW 先读取模型文件（model.mdl），再对其进行编译，形成模型的中间描述文件。该中间描述文件以 ASCII 码的形式进行存储，文件名为 model.rtw，该文件是下一步的输入信息。

2. 由目标语言编译器（TLC）生成代码

在程序创建过程的第二阶段，目标语言编译器将中间描述文件（model.rtw）转换为目标指定代码。

目标语言编译器（Target Language Compiler）是一种可将模型描述文件转换为指定目标代码的解释性编程语言。目标语言编译器执行一个由几个 TLC 文件组成的 TLC 程序，该程序指明了如何根据 model.rtw 文件从模型中生成所需代码。

TLC 程序包括以下文件：

- 系统目标文件（System Target File）：系统目标文件是主文件或入口点。
- 模块目标文件（Block Target File）：对于 Simulink 模型中所有的模块，都存在一个模块目标文件，指明如何将该模块翻译到目标指定代码中。
- 目标语言编译器函数库（Target Language Compiler Function Library）：目标语言编译器函数库包含了支持代码生成过程的函数。目标语言编译器生成代码的过程是：首先读取 model.rtw 文件，然后进行编译和执行目标文件中的命令（包括系统目标文件及每个模块目标文件）。目标语言编译器的输出是 Simulink 模块图的源代码版本。

3. 生成自定义的联编文件（makefile）

建立过程的第三阶段是生成自定义联编文件，即 model.mk 文件。所生成的联编文件的作用是：指导联编程序如何对从模型中生成的源代码、主程序、库文件或用户提供的模型进行编译和链接。

RTW 根据系统模板联编文件（System Template Makefile）即 system.tmf 生成 model.mk，该系统模板联编文件专为特定的目标环境设计。模板联编文件允许用户指定编译器、编译选项和可执行文件生成过程中额外的信息。

Model.mk 的生成过程是：首先复制 system.tmf 中的内容，然后对描述模型配置的标识符进行扩展。

RTW 提供了许多系统模板联编文件，可用于多种目标环境和开发环境。用户可以对已有的模板联编文件进行修改或生成自己的模板联编文件，对程序创建过程进行完全的个性化配置。

4. 生成可执行程序

程序创建过程的最后一个阶段是生成可执行程序，该阶段是可选项。

如果用户定制的目标系统是嵌入式微处理器或 DSP 板，可以只生成源代码，然后使用特定的开发环境对代码进行交叉编译并将其下载到目标硬件中。

在上一阶段生成 model.mk 文件后，程序创建过程将调用联编实用程序，而该程序对编译器程序调用。为避免对 C 代码文件进行不必要的重编译，联编实用程序对 Object 文件和 C 代码文件的从属关系进行时间检查，只对未更新的源文件进行编译。

作为可选项，联编程序可将生成的可执行文件下载到目标硬件中。

28.2.2 程序创建过程中生成文件

下面是 RTW 在代码生成和程序创建过程中产生的主要文件（model. *），每个文件都执行了一定的功能：

- model.mdl：由 Simulink 生成的模型文件，与高级编程语言源文件类似。
- model.rtw：由 RTW 程序创建过程生成，与高级语言源程序生成的目标文件类似。
- model.c：由目标语言编译器生成，对应于 model.mdl 文件的 C 语言源代码。
- model.h：由目标语言编译器生成，是映射模型中模块之间联系的头文件。
- model export.h：由目标语言编译器生成，是一个包含输出信号、参数和函数标识的头文件。
- model.mk：由 RTW 程序创建过程生成，是创建可执行程序的个性化联编文件。
- modeLexe（PC）或 model（在 UNIX）：是可执行程序，由用户的开发系统在联编实用程序控制下生成。

根据代码生成选项，在建立工程过程中可能会产生其他文件。

28.3 实例

本节将通过一个实例介绍如何利用 RTW 将 Simulink 模型编译生成 C 代码和普通实时程序。程序具有以下特点：

- 可以作为一个单机程序执行，独立于外部的定时和事件。
- 保存的数据在 Matlab 的 mat 文件中，作为以后分析的数据。
- 可以在 PC 或 UNIX 环境中生成。

这里利用 Matlab 内已建好的飞机纵向运动控制系统模型来介绍 RTW 生成 C 代码的过程和步骤。

1. 打开 Simulink 模型

在 Matlab 命令窗口中输入以下命令：

```
>> f14
```

打开如图 28-2 所示的仿真模型，f14 是一个飞机纵向运动控制系统仿真模型。该模型主要由 1 个信号发生模块、3 个示波器、4 个增益模块和 3 个子系统模块。信号发生模块用来模拟飞行员的操作，由一个示波器显示，另外两个示波器分别显示系统的输出，即飞行员承受的重力和飞行攻角。

2. 查看模型仿真结果

将示波器中的数据保存到工作空间中，具体操作如下：

（1）双击要进行数据保存的示波器，打开如图 28-3 所示的窗口。

（2）单击 Parameters 按钮，弹出参数设置对话框，如图 28-4 所示。

（3）单击 Data history 选项卡，选中 Save data to workspace 复选项，将变量名设置为 stickinput。

（4）单击 OK 按钮。

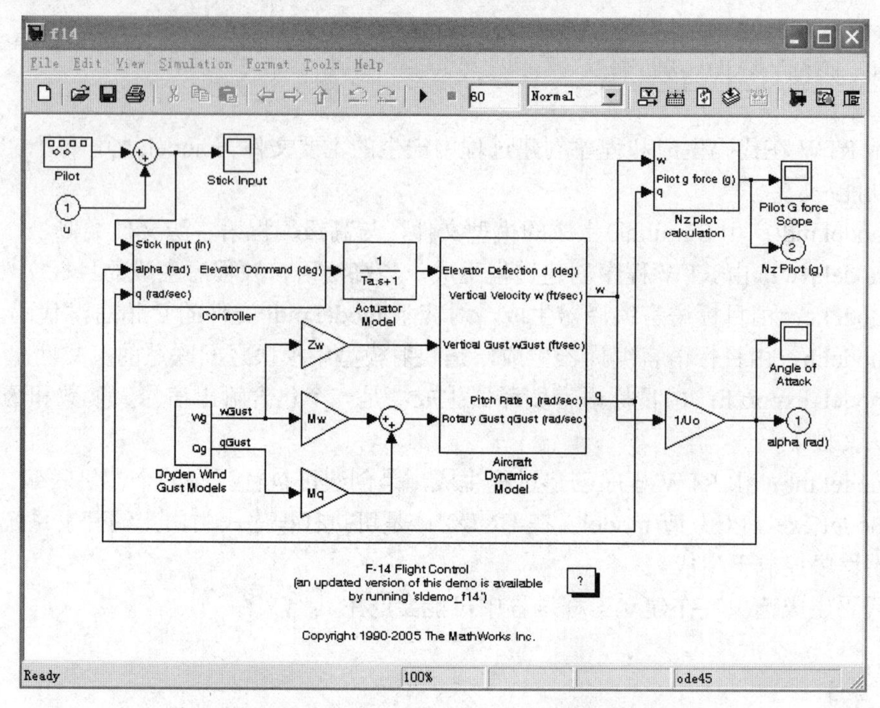

图 28-2　飞机纵向运动控制系统仿真模型

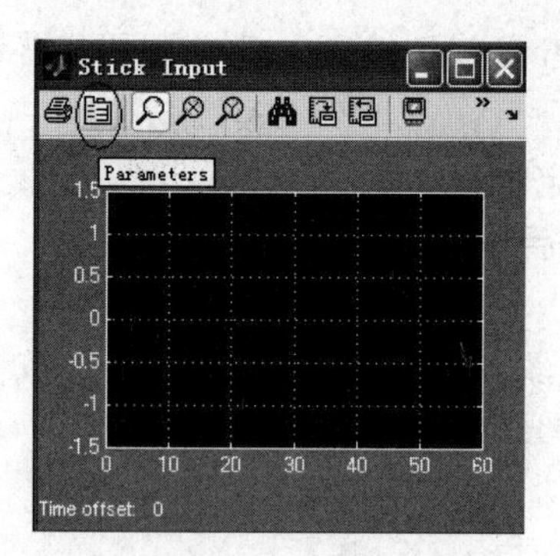

图 28-3　示波器

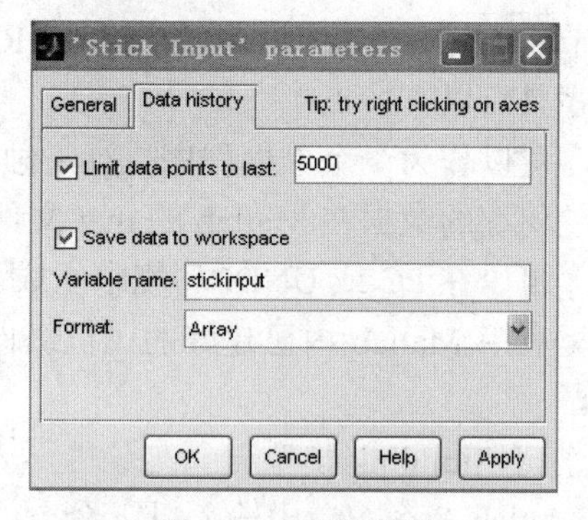

图 28-4　参数设置

（5）重复以上操作，设置另两个示波器，变量名分别设为 force 和 angle，如图 28-5 和图 28-6 所示。

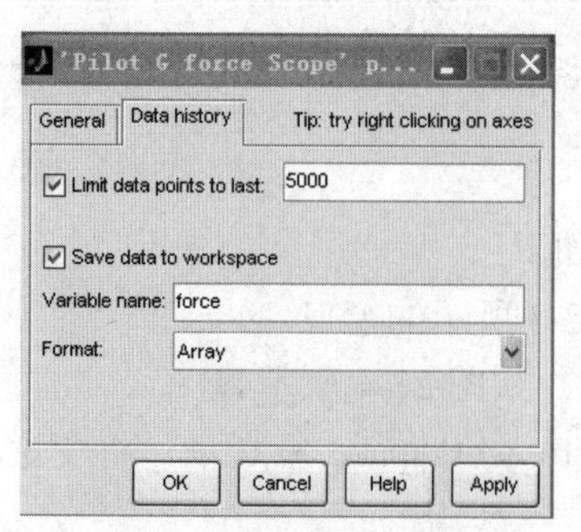

图 28-5　变量名设为 force

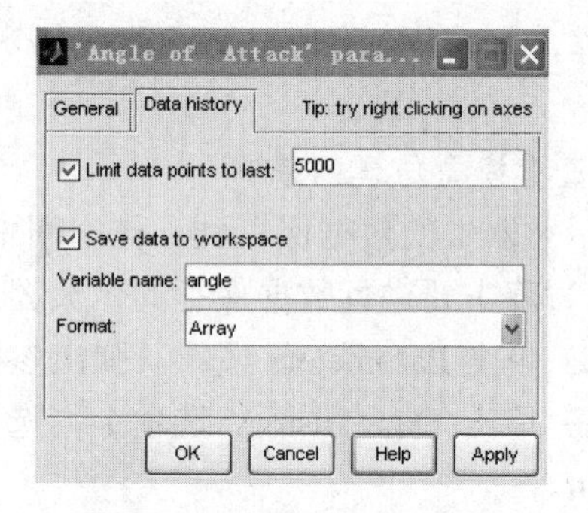

图 28-6　变量名设为 angle

（6）保持系统默认设置，单击模型窗口中的“仿真启动”按钮▶仿真运行，运行结束后示波器显示结果如图 28-7 所示。

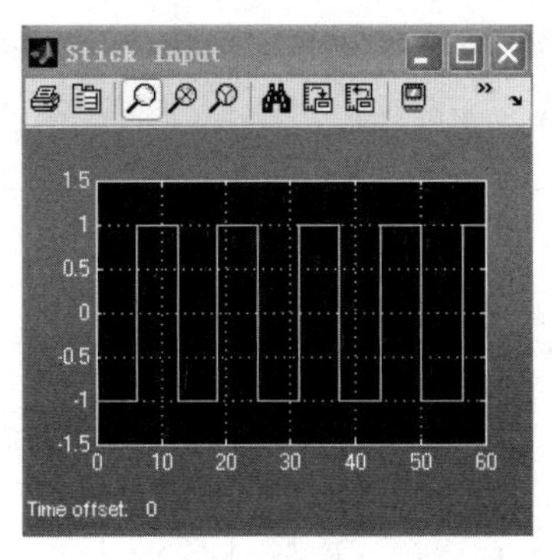

（a）系统输入

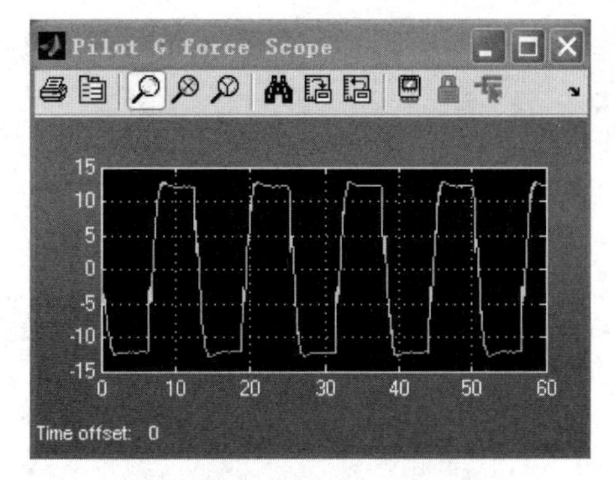

（b）系统输出飞行员承受重力

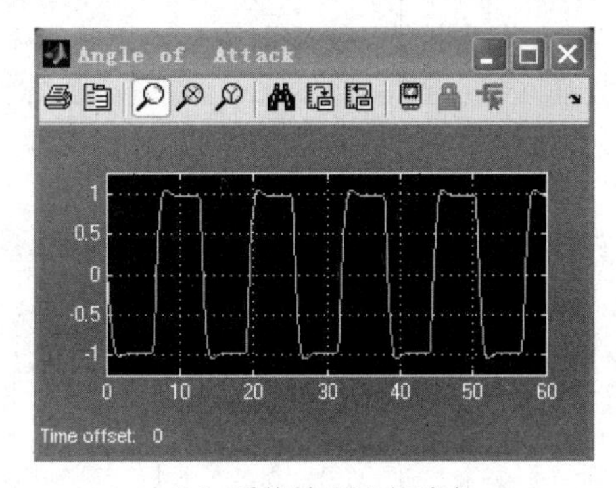

（c）系统输出飞行攻角

图 28-7 仿真结果

在命令窗口中输入 who，可以查看工作空间中的变量。

```
>> who
Your variables are:

Beta      Ki     Mw     Tal    W1     Zw      cmdgain
Gamma     Kq     Sa     Ts     W2     a       force
Ka        Md     Swg    Uo     Wa     angle   g
Kf        Mq     Ta     Vto    Zd     b       stickinput
```

由以上结果可以看出，stickinput、force、angle 已保存在工作空间中。在命令窗口中输入如下语句也可查看仿真结果，仿真结果如图 28-8 所示：

```
>> figure(1)
plot(stickinput(:,1), stickinput(:,2))
xlabel('Time');
ylabel('Stickinput')
figure(2)
plot(stickinput(:,1),force(:,2))
xlabel('Time');
ylabel('force')
figure(3)
```

```
plot(stickinput(:,1),angle(:,2))
xlabel('Time');
ylabel('angle')
```

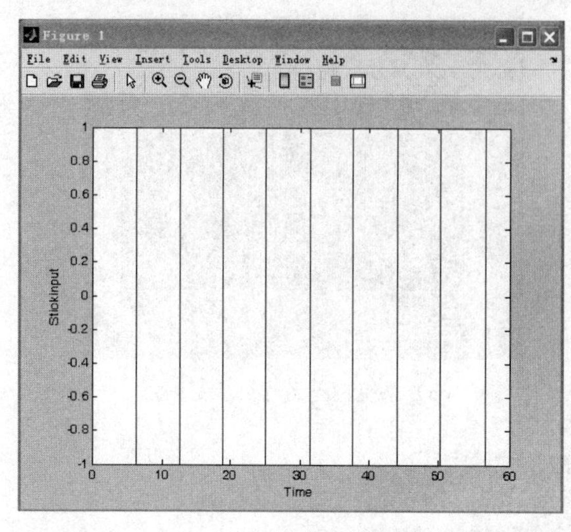

（a）系统输入

（b）系统输出飞行员承受重力

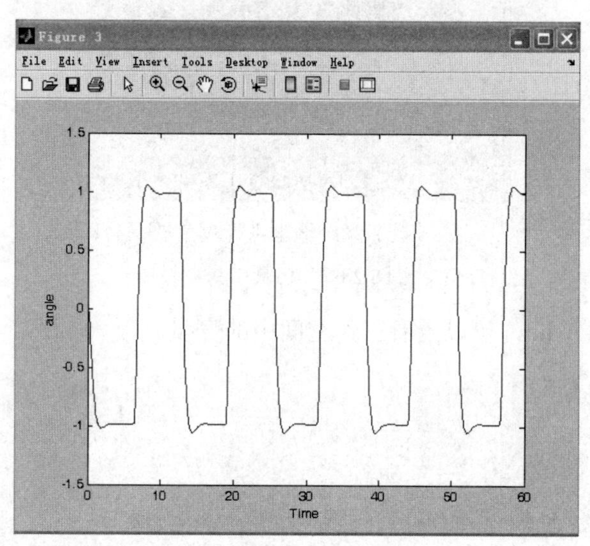

（c）系统输出飞行攻角

图 28-8　仿真结果

3. 生成实时代码

（1）设置程序参数。

在生成代码之前，必须对一些参数进行设置。

在 Simulink 窗口中选择 Simulation→Configuration Parameters 命令，打开 Simulink 系统参数设置对话框，在 Solver 界面中设置 Solver options 区域中的 Type 为 Fixed-step，设置 Solver 为 ode5(DormandPrince)求解器，设置 Fixed Step Size 为 0.05，如图 28-9 所示。若采用系统默认的求解设置，在生成实时代码时将会出现如图 28-10 所示的错误。

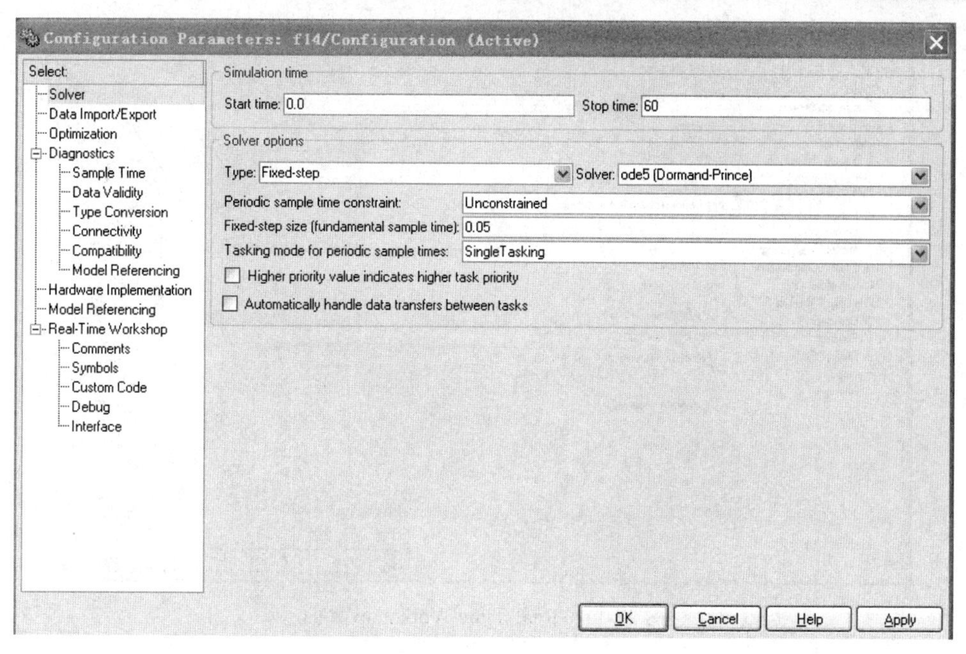

图 28-9 Solver 界面中的参数设置

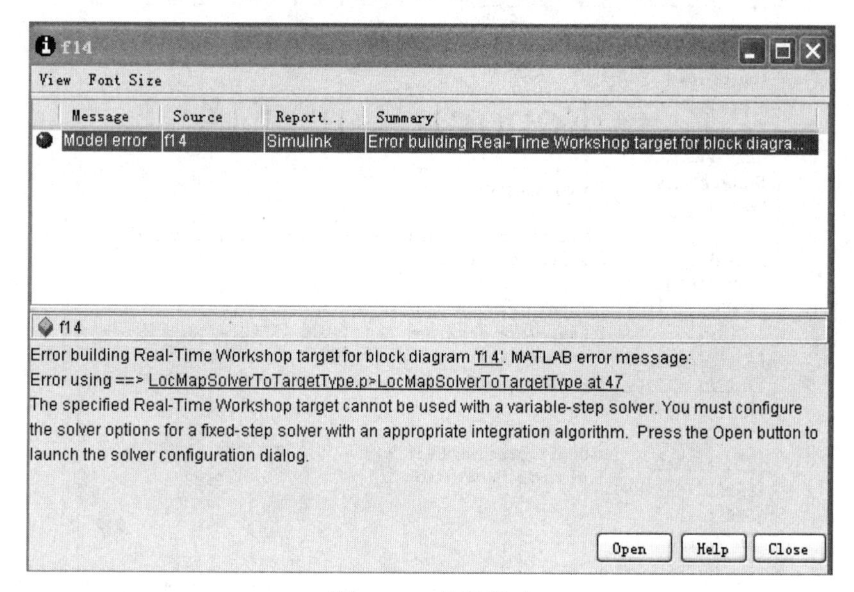

图 28-10 错误提示

（2）生成 C 代码。

在 Simulink 窗口中选择 Simulation→Configuration Parameters 命令，打开 Simulink 系统参数设置对话框，单击 Real-Time Workshop，打开如图 28-11 所示的界面。选中 Generate HTML report 复选项，单击 Build 按钮，即可生成 C 代码。Build 命令调用目标文件 grt.tlc，使用指定的模板文件 grt_default_tmf 来生成 makefile，然后 Real-Time Workshop 利用这个 makefile 来建立程序。

当 Build 执行完后，会弹出 Real-Time Workshop Report 窗口，如图 28-12 所示。

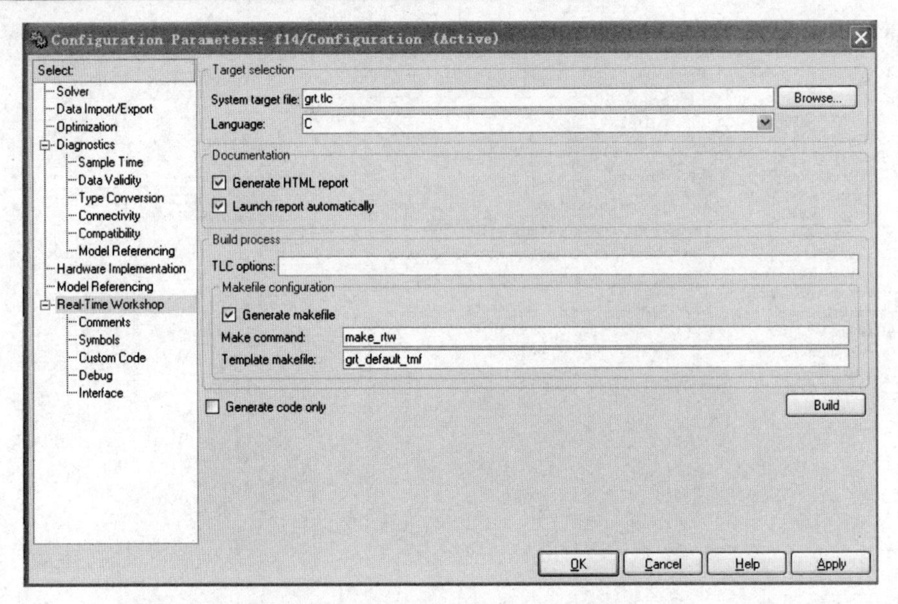

图 28-11 Real-Time Workshop 界面

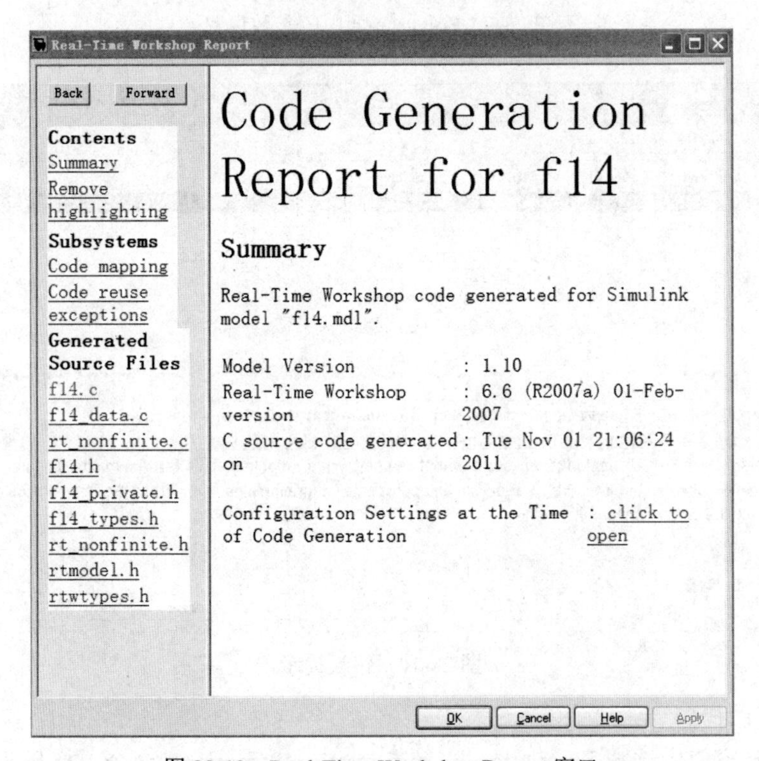

图 28-12 Real-Time Workshop Report 窗口

从该窗口中可以看出，Real-Time Workshop 自动产生一系列的文件。单击相应的文件名，窗口的右边就会出现相应的代码。单击 f14.c 文件，可以查看 C 代码，部分代码如下：

```
1    /*
2     * f14.c
3     *
4     * Real-Time Workshop code generation for Simulink model "f14.mdl".
```

```
5      *
6      * Model Version                    : 1.10
7      * Real-Time Workshop version : 6.6   (R2007a)   01-Feb-2007
8      * C source code generated on : Tue Nov 01 21:06:24 2011
9      */
10
11    #include "f14.h"
12    #include "f14_private.h"
13
14    /* Block signals (auto storage) */
15    BlockIO_f14 f14_B;
16
17    /* Continuous states */
18    ContinuousStates_f14 f14_X;
19
20    /* Solver Matrices */
21
22    /* A and B matrices used by ODE5 fixed-step solver */
23    static const real_T rt_ODE5_A[6] = {
24      1.0/5.0, 3.0/10.0, 4.0/5.0, 8.0/9.0, 1.0, 1.0
25    };
26
27    static const real_T rt_ODE5_B[6][6] = {
28      { 1.0/5.0, 0.0, 0.0, 0.0, 0.0, 0.0 },
29
30      { 3.0/40.0, 9.0/40.0, 0.0, 0.0, 0.0, 0.0 },
31
32      { 44.0/45.0, -56.0/15.0, 32.0/9.0, 0.0, 0.0, 0.0 },
```

中间内容省略

```
842      /* RandomNumber Block: '<S5>/White Noise' */
843      {
844        uint32_T *RandSeed = (uint32_T *) &f14_DWork.WhiteNoise_IWORK.RandSeed;
845        uint32_T r, t;
846        *RandSeed = (uint32_T)f14_P.WhiteNoise_Seed;
847        r = *RandSeed >> 16;
848        t = *RandSeed & RT_BIT16;
849        *RandSeed = ((*RandSeed - (r << 16) - t) << 16) + t + r;
850        if (*RandSeed < 1) {
851          *RandSeed = SEED0;
852        }
853
854        if (*RandSeed > MAXSEED) {
855          *RandSeed = MAXSEED;
856        }
857
858        f14_DWork.WhiteNoise_RWORK.NextOutput =
859          rt_NormalRand(RandSeed++) * f14_P.WhiteNoise_StdDev +
860          f14_P.WhiteNoise_Mean;
861      }
862
863      MdlInitialize();
864    }
865
866    RT_MODEL_f14 *f14(void)
867    {
868      f14_initialize(1);
869      return f14_M;
870    }
```

```
871
872     void MdlTerminate(void)
873     {
874        f14_terminate();
875     }
876
877     /*==========================================================================*
878      * End of GRT compatible call interface                                    *
879      *==========================================================================*/
```

4. 代码验证

生成可执行代码文件后，在 Matlab 命令窗口中输入以下命令：

```
>> !f14

** starting the model **
** created f14.mat **

>> clear
>> load f14
>> who

Your variables are:

rt_stickinput      rt_force        rt_angle
```

从中可以看出 f14.mat 包含了 3 个变量，即 3 个 scope 模块的输出。这些变量会自动在前面加一前缀 rt_，这个前缀读者可以自行设定，设定窗口在 Real-Time Workshop 下的 Interface 中，如图 28-13 所示。

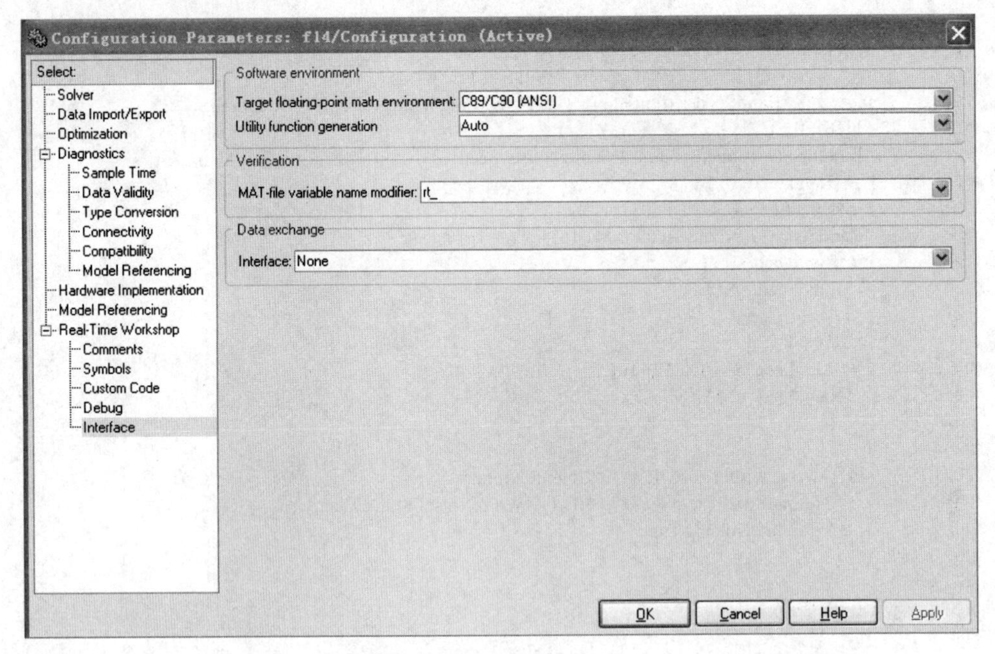

图 28-13　变量前缀设定

说明： mat 文件可以用来保存系统的状态、输出和时间，但在生成代码前需要将要保存的数据导入到工作空间中（如图 28-4 至图 28-6 将示波器中的数据导入到工作空间中，便显示了示波器中的 3 个变量），然后再 Build。

在 Matlab 工作空间中绘制可执行程序执行结果。在命令窗口中输入：

```
>> figure(1)
plot(rt_stickinput(:,1),rt_stickinput(:,2))
xlabel('Time');
ylabel('Stickinput')
figure(2)
plot(rt_stickinput(:,1),rt_force(:,2))
xlabel('Time');
ylabel('force')
figure(3)
plot(rt_stickinput(:,1),rt_angle(:,2))
xlabel('Time');
ylabel('angle')
```

输出结果如图 28-14 所示。

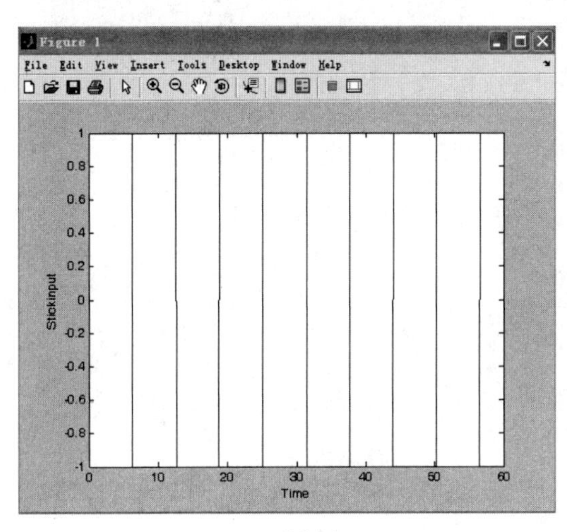

（a）系统输入

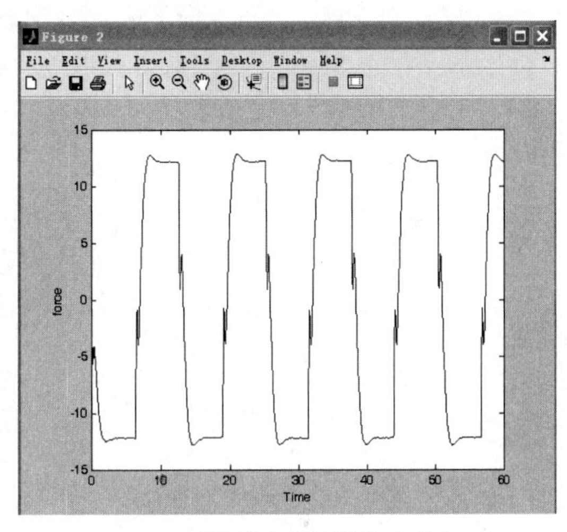

（b）系统输出飞行员承受重力

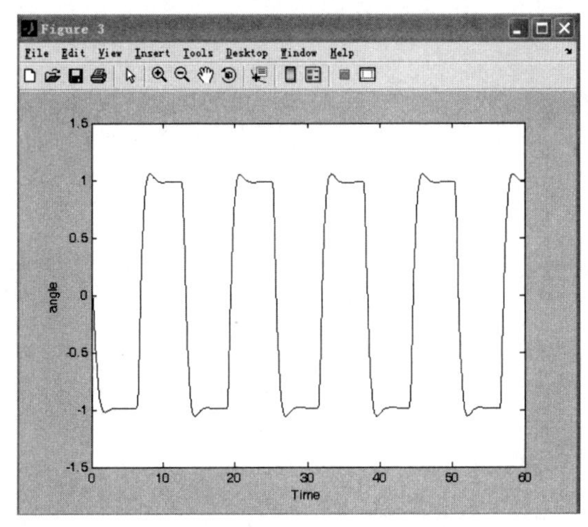

（c）系统输出飞行攻角

图 28-14　输出结果

由图 28-8 的仿真结果和图 28-14 的输出结果可以看出，Simulink 模型结果与实时程序结果几乎一样。

28.4 小结

本章介绍了 RTW 的功能、特征和应用，说明了 RTW 创建程序的过程，利用 Matlab 内的 f14 模型详细介绍了 Real-Time Workshop 生成 C 代码的过程与步骤。通过本章的学习，读者应该做到以下几点：

（1）了解 RTW 的功能、特征和应用。

（2）了解 RTW 创建程序的过程。

（3）掌握 Real-Time Workshop 生成 C 代码的过程与步骤。

29

Matlab/Simulink 常见错误

Matlab 是一种功能强大的工程软件，其重要功能包括数值处理、程序设计、可视化显示、图形用户界面和与外部软件的融合应用等方面。但在运用 Matlab 时常常会遇到一些问题，程序运行出现错误，这些问题会困扰许多读者。为此，本章汇总 Matlab 中常见的一些错误，并分析其原因，给出解决办法，希望对读者能有所帮助。

本章主要内容：

- 一般函数错误信息。
- Matlab 编程的一些注意事项及技巧。
- Simulink 错误信息。

29.1 一般函数错误信息

1. Subscript indices must either be real positive integers or logicals

中文解释：下标索引必须是正整数类型或逻辑类型。

出错原因：在访问矩阵（包括向量、二维矩阵、多维数组）的过程中，下标索引从 0 开始或出现了负数会出现这种错误。注意，Matlab 的语法规定矩阵的索引从 1 开始，这与 C 等编程语言的习惯不同。

解决办法：修改下标为 0 或负数的地方。

示例：

【错误代码】

```
for s = 0:0.2:2
    a(s) = 4 * s - 1;
end
```

【正确代码】

```
for s = 1:10
    a(s) = 4 * s - 1;
end
```

2. Undefined function or variable "a"

中文解释：函数或变量 a 没有定义。

出错原因及解决办法：

（1）如果编写的函数带有输入参数（如 a），则跟其他语言一样，这只是形式参数，所以不能通过直接运行该函数（或 M 文件）来测试，那样会出现“??? Input argument "a" is undefined.”的错误。一定要从其他地方（如命令窗口或其他函数对其调用）来传递真实值，此时 a 才是实际参数。

（2）如果 a 是函数，则这是因为 Matlab 在所有已添加的路径中都无法找到该函数对应的 M 文件而导致的，对此，把该 M 文件移动到当前路径下再运行便可。

示例：myPlus.m 文件

```
function d = myPlus(a,b)
d = a + b;
```

【错误调用】

```
>> z = myPlus(a,b)
```

【正确调用】

```
>> x = 2;
>> y = 5;
>> z = myPlus(x,y)
```

3. Matrix dimensions must agree

Inner matrix dimensions must agree

中文解释：矩阵的维数必须一致。

出错原因：这是由于运算符（=、+、-、/、*等）两边的运算对象维数不匹配造成的，典型的出错原因是错用了矩阵运算符。Matlab 通过“.”来区分矩阵运算和元素运算，没有加“点”的运算是对整个矩阵而言的，称为矩阵运算（整体运算），而加了“点”的运算是对每个元素而言的，称为点运算（局部运算）。另外，一般情况下，Matlab 作点运算（理解为左右两个对象（矩阵）的对应元素参与该运算）时，两个矩阵的维数和长度都要求是相同大小的，且此时要在运算符前面添加“点”，但是在某些情况下该“点”可以省略，例如一个标量 a 和一个向量 b（或者矩阵）相加、相减、相乘、b/a 时都可以不需要加点，表示 b 中每个元素都和 a 进行运算（即点运算的效果）。

解决办法：自己调试一下程序，保证运算符两边的运算对象维数一致。

示例：

【错误代码】

```
b = [1,2];
a = [-1,1];
c = a*b;
```

【正确代码】

```
b = [1,2];
a = [-1,1];
c = a.*b;
```

4. Attempt to execute SCRIPT conv as a function

中文解释：试图执行脚本 conv 作为函数。

出错原因及解决办法：建议读者在命名自己的 M 文件时，在名称前面加上 my 等个人专用标识，即假如要把函数命名为 conv，则最好写成 myConv，否则容易与 Matlab 自带的函数（M 文件）名字重复而导致 Attempt to execute SCRIPT conv as a function 的错误。当你碰到这个错误时，可以在命令窗口中输入 which conv all 来看是否重复命名了该函数。有的话，建议把自己命名的文件改名，保留 Matlab 自带的文件。此外，命名文件时，必须符合标识符的规范，即不能以数字开头等，否则会出现莫名其妙的错误。如果经过上述检测后仍然出现错误，则请把 M 文件的路径设置为常规的试试，即不使用中文的路径、不使用数字作为 m 文件名的开头等。

5. Function definitions are not permitted at the prompt or in scripts

中文解释：不能在命令窗口或者脚本文件中定义函数。

出错原因：一旦在命令窗口中写 function c = myPlus(a,b)，此错误就会出现，因为函数只能定义在 M 文件中。如果写成 function 的形式，那么必须写在 M 文件中，且以 function 开头（即 function 语句前不能包含其他语句，所有语句必须放在 function 中，当然 function 的定义可以有多个，各 function 之间是并列关系，不能嵌套）。如果写成脚本的形式，则既可以写在命令窗口中，也可以写在 M 文件中，但两者均不能包含 function 语句（即不能进行函数的定义）。

解决办法：新建一个 M 文件，然后进行函数的定义。

6. X must have one or two columns

Vectors must be the same lengths

中文解释：X 必须是 1 或者 2 列。

向量长度必须一致。

出错原因：①实际输入不满足该条件；②输入的两个（或几个）变量长度不满足该条件。例如 plot 函数的前两个输入变量，如果一个是 1*2，另一个是 1*3，则会出错。

解决方法：都需要自己调试一下，①把 X 的维数改为 1 或 2 列；②按照函数的语法要求把向量的长度设置为一样。

示例：

【错误代码】

```
a = [-1,-2,-3];
b = [1,2];
plot(a,b);
```

【正确代码】

```
a = [-1,-2];
b = [1,2];
plot(a,b);
```

7. One or more output arguments not assigned during call to '...'

中文解释：在调用...函数过程中，一个或多个输出变量没有被赋值。

出错原因：函数如果带有输出变量，则每个输出在返回的时候都必须被赋值。容易出现这个错误的两个地方是：①在部分条件判断语句（如 if ）中没有考虑到输出变量的返回值；②在循环迭代过程中部分变量的维数发生了变化。

解决办法：调试程序，仔细查看函数返回时各输出变量的值。更好的方法是，在条件判断或者执行循环之前对所使用的变量赋初值。

8. ??? Error using ==> mpower

Matrix must be square

中文解释：错误地使用 mpwoer 函数，要求矩阵必须是方阵。

错误原因：在使用向量乘法运算的时候，没有用点乘。

解决办法：在涉及向量乘法的语句中用.代替*。

9. Explicit integral could not be found

中文解释：显式解没有找到。

出错原因：并非每个函数的积分都有显式解，这是由于原函数没有解析结果而给出的警告。

解决办法：改用数值积分（quad、quadl 等）。

10. Index exceeds matrix dimensions

Attempted to access b(3,2); index out of bounds because size(b)=[2,2]

中文解释：索引超出矩阵的范围。

出错原因：在引用矩阵元素的时候，索引值超出矩阵应有的范围。

解决办法：检查所定义数组的维数和引用的范围。

示例：

【错误代码】

```
b = zeros(2,2);
a = b(3,2);
```

【正确代码】

```
b = zeros(2,2);
a = b(1,2);
```

11. In an assignment A(I) = B, the number of elements in B and I must be the same

中文解释：在赋值语句 A(I) = B 中，B 和 I 的元素个数必须相同。

出错原因：I 和 B 的维数、大小不一样。这正如“把 5 个水果放到 6 个篮子”或者“把 6 个水果放到 5 个篮子”，均无法实现。

解决办法：自己设置断点调试一下，看看 I 和 B 的维数、大小是否相同，不同的话就要修改成两者一致。

示例：

【错误代码】

```
b = [1,2];
s(1) = b;
```

【正确代码】

```
b = [1,2];
for i = 1:2
  s(i) = b(i);
end
```

12. To RESHAPE the number of elements must not change

中文解释：矩阵变换时，变换前和变换后的总元素不能改变。

出错原因：变换时语句使用不恰当。例如，变换前是 [2,3] 的 6 元素矩阵，变换后可以是[3,2]、[1,6]的 6 元素矩阵，但不能是[2,4]的 8 元素矩阵。

解决办法：自己设置断点调试一下，看看变换前后的矩阵大小是否相同，不同的话就要修改成两者一致。

29.2 Matlab 编程的一些注意事项及技巧

（1）Matlab 的运算是基于矩阵的，但是也提供了对元素的运算，即在运算符前面加上“点”。也就是说，没有加“点”的运算是对整个矩阵而言的，称为矩阵运算（整体运算），而加了“点”的运算是对每个元素而言的，称为点运算（局部运算）。另外，一般情况下，Matlab 作点运算（理解为左右两个对象（矩阵）的对应元素参与该运算）时，两个矩阵的维数和长度都要求是相同大小的，且此时要在运算符前面添加“点”，但是在某些情况下该“点”可以省略，例如一个标量 a 和一个向量 b（或矩阵）相加、相减、相乘、b/a 时都可以不需要加点，表示 b 中每个元素都和 a 进行运算（即点运算的效果）

（2）建议读者在命名 M 文件时，在名称前面加上 my 等个人专用标识，即假如你要把你的函数命名为 conv，则最好写成 myConv，否则容易与 Matlab 自带的函数（M 文件）名字重复而导致“Attempt to execute SCRIPT conv as a function”的错误！当碰到这个错误时，可以在命令窗口中输入 which conv all 来看是否重复命名了该函数。有的话，建议将自己命名的文件改名，保留 Matlab 自带的文件。此外，命名文件名时，必须符合标识符的规范，即不能以数字开头等，否则会出现莫名其妙的错误。

（3）在条件判断中，y==0、a-b==0 这类语句应该尽量避免使用，除非你可以保证 y、a、b 在整个计算过程中是整数，否则两个浮点数相减或者一个浮点数不可能完全等于 0。因此，对浮点数进行条件判断时，最好采用 abs(a-b) <= 1e-005 这种方式来进行等值比较。

（4）循环变量递减时必须显式给出步长，即 i = 5:-1:-5（假设步长为-1），如果递增时且步长为 1，则可以省略，简写作 i = -5:5。

（5）在引号环境下的语句中，如果需要使用单引号，则要写成两个单引号的形式，不能用一个双引号代替。例如...'callback','[imp,Fs,bits]=wavread(''temp.wav'');'，文件名 temp.wav 外面的是两个单引号。

（6）如果你编写的函数带有输入参数（如 x），则跟其他语言一样，这只是形式参数，所以不能通过直接运行该函数（或者 M 文件）来测试，这样会出现“??? Input argument "x" is undefined.”的错误。一定要从其他地方（如命令窗口或其他函数对其调用）来传递真实值，此时 x 才是实际参数。此外，和每一种编程语言一样，所有定义的变量都有一定的作用域。虽然 Matlab 宣称变量不需要定义即可直接使用，但是事实上任何编程语言的变量都需要先定义才能使用，所以 Matlab 也不例外（看来真的是“Matlab 宣称变量不需要定义”惹的祸），只不过所不同的是并非使用 int x 这种方式来定义，而是使用一个简单的赋值语句包含定义和初始化。因此，如果直接使用未定义的变量（最常用的是在“=”右边首次出现），则会出现“Undefined function or variable”的错误。

（7）如何调试程序：编好程序（先保证代码没有语法错误），设置断点（单击 M 文件编辑窗口中的 Debug→Set/Clear breakpoint 命令），运行程序（单击 Debug→Run 或 Save & Run 命令），此时 Matlab 会停在断点处，各变量的值可以通过将鼠标停留在变量名上来观察，或者在命令窗口中输入变量名后得到。

（8）对于 Matlab 自带函数（命令）的问题，请多利用 Matlab 的帮助功能，即在命令窗口中输入 help eval 或 doc eval。

（9）函数不能在命令窗口中定义，只能在 M 文件中定义，否则出现“??? Error: Function definitions are not permitted at the prompt or in scripts.”的错误。

（10）Matlab 常用的快捷键（用【】表示）或命令：

1）在命令窗口中。

- 【上、下键】：切换到之前、之后的命令，可以重复按多次来达到你想要的命令。

- Clc：清除命令窗口中显示的语句，此命令并不清空当前工作区的变量，仅仅是把屏幕上显示出来的语句清除掉。
- Clear：这个才是清空当前工作区变量的命令，常用语句 clear all 来完成。
- 【Tab】：在命令窗口中输入一个命令的前几个字符，然后按 Tab 键，会弹出前面含这几个字符的所有命令，找到想要的命令并回车，即可自动完成。目前讨论的结果是：Matlab 6.5 版本中，如果候选命令超过 100 个，则不显示。而在 Matlab 7 以后的版本中，则没有这个限制，均可正常提示。

2）在编辑器（Editor）中。

- 【Tab】(或【Ctrl+]】)：增加缩进（对多行有效）。
- 【Ctrl+[】：减少缩进（对多行有效）。
- 【Ctrl+I】：自动缩进（即自动排版，对多行有效）。
- 【Ctrl+R】：注释（对多行有效）。
- 【Ctrl+T】：去掉注释（对多行有效）。
- 【F12】：设置或取消断点。
- 【F5】：运行程序。

29.3 Simulink 错误信息

（1）在图 29-1 中，当模块标识有汉字时，会出现如图 29-2 所示的错误提示，一般标识用英文字母。

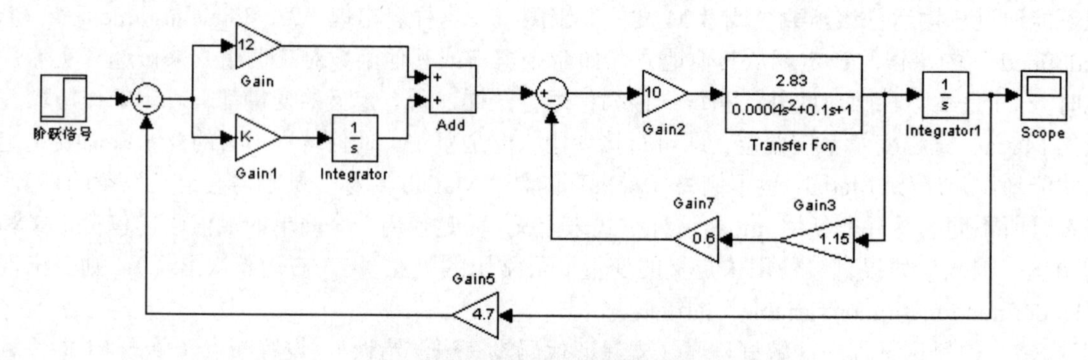

图 29-1 Simulink 模型

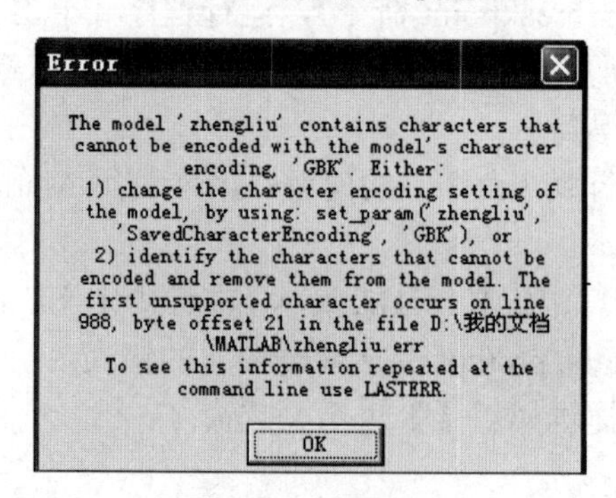

图 29-2 错误提示

（2）当保存文件名中有汉字时，会出现如图 29-3 所示的错误提示，一般文件名用英文字母。

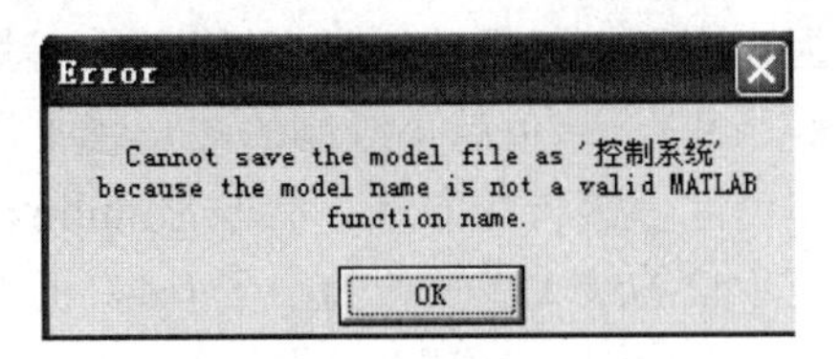

图 29-3　错误提示

（3）Warning: The model 'untitled' does not have continuous states, hence using the solver 'VariableStepDiscrete' instead of solver 'ode45'. You can disable this diagnostic by explicitly specifying a discrete solver in the solver tab of the Configuration Parameters dialog, or setting 'Automatic solver parameter selection' diagnostic to 'none' in the Diagnostics tab of the Configuration Parameters dialog.

当系统采用的是离散方法（如图 29-4 所示）时，出现如上警告，这时系统运行时算法直接自动改动，对仿真结果没有影响。如果想让这个警告消失，可以选择 Simulation→Configuration Parameters 命令，在弹出的对话框中选择左侧的 Solver 项，将 Type 变为 Variable-step，Solver 变为 discrete，如图 29-5 所示。

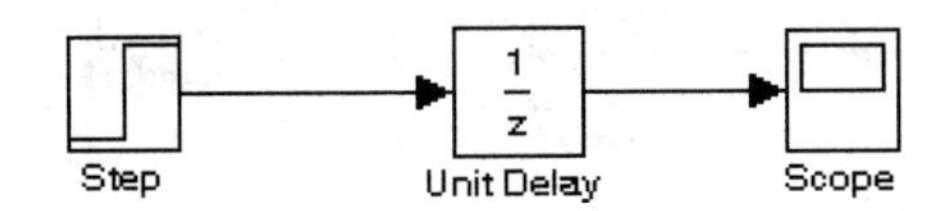

图 29-4　离散方法仿真模型

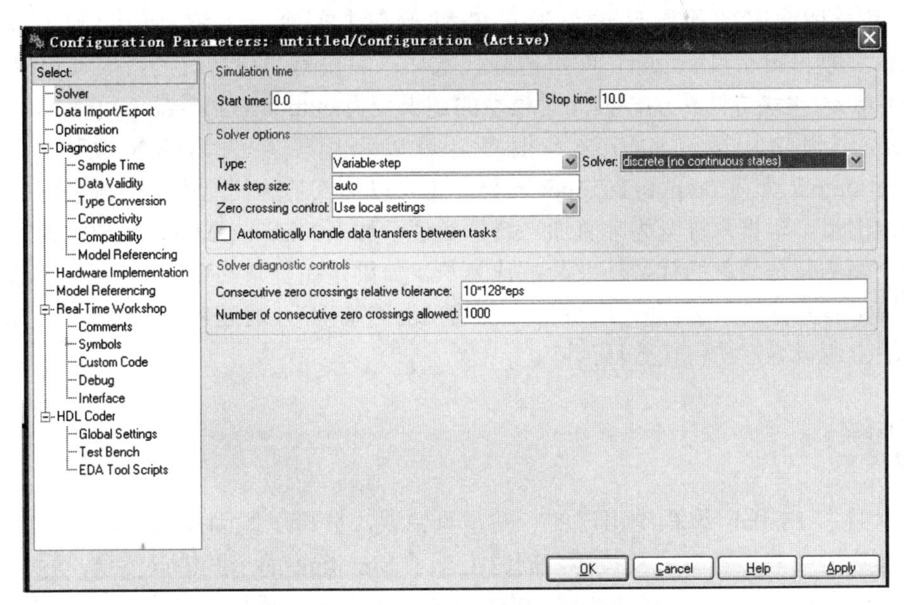

图 29-5　Configuration Parameters 对话框

（4）Warning: Using a default value of 0.2 for maximum step size. The simulation step size will be equal to or less than this value. You can disable this diagnostic by setting 'Automatic solver parameter selection' diagnostic to 'none' in the Diagnostics page of the configuration parameters dialog.

仿真结束后，命令窗口中会出现如上警告（此警告并非错误，不影响仿真结果）。

这是因为 Configuration Parameters 对话框中的 Max step size 设为 auto 或 0.1。之所以为 0.1

是因为图形轴或示波器时间轴为 5s，默认采样点为 50，0.1=(5-0)/50。Max step size 一定要小于等于 0.1，该值越小绘制的图形越平滑，但计算量越大。

消除该警告的方法：单击 Simulink→Configuration Parameter→Max step size:auto 命令，将可变步长的最大步长改为小于 0.1，但不要太小。

（5）代数环问题。

Simulink 仿真中经常会出现代数环问题，所谓代数环是指某些特殊的闭环回路，在这些回路中输出直接决定输入。产生代数环的基本条件，首先是存在闭环，其次是输入变量中直接使用了输出变量的数值，Matlab 中许多模块可能会产生代数环，如典型的有积分器模块、加减法模块等都属于直通模块。比如图 29-6 所示的仿真框图，其中包含一个简单的代数环，不是所有的代数环都能运行。如果把图 29-6 中的减号换成加号（如图 29-7 所示），模型将无法运行。

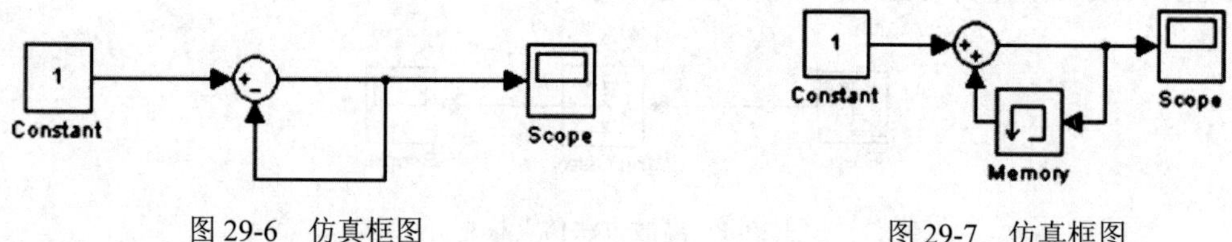

图 29-6　仿真框图　　　　图 29-7　仿真框图

解决第一种情况的代数环可以通过模型变换法实现：由模型中可以看出 output=input-output，即 output=1/2input，即可消除代数环；解决第二种情况的代数环可以通过加入 Discrete/Memory 模块方法实现，但此时模型的逻辑变为 output(n+1) = output(n) + u(n)。

Matlab 中消除代数环的方法有很多，可以利用变换法消除代数环，类似于将 output=input-output 变为 output=1/2input 一样；也可以加入某些其他模块使得系统中的输入不直接使用输出量，即将系统变为非直通系统，类似于加入 Discrete/Memory 模块的方法。

上面介绍的只是简单的代数环及其解决方法，如果是在复杂的系统中遇到了代数环问题，还需要对模型有充分的了解，在不改变要实现的功能的基础上，通过使用其他非直通模块替换、改变输入输出逻辑等方法将代数环消除。

29.4　小结

本章总结了 Matlab 编程中出现的一些常见错误，分析了原因并给出解决方案。列出了 Matlab 编程中的一些注意事项及技巧，同时汇总了 Simulink 的一些错误信息，并给出解决方案。通过本章的学习，读者应能解决编程中出现的一些常见错误，掌握编程的一些技巧，同时能解决 Simulink 仿真中遇到的一些常见错误。